朝倉物理学大系
荒船次郎|江沢　洋|中村孔一|米沢富美子＝編集

12

量子現象の数理

新井朝雄
[著]

朝倉書店

編集

荒船次郎
東京大学名誉教授

江沢　洋
学習院大学名誉教授

中村孔一
明治大学名誉教授

米沢富美子
慶應義塾大学名誉教授

まえがき

本書は，前著『量子力学の数学的構造 I, II』(朝倉物理学大系第 7 巻，8 巻) の続編である．その目的とするところは，前編において公理論的に定式化された，量子力学の基本原理に基づいて，量子現象に関わる数理を主題別にやや詳しくみていくことにある．ここでは，九つの主題を選んだ．各章に一つの主題を割り当て (目次を参照)，それぞれの章は，ほぼ独立に読めるように書いた．したがって，読者は，自分に興味のある主題が扱われている章から読むことも可能である．命題や定理の証明は，かなり丁寧に書いたつもりである．前編で論じられた内容や数学的技法を自分のものとしている読者にとっては，本書を読む上で特に困難はないはずである．

本書には，邦書では，おそらく初めて登場する内容が多く盛り込まれている．特に，アハラノフ–ボーム効果と照応する，ゲージ理論における正準交換関係の非同値表現の構成に関する理論，量子力学的状態の生き残り確率と関わりをもつ時間作用素の理論 (いずれも第 3 章)，埋蔵固有値の摂動問題の基本的な例としてのフリードリクスモデルの詳しい解析 (第 5 章)，超対称的量子力学 (第 9 章) は，それぞれ，著者自身の研究テーマの一部をなすものでもあり，現在においてもなお，量子力学や量子場の理論の数学的ないし数理物理学的研究の前線に通じるものである．ただし，本書の性格上，その論述は入門的なレヴェルにとどめた．また，物理量の自己共役性の問題を詳しく論じているのも本書の特色の一つといえるであろう (第 2 章)．他の主題についても，本書の精神—座標から自由な絶対的相からのアプローチ—にのっとって，原理的・普遍的観点を強調する仕方で，叙述に工夫を凝らしたつもりである．紙数の都合上，量子場の理論に関する章を設けることができなかったのは心残りである．この側面については拙著『フォック空間と量子場 上下』(日本評論社, 2000) を参照していただければ幸いである.

数学的に厳密な思考によってもたらされる確実で明晰な認識は, 理念と現象との調和的・美的照応をより深い次元で観照することを可能にし, 宇宙の原像としてのロゴス, 理の世界の豊饒さ, 妙 (老子的意味での), 繊細さ, 美しさ, そして, 宇宙の果てしない深さを垣間見させてくれる. 本書が量子現象を支える理の世界のより深い相, より高い次元へと読者をいざなうよすがとなることを切に願う.

本書の原稿を通読され, 貴重なコメントを寄せられた江沢 洋先生に心から感謝したい. また, 本書の出版に際して, いろいろとお世話になった朝倉書店編集部の方々にも厚く御礼申し上げる.

2006 年 新春

札幌の寓居にて

新　井　朝　雄

目　　次

記　号　表

標準的記号

記号	意　味
$\mathbb{N}$	自然数全体の集合
$\mathbb{Z}$	整数全体の集合
$\mathbb{R}$	実数全体の集合
$\mathbb{C}$	複素数全体の集合
$\mathbb{R}^d$	$\mathbb{R}$ の d 個の直積集合
$\mathbb{C}^d$	$\mathbb{C}$ の d 個の直積集合
B^d	$\mathbb{R}^d$ における d 次元ボレル集合体
$\mathsf{C}_0^m(\Omega)$	$\mathbb{R}^d$ の開集合 Ω 上の m 回連続微分可能な関数で有界な台をもつものの全体
$\mathcal{F}_d$	$\mathsf{L}^2(\mathbb{R}^d)$ 上のフーリエ変換
a.e.	ほとんどいたるところ

若干の論理記号

記号	意　味
$A := B$	A を B で定義する
$P \Longrightarrow Q$	P ならば Q
$P \Longleftrightarrow Q$	P と Q は同値 (P であるための必要十分条件は Q)
$P \overset{\text{def}}{\Longleftrightarrow} Q$	P を Q で定義する
$P(x), \forall x \in X$	X のすべての元 x に対して $P(x)$ が成立
$P(x), x \in X$	同上

ヒルベルト空間論に関わる記号

A はヒルベルト空間 H 上の線形作用素を表す．D は H の部分集合とする．

記号	意　味
$\mathsf{D}^{\perp}$	H の部分集合 D の直交補空間
$\bar{\mathsf{D}}$	D の閉包
$\mathsf{D}(A)$	A の定義域
$\mathsf{R}(A)$ または $\mathrm{Ran}\, A$	A の値域
$\varrho(A)$	A のレゾルヴェント集合
$\sigma(A) := \mathbb{C} \setminus \varrho(A)$	A のスペクトル
$\sigma_{\mathrm{p}}(A)$	A の点スペクトル (A の固有値の全体)
$\ker A$	A の核
A^*	A の共役作用素 ($\mathsf{D}(A)$ が H で稠密の場合)
$\mathcal{L}(\mathsf{D})$	H の部分集合 D から生成される部分空間
$\mathsf{L}^2(X, d\mu)$	測度空間 (X, μ) 上の 2 乗可積分関数から生成されるヒルベルト空間
$\mathsf{B}(\mathsf{H})$	H 全体を定義域とする有界線形作用素全体の集合
$\mathsf{B}(\mathsf{H}, \mathsf{K})$	H 全体を定義域とする，H からヒルベルト空間 K への有界線形作用素の全体
$\mathsf{L}(\mathsf{V}, \mathsf{W})$	ベクトル空間 V 全体を定義域とする，V からベクトル空間 W への線形作用素の全体
$\mathsf{L}(\mathsf{V})$	$\mathsf{L}(\mathsf{V}, \mathsf{V})$
$\hat{\otimes}$	代数的テンソル積
$\otimes$	テンソル積
$\sigma_{\mathrm{d}}(A)$	A(閉作用素) の離散スペクトル (A の，多重度有限の孤立固有値の全体)
$\sigma_{\mathrm{ess}}(A) := \sigma(A) \setminus \sigma_{\mathrm{d}}(A)$	A の真性スペクトル
E_A	自己共役作用素 A のスペクトル測度

スクリプト (カリグラフ体) 対応表

A	$\mathcal{A}$	G	$\mathcal{G}$	M	$\mathcal{M}$	S	$\mathcal{S}$	Y	$\mathcal{Y}$
B	$\mathcal{B}$	H	$\mathcal{H}$	N	$\mathcal{N}$	T	$\mathcal{T}$	Z	$\mathcal{Z}$
C	$\mathcal{C}$	I	$\mathcal{I}$	O	$\mathcal{O}$	U	$\mathcal{U}$		
D	$\mathcal{D}$	J	$\mathcal{J}$	P	$\mathcal{P}$	V	$\mathcal{V}$		
E	$\mathcal{E}$	K	$\mathcal{K}$	Q	$\mathcal{Q}$	W	$\mathcal{W}$		
F	$\mathcal{F}$	L	$\mathcal{L}$	R	$\mathcal{R}$	X	$\mathcal{X}$		

ギリシア文字

A	α	アルファ	I	ι	イオタ	P	ρ, ϱ	ロー
B	β	ベータ	K	κ	カッパ	Σ	σ, ς	シグマ
Γ	γ	ガンマ	Λ	λ	ラムダ	T	τ	タウ
Δ	δ	デルタ	M	μ	ミュー	Υ	υ	ウプシロン
E	ϵ, ε	イプシロン	N	ν	ニュー	Φ	ϕ, φ	ファイ
Z	ζ	ゼータ	Ξ	ξ	グザイ	X	χ	カイ
H	η	イータ	O	o	オミクロン	Ψ	ψ	プサイ
Θ	θ, ϑ	シータ	Π	π, ϖ	パイ	Ω	ω	オメガ

1

物理量の共立性に関わる数理

量子力学系における複数の物理量の組 $(A_1, \cdots, A_N)$ は，その中のどの A_j の観測も他の物理量 A_k $(j \neq k)$ の観測によって擾乱されることなくできる場合，共立的に観測 (測定) 可能であるという．この章の目的は，複数の物理量の共立的観測可能性の根底にある数学的構造を見極めることである．複数の物理量が共立的に観測可能であるとき，それらの観測が状態を“一意的に”定めることの数学的本質も明らかにする．

1.1　は　じ　め　に

前著 [8] において，物理量の観測 (測定) に関する公理を述べた際に，単独の物理量の測定では，量子力学的状態は一意的に定まる (指定される) とは限らないことを注意しておいた ([8] の p.252)．この意味は，粗くいえば，物理量 A の測定によって，$a \in \mathbb{R}$ という値が得られたとき，“その直後”の状態は“物理量 A が a の値をもつ状態”であるが，そのような状態がただ一つかどうかは一般的にはわからない，ということである．たとえば，スピンをもつ量子的粒子 1 個からなる量子系において，粒子の位置だけを測定し，ある値が得られたとしても，スピンの在り方については不明のままであるから，そのような測定によっては状態は一意的に指定されていない (スピンについては，異なるスピン固有状態の重ね合わせの状態にある)．この場合，状態をより詳細に指定しようとすれば，スピンの測定も行う必要がある*1．

測定による状態の一意的決定性の条件を理論的に探ることは，実験的には，初期状態を設定すること—これを**状態の準備**という—または終状態の同定にとって重要である．

---

*1　スピンについては，[8] の p.272 の脚注および p.424 を参照.

いまの例から示唆されるように，量子系に関して，測定によって状態を一意的に定めるためには，一般には，複数の物理量の組の観測が必要とされる．ここで，“物理量 $A_1, \cdots, A_N$ の測定により状態が一意的に定まる”ということの物理的描像は，$A_1, \cdots, A_N$ の測定値の組 $(a_1, \cdots, a_N)$ (a_j は A_j の可能な測定値の任意の一つ) のそれぞれにただ一つの状態 $\Psi_{a_1,\cdots,a_N}$ が対応し，$A_1, \cdots, A_N$ の測定により，これらの状態のうちのどれか一つが“選び出される”ことである*2．状態 $\Psi_{a_1,\cdots,a_N}$ においては，$A_1, A_2, \cdots, A_N$ はそれぞれ，$a_1, a_2, \cdots, a_N$ の値をもつ．しかし，量子力学系においては，物理量 A を測定し，ある測定値が得られたとしても，その状態で別の物理量 B を測定したならば，A の情報はまったく消えてしまうという事態が起こりうる．そのような場合には，A の値と B の値の両方がともに定まっている状態は指定されえない．したがって，このような物理量の組 (A, B) を状態の指定に使うことはできない．いま言及した，量子力学特有の現象形式を考慮するとき，状態を指定するための複数の物理量の観測が意味をもちうるのは，これらの物理量の観測において，その中の任意の物理量の測定によって得られた情報がそのまま保持され，同じ組に属する他の任意の物理量の測定が可能であるような場合に限られる．このような測定は**共立的である** (compatible) といい，共立的測定ができる物理量の組を**共立的な物理量**または**共立的な観測量**と呼ぶ (例：量子的粒子の位置作用素とスピン作用素の一つの成分の組*3).

ところで，非可換な物理量の組に関しては，一般化されたハイゼンベルクの不確定性関係 ([8] の定理 3.5) が適用されるので，そのような物理量の組は共立的ではありえない．したがって，物理量の組が共立的であるためには，それが可換な物理量の組であることが必要である．だが，これは十分条件ではない*4.

この章では，まず，測定による状態の一意的決定性の問題を単独の物理量に

*2　a_j の少なくとも一つが A_j の連続スペクトルに属する場合には，このいい方は正確ではない．だが，さしあたり，この粗い物理的描像から出発することは物理的には自然である．

*3　本書では，「演算子」というかわりに「作用素」という呼び方をする．

*4　詳しくは，1.4.1 項の定理 1.13 を参照．物理の教科書では，可換性の条件だけで事足れりとしているものが多くみられるが，これが有効なのは有界な自己共役作用素で表される物理量の場合だけである．

ついて論じ，その根底にある数学的構造を明らかにする．次に複数の物理量の組の共立性とそれらの観測による状態の一意的決定性の問題を考察する．

1.2 単独の物理量に関する測定 (I)—純点スペクトル的な物理量の場合

単独の物理量のうちでも，扱いやすいのは，いうまでもなく，スペクトルが"本質的に"固有値だけからなる物理量の場合である．そこで，まず，そのような自己共役作用素のクラスを定義する：

定義 1.1 T をヒルベルト空間 H 上の自己共役作用素とする．T がその固有ベクトルからなる，H の完全正規直交系 (CONS) をもつとき，T は**純点スペクトル的**であるという．

線形作用素 T のスペクトルと点スペクトル (T の固有値の全体) をそれぞれ，$\sigma(T), \sigma_{\mathrm{p}}(T)$ で表す．

命題 1.2 自己共役作用素 T が純点スペクトル的ならば $\sigma(T) = \overline{\sigma_{\mathrm{p}}(T)}$ である．

証明 $\dim \mathsf{H} < \infty$ の場合には，題意は自明である．そこで，$\dim \mathsf{H} = \infty$ の場合を考える．$\sigma(T) \supset \overline{\sigma_{\mathrm{p}}(T)}$ は明らかであるから，逆の包含関係を示す．$\lambda \in \sigma(T)$ としよう．このとき，単位ベクトルの列 $\Phi_\ell \in \mathsf{D}(T)$ で $\lim_{\ell\to\infty} \|T\Phi_\ell - \lambda\Phi_\ell\| = 0 \cdots (*)$ となるものが存在する[*5]．仮定により，CONS $\{\Psi_n\}_{n=1}^\infty$ で $T\Psi_n = \lambda_n \Psi_n$ となるものがある ($\lambda_n \in \sigma_{\mathrm{p}}(T)$)．$\Phi_\ell = \sum_{n=1}^\infty \langle \Psi_n, \Phi_\ell\rangle \Psi_n$ であり，$T\Phi_\ell = \sum_{n=1}^\infty \lambda_n \langle \Psi_n, \Phi_\ell\rangle \Psi_n$ が成り立つ．したがって，$\|T\Phi_\ell - \lambda\Phi_\ell\|^2 = \sum_{n=1}^\infty |\lambda_n - \lambda|^2 |\langle \Psi_n, \Phi_\ell\rangle|^2$．したがって，もし，$C := \inf_{n\geq 1} |\lambda_n - \lambda| > 0$ ならば，$\|T\Phi_\ell - \lambda\Phi_\ell\|^2 \geq C^2 \sum_{n=1}^\infty |\langle \Psi_n, \Phi_\ell\rangle|^2 = C^2\|\Phi_\ell\|^2 = C^2$．だが，これは $(*)$ に矛盾する．したがって，$C = 0$．これは，部分列 $\{\lambda_{n_k}\}_k$ があって，$\lambda_{n_k} \to \lambda (k \to \infty)$ を意味する．ゆえに，$\lambda \in \overline{\sigma_{\mathrm{p}}(T)}$． ■

---

*5 [7] の p.141，定理 2.40-(iv).

注意 1.1 命題 1.2 は，純点スペクトル的な自己共役作用素のスペクトルは，固有値だけでなく，固有値の集合の集積点—それが存在するならば—も含むことを語る．この点は留意されたい．

A をヒルベルト空間 H (状態空間) 上の純点スペクトル的な自己共役作用素 (物理量) とし

$$\sigma_{\mathrm{p}}(A) = \{\lambda_n\}_{n\in\mathbb{N}} \tag{1.1}$$

とする ($m \neq n$ ならば $\lambda_m \neq \lambda_n$ とする)．このとき

$$\mathsf{H} = \bigoplus_{n\in\mathbb{N}} \ker(A - \lambda_n) \tag{1.2}$$

と直和分解できる ([7] の 2 章，2.9.5 項を参照)．量子力学の公理によれば，A を測定して，値 λ_n を得たとすれば，$\ker(A - \lambda_n)$ に属する状態が指定されたことになる ([8] の 3 章，公理 QM3-(iii))．これが一意的であるためには，$\dim\ker(A - \lambda_n) = 1$ でなければならない．逆に，すべての $n \in \mathbb{N}$ に対して，$\dim\ker(A - \lambda_n) = 1$ ならば，明らかに，A の任意の測定は状態を一意的に指定する．こうして，**純点スペクトル的な物理量の場合には，そのすべての固有値の多重度が 1，すなわち，単純であることが，この物理量の測定によって状態が一意的に指定されるための必要十分条件であることがわかる．**

この条件が連続スペクトルをもつ物理量の場合にどのような形をとるかを探るために，すべての固有値が単純である純点スペクトル的自己共役作用素の特徴づけを固有値に言及しない仕方で行うことを考える．一般に，自己共役作用素の特性は同伴するスペクトル測度によって決定されることを想起するならば，スペクトル測度を用いて，その特徴づけを試みるのは自然である．

A を純点スペクトル的自己共役作用素とし，その点スペクトルは (1.1) で与えられるとする．さらに，固有値 λ_n はすべて単純であるとし，その規格化された固有ベクトルの一つを Ψ_n とする：$A\Psi_n = \lambda_n\Psi_n$, $\|\Psi_n\| = 1$ ($\ker(A - \lambda_n) = \{\alpha\Psi_n | \alpha \in \mathbb{C}\}$)．$E_A$ によって A のスペクトル測度を表す．いまの仮定のもとでは，$\{\Psi_n\}_{n\in\mathbb{N}}$ は H の CONS をなすから，任意の $\Psi \in \mathsf{H}$ は

$$\Psi = \sum_{n=1}^{\infty} \alpha_n \Psi_n \ (\alpha_n := \langle\Psi_n, \Psi\rangle)$$

と展開できる．$\lambda_n \neq \lambda_k, n \neq k$ より，$E_A(\{\lambda_n\})\Psi_k = \delta_{nk}\Psi_n$ ([2] の p.126, 定理 3.12, [7] の p.171, 命題 2.54)．$\gamma_n \in \mathbb{C}, \gamma_n \neq 0$ で $\sum_{n=1}^{\infty} |\gamma_n|^2 < \infty$ を満たすものを任意に一つ選び

$$\Phi_0 := \sum_{n=1}^{\infty} \gamma_n \Psi_n \tag{1.3}$$

とおく ([7] の補題 1.16 によって，右辺は収束する)．このとき，$E_A(\{\lambda_n\})\Phi_0 = \gamma_n\Psi_n$．ゆえに

$$\Psi = \sum_{n=1}^{\infty} \frac{\alpha_n}{\gamma_n} E_A(\{\lambda_n\})\Phi_0$$

と表される．

$\mathbb{R}$ の区間全体の集合を J^1 と記す：

$$\mathsf{J}^1 := \{(a,b], [a,b], [a,b), \{c\} | a,b,c \in \mathbb{R}, a < b\}. \tag{1.4}$$

これを用いると，上に導いた事実は

$$\mathsf{H} = \overline{\mathcal{L}(\{E_A(J)\Phi_0 | J \in \mathsf{J}^1\})} \tag{1.5}$$

を意味する．ここで，ベクトルの集合 D に対して，$\mathcal{L}(\mathsf{D})$ は D によって生成される部分空間を表し，部分集合 $\mathsf{F} \subset \mathsf{H}$ に対して，$\overline{\mathsf{F}}$ は F の閉包を表す．

1.3 単独の物理量に関する測定 (II)—一般の場合

1.3.1 単純スペクトルをもつ自己共役作用素

前節の予備的考察に基づいて，ある数学的概念を導入する．以下，H はヒルベルト空間であるとする．

定義 1.3 A を H 上の自己共役作用素とする．零でないベクトル Ψ_0 が存在して

$$\mathsf{H} = \overline{\mathcal{L}(\{E_A(J)\Psi_0 | J \in \mathsf{J}^1\})} \tag{1.6}$$

が成り立つとき (すなわち，$\mathcal{L}(\{E_A(J)\Psi_0|J \in \mathsf{J}^1\})$ が H で稠密であるとき)，A **のスペクトルは単純である**，あるいは，A **は単純スペクトルをもつ**，という．この場合，Ψ_0 を A に関する**生成元** (generating element) という*6.

例 1.1　前節の議論によって，すべての固有値が単純である純点スペクトル的自己共役作用素は単純スペクトルをもつ．

上の定義は，A が連続スペクトルをもつ場合でも，A のスペクトルの任意の点が "縮退していない" ことの一つの定義を与えるものである．だが，この解釈が意味をもつためには次の事実を確認しておかなければならない*7.

命題 1.4　A を単純スペクトルをもつ，H 上の自己共役作用素とし，$\sigma_{\mathrm{p}}(A) \neq \emptyset$ と仮定する．このとき，A の任意の固有値 $a \in \sigma_{\mathrm{p}}(A)$ の多重度は 1 である (すなわち，a は単純固有値).

証明　Ψ_0 を A に関する生成元とする．A のスペクトルの単純性により，$\mathsf{D} := \mathcal{L}(\{E_A(J)\Psi_0, E_A(\{a\})\Psi_0|J \in \mathsf{J}^1, J \subset \mathbb{R}\setminus\{a\}\}$ は H で稠密である．$\mathsf{R}(E_A(\{a\})) = \ker(A-a)$ を思いだそう ([7] の p.171，命題 2.54-(ii))．仮に，a の多重度が 2 以上であるとすれば，$\phi \in \ker(A-a), \phi \neq 0$ で $\langle E_A(\{a\})\Psi_0, \phi\rangle = 0$ となるものがある．$E_A(\{a\})\phi = \phi$ であるから，任意の $J \in \mathsf{J}^1, J \subset \mathbb{R} \setminus \{a\}$ に対して，$\langle E_A(J)\Psi_0, \phi\rangle = 0$．したがって，$\phi \in \mathsf{D}^\perp$．$\phi \neq 0$ であったから，これは D の稠密性に矛盾する．したがって，a の多重度は 1 でなければならない．■

自己共役作用素のスペクトルの単純性はユニタリ不変な性質である：

命題 1.5　H, K をヒルベルト空間とし，$W : \mathsf{H} \to \mathsf{K}$ をユニタリ変換とする．A を H 上の自己共役作用素とし，そのスペクトルは単純であるとする．このとき，$B := WAW^{-1}$ のスペクトルも単純である．

証明　作用素解析により，$E_B(J) = WE_A(J)W^{-1}$，$J \in \mathsf{B}^1$ (B^1 は 1 次元ボレル集合体)．したがって，A に関する生成元を Ψ_0 とし，$\Phi_0 = W\Psi_0$ とおけば，

*6　このような元は一つとは限らない．

*7　これは，自己共役作用素 A のスペクトルが固有値だけからなる場合に，例 1.1 の逆，すなわち，A が単純スペクトルをもつならば，固有値はすべて単純である，という事実を包摂する命題である．

Φ_0 は B に関する生成元になる ($\because$ ユニタリ変換は稠密な部分空間を稠密な部分空間にうつす). ■

以下, しばしば, d 次元座標空間 $\mathbb{R}^d$ の一般元 (座標変数) を $\boldsymbol{x} = (x_1, \cdots, x_n) \in \mathbb{R}^d$ と表すとき, $\mathbb{R}^d = \mathbb{R}^d_{\boldsymbol{x}}$ と記す.

次の定理は基本的である (B^1 は 1 次元ボレル集合体を表す).

定理 1.6 μ を可測空間 $(\mathbb{R}, \mathsf{B}^1)$ 上の測度で, 任意の有界なボレル集合 $B \in \mathsf{B}^1$ に対して, $\mu(B) < \infty$ を満たすものとする*8. 座標変数 $\lambda \in \mathbb{R}_\lambda$ による, $\mathsf{L}^2(\mathbb{R}_\lambda, d\mu)$ 上のかけ算作用素を $\hat{\lambda}$ とする (これは自己共役作用素になる*9). このとき, $\hat{\lambda}$ のスペクトルは単純である.

証明 証明を通して, 単に $\mathbb{R}_\lambda = \mathbb{R}$ と記す. 自己共役作用素 $\hat{\lambda}$ のスペクトル測度は

$$E_{\hat{\lambda}}(J) := \chi_J, \quad J \in \mathsf{B}^1 \tag{1.7}$$

で与えられる (右辺は, J の定義関数 χ_J によるかけ算作用素)*10. 任意の $a > 0$ に対して, $\mathbb{R}$ 上の関数 ψ_0 を $\psi_0(\lambda) := e^{-a^2\lambda^2}, \lambda \in \mathbb{R}$ によって定義する. $\mathbb{R}$ 上の連続関数で有界な台をもつものの全体 $\mathsf{C}_0(\mathbb{R})$ は $\mathsf{L}^2(\mathbb{R}, d\mu)$ で稠密である (局所有界なボレル測度は正則であることを使う). 任意の $f \in \mathsf{C}_0(\mathbb{R})$ に対して, $f\psi_0^{-1} \in \mathsf{C}_0(\mathbb{R})$ であるから, $f\psi_0^{-1}$ は $\sum_j \alpha_j \chi_{E_j}$ ($\alpha_j \in \mathbb{C}, E_j \in \mathsf{J}^1$) という形の階段関数 (リーマン近似和) によって $\mathsf{L}^2(\mathbb{R}, d\mu)$ 収束の意味で近似できる. これと, ψ_0 の有界性を使えば, f は $\sum_j \alpha_j \chi_{E_j} \psi_0$ によって $\mathsf{L}^2(\mathbb{R}, d\mu)$ 収束の意味で近似できることがわかる. ゆえに $\mathcal{L}(\{E_{\hat{\lambda}}(J)\psi_0 | J \in \mathsf{J}^1\})$ は $\mathsf{L}^2(\mathbb{R}, d\mu)$ で稠密である. よって, $\hat{\lambda}$ のスペクトルは単純である. ■

例 1.2 $\mathsf{L}^2(\mathbb{R}_x)$ 上の座標変数 $x \in \mathbb{R}_x$ によるかけ算作用素 $\hat{x}$—量子力学的には位置作用素—のスペクトルは単純である.

---

*8 このような測度を $\mathbb{R}$ 上の**局所有界な測度** (locally bounded measure) という.

*9 [7] の p.136, 例 2.13.

*10 [2] の p.123, 例 3.6, [7] の p.168, 例 2.18. μ がルベーグ測度 $d\lambda$ でない場合も同様. ストーンの公式 ([8], p.266) を用いれば, より容易に証明できる.

例 1.3　$\mathsf{L}^2(\mathbb{R}_x)$ 上の運動量作用素 $\hat{p} := -iD_x$ (D_x は x に関する一般化された微分作用素；$\hbar = 1$ の単位系) を考える．$\mathcal{F}_1 : \mathsf{L}^2(\mathbb{R}_x) \to \mathsf{L}^2(\mathbb{R}_k)$ を1次元のフーリエ変換とすれば，$\mathcal{F}_1 \hat{p} \mathcal{F}_1^{-1} = \hat{k}$ が成り立つ．したがって，前例と命題1.5によって，$\hat{p}$ のスペクトルは単純である．

1.3.2　巡回ベクトル

定義1.3と関連する概念を導入しておく．

定義 1.7　(i) H 上の線形作用素 T に対して

$$\mathsf{C}^\infty(T) := \cap_{n=1}^\infty \mathsf{D}(T^n) \tag{1.8}$$

を T の **C^∞-定義域**という[*11]．

零でないベクトル $\Psi_0 \in \mathsf{C}^\infty(T)$ について，$\mathcal{L}(\{T^n \Psi_0 | n \in \{0\} \cup \mathbb{N}\})$ が H で稠密なとき，Ψ_0 を T の**巡回ベクトル** (cyclic vector) という．この場合，T は巡回ベクトルをもつという[*12]．

(ii) $\mathsf{T} := \{T_\alpha\}_{\alpha\in\Lambda}$ (Λ は添え字集合) を H 上の線形作用素の集合とする．零でないベクトル $\Phi_0 \in \cap_{\alpha\in\Lambda} \mathsf{D}(T_\alpha)$ があって，$\mathcal{L}(\{T_\alpha \Phi_0 | \alpha \in \Lambda\})$ が H で稠密なとき，Φ_0 を T に対する**巡回ベクトル**という．この場合，T は巡回ベクトル Φ_0 をもつという．

いま定義した概念を用いると，自己共役作用素 A のスペクトルが単純であることは，スペクトル測度からつくられる作用素の集合 $\{E_A(J) | J \in \mathsf{J}^1\}$ が巡回ベクトルをもつことであると言い換えられる．また，あるベクトルが A に関する生成元であることと $\{E_A(J) | J \in \mathsf{J}^1\}$ に対する巡回ベクトルであることは同じことになる．

1.3.3　単純スペクトルをもつ自己共役作用素の対角化

ヒルベルト空間 H 上の自己共役作用素のスペクトルが単純であることの含意を調べよう．A を H 上の自己共役作用素とする．任意の $\Psi \in \mathsf{H}$ に対して，

[*11] これは，T を何回でも作用できるベクトルの集合であり，部分空間である．ただし，稠密とは限らない (T に依存する)．

[*12] T の巡回ベクトルは一つとは限らない．

$\mu_\Psi^A : \mathsf{B}^1 \to [0,\infty)$ を

$$\mu_\Psi^A(J) := \|E_A(J)\Psi\|^2, \quad J \in \mathsf{B}^1 \tag{1.9}$$

によって定義すれば，これは可測空間 $(\mathbb{R}, \mathsf{B}^1)$ 上の有界測度である[*13].

自己共役作用素 A のスペクトルが単純である場合には，次の定理の意味で A は**対角化**される：

定理 1.8 A を H 上の自己共役作用素とし，A のスペクトルは単純であるとする．Ψ_0 を A に関する生成元とする．このとき，次の性質をもつユニタリ作用素 $U : \mathsf{H} \to \mathsf{L}^2(\mathbb{R}, d\mu_{\Psi_0}^A)$ が存在する：

(i) $U\Psi_0 = 1$.

(ii) 作用素の等式

$$UAU^{-1} = \hat{\lambda} \tag{1.10}$$

が成り立つ．ただし，右辺は $\mathsf{L}^2(\mathbb{R}, d\mu_{\Psi_0}^A)$ において座標変数 $\lambda \in \mathbb{R}$ によるかけ算作用素を表す.

(iii) 任意の $\Psi \in \mathsf{H}$ に対して，ボレル可測関数 $f_\Psi \in \mathsf{L}^2(\mathbb{R}, d\mu_{\Psi_0}^A)$ がただ一つあって

$$\Psi = f_\Psi(A)\Psi_0 \tag{1.11}$$

と表される.

(iv) 任意のボレル集合 $J \in \mathsf{B}^1$ に対して

$$U\mathsf{R}(E_A(J)) = \{f \in \mathsf{L}^2(\mathbb{R}, d\mu_{\Psi_0}^A) | \{\lambda \in \mathbb{R} | f(\lambda) \neq 0, \mu_{\Psi_0}^A - \text{a.e.}\lambda\} \subset \mathrm{J}\}. \tag{1.12}$$

証明 証明を通して，$\mu := \mu_{\Psi_0}^A$ とおく．任意の $f \in \mathsf{L}^2(\mathbb{R}, d\mu)$ に対して，作用素解析により，$\Psi_0 \in \mathsf{D}(f(A))$ であり，$\|f(A)\Psi_0\|_{\mathsf{H}} = \|f\|_{\mathsf{L}^2(\mathbb{R},d\mu)}$ が成り立つ．したがって，写像 $V : \mathsf{L}^2(\mathbb{R}, d\mu) \to \mathsf{H}$ を $Vf := f(A)\Psi_0$ によって定義すれば，V は線形な等長作用素である．$\mathsf{M} := \{f(A)\Psi_0 | f \in \mathsf{L}^2(\mathbb{R}, d\mu)\}$ とおけば，M は H の部分空間である．任意の $J \in \mathsf{J}^1$ に対して，$\chi_J \in \mathsf{L}^2(\mathbb{R}, d\mu)$ であるから，

*13 [7] の p.194～p.195 を参照.

$E_A(J)\Psi_0 = \chi_J(A)\Psi_0 \in \mathsf{M}$．これと A のスペクトルの単純性により，M は H で稠密である．部分空間 M が閉であることを示すために，$\Psi_n \in \mathsf{M}, \Psi_n \to \Psi \in \mathsf{H}\ (n \to \infty)$ としよう．このとき，$\Psi_n = f_n(A)\Psi_0$ となる $f_n \in \mathsf{L}^2(\mathbb{R}, d\mu)$ が存在する．V の等長性により，$\|f_n - f_m\|_{\mathsf{L}^2(\mathbb{R},d\mu)} = \|\Psi_n - \Psi_m\| \to 0\ (n, m \to \infty)$．したがって，$\{f_n\}_n$ は $\mathsf{L}^2(\mathbb{R}, d\mu)$ の基本列である．ゆえに，$\lim_{n\to\infty} \|f_n - f\|_{\mathsf{L}^2(\mathbb{R},d\mu)} = 0$ となる $f \in \mathsf{L}^2(\mathbb{R}, d\mu)$ が存在する．これは $\|\Psi_n - f(A)\Psi_0\| \to 0$ $(n \to \infty)$ を意味する．したがって，$\Psi = f(A)\Psi_0 \in \mathsf{M}$．ゆえに M は閉である．以上から，$\mathsf{M} = \mathsf{H}$ が結論される．よって，$V : \mathsf{L}^2(\mathbb{R}, d\mu) \to \mathsf{H}$ はユニタリである．$U := V^{-1}$ とすれば，これが求めるものであることを次に証明する．

(i)　明らかに，$V1 = \Psi_0$ であるから，$U\Psi_0 = 1$．

(ii)　任意の $f \in \mathsf{D}(\hat{\lambda})$ に対して，$\int_{\mathbb{R}} \lambda^2 |f(\lambda)|^2 d\mu(\lambda) < \infty$．したがって，作用素解析により，$Vf = f(A)\Psi_0 \in \mathsf{D}(A)$ であり，$V\hat{\lambda}f = Af(A)\Psi_0 = AVf$ が成り立つ．これは $\hat{\lambda} \subset V^{-1}AV$ を意味する．両辺ともに自己共役であるから，作用素の等式 $\hat{\lambda} = V^{-1}AV$ が得られる．これは (1.10) と同値である．

(iii)　任意の $\Psi \in \mathsf{H}$ に対して，$f_\Psi = U\Psi$ とすればよい．

(iv)　(1.12) の右辺の集合を M_J とすれば，任意の $f \in \mathsf{M}_J$ に対して，$\chi_J f = f$ であるから，$f(A)\Psi_0 = E_A(J)f(A)\Psi_0$．したがって，$f(A)\Psi_0 \in \mathsf{R}(E_A(J))$．ゆえに，$V\mathsf{M}_J \subset \mathsf{R}(E_A(J))$．逆に，任意の $\Psi \in \mathsf{R}(E_A(J))$ は，$\Psi = E_A(J)\Phi$ と書ける $(\Phi \in \mathsf{H})$．$\Phi = g(A)\Psi_0\ (g \in \mathsf{L}^2(\mathbb{R}, d\mu))$ とすれば $\Psi = V(\chi_J g)$．$\chi_J g \in \mathsf{M}_J$ であるから，$\Psi \in V\mathsf{M}_J$．よって，$V\mathsf{M}_J = \mathsf{R}(E_A(J))$，すなわち，(1.12) が成り立つ．　■

1.3.4　物理的含意—測定による状態の一意的指定

定理 1.8 と定理 1.6 によって，スペクトルが単純な自己共役作用素 A によって表される物理量については，A の測定による状態の一意的指定に関する問題に対して，次に述べる意味で肯定的な答が得られる．Ψ_0 を A に関する生成元としよう．ヒルベルト空間 $\mathsf{L}^2(\mathbb{R}_\lambda, d\mu^A_{\Psi_0}) = \mathsf{L}^2(\sigma(A), d\mu^A_{\Psi_0})$ ($\because$ 測度 $\mu^A_{\Psi_0}$ の台 $\mathrm{supp}\,\mu^A_{\Psi_0}$ は $\sigma(A)$ に含まれる) は，A のスペクトルの測定という描像と結びついた状態空間と解釈される．そこで，測度空間 $(\mathbb{R}_\lambda, \mu^A_{\Psi_0})$ を A のスペクトル空間 (spectral space) と呼ぶ．これと対応して，任意の状態 $\Psi \in \mathsf{H}$ に対して一意的に定まる，スペクトル空間上の状態関数 f_Ψ は，状態 Ψ において物理量 A を測定したときに得られる情報の (スペクトル空間上での) 担い手であると解釈される．いまの場合，A はかけ算作用素 $\hat{\lambda}$ にユニタリ同値であるので，[7] の定理 2.27-(i) (p.127) によって

$$\sigma(A) = \{\lambda \in \mathbb{R} | \mu^A_{\Psi_0}(\{\lambda' \in \mathbb{R} | |\lambda' - \lambda| < \varepsilon\}) > 0, \forall \varepsilon > 0\} \tag{1.13}$$

が成り立つことにも注意しよう．

さて，物理量 A の測定によって，A の測定値が区間

$$\mathsf{I}_\varepsilon := [\lambda_0 - \varepsilon, \lambda_0 + \varepsilon] \tag{1.14}$$

($\varepsilon > 0$ は十分小) の中にあることが知られたとしよう．ただし，$\lambda_0 \in \sigma(A)$ とする．したがって，(1.13) によって，

$$\mu^A_{\Psi_0}(\mathsf{I}_\varepsilon) > 0, \quad \forall \varepsilon > 0. \tag{1.15}$$

観測の公理により，測定によって指定された状態は $\mathsf{R}(E_A(\mathsf{I}_\varepsilon))$ の元で表される．いま，そのような元の任意の一つを $\Phi_\varepsilon \neq 0$ としよう．これに対応する，スペクトル空間上の状態関数は定理 1.8-(iii) によって $f_{\Phi_\varepsilon} \in \mathsf{L}^2(\mathbb{R}, d\mu^A_{\Psi_0})$ で与えられる．さらに，定理 1.8-(iv) によって

$$f_{\Phi_\varepsilon}(\lambda) = 0, \quad |\lambda - \lambda_0| > \varepsilon.$$

これから，$\varepsilon \downarrow 0$ とすることは，スペクトル空間上の状態関数の台がどんどん狭くなるという意味において，状態 f_{Φ_ε} の決定の精度があがることに対応すると解釈される．他方，$\varepsilon \downarrow 0$ という過程は，測定の観点からは，A のスペクトルの測定の精度をあげることに対応する．この意味において，A の測定は，状態を一意的に指定すると解釈される．

特殊な場合として，もし，λ_0 が A の固有値で λ_0 の十分小さい近傍には，λ_0 以外に A のスペクトルがないとすれば—このような固有値を**孤立固有値**という[*14]—，十分小さな ε に対して，Φ_ε は λ_0 の固有ベクトルになる．実際，い

[*14] 一般に，ヒルベルト空間上の線形作用素 T の固有値 λ について，ある $\delta > 0$ があって，$\sigma(T) \cap (\lambda - \delta, \lambda + \delta) = \{\lambda\}$ が成り立つとき，λ は T の**孤立固有値** (isolated eigenvalue) であるという．

まの条件のもとでは，十分小さな任意の $\varepsilon > 0$ に対して，$E_A(\mathsf{I}_\varepsilon) = E_A(\{\lambda_0\})$ となるから，$\Phi_\varepsilon = E_A(\mathsf{I}_\varepsilon)\Phi_\varepsilon = E_A(\{\lambda_0\})\Phi_\varepsilon$ であり，最右辺は A の固有値 λ_0 に属する固有ベクトルである ([7] の p.171，命題 2.54-(ii))．他方，命題 1.4 によって，λ_0 の固有ベクトルは定数倍を除いて一意的である．したがって，いまの場合，量子力学的状態が一意的に定まる．この固有ベクトルに対応する，スペクトル空間上での状態関数 $f_{\Phi_\varepsilon}(\lambda)$ は

$$\eta_0(\lambda) := \delta_{\lambda,\lambda_0}, \quad \lambda \in \mathbb{R} \quad (\text{クロネッカーのデルタ}) \tag{1.16}$$

によって定義される関数 η_0 の零でない定数倍で与えられる*15.

A のスペクトル $\sigma(A)$ の点 λ_0 が A の孤立固有値とは限らない場合にも，上述の解釈を支持する，もっと精密な議論を展開することが可能である (演習問題 2 を参照).

こうして，量子力学においては，単純スペクトルをもつ自己共役作用素によって表される物理量がより基本的な対象であることが知られる．そこで，そのような物理量に名前をつけておく：

定義 1.9 量子力学のコンテクストにおいて，スペクトルが単純である自己共役作用素によって表される物理量を**極大観測量** (maximal observable) または**極大物理量**と呼ぶ.

以下，量子力学のコンテクストでない場合でも，語の使い方を拡張して，極大観測量または極大物理量という言葉を使うことにする.

例 1.4 例 1.2 によって，$\mathsf{L}^2(\mathbb{R}_x)$ 上の位置作用素 $\hat{x}$ は極大観測量である.

例 1.5 例 1.3 によって，$\mathsf{L}^2(\mathbb{R}_x)$ 上の運動量作用素 $\hat{p}$ は極大観測量である.

ある対比的な意味において．極大観測量にならない基本的な物理量の一般的クラスの一つをあげておこう：

---

*15 関数 η_0 は，もちろん，ルベーグ測度に関しては a.e. 0 である．したがって，η_0 は $\mathsf{L}^2(\mathbb{R})$ の元としては 0 である．だが，$\mu^A_{\Psi_0}(\{\lambda_0\}) \neq 0$ であるから，η_0 は，測度 $\mu^A_{\Psi_0}$ に関しては a.e. 零にはならない．したがって，$\mathsf{L}^2(\mathbb{R}, d\mu^A_{\Psi_0})$ の元としては η_0 は 0 でない.

命題 1.10 H, K を可分なヒルベルト空間とし，$\dim \mathsf{K} \geq 2$ とする．C を H 上の共役子とし，H 上の自己共役作用素 A は $E_A(J)C = CE_A(J), \forall J \in \mathsf{J}^1 \cdots (*)$ を満たすものとする[*16]．このとき，$A \otimes I$ は極大観測量ではない．

証明 同型定理 ([7, p.80, 定理 1.41]) により，$\mathsf{K} = \mathbb{C}^N$ $(N < \infty)$ または $\mathsf{K} = \ell^2$ として一般性を失わない．$\mathsf{K} = \mathbb{C}^N$ の場合についてのみ証明する ($\mathsf{K} = \ell^2$ の場合についても同様)．この場合，$\mathsf{H} \otimes \mathbb{C}^N \cong \oplus^N \mathsf{H}$ である．同型対応は $\mathsf{H} \otimes \mathbb{C}^N \ni \Psi \otimes e_j \mapsto (0, \cdots, 0, \overset{j\,番目}{\Psi}, 0, \cdots, 0) \in \oplus^N \mathsf{H}$ である ($(e_j)_{j=1}^N$ は $\mathbb{C}^N$ の標準基底[*17])．この同型のもとで，H 上の任意の稠密に定義された閉作用素 T に対して，$T \otimes I$ は $\oplus^N T$ とユニタリ同値である (作用素の直和については，[8] の 4 章，4.3.2 項を参照)．以下，$\oplus^N \mathsf{H}$ で考える．いま，仮に，$A \otimes I$ に関する生成元があったとして，これを $\Psi_0 = (\Psi_0^{(j)})_{j=1}^N \in \oplus^N \mathsf{H}$ とする．このとき，$(E_A(J)\Psi_0^{(j)})_{j=1}^N, J \in \mathsf{J}^1$ によって生成される部分空間は $\oplus^N \mathsf{H}$ で稠密である．したがって，すべての $j = 1, \cdots, N$ に対して，$\Psi_0^{(j)} \neq 0$．そこで，ベクトル $\Phi_0 = (\Phi_0^{(j)})_{j=1}^N \in \oplus^N \mathsf{H}$ を次のように定義する ($N \geq 2$ であることがここにきく)：$\Phi_0^{(1)} := C\Psi_0^{(2)}, \Phi_0^{(2)} := -C\Psi_0^{(1)}$；$N \geq 3$ の場合には，$\Phi_0^{(j)} = 0, j \geq 3$ とする．共役子の性質と $(*)$ を使うと $\left\langle \Phi_0^{(1)}, E_A(J)\Psi_0^{(1)} \right\rangle = \left\langle CE_A(J)\Psi_0^{(1)}, \Psi_0^{(2)} \right\rangle = \left\langle E_A(J)C\Psi_0^{(1)}, \Psi_0^{(2)} \right\rangle = -\left\langle \Phi_0^{(2)}, E_A(J)\Psi_0^{(2)} \right\rangle$ であるので，$\langle \Phi_0, (\oplus^N E_A(J))\Psi_0 \rangle = 0$．一方，明らかに，$\Phi_0 \neq 0$．ゆえに，$\mathcal{L}(\{(\oplus^N E_A(J))\Psi_0 | J \in \mathsf{J}^1\})$ は $\oplus^N \mathsf{H}$ で稠密でないことになり，これは矛盾である．よって，$A \otimes I$ に関する生成元は存在しない． ■

この命題は，そのスペクトル測度が共役子と可換な物理量 A の自然なテンソル積拡大 $A \otimes I$ (ただし，$\dim \mathsf{K} \geq 2$ とする) は，単独では，極大観測量になり得ないことを示す．これは多体系の物理量を考察するときに基礎となる重要な事実のひとつである．

例 1.6 1 次元空間 $\mathbb{R}$ の中に存在する，スピン 1/2 の粒子の状態のヒルベルト空間は，CCR (正準交換関係) のシュレーディンガー表現においては $\mathsf{L}^2(\mathbb{R}_x) \oplus \mathsf{L}^2(\mathbb{R}_x) =$

[*16] 共役子については，[8] の 4 章，4.4.1 項を参照．

[*17] $e_j := (0, \cdots, 0, \overset{j\,番目}{1}, 0, \cdots, 0) \in \mathbb{C}^N$．

$\mathsf{L}^2(\mathbb{R}_x;\mathbb{C}^2)$ にとれる．$X=\hat{x}\oplus\hat{x}$ とおく．この作用素は自己共役であり，物理的には，この系における粒子の位置作用素を表す*18．C を $\mathsf{L}^2(\mathbb{R}_x)$ 上の複素共役子とする：$(C\psi)(x):=\psi(x)^*$, a.e.x. $E_{\hat{x}}(J)=\chi_J, J\in\mathsf{B}^1$ であるから，$CE_{\hat{x}}(J)=E_{\hat{x}}(J)C$. したがって，命題 1.10 を応用すれば，$X$ は極大観測量ではないことが結論される．1.1 節の冒頭で，単独の物理量だけの測定では，状態を一意的に定めることができないことを示す例としてスピン系についてふれた．いまの例はその数学的構造を明らかにするものである．

例 1.7　$d\geq 2$ とする．このとき，$\mathsf{L}^2(\mathbb{R}^d)$ における，j 番目の位置作用素 $\hat{x}_j$ (座標変数 x_j によるかけ算作用素; $j=1,\cdots,d$) および運動量作用素 $\hat{p}_j:=-iD_j$ (D_j は変数 x_j に関する一般化された偏微分作用素) は極大観測量ではない．

証明　$\mathsf{L}^2(\mathbb{R}^d)$ は $\mathsf{L}^2(\mathbb{R}_{x_j})\otimes\mathsf{L}^2(\mathbb{R}^{d-1})$ と同一視できる ([8] の 4 章，4.1 節を参照)．この場合，$\hat{x}_j$ は $\hat{x}_j\otimes I$ と同一視される．したがって，命題 1.10 によって，$\mathsf{L}^2(\mathbb{R}^d)$ 上の自己共役作用素 $\hat{x}_j$ は極大観測量ではない．

$\mathcal{F}_d:\mathsf{L}^2(\mathbb{R}^d_{\boldsymbol{x}})\to\mathsf{L}^2(\mathbb{R}^d_{\boldsymbol{k}})$ を d 次元のフーリエ変換とすれば，$\hat{k}_j=\mathcal{F}_d\hat{p}_j\mathcal{F}_d^{-1}$．したがって，もし，$\hat{p}_j$ が極大観測量であれば，命題 1.5 により，$\hat{k}_j$ も極大観測量である．だが，これは前段の結果に矛盾する．ゆえに，$\hat{p}_j$ も極大観測量ではない．　■

1.3.5　極大観測量の別の特徴づけ

定理 1.11　ヒルベルト空間 H 上の自己共役作用素 A が極大観測量であるための必要十分条件は，A が巡回ベクトルをもつことである．

証明　(必要性) A が極大観測量であれば，定理 1.8 によって，$\mathbb{R}$ 上の有界測度 μ とユニタリ変換 $U:\mathsf{H}\to\mathsf{L}^2(\mathbb{R},d\mu)$ があって，$UAU^{-1}=\hat{\lambda}$ が成り立つ．定理 1.6 の証明でみたように，関数 $\psi_0(\lambda)=e^{-a^2\lambda^2}$ ($a>0$ は定数) は $\hat{\lambda}$ に関する生成元である．μ は有界測度であるから，$\psi_0\in\mathsf{C}^\infty(\hat{\lambda})$ であることがわかる．したがって，$\Phi_0:=U^{-1}\psi_0$ とおけば，$\Phi_0\in\mathsf{C}^\infty(A)$．$\mathsf{D}=\mathcal{L}(\{\hat{\lambda}^n\psi_0|n\in\{0\}\cup\mathbb{N}\})$ が $\mathsf{L}^2(\mathbb{R},d\mu)$ で稠密であることを示そう (このとき，$\mathcal{L}(\{A^n\Phi_0|n\in\{0\}\cup\mathbb{N}\})$ は H で稠密になるので，Φ_0 は A の巡回ベクトルである)．$f\in\mathsf{D}^\perp$ とすれば，任意の $n\in\{0\}\cup\mathbb{N}$ に対して，$\int_{\mathbb{R}}\lambda^n\psi_0(\lambda)f(\lambda)d\mu(\lambda)=0$．したがって，$t\in\mathbb{R}$ を任意として，$g_N(\lambda)=\sum_{n=0}^N(it\lambda)^n/n!$ とおけば，$\int_{\mathbb{R}}g_N(\lambda)\psi_0(\lambda)f(\lambda)d\mu(\lambda)=0$.

---

*18 自然な同型 $\mathsf{L}^2(\mathbb{R}_x;\mathbb{C}^2)\cong\mathsf{L}^2(\mathbb{R}_x)\otimes\mathbb{C}^2$ において，X は $\hat{x}\otimes I$ に対応する．

$\lim_{N\to\infty} g_N(\lambda) = e^{it\lambda}, \lambda \in \mathbb{R}$ であり

$$|g_N(\lambda)\psi_0(\lambda)f(\lambda)| \le e^{|t||\lambda|}e^{-a^2\lambda^2}|f(\lambda)| \le C_t|f(\lambda)|$$

(C_t は N, λ に依らない定数). μ が有界測度なので $|f| \in \mathsf{L}^1(\mathbb{R}, d\mu)$ である ($\because$ 積分に関するシュヴァルツの不等式). したがって, ルベーグの優収束定理によって $\int_{\mathbb{R}} e^{it\lambda}\psi_0(\lambda)f(\lambda)d\mu(\lambda) = 0$ が導かれる. $\mathrm{Im}\, z < 0$ を満たす $z \in \mathbb{C}$ を任意にとり, 両辺に e^{-itz} をかけ, t について, 0 から ∞ まで積分すると (積分の順序交換に対して, フビニの定理を応用する) $\int_{\mathbb{R}}(\lambda - z)^{-1}\psi_0(\lambda)f(\lambda)d\mu(\lambda) = 0$. 同様に, $\mathrm{Im}\, z > 0$ に対しては $\int_{\mathbb{R}}(\lambda + z)^{-1}\psi_0(\lambda)f(\lambda)d\mu(\lambda) = 0$ が得られる. $z = x \pm i\varepsilon$ ($x \in \mathbb{R}, \varepsilon > 0$) として, x について, a から b まで積分し ($a < b$), $\varepsilon \downarrow 0$ とすれば

$$\int_{\mathbb{R}} (\chi_{[a,b]}(\lambda) + \chi_{(a,b)}(\lambda))\psi_0(\lambda)f(\lambda)d\mu(\lambda) = 0$$

が得られる ([8] の p.266〜p.267 を参照). $b \to a$ とすれば, ルベーグの優収束定理により $\int_{\mathbb{R}} \chi_{\{a\}}(\lambda)\psi_0(\lambda)f(\lambda)d\mu(\lambda) = 0$. よって, すべての $J \in \mathsf{J}^1$ に対して $\int_{\mathbb{R}} \chi_J(\lambda)\psi_0(\lambda)f(\lambda)d\mu(\lambda) = 0$. ψ_0 は $\hat{\lambda}$ に関する生成元であったから, $f = 0$ でなければならない. ゆえに D は $\mathsf{L}^2(\mathbb{R}, d\mu)$ で稠密である.

(十分性) A は巡回ベクトル Φ_0 をもつとしよう. このとき, $\mathsf{D}_A := \mathcal{L}(\{A^n\Phi_0 | n \in \{0\} \cup \mathbb{N}\})$ は H で稠密である. 一方, $A^n\Phi_0 = \int_{\mathbb{R}} \lambda^n dE_A(\lambda)\Phi_0$ (ベクトルに関するスティルチェス型積分の強収束 ; [7] の p.210〜p.211 の注意を参照). したがって, $\mathsf{D}_A \subset \overline{\mathcal{L}(\{E_A(J)\Phi_0 | J \in \mathsf{J}^1\})}$. これは, $\mathcal{L}(\{E_A(J)\Phi_0 | J \in \mathsf{J}^1\})$ が H で稠密であることを意味する. すなわち, Φ_0 は A に関する生成元である. よって, A のスペクトルは単純である. ■

例 1.8　$\mathsf{L}^2(\mathbb{R}^d_{\boldsymbol{x}})$ における自由ハミルトニアン $H_0 = -\Delta/2m$ ($m > 0$ は質量を表す定数, Δ は一般化されたラプラシアン) は極大観測量ではない.

証明　$\mathcal{F}_d : \mathsf{L}^2(\mathbb{R}^d_{\boldsymbol{x}}) \to \mathsf{L}^2(\mathbb{R}^d_{\boldsymbol{k}})$ をフーリエ変換とし, $h(\boldsymbol{k}) = \boldsymbol{k}^2/(2m), \boldsymbol{k} \in \mathbb{R}^d_{\boldsymbol{k}}$ とすれば, $\mathcal{F}_d H_0 \mathcal{F}_d^{-1} = h$ が成り立つ. 仮に, H_0 が極大観測量であるとすれば, 命題 1.5 によって, h も極大観測量である. したがって, h は巡回ベクトルをもつ. その一つを $\psi_0 \in \mathsf{C}^\infty(h)$ とする. このとき, $\mathsf{D} := \mathcal{L}(\{h^n\psi_0 | n \ge 0\})$ は $\mathsf{L}^2(\mathbb{R}^d_{\boldsymbol{k}})$ で稠密である. したがって, $\psi_0(\boldsymbol{k}) \ne 0$, a.e.$\boldsymbol{k}$. また, 任意の $N \in \mathbb{N}$ に対して, ベクトル

$\psi_0, h\psi_0, \cdots, h^N\psi_0$ は線形独立である．したがって，グラム–シュミットの直交化 ([7] の 1.1.5 項) により，$\mathsf{L}^2(\mathbb{R}^d_{\boldsymbol{k}})$ の CONS$\{\phi_n\psi_0\}_{n\geq 0}$ で

$$\mathcal{L}(\{\phi_n\psi_0 | n = 0, \cdots, N\}) = \mathcal{L}(\{h^n\psi_0 | n = 0, \cdots, N\}), \forall N \in \mathbb{N}$$

となるものが存在する．したがって, 特に, 各 ϕ_n は $|\boldsymbol{k}|$ の関数である．$k_1\psi_0 \in \mathsf{L}^2(\mathbb{R}^d_{\boldsymbol{k}})$ であるから，$k_1\psi_0 = \sum_{n=0}^{\infty} c_n\phi_n\psi_0$ と展開できる ($c_n \in \mathbb{C}$)．したがって，部分列 N_ℓ で $N_\ell \to \infty\,(\ell \to \infty)$ かつ

$$k_1\psi_0(\boldsymbol{k}) = \lim_{\ell\to\infty} \sum_{n=0}^{N_\ell} c_n\phi_n(\boldsymbol{k})\psi_0(\boldsymbol{k}),\ \forall \boldsymbol{k} \in \mathbb{R}^d \setminus S$$

($S \subset \mathbb{R}^d$ は, ルベーグ測度に関する，ある零集合) を満たすものがとれる．$\Omega := \{\boldsymbol{k} \in \mathbb{R}^d \setminus S | \psi_0(\boldsymbol{k}) \neq 0\}$ とおくと，これは空集合ではない．上のことから，任意の $\boldsymbol{k} \in \Omega$ に対して，$k_1 = \lim_{\ell\to\infty} \sum_{n=0}^{N_\ell} c_n\phi_n(\boldsymbol{k})$．右辺は，変数変換 $\boldsymbol{k} \to -\boldsymbol{k}$ に対して不変であるが，左辺は符号が変わる．したがって，これは矛盾である．ゆえに H_0 は極大観測量ではない．■

1.4　複数の物理量の測定による状態の一意的決定 (I)—純点スペクトル的な物理量の組の場合

次に，2 個以上の物理量 $A_1, \cdots, A_N$ ($N \geq 2$) —ヒルベルト空間 H で働くものとする—の共立的測定可能性と共立的測定による状態の一意的決定性の問題を考察する．ただし，この節では，簡単な場合だけを取り扱う．すなわち，各 A_j が純点スペクトル的である場合である．A_j の点スペクトルは次の形で与えられるとする：

$$\sigma_{\mathrm{p}}(A_j) = \{\lambda^{(j)}_{l_j}\}_{l_j}. \tag{1.17}$$

ここで，添え字 l_j は有限集合または可算無限集合を走る．また，$n \neq m$ ならば $\lambda^{(j)}_n \neq \lambda^{(j)}_m$ とする．解析に進む前に，複数の自己共役作用素の固有ベクトルに関する基本的な概念を定義しておく．

定義 1.12　$T_1, \cdots, T_N$ ($N \geq 2$) を H 上の自己共役作用素とする

(i)　ベクトル $\Psi \in$ H が $T_1, \cdots, T_N$ の**同時固有ベクトル**であるとは, $\Psi \neq 0$ であり, 各 j に対して, T_j の固有値 $\lambda_j \in \sigma_{\mathrm{p}}(T_j)$ があって $T_j\Psi = \lambda_j\Psi, j = 1, \cdots, N$

が成り立つときをいう[*19]．この場合，固有値の組 $(\lambda_1, \cdots, \lambda_N)$ を $T_1, \cdots, T_N$ の**同時固有値**という．

ある同時固有値を与える同時固有ベクトルが定数倍を除いてただ一つしか存在しないとき，その同時固有値は**単純**であるという．

同一の同時固有値を与える同時固有ベクトルで線形独立なものが 2 個以上あるとき，その同時固有値は**縮退している**という．

(ii) $T_1, \cdots, T_N$ の同時固有ベクトルの集合が H の CONS (完全正規直交系) をなすとき，$T_1, \cdots, T_N$ は**同時固有ベクトルの完全系をもつ**という．

物理量 $T_1, \cdots, T_N$ が同時固有ベクトルの完全系をもつとしよう．$T_1, \cdots, T_N$ を測定すれば，同時固有値の一つ $\lambda = (\lambda_1, \cdots, \lambda_N)$ が得られる (公理)．これによって状態が一意的に定まるためには，λ は単純でなければならない．逆に，$T_1, \cdots, T_N$ の任意の同時固有値が単純であれば，これらの測定は明らかに状態を一意的に定める．したがって，**同時固有ベクトルの完全系をもつ物理量の組の測定が状態を一意的に決定するための必要十分条件は，そのすべての同時固有値が単純であること**が結論される．この条件を満たす物理量の組 $(T_1, \cdots, T_N)$ —すなわち，その同時固有ベクトルの全体は完全系をなし，かつそのすべての同時固有値が単純であるような物理量の組—は**純点スペクトル的に極大である** (maximal) という．こうして，純点スペクトル的な物理量の組については，その測定によって状態が一意的に定まるようなクラスが決定される．そこで，以下では，物理量の組が純点スペクトル的に極大であるための条件を検討する．

1.4.1 同時固有ベクトルが完全系をなすための条件

次の定理を証明する：

定理 1.13 (1.17) を仮定する．このとき，$A_1, \cdots, A_N$ が同時固有ベクトルの完全系をもつための必要十分条件は $A_1, \cdots, A_N$ が強可換であることである．

この定理を証明するために，ある基本的な一般的事実を補題として述べておく：

[*19] いうまでもなく，この“同時”は，時間的に同時という意味ではない．定義から明らかなように，T_j のうち一つでも固有値をもたないものがあれば，$T_1, \cdots, T_N$ の同時固有ベクトルは存在しない．

補題 1.14　T を H 上の自己共役作用素とし，M を H の閉部分空間とし，M への正射影作用素を P とする[*20]．もし，すべての $t \in \mathbb{R}$ に対して，e^{itT} が M を不変にするならば (i.e.，$\Psi \in \mathsf{M}$ ならば $e^{itT}\Psi \in \mathsf{M}$)，

$$Pe^{itT} = e^{itT}P \tag{1.18}$$

が成り立つ．特に，T は M によって簡約される．

証明　仮定により，$Pe^{itT}P = e^{itT}P \cdots (*)$．この式で共役をとると，$Pe^{-itT}P = Pe^{-itT}$．左辺は $(*)$ によって，$e^{-itT}P$ に等しい．$t \in \mathbb{R}$ は任意であるから，(1.18) が得られる．

次に $\Psi \in \mathsf{D}(T)$ とする．(1.18) により，$Pe^{itT}\Psi = e^{itT}P\Psi$．$\Psi \in \mathsf{D}(T)$ と P の有界性により，左辺は $t = 0$ で強微分可能である．したがって，右辺も $t = 0$ で強微分可能であるから，[8] の定理 3.37 によって，$P\Psi \in \mathsf{D}(T)$ かつ $PT\Psi = TP\Psi$ が成り立つ．すなわち，$PT \subset TP$．よって，T は M によって簡約される．■

定理 1.13 の証明　(必要性) A_j の固有値を重複を込めて数えたものを $\mu^{(j)}_{q_j}$ とする (集合としては，$\{\lambda^{(j)}_{l_j}\}_{l_j} = \{\mu^{(j)}_{q_j}\}_{q_j}$)．$\{\Psi_{q_1,\cdots,q_N}\}_{q_1,\cdots,q_N}$ を $A_1,\cdots,A_N$ の同時固有ベクトルからなる CONS とする：すなわち，$A_j\Psi_{q_1,\cdots,q_N} = \mu^{(j)}_{q_j}\Psi_{q_1,\cdots,q_N}$ であり，$\{\Psi_{q_1,\cdots,q_N}\}_{q_1,\cdots,q_N}$ は H の CONS をなすとする．作用素解析により，任意の $t \in \mathbb{R}$ と $j = 1,\cdots,N$ に対して，$e^{itA_j}\Psi_{q_1,\cdots,q_N} = e^{it\mu^{(j)}_{q_j}}\Psi_{q_1,\cdots,q_N}$．したがって，任意の $s \in \mathbb{R}$ と $k = 1,\cdots,N$ に対して，$e^{isA_k}e^{itA_j}\Psi_{q_1,\cdots,q_N} = e^{it\mu^{(j)}_{q_j}}e^{is\mu^{(k)}_{q_k}}\Psi_{q_1,\cdots,q_N}$．これから，$e^{isA_k}e^{itA_j}\Psi_{q_1,\cdots,q_N} = e^{itA_j}e^{isA_k}\Psi_{q_1,\cdots,q_N}$ が導かれる．任意の $\Psi \in \mathsf{H}$ は $\{\Psi_{q_1,\cdots,q_N}\}_{q_1,\cdots,q_N}$ で展開でき，e^{isA_k}, e^{itA_j} は有界であるから，$e^{isA_k}e^{itA_j}\Psi = e^{itA_j}e^{isA_k}\Psi$ が得られる．したがって．$e^{isA_k}e^{itA_j} = e^{itA_j}e^{isA_k}$．ゆえに，[8] の定理 3.13 によって，$A_j$ と A_k は強可換である．

(十分性) $A_1,\cdots,A_N$ は強可換であるとする．$\mathsf{H}_{l_1,\ldots,l_N} := \cap_{j=1}^N \ker(A_j - \lambda^{(j)}_{l_j})$ とおくと $(l_1,\ldots,l_N) \neq (l'_1,\ldots,l'_N)$ ならば $\mathsf{H}_{l_1,\ldots,l_N}$ と $\mathsf{H}_{l'_1,\ldots,l'_N}$ は直交

[*20] [7] において射影演算子 (直交射影) と呼んだ作用素を，本書では，正射影作用素と呼ぶ．

する．仮定 (1.17) により，$\mathsf{H} = \oplus_{l_j} \ker(A_j - \lambda_{l_j}^{(j)})$ であるので，$\mathsf{H} = \oplus_{l_1,\cdots,l_N} \mathsf{H}_{l_1,\cdots,l_N}$ が成り立つ．A_k, A_j $(j \neq k, j, k = 1, \cdots, N)$ の強可換性により，任意の $s, t \in \mathbb{R}$ に対して，$e^{isA_k}e^{itA_j} = e^{itA_j}e^{isA_k}$．したがって，任意の $\Phi \in \ker(A_k - \lambda_{l_k}^{(k)})$ に対して，$e^{isA_k}e^{itA_j}\Phi = e^{is\lambda_{l_k}^{(k)}}e^{itA_j}\Phi$．そこで，$s = 0$ での強微分を考察すれば，$e^{itA_j}\Phi \in \mathsf{D}(A_k)$ かつ $A_k e^{itA_j}\Phi = \lambda_{l_k}^{(k)} e^{itA_j}\Phi$．これは，$e^{itA_j}$ が $\ker(A_k - \lambda_{l_k}^{(k)})$ を不変にすることを意味する．ゆえに，補題 1.14 によって，A_j は $\ker(A_k - \lambda_{l_k}^{(k)})$ によって簡約される．したがって，$\mathsf{H}_{l_1,\cdots,l_N} \subset \cap_{j=1}^N \mathsf{D}(A_j)$ であり，$\mathsf{H}_{l_1,\cdots,l_N}$ の任意の元 $\Psi \neq 0$ は $A_1, \cdots, A_N$ の同時固有ベクトルである：$A_j\Psi = \lambda_{l_j}^{(j)}\Psi$．ゆえに，$\mathsf{H}_{l_1,\cdots,l_N}$ の CONS を $\Psi_{l_1,\cdots,l_N}^{(m)}, m = 1, \cdots, M_{l_1,\cdots,l_N}$ $(M_{l_1,\cdots,l_N} \leq \infty)$ とすれば，$\{\Psi_{l_1,\cdots,l_N}^{(m)}\}_{l_1,\cdots,l_N; m=1,\cdots,M_{l_1,\cdots,l_N}}$ は H の CONS になる．よって，$A_1, \cdots, A_N$ は同時固有ベクトルの完全系をもつ． ■

1.4.2　$A_1, \cdots, A_N$ を一つの物理量で表すこと

仮定 (1.17) のもとで，$A_1, A_2, \cdots, A_N$ は強可換であるとする．このとき，定理 1.13 によって，$A_1, \cdots, A_N$ の同時固有ベクトルからなる完全正規直交系が存在する．いま，これを $\{\Psi_m\}_{m=1}^\infty$ で表し ($\dim \mathsf{H} = +\infty$ の場合を考える)，A_j に関する固有ベクトル方程式 (固有値方程式) を $A_j\Psi_m = E_m^{(j)}\Psi_m$ と書く (したがって，集合として，$\{E_m^{(j)}\}_m = \{\lambda_{l_j}^{(j)}\}_{l_j}$).

有界な実数列 $\kappa := \{\kappa_m\}_{m=1}^\infty$ で $m \neq n$ ならば $\kappa_m \neq \kappa_n$ を満たすものを任意にとり，$C := \sup_{m \geq 1} |\kappa_m| < \infty$ とおく[*21]．任意の $\Psi \in \mathsf{H}$ は $\Psi = \sum_{m=1}^\infty \alpha_m \Psi_m$ と展開できる $(\alpha_m = \langle \Psi_m, \Psi \rangle)$. $\sum_{m=1}^\infty |\kappa_m \alpha_m|^2 \leq C^2 \sum_{m=1}^\infty |\alpha_m|^2 < \infty$ であるから，写像 $A : \mathsf{H} \to \mathsf{H}$ を

$$A\Psi := \sum_{m=1}^\infty \kappa_m \alpha_m \Psi_m$$

によって定義できる．このとき，A は有界な自己共役作用素であり，$\|A\| \leq C$ が成り立つ．さらに

$$\sigma_{\mathrm{p}}(A) = \{\kappa_m\}_{m=1}^\infty, \quad \sigma(A) = \overline{\sigma_{\mathrm{p}}(A)}. \tag{1.19}$$

---

*21 たとえば，$\kappa_m := 1/m^a$ $(a > 0)$.

A の各固有値 κ_m は単純である．したがって，A は極大観測量である (例 1.1).

各 $j = 1, \cdots, N$ に対して，$\mathbb{R}$ 上の関数 $F_j : \mathbb{R} \to \mathbb{R}$ を

$$F_j(\kappa_m) := E_m^{(j)}, \quad F_j(\kappa) := 0, \quad \kappa \neq \kappa_m$$

によって定義する*22．F_j は連続関数列の各点極限として書けるので，ボレル可測である．次の定理を証明する：

定理 1.15 仮定 (1.17) のもとで，$A_1, A_2, \cdots, A_N$ は強可換であるとする．このとき，$A_j = F_j(A)$, $j = 1, \cdots, N$.

証明 作用素解析により，$F_j(A)\Psi_m = F_j(\kappa_m)\Psi_m = E_m^{(j)}\Psi_m = A_j\Psi_m \cdots (*)$. $\mathsf{D} := \mathcal{L}(\{\Psi_m\}_{m=1}^{\infty})$ とすれば，これは H で稠密な部分空間であり，各 A_j は D 上で本質的に自己共役である ([7] の命題 2.79 の証明と同様)．$(*)$ は $A_j|\mathsf{D} \subset F_j(A)$ を意味するから，両辺の閉包をとることにより，$A_j \subset F_j(A)$ がしたがう．両辺ともに自己共役であるから，$A_j = F_j(A)$ でなければならない． ■

定理 1.15 は，量子力学のコンテクストでは，次のことを意味する：強可換な純点スペクトル的物理量の組の各要素は，ある一つの極大観測量 (これも純点スペクトル的) の関数として表される．

次の事実は，A の定義と定理 1.15 からただちに導かれる：

系 1.16 定理 1.15 の仮定のもとで，物理量の組 $(A_1, \cdots, A_N, A)$ は純点スペクトル的に極大である．

こうして，純点スペクトル的かつ強可換な物理量の組に対しては，これにある純点スペクトル的物理量を付け加えることにより，常に，純点スペクトル的に極大な物理量の組をつくることができることがわかる．

注意 1.2 作用素 A の構成からわかるように，$A_j = F_j(A)$ $(j = 1, \cdots, N)$ となるような有界自己共役作用素 A と関数 F_j は無数に存在する．

---

*22 以下の議論からわかるのだが，実は，$\kappa \neq \kappa_m$ における F_j の値はどう定めてもよい．

1.5　複数の物理量の測定による状態の一意的決定 (II) — 一般の場合

この節では，必ずしも純点スペクトル的でない物理量の組の測定による状態の一意的決定性の問題を考える．この一般の場合は，当然，前節の特殊な場合を含まなければならないから，対象となる物理量の組は強可換でなければならない．この点は以下の議論において大前提となるものである．

1.5.1　可換な観測量の極大な組

$A_1, \cdots, A_N$ をヒルベルト空間 H 上の強可換な物理量の組とし

$$\mathbf{A} := (A_1, \cdots, A_N) \tag{1.20}$$

とおく．たとえば，A_1 が連続スペクトルをもち，$a \in \sigma(A_1), a \notin \sigma_{\mathrm{p}}(A_1)$ とすると，A_1 が a をとる状態は H の中には存在しないので ($\because E_{A_1}(\{a\}) = 0$)，前節の場合とは異なり，$A_1, \cdots, A_N$ のスペクトルの点の組を用いて状態を指定することはできない．したがって，現下の問題を解くためには，別の方法が探索されねばならない．そのための自然なアイデアの一つは，単独の物理量の場合の極大性の概念を複数の物理量の場合へと拡張することである．これは次のようにしてなされる．仮定により，$A_1, \cdots, A_N$ は強可換であるから，それらのスペクトル測度 $E_{A_1}(\cdot), \cdots, E_{A_N}(\cdot)$ は可換である．したがって，その直積スペクトル測度 $E_{\mathbf{A}}$ が定義される ([7] の定理 2.67)．すなわち，$E_{\mathbf{A}}$ は $\mathbb{R}^N$ 上のスペクトル測度であり，すべての $B_1, \cdots, B_N \in \mathsf{B}^1$ に対して

$$E_{\mathbf{A}}(B_1 \times \cdots \times B_N) = E_{A_1}(B_1) \cdots E_{A_N}(B_N) \tag{1.21}$$

を満たすものである．作用素解析により，スペクトル測度 $E_{\mathbf{A}}$ を用いると

$$A_j = \int_{\mathbb{R}^N} \lambda_j dE_{\mathbf{A}}(\lambda), \quad j = 1, \cdots, N \tag{1.22}$$

と表示されることがわかる．$E_{\mathbf{A}}$ の台

$$\sigma_{\mathrm{J}}(\mathbf{A}) := \mathrm{supp}\, E_{\mathbf{A}} \tag{1.23}$$

を $\mathbf{A}$ の**結合スペクトル** (joint spectrum) と呼ぶ*23．これは，物理的には，$A_1, \cdots, A_N$ の測定値の組全体の集合を表すと解釈される．

注意 1.3　一般に，$\mathrm{supp}\, E_{\mathbf{A}} \subset \sigma(A_1) \times \cdots \times \sigma(A_N)$ である (演習問題6)．だが，等号は成立するとは限らない (次の例を参照)．

例 1.9　$P_1, \cdots, P_d$ ($d \in \mathbb{N}$) を H 上の強可換な自己共役作用素の組とする．$m \geq 0$ を定数として，$P_0 := (P_1^2 + \cdots + P_d^2 + m^2)^{1/2}$ とおく．このとき，P_0 は自己共役であり，$P_0 \geq m$，$P_0^2 = \sum_{j=1}^d P_j^2 + m^2$ が成り立つ．また，$P := (P_0, P_1, \cdots, P_d)$ は強可換である．

次の事実が成立する：

$$V_m^+ := \left\{ p = (p_0, p_1, \cdots, p_d) \in \mathbb{R}^{1+d} \middle| p_0 \geq m, p_0^2 = \sum_{j=1}^d p_j^2 + m^2 \right\}$$

とおくと

$$\sigma_{\mathrm{J}}(P) \subset V_m^+. \tag{1.24}$$

証明　任意の $\Psi \in \cap_{j=1}^d \mathsf{D}(P_j^2)$ に対して，$\Psi \in \mathsf{D}(P_0^2)$ であり，$\| \left(P_0^2 - \sum_{j=1}^d P_j^2 - m^2 \right) \times \Psi \|^2 = 0$．これは $\int_{\mathbb{R}^{1+d}} \left(p_0^2 - \sum_{j=1}^d p_j^2 - m^2 \right)^2 d\|E_P(p)\Psi\|^2 = 0$ を意味する．したがって，$\|E_P(\mathbb{R}^{1+d} \setminus V_m^+)\Psi\|^2 = 0$．$\cap_{j=1}^d \mathsf{D}(P_j^2)$ は稠密であるから，$E_P(\mathbb{R}^{1+d} \setminus V_m^+) = 0$ が得られる．ゆえに (1.24) が成り立つ．■

V_m^+ は，特殊相対性理論において，**質量 m の超双曲面**と呼ばれる．自己共役作用素の組 P は，相対論的場の量子論のコンテクストにおいては，質量 m の量子的粒子の**エネルギー・運動量作用素**を表す．$\sigma(P_j) = \mathbb{R}$ (通常の場合) ならば，(1.24) は

$$\sigma_{\mathrm{J}}(P) \neq \sigma(P_0) \times \sigma(P_1) \times \cdots \times \sigma(P_d)$$

を示す．

定義 1.9 の多次元版として，次の定義は自然なものである：

定義 1.17　$\mathsf{J}^N := \{J_1 \times \cdots \times J_N | J_k \in \mathsf{J}^1, k = 1, \cdots, N\}$ とする．強可換な物理量の組 $\mathbf{A}$ について，作用素の集合 $\{E_{\mathbf{A}}(B) | B \in \mathsf{J}^N\}$ が巡回ベクトル Ψ_0 をもつとき，$\mathbf{A}$ は**極大**であるという．この場合，$\mathbf{A}$ を**可換な観測量の極大な組**

---

*23 スペクトル測度の台の定義については [7] の p.192 を参照.

(maximal set of commuting observables) または**可換な物理量の極大な組**という[*24]. Ψ_0 を $\mathbf{A}$ に**関する生成元**という.

この定義が意味をもつためには，それが，純点スペクトル的物理量の組の極大性の概念の拡張になっていることを確かめておく必要がある．実際，次の事実が成立する：

命題 1.18 $\mathbf{A}$ を強可換な純点スペクトル的物理量の組とする．このとき，$\mathbf{A}$ が純点スペクトル的に極大であるための必要十分条件は，$\mathbf{A}$ が (上に定義した意味で) 極大であることである．

証明 (必要性) $\mathbf{A}$ は純点スペクトル的に極大であるとしよう．このとき，H の CONS $\{\Psi_{\lambda_1,\cdots,\lambda_N}|\lambda_j \in \sigma_{\mathrm{p}}(A_j), j=1,\cdots,N\}$ で $A_j\Psi_{\lambda_1,\cdots,\lambda_N} = \lambda_j\Psi_{\lambda_1,\cdots,\lambda_N}$ となるものがある．正の数 $C_{\lambda_1,\cdots,\lambda_N}$ で $\sum_{\lambda_1,\cdots,\lambda_N} C^2_{\lambda_1,\cdots,\lambda_N} < \infty$ を満たすものに対して，$\Psi_0 := \sum_{\lambda_1,\cdots,\lambda_N} C_{\lambda_1,\cdots,\lambda_N}\Psi_{\lambda_1,\cdots,\lambda_N}$ は収束する．作用素解析により $\Psi_{\lambda_1,\cdots,\lambda_N} = C^{-1}_{\lambda_1,\cdots,\lambda_N} E_{\mathbf{A}}(\{\lambda_1\}\times\cdots\times\{\lambda_N\})\Psi_0$. これから，$\mathcal{L}(\{E_{\mathbf{A}}(B)\Psi_0|B \in \mathsf{J}^N\})$ が H で稠密であることが導かれる．ゆえに，Ψ_0 は $\{E_{\mathbf{A}}(B)|B \in \mathsf{J}^N\}$ の巡回ベクトルであるので，$\mathbf{A}$ は極大である．

(十分性) $\mathbf{A}$ は極大であるとし，Ψ_0 を $\{E_{\mathbf{A}}(B)|B \in \mathsf{J}^N\}$ の巡回ベクトルとする．定理 1.13 により，$A_1,\cdots,A_N$ は同時固有ベクトルの完全系をもつ．仮に，$\mathbf{A}$ が純点スペクトル的に極大でないとすれば，$A_1,\cdots,A_N$ の同時固有値 $(\lambda_1,\cdots,\lambda_N)$ で単純でないものがある．したがって，$\mathsf{M} := \cap_{j=1}^N \ker(A_j - \lambda_j)$ の次元は 2 以上である．一方，$\eta := E_{\mathbf{A}}(\{\lambda_1\}\times\cdots\times\{\lambda_N\})\Psi_0 \neq 0$ は M の元である．したがって，η と直交する零でないベクトル χ が M の中にあることになる．この場合，χ は $\{E_{\mathbf{A}}(B)\Psi_0|B \in \mathsf{J}^N\}$ と直交することになるので，$\mathbf{A}$ の極大性に反する．ゆえに $\mathbf{A}$ は純点スペクトル的に極大でなければならない．

■

[*24] 前者の呼び方のほうが標準的と思われるので本書でも以下，この慣習にしたがう．

1.5.2　同時対角化

可換な観測量の極大な組に対して，定理 1.8 の拡張とみられる定理が成立することを示そう．

$\mathbf{A}$ を可換な観測量の極大な組とし，$\mathbf{A}$ に関する生成元の一つを Ψ_0 とする．B^N を N 次元のボレル集合体とする．このとき，可測空間 $(\mathbb{R}^N, \mathsf{B}^N)$ 上の測度 $\mu_{\Psi_0}^{\mathbf{A}}$ を

$$\mu_{\Psi_0}^{\mathbf{A}}(B) := \|E_{\mathbf{A}}(B)\Psi_0\|^2, \quad B \in \mathsf{B}^N \tag{1.25}$$

によって定義できる．これは有界な測度である．

定理 1.19　$\mathbf{A}$ を上のものとする．このとき，次の性質をもつユニタリ作用素 $U : \mathsf{H} \to \mathsf{L}^2(\mathbb{R}^N, d\mu_{\Psi_0}^{\mathbf{A}})$ が存在する：

(i)　$U\Psi_0 = 1$.

(ii)　作用素の等式

$$UA_jU^{-1} = \hat{\lambda}_j, \quad j = 1, \cdots, N \tag{1.26}$$

が成り立つ．ただし，右辺は $\mathsf{L}^2(\mathbb{R}^N, d\mu_{\Psi_0}^{\mathbf{A}})$ において第 j 番目の座標変数 $\lambda_j \in \mathbb{R}$ によるかけ算作用素を表す ($\mathbb{R}^N$ の点を $(\lambda_1, \cdots, \lambda_N)$ と記す).

(iii)　任意の $\Psi \in \mathsf{H}$ に対して，ボレル可測関数 $f_\Psi \in \mathsf{L}^2(\mathbb{R}^N, d\mu_{\Psi_0}^{\mathbf{A}})$ がただ一つあって

$$\Psi = f_\Psi(\mathbf{A})\Psi_0 \tag{1.27}$$

と表される．

(iv)　任意のボレル集合 $B \in \mathsf{B}^N$ に対して

$$U\mathsf{R}(E_{\mathbf{A}}(B)) = \{f \in \mathsf{L}^2(\mathbb{R}^N, d\mu_{\Psi_0}^{\mathbf{A}}) | \{\lambda \in \mathbb{R}^N | f(\lambda) \neq 0, \mu_{\Psi_0}^{\mathbf{A}} - \text{a.e.}\lambda\} \subset \mathrm{B}\}. \tag{1.28}$$

証明　定理 1.8 の証明とまったく並行的であるので省略する (演習問題 7).　■

単独の極大観測量の場合と同様の考察により，定理 1.19 は，物理的には，物理量 $A_1, \cdots, A_N$ の組の測定が状態を一意的に定めることを意味するものと解釈される．こうして，1.1 節で提起された問題に対する一つの解答が得られる．

1.5.3 基本的な構造

可換な観測量の極大な組を見いだすための基本となる構造について述べておこう．

次の命題は，可換な観測量の極大性はユニタリ不変な性質であることを語る：

命題 1.20 K をヒルベルト空間とし，$U:\mathsf{H}\to\mathsf{K}$ をユニタリ変換とする．$\mathbf{A}$ が可換な観測量の極大な組ならば，$(UA_1U^{-1},\cdots,UA_NU^{-1})$ も可換な観測量の極大な組である．

証明 命題 1.5 の証明と同様． ■

定理 1.21 $\mathsf{H}_1,\cdots,\mathsf{H}_N$ をヒルベルト空間とし，A_j を H_j 上の極大観測量とし

$$\widetilde{A}_j := \underbrace{I\otimes\cdots\otimes I\otimes \overset{j\text{ 番目}}{A_j} \otimes I\otimes\cdots\otimes I}_{N\text{ 個}} \tag{1.29}$$

とする．このとき，$(\widetilde{A}_1,\cdots,\widetilde{A}_N)$ は $\otimes_{j=1}^N\mathsf{H}_j$ における可換な観測量の極大な組である．

証明 前著 [8] の 4.2 節でみたように，$\widetilde{A}_j$ は自己共役であり，$\widetilde{A}_1,\cdots,\widetilde{A}_N$ は強可換である．さらに，これらの直積スペクトル測度 $E_{\widetilde{\mathbf{A}}}$ は

$$E_{\widetilde{\mathbf{A}}}(J_1\times\cdots\times J_N)=E_{A_1}(J_1)\otimes\cdots\otimes E_{A_N}(J_N)\quad (J_k\in\mathsf{J}^1, k=1,\cdots,N)$$

を満たす．したがって，A_j に関する生成元を η_j とし，$\Psi_0:=\eta_1\otimes\cdots\otimes\eta_N$ とおけば，$E_{\widetilde{\mathbf{A}}}(J_1\times\cdots\times J_N)\Psi_0=\otimes_{j=1}^N E_{A_j}(J_j)\eta_j$ である．ゆえに，$E_{\widetilde{\mathbf{A}}}(J_1\times\cdots\times J_N)\Psi_0$ という型のベクトルによって生成される部分空間は，H_j の部分空間 $\mathsf{D}_j:=\mathcal{L}(\{E_{A_j}(J)\eta_j|J\in\mathsf{J}^1\})$ の代数的テンソル積 $\mathsf{D}:=\hat{\otimes}_{j=1}^N\mathsf{D}_j$ を含む．各 D_j は H_j で稠密であるから，D は H で稠密である．これは，Ψ_0 が $\widetilde{\mathbf{A}}$ に関する生成元であることを意味する．ゆえに，題意が成立する． ■

例 1.10 $\mathsf{L}^2(\mathbb{R}^N)$ における位置作用素の組 $\hat{x}_1,\cdots,\hat{x}_N$ は極大である．

証明 自然な同型 $\mathsf{L}^2(\mathbb{R}^N)\cong\otimes^N\mathsf{L}^2(\mathbb{R})$ ([8], 4.1 節) において，$\hat{x}_j$ は $\widetilde{\hat{x}}_j$ とユニタリ同値である ([8], 4.2 節)．定理 1.21 によって，$(\widetilde{\hat{x}}_1,\cdots\widetilde{\hat{x}}_N)$ は可換な観測量の極大な組である．この事実と命題 1.20 とによって，題意がしたがう． ■

例 1.11　$\mathsf{L}^2(\mathbb{R}^N)$ における運動量作用素の組 $\hat{p}_1, \cdots, \hat{p}_N$ は極大である．

証明　$\mathcal{F}_N \hat{p}_j \mathcal{F}_N^{-1} = \hat{k}_j$ ($\mathcal{F}_N : \mathsf{L}^2(\mathbb{R}^N_{\boldsymbol{x}}) \to \mathsf{L}^2(\mathbb{R}^N_{\boldsymbol{k}})$ はフーリエ変換)．前例により，$(\hat{k}_1, \cdots, \hat{k}_N)$ は極大である．この事実と命題 1.20 とによって，題意がしたがう．■

例 1.12　スピン 1/2 の量子的粒子が $\mathbb{R}^3$ において 1 個存在する系を考える．状態のヒルベルト空間は $\mathsf{L}^2(\mathbb{R}^3; \mathbb{C}^2) = \mathsf{L}^2(\mathbb{R}^3) \otimes \mathbb{C}^2$ にとれる．スピン作用素として，$s_3 := \sigma_3/2 = \begin{pmatrix} 1/2 & 0 \\ 0 & -1/2 \end{pmatrix}$ をとる．s_3 の固有値は $\pm 1/2$ であり，各固有値の多重度は 1 である．したがって，s_3 は $\mathbb{C}^2$ における極大観測量である．これと例 1.10 の事実および定理 1.21 により，位置作用素とスピン作用素の組 $(\hat{x}_1, \hat{x}_2, \hat{x}_3, s_3)$ は極大であることがわかる．s_3 をスピンの他の成分で置き換えても同様である．ゆえに，考察下の系においては，位置とスピンの成分の一つを測定することにより，状態は一意的に定まる．

1.5.4　可換な観測量の極大な組の別の特徴づけ

単独の観測量の極大性の，巡回ベクトルによる特徴づけ (定理 1.11) は可換な観測量の極大な組の場合にも可能である：

定理 1.22　強可換な物理量の組 $\mathbf{A} = (A_1, \cdots, A_N)$ が極大であるための必要十分条件は，作用素の集合 $\{A_1^{\alpha_1} \cdots A_N^{\alpha_N} | \alpha_j \in \{0\} \cup \mathbb{N}, j = 1, \cdots, N\}$ が巡回ベクトルをもつことである．

証明　(必要性) 定理 1.19 が成立するので，定理 1.11 における「必要性」の証明を多次元の場合に拡張すればよい．これは容易であるので演習問題とする (演習問題 8)．

(十分性) 定理 1.11 における「十分性」の証明と同様 (演習問題 8)．■

1.5.5　可換な観測量の極大な組を一つの極大観測量で表すこと

$\mathbf{A} = (A_1, \cdots, A_N)$ を可換な観測量の極大な組としよう．このとき，定理 1.19 が成立する．$U, \mu_{\Psi_0}^{\mathbf{A}}$ を定理 1.19 のものとする．ボレル可測関数 $u : \mathbb{R}^N \to \mathbb{R}$ で単射であるものを任意に一つとる[*25]．$\mathsf{L}^2(\mathbb{R}^N, d\mu_{\Psi_0}^{\mathbf{A}})$ における，関数 u によ

[*25] このような関数の存在—それは全然自明ではない—を示す一つの方法は，$\mathbb{R}$ から $\mathbb{R}^N$ への単射な写像 ϕ でその逆写像 ϕ^{-1} がボレル可測になるようなものをつくることであ

るかけ算作用素を M_u とし (これは自己共役作用素)

$$A := U^{-1}M_uU \tag{1.30}$$

とすれば，A は H 上の自己共役作用素である．各 $j = 1, \cdots, N$ に対して，関数 $f_j : \mathbb{R} \to \mathbb{R}$ を $f_j(\mu) := 0, \mu \notin u(\mathbb{R}^N)$;

$$f_j(\mu) := \lambda_j \quad (\mu = u(\lambda) \text{ のとき})$$

によって定義する．このとき，作用素解析により，作用素の等式

$$f_j(M_u) = \hat{\lambda}_j$$

が成立する．両辺を U^{-1} でユニタリ変換すれば，作用素の等式

$$A_j = f_j(A), \quad j = 1, \cdots, N \tag{1.31}$$

が得られる．さらに，次の事実が成立する：

命題 1.23　上の A は極大観測量である．

証明　Ψ_0 は $\{A_1^{\alpha_1} \cdots A_N^{\alpha_N} | \alpha_j \in \{0\} \cup \mathbb{N}, j = 1, \cdots, N\}$ に対する巡回ベクトルとして一般性を失わない．すると (1.31) によって

$$\mathsf{D} := \mathcal{L}(\{f_1(A)^{\alpha_1} \cdots f_N(A)^{\alpha_N}\Psi_0 | \alpha_j \in \{0\} \cup \mathbb{N}, j = 1, \cdots, N\}$$

は H で稠密である．他方，各 f_j を，$\mathsf{L}^2(\mathbb{R}_\mu, d\|E_A(\mu)\Psi_0\|^2)$ の収束の意味で，多項式近似することにより

$$\mathsf{D} \subset \overline{\mathcal{L}(\{A^n\Psi_0 | n \in \{0\} \cup \mathbb{N}\})}$$

がわかる[*26]．したがって，$\mathcal{L}(\{A^n\Psi_0 | n \in \{0\} \cup \mathbb{N}\})$ は H で稠密である．ゆえに定理 1.11 により，A は極大観測量である．■

る (このとき，$u := \phi^{-1}$ が求める関数の一つを与える)．ただし，そのような写像 ϕ は "常識的描像" からいうとたいへん特異なものになる．ϕ をつくるには，たとえば，ペアノ曲線をつくる方法 [高木貞治『解析概論』(改訂第三版，岩波書店) の附録 II (p.468 ~p.469)] を応用すればよい．

*26 多項式近似はいっきに行うことはできず，次の段階 (i)~(v) を踏まねばならない．(i) ボレル可測関数 f_j を，台が有界なボレル可測関数 g_n で近似する；(ii) g_n を階段関数で近似する；(iii) (ii) に現れる階段関数を区間の定義関数の線形結合で表される階段関数で近似する；(iv) 区間の定義関数を連続関数で近似する；(v) 区間に制限された連続関数をヴァイエルシュトラスの多項式近似定理により，多項式で近似する．

こうして，**可換な観測量の極大な組は一つの極大観測量 A に集約される．** これは，可換な観測量の極大な組の測定による状態の一意的決定性が，実は，一つの極大観測量の測定による一意的決定性に帰着できることを意味する．

1.6 代数的な特徴づけ

強可換な自己共役作用素の組が極大であることを代数的に特徴づけることもできる．その鍵となるアイデアの一つは，互いに異なる強可換な物理量をより多く測定すれば，状態をより詳細に特定することができ，したがって，状態の一意的決定へとより“近づく”ことが可能であろうという物理的推測である (その示唆は，すでに，系 1.16 に現れている)．この推測は，強可換な物理量の集合の代数的構造を研究することへと人を導く．

H を複素ヒルベルト空間とし，H 全体を定義域とする，H 上の有界線形作用素の全体を $\mathsf{B(H)}$ とする ([7], 1 章，1.2 項).

1.6.1 可 換 子 代 数

定義 1.24 $\mathsf{A} \subset \mathsf{B(H)}$ とする．A の元と可換な有界作用素の全体を A' で表す：

$$\mathsf{A}' := \{B \in \mathsf{B(H)} | AB = BA, \forall A \in \mathsf{A}\}. \tag{1.32}$$

A' を A の**可換子集合** (commutant) という．明らかに I (恒等作用素) $\in \mathsf{A}'$.

A' の可換子集合

$$\mathsf{A}'' := (\mathsf{A}')' \tag{1.33}$$

を A の **2 重可換子集合** (double commutant) という．

以下，同様にして，A の **n 重可換子集合** $\mathsf{A}^{\overbrace{\prime \cdots \prime}^{n\text{ 個}}} = \mathsf{A}^{(n)}$ が帰納的に $\mathsf{A}^{(n)} := (\mathsf{A}^{(n-1)})'$, $n \geq 2$ によって定義される．

A' が $\mathbb{C}$ 上の代数をなすことは容易にわかる*27．このゆえに，可換子集合を**可換子代数**ともいう．

---

*27 $\mathbb{C}$ 上の代数—**複素代数**ともいう—の定義については，[7] の p.70 を参照.

H 上の有界作用素からなる 2 つの集合 A, B について

$$\mathsf{A} \subset \mathsf{B} \Longrightarrow \mathsf{B}' \subset \mathsf{A}' \tag{1.34}$$

が成り立つ (証明は容易).

他方，これも容易にわかることであるが

$$\mathsf{A} \subset \mathsf{A}''. \tag{1.35}$$

したがって，(1.34) より，$\mathsf{A}''' \subset \mathsf{A}'$．また，(1.35) の A として，$\mathsf{A}'$ を考えると $\mathsf{A}' \subset \mathsf{A}'''$．ゆえに

$$\mathsf{A}' = \mathsf{A}'''. \tag{1.36}$$

A を複素ヒルベルト空間 H 上の有界作用素からなる集合とする．A の任意の 2 つの元 X, Y が可換であるとき，すなわち，$XY = YX$ が成り立つとき，A は**可換**または**アーベリアン**であるという．

補題 1.25 任意の可換な集合 $\mathsf{A} \subset \mathsf{B(H)}$ に対して，$\mathsf{A} \subset \mathsf{A}'$.

証明 $X \in \mathsf{A}$ を任意にとる．A の可換性により，任意の $Y \in \mathsf{A}$ に対して，$XY = YX$．したがって，$X \in \mathsf{A}'$. ■

1.6.2 スペクトル射影が生成する代数

R を B(H) の部分代数とする (i.e.，$\mathsf{R} \subset \mathsf{B(H)}$ かつ R は線形作用素の積に関して代数になっている)．これに対して

$$\overline{\mathsf{R}}^{\mathrm{s}} := \{T \in \mathsf{B(H)} | T_n \in \mathsf{R}(n \in \mathbb{N}) \text{ があって } \mathrm{s\text{-}lim}_{n\to\infty} T_n = T\} \tag{1.37}$$

によって定義される作用素の集合を R の**強閉包** (strong closure) という．これも代数であり，強収束の位相で閉じている (i.e.，$S_n \in \overline{\mathsf{R}}^{\mathrm{s}}$, $\mathrm{s\text{-}lim}_{n\to\infty} S_n = S \in \mathsf{B(H)}$ ならば，$S \in \overline{\mathsf{R}}^{\mathrm{s}}$).

$\mathsf{A} \subset \mathsf{B(H)}$ とし，H 上の恒等作用素 I と A の元のすべての積から生成される (B(H) の) 部分空間

$$\mathcal{P}(\mathsf{A}) := \mathcal{L}(\{I, A_{i_1}, \cdots, A_{i_n} | n \in \mathbb{N}, A_{i_k} \in \mathsf{A}, k = 1, \cdots, n\}) \tag{1.38}$$

は $\mathsf{B}(\mathsf{H})$ の部分代数をなす．これを A から**生成される代数**という．$\mathcal{P}(\mathsf{A})$ の強閉包を $\mathsf{M}_{\mathrm{s}}(\mathsf{A})$ と記す：

$$\mathsf{M}_{\mathrm{s}}(\mathsf{A}) := \overline{\mathcal{P}(\mathsf{A})}^{\mathrm{s}}. \tag{1.39}$$

A が可換であれば，$\mathsf{M}_{\mathrm{s}}(\mathsf{A})$ も可換である．

$\mathbf{A} = (A_1, \cdots, A_N)$ を H 上の強可換な物理量の組とし，$A_1, \cdots, A_N$ のスペクトル射影 $E_{A_j}(J_j)(J_j \in \mathsf{J}^1, j = 1, \cdots, N)$ から生成される代数の強閉包

$$\mathsf{E}_{\mathbf{A}} := \mathsf{M}_{\mathrm{s}}(\{E_{A_1}(J_1), E_{A_2}(J_2), \cdots, E_{A_N}(J_N) | J_k \in \mathsf{J}^1, k = 1, \cdots, N\}) \tag{1.40}$$

を考える．これを $\mathbf{A}$ に同伴する**フォン・ノイマン** (J. von Neumann) **代数**と呼ぶ．

定理 1.26 ヒルベルト空間 H は可分であるとする．このとき，$\mathbf{A}$ が可換な観測量の極大な組であるための必要十分条件は

$$\mathsf{E}_{\mathbf{A}} = \mathsf{E}'_{\mathbf{A}} \tag{1.41}$$

が成立することである．

証明 (必要性) $\mathbf{A}$ は極大であるとし，$\mathbf{A}$ に関する生成元の一つを Ψ_0 とする．U および $\mu := \mu^{\mathbf{A}}_{\Psi_0}$ を定理 1.19 のものとする．$\mathsf{E}_{\mathbf{A}} \subset \mathsf{E}'_{\mathbf{A}}$ は明らか．$T \in \mathsf{E}'_{\mathbf{A}}$ とする．したがって，$TE_{A_j}(J) = E_{A_j}(J)T, J \in \mathsf{J}^1, j = 1, \cdots, N$．そこで，$T_U := UTU^{-1}$ とすれば，$T_U \chi^{(j)}_J = \chi^{(j)}_J T_U$．ただし，$\chi^{(j)}_J(\lambda) := \chi_J(\lambda_j)$，$\lambda = (\lambda_1, \cdots, \lambda_N) \in \mathbb{R}^N$．$g(\lambda) := (T_U 1)(\lambda)$ とおけば，$T_U \chi^{(j)}_J = g\chi^{(j)}_J \cdots (*)$．$T_U$ は $\mathsf{L}^2(\mathbb{R}^N, d\mu)$ 上の有界作用素であるから，$g \in \mathsf{L}^\infty(\mathbb{R}^N, d\mu)$ である．$\mathcal{L}(\{\prod_{j=1}^N \chi^{(j)}_{J_j} | J_j \in \mathsf{J}^1, j = 1, \cdots, N\})$ は $\mathsf{L}^2(\mathbb{R}^N, d\mu)$ で稠密であるから，$(*)$ は任意の $f \in \mathsf{L}^2(\mathbb{R}^N, d\mu)$ に対して，$T_U f = gf$ が成り立つことを意味する．したがって，T_U は g によるかけ算作用素である．ゆえに，$T = g(\mathbf{A})$．他方，有界な階段関数列 g_n で $\lim_{n\to\infty} g_n(\lambda) = g(\lambda), \lambda \in \mathbb{R}^N$ となるものがとれる．これは，任意の $f \in \mathsf{L}^2(\mathbb{R}^N, d\mu)$ に対して $\|g_n f - gf\|_{\mathsf{L}^2(\mathbb{R}^N, d\mu)} \to 0\,(n \to \infty)$ を意味する．したがって，$\text{s-}\lim_{n\to\infty} g_n(\mathbf{A}) = g(\mathbf{A})$．$g_n(\mathbf{A})$ は恒等作用素 I と $E_{\mathbf{A}}(B_l), B_l \in \mathsf{J}^N$ という形の作用素の線形結合で表される．$E_{\mathbf{A}}(B_l)$ は，

$E_{A_1}(J_1)\cdots E_{A_N}(J_N), J_k \in \mathsf{J}^1$ という形の作用素である．以上の事実を合わせると $T \in \mathsf{E}_{\mathbf{A}}$ が結論される．

(十分性) (1.41) が成り立つとする．H は可分であるので，付録 A の定理 A.3 を $\mathsf{T} = \mathsf{E}_{\mathbf{A}}$ として応用できる．$\mathsf{H}_n := \mathsf{H}_{\mathsf{T}}(\Psi_n) = \mathsf{H}_{\mathsf{E}_{\mathbf{A}}}(\Psi_n)$ をそこでのものとし，$N = \infty$ の場合を考える．$\sum_{n=1}^{\infty} c_n^2 \|\Psi_n\|^2 < \infty$ となる $c_n > 0$ を選ぶ．するとベクトル $\Psi_0 := \sum_{n=1}^{\infty} c_n \Psi_n \in \mathsf{H}$ が定義される．このベクトルが $\mathcal{E} := \{E_{A_1}(J_1)\cdots E_{A_N}(J_N) | J_j \in \mathsf{J}^1, j = 1, \cdots, N\}$ の巡回ベクトルであることを示せば十分である．H_n への正射影作用素を P_n とする．任意の $\Phi \in \mathsf{H}$ は $\Phi = \sum_{n=1}^{\infty} \Phi_n$ と書ける．ただし，$\Phi_n := P_n \Phi$．任意の $\varepsilon > 0$ に対して，番号 N を $\sum_{n=N+1}^{\infty} \|\Phi_n\|^2 < \varepsilon/2$ となるようにとる．H_n の定義から，$E_{A_1}(J_1)\cdots E_{A_N}(J_N)$ $(J_k \in \mathsf{J}^1, k = 1, \cdots, N)$ という形の作用素の線形結合で表される作用素列 Q_n で $\|\Phi_n - Q_n c_n \Psi_n\|^2 < \varepsilon/(2N)$ を満たすものが存在する．そこで，作用素 $T^{(N)} := \sum_{n=1}^{N} Q_n P_n$ を考えると

$$\|\Phi - T^{(N)}\Psi_0\|^2 = \sum_{n=1}^{N} \|\Phi_n - Q_n c_n \Psi_n\|^2 + \sum_{n=N+1}^{\infty} \|\Phi_n\|^2 < \varepsilon.$$

したがって，$\lim_{N\to\infty} T^{(N)}\Psi_0 = \Phi$．他方，$P_n E_{A_j}(J) = E_{A_j}(J) P_n$ $(j = 1, \cdots, N\ ;\ J \in \mathsf{J}^1)$ であるから，$T^{(N)} \in \mathsf{E}'_{\mathbf{A}}$．これと仮定 (1.41) により，$T^{(N)} \in \mathsf{E}_{\mathbf{A}}$．したがって，$\Phi \in \overline{\mathcal{L}(\{S\Psi_0 | S \in \mathcal{E}\})}$．$\Phi \in \mathsf{H}$ は任意であったから，これは Ψ_0 が $\mathcal{E}$ に対する巡回ベクトルであることを意味する．よって，$\mathbf{A}$ は極大である． ■

$A_1, \cdots, A_N$ に，これらと強可換な自己共役作用素 A_{N+1} を付け加えて，$\widetilde{\mathbf{A}} := (A_1, \cdots, A_{N+1})$ に同伴するフォン・ノイマン代数 $\mathsf{E}_{\widetilde{\mathbf{A}}}$ を考えると，$\mathsf{E}_{\mathbf{A}} \subset \mathsf{E}_{\widetilde{\mathbf{A}}} \subset \mathsf{E}'_{\mathbf{A}}$．したがって，条件 (1.41) が成り立つ場合には，$\mathsf{E}_{\mathbf{A}} = \mathsf{E}_{\widetilde{\mathbf{A}}}$ となって，$\mathsf{E}_{\mathbf{A}}$ は変わらない．この意味で，条件 (1.41) は物理量の組 $\mathbf{A}$ の極大性を表す．

条件 (1.41) は，強可換な物理量の集合の濃度が有限でない場合にも使える．このことに注目すると，強可換な物理量の極大性に関する普遍的な定義の一つに到達する：

定義 1.27 $\mathcal{A} = \{A_\alpha\}_{\alpha\in\Lambda}$ (Λ は添え字集合) を強可換な自己共役作用素の集

合とし

$$\mathsf{E}_{\mathcal{A}} := \mathsf{M}_{\mathrm{s}}(\{E_{A_\alpha}(J_\alpha)|J_\alpha \in \mathsf{J}^1, \alpha \in \Lambda\}) \tag{1.42}$$

とおく．$\mathcal{A}$ が**可換な観測量の極大集合**であるとは

$$\mathsf{E}_{\mathcal{A}} = \mathsf{E}'_{\mathcal{A}} \tag{1.43}$$

が成り立つときをいう[*28]．

注意 1.4 B(H) の可換な部分代数 A が $\mathsf{A} = \mathsf{A}' \cdots (*)$ を満たすとしよう．この条件は，A のすべての元と可換な有界作用素を A に加えても代数全体としては何も変化しないことをいっている．そこで，$(*)$ を満たす可換代数 A を**極大アーベル代数**という．

付録 A 可分なヒルベルト空間の巡回ベクトルによる直交分解

この付録では，ヒルベルト空間上の解析における，巡回ベクトルの概念の本質的重要性を観るために，ヒルベルト空間の構造と巡回ベクトルとのある普遍的な関わりについて述べておく．

A.1 単独の自己共役作用素に同伴する直和分解

H をヒルベルト空間，A を H 上の自己共役作用素，E_A を A のスペクトル測度として

$$\mathsf{C}_0^\infty(A) := \cup_{n=1}^\infty \mathsf{R}(E_A([-n, n])) \tag{A.1}$$

を定義する[*29]．ただし，線形作用素 T に対して，$\mathsf{R}(T)$ は T の値域を表す．

補題 A.1 A を H 上の自己共役作用素とする．このとき，次の (i)～(iii) が成り立つ．

(i) $\mathsf{C}_0^\infty(A)$ は H で稠密な部分空間である．

(ii) 任意の $\Psi \in \mathsf{C}_0^\infty(A)$ に対して，番号 n_Ψ があって，すべての $m \in \mathbb{N}$ に対して，$\Psi \in \mathsf{D}(A^m)$ であり

$$\|A^m \Psi\| \le n_\Psi^m \|\Psi\| \tag{A.2}$$

が成り立つ．したがって，特に

$$\mathsf{C}_0^\infty(A) \subset \mathsf{C}^\infty(A). \tag{A.3}$$

(iii) $\mathsf{C}^\infty(A)$ は H で稠密である．

[*28] この場合，$\mathcal{A}$ を可換な観測量の完全な組と呼ぶ場合もある．

[*29] A が有界であれば，$\mathsf{C}_0^\infty(A) = \mathsf{H}$．

証明　(i) $\mathsf{C}_0^\infty(A)$ が部分空間であることは，$E_A(J)E_A(K) = E_A(J \cap K)$ $(J, K \in \mathsf{B}^1)$ に注意すれば容易に示される．稠密性は，任意の $\Psi \in \mathsf{H}$ に対して，$\Psi_n = E_A([-n, n])\Psi$ とおけば，$\Psi_n \in \mathsf{C}_0^\infty(A)$ であり，$\|\Psi_n - \Psi\| \to 0$ $(n \to \infty)$ となることからしたがう．

(ii) 任意の $\Psi \in \mathsf{C}_0^\infty(A)$ に対して，ある番号 $n = n_\Psi$ と $\Phi \in \mathsf{H}$ があって $\Psi = E_A([-n, n])\Phi$ と書ける．したがって，任意の $m \in \mathbb{N}$ に対して

$$\int_{\mathbb{R}} |\lambda|^{2m} d\|E_A(\lambda)\Psi\|^2 = \int_{[-n,n]} |\lambda|^{2m} d\|E_A(\lambda)\Phi\|^2 \le n^{2m}\|\Psi\|^2 < \infty.$$

したがって，$\Psi \in \mathsf{D}(A^m)$ であり，(A.2) が得られる．

(iii) (i) と (A.3) からしたがう．■

定理 A.2　H を可分なヒルベルト空間，A を H 上の任意の自己共役作用素とする．このとき，零でないベクトルの直交系 $\{\Psi_n\}_{n=1}^N \subset \mathsf{C}_0^\infty(A)$ (N は有限または可算無限) が存在して

$$\mathsf{H} = \oplus_{n=1}^N \mathsf{H}_n, \quad \mathsf{H}_n := \overline{\mathcal{L}(\{A^k\Psi_n | k \in \{0\} \cup \mathbb{N}\})} \tag{A.4}$$

が成り立つ．さらに，各 H_n は A を簡約する．

注意 A.1　各 H_n における A の簡約部分を A_n とすれば，$A = \oplus_{n=1}^N A_n$ であり，Ψ_n は A_n に対する巡回ベクトルである*30．こうして，上の定理は次のことを意味する：可分なヒルベルト空間は，自己共役作用素の巡回ベクトルからつくられる部分空間の閉包の直和に分解される．

証明　H が無限次元の場合について証明する (有限次元の場合についても，以下の証明と同様であるが，収束性に関する議論がいらないのでより簡単である)．

H の可分性と $\mathsf{C}_0^\infty(A)$ の稠密性により，$\mathsf{C}_0^\infty(A)$ のベクトル Φ_n からなる可算無限集合 $\{\Phi_n\}_{n=1}^\infty$ で H において稠密なものがとれる．H のベクトル列 $\{\Theta_n\}_{n=1}^\infty$ を次のように構成する．まず，$\Theta_1 := \Phi_1$ とする．(A.3) により，$\Theta_1 \in \mathsf{C}^\infty(A)$ であるから，閉部分空間 $\mathsf{H}_1 := \overline{\mathcal{L}(\{A^k\Theta_1 | k \in \{0\} \cup \mathbb{N}\})}$ をつくることができる．この閉部分空間への正射影作用素を P_1 とする．このとき，$P_1\Phi_2 = \lim_{n\to\infty} Q_n(A)\Theta_1$ となる多項式列 Q_n がある．$\Theta_1 \in \mathsf{R}(E_A([-n_1, n_1]))$ とすれば，$E_A(J)Q_n(A) \subset Q_n(A)E_A(J)$, $\forall J \in \mathsf{B}^1$ に注意することにより，$Q_n(A)\Theta_1 \in \mathsf{R}(E_A([-n_1, n_1]))$ がわかる．これと正射影作用素の値域が閉であることを使えば，$P_1\Phi_2 \in \mathsf{R}(E_A([-n_1, n_1]))$ が結論される．次に

$$\Theta_2 := \Phi_2 - P_1\Phi_2$$

---

*30 作用素の直和については，[8] の 4 章，4.3.2 項を参照．

を定義する．前段の事実により，$\Theta_2 \in \mathsf{C}_0^\infty(A)$ であるから閉部分空間

$$\mathsf{H}_2 := \overline{\mathcal{L}(\{A^k\Theta_2 | k \in \{0\} \cup \mathbb{N}\})}$$

が定義される ($\Phi_2 = 0$ である場合には，$\mathsf{H}_2 = \{0\}$ である)．$\Theta_2 \in \mathsf{H}_1^\perp$ であることと A の自己共役性を用いると，H_1 と H_2 は直交することがわかる：$\mathsf{H}_1 \perp \mathsf{H}_2$．なお，$P_1\Phi_2 = \Phi_2$，すなわち，$\Theta_2 = 0$ となる場合もありうるが，この場合には，$\mathsf{H}_2 = \{0\}$ と考える．以下，同様にして，ベクトル $\Theta_n \in \mathsf{C}_0^\infty(A)$ と閉部分空間 H_n (H_n 上への正射影作用素を P_n とする) を帰納的に次のように定義する：

$$\Theta_n := \Phi_n - \sum_{j=1}^{n-1} P_j\Phi_n,$$

$$\mathsf{H}_n := \overline{\mathcal{L}(\{A^k\Theta_n | k \in \{0\} \cup \mathbb{N}\})}.$$

このとき，任意の n と m ($n \neq m$) に対して $\mathsf{H}_n \perp \mathsf{H}_m$．任意の $M \in \mathbb{N}$ に対して，$\mathsf{K}_M := \oplus_{n=1}^M \mathsf{H}_n$ への正射影作用素を Q_M とすれば $Q_M = \sum_{n=1}^M P_n$．正射影の定義から，任意の $\Psi \in \mathsf{H}$ と $\Phi \in \mathsf{K}_M$ に対して，$\|\Psi - Q_M\Psi\| \leq \|\Psi - \Phi\|$．この事実と $\Phi_k \in \mathsf{K}_M$ ($k = 1, \cdots, M$) によって

$$\|\Psi - Q_M\Psi\| \leq \|\Psi - \Phi_k\| \quad (k = 1, \cdots, M).$$

他方，$\{\Phi_n\}_{n=1}^\infty$ の稠密性により，$\lim_{k\to\infty} \Phi_{n_k} = \Psi$ となる部分列 $\{\Phi_{n_k}\}_{k=1}^\infty$ が存在する．したがって，任意の $\varepsilon > 0$ に対して，番号 k_0 (ε に依存しうる) があって $k \geq k_0$ ならば $\|\Psi - \Phi_{n_k}\| < \varepsilon$．そこで，$M \geq n_{k_0}$ とすれば $\|\Psi - Q_M\Psi\| < \varepsilon$．これは $\lim_{M\to\infty} Q_M\Psi = \Psi$ を意味する．したがって，$\Psi \in \oplus_{n=1}^\infty \mathsf{H}_n$．ゆえに，$\mathsf{H} = \oplus_{n=1}^\infty \mathsf{H}_n$．ところで，$\Theta_n$ ($n \geq 2$) の中には 0 になるものもありうる．その場合には $\mathsf{H}_n = \{0\}$ である．そこで，$\Theta_2, \Theta_3, \cdots$ のうち 0 でないものを添え字番号の小さい順に $\Psi_2, \Psi_3, \cdots, \Psi_N$ ($N < \infty$ または可算無限) とし，あらためて，$\mathsf{H}_n := \overline{\mathcal{L}(\{A^k\Psi_n | k \in \{0\} \cup \mathbb{N}\})}$ ($n \geq 2$) とすれば，(A.4) が成り立つ．もちろん，$\Theta_n = 0, n \geq 2$ という場合もありうるが，この場合は $\mathsf{H} = \mathsf{H}_1$ となり，Ψ_1 が A の巡回ベクトルであることを意味する．

H_n が A を簡約することを示すために，$\Psi \in \mathsf{D}(A)$ を任意にとる．このとき，$P_n\Psi = \lim_{\ell\to\infty} Q_\ell(A)\Psi_n$ となる多項式列 Q_ℓ がある．ある番号 q があって，$Q_\ell(A)\Psi_n \in \mathsf{R}(E_A([-q, q]))$．したがって，$P_n\Psi \in \mathsf{R}(E_A([-q, q])) \subset \mathsf{D}(A)$ かつ $AP_n\Psi = \lim_{\ell\to\infty} AQ_\ell(A)\Psi_n \in \mathsf{H}_n$．ゆえに，$P_nAP_n\Psi = AP_n\Psi \cdots (*)$．この式と $\mathsf{D}(A)$ の任意のベクトル Φ との内積を考えることにより，$P_nAP_n\Phi = P_nA\Phi$ がわかる．これと $(*)$ により，$AP_n\Psi = P_nA\Psi$ が導かれる．よって，A は H_n によって簡約される．■

A.2 強可換な複数の自己共役作用素に同伴する直和分解

$\mathsf{T} := \{T_\alpha\}_{\alpha\in\Lambda}$ (Λ は添え字集合) を H 上の強可換な自己共役作用素の集合族とし[*31]

$$\mathsf{C}_0^\infty(\mathsf{T}) := \cap_{\alpha\in\Lambda}\mathsf{C}_0^\infty(T_\alpha) \tag{A.5}$$

を導入する．ベクトル $\Psi \in \cap_{n\in\mathbb{N}}\cap_{\alpha_1,\cdots,\alpha_n\in\Lambda;l_1,\cdots,l_n\in\{0\}\cup\mathbb{N}}\mathsf{D}(T_{\alpha_1}^{l_1}\cdots T_{\alpha_n}^{l_n})$ に対して

$$\mathsf{H}_\mathsf{T}(\Psi) := \overline{\mathcal{L}(\{T_{\alpha_1}^{l_1}\cdots T_{\alpha_n}^{l_n}\Psi|n\in\mathbb{N},\alpha_j\in\Lambda,l_j\in\{0\}\cup\mathbb{N},j=1,\cdots,n\})} \tag{A.6}$$

とする．定理 A.2 の拡張として次の定理を証明することができる：

定理 A.3 H を可分なヒルベルト空間，$\mathsf{T} = \{T_\alpha\}_{\alpha\in\Lambda}$ を強可換な自己共役作用素の組とし，$\mathsf{C}_0^\infty(\mathsf{T})$ は稠密であると仮定する．このとき，零でないベクトルの直交系 $\{\Psi_n\}_{n=1}^N \subset \mathsf{C}_0^\infty(\mathsf{T})$ (N は有限または可算無限) が存在して

$$\mathsf{H} = \oplus_{n=1}^N \mathsf{H}_\mathsf{T}(\Psi_n) \tag{A.7}$$

が成り立つ．さらに，各 H_n は各 T_α を簡約する．

証明 定理 A.2 の証明とまったく並行的であるので，読者の演習とする． ■

注意 A.2 すべての $\alpha\in\Lambda$ に対して，$T_\alpha \in \mathsf{B}(\mathsf{H})$ ならば，$\mathsf{C}_0^\infty(\mathsf{T}) = \mathsf{H}$ であるので，$\mathsf{C}_0^\infty(\mathsf{T})$ は自明的に稠密である．また，Λ が有限集合の場合にも $\mathsf{C}_0^\infty(\mathsf{T})$ は稠密になる．

ノ ー ト

単独の極大観測量の理論は，純数学的には，自己共役作用素のスペクトルに関する重複度理論の一部をなす (さらに詳しい理論展開については，たとえば，[1] の §85，§86 あるいは [12] の p.231〜p.234 を参照)．単独の物理量の場合も含めて，複数の強可換な物理量 (観測量) についての理論は，**フォン・ノイマン代数**あるいは**フォン・ノイマン環**と呼ばれる，ある普遍的な代数の理論と深く関わっている．1.6 節で定義した代数 $\mathsf{E}_\mathbf{A}$ はその例の一つである．物理量の共立性とその測定による状態の一意的決定性の問題をこの観点から詳しく解説した著述として [10] がある．フォン・ノイマン環の詳しい理論については，作用素環の文献，たとえば，[9]，[14] を参照されたい．物理量の共立的測定に関する物理的な議論については，[13] の p.224〜p.232 が参考になるであろう．

---

*31 自己共役作用素の強可換性については，[8] の p.262 を参照．

第1章　演習問題

H はヒルベルト空間であるとする．

1. $\dim \mathsf{H} = N < \infty$ とし，H 上の自己共役作用素 A の固有値 $\lambda_1, \cdots, \lambda_N$ はすべて単純であるとし，$A\phi_j = \lambda_j \phi_j$ とする (ϕ_j は，固有値 λ_j に属する A の固有ベクトル)．$\phi_0 := \sum_{j=1}^{N} \phi_j$ とおく．

(i)　N 個のベクトル $\phi_0, A\phi_0, \cdots, A^{N-1}\phi_0$ は線形独立であることを示せ．

(ii)　ϕ_0 は A の巡回ベクトルであることを示せ．

2. A をヒルベルト空間 H 上の極大物理量とし，Ψ_0 を A に関する生成元の一つとする．任意の $\lambda_0 \in \sigma(A)$ と十分小さい $\varepsilon > 0$ に対して，I_ε を (1.14) によって定義する．$\mathsf{L}^2(\mathsf{I}_\varepsilon, d\mu^A_{\Psi_0})$ の単位ベクトルの集合を S_ε とおく：

$$\mathsf{S}_\varepsilon := \{f \in \mathsf{L}^2(\mathsf{I}_\varepsilon, d\mu^A_{\Psi_0}) |\ \|f\|_{\mathsf{L}^2(\mathsf{I}_\varepsilon, d\mu^A_{\Psi_0})} = 1\}.$$

また，各 $f \in \mathsf{L}^2(\mathsf{I}_\varepsilon, d\mu^A_{\Psi_0})$ は，$\lambda \notin \mathsf{I}_\varepsilon$ ならば $f(\lambda) = 0$ として，$\mathbb{R}$ 上の関数に拡張されているとする．

(i)　任意の $f_\varepsilon \in \mathsf{S}_\varepsilon$ と $u \in \mathsf{C}_0(\mathbb{R})$ ($\mathbb{R}$ 上の連続関数で有界な台をもつものの全体) に対して $\lim_{\varepsilon \to 0} \{\langle f_\varepsilon, u \rangle_{\mathsf{L}^2(\mathbb{R}, d\mu^A_{\Psi_0})} - c(f_\varepsilon)^* u(\lambda_0)\} = 0$ を示せ．ただし，$c(f_\varepsilon) := \int_{\mathsf{I}_\varepsilon} f_\varepsilon(\lambda) d\mu^A_{\Psi_0}(\lambda)$．

(ii)　任意の $f_\varepsilon \in \mathsf{S}_\varepsilon$ と $u \in \mathsf{C}_0(\mathbb{R})$ に対して $\lim_{\varepsilon \to 0} \int_{\mathbb{R}} |f_\varepsilon(\lambda)|^2 u(\lambda) d\mu^A_{\Psi_0} = u(\lambda_0)$ を示せ．

3. 正準交換関係 (CCR) のシュレーディンガー表現における 1 次元調和振動子のハミルトニアン $H^{\mathrm{S}}_{\mathrm{os}} := -(\hbar^2/2m)\Delta_x + (K/2)\hat{x}^2$ (m, K は正の定数；[8] の p.370 を参照) は $\mathsf{L}^2(\mathbb{R}_x)$ における極大観測量であることを示せ．

4. 任意の $n \in \mathbb{N}$ に対して，$\mathsf{L}^2(\mathbb{R}_x)$ におけるかけ算作用素 $\hat{x}^{2n}$ は極大観測量ではないことを示せ．

5. A を H における極大観測量とし，M を H の閉部分空間とする．もし，A が M によって簡約されるならば，A の M における部分 $A_{\mathsf{M}} := A|[\mathsf{M} \cap \mathsf{D}(A)]$ は M における極大観測量であることを証明せよ*32．

---

*32 作用素の簡約については，[7] の p.179, 2.6.4 項を参照．

6. $\mathbf{A} := (A_1, \cdots, A_N)$ を H 上の強可換な自己共役作用素の組とし，$E_{\mathbf{A}}$ をその直積スペクトル測度とするとき，$\mathrm{supp}\, E_{\mathbf{A}} \subset \sigma(A_1) \times \cdots \times \sigma(A_N)$ を証明せよ．
ヒント：[3] の命題 2-17 を参照．

7. 定理 1.19 の証明せよ．

8. 定理 1.22 の証明の詳細を埋めよ．

関 連 図 書

[1] アヒエゼル・グラズマン，『ヒルベルト空間論 上下』（千葉克裕 訳），共立出版，1972, 1973.
[2] 新井朝雄，『ヒルベルト空間と量子力学』，共立出版，1997.
[3] 新井朝雄，『フォック空間と量子場 上』，日本評論社，2000.
[4] 新井朝雄，『フォック空間と量子場 下』，日本評論社，2000.
[5] 新井朝雄，『物理現象の数学的諸原理』，共立出版，2003.
[6] 新井朝雄，『現代物理数学ハンドブック』，朝倉書店，2005.
[7] 新井朝雄・江沢 洋，『量子力学の数学的構造 I』，朝倉書店，1999.
[8] 新井朝雄・江沢 洋，『量子力学の数学的構造 II』，朝倉書店，1999.
[9] O. Bratteli and D. W. Robinson, Operator Algebras and Quantum Statistical Mechanics I, Springer, 1979.
[10] 江沢 洋，量子力学の構造，[15] の第 16 章～第 18 章．
[11] J. v. ノイマン，『量子力学の数学的基礎』（井上 健・広重 徹・恒藤敏彦 共訳），みすず書房，1957. 原著 "Mathematische Grundlagen der Quantenmechanik" (Berlin, Springer) は 1932 年に出版.
[12] M. Reed and B. Simon, Methods of Modern Mathematical Physics I: Functional Analysis, Academic Press, 1972.
[13] 朝永振一郎，『量子力学 II』（第 2 版），みすず書房，1952, 1997.
[14] 梅垣壽春・大矢雅則・日合文雄，『作用素代数入門』，共立出版，1985, 2003.
[15] 湯川秀樹・豊田利幸 編，『岩波講座 現代物理学の基礎 [第 2 版]4 量子力学 II』，岩波書店，1978.

2
物理量の自己共役性

具体的な量子系における物理量と目される作用素の自己共役性あるいは本質的自己共役性を証明するための一般的方法のいくつかを論述し，シュレーディンガー型作用素とディラック型作用素へ応用する．

2.1　は じ め に

量子力学における物理量は状態のヒルベルト空間における自己共役作用素で表される ([6] の 3 章，3.1 節における公理 QM2)．正準交換関係 (CCR) の表現としての量子力学という観点 ([6] の 3 章，3.3.7 項) からは，状態のヒルベルト空間は CCR の表現空間になっていなければならない．この場合，考察下の量子系における物理量は CCR の表現を与える自己共役作用素からつくられる．対象とする量子系が古典的対応物をもつ場合には，対応する古典力学系の物理量から，ある種の形式的対応規則により，量子力学的物理量と目される作用素が定義される ([6] の 3 章，3.4 節を参照)．しかし，そのようにして与えられる作用素たちが本当に物理量であるかどうか，すなわち，(本質的に) 自己共役であるかどうかはただちには明らかではなく，さしあたり，状態のヒルベルト空間全体では定義されない (非有界) 対称作用素であることしかわからない場合が多い．そこで，そのような対称作用素が実際に (本質的に) 自己共役であることを証明する必要がある[*1]．これは，量子力学の公理論的体系が物理理論としても首尾一貫したものであることを示すためには避けて通ることのできない重要な

[*1] 定義域がヒルベルト空間全体である対称作用素は自動的に自己共役であるので，この場合は全然問題にならない．

問題の一つである．実際，物理量の (本質的) 自己共役性が証明されなければ，スペクトル定理を適用するわけにはいかないので，普遍的な形での確率解釈はできない．前著 [5, 6] で提示した公理論的量子力学の枠組みが量子的諸現象を支える，宇宙の根源的な理として真のリアリティを獲得するには，諸々の具体的な量子系における物理量の (本質的) 自己共役性を確立することは不可欠なのである．特に，量子系の全エネルギーを表すハミルトニアンの自己共役性は，系の時間発展の存在と一意性を保証する意味でも本質的である ([6] の p.337，定理 3.39 とそのすぐあとの叙述を参照)．物理量の (本質的) 自己共役性の問題は単なる数学的な問題にとどまるものではなく，量子力学的世界観の厳密な基礎づけと深く関わるのである．

物理量の候補となる諸々の (非有界) 対称作用素の (本質的) 自己共役性を証明する問題は，純数学的にいえば，対称作用素の種々の型に応じて，それが (本質的に) 自己共役であるための判定条件を見つける問題と等価になる．

量子的粒子の運動量作用素や自由ハミルトニアンあるいは自由なスカラー量子場のハミルトニアンが自己共役作用素として実現されることは前著 [6] ですでにみた．本章では，他の諸々の物理量の自己共役性を証明するための判定条件を定式化する．

ここでのアプローチの基本的な考え方を示すために，たとえば，ハミルトニアンの自己共役性を証明する問題を考えよう．量子系のハミルトニアン H は，多くの場合，$H = H_0 + H_I$ という形で与えられる．ここで，H_0 は "よくわかった" 自己共役作用素であり，H_I は対称作用素である*2．もちろん，H に対するこのような分解の仕方は一意的ではないが，それぞれのコンテクストにおける適切な意味において，H_0 を**無摂動部分** (または**無摂動作用素**)，H_I を H_0 に対する**摂動** (または**摂動作用素**) と呼ぶことが可能である．H_I を**相互作用部分**という場合もある．他の物理量についても同様である．この観点からは，物理量の自己共役性の問題は，抽象的な形では，次のように定式化される：

問題 (S) ：H をヒルベルト空間，A を H 上の自己共役作用素，B を H 上の対称作用素とし，A の定義域 $\mathsf{D}(A)$ と B の定義域 $\mathsf{D}(B)$ の共通部分 $\mathsf{D}(A)\cap\mathsf{D}(B)$

*2 調和振動子 ([6] の 3 章，3.8 節) や [6] の 4 章，4.2.4 項における例を参照．

は稠密であるとする (したがって，$A+B$ は対称作用素である)．このとき，どのような条件のもとで，$A+B$ は (本質的に) 自己共役であるか？

量子系のハミルトニアンに関しては，その (本質的) 自己共役性に加えて，それが下に有界であるか否かを決定することも数理解析の第一段階として重要な問題の一つである*3．これは，物理的には，**原子の安定性**，したがってまた**物質の安定性** (stability of matter) と関連している．

周知のように，古典物理学の枠組みでは原子の安定性を示すことはできない．具体的にいえば，古典物理学的描像では，原子核のまわりを運動する電子は，その加速運動により，電磁放射を行い，非常に短時間のうちに (10^{-11} 秒のオーダー)，原子核に落ち込む．これは，原子が恒常的に一定のひろがりをもって存在し得ないことを意味する．すなわち，原子は安定ではない*4．したがって，当然，原子から構成される巨視的物質も恒常的に存在することは不可能であることになる．ゆえに，古典物理学は巨視的物質が安定に存在するという基本的な経験的事実を説明しない．

では，量子力学の原理は物質の安定性を真に保証するであろうか．もちろん，この場合，安定性の概念は，アプリオリに与えられているわけではなく，むしろ，量子力学の原理的解釈と整合的になるような仕方で見いだすべきものである．そこで，次のような発見的考察を行ってみよう．量子力学においては，異なるエネルギーをもつ状態間の遷移が確率的に可能である．したがって，もし，系のハミルトニアンが下に有界でないとすれば，任意の有限エネルギーをもつ状態にあった系は，自律的に，あるいは他の系との相互作用のもとで，いくらでも低いエネルギーに遷移することが可能であろう．その場合には，系は，エネルギーを放射しつつ，エネルギーのより低い状態へと次々と遷移し，系はある一定の状態にとどまることはないと推測される．この意味で系は安定ではない．したがって，そのような“カタストローフ”が起きないためには，ハミルトニアンは下に有界でなければならないであろう．こうして，ハミルトニアンの

---

*3 対称作用素 A に対して，実定数 γ が存在して，$\langle\Psi, A\Psi\rangle \geq \gamma\|\Psi\|^2, \forall\Psi \in \mathsf{D}(A)$ が成り立つとき，A は下に有界であるといい，このことを $A \geq \gamma$ と記す ([5] の p.133 を参照)．

*4 詳しくは，[18] の p.84～p.86 を参照．

下界性は系の "安定性" の必要条件であると考えられる．だが，それは量子力学系の安定性の一つの定性的指標を表すものとも解釈されうる．そこで，系のハミルトニアンが下に有界であるとき，系は**第一種の安定性**または**弱安定性**をもつという．

ハミルトニアン H が自己共役かつ下に有界で，その**最低エネルギー**

$$E_0(H) = \inf \sigma(H) \tag{2.1}$$

が H の固有値であるとき，これに属する H の固有ベクトルを H の**基底状態** (ground state) と呼ぶことはすでに述べた ([6], p.339)．系が基底状態をもつならば，系は，弱安定な場合よりも安定であるとと解釈される．そこで，H が下に有界で基底状態をもつとき，系は**強安定**であるという[*5]．

弱安定性あるいは強安定性のほかにも安定性の概念がある．量子的粒子の個数 N ($N = 1, 2, \cdots$) を一つのパラメーターとする量子系において (たとえば，N 個の非相対論的粒子からなる系)，そのハミルトニアンを H_N とするとき，N によらない定数 $C \geq 0$ があって，$H_N \geq -CN \cdots (*)$ が成り立つとき，系は**第二種の安定性**または **H 安定性**をもつという．

特性 $(*)$ は，任意の状態 $\Psi \in \mathsf{D}(H_N), \|\Psi\| = 1$ に対して，$\langle \Psi, H_N \Psi \rangle / N \geq -C$ を導く．これは，物理的には，任意の状態における 1 粒子あたりの平均エネルギー (左辺) が，N によらない一定の数で下から抑えられることを意味する．したがって，N が増えても減っても，1 粒子あたりの平均エネルギーは下がることはないので，系は粒子数の変化についても安定であると解釈される[*6]．

---

*5 "弱安定性" と "強安定性" という術語は標準的なものではなく，筆者がここで試みに導入するものである．H の基底状態の一つを Ψ_0 とすれば，任意の $t \in \mathbb{R}$ に対して，$e^{-itH/\hbar}\Psi_0 = e^{-itE_0(H)/\hbar}\Psi_0$ であるので，Ψ_0 は系の時間発展に対して射線の意味で不変である (i.e., $e^{-iHt/\hbar}\Psi_0$ と Ψ_0 は同じ状態を表すベクトル)．他方，H が下に有界であるが，基底状態をもたない場合には，そのエネルギーの期待値が $E_0(H)$ に近い状態は $\mathsf{R}(E_H([E_0(H), E_0(H) + \varepsilon]))$ (E_H は H のスペクトル測度，$\varepsilon > 0$ は十分小) の元で表される．いま，H は $[E_0(H), E_0(H) + \varepsilon]$ の中に固有値をもたないとしよう．このとき，任意の $\Psi \in \mathsf{R}(E_H([E_0(H), E_0(H) + \varepsilon])$ $(\Psi \neq 0)$ に対して，$\Psi(t) := e^{-itH/\hbar}\Psi \in \mathsf{R}(E_H([E_0(H), E_0(H) + \varepsilon]))$ であるが—この意味で，Ψ は時間発展に関して安定—，$\Psi(t)$ は Ψ と同じ状態を表さない．

*6 もし，1 粒子あたりの平均エネルギーが N の累乗で急激に下がれば，十分大きな N に対しては，その利得を使って，粒子が生成することが起こりうる．ひとたび，それが起これば，系の粒子数がさらに増し，エネルギーが一層下がる．したがって，再び粒子の

ハミルトニアン H が下に有界でない場合でも，状態のヒルベルト空間の中に，ある閉部分空間 M があって，H が M によって簡約され，H の M における簡約部分 H_{M} が下に有界であれば，H_{M} は物理的に意味をもつ場合がありうる*7.

たとえば，ディラック作用素 $H_{\rm D}$ ([6] の 3 章，3.4.3 項) をハミルトニアンとする系はそのような例の一つである．[6] の定理 3.30 で示したように，$H_{\rm D}$ は下に有界ではないが，$H_{\rm D}$ は閉部分空間 $\mathsf{H}_+ := E_{H_{\rm D}}([0,\infty))\mathsf{L}^2(\mathbb{R}^3;\mathbb{C}^4)$ ($E_{H_{\rm D}}(\cdot)$ は $H_{\rm D}$ のスペクトル測度) —これは，物理的には，非負エネルギーの状態空間を表す—によって簡約され，その簡約部分を $H_{{\rm D},+}$ とすれば $H_{{\rm D},+} \geq m$ ($m \geq 0$ は粒子の静止質量) が成り立つ．したがって $H_{{\rm D},+}$ は下に有界である．

いまの例からもわかるように，ハミルトニアン H が下に有界でないからといって，それが“物理的”でないと判断することは必ずしも正当であるとはいえない．重要なことは，H から“物理的”と解釈されうる内容が引き出せるか否かである．

2.2　小さい摂動

前節で提起した問題 (S) では，B が A に対する摂動であり，A が無摂動作用素である．摂動という観点からは，摂動作用素 B が適当な意味で無摂動作用素 A に対して“小さい”ならば，$A+B$ もまた自己共役になることが予想される．そこで，問題 (S) を考察するにあたっては，B が A に関して“小さい”場合と必ずしもそうでない場合とに分けるのが自然である．まず，前者の場合から議論する．この節を通して，H は複素ヒルベルト空間であるとする．

2.2.1　相対的有界性

摂動作用素の無摂動作用素に関する相対的な小ささを測る一つの尺度を導入する：

生成が起こる．このような過程が際限なく繰り返されることになれば，系は安定とみなせる状態では存続できない．本書では，残念ながら，ハミルトニアンの H 安定性—これは種々の不等式と関連していて純数学的にもたいへんおもしろい主題—について論じる紙数はとれなかった．興味のある読者は，[7] や [17] を参照されたい．

*7　作用素の簡約については，[5] の 2 章，2.6.4 項を参照.

定義 2.1 A, B をヒルベルト空間 H 上の作用素で次の (i), (ii) を満たすものとする：(i) $\mathsf{D}(A) \subset \mathsf{D}(B)$；(ii) 定数 $a \geq 0, b \geq 0$ が存在して

$$\|B\Psi\| \leq a\|A\Psi\| + b\|\Psi\|, \quad \forall \Psi \in \mathsf{D}(A). \tag{2.2}$$

このとき, B は A に関して**相対的に有界** (relatively bounded) あるいは A-**有界** (A-bounded) であるといい, a を B の A-**限界**という.

B の A-限界の下限

$$r(A, B) := \inf\{a \geq 0 | (2.2) \text{ が成立 }\} \tag{2.3}$$

を A に関する, B の**相対限界** (relative bound) と呼ぶ.

$r(A, B) = 0$ の場合, B は A に関して**無限小** (infinitesimal) であるといい, 記号的に $B \ll A$ と表す.

上の定義は, B の A-限界が小さければ小さいほど, B は A に比べて, より小さい, という観点によって, B の A に対する小ささを測るものである.

例 2.1 B が有界で $\mathsf{D}(A) \subset \mathsf{D}(B)$ ならば, $a = 0$, $b = \|B\|$ にとれるから, $r(A, B) = 0$. したがって, $B \ll A$ である. だが, この逆は必ずしも成立しない (次の注意を参照).

注意 2.1 容易にわかるように, $B \ll A$ であることは次のように言い換えられる：任意の $\varepsilon > 0$ に対して, 定数 $b_\varepsilon \geq 0$ があって

$$\|B\Psi\| \leq \varepsilon\|A\Psi\| + b_\varepsilon\|\Psi\|, \quad \forall \Psi \in \mathsf{D}(A) \tag{2.4}$$

が成り立つ.

証明 $B \ll A$ ならば, 非負の数列 $\{a_n\}_{n=1}^\infty$, $\{b_n\}_{n=1}^\infty$ で次の条件 (a), (b) を満たすものが存在する：(a) $\lim_{n\to\infty} a_n = 0$; (b) $\|B\Psi\| \leq a_n\|A\Psi\| + b_n\|\Psi\|$, $\Psi \in D(A), n \in \mathbb{N}$. (a) より, 任意の $\varepsilon > 0$ に対して, 番号 n_0 があって, $n \geq n_0$ ならば $0 \leq a_n < \varepsilon$ が成り立つ. そこで $b_\varepsilon = b_{n_0}$ とおけば, (2.4) が成り立つ.

逆に, 任意の $\varepsilon > 0$ に対して, (2.4) が成り立つならば, $r(A, B) = 0$ は明らかである. ■

命題 2.2　N を自然数とし，$A, B, B_j\ (j=1,\cdots,N)$ を H 上の作用素とする．

(i)　$B \ll A$ ならば，任意の $\lambda \in \mathbb{C}\setminus\{0\}$ に対して $\lambda B \ll A$.

(ii)　$B_j \ll A\ (j=1,\cdots,N)$ ならば $\sum_{j=1}^N B_j \ll A$.

証明　(i) これは (2.4) と「$\varepsilon>0$ が任意ならば，$|\lambda|\varepsilon\ (\lambda\neq 0)$ も任意の正数にとれる」という事実からしたがう．

(ii) (2.4) において，$B=B_j$ として得られる不等式 (b_ε を $b_{j,\varepsilon}$ とする) を j について 1 から N まで加えれば

$$\sum_{j=1}^N \|B_j\Psi\| \le N\varepsilon\|A\Psi\| + \sum_{j=1}^N b_{j,\varepsilon}\|\Psi\|, \quad \forall\Psi\in\mathsf{D}(A).$$

3 角不等式により，$\|\sum_{j=1}^N B_j\Psi\| \le \sum_{j=1}^N \|B_j\Psi\|$. また，$\varepsilon' = N\varepsilon$ とおくと，$\varepsilon>0$ が任意ならば，ε' も任意にとれる．したがって，$\sum_{j=1}^N B_j \ll A$.　■

相対的に有界な作用素による摂動問題を考察する際に頻繁に使われることになる基本的事実を証明しておこう．

補題 2.3　A, B を定義 2.1 のものとする．さらに，A は閉作用素であり，$\varrho(A)$ (A のレゾルヴェント集合) $\neq\emptyset$ と仮定する．このとき，任意の $z\in\varrho(A)$ に対して，$B(A-z)^{-1}\in\mathsf{B}(\mathsf{H})$ であり

$$\|B(A-z)^{-1}\| \le a + (a|z|+b)\|(A-z)^{-1}\| \tag{2.5}$$

が成り立つ．

もし，A が閉対称作用素ならば

$$\|B(A-z)^{-1}\| \le \frac{a}{\sqrt{1-\varepsilon^2(\mathrm{Re}\,z)^2}} + \frac{b}{|\mathrm{Im}\,z|} \quad \left(|\mathrm{Re}\,z| < \frac{1}{\varepsilon},\ |z| \ge \frac{1}{\varepsilon}\right) \tag{2.6}$$

が成り立つ．ここで，ε は括弧の中の条件を満たす任意の正の定数でよい．

証明　A は閉であるから，$A-z$ は全単射であり，$(A-z)^{-1}\in\mathsf{B}(\mathsf{H})$ である．任意の $\Psi\in\mathsf{H}$ に対して，$(A-z)^{-1}\Psi\in\mathsf{D}(A)$ であるから，不等式 (2.2) によって

$$\|B(A-z)^{-1}\Psi\| \le a\|A(A-z)^{-1}\Psi\| + b\|(A-z)^{-1}\Psi\|. \tag{2.7}$$

$A(A-z)^{-1}=1+z(A-z)^{-1}$ であるので，$A(A-z)^{-1}\in \mathsf{B}(\mathsf{H})$ であり

$$\|A(A-z)^{-1}\|\le 1+|z|\|(A-z)^{-1}\| \tag{2.8}$$

が成立する．不等式 (2.7) の右辺は $(a\|A(A-z)^{-1}\|+b\|(A-z)^{-1}\|)\|\Psi\|$ 以下である．ゆえに

$$\|B(A-z)^{-1}\|\le a\|A(A-z)^{-1}\|+b\|(A-z)^{-1}\|. \tag{2.9}$$

これと (2.8) により，(2.5) が得られる．

次に，A が閉対称作用素の場合を考えよう．この場合，任意の $\Psi\in \mathsf{D}(A)$ に対して

$$\|(A-z)\Psi\|^2=\|A\Psi\|^2-2x\langle\Psi,A\Psi\rangle+|z|^2\|\Psi\|^2 \qquad (z=x+iy,\ x,y\in\mathbb{R}).$$

シュヴァルツの不等式により

$$|2x\langle\Psi,A\Psi\rangle|\le 2|x|\|\Psi\|\|A\Psi\|\le \varepsilon^2x^2\|A\Psi\|^2+\frac{\|\Psi\|^2}{\varepsilon^2}.$$

ここで $\varepsilon>0$ は任意でよい．したがって，$|z|\ge 1/\varepsilon$ ならば

$$\|(A-z)\Psi\|^2\ge(1-\varepsilon^2x^2)\|A\Psi\|^2+\left(|z|^2-\frac{1}{\varepsilon^2}\right)\|\Psi\|^2\ge(1-\varepsilon^2x^2)\|A\Psi\|^2$$

が導かれる．これは，$|x|<1/\varepsilon$ のとき

$$\|A(A-z)^{-1}\|\le\frac{1}{\sqrt{1-\varepsilon^2x^2}} \qquad \left(|z|\ge\frac{1}{\varepsilon}\right)$$

を意味する．[5] の補題 2.39(p.140) の (i) によって $\|(A-z)^{-1}\|\le 1/|\mathrm{Im}\,z|$．これらの事実と (2.9) から (2.6) がしたがう． ■

定理 2.4 A,B は補題 2.3 と同じ条件にしたがうとし，$z=x+iy\in\varrho(A)$ $(x,y\in\mathbb{R})$ とする．

(i) $C_{a,b,z}:=a+(a|z|+b)\|(A-z)^{-1}\|<1$ ならば，$z\in\varrho(A+B)$ であり

$$(A+B-z)^{-1}=\sum_{n=0}^{\infty}(-1)^n(A-z)^{-1}[B(A-z)^{-1}]^n. \tag{2.10}$$

さらに，$\|B(A-z)^{-1}\| \leq C_{a,b,z} < 1$ であり

$$\|(A+B-z)^{-1} - (A-z)^{-1}\| \leq \frac{\|B(A-z)^{-1}\|\|(A-z)^{-1}\|}{1-\|B(A-z)^{-1}\|} \tag{2.11}$$

という評価が成り立つ．

(ii) A が閉対称で $(a/\sqrt{1-\varepsilon^2 x^2}) + (b/|y|) < 1 \quad (|x| < 1/\varepsilon, |z| \geq 1/\varepsilon)$ ならば，$z \in \varrho(A+B)$ であり，(2.10) が成り立つ．

証明 次の作用素等式に注意する：

$$A+B-z = [1+B(A-z)^{-1}](A-z). \tag{2.12}$$

(i) 仮定の条件のもとでは，(2.5) により，$\|B(A-z)^{-1}\| < 1$．したがって，[5] の定理 1.34 によって，$1+B(A-z)^{-1}$ は全単射であり

$$(1+B(A-z)^{-1})^{-1} = \sum_{n=0}^{\infty}(-1)^n[B(A-z)^{-1}]^n$$

が成り立つ．ゆえに (2.12) により，$A+B-z$ は全単射であり

$$(A+B-z)^{-1} = (A-z)^{-1}[1+B(A-z)^{-1}]^{-1}$$

が成り立つ．よって，$z \in \varrho(A+B)$ であり，(2.10) が成り立つ．(2.11) を示すには，(2.10) から導かれる式

$$(A+B-z)^{-1} - (A-z)^{-1} = \sum_{n=1}^{\infty}(-1)^n(A-z)^{-1}[B(A-z)^{-1}]^n$$

の両辺の作用素ノルムをとり，その右辺が

$$\sum_{n=1}^{\infty}\|(A-z)^{-1}[B(A-z)^{-1}]^n\| \leq \sum_{n=1}^{\infty}\|(A-z)^{-1}\|\|B(A-z)^{-1}\|^n$$

と抑えられることに注意すればよい．

(ii) (i) と同様． ■

補題 2.5 A, B を H 上の作用素とし，B は A-有界でその A-限界 a は 1 未満であるとする．このとき，すべての $\Psi \in \mathsf{D}(A)$ に対して

$$\|A\Psi\| \le \frac{1}{1-a}\|(A+B)\Psi\| + \frac{b}{1-a}\|\Psi\|, \tag{2.13}$$

$$\|B\Psi\| \le \frac{a}{1-a}\|(A+B)\Psi\| + \frac{b}{1-a}\|\Psi\| \tag{2.14}$$

が成り立つ．ここで，b は (2.2) における定数である．

証明 任意の $\Psi \in \mathsf{D}(A)$ に対して，$A\Psi = (A+B)\Psi - B\Psi \cdots (*)$ と表し，3 角不等式と (2.2) を用いると

$$\|A\Psi\| \le \|(A+B)\Psi\| + \|B\Psi\| \le \|(A+B)\Psi\| + a\|A\Psi\| + b\|\Psi\|.$$

したがって，$(1-a)\|A\Psi\| \le \|(A+B)\Psi\| + b\|B\Psi\|$．ゆえに (2.13) が得られる．

(2.2) の右辺の $\|A\Psi\|$ に $(*)$ を代入し，前段と同様の計算を行うことにより，(2.14) が導かれる． ■

2.2.2 閉作用素の摂動

第 5 章への準備も兼ねて，ここで，閉作用素の閉性の，摂動のもとでの安定性の問題—摂動を加えて閉性が保存されるか否かという問題—にふれておく[*8]．

定理 2.6 A を H 上の閉作用素，B を H 上の可閉作用素とし，B は A-有界でその A 限界 a は 1 未満 $(0 \le a < 1)$ であるとする．このとき，$A+B$ は閉作用素である．

証明 点列 $\Psi_n \in \mathsf{D}(A+B) = \mathsf{D}(A)$ が $\Psi_n \to \Psi \in \mathsf{H}$, $(A+B)\Psi_n \to \Phi \in \mathsf{H}$ $(n \to \infty)$ を満たすとしよう．このとき，不等式 (2.13) における Ψ として $\Psi_n - \Psi_m$ を考えると，$\{A\Psi_n\}_n$ は H のコーシー列であることがわかる．したがって，$\eta := \lim_{n\to\infty} A\Psi_n$ が存在する．A は閉であるから，$\Psi \in \mathsf{D}(A) = \mathsf{D}(A+B)$

*8 有界な作用素による摂動のもとでの閉性の安定性は，すでに [5] の定理 2.5 (p.103) でみた．ここでは，若干の一般化を行う．

かつ $\eta = A\Psi$．B の A-有界性により，$\{B\Psi_n\}_n$ もコーシー列であることがわかる．したがって，$\chi := \lim_{n\to\infty} B\Psi_n$ が存在する．B は可閉であるから，$B\Psi = \chi$ でなければならない．ゆえに，$\Phi = \eta + \chi = A\Psi + B\Psi = (A+B)\Psi$．よって，$A+B$ は閉である． ■

2.2.3　加藤–レリッヒの定理

摂動 B が無摂動作用素 A に関して相対的に有界である場合の作用素 $A+B$ の自己共役性に関する基本的な定理の一つを証明する．

ヒルベルト空間 H 上の可閉作用素 C に対して，$\bar{C}$ によって，C の閉包を表す．H 上の閉作用素 T と部分空間 $\mathsf{D} \subset \mathsf{D}(T)$ について，T の D への制限 $T|\mathsf{D}$ が可閉であり，$\overline{T|\mathsf{D}} = T$ が成り立つとき，D を T の芯 (core) であるという[*9]．

定理 2.7　**(加藤–レリッヒ (Rellich) の定理)** A をヒルベルト空間 H 上の自己共役作用素，B を H 上の対称作用素とする．B は A-有界でその A-限界 a として $a < 1$ となるものがとれると仮定する．このとき，次の (i)～(iii) が成り立つ：

(i)　$A+B$ は自己共役である．

(ii)　$A+B$ は A の任意の芯上で本質的に自己共役である．

(iii)　A が下に有界で $A \geq \gamma > -\infty$ (γ: 実定数) ならば，$A+B$ も下に有界であり，

$$A + B \geq \gamma - \max\left\{\frac{b}{1-a}, a|\gamma| + b\right\}. \tag{2.15}$$

ただし，a, b は (2.2) で与えられる定数である ($0 \leq a < 1$)．

この定理は次の有用な事実も含んでいることに注意しよう．すなわち，作用素 B が定理 2.7 の仮定を満たすならば，定理 2.7 の結論は，B を λB ($\forall\lambda \in [-1,1]$) に置き換えても成り立つ．なぜなら，任意の $\lambda \in [-1,1]$ に対して，λB も同じ仮定を満たすからである．ちなみに，この定理に限らず，与えられた定理から，この種の含意を読み取ることは，抽象的なアプローチの強力さの恩恵にあずかる意味でも，重要な思考作業の一つである．

---

*9　[5] の 2 章，2.1.3 項，2.3.7 項．

定理 2.7 を証明する前に，以下で頻繁に使うことになる基本的な事実を補題として述べておこう．線形作用素 T の値域を $\mathsf{R}(T)$ によって表す．

補題 2.8 A をヒルベルト空間 H 上の対称作用素としよう．このとき，次の (i)〜(iv) が成り立つ：

(i) ある $\lambda \in \mathbb{R} \setminus \{0\}$ に対して，$\mathsf{R}(A \pm i\lambda) = \mathsf{H}$ ならば，A は自己共役である．

(ii) ある $\lambda \in \mathbb{R} \setminus \{0\}$ に対して $\mathsf{R}(A \pm i\lambda)$ が H で稠密ならば，A は本質的に自己共役である．

(iii) A は下に有界で $A \geq \gamma$ $(\gamma \in \mathbb{R})$ としよう．このとき，ある $\lambda > 0$ が存在して，$\mathsf{R}(A - \gamma + \lambda) = \mathsf{H}$ ならば，A は自己共役である．

(iv) (iii) と同じ条件のもとで，ある $\lambda > 0$ に対して $\mathsf{R}(A - \gamma + \lambda)$ が H で稠密ならば，A は本質的に自己共役である．

証明 (i) 条件 $\mathsf{R}(A \pm i\lambda) = \mathsf{H}$ は $\mathsf{R}(\lambda^{-1}A \pm i) = \mathsf{H}$ を意味する．したがって，自己共役性の一般的判定条件 ([5] の定理 2.41) によって，$\lambda^{-1}A$ は自己共役である．ゆえに A も自己共役*10.

(ii) $\mathsf{R}(A \pm i\lambda)$ が H で稠密ならば，$\mathsf{R}(\lambda^{-1}A \pm i)$ は H で稠密であるから，本質的自己共役性の一般的判定条件 ([5] の定理 2.44) によって，$\lambda^{-1}A$ は本質的に自己共役である．したがって，A も本質的に自己共役である*11.

(iii) $\hat{A} = A - \gamma$ とおくと，$\hat{A} \geq 0$. $\lambda > 0$ とすると，$\|(\hat{A} + \lambda)\Psi\|^2 \geq \lambda^2\|\Psi\|^2$, $\Psi \in \mathsf{D}(A)$ であるから，$\hat{A} + \lambda$ は単射である．したがって，問題の条件のもとで，$\hat{A} + \lambda$ は全単射になる．ゆえに，$-\lambda \in \varrho(\hat{A})$. 一方，$\varrho(\hat{A})$ は開集合であったから ([5] の定理 2.20)，十分小さな $\delta > 0$ に対して，$-\lambda \pm i\delta \in \varrho(\hat{A})$ である．したがって，$\mathsf{R}(\hat{A} + \lambda \pm i\delta) = \mathsf{H}$. ゆえに，(i) により，$\hat{A} + \lambda$ は自己共役である．これは A の自己共役性を意味する*12.

---

*10 零でない任意の実数 k と任意の自己共役作用素 A に対して，kA は自己共役 (証明は容易；[5] の命題 2.2-(ii)，(2.12) 式を $B = kI$ として応用してもよい).

*11 $\lambda^{-1}A$ の閉包は $\lambda^{-1}\bar{A}$ であることに注意 ($\bar{A}$ は A の閉包を表す). これが自己共役だから，$\bar{A}$ も自己共役になる．

*12 一般に，T を任意の自己共役作用素とするとき，任意の実数 x に対して，$T + x$ は自己共役 (証明は容易；[5] の命題 2.2-(i)，(2.10) 式を $B = xI$ として応用してもよい).

(iv) (iii) と同様にして，$\overline{\hat{A}}+\lambda$ が全単射になる．これと (iii) の事実によって，$\hat{A}$ は本質的に自己共役である．ゆえに A は本質的に自己共役である． ■

補題 2.9 A をヒルベルト空間 H 上の対称作用素としよう．このとき，次の (i)〜(iv) が成り立つ：

(i) A が閉であり，ある $\lambda \in \mathbb{R}\setminus\{0\}$ に対して，$\ker(A^* \pm i\lambda)=\{0\}$ ならば，A は自己共役である．

(ii) ある $\lambda \in \mathbb{R}\setminus\{0\}$ に対して $\ker(A^* \pm i\lambda)=\{0\}$ ならば，A は本質的に自己共役である．

(iii) A は閉かつ下に有界で $A \geq \gamma\ (\gamma \in \mathbb{R})$ としよう．このとき，ある $\lambda > 0$ が存在して $\ker(A^* - \gamma + \lambda)=\{0\}$ ならば，A は自己共役である．

(iv) $A \geq \gamma$ かつある $\lambda > 0$ に対して $\ker(A^* - \gamma + \lambda)=\{0\}$ ならば，A は本質的に自己共役である．

証明 A^* は閉であるから，直交分解 $\mathsf{H}=\ker(A^* \pm i)\oplus \mathsf{R}(\bar{A}\mp i)\cdots(*)$ が成り立つ ([5] の p.138, 補題 2.37)．ここで，閉対称作用素 S については $\mathsf{R}(S\pm i)$ は閉集合であること ([5] の p.140, 補題 2.39) も用いた．

(i) この問題の条件と $(*)$ は $\mathsf{H}=\mathsf{R}(\bar{A}\mp i)$ を意味する．A が閉ならば，右辺は $\mathsf{R}(A\mp i)$ に等しい．したがって，補題 2.8-(i) によって，A は自己共役である．

(ii) 考察下の条件のもとでは，$(*)$ により $\mathsf{H}=\mathsf{R}(\bar{A}\mp i)$．右辺は $\overline{\mathsf{R}(A\mp i)}$ に等しい．すなわち，$\mathsf{R}(A\mp i)$ は H で稠密である．したがって，補題 2.8-(ii) によって，A は本質的に自己共役である．

(iii), (iv) については，直交分解 $\mathsf{H}=\ker(A^*-\gamma+\lambda)\oplus\mathsf{R}(\bar{A}-\gamma+\lambda)$ を用いて，(i), (ii) と同様に論じればよい． ■

定理 2.7 の証明 (i) 補題 2.8-(i) により，ある $\lambda \in \mathbb{R}\setminus\{0\}$ に対して，$A+B\pm i\lambda$ が全単射であることを示せばよい．$\lambda \in \mathbb{R}\setminus\{0\}$ とする．A は自己共役であるから，$\pm i\lambda \in \varrho(A)$．したがって，$A \pm i\lambda$ は全単射である．定理 2.4-(ii) によって，$a+(b/|\lambda|)<1\cdots(*)$ ならば $\pm i\lambda \in \varrho(A+B)$ である．他方，$a<1$ ならば，十分大きい $|\lambda|$ に対して $(*)$ が成り立つ．したがって，そのような λ に対しては，$\pm i\lambda \in \varrho(A+B)$．すなわち，$A+B\pm i\lambda$ は全単射である．

(ii) D を A の任意の芯としよう．任意の $\Psi \in \mathsf{D}(A+B) = \mathsf{D}(A)$ に対して，$\Psi_n \to \Psi, A\Psi_n \to A\Psi$ $(n \to \infty)$ となる点列 $\{\Psi_n\}_n \subset \mathsf{D}$ がある．このとき (2.2) によって，$\{B\Psi_n\}_n$ は基本列をなす．したがって，$\Psi \in \mathsf{D}(\bar{B})$, $B\Psi_n \to \bar{B}\Psi$ $(n \to \infty)$. ところが $\Psi \in \mathsf{D}(A)$ であったから，$\bar{B}\Psi = B\Psi$. したがって, $(A+B)\Psi_n \to (A+B)\Psi$. これは，D が $A+B$ の芯であることを意味する．

(iii) $s \in \mathbb{R}$, $s < \gamma$ としよう．このとき，$s \in \varrho(A)$ ([5] の定理 2.40-(ii))．したがって $\mathsf{R}(A-s) = \mathsf{H}$. 自己共役作用素 A に同伴する単位の分解を E とすれば

$$\|A(A-s)^{-1}\Psi\|^2 = \int_\gamma^\infty \left|\frac{\lambda}{\lambda - s}\right|^2 d\|E(\lambda)\Psi\|^2.$$

一方，$\sup_{\lambda \geq \gamma} |\lambda/(\lambda - s)| \leq \max\{1, |\gamma|/(\gamma - s)\}$．したがって

$$\|A(A-s)^{-1}\| \leq \max\left\{1, \frac{|\gamma|}{\gamma - s}\right\}.$$

同様にして $\|(A-s)^{-1}\| \leq 1/(\gamma - s)$ が示される．これらの不等式と (2.9) から，もし

$$s < \gamma - \max\left\{\frac{b}{1-a}, a|\gamma| + b\right\}$$

ならば，$\|B(A-s)^{-1}\| < 1$ となることがわかる．ゆえに $s \in \varrho(A+B)$．したがって，(2.15) が得られる． ■

例 2.1 に述べた事実と加藤–レリッヒの定理から，次の系が得られる[*13]：

系 2.10 A を H 上の自己共役作用素, B を H 上の有界な対称作用素で $\mathsf{D}(A) \subset \mathsf{D}(B)$ を満たすものとする．このとき，次の (i)〜(iii) が成り立つ：

(i) $A+B$ は自己共役である．

(ii) $A+B$ は A の任意の芯上で本質的に自己共役である．

(iii) A が下に有界で $A \geq \gamma > -\infty$ (γ: 実定数) ならば，$A+B$ も下に有界であり，$A+B \geq \gamma - \|B\|$.

---

*13 この系は [5] の命題 2.2-(i)，(2.10) を使っても証明できる．

2.3　加藤–レリッヒの定理の応用—シュレーディンガー型作用素の自己共役性，原子と物質の弱安定性

d,N を自然数として，$(\mathbb{R}^d)^N = \mathbb{R}^{dN}$ の点を $\boldsymbol{x} = (\boldsymbol{x}_1,\cdots,\boldsymbol{x}_N)$，$\boldsymbol{x}_j \in \mathbb{R}^d$，$j=1,\cdots,N$ と表す．ヒルベルト空間 $\mathsf{L}^2((\mathbb{R}^d)^N) = \mathsf{L}^2(\mathbb{R}^{dN})$ における，変数 $\boldsymbol{x}_j \in \mathbb{R}^d$ に関する d 次元の一般化されたラプラシアンを $\Delta_{\boldsymbol{x}_j}$ と記す([6] の 3 章，3.3 節，3.4 節を参照)．また，以下では $\mathsf{L}^2(\mathbb{R}^\nu)$ $(\nu \in \mathbb{N})$ における，関数 F によるかけ算作用素を単に F と記す ([6] の p.296～p.297 を参照)．

[6] の 3 章，3.4 節ですでに述べたように，シュレーディンガー型作用素は $\mathsf{L}^2(\mathbb{R}^{dN})$ における作用素として

$$H_{\mathrm{S}} := -\sum_{j=1}^{N} \frac{\hbar^2}{2m_j}\Delta_{\boldsymbol{x}_j} + V \tag{2.16}$$

という形で与えられる．ただし，$\hbar > 0, m_j > 0$ はパラメーターであり—物理的には，h をプランクの定数として，$\hbar = h/(2\pi)$，m_j は j 番目の量子力学的粒子の質量を表す—，$V : \mathbb{R}^{dN} \to \mathbb{R}$ はポテンシャルを表すボレル可測関数である [上の規約により，(2.16) における V は関数 V によるかけ算作用素を表す]．この節では，あるクラスの V に対して H_{S} が自己共役であることを証明する．

2.3.1　スケール変換

作用素 H_{S} の解析において，係数 $\hbar^2/(2m_j)$ があることによる計算上の煩雑さを軽減するために，まず，H_{S} にあるユニタリ変換を施し，その形に関して，ある種の簡潔化を行う．

正の実数の集合 $\mathbb{R}_+$ の ν 個の直積 $\mathbb{R}_+^\nu := \{\boldsymbol{a} = (a_1,\cdots,a_\nu) |\ a_j > 0,\ j=1,\cdots,\nu\}$ の任意の元 $\boldsymbol{a}$ と $\mathbb{R}^\nu$ 上の関数 f に対して，関数 $U_{\boldsymbol{a}}f$ を

$$(U_{\boldsymbol{a}}f)(\boldsymbol{x}) := a_1^{1/2}\cdots a_\nu^{1/2} f(\boldsymbol{a}\circ\boldsymbol{x}), \quad \boldsymbol{x} \in \mathbb{R}^\nu \tag{2.17}$$

によって定義する．ただし，$\boldsymbol{a}\circ\boldsymbol{x} := (a_1x_1,\cdots,a_\nu x_\nu)$．関数 $U_{\boldsymbol{a}}f$ を f のベクトル $\boldsymbol{a}$ による**伸張変換**または**スケール変換**という．

$f \in \mathsf{L}^2(\mathbb{R}^\nu)$ ならば $U_{\boldsymbol{a}} f \in \mathsf{L}^2(\mathbb{R}^\nu)$ であり，写像 $U_{\boldsymbol{a}} : \mathsf{L}^2(\mathbb{R}^\nu) \ni f \mapsto U_{\boldsymbol{a}} f$ は $\mathsf{L}^2(\mathbb{R}^\nu)$ 上のユニタリ作用素であることがわかる．また

$$U_{\boldsymbol{a}} U_{\boldsymbol{b}} = U_{\boldsymbol{a} \circ \boldsymbol{b}}, \quad \boldsymbol{a}, \boldsymbol{b} \in \mathbb{R}^\nu_+. \tag{2.18}$$

作用素 $U_{\boldsymbol{a}}$ を (ベクトル $\boldsymbol{a}$ による) **伸張変換** (dilatation) または**スケール変換**と呼ぶ．

$\boldsymbol{a}^{-1} := (a_1^{-1}, \cdots, a_\nu^{-1})$ と定義すれば，(2.18) より

$$U_{\boldsymbol{a}} U_{\boldsymbol{a}^{-1}} = U_{\boldsymbol{a}^{-1}} U_{\boldsymbol{a}} = I \tag{2.19}$$

となる (I は恒等写像)．

変数 $x_j \in \mathbb{R}$ に関する一般化された偏微分作用素を D_j と記す ([6, p.280, p.283] を参照)．偏微分作用素 D_j やかけ算作用素と伸張変換の関係は次の命題にまとめられる．

命題 2.11 $\mathsf{E}(\mathbb{R}^\nu)$ は $\mathsf{C}_0^\infty(\mathbb{R}^\nu)$ ($\mathbb{R}^\nu$ 上の有界な台をもつ無限回微分可能な関数の全体) または $\mathcal{S}(\mathbb{R}^\nu)$ ($\mathbb{R}^\nu$ 上の急減少関数の全体) を表すとする[*14]．

(i) 任意の $\boldsymbol{a} \in \mathbb{R}^\nu_+$ に対して，$U_{\boldsymbol{a}}$ は $\mathsf{E}(\mathbb{R}^\nu)$ からそれ自身への全単射である．

(ii) 任意の $\boldsymbol{a} \in \mathbb{R}^\nu_+$ とすべての $m \in \mathbb{N}$ に対して，作用素の等式

$$U_{\boldsymbol{a}} (-iD_j)^m U_{\boldsymbol{a}}^{-1} = a_j^{-m} (-iD_j)^m, \quad j = 1, \cdots, \nu \tag{2.20}$$

が成り立つ．

(iii) 任意のボレル可測関数 $F : \mathbb{R}^\nu \to \mathbb{C}$ と任意の $\boldsymbol{a} \in \mathbb{R}^\nu_+$ に対して

$$U_{\boldsymbol{a}} F U_{\boldsymbol{a}}^{-1} = F_{\boldsymbol{a}} \quad (\text{作用素の等式}). \tag{2.21}$$

ただし，$F_{\boldsymbol{a}}(\boldsymbol{x}) := F(\boldsymbol{a} \circ \boldsymbol{x})$.

証明 (i) $f \in \mathsf{E}(\mathbb{R}^\nu)$ とすれば，$U_{\boldsymbol{a}} f \in \mathsf{E}(\mathbb{R}^\nu)$ は明らかであろう．任意の $g \in \mathsf{E}(\mathbb{R}^\nu)$ に対して，$f = U_{\boldsymbol{a}}^{-1} g = U_{\boldsymbol{a}^{-1}} g \in \mathsf{E}(\mathbb{R}^\nu)$ とすれば $U_{\boldsymbol{a}} f = g$ であ

*14 [5] または [6] の付録 B，C を参照.

るから，$U_{\boldsymbol{a}}$ は，$\mathsf{E}(\mathbb{R}^\nu)$ をそれ自身の上へ写す．単射性は $U_{\boldsymbol{a}}$ のユニタリ性による．

(ii) (2.20) は $m=1$ の場合を示せば十分である．直接計算により，任意の $f \in \mathsf{E}(\mathbb{R}^\nu), \boldsymbol{a} \in \mathbb{R}^\nu_+$ に対して，$U_{\boldsymbol{a}}(-iD_j)U_{\boldsymbol{a}}^{-1}f = a_j^{-1}(-iD_j f)$ がわかる．$\mathsf{E}(\mathbb{R}^\nu)$ は $-iD_j$ の芯であるから，[6] の 3 章，演習問題 10 (または [1] の 5 章，補題 5.7) の応用により，作用素の等式 $U_{\boldsymbol{a}}(-iD_j)U_{\boldsymbol{a}}^{-1} = a_j^{-1}(-iD_j)$ がしたがう．

(iii) $\boldsymbol{a}, \boldsymbol{b} \in \mathbb{R}^\nu_+$ とする．$f \in \mathsf{D}(F_{\boldsymbol{b}})$ とすれば，$F_{\boldsymbol{b}} f \in \mathsf{L}^2(\mathbb{R}^\nu)$. したがって

$$\int_{\mathbb{R}^\nu} |F_{\boldsymbol{a}\circ\boldsymbol{b}}(\boldsymbol{x})(U_{\boldsymbol{a}}f)(\boldsymbol{x})|^2 d\boldsymbol{x} = \int_{\mathbb{R}^\nu} |F_{\boldsymbol{b}}(\boldsymbol{x})f(\boldsymbol{x})|^2 d\boldsymbol{x} < \infty.$$

ゆえに，$U_{\boldsymbol{a}}f \in \mathsf{D}(F_{\boldsymbol{a}\circ\boldsymbol{b}})$. すなわち，$U_{\boldsymbol{a}}\mathsf{D}(F_{\boldsymbol{b}}) \subset \mathsf{D}(F_{\boldsymbol{a}\circ\boldsymbol{b}})\cdots(*)$. したがって，特に，$\boldsymbol{b} = (1, \cdots, 1)$ とすれば，$U_{\boldsymbol{a}}\mathsf{D}(F) \subset \mathsf{D}(F_{\boldsymbol{a}})\cdots(**)$. また，$(*)$ で $\boldsymbol{a}$ と $\boldsymbol{b}$ の役割を交換すれば $\mathsf{D}(F_{\boldsymbol{a}}) \subset U_{\boldsymbol{b}}^{-1}\mathsf{D}(F_{\boldsymbol{b}\circ\boldsymbol{a}})$. そこで，$\boldsymbol{b} = \boldsymbol{a}^{-1}$ とおけば $\mathsf{D}(F_{\boldsymbol{a}}) \subset U_{\boldsymbol{a}}\mathsf{D}(F)$. これと $(**)$ をあわせれば $U_{\boldsymbol{a}}\mathsf{D}(F) = \mathsf{D}(F_{\boldsymbol{a}})$ が出る．これが示されれば，任意の $f \in \mathsf{D}(F_{\boldsymbol{a}}) = U_{\boldsymbol{a}}\mathsf{D}(F)$ に対して，$U_{\boldsymbol{a}}FU_{\boldsymbol{a}}^{-1}f = F_{\boldsymbol{a}}f$ が成り立つことを示すことは単純な計算である．■

さて，$\nu = dN$ の場合を考え，$\mathbb{R}^d$ のベクトルですべての成分が 1 であるものを $\boldsymbol{u}_d = (1, \cdots, 1) \in \mathbb{R}^d$ とし，これを用いて，$\mathbb{R}^{dN}$ のベクトル $\boldsymbol{s}_0$ を

$$\boldsymbol{s}_0 = \left(\frac{\hbar}{\sqrt{2m_1}}\boldsymbol{u}_d, \cdots, \frac{\hbar}{\sqrt{2m_N}}\boldsymbol{u}_d\right) \in (\mathbb{R}^d)^N$$

によって定義する．命題 2.11 によって次の結果が得られる[*15]：

命題 2.12　H_{S} は (2.16) によって与えられるとする．このとき，作用素の等式

$$U_{\boldsymbol{s}_0} H_{\mathrm{S}} U_{\boldsymbol{s}_0}^{-1} = -\Delta + V_{\boldsymbol{s}_0}$$

---

*15 次の基本的事実も使う：$A_1, \cdots, A_N$ をヒルベルト空間 H からヒルベルト空間 K への線形作用素とし，$U : \mathsf{H} \to \mathsf{K}$ をユニタリ作用素とするとき，作用素の等式 $U(\sum_{j=1}^N A_j)U^{-1} = \sum_{j=1}^N UA_jU^{-1}$ が成り立つ ($\mathsf{D}(U(\sum_{j=1}^N A_j)U^{-1}) = \mathsf{D}(\sum_{j=1}^N UA_jU^{-1})$ を示せ).

が成り立つ．ただし，$V_{\boldsymbol{s}_0}(\boldsymbol{x}) := V(\boldsymbol{s}_0 \circ \boldsymbol{x})$，$\Delta = \sum_{j=1}^{N} \Delta_{\boldsymbol{x}_j}$ は $\mathsf{L}^2(\mathbb{R}^{dN})$ 上の一般化されたラプラシアンである．したがって，特に，次の (i)～(iii) が成立する：

(i) $-\Delta + V_{\boldsymbol{s}_0}$ が稠密な部分空間 $\mathsf{D} \subset \mathsf{D}(\Delta) \cap \mathsf{D}(V_{\boldsymbol{s}_0})$ の上で本質的に自己共役であることと H_{S} が $U_{\boldsymbol{s}_0}^{-1}\mathsf{D}$ 上で本質的に自己共役であることとは同値である．

(ii) $-\Delta + V_{\boldsymbol{s}_0}$ が $\mathsf{E}(\mathbb{R}^{dN})$ 上で本質的に自己共役であることと H_{S} が $\mathsf{E}(\mathbb{R}^{dN})$ 上で本質的に自己共役であることとは同値である．

(iii) $-\Delta + V_{\boldsymbol{s}_0}$ が自己共役であることと H_{S} が自己共役であることとは同値である．

証明 (i) [6] の 3 章，演習問題 10 (または [1] の 5 章，補題 5.7) の応用による．

(ii) これは (i) と命題 2.11-(i) による．

(iii) 自己共役性のユニタリ不変性による． ■

以下でみるように，$-\Delta + V$ の (本質的) 自己共役性およびそのスペクトル特性は V がどのような関数空間に属するかに依存する．そこで，次の概念を導入する．

定義 2.13 V を $\mathbb{R}_+^{\nu}$ 上のボレル可測関数の集合とする．任意の $\boldsymbol{a} \in \mathbb{R}^{\nu}$ に対して，$F \in \mathsf{V} \Longrightarrow F_{\boldsymbol{a}} \in \mathsf{V}$ が成り立つとき，V は**スケール不変**または**伸張対称**であるという．

注意 2.2 V がスケール不変であることは，任意の $\boldsymbol{a} \in \mathbb{R}_+^{\nu}$ に対して，$U_{\boldsymbol{a}}\mathsf{V} \subset \mathsf{V}$ ということと同値である．$U_{\boldsymbol{a}}$ の可逆性を使えば，V がスケール不変であることは，$U_{\boldsymbol{a}}\mathsf{V} = \mathsf{V}$ と同値であることがわかる．

誤解のおそれはないと思うが，念のためにいっておけば，上の定義は，関数空間のスケール不変性の定義であって，個別的な関数のスケール不変性のそれではない．

スケール不変な関数空間に属するポテンシャル V をもつシュレーディンガー型作用素 H_{S} の (本質的) 自己共役性を証明する問題は，ν を任意の自然数とし

て ($\nu = dN$ である必要はない), $\mathsf{L}^2(\mathbb{R}^\nu)$ 上のより簡潔な形のシュレーディンガー型作用素

$$H_U := -\Delta + U \tag{2.22}$$

のそれに帰着される．ただし，$U : \mathbb{R}^\nu \to \mathbb{R}$ はスケール不変な関数空間に属する関数である．

例 2.2 (i) $\mathbb{R}^\nu$ 上の r 回連続微分可能な関数の全体を $\mathsf{C}^r(\mathbb{R}^\nu)$ で表す [$r \in \mathbb{N}$ または $r = \infty$ (可算無限)]．この関数空間はスケール不変である．

(ii) 任意の p $(1 \leq p \leq \infty)$ に対して，$\mathsf{L}^p_{\mathrm{loc}}(\mathbb{R}^\nu)$ と $\mathsf{L}^p(\mathbb{R}^\nu)$ はスケール不変である (積分の変数変換を用いればよい) *16.

2.3.2 並 進 共 変 性

$\boldsymbol{a} \in \mathbb{R}^\nu$ と $\mathbb{R}^\nu$ 上の関数 f に対して，関数 $f^{\boldsymbol{a}} : \mathbb{R}^\nu \to \mathbb{C}$ を

$$(f^{\boldsymbol{a}})(\boldsymbol{x}) := f(\boldsymbol{x} - \boldsymbol{a}), \quad \boldsymbol{x} \in \mathbb{R}^\nu \tag{2.23}$$

によって定義する．$f^{\boldsymbol{a}}$ を関数 f のベクトル $\boldsymbol{a}$ による**並進**または**平行移動**という．

$\mathbb{R}^\nu$ 上のルベーグ測度の並進不変性によって，$f \in \mathsf{L}^2(\mathbb{R}^\nu)$ ならば $f^{\boldsymbol{a}} \in \mathsf{L}^2(\mathbb{R}^\nu)$ であり，$\|f^{\boldsymbol{a}}\| = \|f\|$ が成り立つことがわかる ($\|\cdot\|$ は $\mathsf{L}^2(\mathbb{R}^\nu)$ のノルム)．したがって，写像 $T(\boldsymbol{a}) : \mathsf{L}^2(\mathbb{R}^\nu) \to \mathsf{L}^2(\mathbb{R}^\nu)$ を

$$T(\boldsymbol{a})f := f^{\boldsymbol{a}}, \quad f \in \mathsf{L}^2(\mathbb{R}^\nu) \tag{2.24}$$

によって定義できる．直接計算により，任意の $\boldsymbol{a}, \boldsymbol{b} \in \mathbb{R}^\nu$ に対して

$$T(\boldsymbol{a})T(\boldsymbol{b}) = T(\boldsymbol{a} + \boldsymbol{b}) \tag{2.25}$$

が成り立つことが簡単にわかる．これと $T(\boldsymbol{0}) = I$ に注意すれば，$T(\boldsymbol{a})$ は全単射であり

$$T(\boldsymbol{a})^{-1} = T(-\boldsymbol{a}) \tag{2.26}$$

*16 関数空間 $\mathsf{L}^p(\mathbb{R}^\nu)$ や $\mathsf{L}^p_{\mathrm{loc}}(\mathbb{R}^\nu)$ については，[5] または [6] の付録 C を参照.

が成り立つことが示される．よって $T(\boldsymbol{a})$ は $\mathsf{L}^2(\mathbb{R}^\nu)$ 上のユニタリ作用素である．ユニタリ作用素 $T(\boldsymbol{a})$ を $\mathsf{L}^2(\mathbb{R}^\nu)$ 上の (ベクトル $\boldsymbol{a}$ による) **並進**という．

次の二つの命題は，命題 2.11 と命題 2.12 と同様にして証明される (演習問題 1).

命題 2.14

(i)　任意の $\boldsymbol{a} \in \mathbb{R}^\nu$ に対して，$T(\boldsymbol{a})$ は $\mathsf{E}(\mathbb{R}^\nu)$ からそれ自身への全単射である．

(ii)　任意の $\boldsymbol{a} \in \mathbb{R}^\nu$ とすべての $m \in \mathbb{N}$ に対して，作用素の等式

$$T(\boldsymbol{a})(-iD_j)^m T(\boldsymbol{a})^{-1} = (-iD_j)^m, \quad j = 1, \cdots, \nu \tag{2.27}$$

が成り立つ．

(iii)　任意のボレル可測関数 $F : \mathbb{R}^\nu \to \mathbb{C}$ と任意の $\boldsymbol{a} \in \mathbb{R}^\nu$ に対して，作用素の等式

$$T(\boldsymbol{a})FT(\boldsymbol{a})^{-1} = F^{\boldsymbol{a}} \tag{2.28}$$

が成り立つ．

命題 2.15　H_U は (2.22) によって与えられるとする．このとき, 任意の $\boldsymbol{a} \in \mathbb{R}^\nu_+$ に対して，作用素の等式

$$T(\boldsymbol{a})H_U T(\boldsymbol{a})^{-1} = -\Delta + U^{\boldsymbol{a}} \tag{2.29}$$

が成り立つ．したがって，特に，次の (i)〜(iii) が成立する：

(i)　$-\Delta + U^{\boldsymbol{a}}$ が稠密な部分空間 $\mathsf{D} \subset \mathsf{D}(\Delta) \cap D(U^{\boldsymbol{a}})$ の上で本質的に自己共役であることと H_U が $T(\boldsymbol{a})^{-1}\mathsf{D}$ 上で本質的に自己共役であることとは同値である．

(ii)　$-\Delta + U^{\boldsymbol{a}}$ が $\mathsf{E}(\mathbb{R}^\nu)$ 上で本質的に自己共役であることと H_U が $\mathsf{E}(\mathbb{R}^\nu)$ 上で本質的に自己共役であることとは同値である．

(iii)　$-\Delta + U^{\boldsymbol{a}}$ が自己共役であることと H_U が自己共役であることとは同値である．

2.3.3　自己共役性に関する定理

ν を任意の自然数とし，あらためて $V:\mathbb{R}^\nu\to\mathbb{R}$ とする．

加藤–レリッヒの定理を，$A=-\Delta, B=V$ として，応用することにより，H_V ($U=V$ の場合の H_U) の自己共役性に関する一般的定理を確立するには，次の性質をもつポテンシャル V のクラスを探せばよい：V は $-\Delta$-有界であり，その相対限界は 1 未満にとれる．

そのために，一般の測度空間上の関数のクラスを一つ導入しておく：

定義 2.16　(M,μ) を測度空間とし，$1\le p,q,\le\infty$ とする．M 上の可測関数 f で，$f=f_1+f_2$ ($f_1\in\mathsf{L}^p(M,d\mu), f_2\in\mathsf{L}^q(M,d\mu)$) という形に表されるものの全体を $\mathsf{L}^p(M,d\mu)+\mathsf{L}^q(M,d\mu)$ と記す．この分解で f_1,f_2 が実数値であるような f の全体を $\mathsf{L}^p_{\mathrm{real}}(M,d\mu)+\mathsf{L}^q_{\mathrm{real}}(M,d\mu)$ と記す．

任意の $p,q\in[1,\infty]$ に対して，$\mathsf{L}^p_{\mathrm{real}}(\mathbb{R}^\nu)+\mathsf{L}^q_{\mathrm{real}}(\mathbb{R}^\nu)$ と $\mathsf{L}^p(\mathbb{R}^\nu)+\mathsf{L}^q(\mathbb{R}^\nu)$ はスケール不変である (演習問題 2)．

定理 2.17　$\nu\le 3$, $V\in\mathsf{L}^2_{\mathrm{real}}(\mathbb{R}^\nu)+\mathsf{L}^\infty_{\mathrm{real}}(\mathbb{R}^\nu)$ とする．このとき，次の (i), (ii) が成り立つ：

(i)　$\mathsf{D}(-\Delta+V)=\mathsf{D}(-\Delta)$，$-\Delta+V$ は自己共役であり，下に有界である．

(ii)　$-\Delta+V$ は $-\Delta$ の任意の芯上で本質的に自己共役である．特に，$-\Delta+V$ は $\mathsf{C}_0^\infty(\mathbb{R}^\nu)$ 上で本質的に自己共役である．

定理 2.17 を証明するために補題をいくつか用意する．記号の簡略化のために

$$\|\psi\|_p:=\|\psi\|_{\mathsf{L}^p(\mathbb{R}^\nu)},\quad \psi\in\mathsf{L}^p(\mathbb{R}^\nu) \tag{2.30}$$

とする．また，緩増加超関数 ϕ に対するフーリエ変換を $\hat\phi$ と記す[*17]．$\phi\in\mathsf{L}^1(\mathbb{R}^\nu)$ ならば

$$\hat\phi(\boldsymbol{k})=\frac{1}{(2\pi)^{\nu/2}}\int_{\mathbb{R}^\nu}\phi(\boldsymbol{x})e^{-i\boldsymbol{kx}}d\boldsymbol{x},\quad \boldsymbol{k}=(k_1,\cdots,k_\nu)\in\mathbb{R}^\nu \tag{2.31}$$

である．ただし，$\boldsymbol{kx}:=\sum_{j=1}^\nu k_jx_j$.

*17 [5] または [6] の付録 B，C を参照.

$\nu \leq 3$ のとき

$$C^{(\nu)} := \sqrt{\int_{\mathbb{R}^\nu} \frac{1}{(1+|\boldsymbol{k}|^2)^2} d\boldsymbol{k}} \tag{2.32}$$

は有限である．

補題 2.18　$\nu \leq 3$ とする．$f \in \mathsf{L}^2(\mathbb{R}^\nu)$ かつ $\int_{\mathbb{R}^\nu} |\boldsymbol{k}|^4 |f(\boldsymbol{k})|^2 d\boldsymbol{k} < \infty$ ならば，$f \in \mathsf{L}^1(\mathbb{R}^\nu)$ であり

$$\|f\|_1 \leq C^{(\nu)} (\| \, |\boldsymbol{k}|^2 f\|_2 + \|f\|_2). \tag{2.33}$$

ここで，定数 $\beta \in \mathbb{R}$ に対して

$$\| \, |\boldsymbol{k}|^\beta f\|_2 := \sqrt{\int_{\mathbb{R}^\nu} |\boldsymbol{k}|^{2\beta} |f(\boldsymbol{k})|^2 d\boldsymbol{k}}. \tag{2.34}$$

証明　$f(\boldsymbol{k}) = (1+|\boldsymbol{k}|^2)^{-1}(1+|\boldsymbol{k}|^2) f(\boldsymbol{k})$ と変形し，シュヴァルツの不等式を使うと $\|f\|_1 \leq C^{(\nu)} \|(1+|\boldsymbol{k}|^2) f\|_2 \leq C^{(\nu)} (\| \, |\boldsymbol{k}|^2 f\|_2 + \|f\|_2)$.　■

補題 2.19　$\mathsf{L}^2(\mathbb{R}^\nu)$ 上の一般化されたラプラシアン Δ について次が成り立つ：

$$\mathsf{D}(-\Delta) = \left\{ \psi \in \mathsf{L}^2(\mathbb{R}^\nu) \,\middle|\, \int_{\mathbb{R}^\nu} |\boldsymbol{k}|^4 |\hat{\psi}(\boldsymbol{k})|^2 d\boldsymbol{k} < \infty \right\}, \tag{2.35}$$

$$(\widehat{-\Delta\psi})(\boldsymbol{k}) = |\boldsymbol{k}|^2 \hat{\psi}(\boldsymbol{k}), \quad \psi \in D(-\Delta), \quad \text{a.e.} \boldsymbol{k} \in \mathbb{R}^\nu. \tag{2.36}$$

証明　[6] の定理 3.28 の証明 (p.299) または [1] の定理 5.9(p.166～p.167) を参照.　■

補題 2.20　$\nu \leq 3$ とする．このとき，すべての $\psi \in \mathsf{D}(-\Delta)$ に対して，$\hat{\psi} \in \mathsf{L}^1(\mathbb{R}^\nu)$ である．さらに，任意の $\varepsilon > 0$ に対して，定数 $b_\varepsilon \geq 0$ が存在して，すべての $\psi \in \mathsf{D}(-\Delta)$ に対して

$$\|\psi\|_\infty \leq \varepsilon \| - \Delta\psi\|_2 + b_\varepsilon \|\psi\|_2 \tag{2.37}$$

が成り立つ．

証明　$\psi \in \mathsf{D}(-\Delta)$ ならば，補題 2.19 により，$(1+|\boldsymbol{k}|^2)\hat{\psi} \in \mathsf{L}^2(\mathbb{R}^\nu)$．したがって，任意の $r > 0$ に対して，$f(\boldsymbol{k}) := r^\nu \hat{\psi}(r\boldsymbol{k})$ とおけば，f は補題 2.18 の仮定を満たす．したがって，不等式 (2.33) が成り立つ．他方，$\|f\|_1 = \|\hat{\psi}\|_1$，$\|f\|_2 = r^{\nu/2}\|\hat{\psi}\|_2$，$\|\boldsymbol{k}^2 f\|_2 = r^{(\nu-4)/2}\|\boldsymbol{k}^2\hat{\psi}\|_2$．したがって，$\|\hat{\psi}\|_1 \le C^{(\nu)} r^{(\nu-4)/2}\|\boldsymbol{k}^2\hat{\psi}\|_2 + C^{(\nu)} r^{\nu/2}\|\hat{\psi}\|_2$．$r$ が正数全体を動くとき，$C^{(\nu)} r^{(\nu-4)/2}$ も正数全体を動く．したがって，任意の $\varepsilon > 0$ に対し，$b_\varepsilon > 0$ が存在し

$$\|\hat{\psi}\|_1 \le \varepsilon \| \, |\boldsymbol{k}|^2 \hat{\psi}\|_2 + b_\varepsilon \|\hat{\psi}\|_2 \tag{2.38}$$

が成り立つ[*18]．$\hat{\psi} \in \mathsf{L}^1(\mathbb{R}^\nu) \cap \mathsf{L}^2(\mathbb{R}^\nu)$ であるから

$$\psi(\boldsymbol{x}) = \frac{1}{(2\pi)^{\nu/2}} \int_{\mathbb{R}^\nu} \hat{\psi}(\boldsymbol{k}) e^{i\boldsymbol{k}\boldsymbol{x}} d\boldsymbol{k}$$

が成り立つ ([5] または [6] の付録 B，定理 B.8 を参照)．したがって，$\|\psi\|_\infty \le (2\pi)^{-\nu/2}\|\hat{\psi}\|_1$．これと (2.38) および補題 2.19 により (2.37) を得る．■

補題 2.21　$\nu \le 3$, $F \in \mathsf{L}^2(\mathbb{R}^\nu) + \mathsf{L}^\infty(\mathbb{R}^\nu)$ ならば $F \ll -\Delta$.

証明　仮定により，$F = F_1 + F_2, F_1 \in \mathsf{L}^2(\mathbb{R}^\nu), F_2 \in \mathsf{L}^\infty(\mathbb{R}^\nu)$ と書ける．$\psi \in \mathsf{D}(-\Delta)$ とすれば，補題 2.20 により，$\psi \in \mathsf{L}^\infty(\mathbb{R}^\nu)$ であり，$\|F\psi\|_2 \le \|F_1\|_2\|\psi\|_\infty + \|F_2\|_\infty\|\psi\|_2 < \infty$．したがって，$\psi \in \mathsf{D}(F)$, すなわち, $\mathsf{D}(-\Delta) \subset \mathsf{D}(F)$．さらに，(2.37) を用いると $\|F\psi\|_2 \le \varepsilon\|F_1\|_2\| - \Delta\psi\|_2 + (b_\varepsilon\|F_1\|_2 + \|F_2\|_\infty)\|\psi\|_2$．$\varepsilon > 0$ はいくらでも小さくとれるから，$F \ll -\Delta$ である．■

定理 2.17 の証明　補題 2.21 によって，$A = -\Delta, B = V$ として，加藤-レリッヒの定理を応用できる．■

2.3.4　並進対称なポテンシャルをもつ 2 体系の構造

次に，非相対論的量子力学のモデルの基礎的あるいは標準的な具体例を取り上げ，上述の理論を応用することにより，そのハミルトニアンの (本質的) 自己共役性を証明したい．だが，その前に，ここで，ある重要な基本的な事実に

[*18] 具体的には，たとえば，$b_\varepsilon = C^{(\nu)}(\varepsilon/C^{(\nu)})^{\nu/(\nu-4)}$．

ふれておかねばならない．それは，水素原子の場合のように，2 個の量子的粒子が，それらの位置座標の差だけで決まるポテンシャル—水素原子の場合には $-e^2/|\boldsymbol{x}_1 - \boldsymbol{x}_2|$ ($e > 0$ は基本電荷，$\boldsymbol{x}_1, \boldsymbol{x}_2 \in \mathbb{R}^3$ はそれぞれ，電子，陽子の位置座標を表す) — の作用のもとにある系のハミルトニアンの構造に関するものである．この系は 2 体系であるが，ポテンシャルがそのような形をしている場合には，実は，当該のハミルトニアンの解析は，本質的に 1 体のハミルトニアンのそれに帰着できるのである．以下，これがどのようにして可能であるかをみる．

d 次元ユークリッド空間 $\mathbb{R}^d$ において，2 個の非相対論的量子的粒子からなる系を考え，それぞれの量子的粒子の質量を $m_1, m_2 > 0$ とする．状態のヒルベルト空間として座標表示での L^2 空間 $\mathsf{L}^2(\mathbb{R}^d \times \mathbb{R}^d)$ をとり，$(\mathbb{R}^d)^2 = \mathbb{R}^d \times \mathbb{R}^d$ の点を一般に $(\boldsymbol{x}_1, \boldsymbol{x}_2)$ $(\boldsymbol{x}_1, \boldsymbol{x}_2 \in \mathbb{R}^d)$ で表す．量子的粒子の間には，ルベーグ測度に関してほとんどいたるところ有限なボレル可測関数 $V : \mathbb{R}^d \to \mathbb{R}$ から定まるポテンシャル $\widetilde{V}(\boldsymbol{x}_1, \boldsymbol{x}_2) := V(\boldsymbol{x}_1 - \boldsymbol{x}_2)$ が働いているとする．したがって，系のハミルトニアンは

$$H := -\frac{\hbar^2}{2m_1}\Delta_{\boldsymbol{x}_1} - \frac{\hbar^2}{2m_2}\Delta_{\boldsymbol{x}_2} + \widetilde{V} \tag{2.39}$$

で与えられる．ただし，$\Delta_{\boldsymbol{x}}$ は変数 $\boldsymbol{x} \in \mathbb{R}^d$ に関する，一般化された d 次元ラプラシアンである．

容易に気づくように，ポテンシャル $\widetilde{V}$ は，任意の $\boldsymbol{a} \in \mathbb{R}^d$ に対して，$\widetilde{V}(\boldsymbol{x}_1 - \boldsymbol{a}, \boldsymbol{x}_2 - \boldsymbol{a}) = \widetilde{V}(\boldsymbol{x}_1, \boldsymbol{x}_2), \forall(\boldsymbol{x}_1, \boldsymbol{x}_2) \in (\mathbb{R}^d)^2$ を満たす．すなわち，$\widetilde{V}$ は $\mathbb{R}^d$ の並進，すなわち，空間並進に対して不変である．このような関数は **$\mathbb{R}^d$-並進対称性**または **$\mathbb{R}^d$-並進不変性**をもつという*19．この対称性のおかげで，次に示すように，H の解析は 1 体のハミルトニアンの解析へと帰着できるのである．

写像 $u : (\mathbb{R}^d)^2 \to (\mathbb{R}^d)^2$ を

$$u(\boldsymbol{x}_1, \boldsymbol{x}_2) := \left(\boldsymbol{x}_1 - \boldsymbol{x}_2, \frac{m_1\boldsymbol{x}_1 + m_2\boldsymbol{x}_2}{m_1 + m_2}\right), \quad (\boldsymbol{x}_1, \boldsymbol{x}_2) \in (\mathbb{R}^d)^2$$

---

*19 一般に $(\mathbb{R}^d)^N := \underbrace{\mathbb{R}^d \times \cdots \times \mathbb{R}^d}_{N\text{ 個}}$ 上の関数 f が任意の $\boldsymbol{a} \in \mathbb{R}^d$ に対して，$f(\boldsymbol{x}_1 - \boldsymbol{a}, \cdots, \boldsymbol{x}_N - \boldsymbol{a})) = f(\boldsymbol{x}), \forall \boldsymbol{x} = (\boldsymbol{x}_1, \cdots, \boldsymbol{x}_N) \in (\mathbb{R}^d)^N$ を満たすとき，f は **$\mathbb{R}^d$-並進対称**または **$\mathbb{R}^d$-並進不変**であるという．

によって定義する．ここで，右辺に現れたベクトル $\boldsymbol{x}=\boldsymbol{x}_1-\boldsymbol{x}_2$ は点 $\boldsymbol{x}_2$ に対する $\boldsymbol{x}_1$ の相対位置ベクトルであり，$\boldsymbol{X}=(m_1\boldsymbol{x}_1+m_2\boldsymbol{x}_2)/(m_1+m_2)$ は m_1 と m_2 の重心ベクトルであることに注意しよう．容易にわかるように，u は線形であり全単射である．$(\mathbb{R}^d)^2$ の標準基底に関する u の行列表示 $\hat{u}$ は

$$\hat{u}=\begin{pmatrix} 1_d & -1_d \\ \dfrac{m_1}{m_1+m_2}1_d & \dfrac{m_2}{m_1+m_2}1_d \end{pmatrix}$$

によって与えられる (1_d は d 次の単位行列)．したがって，その行列式 $\det\hat{u}$ は $\det\hat{u}=1.$ と計算される．これは，また，$\det\hat{u}^{-1}=1$ も意味する．そこで，写像 $U:\mathsf{L}^2((\mathbb{R}^d)^2)\to\mathsf{L}^2((\mathbb{R}^d)^2)$ を

$$(U\psi)(\boldsymbol{x},\boldsymbol{X}):=\psi(u^{-1}(\boldsymbol{x},\boldsymbol{X})),\quad \text{a.e.}(\boldsymbol{x},\boldsymbol{X})\in(\mathbb{R}^d)^2 \tag{2.40}$$

によって定義すれば，U はユニタリであり

$$(U^{-1}\phi)(\boldsymbol{x}_1,\boldsymbol{x}_2)=\phi(u(\boldsymbol{x}_1,\boldsymbol{x}_2)),\quad \phi\in\mathsf{L}^2((\mathbb{R}^d)^2),\quad \text{a.e.}(\boldsymbol{x}_1,\boldsymbol{x}_2)\in(\mathbb{R}^d)^2 \tag{2.41}$$

が成り立つことがわかる．この U による H のユニタリ変換 UHU^{-1} を求めよう．

$\boldsymbol{x}_j=(x_{j1},\cdots,x_{jd})\in\mathbb{R}^d$ と書くとき，変数 x_{jl} に関する一般化された偏微分作用素を D_{jl} と記す．したがって，粒子 m_j の運動量作用素の第 l 成分は

$$p_{jl}:=-i\hbar D_{jl}\qquad (j=1,2,\ l=1,\cdots,d)$$

で与えられる．このとき，$-\hbar^2\Delta_{\boldsymbol{x}_j}=\sum_{l=1}^d p_{jl}^2$．計算の便宜上，$P_{\boldsymbol{y},l}=-i\hbar D_{y_l}$，$\boldsymbol{y}=(y_1,\cdots,y_d)\in\mathbb{R}^d$ を導入する (D_{y_l} は変数 y_l に関する一般化された偏微分作用素)．任意の $\phi\in\mathsf{C}_0^\infty((\mathbb{R}^d)^2)$ に対して，(2.41) により，$U^{-1}\phi\in\mathsf{C}_0^\infty((\mathbb{R}^d)^2)$ であり，$(\boldsymbol{x},\boldsymbol{X})=u(\boldsymbol{x}_1,\boldsymbol{x}_2)$ とおけば，合成関数の微分法を用いることにより

$$\begin{aligned}(Up_{1l}U^{-1}\phi)(\boldsymbol{x},\boldsymbol{X})&=(p_{1l}U^{-1}\phi)(\boldsymbol{x}_1,\boldsymbol{x}_2)\\&=(P_{\boldsymbol{x},l}\phi)(\boldsymbol{x},\boldsymbol{X})+\frac{m_1}{m_1+m_2}(P_{\boldsymbol{X},l}\phi)(\boldsymbol{x},\boldsymbol{X})\end{aligned}$$

を得る．同様に

$$(Up_{2l}U^{-1}\phi)(\boldsymbol{x},\boldsymbol{X})=-(P_{\boldsymbol{x},l}\phi)(\boldsymbol{x},\boldsymbol{X})+\frac{m_2}{m_1+m_2}(P_{\boldsymbol{X},l}\phi)(\boldsymbol{x},\boldsymbol{X}).$$

したがって

$$Up_{1l}U^{-1}\phi = P_{\boldsymbol{x},l}\phi + \frac{m_1}{m_1+m_2}P_{\boldsymbol{X},l}\phi,$$
$$Up_{2l}U^{-1}\phi = -P_{\boldsymbol{x},l}\phi + \frac{m_2}{m_1+m_2}P_{\boldsymbol{X},l}\phi.$$

これから

$$\left[U\left(-\frac{\hbar^2}{2m_1}\Delta_{\boldsymbol{x}_1} - \frac{\hbar^2}{2m_2}\Delta_{\boldsymbol{x}_2}\right)U^{-1}\phi\right](\boldsymbol{x},\boldsymbol{X})$$
$$= -\frac{\hbar^2}{2\mu}\Delta_{\boldsymbol{x}}\phi(\boldsymbol{x},\boldsymbol{X}) - \frac{\hbar^2}{2(m_1+m_2)}\Delta_{\boldsymbol{X}}\phi(\boldsymbol{x},\boldsymbol{X})$$

が導かれる．ただし，$\mu := m_1m_2/(m_1+m_2)$ は 2 体系の換算質量を表す．作用素 $-(\hbar^2\Delta_{\boldsymbol{x}}/2\mu) - (\hbar^2\Delta_{\boldsymbol{X}}/2(m_1+m_2))$ は $\mathsf{C}_0^\infty((\mathbb{R}^d)^2)$ 上で本質的に自己共役であるから，上の式より，作用素の等式

$$U\left(-\frac{\hbar^2}{2m_1}\Delta_{\boldsymbol{x}_1} - \frac{\hbar^2}{2m_2}\Delta_{\boldsymbol{x}_2}\right)U^{-1} = -\frac{\hbar^2}{2\mu}\Delta_{\boldsymbol{x}} - \frac{\hbar^2}{2(m_1+m_2)}\Delta_{\boldsymbol{X}} \qquad (2.42)$$

が成り立つことになる．ハミルトニアン H の中のポテンシャルの部分 $\widetilde{V}$ については，$V_1 : (\mathbb{R}^d)^2 \to \mathbb{R}$ を $V_1(\boldsymbol{x},\boldsymbol{X}) := V(\boldsymbol{x}), \text{a.e.}(\boldsymbol{x},\boldsymbol{X})$ によって定義すれば，作用素の等式

$$U\widetilde{V}U^{-1} = V_1$$

が示される．以上から (脚注 15 も参照)，作用素の等式

$$UHU^{-1} = -\frac{\hbar^2}{2\mu}\Delta_{\boldsymbol{x}} - \frac{\hbar^2}{2(m_1+m_2)}\Delta_{\boldsymbol{X}} + V_1 \qquad (2.43)$$

が得られる．

自然な同型 $\mathsf{L}^2((\mathbb{R}^d)^2) = \mathsf{L}^2(\mathbb{R}^d) \otimes \mathsf{L}^2(\mathbb{R}^d)$ を用いると

$$UHU^{-1} = H_V \otimes I + I \otimes H_{\mathrm{C}} \qquad (2.44)$$

が成立することになる．ただし

$$H_V := -\frac{\hbar^2}{2\mu}\Delta_{\boldsymbol{x}} + V, \quad H_{\mathrm{C}} := -\frac{\hbar^2}{2(m_1+m_2)}\Delta_{\boldsymbol{X}}$$

であり，$\mathsf{D}(H_V) = \mathsf{D}(\Delta_{\boldsymbol{x}}) \cap \mathsf{D}(V)$ は $\mathsf{L}^2(\mathbb{R}^d)$ で稠密であると仮定する (したがって，H_V は対称であり，可閉であるのでテンソル積が定義される)．[6] ですでに論じたように，作用素 H_{C} は質量が $m_1 + m_2$ の自由粒子の運動を記述するハミルトニアンである．他方，H_V は質量 μ の非相対論的粒子がポテンシャル V の作用のもとにある系のハミルトニアンである．こうして，ハミルトニアン H で記述される系は，独立した 2 個の量子的粒子からなる系 — 一方は，もとの系の重心の運動に対応する自由粒子の運動であり，他方はポテンシャル V をもつ 1 粒子の運動—と同値になる．ハミルトニアン H_{C} はよくわかった作用素であるので，H の解析は，本質的に H_V の解析に帰着される．たとえば，H_V が本質的に自己共役ならば，$H_V \otimes I + I \otimes H_{\mathrm{C}}$ は本質的に自己共役であるので，(2.44) により，H の本質的自己共役性がしたがう．

次の項以降で，H_V の型のハミルトニアンを取り上げるが，2 体系であっても，この型の作用素で表されるハミルトニアン—これは 1 体のハミルトニアン—に考察を限定してよい理由はここにあるのである．

2.3.5 基本的な例

a. 水素様原子のハミルトニアン

$e > 0$ を基本電荷 (電気素量) を表すパラメーターとする．Ze の電荷で正に帯電されている原子核がつくる場の中で 1 個の電子が運動する系は水素様原子 (hydrogen-like atom) と呼ばれる．いま，原子核は 3 次元ユークリッドベクトル空間 $\mathbb{R}^3$ の原点に固定されているとする．このとき，この系におけるポテンシャルは $\mathbb{R}^3$ のクーロン型ポテンシャル

$$V_{\mathrm{C}}(\boldsymbol{x}) := -\frac{Ze^2}{|\boldsymbol{x}|}, \quad \boldsymbol{x} \in \mathbb{R}^3 \setminus \{\boldsymbol{0}\} \tag{2.45}$$

によって与えられる．したがって，この系のハミルトニアンは

$$H_{\mathrm{hyd}}(Z) = -\frac{\hbar^2}{2m}\Delta - \frac{Ze^2}{|\boldsymbol{x}|} = \frac{\hbar^2}{2m}\left(-\Delta - \frac{2mZe^2}{\hbar^2}\frac{1}{|\boldsymbol{x}|}\right) \tag{2.46}$$

である．ここで，$m > 0$ は電子の質量を表すパラメーターである[*20]．$R > 0$ とし，χ_R を $[0, R]$ 上の定義関数とすれば，

$$V_{\mathrm{C}} = V_1 + V_2,$$
$$V_1(\boldsymbol{x}) = \chi_R(|\boldsymbol{x}|)V_{\mathrm{C}}(\boldsymbol{x}), \quad V_2(x) = (1 - \chi_R(|\boldsymbol{x}|))V_{\mathrm{C}}(\boldsymbol{x}), \quad \boldsymbol{x} \in \mathbb{R}^3 \setminus \{\boldsymbol{0}\}$$

と書ける．容易にわかるように，$V_1 \in \mathsf{L}^2_{\mathrm{real}}(\mathbb{R}^3), V_2 \in \mathsf{L}^\infty_{\mathrm{real}}(\mathbb{R}^3)$．したがって，補題 2.21 によって

$$V_{\mathrm{C}} \ll -\Delta. \tag{2.47}$$

ゆえに，加藤–レリッヒの定理または定理 2.17 によって，次の事実が得られる：

> **$H_{\mathrm{hyd}}(Z)$ は定義域を $\mathsf{D}(-\Delta)$ とする，下に有界な自己共役作用素であり，$\mathsf{C}_0^\infty(\mathbb{R}^3)$ 上で本質的に自己共役である．**

この事実から，特に，水素様原子は弱安定であることが結論される．

b. 多体系のハミルトニアン

例 a は一体問題のハミルトニアンであった．では，多体問題のハミルトニアンの場合はどうであろうか．この場合の一般的定理の一つとして次の定理がある．

定理 2.22 $d \leq 3$, $V_i, V_{ij} \in \mathsf{L}^2_{\mathrm{real}}(\mathbb{R}^d) + \mathsf{L}^\infty_{\mathrm{real}}(\mathbb{R}^d)\,(i, j = 1, \cdots, N)$ とし，$\mathbb{R}^{dN}$ 上の関数 : $\boldsymbol{x} = (\boldsymbol{x}_1, \cdots, \boldsymbol{x}_N) \mapsto V_i(\boldsymbol{x}_i)$ による ($\mathsf{L}^2(\mathbb{R}^{dN})$ 上の) かけ算作用素を $\hat{V}_i$ で表す．同様に，$\mathbb{R}^{dN}$ 上の関数 : $\boldsymbol{x} = (\boldsymbol{x}_1, \cdots, \boldsymbol{x}_N) \mapsto V_{ij}(\boldsymbol{x}_i - \boldsymbol{x}_j)$ による ($\mathsf{L}^2(\mathbb{R}^{dN})$ 上の) かけ算作用素を $\hat{V}_{ij}$ で表す．このとき，

$$-\Delta + \sum_{i=1}^N \hat{V}_i + \sum_{i,j=1, i\neq j}^N \hat{V}_{ij}$$

[*20] 原子核が固定しておらず，前項のように，水素様原子を真の 2 体系として考えるならば，m は電子の質量ではなく，水素の原子核である陽子の質量 m_{p} と電子の質量 m_{e} から決まる換算質量 $\mu = m_{\mathrm{e}}m_{\mathrm{p}}/(m_{\mathrm{e}} + m_{\mathrm{p}})$ であるとしなければならない．このことも考慮して，理論的には，m をパラメーターとみる．ちなみに，$m_{\mathrm{e}}/m_{\mathrm{p}} = 9.11 \times 10^{-31}\mathrm{kg}/1.67 \times 10^{-27}\mathrm{kg} \approx 5.46 \times 10^{-4} \ll 1$ であるので $\mu \approx m_{\mathrm{e}}$ としても近似の精度はかなりよい．

は $\mathsf{D}(-\Delta)$ 上で下に有界な自己共役作用素であり，$\mathsf{C}_0^\infty(\mathbb{R}^{dN})$ 上で本質的に自己共役である．

証明 補題 2.21 によって，$\hat{V}_i \ll -\Delta_{\boldsymbol{x}_i}$．また，$\|-\Delta_{\boldsymbol{x}_i}\psi\| \le \|-\Delta\psi\|, \psi \in \mathsf{D}(\Delta)$．したがって，命題 2.2-(ii) によって，$\sum_{i=1}^N \hat{V}_i \ll -\Delta$ が成り立つ．点 $\boldsymbol{x}_j \in \mathbb{R}^d$ を任意に固定し，$u(\boldsymbol{x}_i) = V_{ij}(\boldsymbol{x}_i - \boldsymbol{x}_j)(i \neq j)$ とすれば，$u \in \mathsf{L}^2_{\mathrm{real}}(\mathbb{R}^d) + \mathsf{L}^\infty_{\mathrm{real}}(\mathbb{R}^d)$．したがって，$u \ll -\Delta_{\boldsymbol{x}_i}$ となるので，任意の $\varepsilon > 0$ に対して $b_\varepsilon \ge 0$ があって，任意の $\psi \in \mathsf{D}(-\Delta)$ に対して

$$\int_{\mathbb{R}^d} |V_{ij}(\boldsymbol{x}_i - \boldsymbol{x}_j)|^2 |\psi(\boldsymbol{x})|^2 d\boldsymbol{x}_i \le \varepsilon^2 \int_{\mathbb{R}^d} |-\Delta_{\boldsymbol{x}_i}\psi(\boldsymbol{x})|^2 d\boldsymbol{x}_i + b_\varepsilon^2 \int_{\mathbb{R}^d} |\psi(\boldsymbol{x})|^2 d\boldsymbol{x}_i.$$

ゆえに

$$\begin{aligned}\|\hat{V}_{ij}\psi\|_2^2 &= \int_{\mathbb{R}^{d(N-1)}} d\boldsymbol{x}_1 \cdots d\boldsymbol{x}_{i-1} d\boldsymbol{x}_{i+1} \cdots d\boldsymbol{x}_N \int_{\mathbb{R}^d} |V_{ij}(\boldsymbol{x}_i - \boldsymbol{x}_j)|^2 |\psi(\boldsymbol{x})|^2 d\boldsymbol{x}_i \\ &\le \varepsilon^2 \|-\Delta_{\boldsymbol{x}_i}\psi\|_2^2 + b_\varepsilon^2 \|\psi\|_2^2.\end{aligned}$$

これは $\hat{V}_{ij} \ll -\Delta_{\boldsymbol{x}_i}$ を意味する．したがって，$\sum_{i,j=1, i\neq j}^N \hat{V}_{ij} \ll -\Delta$．以上から，$\sum_{i=1}^N \hat{V}_i + \sum_{i,j=1,i\neq j}^N \hat{V}_{ij} \ll -\Delta$．よって，加藤–レリッヒの定理により，題意がしたがう． ■

例 2.3 多電子系のハミルトニアン． 原子番号 Z の原子系を考える．原子核は座標空間 $\mathbb{R}^3$ の原点に固定しているものとし，j 番目の電子の座標を $\boldsymbol{x}_j \in \mathbb{R}^3$ $(j = 1, \cdots, Z)$ で表す．電子間および電子と原子核の間に働く万有引力による重力相互作用は電気的相互作用に比べて非常に小さいので，ここでは，第一次近似として，電気的相互作用だけを考慮する．このとき，系の非相対論的ハミルトニアンは $\mathsf{L}^2(\mathbb{R}^{3Z})$ における作用素

$$H_{\mathrm{atom}}^{(Z)} := -\frac{\hbar^2}{2m}\Delta - \sum_{j=1}^Z \frac{Ze^2}{|\boldsymbol{x}_j|} + \sum_{i<j}^Z \frac{e^2}{|\boldsymbol{x}_i - \boldsymbol{x}_j|}$$

で与えられる．ここで，Δ は $3Z$ 次元の一般化されたラプラシアンである．クーロンポテンシャル V_{C} を用いると

$$-\sum_{j=1}^Z \frac{Ze^2}{|\boldsymbol{x}_j|} + \sum_{i<j}^Z \frac{e^2}{|\boldsymbol{x}_i - \boldsymbol{x}_j|} = \sum_{j=1}^Z V_{\mathrm{C}}(\boldsymbol{x}_j) - \sum_{i<j} \frac{1}{Z} V_{\mathrm{C}}(\boldsymbol{x}_i - \boldsymbol{x}_j).$$

例 a で示したように，$V_{\mathrm{C}} \in \mathsf{L}^2_{\mathrm{real}}(\mathbb{R}^3) + \mathsf{L}^\infty_{\mathrm{real}}(\mathbb{R}^3)$ であるから，$H_{\mathrm{atom}}^{(Z)}$ は，定理 2.22 の作用素の定数倍の形をしている．こうして，次の事実へと到達する．

$H_{\mathrm{atom}}^{(Z)}$ は $\mathsf{D}(-\Delta)$ 上で下に有界な自己共役作用素であり，$\mathsf{C}_0^\infty(\mathbb{R}^{3Z})$ 上で本質的に自己共役である．

これは，特に，多電子系が弱安定であることを示す．

例 2.4 **荷電粒子の多体系のハミルトニアン．** 電気的に中性である巨視的物質は量子力学的にみれば，N 個の電子と N 個の陽子および K 個の中性子からなる (N はアヴォガドロ定数のオーダー $\approx 10^{23}$)．中性子は電荷をもたないので電磁気的な相互作用をしない．したがって，第一近似として，電気的相互作用だけを考慮した場合の系の非相対論的ハミルトニアンは，ヒルベルト空間 $\mathsf{L}^2(\mathbb{R}^{3N} \times \mathbb{R}^{3N})$ で働く作用素として

$$
\begin{aligned}
H_N := &-\frac{\hbar^2}{2M}\sum_{a=1}^{N}\Delta_{\boldsymbol{R}_a} - \frac{\hbar^2}{2m}\sum_{j=1}^{N}\Delta_{\boldsymbol{x}_j} - \sum_{a,j=1}^{N}\frac{e^2}{|\boldsymbol{x}_j - \boldsymbol{R}_a|} \\
&+\frac{1}{2}\sum_{j\neq l}^{N}\frac{e^2}{|\boldsymbol{x}_j - \boldsymbol{x}_l|} + \frac{1}{2}\sum_{a\neq b}^{N}\frac{e^2}{|\boldsymbol{R}_a - \boldsymbol{R}_b|}
\end{aligned}
\tag{2.48}
$$

によって与えられる．ここで，$M > 0, m > 0$ はそれぞれ，陽子，電子の質量を表すパラメーターであり，$\boldsymbol{R}_a \in \mathbb{R}^3$ は陽子の位置座標を表す．前例と同様にして，次の事実が知られる (Δ は $\mathsf{L}^2(\mathbb{R}^{3N} \times \mathbb{R}^{3N})$ における一般化されたラプラシアンとする)．

H_N は $\mathsf{D}(-\Delta)$ 上で下に有界な自己共役作用素であり，$\mathsf{C}_0^\infty(\mathbb{R}^{3N} \times \mathbb{R}^{3N})$ 上で本質的に自己共役である．

ハミルトニアン H_N の下界性は物質の弱安定性を意味する．

c. 電磁場中を運動する荷電粒子のハミルトニアン

質量 $m > 0$, 電荷 $q \in \mathbb{R}$ の荷電粒子が 3 次元空間 $\mathbb{R}^3$ において，与えられた電磁場の中を運動する系を考えよう．よく知られているように，電磁場はベクトルポテンシャル $\boldsymbol{A} = (A_1, A_2, A_3)$ とスカラーポテンシャル V によって記述される．すなわち，これらの量を用いると電場 $\boldsymbol{E}$ と磁場 $\boldsymbol{B}$ は

$$
\boldsymbol{E} = -\nabla V, \quad \boldsymbol{B} = \mathrm{rot}\,\boldsymbol{A}
$$

によって与えられる．ここで

$$
\nabla := (D_1, D_2, D_3) \tag{2.49}
$$

は 3 次元の一般化された**勾配作用素**を表す．粒子の運動量を $\boldsymbol{p}$，真空中の光速を c とすれば，古典的ハミルトニアンは

$$H_{\mathrm{cl}} = \frac{1}{2m}\left(\boldsymbol{p} - \frac{q}{c}\boldsymbol{A}\right)^2 + V$$

である．

この古典力学系の正準量子化を CCR のシュレーディンガー表現を用いて行うには，H_{cl} において形式的な置き換え $\boldsymbol{p} \to -i\hbar\nabla$ をすればよい．この手続きにより，考察下の系の量子力学的ハミルトニアンの候補として

$$H(\boldsymbol{A}, V) := \frac{1}{2m}\left(-i\hbar\nabla - \frac{q}{c}\boldsymbol{A}\right)^2 + V := \frac{1}{2m}\sum_{j=1}^{3}\left(-i\hbar D_j - \frac{q}{c}A_j\right)^2 + V \tag{2.50}$$

が得られる．ただし，この段階においては，$A_j : \mathbb{R}^3 \to \mathbb{R}$ が通常の意味で微分可能であるとする必要はない．作用素の積と和の定義によって，$T_j := -i\hbar D_j - (q/c)A_j$ とするとき，

$$\mathsf{D}(H(\boldsymbol{A}, V)) = \mathsf{D}(T_1^2) \cap \mathsf{D}(T_2^2) \cap \mathsf{D}(T_3^2) \cap \mathsf{D}(V) \tag{2.51}$$

である．

定理 2.23　次の (i)，(ii)，(iii) を仮定する：

(i)　$A_j \in \mathsf{L}^4_{\mathrm{real}}(\mathbb{R}^3) + \mathsf{L}^\infty_{\mathrm{real}}(\mathbb{R}^3)$ $(j = 1, 2, 3)$.

(ii)　超関数の意味での A_j の偏微分 D_jA_j は関数と同一視でき，$D_jA_j \in \mathsf{L}^2_{\mathrm{real}}(\mathbb{R}^3) + \mathsf{L}^\infty_{\mathrm{real}}(\mathbb{R}^3)$ $(j = 1, 2, 3)$.

(iii)　$V \in \mathsf{L}^2_{\mathrm{real}}(\mathbb{R}^3) + \mathsf{L}^\infty_{\mathrm{real}}(\mathbb{R}^3)$.

このとき，$\mathsf{C}_0^\infty(\mathbb{R}^3) \subset \mathsf{D}(H(\boldsymbol{A}, V))$ であり，$H(\boldsymbol{A}, V)$ は $\mathsf{C}_0^\infty(\mathbb{R}^3)$ 上で本質的に自己共役である．さらに，$\mathsf{D}(\overline{H(\boldsymbol{A}, V)}) = \mathsf{D}(-\Delta)$ であり，$\overline{H(\boldsymbol{A}, V)}$ は下に有界である．

証明　仮定 (i)，(ii)，(iii) を用いると

$$\mathsf{C}_0^\infty(\mathbb{R}^3) \subset \mathsf{D}(A_j^2) \cap \mathsf{D}(D_jA_j) \cap \mathsf{D}(A_jD_j) \cap \mathsf{D}(-\Delta) \cap \mathsf{D}(V) \subset \mathsf{D}(H(\boldsymbol{A}, V))$$

がわかる．したがって，$\mathsf{D}(H(\boldsymbol{A},V))$ は稠密である．すべての $\psi \in \mathsf{D}(H(\boldsymbol{A},V))$ に対して $\langle\psi, H(\boldsymbol{A},V)\psi\rangle$ が実数であることは，T_j が対称作用素であることを使えば，容易にわかる．したがって，$H(\boldsymbol{A},V)$ は対称作用素である*21．

任意の $\psi \in \mathsf{C}_0^\infty(\mathbb{R}^3)$ に対して

$$\begin{aligned} H(\boldsymbol{A},V)\psi &= -\frac{\hbar^2}{2m}\Delta\psi + \frac{i\hbar q}{2mc}\sum_{j=1}^3 A_j D_j\psi + \sum_{j=1}^3 \frac{i\hbar q}{2mc} D_j(A_j\psi) \\ &\quad + \sum_{j=1}^3 \frac{q^2}{2mc^2} A_j^2\psi + V\psi \qquad (2.52) \\ &= \widetilde{H}(\boldsymbol{A},V)\psi. \qquad (2.53) \end{aligned}$$

ただし

$$\begin{aligned} \widetilde{H}(\boldsymbol{A},V) := -\frac{\hbar^2}{2m}\Delta + \frac{i\hbar q}{mc}\sum_{j=1}^3 A_j D_j + \sum_{j=1}^3 \frac{i\hbar q}{2mc}(D_j A_j) \\ + \sum_{j=1}^3 \frac{q^2}{2mc^2} A_j^2 + V. \qquad (2.54) \end{aligned}$$

ここで，第二式を得るのに，超関数微分に関するライプニッツ則

$$D_j(\phi f) = (D_j\phi)f + \phi D_j f, \quad \phi \in \mathcal{D}(\mathbb{R}^d)', f \in \mathsf{C}_0^\infty(\mathbb{R}^3)$$

を用いた*22．

$$H_0 := -\frac{\hbar^2}{2m}\Delta$$

とおこう．仮定 (ii)，(iii) と補題 2.21 によって，

$$V \ll H_0, \quad D_j A_j \ll H_0$$

が成り立つ．

次に $A_j D_j \ll H_0$ を示そう．仮定により，$A_j = A_{j1} + A_{j2}$，$A_{j1} \in \mathsf{L}^4_{\mathrm{real}}(\mathbb{R}^3)$，$A_{j2} \in \mathsf{L}^\infty_{\mathrm{real}}(\mathbb{R}^3)$ $(j = 1, 2, 3)$ と書ける．$\psi \in \mathsf{C}_0^\infty(\mathbb{R}^3)$ としよう．はじめにシュ

*21 [5] の命題 2.30(p.132) による．

*22 [5] または [6] の付録 C，C.3 節を参照．

ヴァルツの不等式を使い，次にハウスドルフ–ヤングの不等式 ([5] または [6] の付録 D を参照) を援用すれば

$$\|A_{j1}D_j\psi\|_2 \le \|A_{j1}\|_4\|D_j\psi\|_4 \le (2\pi)^{-3/4}\|A_{j1}\|_4\|k_j\hat{\psi}\|_{4/3}.$$

任意の $\alpha > 0$ に対して

$$\|k_j\hat{\psi}\|_{4/3}^{4/3} = \int (1+|\boldsymbol{k}|)^{-4\alpha/3}\cdot(1+|\boldsymbol{k}|)^{4\alpha/3}|k_j|^{4/3}|\hat{\psi}(\boldsymbol{k})|^{4/3}d\boldsymbol{k}$$

と書き，ヘルダーの不等式 ([5] または [6] の付録 D を参照) を使うと

$$\|k_j\hat{\psi}\|_{4/3} \le \|(1+|\boldsymbol{k}|)^{-\alpha}\|_4\|(1+|\boldsymbol{k}|)^{\alpha}k_j\hat{\psi}\|_2.$$

そこで, α を $3/4 < \alpha < 1$ という範囲に限定する．このとき $\|(1+|\boldsymbol{k}|)^{-\alpha}\|_4 < \infty$．さらに, 任意の $a > 0$ に対し，定数 $b_a \ge 0$ が存在し,

$$(1+|\boldsymbol{k}|)^{\alpha}|k_j| \le a|\boldsymbol{k}|^2 + b_a, \quad \boldsymbol{k} \in \mathbb{R}^3$$

が成り立つ[*23]．したがって

$$\begin{aligned}\|(1+|\boldsymbol{k}|)^{\alpha}k_j\hat{\psi}\|_2 &\le \|(a|\boldsymbol{k}|^2+b_a)\hat{\psi}\|_2\\ &\le a\|\,|\boldsymbol{k}|^2\hat{\psi}\|_2 + b_a\|\hat{\psi}\|_2\\ &= a\|-\Delta\psi\|_2 + b\|\psi\|_2\end{aligned}$$

を得る．これとすでに得た不等式をあわせれば $A_{j1}D_j \ll -\Delta$ を得る．

$A_{j2}D_j$ に関しては次のようにすればよい．まず,

$$\|A_{j2}D_j\psi\|_2 \le \|A_{j2}\|_\infty\|D_j\psi\|_2 = \|A_{j2}\|_\infty\|k_j\hat{\psi}\|_2.$$

任意の $a > 0$ に対し

$$|\boldsymbol{k}|^2 \le a^2\boldsymbol{k}^4 + \frac{1}{4a^2}.$$

---

*23 $|k_j| \le |\boldsymbol{k}|$ であるから，$(1+|\boldsymbol{k}|)^{\alpha}|\boldsymbol{k}| \le a|\boldsymbol{k}|^2 + b_a$ を示せばよい．$\alpha < 1$ のとき，$[0,\infty)$ 上の関数 $g(t) := at^2 - (1+t)^{\alpha}t\ (t \ge 0)$ が下に有界であることは容易にわかる．そこで，たとえば，$-b_a := \inf_{t\ge 0} g(t)$ とすればよい．

したがって

$$\|k_j\hat{\psi}\|_2 \le a\|\boldsymbol{k}^2\hat{\psi}\|_2 + \frac{1}{2a}\|\hat{\psi}\|_2 = a\| - \Delta\psi\|_2 + \frac{1}{2a}\|\psi\|_2.$$

よって，$A_{j2}D_j \ll -\Delta$.

最後に $A_j^2 \ll -\Delta$ を示そう．等式

$$A_j^2 = A_{j1}^2 + 2A_{j1}A_{j2} + A_{j2}^2$$

と仮定 (i) を用いると，$A_{j1}^2 + 2A_{j1}A_{j2} \in \mathsf{L}^2_{\mathrm{real}}(\mathbb{R}^3)$，$A_{j2}^2 \in \mathsf{L}^\infty_{\mathrm{real}}(\mathbb{R}^3)$ がわかる．すなわち，$A_j^2 \in \mathsf{L}^2_{\mathrm{real}}(\mathbb{R}^3) + \mathsf{L}^\infty_{\mathrm{real}}(\mathbb{R}^3)$．したがって，$A_j^2 \ll -\Delta$.

以上の事実と加藤–レリッヒの定理によって次の結果を得る：

(i)　$\mathsf{D}(\widetilde{H}(\boldsymbol{A}, V)) = \mathsf{D}(-\Delta)$ であり，$\widetilde{H}(\boldsymbol{A}, V)$ は自己共役かつ下に有界である．

(ii)　$\widetilde{H}(\boldsymbol{A}, V)$ は $\mathsf{C}_0^\infty(\mathbb{R}^3)$ 上で本質的に自己共役である．

(2.53) によって，$\widetilde{H}(\boldsymbol{A}, V)|\mathsf{C}_0^\infty(\mathbb{R}^3) \subset H(\boldsymbol{A}, V)$．これとすぐ上の (ii) によって $\widetilde{H}(\boldsymbol{A}, V) \subset \overline{H(\boldsymbol{A}, V)}$．自己共役作用素は非自明な対称拡大をもたないから ([5] の命題 2.34(p.137))，$\widetilde{H}(\boldsymbol{A}, V) = \overline{H(\boldsymbol{A}, V)}$ でなければならない．よって，題意がしたがう．■

2.4　必ずしも小さくない摂動

加藤–レリッヒの定理 (定理 2.7) は，任意のヒルベルト空間上で働く自己共役作用素の，摂動のもとでの自己共役性に関する安定性を保証する十分条件を与えるが，この場合，摂動作用素は，無摂動作用素に対して然るべく“小さく”なければならなかった．しかし，摂動作用素として，こうしたクラスに入らないものもたくさんある．たとえば，1 次元の調和振動子の場合，ポテンシャルは $V_{\mathrm{os}}(x) = Kx^2$, $x \in \mathbb{R}$ $(K > 0:$ 定数) といった形をもつ．だが，この V は 1 次元ラプラシアンに関して相対的に有界ではない (演習問題 4)．非調和振動子に対するポテンシャル—**多項式型ポテンシャル**—

$$P(x) = a_n x^n + a_{n-1}x^{n-1} + \cdots + a_1 x \quad (n \ge 3, a_n \ne 0, a_j \in \mathbb{R}, j = 1, \cdots, n)$$

の場合も同様である (演習問題 5). この節では, いまあげた例のように, 無摂動作用素 A に対して摂動作用素 B が必ずしも "小さくない" 場合に $A+B$ が自己共役となる条件を考察する.

定義 2.24 $\mathbb{R}^d$ 上のボレル可測関数 f に対して, $f(\boldsymbol{x}) \geq C$ (a.e.$\boldsymbol{x} \in \mathbb{R}^d$) を満たす定数 $C \in \mathbb{R}$ が存在するとき, f は**下に有界**であるといい, $f \geq C$ と記す.

この節の第一の目標は次の定理を証明することである.

定理 2.25 $V \in \mathsf{L}^2_{\mathrm{loc}}(\mathbb{R}^d)$ かつ V は下に有界であるとする. このとき:

(i) $\mathsf{L}^2(\mathbb{R}^d)$ における作用素 $-\Delta + V$ は $\mathsf{C}_0^\infty(\mathbb{R}^d)$ 上で本質的に自己共役であり, $\overline{-\Delta + V}$ は下に有界である.

(ii) もし, 定数 $C \geq 0$ があって

$$\|-\Delta\psi\| + \|V\psi\| \leq C(\|(-\Delta + V)\psi\| + \|\psi\|), \quad \forall\psi \in \mathsf{D}(\Delta) \cap \mathsf{D}(V) \quad (2.55)$$

が成り立つならば, $-\Delta + V$ は自己共役である ($\overline{-\Delta + V} = -\Delta + V$).

注意 2.3 $V \in \mathsf{L}^2_{\mathrm{loc}}(\mathbb{R}^d)$ ならば $\mathsf{C}_0^\infty(\mathbb{R}^d) \subset \mathsf{D}(V)$ である. なぜなら, 任意の $\psi \in \mathsf{C}_0^\infty(\mathbb{R}^d)$ に対して, その台を K とすれば, これは有界閉集合 (コンパクト) であり, $\int_{\mathbb{R}^d} |V(\boldsymbol{x})|^2|\psi(\boldsymbol{x})|^2 d\boldsymbol{x} = \int_K |V(\boldsymbol{x})|^2|\psi(\boldsymbol{x})|^2 d\boldsymbol{x} \leq \|\psi\|_\infty^2 \int_K |V(\boldsymbol{x})|^2 d\boldsymbol{x} < \infty$ となるからである.

注意 2.4 定理 2.25 の仮定のもとで, $-\Delta + V$ の閉包 $\overline{-\Delta + V}$ は自己共役であるが, (2.55) が成立しない場合には, $\mathsf{D}(\overline{-\Delta + V})$ は $\mathsf{D}(-\Delta) \cap \mathsf{D}(V)$ に等しくない (付録 B の定理 B.1 を参照).

注意 2.5 $V \in \mathsf{L}^2_{\mathrm{loc}}(\mathbb{R}^d)$ であっても, V が下に有界でなければ, $-\Delta + V$ は $\mathsf{C}_0^\infty(\mathbb{R}^3)$ 上で本質的に自己共役であるとは限らない.

定理 2.25 は $V \geq 0$ の場合について証明すれば十分である. なぜなら, もし, C を実定数として, $V \geq C$ が成り立つならば, $\tilde{V} := V - C \geq 0$ であり, $-\Delta + V$ が $\mathsf{C}_0^\infty(\mathbb{R}^d)$ 上で本質的に自己共役であることと $-\Delta + \tilde{V}$ が $\mathsf{C}_0^\infty(\mathbb{R}^d)$

上で本質的に自己共役であることは同値だからである．そこで，以下，この節を通して $V \geq 0$ と仮定する．

証明のための基本的な考え方は次の通りである．まず

$$H := (-\Delta + V)|\mathsf{C}_0^\infty(\mathbb{R}^d)$$

($-\Delta + V$ の $\mathsf{C}_0^\infty(\mathbb{R}^d)$ への制限) とすれば，これは非負対称作用素である．したがって，補題 2.8-(iv) によって，$\mathsf{R}(H+1)$ の稠密性を示せばよい．$\mathsf{R}(H+1)$ の稠密性は

$$(H+1)^*\psi = 0 \tag{2.56}$$

を満たすベクトル $\psi \in \mathsf{D}(H^*)$ が零ベクトルに限ることと同値である．他方，(2.56) は超関数の意味での方程式

$$(-\Delta + V + 1)\psi = 0 \tag{2.57}$$

と同値である[*24]．それゆえ，この方程式の超関数解 ψ で $\psi \in \mathsf{L}^2(\mathbb{R}^d)$ となるものは 0 しかないことを示せばよい．しかし，そのためにはいくつかの準備を要する．まず，超関数の正値性の概念を導入しよう．

定義 2.26 $\mathcal{D}(\mathbb{R}^d)$ を $\mathbb{R}^d$ 上の試験関数の空間とする[*25]．$\mathcal{D}(\mathbb{R}^d)$ の元で非負なものの全体を $\mathcal{D}_+(\mathbb{R}^d)$ とする：

$$\mathcal{D}_+(\mathbb{R}^d) := \{f \in \mathcal{D}(\mathbb{R}^d) | f(\boldsymbol{x}) \geq 0, \boldsymbol{x} \in \mathbb{R}^d\}.$$

$\phi \in \mathcal{D}(\mathbb{R}^d)'$ ($\mathbb{R}^d$ 上の超関数の空間) が，すべての $f \in \mathcal{D}_+(\mathbb{R}^d)$ に対して，$\phi(f) \geq 0$ を満たすとき，ϕ は**非負**であるといい，記号的に $\phi \geq 0$ と書く．$\mathbb{R}^d$ 上の 2 つの超関数 ϕ, ψ について $\phi - \psi \geq 0$ が成り立つとき，$\phi \geq \psi$ と記す．

注意 2.6 容易にわかるように，非負超関数は非負値関数の一般化である．

補題 2.27 $f \in \mathsf{L}^2(\mathbb{R}^d), f \geq 0$ かつ超関数の意味で $\Delta f \geq 0$ ならば，$f = 0$ である．

[*24] 超関数については，[5] または [6] の付録 C あるいは [4] の 17 章を参照．

[*25] [5] または [6] の付録 C を参照．単なる集合としては，$\mathcal{D}(\mathbb{R}^d) = \mathsf{C}_0^\infty(\mathbb{R}^d)$．

注意 2.7　$\Delta f \in \mathcal{D}(\mathbb{R}^d)'$ は関数と同一視できるとは限らない．

証明　次の性質 (i)〜(iii) をもつ関数 $\rho \in \mathsf{C}_0^\infty(\mathbb{R}^d)$ をとる[*26]：(i) $\rho \geq 0$; (ii) $|\boldsymbol{x}| \geq 1$ ならば $\rho(\boldsymbol{x}) = 0$;(iii) $\int_{\mathbb{R}^d} \rho(\boldsymbol{x})d\boldsymbol{x} = 1$．任意の $\varepsilon > 0$ に対して，$\rho_\varepsilon(\boldsymbol{x}) := \varepsilon^{-d}\rho(\boldsymbol{x}/\varepsilon)$ とし，これと f との合成積を f_ε とする：$f_\varepsilon := \rho_\varepsilon * f$ ([5] または [6] の付録 C，C.7 節を参照)．このとき，$f_\varepsilon \in \mathsf{C}^\infty(\mathbb{R}^d)$ ($\because$ [5] または [6] の付録 C，定理 C.15-(i)) であり，$\Delta f_\varepsilon = (\Delta\rho_\varepsilon) * f$．右辺にヤングの不等式 ([5] または [6] の付録 D を参照) を応用すれば，$\Delta f_\varepsilon \in \mathsf{L}^2(\mathbb{R}^d)$ であることがわかる．したがって，$f_\varepsilon \in \mathsf{D}(\Delta)$．$u_{\varepsilon,\boldsymbol{x}}(\boldsymbol{y}) := \rho_\varepsilon(\boldsymbol{x} - \boldsymbol{y})$ とおくと $\Delta f_\varepsilon(\boldsymbol{x}) = (\Delta f)(u_{\varepsilon,\boldsymbol{x}})$ と表すことができ，$u_{\varepsilon,\boldsymbol{x}} \geq 0$ であるから，$\Delta f_\varepsilon \geq 0$ が導かれる．これと $f_\varepsilon \geq 0$ を用いると，$\langle f_\varepsilon, \Delta f_\varepsilon\rangle \geq 0$ となる．一方，$\mathsf{L}^2(\mathbb{R}^d)$ 上の作用素として，$\Delta \leq 0$．ゆえに，$\langle f_\varepsilon, \Delta f_\varepsilon\rangle = 0$ でなければならない．この式にフーリエ変換を応用すれば $\int_{\mathbb{R}^d} |\boldsymbol{k}|^2|\hat{f}_\varepsilon(\boldsymbol{k})|^2 d\boldsymbol{k} = 0$ を得る．これは，$\hat{f}_\varepsilon = 0$，すなわち，$f_\varepsilon = 0$ を意味する．$\|f_\varepsilon - f\|_2 \to 0$ $(\varepsilon \to 0)$ であったから ([5] または [6] の付録 C，定理 C.16-(ii))，$f = 0$ を得る．■

次の定理はそれ自体としても興味あるものである．

定理 2.28　(加藤の不等式) $f \in \mathsf{L}^1_{\mathrm{loc}}(\mathbb{R}^d)$ とし，超関数の意味での Δf もまた $\mathsf{L}^1_{\mathrm{loc}}(\mathbb{R}^d)$ の元になっているとする．関数 $\mathrm{sgn}\, f$ を次のように定義する：

$$(\mathrm{sgn}\, f)(\boldsymbol{x}) = \begin{cases} 0 & ; f(\boldsymbol{x}) = 0 \text{ のとき} \\ \dfrac{f(\boldsymbol{x})^*}{|f(\boldsymbol{x})|} & ; f(\boldsymbol{x}) \neq 0 \text{ のとき} \end{cases}. \tag{2.58}$$

このとき，超関数の意味で次の不等式が成り立つ：

$$\Delta|f| \geq \mathrm{Re}\,[(\mathrm{sgn}\, f)\Delta f]. \tag{2.59}$$

注意 2.8　定義 2.26 で述べたように，(2.59) の意味は，すべての $u \in \mathcal{D}_+(\mathbb{R}^d)$ に対して

$$(\Delta|f|)(u) \geq \mathrm{Re}\,[(\mathrm{sgn}\, f)\Delta f](u)$$

[*26] このような関数 ρ の存在を示すには，たとえば，次のようにすればよい．関数 $h \in \mathsf{C}_0^\infty(\mathbb{R})$ で $h \geq 0, \mathrm{supp}\, h \subset [-1, 1]$ ($\mathrm{supp}\, h$ は h の台を表す) を満たすものをとり ([5] または [6] の付録 B，B.1 節を参照)，$\rho(\boldsymbol{x}) := h(|\boldsymbol{x}|)/\int_{\mathbb{R}^d} h(|\boldsymbol{y}|)d\boldsymbol{y}$, $\boldsymbol{x} \in \mathbb{R}^d$ とすればよい．

が成り立つという意味である．

注意 2.9 定理の仮定のもとで，$\operatorname{sgn} f \in \mathsf{L}^\infty(\mathbb{R}^d)$ であるから，$(\operatorname{sgn} f)\Delta f \in \mathsf{L}^1_{\mathrm{loc}}(\mathbb{R}^d)$. したがって，$(\operatorname{sgn} f)\Delta f \in \mathcal{D}(\mathbb{R}^d)'$.

注意 2.10 $f \in \mathsf{C}^2(\mathbb{R}^d)$ ($\mathbb{R}^d$ 上の 2 回連続微分可能な関数の全体) かつ $f(\boldsymbol{x}) \neq 0, \boldsymbol{x} \in \mathbb{R}^d$ ならば，直接計算により

$$\begin{aligned}\Delta|f(\boldsymbol{x})| &= \operatorname{Re}\left[(\operatorname{sgn} f)(\boldsymbol{x})\Delta f(\boldsymbol{x})\right] + \frac{1}{|f(\boldsymbol{x})|^3}\sum_{j=1}^{d}[\operatorname{Im}(f(\boldsymbol{x})\partial_j f(\boldsymbol{x})^*)]^2 \\ &\geq \operatorname{Re}\left[(\operatorname{sgn} f)(\boldsymbol{x})\Delta f(\boldsymbol{x})\right] \end{aligned} \tag{2.60}$$

が示される．この不等式を超関数のレヴェルまで普遍化したものが加藤の不等式である．言い換えれば，加藤の不等式は，(2.60) に現れている究極的な普遍的理念を捉えたものなのである．だが，この普遍化の構造は，以下の証明が語るように，全然自明ではなく，注意深い重層的な極限解析が必要とされる．一挙に高みに達することは容易ではない．しかし，ここに関数解析学の醍醐味のひとつの側面を味わうことができる．

証明 まず，$f \in \mathsf{C}^\infty(\mathbb{R}^d)$ の場合を考え，$\varepsilon > 0$ とし

$$F_\varepsilon(\boldsymbol{x}) = \sqrt{|f(\boldsymbol{x})|^2 + \varepsilon^2}, \quad \boldsymbol{x} \in \mathbb{R}^d \tag{2.61}$$

とする．このとき，$F_\varepsilon \in \mathsf{C}^\infty(\mathbb{R}^d)$ であり

$$\nabla F_\varepsilon(\boldsymbol{x}) = \frac{\operatorname{Re}\left[f(\boldsymbol{x})^*\nabla f(\boldsymbol{x})\right]}{F_\varepsilon(\boldsymbol{x})} \tag{2.62}$$

が成り立つ．(2.61) は $F_\varepsilon = |F_\varepsilon| \geq |f|$, を意味する．この事実と (2.62) から

$$|\nabla F_\varepsilon(\boldsymbol{x})| \leq |\nabla f(\boldsymbol{x})| \tag{2.63}$$

が得られる．

(2.62) の両辺に F_ε をかけ，そうして得られる式の両辺の発散をとれば

$$F_\varepsilon \Delta F_\varepsilon + |\nabla F_\varepsilon|^2 = \operatorname{Re}(f^*\Delta f) + |\nabla f|^2$$

を得る．そこで，(2.63) を使えば $F_\varepsilon \Delta F_\varepsilon \geq \mathrm{Re}\,(f^*\Delta f)$ を得る．したがって，$\Delta F_\varepsilon \geq \mathrm{Re}\,[\mathrm{sgn}_\varepsilon(f)\Delta f]$．ただし，$\mathrm{sgn}_\varepsilon(f)(\boldsymbol{x}) := f^*(\boldsymbol{x})/F_\varepsilon(\boldsymbol{x})$．

さて，定理の仮定のように，$f \in \mathsf{L}^1_{\mathrm{loc}}(\mathbb{R}^d)$ かつ $\Delta f \in \mathsf{L}^1_{\mathrm{loc}}(\mathbb{R}^d)$ とし，$f_\delta = \rho_\delta * f, \delta > 0,$ としよう (ρ は補題 2.27 の証明におけるのと同じものである)．このとき，$f_\delta \in \mathsf{C}^\infty(\mathbb{R}^d)$ であるから，$F_{\delta,\varepsilon}(\boldsymbol{x}) = \sqrt{|f_\delta(\boldsymbol{x})|^2 + \varepsilon^2}$ とおき，前半の結果を用いると

$$\Delta F_{\delta,\varepsilon} \geq \mathrm{Re}\,[\mathrm{sgn}_\varepsilon(f_\delta)\Delta f_\delta] \tag{2.64}$$

を得る．ε を固定し，$\delta \to 0$ の極限をとる．$r > 0$ に対して，$B_r := \{\boldsymbol{x} \in \mathbb{R}^d |\ |\boldsymbol{x}| \leq r\}$ とし，B_r の定義関数を χ_r とする．$\delta < \delta_0$ のとき，$\chi_r\rho_\delta * f = \chi_r\rho_\delta * (\chi_{r+\delta_0} f)$ と $\chi_r^2 = \chi_r$ に注意すれば

$$\begin{aligned}\int_{B_r} |f_\delta(\boldsymbol{x}) - f(\boldsymbol{x})| d\boldsymbol{x} &\leq \|\rho_\delta * (\chi_{r+\delta_0} f) - \chi_r f\|_1 \\ &\leq \|\rho_\delta * (\chi_{r+\delta_0} f) - \chi_{r+\delta_0} f\|_1 + \|(\chi_{r+\delta_0} - \chi_r) f\|_1\end{aligned}$$

という評価を得る．$\chi_{r+\delta_0} f \in \mathsf{L}^1(\mathbb{R}^d)$ であるから，$\|\rho_\delta*(\chi_{r+\delta_0} f) - \chi_{r+\delta_0} f\|_1 \to 0 \quad (\delta \to 0)$ となる[*27]．したがって，$\limsup_{\delta\to 0} \int_{B_r} |f_\delta(\boldsymbol{x}) - f(\boldsymbol{x})| d\boldsymbol{x} \leq \|(\chi_{r+\delta_0} - \chi_r) f\|_1$．そこで，$\delta_0 \to 0$ とすれば，右辺は 0 に収束するので，$\lim_{\delta\to 0} \int_{B_r} |f_\delta(\boldsymbol{x}) - f(\boldsymbol{x})| d\boldsymbol{x} = 0$ が得られる．$r > 0$ は任意であったから，これは $\mathsf{L}^1_{\mathrm{loc}}(\mathbb{R}^d)$ の位相で $f_\delta \to f$ $(\delta \to 0)$ となることを意味する．したがって，$\mathcal{D}(\mathbb{R}^d)'$ の意味でも $f_\delta \to f$ となる ([5] または [6] の付録 C，定理 C.4)．$\delta \to 0$ となる δ の部分列に移行することにより，$f_\delta(\boldsymbol{x}) \to f(\boldsymbol{x})$ (a.e.$\boldsymbol{x}$) として一般性を失わない[*28]．このとき $\mathrm{sgn}_\varepsilon(f_\delta)(\boldsymbol{x}) \to \mathrm{sgn}_\varepsilon(f)(\boldsymbol{x})$ (a.e.$\boldsymbol{x}$) となる．また，$\Delta f_\delta = (\Delta f)_\delta$ であり，$\Delta f \in \mathsf{L}^1_{\mathrm{loc}}(\mathbb{R}^d)$ であるから，f_δ の場合と同様に，$\mathsf{L}^1_{\mathrm{loc}}(\mathbb{R}^d)$ の位相で $\Delta f_\delta \to \Delta f (\delta \to 0)$ となる．したがって，$\mathcal{D}(\mathbb{R}^d)'$ の位相で，$\mathrm{sgn}_\varepsilon(f_\delta)\Delta f_\delta \to \mathrm{sgn}_\varepsilon(f)\Delta f (\delta \to 0)$ となる．ゆえに (2.64) で $\delta \to 0$ とすることにより，超関数の意味で，$\Delta F_\varepsilon \geq \mathrm{Re}\,[\mathrm{sgn}_\varepsilon(f)\Delta f]$ を得る．$\varepsilon \to 0$ とすれば，$\mathrm{sgn}_\varepsilon(f)(\boldsymbol{x}) \to (\mathrm{sgn}\, f)(\boldsymbol{x})$ (a.e.$\boldsymbol{x}$) かつ $|\mathrm{sgn}_\varepsilon(f)(\boldsymbol{x})| \leq 1$ であるから，$\mathcal{D}(\mathbb{R}^d)'$ の位相で，$\mathrm{Re}\,[\mathrm{sgn}_\varepsilon(f)\Delta f] \to \mathrm{Re}\,[(\mathrm{sgn}\, f)\Delta f] \quad (\varepsilon \to 0)$．また，

[*27] [5] または [6] の付録 C，定理 C.16-(ii) の応用．

[*28] [5] または [6] の付録 A，定理 A.16 の応用．

任意の $u \in \mathcal{D}(\mathbb{R}^d)$ に対して，$\Delta F_\varepsilon(u) = \int_{\mathbb{R}^d} F_\varepsilon(\boldsymbol{x})\Delta u(\boldsymbol{x})d\boldsymbol{x}$. $0 < \varepsilon < 1$ ならば，$|F_\varepsilon(\boldsymbol{x})\Delta u(\boldsymbol{x})| \le |f(\boldsymbol{x})|\,|\Delta u(\boldsymbol{x})| + |\Delta u(\boldsymbol{x})|$ であり，$\lim_{\varepsilon\to 0} F_\varepsilon(\boldsymbol{x}) = |f(\boldsymbol{x})|$ (a.e.$\boldsymbol{x}$) が成り立つ．$\int_{\mathbb{R}^d}(|f(\boldsymbol{x})|\,|\Delta u(\boldsymbol{x})| + |\Delta u(\boldsymbol{x})|)d\boldsymbol{x} < \infty$ であるから，ルベーグの優収束定理 ([5] または [6] の付録 A の定理 A.6) により，$\lim_{\varepsilon\to 0}\int_{\mathbb{R}^d} F_\varepsilon(\boldsymbol{x})\Delta u(\boldsymbol{x})d\boldsymbol{x} = \int_{\mathbb{R}^d} |f(\boldsymbol{x})|\Delta u(\boldsymbol{x})dx = (\Delta|f|)(u)$. したがって，$\lim_{\varepsilon\to 0}\Delta F_\varepsilon(u) = (\Delta|f|)(u)$. 以上によって，(2.59) が得られる． ■

定理 2.25 の証明 $\psi \in D(H^*)$ は (2.56) を満たすものとしよう．したがって，(2.57) が成り立つ．(2.57) は $\Delta\psi = V\psi + \psi$ と変形でき，$V \in \mathsf{L}^2_{\mathrm{loc}}(\mathbb{R}^d)$ であるから，この式の右辺は $\mathsf{L}^1_{\mathrm{loc}}(\mathbb{R}^d)$ にはいる．したがって $\Delta\psi \in \mathsf{L}^1_{\mathrm{loc}}(\mathbb{R}^d)$. そこで，加藤の不等式を適用すれば，$\Delta|\psi| \ge \mathrm{Re}\,(\mathrm{sgn}\,\psi\,\Delta\psi) = \mathrm{Re}\,[\mathrm{sgn}\,\psi\,(V\psi + \psi)] = (V+1)|\psi|$. ゆえに $\Delta|\psi| \ge 0$. これと補題 2.27 から $\psi = 0$ が結論される．

定理 2.25 の後半の主張については，付録 B の定理 B.1 を $A = -\Delta, B = V$ として応用すれば，条件 (2.55) のもとで，$-\Delta + V$ は閉である．$(-\Delta+V)|\mathsf{C}_0^\infty(\mathbb{R}^d) \subset -\Delta + V$ であるから，$\overline{-\Delta + V} \subset -\Delta + V$. 自己共役作用素は非自明な対称拡大をもたないから ([5] の p.137，命題 2.34)，$\overline{-\Delta + V} = -\Delta + V$ でなければならない． ■

定理 2.25 の系として次を得る．

系 2.29 (**下に有界な多項式型ポテンシャルをもつシュレーディンガー型作用素**) $P(\boldsymbol{x})$ を $x_1, \cdots, x_d$ に関する実係数の多項式で下に有界なものとすれば，作用素 $-\Delta + P$ は $\mathsf{C}_0^\infty(\mathbb{R}^d)$ 上で本質的に自己共役である．

証明 P の連続性を使えば，$P \in \mathsf{L}^2_{\mathrm{loc}}(\mathbb{R}^d)$ は容易にわかる．したがって，定理 2.25 を $V = P$ として応用できる． ■

系 2.30 n を任意の自然数とし，$P(\boldsymbol{x}) = \lambda|\boldsymbol{x}|^{2n} + Q(\boldsymbol{x})$ とする．ただし，$\lambda > 0$ は定数，Q は $\mathbb{R}^d$ 上の実数値ボレル可測関数で，非負定数 $p, q \ge 0$ と定数 $\alpha \in [0, 2n)$ があって

$$|Q(\boldsymbol{x})| \le p|\boldsymbol{x}|^\alpha + q, \quad \boldsymbol{x} \in \mathbb{R}^d$$

を満たすものとする．このとき $-\Delta+P$ は，$\mathsf{D}(-\Delta)\cap\mathsf{D}(|\boldsymbol{x}|^{2n})$ 上で自己共役であり，下に有界である．また，$\mathsf{C}_0^\infty(\mathbb{R}^d)$ は $-\Delta+P$ の芯である．

証明　$P_{2n}(\boldsymbol{x}) := \lambda|\boldsymbol{x}|^{2n}$, $\boldsymbol{x}\in\mathbb{R}^d$ とおく．$0\le\alpha<2n$ であるから，任意の $\varepsilon>0$ に対して，$\varepsilon P_{2n}(\boldsymbol{x})^2-(p|\boldsymbol{x}|^\alpha+q)^2\ge -C_\varepsilon$,　$\boldsymbol{x}\in\mathbb{R}^d$ を満たす定数 $C_\varepsilon\ge 0$ がある．したがって，任意の $\psi\in\mathsf{D}(P_{2n})$ に対して，$\|Q\psi\|^2\le\varepsilon\|P_{2n}\psi\|^2+C_\varepsilon\|\psi\|^2$．これは $Q\ll P_{2n}$ を意味する．これと演習問題 6-(v) の不等式により，$Q\ll -\Delta+P_{2n}$．演習問題 6 により，$-\Delta+P_{2n}$ は自己共役で下に有界であるから，加藤–レリッヒの定理により，$-\Delta+P_{2n}+Q=-\Delta+P$ は自己共役であり，下に有界であることが結論される．■

例 2.5　系 2.30 の Q の例としては，たとえば，高々 $(2n-1)$ 次の実多項式がある．

2.5　混合型ポテンシャルをもつ場合

2.3 節と 2.4 節の結果の応用として，ポテンシャルの部分がラプラシアンに関して相対的に有界な部分とそうでない部分からなる場合に対するシュレーディンガー型作用素の自己共役性についての基本的結果を証明しよう．

定理 2.31　$V,W:\mathbb{R}^d\to\mathbb{R}$ はボレル可測関数で，$\mathsf{L}^2(\mathbb{R}^d)$ において

$$\|V\psi\|\le a\|-\Delta\psi\|+b\|\psi\|,\quad \psi\in\mathsf{D}(-\Delta), \tag{2.65}$$

$$\|W\psi\|\le a'\|\,|\boldsymbol{x}|^{2n}\psi\|+b'\|\psi\|,\quad \psi\in\mathsf{D}(|\boldsymbol{x}|^{2n}) \tag{2.66}$$

を満たすものとする[*29]．ただし，a,b,a',b' が非負の定数，n は自然数である．$\lambda>0$ を定数とし，$a+(a'/\lambda)<1$ という条件のもとで考える．このとき，$\mathsf{L}^2(\mathbb{R}^d)$ 上の対称作用素

$$H_\lambda := -\Delta+V+W+\lambda|\boldsymbol{x}|^{2n} \tag{2.67}$$

は $\mathsf{D}(-\Delta)\cap\mathsf{D}(\boldsymbol{x}^{2n})$ 上で自己共役であり，下に有界である．

---

*29 以下，関数 $|\boldsymbol{x}|^\beta$ ($\beta\in\mathbb{R}$ は定数) によるかけ算作用素 $|\boldsymbol{x}|^\beta$ の定義域を $\mathsf{D}(|\boldsymbol{x}|^\beta)$ のように記す．

証明 系 2.30 によって，$K := -\Delta + \lambda|\boldsymbol{x}|^{2n}$ は自己共役であり，$C_0^\infty(\mathbb{R}^d)$ 上で本質的に自己共役である．明らかに，$K \geq 0$．$H_\lambda = K + V + W$ と書ける．$\varepsilon \in (0,1)$ に対して

$$g_{\lambda,\varepsilon} := a + \frac{a'}{\lambda}\frac{1}{\sqrt{1-\varepsilon}}$$

とおく．3 角不等式と条件 (2.65)，(2.66) および演習問題 6-(v) の不等式により，任意の $\psi \in \mathsf{D}(K)$ に対して

$$\begin{aligned}\|(V+W)\psi\| &\leq a\|-\Delta\psi\| + b\|\psi\| + \frac{a'}{\lambda}\|\lambda \boldsymbol{x}^{2n}\psi\| + b'\|\psi\| \\ &\leq g_{\lambda,\varepsilon}\|K\psi\| + (g_{\lambda,\varepsilon}\sqrt{b_\varepsilon} + b + b')\|\psi\|.\end{aligned}$$

a, a', λ に関する仮定により，$\varepsilon > 0$ を十分小さくとれば $g_{\lambda,\varepsilon} < 1$．したがって，加藤–レリッヒの定理により，題意がしたがう． ■

例については，演習問題 9 を参照.

2.6 交換子定理

前節までに議論した，自己共役性に関する諸定理は主に下に有界な対称作用素の摂動に関するものであった．しかし，量子力学において物理量を表す作用素は下に有界なものばかりではない．たとえば，角運動量とか一様な電場がかかった水素原子系のハミルトニアンは下に有界ではない (以下を参照)．そこで，この節では必ずしも下に有界ではない対称作用素の自己共役性の問題を扱う．まず，基本となる抽象的な定理から始めよう．

定理 2.32 (**交換子定理** (commutator theorem)[*30])．T はヒルベルト空間 H 上の自己共役作用素で $T \geq 1$ を満たすとする．A を対称作用素でその定義域はある稠密な部分空間 D を含み，D は T の芯になっているとする．さらに次の条件 (i)，(ii) が満たされるとしよう．

(i) ある定数 $c > 0$ が存在して，すべての $\Psi \in \mathsf{D}$ に対して，$\|A\Psi\| \leq c\|T\Psi\|$．

[*30] グリム–ジャッフェ–ネルソン (Glimm-Jaffe-Nelson) の**交換子定理**とも呼ぶ．この定理の “意味” ないし “こころ” については，証明の後の部分で簡単にふれる．

(ii) ある定数 $b>0$ が存在して，すべての $\Psi\in\mathsf{D}$ に対して

$$|\langle A\Psi, T\Psi\rangle - \langle T\Psi, A\Psi\rangle| \le b\|T^{1/2}\Psi\|^2.$$

このとき， A は D 上で本質的に自己共役であり，$A|\mathsf{D}$ の閉包は T のすべての芯上で本質的に自己共役である．

証明 $A_{\mathsf{D}} := A|\mathsf{D}$ とおく．D は T の芯であるから，任意の $\Psi\in\mathsf{D}(T)$ に対して $T\Psi_n\to T\Psi$, $\Psi_n\to\Psi$ $(n\to\infty)$ となる点列 $\Psi_n\in\mathsf{D}$ が存在する．条件 (i) より $\{A_{\mathsf{D}}\Psi_n\}_n$ はコーシー列をなすことがわかる．A_{D} は可閉であるから，$\Psi\in\mathsf{D}(\bar{A}_{\mathsf{D}})$ かつ $A_{\mathsf{D}}\Psi_n\to\bar{A}_{\mathsf{D}}\Psi$ $(n\to\infty)$．ゆえに $\mathsf{D}(T)\subset\mathsf{D}(\bar{A}_{\mathsf{D}})\cdots(*)$ を得る．条件 (ii) において Ψ を Ψ_n で置き換え，$n\to\infty$ の極限をとると

$$|\langle\bar{A}_{\mathsf{D}}\Psi, T\Psi\rangle - \langle T\Psi, \bar{A}_{\mathsf{D}}\Psi\rangle| \le b\|T^{1/2}\Psi\|^2, \quad \Psi\in\mathsf{D}(T) \qquad (**)$$

を得る．$\Phi\in\mathsf{D}(A_{\mathsf{D}}^*), \Psi=T^{-1}\Phi\in\mathsf{D}(T)$ としよう．このとき，$i\mathrm{Im}\,\langle\Psi, A_{\mathsf{D}}^*\Phi\rangle = \big(\langle\Psi, A_{\mathsf{D}}^*\Phi\rangle - \langle A_{\mathsf{D}}^*\Phi, \Psi\rangle\big)/2$ に注意し，$(**)$ を使えば

$$\begin{aligned}|\mathrm{Im}\,\langle\Psi, A_{\mathsf{D}}^*\Phi\rangle| &= \frac{1}{2}|\langle\bar{A}_{\mathsf{D}}\Psi, T\Psi\rangle - \langle T\Psi, \bar{A}_{\mathsf{D}}\Psi\rangle| \\ &\le \frac{b}{2}\|T^{1/2}\Psi\|^2 = \frac{b}{2}\langle\Psi,\Phi\rangle\end{aligned}$$

が得られる．この不等式と $\langle\Psi,\Phi\rangle\ge 0$ であること ($T^{-1}\ge 0$ に注意) を用いると，$\mathrm{Im}\,\langle\Psi, (\pm A_{\mathsf{D}}^*+ib)\Phi\rangle \ge (b/2)\langle\Psi,\Phi\rangle$ を得る．そこで，$\Phi\in\ker(A_{\mathsf{D}}^*+ib)$ とすれば $\langle\Psi,\Phi\rangle\le 0$．したがって $\langle\Psi,\Phi\rangle=0$．これから $T^{-1/2}\Phi=0$ が出る．左から $T^{1/2}$ を作用させれば $\Phi=0$ を得る．したがって $\ker(A_{\mathsf{D}}^*+ib)=\{0\}$．同様に $\ker(A_{\mathsf{D}}^*-ib)=\{0\}$ を示すことができる．したがって，本質的自己共役性に関する一般的な判定条件 (補題 2.9-(ii)) によって，A は D 上で本質的に自己共役である．

D_e を T の任意の芯とすれば，$(*)$ により $\mathsf{D}_e\subset\mathsf{D}(\bar{A}_{\mathsf{D}})$．そこで $B=\bar{A}_{\mathsf{D}}|\mathsf{D}_e$ としよう．D は T の芯であるから，極限操作を用いることにより，条件 (i), (ii) は任意の $\Psi\in\mathsf{D}(T)$ まで拡張される．ただし，A は $\bar{A}_{\mathsf{D}}$ で置き変わることになる．こうしておけば，前半の証明で A を B とみなし，D を D_e とみなせば，前

半の結果から，B は本質的に自己共役であることが結論される．すなわち，$\bar{A}_{\mathsf{D}}$ は D_e 上で本質的に自己共役である． ■

定理 2.32 の条件の "意味" について簡単にふれておこう．条件 (i) は，あえて注意するまでもなく，$\bar{A}$ が T について相対的に有界であるということである．問題は条件 (ii) である．まず，もし，$\mathsf{D} \subset \mathsf{D}(AT) \cap \mathsf{D}(TA)$ ならば条件 (ii) は，A と T の交換子 $[A, T] := AT - TA$ に関する条件

$$|\langle \Psi, [A, T]\Psi \rangle| \le b\|T^{1/2}\Psi\|^2, \quad \Psi \in \mathsf{D}$$

であることに注意しよう．したがって，条件 (ii) は A と T の交換子のある種の一般化— "弱い意味での交換子"—に対する，T に関する "小ささ" の表現とみなせる．これが定理 2.32 の名称の由来である．

ベクトル空間 V からベクトル空間 W への線形作用素 (定義域は V 全体とする) の全体を $\mathsf{L}(\mathsf{V}, \mathsf{W})$ で表し，$\mathsf{L}(\mathsf{V}) := \mathsf{L}(\mathsf{V}, \mathsf{V})$ とおく．

V を複素ベクトル空間とすれば，$\mathsf{L}(\mathsf{V})$ は作用素の積と和およびスカラー倍に関して $\mathbb{C}$ 上の代数になる．任意の $S \in \mathsf{L}(\mathsf{V})$ に対して，$\delta_S : \mathsf{L}(\mathsf{V}) \to \mathsf{L}(\mathsf{V})$ を

$$\delta_S(X) := [S, X], \quad X \in \mathsf{L}(\mathsf{V}) \tag{2.68}$$

によって定義する．明らかに，δ_S は線形である．さらに，δ_S は**ライプニッツ則**

$$\delta_S(XY) = \delta_S(X)Y + X\delta_S(Y), \quad X, Y \in \mathsf{L}(\mathsf{V}) \tag{2.69}$$

を満たす．すなわち，交換子をとる演算は，作用素の空間における微分演算の一種とみられる．そこで，δ_S を $\mathsf{L}(\mathsf{V})$ における，**S 方向への微分** (derivation) と呼ぶ．

いま指摘した事実を考慮すると，定理 2.32 の条件 (ii) は，より一般化された意味で，A の T 方向への微分の小ささを測るものと解釈することができる．こうして，定理 2.32 の仮定は，問題となる対称作用素およびその微分に関する相対的有界性の条件とみることができる．

定理 2.32 の条件 (i)，(ii) を満たす自己共役作用素 T を A に対する一つの**優作用素**という*31．ある対称作用素に対する優作用素は一つとは限らない．交換

*31 この命名は，筆者がここで試みに導入するものであり，標準的なものではない．

子定理は,「優作用素をもつ対称作用素は本質的に自己共役である」と言い換えられる.

定理 2.33 (ファリス–ラヴァイン (Faris-Lavine) の定理) V, W を $\mathbb{R}^d$ 上の実数値ボレル可測関数とし, W については, ある定数 $a > 0, b \in \mathbb{R}$ が存在して, $W(\boldsymbol{x}) \geq -a\boldsymbol{x}^2 - b, \quad \text{a.e.}\boldsymbol{x} \in \mathbb{R}^d$ が満たされるとする. さらに 次の条件 (i), (ii) が成立するとしよう.

(i) 各 $j = 1, \cdots, d$ に対し, x_j, D_j の作用のもとで不変な稠密な部分空間 $\mathsf{D} \subset \mathsf{D}(\Delta) \cap \mathsf{D}(V) \cap \mathsf{D}(W)$ が存在し, $-\Delta + V + W + 2a\boldsymbol{x}^2$ は D 上で本質的に自己共役である.

(ii) ある $\alpha < 1$ に対して, $-\alpha\Delta + V$ は D 上で下に有界である.

このとき, $H := -\Delta + V + W$ は D 上で本質的に自己共役である.

証明に入る前に, それ自体で少し興味のある作用素不等式を補題として述べておく.

補題 2.34 任意の $\psi \in \mathsf{D}(\Delta) \cap \mathsf{D}(\boldsymbol{x}^2)$ に対して

$$\left| \sum_{j=1}^{d} (\langle x_j\psi, D_j\psi \rangle - \langle D_j\psi, x_j\psi \rangle) \right| \leq \left\langle \psi, (-\Delta + \boldsymbol{x}^2)\psi \right\rangle .$$

証明 自明な不等式 $0 \leq \sum_{j=1}^{d} \langle (iD_j \pm x_j)\psi, (iD_j \pm x_j)\psi \rangle$ (複号同順) において, 右辺を展開すればよい. ■

定理 2.33 の証明 $(-\alpha\Delta + V)|\mathsf{D} \geq v_0$ $(v_0 \in \mathbb{R})$ とする. D 上で

$$H + 2a\boldsymbol{x}^2 = (-\alpha\Delta + V) + (W + a\boldsymbol{x}^2 + b) - (1 - \alpha)\Delta + a\boldsymbol{x}^2 - b$$

と書けるから, 定数 γ を $\gamma \geq 1 - v_0 + b \cdots (*)$ を満たすように選べば, 条件 (ii) と W に対する仮定により, $T_0 := (H + 2a\boldsymbol{x}^2 + \gamma)|\mathsf{D} \geq 1$ が成り立つ. 条件 (i) により T_0 は本質的に自己共役である. T_0 の閉包を T としよう: $T = \bar{T}_0$. このとき, T は自己共役であり, $T \geq 1$. この T が H に対する優作用素であることを示そう.

便宜上, H のかわりに $A := H+\gamma$ を考える. したがって, $T_0 = (A+2a\boldsymbol{x}^2)|\mathsf{D}$. ゆえに, 任意の $\psi \in \mathsf{D}$ に対して

$$\|T\psi\|^2 = \|A\psi\|^2 + 4a\mathrm{Re}\,\left\langle A\psi, \boldsymbol{x}^2\psi\right\rangle + 4a^2\|\boldsymbol{x}^2\psi\|^2.$$

D は D_j の作用のもとで不変であるから, $-\Delta\psi \in \mathsf{D}$. また, $x_jW\psi = Wx_j\psi$ (a.e.) であり, $x_j\psi \in \mathsf{D} \subset \mathsf{D}(W)$ であるから, $x_jW\psi \in \mathsf{L}^2(\mathbb{R}^d)$. したがって, $W\psi \in \mathsf{D}(x_j)$. 同様に, $V\psi \in \mathsf{D}(x_j)$. したがって, 特に $A\psi \in \mathsf{D}(x_j)$ であることがわかる. そこで次のように計算を進める (交換子 $[x_j, A]$ の計算には, 付録 E の公式と例 E.1 を用いよ):

$$\begin{aligned}\left\langle A\psi, \boldsymbol{x}^2\psi\right\rangle &= \sum_{j=1}^{d} \langle x_jA\psi, x_j\psi\rangle = \sum_{j=1}^{d}\{\langle [x_j, A]\psi, x_j\psi\rangle + \langle Ax_j\psi, x_j\psi\rangle\} \\ &= \sum_{j=1}^{d}\{2\,\langle D_j\psi, x_j\psi\rangle + \langle Ax_j\psi, x_j\psi\rangle\}.\end{aligned}$$

$\langle Ax_j\psi, x_j\psi\rangle$ は実数であり,

$$\mathrm{Re}\,\langle D_j\psi, x_j\psi\rangle = \frac{1}{2}\,\langle [x_j, D_j]\psi, \psi\rangle = -\frac{1}{2}\|\psi\|^2$$

であるから

$$\|T\psi\|^2 = \|A\psi\|^2 - 4ad\|\psi\|^2 + 4a\sum_{j=1}^{d}\left\langle (A+a\boldsymbol{x}^2)x_j\psi, x_j\psi\right\rangle \tag{2.70}$$

を得る. 条件 (ii) と $(-\Delta+V)|\mathsf{D} \geq (-\alpha\Delta+V)|\mathsf{D}$ により, $-\Delta+V$ は D 上で下に有界である. したがって, $H+a\boldsymbol{x}^2$ は D 上で下に有界である. このとき, (2.70) によって, $\|A\psi\|^2 \leq \|T\psi\|^2+4ad\|\psi\|^2$. $T \geq 1$ であるから, 作用素解析により, $\|\psi\|^2 \leq \|T\psi\|^2$. したがって, $c := 1+4ad$ とおけば, $\|A\psi\|^2 \leq c\|T\psi\|^2 \cdots (**)$. x_j, D_j が D を不変にすることと交換関係 $[x_j, D_k]\psi = -\delta_{jk}\psi$ を用いると

$$\langle A\psi, T\psi\rangle - \langle T\psi, A\psi\rangle = -4a\sum_{j=1}^{d}\langle \psi, (x_jD_j + D_jx_j)\psi\rangle$$

が示される．右辺に補題 2.34 を適用すれば

$$|\langle A\psi, T\psi\rangle - \langle T\psi, A\psi\rangle| \le 4a\,\langle \psi, (-\Delta + \boldsymbol{x}^2)\psi\rangle$$

が得られる．$\delta = \min\{1-\alpha, a\}$ とし，$(*)$ に注意すれば，D 上で

$$\begin{aligned} T &= (-\alpha\Delta + V) + (W + a\boldsymbol{x}^2) + (1-\alpha)(-\Delta) + a\boldsymbol{x}^2 + \gamma \\ &\ge v_0 - b + \delta(-\Delta + \boldsymbol{x}^2) + \gamma \\ &\ge \delta(-\Delta + \boldsymbol{x}^2). \end{aligned}$$

したがって，$C = 4a/\delta$ とおけば，$|\langle A\psi, T\psi\rangle - \langle T\psi, A\psi\rangle| \le C\|T^{1/2}\psi\|^2$ を得る．これと $(**)$ によって，交換子定理が応用できるので，A は D 上で本質的に自己共役であることが結論される．したがって，H も D 上で本質的に自己共役である．■

例 2.6　原子を一様な静電場 $\boldsymbol{E} \in \mathbb{R}^3$ の中におくと，原子のエネルギー準位は変化する．そのために，原子から放射される光の振動数はずれる．この現象はその発見者にちなんで**シュタルク** (Stark) **効果**と呼ばれる．この効果を説明するハミルトニアン——**シュタルク・ハミルトニアン**—— は，水素様原子の場合

$$H_{\mathrm{stark}} := -\frac{\hbar^2}{2m}\Delta - \frac{Ze^2}{|\boldsymbol{x}|} + e\boldsymbol{E}\cdot\boldsymbol{x} \tag{2.71}$$

という形をとる ($m > 0, -e < 0$ はそれぞれ，電子の質量と電荷を表すパラメーター，$Z \in \mathbb{N}$ は原子番号)．このハミルトニアンの $\mathrm{C}_0^\infty(\mathbb{R}^3)$ 上での本質的自己共役性は，次のより一般的な定理の特別な場合として得られる．

定理 2.35　$\lambda \in \mathbb{R}, \boldsymbol{a} \in \mathbb{R}^3$ とする．このとき

$$H_{\lambda,\boldsymbol{a}} := -\Delta + \frac{\lambda}{|\boldsymbol{x}|} + \boldsymbol{a}\cdot\boldsymbol{x} \tag{2.72}$$

は $\mathrm{C}_0^\infty(\mathbb{R}^3)$ 上で本質的に自己共役である．さらに，$\boldsymbol{a} \ne 0$ ならば $H_{\lambda,\boldsymbol{a}}$ は上にも下にも有界ではない．

証明　関数 V, W を $V(\boldsymbol{x}) := \lambda/|\boldsymbol{x}|$, $W(\boldsymbol{x}) := \boldsymbol{a}\cdot\boldsymbol{x}$ によって定義すれば，$H_{\lambda,\boldsymbol{a}} = -\Delta + V + W$ と書ける．(2.47) によって，$V \ll -\Delta$, $W \ll \boldsymbol{x}^2$ であるから，定理 2.31 が適用される．したがって，任意の $\varepsilon > 0$ に対して $H_{\lambda,\boldsymbol{a}} + 2\varepsilon\boldsymbol{x}^2$ は，

$\mathsf{D}(-\Delta)\cap\mathsf{D}(\boldsymbol{x}^2)$ 上で自己共役であり，$\mathsf{C}_0^\infty(\mathbb{R}^3)$ 上で本質的に自己共役である．明らかに $\mathsf{C}_0^\infty(\mathbb{R}^3)\subset\mathsf{D}(\Delta)\cap\mathsf{D}(W)\cap\mathsf{D}(V)$ であり，x_j, D_j は $\mathsf{C}_0^\infty(\mathbb{R}^3)$ を不変にする．任意の $\varepsilon>0$ と a.e.$\boldsymbol{x}\in\mathbb{R}^3$ に対して

$$W(\boldsymbol{x})\ge-|\boldsymbol{a}||\boldsymbol{x}|\ge-\varepsilon\boldsymbol{x}^2-\frac{\boldsymbol{a}^2}{4\varepsilon}.$$

すでに述べたように，$V\ll-\Delta$ であるから，加藤–レリッヒの定理により，任意の $\alpha>0$ に対して,$-\alpha\Delta+V$ は自己共役であり，下に有界である．以上から，いま考えている W, V は定理 2.33 の仮定をすべて満たす．したがって，$H_{\lambda,\boldsymbol{a}}$ は $\mathsf{C}_0^\infty(\mathbb{R}^3)$ 上で本質的に自己共役である．$H_{\lambda,\boldsymbol{a}}$ が上にも下にも有界でないことを示すことは演習問題とする (演習問題 10)． ■

注意 2.11 ここでは，残念ながら，例証する紙数がないが，交換子定理は量子場の理論においても有用である．

2.7 解析ベクトル定理

この節では，ある意味で性質のよい不変部分空間をもつ対称作用素の本質的自己共役性を証明する．

定義 2.36 T を H 上の線形作用素とする．

(i) ベクトル $\Psi\in\mathsf{C}^\infty(T)$ (定義 1.7 を参照) がある $t>0$ に対して

$$\sum_{n=0}^{\infty}\frac{\|T^n\Psi\|}{n!}t^n<\infty \tag{2.73}$$

を満たすとき，Ψ を T の**解析ベクトル** (analytic vector) と呼ぶ．T の解析ベクトルの全体を $\mathsf{A}_\infty(T)$ で表す．

(ii) すべての $t>0$ に対して (2.73) を満たすベクトル $\Psi\in\mathsf{C}^\infty(T)$ を T の**全解析ベクトル** (entire analytic vector) という．T の全解析ベクトルの全体を $\mathsf{H}_\infty(T)$ で表す．

容易にわかるように，H 上の任意の線形作用素 T に対して

$$\mathsf{H}_\infty(T)\subset\mathsf{A}_\infty(T)\subset\mathsf{C}^\infty(T) \tag{2.74}$$

という包含関係が成り立つ．

定義 2.37　A を対称作用素とし，各 $\Psi \in \mathsf{C}^\infty(A)$ に対して，$\{A^n\Psi\}_{n=0}^\infty$ によって生成される部分空間を $D_A(\Psi)$ とし，$\mathsf{H}_A(\Psi) := \overline{\mathsf{D}_A(\Psi)}$ とおく．ヒルベルト空間 $\mathsf{H}_A(\Psi)$ 上の線形作用素 A_Ψ を次のように定義する：

$$\mathsf{D}(A_\Psi) := \mathsf{D}_A(\Psi), \quad A_\Psi\left(\sum_{n=0}^N \alpha_n A^n\Psi\right) := \sum_{n=0}^N \alpha_n A^{n+1}\Psi \quad (N \geq 0, \alpha_n \in \mathbb{C}).$$

A_Ψ が ($\mathsf{H}_A(\Psi)$ 上の作用素として) 本質的に自己共役ならば，Ψ を A の**一意性ベクトル** (vector of uniqueness) という．

定義 2.38　ヒルベルト空間 H の部分集合 D は，D によって生成される部分空間 $\mathcal{L}(\mathsf{D})$ が H で稠密であるとき，**完全である** (total) という．

補題 2.39　[ヌスバウム (Nussbaum)] A は H 上の対称作用素で，$\mathsf{D}(A)$ が A の一意性ベクトルからなる完全な集合を含むものとする．このとき，A は本質的に自己共役である．

証明　条件にいう完全集合を D とする．$\Psi \in \mathsf{H}$ と $\varepsilon > 0$ は任意に与えられたとしよう．このとき，D の性質により，自然数 N と複素定数 α_n および D のベクトル Ψ_n $(n = 1, \cdots, N)$ で $\|\Psi - \sum_{n=1}^N \alpha_n\Psi_n\| < \varepsilon/2$ を満たすものが存在する．各 Ψ_n が A の一意性ベクトルであることと，本質的自己共役性の判定条件 ([5] の定理 2.44) により，$\Phi_n \in \mathsf{D}_A(\Psi_n)$ で $\|\Psi_n - (A+i)\Phi_n\| \leq (\varepsilon/2)\left(\sum_{n=1}^N |\alpha_n|\right)^{-1}$ を満たすものが存在する．そこで，$\Phi := \sum_{n=1}^N \alpha_n\Phi_n$ とおけば，$\Phi \in \mathsf{D}(A)$ であり，$\|\Psi - (A+i)\Phi\| < \varepsilon$ が成り立つ．これは $\mathsf{R}(A+i)$ が H で稠密であることを意味する．同様に $\mathsf{R}(A-i)$ も H で稠密であることが示される．ゆえに，補題 2.8-(ii) によって，A は本質的に自己共役である．■

補題 2.40　任意の対称作用素 A に対して，A の解析ベクトルはすべて A の一意性ベクトルである．

証明　Ψ を A の解析ベクトルとする ($\Psi \in \mathsf{A}_\infty(A)$)．写像 $J : \mathsf{D}_A(\Psi) \to \mathsf{D}_A(\Psi)$ を

$$J\left(\sum_{n=0}^N \alpha_n A^n\Psi\right) := \sum_{n=0}^N \alpha_n^* A^n\Psi$$

によって定義する ($N \in \mathbb{N}, \alpha_n \in \mathbb{C}$)．このとき，$J$ は $\mathsf{H}_A(\Psi)$ 上の共役子に一意的に拡大される．その拡大も同じ記号 J で表す．$JA_\Psi \subset A_\Psi J$ も容易にわかる．すなわち，A_Ψ は J に関して実作用素である (付録 D を参照)．したがって，フォン・ノイマンの定理により，A_Ψ は自己共役拡大をもつ．その任意の一つを B とする．$\mathbb{R}$ 上の測度 μ を $\mu(\cdot) := \|E_B(\cdot)\Psi\|^2$ によって定義する (E_B は B のスペクトル測度)．ベクトル Ψ は A の解析ベクトルであるから，ある $t > 0$ に対して，$\sum_{n=0}^\infty \|A^n\Psi\| t^n/n! < \infty$．$0 < s < t$ としよう．このとき，任意の $k \in \{0\} \cup \mathbb{N}$ に対して

$$\sum_{n=0}^\infty \frac{s^n}{n!} \int_{\mathbb{R}} |\lambda|^{n+k} d\mu(\lambda) \le \sum_{n=0}^\infty \frac{s^n}{n!} \left(\int_{\mathbb{R}} |\lambda|^{2n} d\mu(\lambda)\right)^{1/2} \left(\int_{\mathbb{R}} |\lambda|^{2k} d\mu(\lambda)\right)^{1/2}$$
$$= \|A^k\Psi\| \sum_{n=0}^\infty \frac{s^n}{n!} \|A^n\Psi\| < \infty.$$

したがって，単調収束定理によって

$$\int_{\mathbb{R}} \sum_{n=0}^\infty \frac{s^n}{n!} |\lambda|^{n+k} d\mu(\lambda) = \int_{\mathbb{R}} e^{s|\lambda|} |\lambda|^k d\mu(\lambda)$$

は有限である．ゆえに, $\Psi_1 = A^l\Psi, \Psi_2 = A^m\Psi$ ($l, m \in \{0\} \cup \mathbb{N}$) とするとき, 関数 : $(0, t) \ni s \mapsto \left\langle \Psi_1, e^{isB}\Psi_2 \right\rangle = \int_{\mathbb{R}} e^{is\lambda} \lambda^{l+m} d\mu(\lambda)$ は $|\mathrm{Re}\, z| < t, |\mathrm{Im}\, z| < t$ で正則な関数 $F(z) := \int_{\mathbb{R}} e^{iz\lambda} \lambda^{l+m} d\mu(\lambda)$ へ解析接続できる．任意の非負整数 $n \ge 0$ に対して，$F^{(n)}(0) = \int_{\mathbb{R}} (i\lambda)^n \lambda^{l+m} d\mu(\lambda) = \langle \Psi_1, (iA)^n \Psi_2 \rangle$ であるから，$|s| < t$ に対して

$$\left\langle \Psi_1, e^{isB}\Psi_2 \right\rangle = \sum_{n=0}^\infty \frac{(is)^n}{n!} \langle \Psi_1, A^n\Psi_2 \rangle.$$

したがって, $|s| < t$ に対しては, 関数 $\left\langle \Psi_1, e^{isB}\Psi_2 \right\rangle$ は数列 $\{\langle \Psi_1, A^n\Psi_2 \rangle\}_{n=0}^\infty$ だけから決定される．ゆえに, B' を A_Ψ の別の自己共役拡大とすれば, $\left\langle \Psi_1, e^{isB}\Psi_2 \right\rangle = \left\langle \Psi_1, e^{isB'}\Psi_2 \right\rangle$，$|s| < t$ が成り立つ．そこで，$l, m \in \{0\} \cup \mathbb{N}$ の任意性と $\mathsf{D}_A(\Psi)$ の $\mathsf{H}_A(\Psi)$ での稠密性および $e^{isB}, e^{isB'}$ の有界性を用いると，すべての $\eta \in \mathsf{H}_A(\Psi)$ と $|s| < t$ に対して，$e^{isB}\eta = e^{isB'}\eta$ が導かれる．$s = 0$ での強微分を考察することにより，$B = B'$ が示される．ゆえに，A_Ψ はただ一つの自己

共役拡大をもつ．よって，付録 D の系 D.2 によって，A_Ψ は本質的に自己共役である． ■

定理 2.41 (ネルソン (E. Nelson) **の解析ベクトル定理**) A はヒルベルト空間 H 上の対称作用素で，$\mathsf{D}(A)$ が A の解析ベクトルからなる完全集合を含むものとする．このとき，A は本質的に自己共役である．

証明　補題 2.40 によって，$\mathsf{D}(A)$ は A の一意性ベクトルからなる完全集合を含む．これとヌスバウムの補題 2.39 から題意がしたがう． ■

系 2.42　S を対称作用素とし，D を $\mathsf{D}(S)$ に含まれる稠密な部分空間とする．D は S の解析ベクトルからなる稠密な集合を含み，かつ S は D を不変にすると仮定する ($S\mathsf{D} \subset \mathsf{D}$)．このとき，$S$ は D 上で本質的に自己共役である．

証明　S は D を不変にするので，D に含まれる，S の解析ベクトルは $S|\mathsf{D}$ の解析ベクトルである．したがって，定理 2.41 を $A = S|\mathsf{D}$ として応用することにより，S の D 上での本質的自己共役性が導かれる． ■

注意 2.12　この系において，D が S の不変部分空間であるという条件ははずすことができない．応用するときには，注意されたい．

例 2.7　ヒルベルト空間 H 上のボソンフォック空間 $\mathcal{F}_{\mathrm{s}}(\mathsf{H}) := \oplus_{n=0}^{\infty} \otimes_{\mathrm{s}}^{n} \mathsf{H}$ を考える．H の任意の部分空間 D に対して，$\mathcal{F}_{\mathrm{s}}(\mathsf{H})$ の部分空間 $\mathcal{F}_{\mathrm{s,fin}}(\mathsf{D})$ を

$$\mathcal{F}_{\mathrm{s,fin}}(\mathsf{D}) := \mathcal{L}(\{\Omega, A(f_1)^* \cdots A(f_n)^*\Omega | n \in \mathbb{N}, f_j \in \mathsf{D}, j = 1, \cdots, n\})$$

によって定義する．ここで, Ω はフォック真空であり, $A(f)^*$ ($f \in \mathsf{H}$) は生成作用素を表す ([6] の 4.4 節を参照)．容易にわかるように, D が H で稠密ならば, $\mathcal{F}_{\mathrm{s,fin}}(\mathsf{D})$ は $\mathcal{F}\mathrm{s}(\mathsf{H})$ で稠密である*32．シーガルの場の作用素 $\Phi_{\mathrm{S}}(f) = (A(f) + A(f)^*)/\sqrt{2}\,(f \in \mathsf{D})$ が $\mathcal{F}_{\mathrm{s,fin}}(\mathsf{D})$ を不変にすることは明らかであろう．系 2.42 の応用例の一つとして，次の定理を証明できる：

定理 2.43　H で稠密な任意の部分空間 D に対して，$\Phi_{\mathrm{S}}(f)(f \in \mathsf{D})$ は $\mathcal{F}_{\mathrm{s,fin}}(\mathsf{D})$ 上で本質的に自己共役である．

---

*32　D の n 個の代数的テンソル積 $\hat{\otimes}^n\mathsf{D}$ の対称化 $S_n(\hat{\otimes}^n\mathsf{D})$ は [6] の (4.93) 式で定義した部分空間 $\mathsf{H}_{\mathrm{s,fin}}^{n}$ で稠密であることによる．

証明 $k \in \{0\} \cup \mathbb{N}$ とし，ベクトル $\Psi \in \mathcal{F}_{\mathrm{s,fin}}(\mathsf{D})$ で $\Psi^{(k)} \neq 0$, $\Psi^{(n)} = 0, n \neq k$ を満たすものを任意にとる．$A(f)^{\#}$ によって，$A(f)$ または $A(f)^*$ のどちらかを表す．$n \geq 1$ に対して，$\|\Phi(f)^n\Psi\| \leq \sum_{2^n\text{項の和}} 2^{-n/2}\|\underbrace{A(f)^{\#}\cdots A(f)^{\#}}_{n\text{ 個}}\Psi\|$. Ψ の取り方により，$\underbrace{A(f)^{\#}\cdots A(f)^{\#}}_{\ell\text{個}}\Psi \in \oplus_{j=0}^{k+\ell} \otimes_{\mathrm{s}}^{j} \mathsf{H}$. これと [6] の命題 4.33 を用いると

$$\begin{aligned}\|\underbrace{A(f)^{\#}\cdots A(f)^{\#}}_{n\text{ 個}}\Psi\| &\leq \|f\|\|(N_{\mathrm{s}}+1)^{1/2}\underbrace{A(f)^{\#}\cdots A(f)^{\#}}_{(n-1)\text{ 個}}\Psi\| \\ &\leq (k+n)^{1/2}\|f\|\|\underbrace{A(f)^{\#}\cdots A(f)^{\#}}_{(n-1)\text{ 個}}\Psi\|.\end{aligned}$$

以下，同様の評価を繰り返せば

$$\|\underbrace{A(f)^{\#}\cdots A(f)^{\#}}_{n\text{ 個}}\Psi\| \leq (k+n)^{1/2}(k+n-1)^{1/2}\cdots(k+1)^{1/2}\|f\|^n\|\Psi\|$$

が得られる．したがって，任意の $t > 0$ に対して

$$\sum_{n=1}^{\infty}\frac{\|\Phi_{\mathrm{S}}(f)^n\Psi\|}{n!}t^n \leq \sum_{n=1}^{\infty}\frac{(k+n)^{1/2}\cdots(k+1)^{1/2}}{n!}\frac{(t\|f\|)^n}{2^{n/2}}\|\Psi\| < \infty.$$

(右辺の級数が収束することはダランベールの判定法を使えば容易にわかる.) ゆえに，Ψ は $\Phi_{\mathrm{S}}(f)$ の解析ベクトルである．これは，$\mathcal{F}_{\mathrm{s,fin}}(\mathsf{D})$ の任意の元が $\Phi_{\mathrm{S}}(f)$ の解析ベクトルであることを意味する．したがって，系 2.42 が適用でき，結論を得る．■

2.8 準双線形形式と自己共役作用素

量子力学への応用において，状態のヒルベルト空間上の対称作用素 A, B が与えられたとき，$A+B$ がたとえ本質的に自己共役でなくても，それが適切な自己共役拡大をもつならば，その自己共役拡大によって，$A+B$ が表す物理的描像に呼応する物理量を定義することが可能である．それゆえ，そのような自己共役拡大を構成する方法を探求することは数学的にも物理的にも意義をもつ．これがこの節の主題である*33.

*33 対称作用素の自己共役拡大に関する一般論については，この章の付録 C，D で論じる．

2.8.1 準双線形形式再訪

準双線形形式については，すでに [5] の 2.7.2 項 (p.198〜p.200) でふれた．ここでは，まず，準双線形形式の重要なクラスの一つを導入する．

H を複素ヒルベルト空間，D を H の部分空間であるとする (稠密である必要はない)．写像 $s : \mathsf{D} \times \mathsf{D} \to \mathbb{C}$ を $\mathsf{D} \times \mathsf{D}$ 上の準双線形形式とする．以後，このような準双線形形式 s を H における準双線形形式という．この場合，D を s の定義域と呼び，$\mathsf{Q}(s)$ で表す[*34]．

定義 2.44 s_1, s_2 をヒルベルト空間 H における二つの準双線形形式とする．

(i) (準双線形形式の相等) $\mathsf{Q}(s_1) = \mathsf{Q}(s_2)$ かつ任意の $\Psi, \Phi \in \mathsf{Q}(s_1)$ に対して $s_1(\Psi, \Phi) = s_2(\Psi, \Phi)$ が成り立つとき，s_1 と s_2 は**等しい**といい，$s_1 = s_2$ と記す．

(ii) (準双線形形式の和) 準双線形形式 $s_1 + s_2$ を次のように定義する：

$$\mathsf{Q}(s_1 + s_2) := \mathsf{Q}(s_1) \cap \mathsf{Q}(s_2), \tag{2.75}$$

$$(s_1 + s_2)(\Psi, \Phi) := s_1(\Psi, \Phi) + s_2(\Psi, \Phi), \Psi, \Phi \in \mathsf{Q}(s_1) \cap \mathsf{Q}(s_2). \tag{2.76}$$

$s_1 + s_2$ を s_1 と s_2 の**和**と呼ぶ．同様に，ヒルベルト空間 H における n 個の準双線形形式 $s_1, \cdots, s_n$ $(n \geq 3)$ に対して，準双線形形式 $\sum_{j=1}^n s_j$ —これを $s_1, \cdots, s_n$ の**和**と呼ぶ—が

$$\sum_{j=1}^n s_j := \left(\sum_{j=1}^{n-1} s_j \right) + s_n \tag{2.77}$$

によって帰納的に定義される．

(iii) (準双線形形式のスカラー倍) ヒルベルト空間 H における準双線形形式 s の**スカラー倍** αs $(\alpha \in \mathbb{C})$ は

$$\mathsf{Q}(\alpha s) := \mathsf{Q}(s), \quad (\alpha s)(\Psi, \Phi) := \alpha s(\Psi, \Phi), \quad \Psi, \Phi \in \mathsf{Q}(s) \tag{2.78}$$

によって定義される．

[*34] 文献によっては，準双線形形式のことを 2 **次形式** (quadratic form) あるいは単に**形式** (form) と呼ぶ場合がある．

ある定数 γ があって，すべての $\Psi \in \mathsf{Q}(s)$ に対して，$s(\Psi, \Psi) \geq -\gamma \|\Psi\|^2$ が成り立つとき，s は**下に有界**であるといいい，$s \geq -\gamma$ と記す．特に，$\gamma = 0$ にとれる場合，s は**非負**であるという．

準双線形形式 s が下に有界のとき

$$\mathcal{E}_0(s) := \inf_{\Psi \in \mathsf{Q}(s), \|\Psi\|=1} s(\Psi, \Psi) \tag{2.79}$$

を s の**下限**と呼ぶ．

部分空間 $\mathsf{D} \subset \mathsf{Q}(s)$ が準双線形形式 s の**芯** (core) であるとは，任意の $\Psi \in \mathsf{Q}(s)$ に対して，

$$\Psi_n \to \Psi, \quad s(\Psi_n - \Psi, \Psi_n - \Psi) \to 0 \ (n \to \infty)$$

となる $\Psi_n \in \mathsf{D}$ が存在するときをいう．

次の事実を注意しておこう．

補題 2.45 任意の $\Psi \in \mathsf{Q}(s)$ に対して，

$$s(\Psi) := s(\Psi, \Psi) \tag{2.80}$$

が実数ならば，s は対称，すなわち，$s(\Psi, \Phi)^* = s(\Phi, \Psi)$，$\Psi, \Phi \in \mathsf{Q}(s)$ が成り立つ．

証明 準双線形形式に関する偏極恒等式

$$s(\Psi, \Phi) = \frac{1}{4}\{s(\Psi + \Phi) - s(\Psi - \Phi) + is(\Psi - i\Phi) - is(\Psi + i\Phi)\} \tag{2.81}$$

と $s(\alpha\Psi) = |\alpha|^2 s(\Psi)$ $(\Psi \in \mathsf{Q}(s), \alpha \in \mathbb{C})$ を用いればよい． ■

例 2.8 A をヒルベルト空間 H 上の自己共役作用素とし，そのスペクトル測度を E_A とする．

$$\mathsf{Q}(A) := \left\{ \Psi \in \mathsf{H} \middle| \int_{\mathbb{R}} |\lambda| \, d\|E_A(\lambda)\Psi\|^2 < \infty \right\} \tag{2.82}$$

とし，$s_A : \mathsf{Q}(A) \times \mathsf{Q}(A) \to \mathbb{C}$ を

$$s_A(\Psi, \Phi) := \int \lambda d \langle \Psi, E_A(\lambda)\Phi \rangle, \quad \Psi, \Phi \in \mathsf{Q}(A) \tag{2.83}$$

によって定義する．このとき，s_A は $\mathsf{Q}(A)$ 上の対称な準双線形形式である．s_A を A に同伴する準双線形形式あるいは単に A の形式 (form) といい，$\mathsf{Q}(A)$ を A の形式の定義域 (form domain) と呼ぶ．作用素解析により

$$\mathsf{Q}(A) = \mathsf{D}(|A|^{1/2}) \tag{2.84}$$

であることに注意しよう．

作用素解析を用いると次のことがわかる：A が下に有界で $A \geq -\gamma$ ($\gamma \in \mathbb{R}$) (したがって，$A+\gamma$ は非負の自己共役作用素) ならば，$s_A \geq -\gamma$，$\mathsf{Q}(A) = \mathsf{D}((A+\gamma)^{1/2})$ であり，すべての $\Psi, \Phi \in \mathsf{Q}(A)$ に対して

$$s_A(\Psi, \Phi) = \left\langle (A+\gamma)^{1/2}\Psi, (A+\gamma)^{1/2}\Phi \right\rangle - \gamma \langle \Psi, \Phi \rangle . \tag{2.85}$$

次の事実に注意しよう．

命題 2.46　二つの自己共役作用素 A, B について，$s_A = s_B$ ならば $A = B$.

証明　$s_A = s_B$ とすれば，任意の $\Psi \in \mathsf{Q}(A)$ と $\Phi \in \mathsf{D}(A)$ に対して，$\langle \Psi, A\Phi \rangle = \int_{\mathbb{R}} \lambda d \langle \Psi, E_B(\lambda)\Phi \rangle$．任意の $n \in \mathbb{N}$ に対して，$\chi_{[-n,n]}(B)\Psi \in \mathsf{Q}(B)$ であるから，Ψ のかわりに $\chi_{[-n,n]}(B)\Psi$ を代入すれば

$$\left\langle \Psi, \chi_{[-n,n]}(B)A\Phi \right\rangle = \int_{\mathbb{R}} \lambda d \left\langle \Psi, E_B(\lambda)\chi_{[-n,n]}(B)\Phi \right\rangle .$$

容易にわかるように $\int_{\mathbb{R}} \lambda^2 d\|E_B(\lambda)\chi_{[-n,n]}(B)\Phi\|^2 = \int_{[-n,n]} \lambda^2 d\|E_B(\lambda)\Phi\|^2 < \infty$ であるから，$\|\chi_{[-n,n]}(B)A\Phi\|^2 = \int_{[-n,n]} \lambda^2 d\|E_B(\lambda)\Phi\|^2$ が導かれる ([1] の p.115, 補題 3.6 を参照)．そこで，$n \to \infty$ とすれば，$\int_{\mathbb{R}} \lambda^2 d\|E_B(\lambda)\Phi\|^2 = \|A\Phi\|^2 < \infty$. したがって，$\Phi \in \mathsf{D}(B)$．ゆえに $\langle \Psi, A\Phi \rangle = \langle \Psi, B\Phi \rangle$ が導かれる．これは $A \subset B$ を意味する．A, B ともに自己共役であるから，$A = B$ でなければならない．■

部分空間 D が s_A の芯であるとき，D を A の**形式芯** (form core) と呼ぶ (定義).

作用素に対して，閉作用素という重要な作用素のクラスの一つが定義されたように，準双線形形式に対してもそれに対応する概念が定義される．

定義 2.47　s を準双線形形式とする．$\Psi_n \in \mathsf{Q}(s), \|\Psi_n - \Psi\| \to 0,\quad s(\Psi_n - \Psi_m) \to 0$ $(n, m \to \infty)$ ならば，常に $\Psi \in \mathsf{Q}(s)$，$s(\Psi_n - \Psi) \to 0$ $(n \to \infty)$ が成り立つとき，s は**閉**であるという．

例 2.9 A を下に有界な自己共役作用素で $A \geq -\gamma$ とする．このとき，A に同伴する準双線形形式 s_A は閉である．

証明 $\Psi_n \in \mathsf{Q}(A) = \mathsf{D}((A+\gamma)^{1/2})$, $\|\Psi_n - \Psi\| \to 0$, $s_A(\Psi_n - \Psi_m) \to 0$ $(n, m \to \infty)$ としよう．このとき，(2.85) より，$\{(A+\gamma)^{1/2}\Psi_n\}_n$ は H の基本列であることがわかる．したがって，ある $\Phi \in \mathsf{H}$ があって，$(A+\gamma)^{1/2}\Psi_n \to \Phi$. $(A+\gamma)^{1/2}$ は閉であるから，$\Psi \in \mathsf{D}((A+\gamma)^{1/2}) = \mathsf{Q}(A)$ かつ $(A+\gamma)^{1/2}\Psi_n \to (A+\gamma)^{1/2}\Psi$. 後者は $s_A(\Psi_n - \Psi) \to 0$ を導く．ゆえに s_A は閉である． ■

閉ではない準双線形形式の例もあげておこう．

例 2.10 ヒルベルト空間 $\mathsf{L}^2(\mathbb{R})$ において，準双線形形式 s_δ を次のように定義する：

$$\mathsf{Q}(s_\delta) := \mathsf{C}_0^\infty(\mathbb{R}), \quad s_\delta(u, v) := u(0)^* v(0), \quad u, v \in \mathsf{C}_0^\infty(\mathbb{R}).$$

これは対称な準双線形形式であり，非負である．だが，それは閉ではない (演習問題 11)．この例の準双線形形式は超関数論の記法を使えば，$s_\delta(u,v) = \int \delta(x) u(x)^* v(x) dx = \delta(u^* v)$ と表される．ここで，δ は 1 次元のデルタ超関数である．

下に有界な準双線形形式 $s \geq -\gamma$ ($\gamma \in \mathbb{R}$ は定数) に対して

$$\langle \Psi, \Phi \rangle_s := s(\Psi, \Phi) + (\gamma + 1) \langle \Psi, \Phi \rangle_{\mathsf{H}}, \quad \Psi, \Phi \in \mathsf{Q}(s)$$

とおくと，$\langle \cdot, \cdot \rangle_s$ は $\mathsf{Q}(s)$ の内積である．この内積を $\mathsf{Q}(s)$ に付与してできる内積空間を H_s と書き，これを **s に同伴する内積空間**と呼ぶ．次の命題は明らかであろう．

命題 2.48 下に有界な準双線形形式 s が閉であるための必要十分条件は H_s がヒルベルト空間であることである．

2.8.2 可閉な準双線形形式

定義 2.49 H における準双線形形式 s_1, s_2 について，$\mathsf{Q}(s_1) \subset \mathsf{Q}(s_2)$ かつ任意の $\Psi, \Phi \in \mathsf{Q}(s_1)$ に対して，$s_1(\Psi, \Phi) = s_2(\Psi, \Phi)$ が成り立つとき，s_2 は s_1 の**拡大**であるといい，$s_1 \subset s_2$ と表す．

定義 2.50 H における準双線形形式 s に対して，$s \subset \tilde{s}$ となる閉準双線形形式があるとき，s は**可閉**であるという．この場合，$\tilde{s}$ を s の一つの**閉拡大**という．

命題 2.51　H における準双線形形式 s が可閉ならば，次が成り立つ：

$$\Psi_n \in \mathsf{Q}(s),\ \Psi_n \to 0,\ s(\Psi_n - \Psi_m) \to 0\ (n, m \to \infty)$$
$$\text{ならば } s(\Psi_n) \to 0\ (n \to \infty). \tag{2.86}$$

証明　仮定により，s の閉拡大 $\tilde{s}$ がある．$\Psi_n \in \mathsf{Q}(s)$, $\Psi_n \to 0$, $s(\Psi_n - \Psi_m) \to 0\ (n, m \to \infty)$ としよう．したがって，$\tilde{s}(\Psi_n - \Psi_m) \to 0\ (n, m \to \infty)$．ゆえに，$\tilde{s}$ の閉性により，$\tilde{s}(\Psi_n) \to 0\ (n \to \infty)$．すなわち，$s(\Psi_n) \to 0\ (n \to \infty)$．■

下に有界な準双線形形式 s については，命題 2.51 の逆も成立することを示すために，補題を一つ用意する．

補題 2.52　K を内積空間，D を K で稠密な部分空間とする．D の元からなる任意の基本列は K の中に極限をもつと仮定する．このとき，K は完備，すなわち，ヒルベルト空間である．

証明　$\{\Psi_n\}_n$ を K の基本列とする．したがって，任意の $\varepsilon > 0$ に対して，番号 n_0 があって，$n, m \geq n_0$ ならば $\|\Psi_n - \Psi_m\| < \varepsilon$ が成り立つ．D の稠密性により，各 n に対して，$\|\Phi_n - \Psi_n\| < \varepsilon$ となる $\Phi_n \in \mathsf{D}$ がある．

$$\Phi_n - \Phi_m = (\Phi_n - \Psi_n) + (\Psi_n - \Psi_m) + (\Psi_m - \Phi_m)$$

と表し，3 角不等式を使えば $\|\Phi_n - \Phi_m\| < 3\varepsilon\ (n, m \geq n_0)$ が得られる．したがって，$\{\Phi_n\}_n$ は D の元からなる基本列である．仮定により，$\Phi := \lim_{n\to\infty} \Phi_n \in \mathsf{K}$ が存在する．すなわち，番号 n_1 があって，$n \geq n_1$ ならば $\|\Phi_n - \Phi\| < \varepsilon$．したがって，$n \geq \max\{n_0, n_1\}$ ならば $\|\Psi_n - \Phi\| \leq \|\Psi_n - \Phi_n\| + \|\Phi_n - \Phi\| < 2\varepsilon$．ゆえに $\lim_{n\to\infty} \Psi_n = \Phi$．よって，K は完備である．■

定理 2.53　準双線形形式 s が下に有界であり，(2.86) を満たすならば，s は可閉である．

証明　$s \geq 0$ として一般性を失わない．条件 (2.86) が成り立つとし，部分集合 D_s を次のよう定義する：

$$\mathsf{D}_s := \{\Psi \in \mathsf{H} | \text{ 点列 } \{\Psi_n\}_n \subset \mathsf{Q}(s) \text{ で } \Psi_n \to \Psi\ (n \to \infty) \text{ かつ}$$

$$\lim_{m,n\to\infty} s(\Psi_m - \Psi_n) = 0 \text{ となるものが存在 }\}. \tag{2.87}$$

明らかに，$\mathsf{Q}(s) \subset \mathsf{D}_s$．$s$ は $\mathsf{Q}(s)$ に半正定値内積を与えるから，シュヴァルツの不等式

$$|s(\Psi, \Phi)|^2 \le s(\Psi)s(\Phi), \quad \Psi, \Phi \in \mathsf{Q}(s) \tag{2.88}$$

が成り立つ．したがって，また，3 角不等式

$$s(\Psi + \Phi) \le (\sqrt{s(\Psi)} + \sqrt{s(\Phi)})^2, \quad \Psi, \Phi \in \mathsf{Q}(s) \tag{2.89}$$

が成り立つ．これを用いると D_s が部分空間であることも容易にわかる．$\Psi \in \mathsf{D}_s$ に対して，$\Psi_n \in \mathsf{Q}(s)$ で $\Psi_n \to \Psi$ $(n \to \infty)$ かつ $\lim_{m,n\to\infty} s(\Psi_m - \Psi_n) = 0$ を満たすものがとれる．いま，$a_n = \sqrt{s(\Psi_n)}$, $a_{mn} = \sqrt{s(\Psi_m - \Psi_n)}$ とおく．(2.88) によって

$$\begin{aligned} |a_m^2 - a_n^2| &= |s(\Psi_m - \Psi_n, \Psi_m) + s(\Psi_n, \Psi_m - \Psi_n)| \\ &\le a_{mn}(a_m + a_n). \end{aligned}$$

したがって, $|a_m - a_n| \le a_{mn} \to 0$ $(m, n \to \infty)$．ゆえに, $\lim_{n\to\infty} a_n$ は存在する．さらに, この極限は Ψ を上の意味において近似する列 Ψ_n の選び方によらない．実際, 別に $\Psi'_n \in \mathsf{Q}(s)$ で $\Psi'_n \to \Psi$ $(n \to \infty)$ かつ $\lim_{m,n\to\infty} s(\Psi'_m - \Psi'_n) = 0$ を満たすものをとり，$a'_n = \sqrt{s(\Psi'_n)}$ とおけば，上と同様にして，不等式 $|a_n - a'_n| \le \sqrt{s(\Psi_n - \Psi'_n)}$ が導かれる．$\chi_n := \Psi_n - \Psi'_n$ とおくと，$\chi_n \to 0$ $(n \to \infty)$ であり，(2.89) により

$$s(\chi_n - \chi_m) \le (\sqrt{s(\Psi_n - \Psi_m)} + \sqrt{s(\Psi'_n - \Psi'_m)})^2 \to 0 \ (n, m \to \infty).$$

したがって，仮定 (2.86) により，$s(\chi_n) \to 0$ $(n \to \infty)$．ゆえに，$|a_n - a'_n| \to 0$ $(n \to \infty)$．そこで，偏極恒等式を使うことにより，D_s を定義域とする準双線形形式 $\bar{s}$ を

$$\bar{s}(\Psi, \Phi) := \lim_{n\to\infty} s(\Psi_n, \Phi_n), \quad \Psi, \Phi \in \mathsf{D}_s \tag{2.90}$$

によって定義できる．明らかに $\bar{s} \ge 0$ であり，$s \subset \bar{s}$.

$\bar{s}$ が閉であることを示そう．それには $\bar{s}$ に同伴する内積空間 $\mathsf{H}_{\bar{s}}$ が完備であることを示せばよい．$\bar{s}$ の構成の仕方からわかるように，$\mathsf{Q}(s)$ は $\mathsf{H}_{\bar{s}}$ で稠密であ

る．また，$\mathsf{Q}(s)$ における ($\mathsf{H}_{\bar{s}}$ の位相での) 基本列は $\mathsf{H}_{\bar{s}}$ の中に極限をもつ．したがって，補題 2.52 によって，$\mathsf{H}_{\bar{s}}$ は完備である．ゆえに命題 2.48 によって，$\bar{s}$ は閉である． ■

以上から次の定義が可能である：

定義 2.54 可閉かつ下に有界な準双線形形式 s に対して，(2.90) によって定義される閉な準双線形形式 $\bar{s}$ を s の**閉包**と呼ぶ．

定理 2.55 s を可閉かつ下に有界な準双線形形式とする．このとき，次の (i), (ii) が成り立つ：

(i) $\bar{s}$ は s の下に有界な閉拡大で最小のものである．すなわち，$s \subset s'$ となる任意の下に有界な閉準双線形形式 s' に対して，$\bar{s} \subset s'$．

(ii) (下限の等式) $\mathcal{E}_0(\bar{s}) = \mathcal{E}_0(s)$．

証明 (i) 任意の $\Psi \in \mathsf{Q}(\bar{s})$ に対して，$\Psi_n \to \Psi, s(\Psi_n - \Psi_m) \to 0\ (n, m \to \infty)$ となる $\Psi_n \in \mathsf{Q}(s)$ がある．この場合，$\bar{s}(\Psi) = \lim_{n\to\infty} s(\Psi_n)$．したがって，$s'(\Psi_n - \Psi_m) \to 0\ (n, m \to \infty)$．$s'$ は閉であるから，$\Psi \in \mathsf{Q}(s')$ かつ $s'(\Psi_n - \Psi) \to 0\ (n \to \infty)$．したがって, $\mathsf{Q}(\bar{s}) \subset \mathsf{Q}(s')$．また, $\lim_{n\to\infty} s'(\Psi_n) = s'(\Psi)$ であり, $s'(\Psi_n) = s(\Psi_n)$ であるから, $\bar{s}(\Psi) = s'(\Psi)$ がしたがう．よって, $\bar{s} \subset s'$．

(ii) $s \subset \bar{s}$ であるから，$\mathcal{E}_0(s) \geq \mathcal{E}_0(\bar{s})$ は明らか．他方，$\bar{s}$ の構成の仕方によって，任意の $\Psi \in \mathsf{Q}(\bar{s})$ に対して，$\lim_{n\to\infty} \Psi_n = \Psi, \lim_{n\to\infty} s(\Psi_n) = \bar{s}(\Psi)$ を満たす $\Psi_n \in \mathsf{Q}(s)$ がある．$s(\Psi_n) \geq \mathcal{E}_0(s)\|\Psi_n\|^2$ であるから $\bar{s}(\Psi) \geq \mathcal{E}_0(s)\|\Psi\|^2$ が得られる．したがって，$\mathcal{E}_0(\bar{s}) \geq \mathcal{E}_0(s)$．よって，題意が成立する． ■

2.8.3 表現定理

定理 2.56 (**表現定理**) s をヒルベルト空間 H における非負かつ閉な準双線形形式とし，その定義域 $\mathsf{Q}(s)$ は H で稠密であると仮定する．このとき，H 上の非負自己共役作用素 A で

$$\mathsf{D}(A^{1/2}) = \mathsf{Q}(s), \quad s(\Psi, \Phi) = \left\langle A^{1/2}\Psi, A^{1/2}\Phi \right\rangle \tag{2.91}$$

を満たすものがただ一つ存在する．

証明 任意の $\Psi, \Phi \in \mathsf{Q}(s)$ に対して，$\langle \Psi, \Phi \rangle_{+1} := s(\Psi, \Phi) + \langle \Psi, \Phi \rangle$ を定義する．このとき，$\langle \cdot, \cdot \rangle_{+1}$ は $\mathsf{Q}(s)$ 上の内積であり，s の閉性により，$\mathsf{Q}(s)$ はこの内積に関して完備，すなわち，ヒルベルト空間になる．このヒルベルト空間を H_{+1} と書こう．$s \geq 0$ により，$\|\Psi\| \leq \|\Psi\|_{+1}$，$\Psi \in \mathsf{H}_{+1}$．そこで，準双線形形式 $q : \mathsf{H}_{+1} \times \mathsf{H}_{+1} \to \mathbb{C}$ を $q(\Psi, \Phi) := \langle \Psi, \Phi \rangle$，$\Psi, \Phi \in \mathsf{H}_{+1}$ によって定義すれば，これは有界な対称形式であり $\|q\| \leq 1 \cdots (*)$ が成り立つ ([5] の p.199 を参照)．したがって，有界な対称形式に関する表現定理 ([5] の p.199，定理 2.65) によって，H_{+1} 上の有界な自己共役作用素 B で $q(\Psi, \Phi) = \langle \Psi, B\Phi \rangle_{+1}$，$\Psi, \Phi \in \mathsf{H}_{+1}$ を満たすものがただ一つ存在する．$(*)$ と $q \geq 0$ により，$0 \leq B \leq 1$ である[*35]．ゆえに $\langle \Psi, \Phi \rangle = \langle \Psi, B\Phi \rangle_{+1}$，$\Psi, \Phi \in \mathsf{H}_{+1}$．これから，$\Phi \in \ker B$ とすれば，すべての $\Psi \in \mathsf{Q}(s)$ に対して $\langle \Psi, \Phi \rangle = 0$ である．$\mathsf{Q}(s)$ は稠密であるから，$\Phi = 0$ でなければならない．したがって，B は単射である．これと [5] の補題 2.37 および B の自己共役性により，$\mathsf{R}(B)$ は H_{+1} で稠密である．そこで，$C := B^{-1}$ とおくと，C は H_{+1} における自己共役作用素である．q と H_{+1} の定義に戻れば

$$s(\Psi, \Phi) = \langle \Psi, (C - 1)\Phi \rangle, \quad \Psi \in \mathsf{Q}(s), \Phi \in \mathsf{D}(C)(= \mathsf{R}(B))$$

が得られたことになる ($C \geq 1$ である)．$\mathsf{D}(C) = \mathsf{R}(B)$ は H_{+1} で稠密であるから，それは H でも稠密である．したがって，C は H 上の作用素としても稠密に定義された作用素であり，H 上の対称作用素である．H_{+1} 上の作用素としての C の自己共役性から，$\mathsf{R}(C \pm i) = \mathsf{H}_{+1}$．したがって，$\mathsf{H}$ 上の作用素の意味で $\mathsf{R}(C \pm i)$ は H で稠密である．ゆえに C は H 上の作用素として，本質的に自己共役である．そこで，$A := \overline{C - 1}$ とおけば，A は非負の自己共役作用素であり

$$s(\Psi, \Phi) = \langle \Psi, A\Phi \rangle, \quad \Psi \in \mathsf{Q}(s), \Phi \in \mathsf{D}(C).$$

A の定義により，任意の $\Phi \in \mathsf{D}(A)$ に対して，$\Phi_n \to \Phi, (C - 1)\Phi_n \to A\Phi$ $(n \to \infty)$ となる $\Phi_n \in \mathsf{D}(C)$ がとれる．したがって，$s(\Psi, \Phi_n) \to \langle \Psi, A\Phi \rangle$ $(n \to \infty)$．他方，$s(\Phi_n - \Phi_m) \to 0 (n, m \to \infty)$ であるから，s の閉性により，

---

*35 二つの対称作用素 S_1, S_2 について，$S_1 \leq S_2 \overset{\text{def}}{\Longleftrightarrow} \mathsf{D}(S_2) \subset \mathsf{D}(S_1)$ かつ $\langle \Psi, S_1\Psi \rangle \leq \langle \Psi, S_2\Psi \rangle, \Psi \in \mathsf{D}(S_2)$.

$\Phi \in \mathsf{Q}(s)$ かつ $s(\Phi_n - \Phi) \to 0\ (n \to \infty)$．$s$ は半正定値内積とみることができるから，シュヴァルツの不等式が成り立つ．したがって

$$|s(\Psi, \Phi_n) - s(\Psi, \Phi)| \le \sqrt{s(\Psi)}\sqrt{s(\Phi_n - \Phi)} \to 0\ (n \to \infty).$$

よって，$\mathsf{D}(A) \subset \mathsf{Q}(s)$ かつ $s(\Psi, \Phi) = \langle \Psi, A\Phi \rangle,\quad \Psi \in \mathsf{Q}(s), \Phi \in \mathsf{D}(A)$ が成り立つことになる．

$\mathsf{D}(C)$ は H_{+1} で稠密であったから，任意の $\Psi \in \mathsf{Q}(s)$ に対して，$\|\Psi_n - \Psi\|_{+1} \to 0\ (n \to \infty)$ となる $\Psi_n \in \mathsf{D}(C)$ が存在する．したがって，$\|\Psi_n - \Psi\| \to 0$ $(n \to \infty)$ かつ $s(\Psi_n - \Psi_m) \to 0\ (n, m \to \infty)$．後者は $\|A^{1/2}\Psi_n - A^{1/2}\Psi_m\| \to 0\ (n, m \to \infty)$ を意味する．したがって，$\|A^{1/2}\Psi_n - \eta\| \to 0\ (n \to \infty)$ となる $\eta \in \mathsf{H}$ がある．$A^{1/2}$ は閉であるから，$\Psi \in \mathsf{D}(A^{1/2})$ かつ $\eta = A^{1/2}\Psi$ がしたがう．よって，$\mathsf{Q}(s) \subset \mathsf{D}(A^{1/2})$ かつ $s(\Psi, \Phi) = \left\langle A^{1/2}\Psi, A^{1/2}\Phi \right\rangle,\quad \Psi \in \mathsf{Q}(s), \Phi \in \mathsf{D}(A)$．

任意の $\Phi \in \mathsf{D}(A^{1/2})$ に対して，作用素解析により，$A^{1/2}\Phi_n \to A^{1/2}\Phi, \Phi_n \to \Phi\ (n \to \infty)$ となる $\Phi_n \in \mathsf{D}(A)$ がとれる (たとえば，$\Phi_n = \chi_{[-n,n]}(A)\Phi$ とすればよい)．このとき，上の式より，$s(\Phi_n - \Phi_m) \to 0\ (n, m \to \infty)$．$s$ の閉性により，$\Phi \in \mathsf{Q}(s)$ かつ $s(\Phi_n - \Phi) \to 0\ (n \to \infty)$．したがって，$\mathsf{D}(A^{1/2}) \subset \mathsf{Q}(s)$ かつ $s(\Psi, \Phi) = \left\langle A^{1/2}\Psi, A^{1/2}\Phi \right\rangle,\quad \Psi \in \mathsf{Q}(s), \Phi \in \mathsf{D}(A^{1/2})$ が成り立つ．以上から，(2.91) が得られる．

一意性：H 上の非負自己共役作用素 A' で

$$\mathsf{D}({A'}^{1/2}) = \mathsf{Q}(s), \quad s(\Psi, \Phi) = \left\langle {A'}^{1/2}\Psi, {A'}^{1/2}\Phi \right\rangle, \quad \Psi, \Phi \in \mathsf{Q}(s)$$

を満たすものがあったとすれば，$\mathsf{D}(A^{1/2}) = \mathsf{D}({A'}^{1/2})$ かつ $\left\langle A^{1/2}\Psi, A^{1/2}\Phi \right\rangle = \left\langle {A'}^{1/2}\Psi, {A'}^{1/2}\Phi \right\rangle$．$\Phi \in \mathsf{D}(A)$ とすれば，$\langle \Psi, A\Phi \rangle = \left\langle {A'}^{1/2}\Psi, {A'}^{1/2}\Phi \right\rangle$．これがすべての $\Psi \in \mathsf{D}({A'}^{1/2})$ に成り立つわけだから，${A'}^{1/2}\Phi \in \mathsf{D}({A'}^{1/2})$，すなわち，$\Phi \in \mathsf{D}(A')$ かつ $A'\Phi = A\Phi$．したがって，$A \subset A'$．自己共役作用素は非自明な対称拡大をもたないから，$A = A'$． ■

2.8.4 応用 I—フォン・ノイマンの定理

次の定理は基本的かつ重要な定理の一つである：

定理 2.57 (フォン・ノイマンの定理) T をヒルベルト空間 H からヒルベルト空間 K への稠密に定義された閉作用素とする．このとき，T^*T は H 上の非負自己共役作用素である．

証明 準双線形形式 $s : \mathsf{D}(T) \times \mathsf{D}(T) \to \mathbb{C}$ を $s(\Psi, \Phi) := \langle T\Psi, T\Phi \rangle_{\mathsf{K}}$，$\Psi, \Phi \in \mathsf{Q}(s) := \mathsf{D}(T)$ によって定義する．このとき，$s \geq 0$ かつ s は閉である．したがって，定理 2.56 により，非負自己共役作用素 A で，$\mathsf{D}(A^{1/2}) = \mathsf{D}(T)$ かつ $\langle T\Psi, T\Phi \rangle = \left\langle A^{1/2}\Psi, A^{1/2}\Phi \right\rangle$，$\Psi, \Phi \in \mathsf{D}(T)$ となるものがただ一つ存在する．$\Phi \in \mathsf{D}(A)$ とすれば，$\langle T\Psi, T\Phi \rangle = \langle \Psi, A\Phi \rangle$，$\Psi \in \mathsf{D}(T)$．したがって，$T\Phi \in \mathsf{D}(T^*)$ かつ $T^*T\Phi = A\Phi$．これは，$A \subset T^*T$ を意味する．したがって，特に，$\mathsf{D}(T^*T)$ は稠密である．ゆえに，T^*T は A の対称拡大である．しかし，自己共役作用素は非自明な対称拡大をもたないから，$A = T^*T$ でなければならない．ゆえに，T^*T は自己共役であり，非負である． ■

2.8.5 応用 II——フリードリクス拡大

定理 2.56 の重要な応用の一つとして，下に有界な対称作用素の自己共役拡大の存在に関する定理を証明する．

定理 2.58 A をヒルベルト空間 H 上の下に有界な対称作用素で $A \geq \gamma$ を満たすとし ($\gamma \in \mathbb{R}$ は定数)

$$\mathsf{Q}_A := \{\Psi \in \mathsf{H} |\ \text{点列}\ \{\Psi_n\}_n \subset \mathsf{D}(A)\ \text{で}\ \Psi_n - \Psi \to 0\ (n \to \infty)\ \text{かつ}$$
$$\lim_{m,n\to\infty} \langle \Psi_m - \Psi_n, A(\Psi_m - \Psi_n) \rangle = 0\ \text{となるものが存在}\ \} \tag{2.92}$$

とおく．このとき，A の自己共役拡大 $\hat{A}$ で $\hat{A} \geq \gamma$ かつ $\mathsf{Q}(\hat{A}) = \mathsf{Q}_A$ を満たすものが存在する．さらに，次の (i)，(ii) が成り立つ：

(i) 定義域が Q_A に含まれる，A の自己共役拡大は $\hat{A}$ に限る (すなわち，自己共役作用素 L が $A \subset L, \mathsf{D}(L) \subset \mathsf{Q}_A$ を満たすならば $L = \hat{A}$)．

(ii) $\inf \sigma(\hat{A}) = \inf_{\Psi \in \mathsf{D}(A), \|\Psi\|=1} \langle \Psi, A\Psi \rangle$．

証明 準双線形形式 $s : \mathsf{D}(A) \times \mathsf{D}(A) \to \mathbb{C}$ を $s(\Psi, \Phi) := \langle \Psi, (A - \gamma)\Phi \rangle$，$\Psi, \Phi \in \mathsf{D}(A)$ によって定義する．このとき，$s \geq 0$．s は条件 (2.86) を満たすことを示

そう．そのために，$\Psi_n \in \mathsf{D}(A), \Psi_n \to 0, s(\Psi_n - \Psi_m) \to 0\ (n, m \to \infty)$ とする．定義から，$s(\Psi_n - \Psi_m) = s(\Psi_n) + s(\Psi_m) - s(\Psi_n, \Psi_m) - s(\Psi_m, \Psi_n)$. したがって，$\lim_{n,m\to\infty}\{s(\Psi_n) + s(\Psi_m) - s(\Psi_n, \Psi_m) - s(\Psi_m, \Psi_n)\} = 0$．他方，定理 2.53 の証明と同様にして，$a := \lim_{n\to\infty} s(\Psi_n)$ が存在することが示される．ゆえに $\lim_{n,m\to\infty}\{s(\Psi_n, \Psi_m) + s(\Psi_m, \Psi_n)\} = 2a$．だが

$$\text{左辺} = \lim_{m\to\infty} \lim_{n\to\infty} \{\langle \Psi_n, A\Psi_m \rangle + \langle A\Psi_m, \Psi_n \rangle\} = 0.$$

したがって，$a = 0$．ゆえに，s は条件 (2.86) を満たす．

そこで，s の閉包 $\bar{s}$ を考えると $\mathsf{Q}(\bar{s}) = \mathsf{Q}_A$ であり，$\bar{s}$ は閉で非負である．ゆえに定理 2.56 を応用すれば，$\mathsf{D}(B^{1/2}) = \mathsf{Q}_A$，$\bar{s}(\Psi, \Phi) = \left\langle B^{1/2}\Psi, B^{1/2}\Phi \right\rangle$ を満たす非負自己共役作用素 B がただ一つ存在することがわかる．もし，$\Phi \in \mathsf{D}(A)$ ならば，$\bar{s}(\Psi, \Phi) = \langle \Psi, (A - \gamma)\Phi \rangle$ であるから

$$\langle \Psi, (A - \gamma)\Phi \rangle = \left\langle B^{1/2}\Psi, B^{1/2}\Phi \right\rangle, \quad \Psi \in \mathsf{D}(B^{1/2}).$$

したがって，$B^{1/2}\Phi \in \mathsf{D}(B^{1/2})$, すなわち, $\Phi \in \mathsf{D}(B)$ であり $(A-\gamma)\Phi = B\Phi$. ゆえに B は $A - \gamma$ の拡大である．そこで $\hat{A} := B + \gamma$ とおけば，$\hat{A}$ は A の拡大であり $\hat{A} \geq \gamma$ が成り立つ．

自己共役作用素 L で $A \subset L, \mathsf{D}(L) \subset \mathsf{Q}_A$ を満たすものがあったとしよう．このとき, 任意の $\Psi \in \mathsf{D}(L)$ と $\Phi \in \mathsf{D}(A)$ に対して, $\langle \Phi, L\Psi \rangle = \langle A\Phi, \Psi \rangle$ に注意し, 右辺を変形すれば $\langle \Phi, (L - \gamma)\Psi \rangle = \left\langle (\hat{A} - \gamma)^{1/2}\Phi, (\hat{A} - \gamma)^{1/2}\Psi \right\rangle \cdots (*)$ を得る．$\hat{A}$ の構成から明らかなように, $\mathsf{D}(A)$ は $(\hat{A}-\gamma)^{1/2}$ の芯である．すなわち, 任意の $\Phi \in \mathsf{D}((\hat{A}-\gamma)^{1/2})$ に対して, $\Phi_n \to \Phi$, $(\hat{A}-\gamma)^{1/2}\Phi_n \to (\hat{A}-\gamma)^{1/2}\Phi\ (n \to \infty)$ となる $\Phi_n \in \mathsf{D}(A)$ がとれる．したがって，$(*)$ における Φ を Φ_n で置き換え，$n \to \infty$ の極限をとることにより，すべての $\Phi \in \mathsf{D}((\hat{A} - \gamma)^{1/2})$ に対して $\langle \Phi, (L - \gamma)\Psi \rangle = \left\langle (\hat{A} - \gamma)^{1/2}\Phi, (\hat{A} - \gamma)^{1/2}\Psi \right\rangle$ を得る．これは, $(\hat{A}-\gamma)^{1/2}\Psi \in \mathsf{D}((\hat{A}-\gamma)^{1/2})$ かつ $(\hat{A}-\gamma)^{1/2}(\hat{A}-\gamma)^{1/2}\Psi = (L-\gamma)\Psi$ を意味する．したがって，$L \subset \hat{A}$．ゆえに $L = \hat{A}$.

最後に (ii) を示そう．$E_0(\hat{A}) := \inf \sigma(\hat{A}), a_0 := \inf_{\Psi\in\mathsf{D}(A),\|\Psi\|=1} \langle \Psi, A\Psi \rangle$ とおく．最低エネルギーに対する変分原理 ([6] の p.339，定理 3.40) により，$E_0(\hat{A}) \leq a_0$ がまずわかる．他方，$\hat{A}$ の構成の仕方によって，任意の $\Psi \in \mathsf{D}(\hat{A})$

$\subset \mathsf{Q}_A$ に対して，$\lim_{n\to\infty}\Psi_n = \Psi$, $\lim_{n\to\infty}\langle\Psi_n, A\Psi_n\rangle = \left\langle\Psi, \hat{A}\Psi\right\rangle$ を満たす $\Psi_n \in \mathsf{D}(A)$ がある．$\langle\Psi_n, A\Psi_n\rangle \geq a_0\|\Psi_n\|^2$ であるから $\left\langle\Psi, \hat{A}\Psi\right\rangle \geq a_0\|\Psi\|^2$ が得られる．再び，最低エネルギーに対する変分原理により，$E_0(\hat{A}) \geq a_0$．以上から，$E_0(\hat{A}) = a_0$ が導かれる． ■

定理 2.58 にいう自己共役拡大 $\hat{A}$ を A の**フリードリクス (Friedrichs) 拡大**という．

注意 2.13 対称作用素 A が上に有界な場合には，$-A$ は下に有界な対称作用素であるから，$-A$ のフリードリクス拡大を T とすれば，$-T$ は A の自己共役拡大になる．$-T$ をいまの場合の A のフリードリクス拡大という．

例 2.11 Ω を $\mathbb{R}^d$ の開集合とし，Ω 上の r 回連続微分可能な複素数値関数の全体を $\mathsf{C}^r(\Omega)$ ($r \in \mathbb{N}$ または $r = \infty$ (可算無限)) で表す．そのような関数 f のうち，その台 $\mathrm{supp}\, f$ が有界で Ω に含まれるものの全体を $\mathsf{C}_0^r(\Omega)$ で表す．明らかに，$\mathsf{C}_0^\infty(\Omega) \subset \mathsf{C}_0^r(\Omega) \subset \mathsf{C}_0^{r-1}(\Omega) \subset \cdots \subset \mathsf{C}^1(\Omega) \subset \mathsf{C}(\Omega)$ ($\mathsf{C}(\Omega)$ は Ω 上の複素数値連続関数の全体を表す)．$\mathsf{C}_0^\infty(\Omega)$ は $\mathsf{L}^2(\Omega) := \mathsf{L}^2(\Omega, d\boldsymbol{x})$ で稠密である[*36]．$\mathsf{L}^2(\Omega)$ 上の作用素 $-\Delta_{\min}$ を次のように定義する：

$$\mathsf{D}(-\Delta_{\min}) := \mathsf{C}_0^\infty(\Omega), \quad -\Delta_{\min} f := -\sum_{j=1}^d \partial_j^2 f, \quad f \in \mathsf{D}(-\Delta_{\min}).$$

部分積分を用いて，$-\Delta_{\min}$ は非負の対称作用素であることが示される．したがって，それは，フリードリクス拡大をもつ．$-\Delta_{\min}$ のフリードリクス拡大を $-\Delta_{\mathrm{D}}$ と記す．Δ_{D} を Ω における，**一般化されたディリクレ境界条件つきラプラシアン (ラプラス作用素)** という．フリードリクス拡大の定義により，$\mathsf{D}((-\Delta_{\mathrm{D}})^{1/2})$ は次の形をとることがわかる：

$$\begin{aligned}\mathsf{D}((-\Delta_{\mathrm{D}})^{1/2}) = \{f \in \mathsf{L}^2(\Omega) | g_j \in \mathsf{L}^2(\Omega)\ (j = 1, \cdots, d) \text{ と } f_n \in \mathsf{C}_0^\infty(\Omega) \text{ が存在し}\\ \lim_{n\to\infty}\|f_n - f\|_{\mathsf{L}^2(\Omega)} = 0,\\ \lim_{n\to\infty}\|\partial_j f_n - g_j\|_{\mathsf{L}^2(\Omega)} = 0\ (j = 1, \cdots, d)\}.\end{aligned}$$

注意 2.14 古典解析学における意味でのディリクレ境界条件は，Ω が滑らかな境界 $\partial\Omega$ をもつとき，$\Omega \cup \partial\Omega$ 上の関数 u に対する「$u(x) = 0, \forall x \in \partial\Omega$」という条件のこ

*36 この事実の証明はここでは割愛する．たとえば，[12] の p.119，定理 6.6 を参照．

とである．$\mathsf{D}(-\Delta_{\mathrm{D}})$ に属する元は，この古典的な意味でのディリクレ境界条件のある種の一般化を満たすものとみることができる．これが「一般化されたディリクレ境界条件付きラプラシアン」という名称の意である．古典物理への応用においては，Ω が有界な連結開集合のとき，$-\Delta_{\mathrm{D}}$ のスペクトルは，たとえば，弦の振動の基本振動数 ($d=1$ の場合)，太鼓 (膜) の振動数 ($d=2$ の場合) を表す．この種の問題は，ヒルベルト空間論の枠内で論じることにより，たいへん見通しがよくなる．一般化されたディリクレ境界条件付きラプラシアンの導入は，この観点からは自然なものである．$-\Delta_{\mathrm{D}}$ の詳しい解析については，たとえば，[8] を参照されたい (この本では，$-\Delta_{\mathrm{D}}$ を H と書いている)．

2.8.6 応用 III—自己共役作用素の形式和

定理 2.59 H,K をヒルベルト空間，T_j ($j=1,\cdots,N$) を H から K への稠密に定義された閉作用素とする．T_j の定義域の共通部分 $\mathsf{D}:=\cap_{j=1}^N \mathsf{D}(T_j)$ は稠密であると仮定する．このとき，H 上の非負自己共役作用素 A で $\mathsf{D}(A^{1/2})=\mathsf{D}$ かつ

$$\left\langle A^{1/2}\Psi, A^{1/2}\Phi\right\rangle_{\mathsf{H}} = \sum_{j=1}^N \langle T_j\Psi, T_j\Phi\rangle_{\mathsf{K}}, \quad \Psi,\Phi\in\mathsf{D}$$

を満たすものがただ一つ存在する．

証明 準双線形形式 $s:\mathsf{D}\times\mathsf{D}\to\mathbb{C}$ を

$$s(\Psi,\Phi):=\sum_{j=1}^N \langle T_j\Psi, T_j\Phi\rangle_{\mathsf{K}}, \quad \Psi,\Phi\in\mathsf{D}$$

によって定義すれば，これは非負準双線形形式である．s が閉であることを示そう．そのために，$\Psi_n\in\mathsf{D}$ が $\Psi_n\to\Psi\in\mathsf{H}, s(\Psi_n-\Psi_m)\to 0$ ($n,m\to\infty$) を満たしているとしよう．このとき

$$s(\Psi_n-\Psi_m)=\sum_{j=1}^N \|T_j(\Psi_n-\Psi_m)\|^2 \geq \|T_k(\Psi_n-\Psi_m)\|^2 \quad (k=1,\cdots,N)$$

であるから，各 k に対して，$\{T_k\Psi_n\}_n$ は K におけるコーシー列をなす．したがって，ある $\Phi_k\in\mathsf{K}$ が存在して，$T_k\Psi_n\to\Phi_k$ ($n\to\infty$)．T_k は閉であるから，$\Psi\in\mathsf{D}(T_k)$ かつ $T_k\Psi=\Phi_k$ が結論される．したがって，$\Psi\in\mathsf{D}$ であり，

$s(\Psi_n - \Psi) \to 0\ (n \to \infty)$ が導かれる．ゆえに s は閉である．したがって，定理 2.56 を応用することができ，求める結果が得られる． ■

定理 2.60 $A_1, \cdots, A_N$ をヒルベルト空間 H における下に有界な自己共役作用素とし，それぞれに同伴する形式の定義域の共通部分 $\cap_{j=1}^N \mathsf{Q}(A_j)$ は稠密であるとする．このとき，H 上の自己共役作用素 A で $\mathsf{Q}(A) = \cap_{j=1}^N \mathsf{Q}(A_j)$ かつ

$$s_A(\Psi, \Phi) = \sum_{j=1}^N s_{A_j}(\Psi, \Phi), \quad \Psi, \Phi \in \mathsf{Q}(A) \tag{2.93}$$

を満たすものがただ一つ存在する．さらに

$$E_0(A) \geq \sum_{j=1}^N E_0(A_j). \tag{2.94}$$

ただし，下に有界な自己共役作用素 S に対して

$$E_0(S) := \inf \sigma(S). \tag{2.95}$$

証明 $A_j - E_0(A_j) \geq 0$ であるから，定理 2.59 を $T_j := (A_j - E_0(A_j))^{1/2}$ として，応用すれば，非負自己共役作用素 B で $\mathsf{D}(B^{1/2}) = \cap_{j=1}^N \mathsf{Q}(A_j)$ かつ

$$\left\langle B^{1/2}\Psi, B^{1/2}\Phi \right\rangle = \sum_{j=1}^N \left\langle (A_j - E_0(A_j))^{1/2}\Psi, (A_j - E_0(A_j))^{1/2}\Phi \right\rangle,$$
$$\Psi, \Phi \in \cap_{j=1}^N \mathsf{Q}(A_j)$$

を満たすものが存在する．そこで，$A := B + \sum_{j=1}^N E_0(A_j)$ とおけば，A は自己共役であり，(2.93) が成り立つ．$B \geq 0$ であったから，$A \geq \sum_{j=1}^N E_0(A_j)$．これと変分原理により，(2.94) が成り立つ． ■

定義 2.61 定理 2.60 の自己共役作用素 A を $A_1, \cdots, A_N$ の**形式の意味での和**あるいは単に**形式和** (form sum) と呼び，記号的に

$$A = A_1 \dot{+} A_2 \dot{+} \cdots \dot{+} A_N$$

と書く．作用素の和とは異なるから注意されたい．

注意 2.15 (i) (2.93) で $\Phi \in \cap_{j=1}^N \mathsf{D}(A_j)$ とすれば，$\Phi \in \mathsf{D}(A)$ であり，$A\Phi = \sum_{j=1}^N A_j\Phi$ となることがわかる．したがって，$\sum_{j=1}^N A_j \subset A$．すなわち，$A$ は $\sum_{j=1}^N A_j$ の自己共役拡大になっている ($\cap_{j=1}^N \mathsf{D}(A_j)$ が稠密ならば，$\sum_{j=1}^N A_j$ は対称作用素であるが，そうでない場合には，単にエルミートである)．

しかし，定理 2.60 は，$\cap_{j=1}^N \mathsf{D}(A_j)$ が稠密でない場合でも，A_j たちの和の意味を形式和として拡大することにより，自己共役作用素が定義されることを語る．これは，準双線形形式という概念の有用な特性の一つとみることができる．

(ii) 自己共役作用素 $A_1, \cdots, A_N$ が下に有界で $\cap_{j=1}^N \mathsf{D}(A_j)$ が稠密なときは，$B := A_1 + \cdots + A_N$ はフリードリクス拡大 $\hat{B}$ をもつ．しかし，$\hat{B}$ と形式和 $A_1 \dot{+} \cdots \dot{+} A_N$ は同じとは限らない．この点は注意を要する[*37]．もちろん，B が本質的に自己共役ならば，それらは一致する．

例 2.12 定理 2.59 の自己共役作用素 A は，$A = T_1^*T_1 \dot{+} \cdots \dot{+} T_N^*T_N$ と書かれる．

例 2.13 $V : \mathbb{R}^d \to \mathbb{R}$ は下に有界なボレル可測関数で $V \in \mathsf{L}^1_{\text{loc}}(\mathbb{R}^d)$ を満たすとする．このとき，$\mathsf{Q}(-\Delta) \cap \mathsf{Q}(V) \supset \mathsf{C}_0^\infty(\mathbb{R}^d)$ であるから，$\mathsf{Q}(-\Delta) \cap \mathsf{Q}(V)$ は $\mathsf{L}^2(\mathbb{R}^d)$ で稠密である．したがって，自己共役作用素 $H := -\Delta \dot{+} V$ が定義される．これは作用素 $-\Delta + V$ の自己共役拡大である．こうして，非常に一般的なクラスのポテンシャル V に対して，自己共役なシュレーディンガー型作用素が定義される．

V の具体例

$V(\boldsymbol{x}) = c|\boldsymbol{x}|^{-\alpha}$ とする．ただし，$c > 0, \alpha \in (d/2, d)$ は定数である．このとき，$V > 0, V \in \mathsf{L}^1_{\text{loc}}(\mathbb{R}^d)$ である．したがって，自己共役作用素 $H_\alpha := -\Delta \dot{+} c|\boldsymbol{x}|^{-\alpha}$ が定義される．この場合，$V \notin \mathsf{L}^2_{\text{loc}}(\mathbb{R}^d)$ であるから，$\mathsf{D}(V)$ は $\mathsf{C}_0^\infty(\mathbb{R}^d)$ を含まない．

例 2.14 **磁場をもつシュレーディンガー作用素．** $H(\boldsymbol{A}, V)$ を (2.50) によって与えられる作用素としよう．$V, \boldsymbol{A}$ に対するある条件のもとで，$H(\boldsymbol{A}, V)$ が $\mathsf{C}_0^\infty(\mathbb{R}^d)$ 上で本質的に自己共役であることはすでに証明した (定理 2.23)．準双線形形式の方法を使うと，$V, \boldsymbol{A}$ がもっと一般的なクラスに属する場合でも $H(V, \boldsymbol{A})$ の自己共役拡大を定義することが可能である．

$A_j \in \mathsf{L}^2_{\text{loc}}(\mathbb{R}^d)$ の場合を考えてみよう．このとき，作用素

$$D_{\boldsymbol{A},j} := -i\hbar D_j - \frac{q}{c}A_j$$

---

*37 反例については，たとえば，[10] の p.329，Example 2.19 をみよ．

の定義域は $\mathsf{C}_0^\infty(\mathbb{R}^d)$ を含み，$D_{\boldsymbol{A},j}$ は対称作用素になる．$D_{\boldsymbol{A},j}$ の閉包を $\bar{D}_{\boldsymbol{A},j}$ としよう．また，$V:\mathbb{R}^d\to\mathbb{R}$ は下に有界で $V\in L^1_{\mathrm{loc}}(\mathbb{R}^d)$ を満たすとする．このとき，$\mathsf{C}_0^\infty(\mathbb{R}^d)\subset[\cap_{j=1}^d\mathsf{D}(\bar{D}_{\boldsymbol{A},j})]\cap\mathsf{Q}(V)$ であるから，$[\cap_{j=1}^d\mathsf{D}(\bar{D}_{\boldsymbol{A},j})]\cap\mathsf{Q}(V)$ は稠密である．したがって，定理 2.60 を応用すれば，形式和

$$\widehat{H}(\boldsymbol{A},V):=\frac{1}{2m}\left(\bar{D}^*_{\boldsymbol{A},1}\bar{D}_{\boldsymbol{A},1}\dot{+}\bar{D}^*_{\boldsymbol{A},2}\bar{D}_{\boldsymbol{A},2}\dot{+}\bar{D}^*_{\boldsymbol{A},3}\bar{D}_{\boldsymbol{A},3}\right)\dot{+}V$$

は自己共役で下に有界である．これは，$H(\boldsymbol{A},V)$ の自己共役拡大である．

2.8.7 作用素の意味での相対的有界性 $\Longrightarrow$ 形式の意味での相対的有界性

A,B を H 上の自己共役作用素で A は非負であるとする．次の (i)，(ii) が成り立つとき，B は A に関して，**形式の意味で相対的に有界**であるという：(i) $\mathsf{Q}(B)\supset\mathsf{Q}(A)$.(ii) ある定数 $a,b\geq 0$ が存在して，

$$|s_B(\Psi)|\leq a\left\langle A^{1/2}\Psi,A^{1/2}\Psi\right\rangle+b\|\Psi\|^2,\quad \Psi\in\mathsf{Q}(A).$$

この場合，定数 a を**形式の意味での $\boldsymbol{A}$-限界**という．定数 a が任意に小さくとれるとき，B は A に関して**形式の意味で無限小**であるという．

次の定理は有用である．

定理 2.62 A,B を自己共役作用素，$A\geq 0$ とする．このとき，次の (i),(ii) が成り立つ：

(i) B が A-有界で，定数 $a,b\geq 0$ が存在して

$$\|B\Psi\|\leq a\|A\Psi\|+b\|\Psi\|,\quad \Psi\in\mathsf{D}(A) \tag{2.96}$$

となっているならば，任意の $\varepsilon>0$ に対して

$$|s_B(\Psi)|\leq\|\,|B|^{1/2}\Psi\|^2\leq(a+\varepsilon)\|A^{1/2}\Psi\|^2+\frac{(a+\varepsilon)b}{\varepsilon}\|\Psi\|^2,$$
$$\Psi\in\mathsf{Q}(A)=\mathsf{D}(A^{1/2}) \tag{2.97}$$

が成立する．

(ii) $B\ll A$ ならば，B は A に関して形式の意味で無限小である．

この定理を証明するために，補題を二つ用意する．まず，自己共役作用素の累乗についての基本的性質を証明する．

補題 2.63　A を自己共役作用素とし，$0 < \alpha < \beta$ とする．このとき，次の (i), (ii) が成り立つ：

(i)　$\mathsf{D}(|A|^\beta) \subset \mathsf{D}(|A|^\alpha)$ であり，すべての $\Psi \in \mathsf{D}(|A|^\beta)$ に対して

$$\|\,|A|^\alpha \Psi\| \le \|\Psi\| + \|\,|A|^\beta \Psi\|. \tag{2.98}$$

(ii)　$|A|^\beta$ の任意の芯は $|A|^\alpha$ の芯である．

証明　(i)　A のスペクトル測度を E とする．任意の $\Psi \in \mathsf{D}(|A|^\beta)$ に対して

$$\begin{aligned}\int_{\mathbb{R}} |\lambda|^{2\alpha} d\|E(\lambda)\Psi\|^2 &= \int_{|\lambda|\le 1} |\lambda|^{2\alpha} d\|E(\lambda)\Psi\|^2 + \int_{|\lambda|>1} |\lambda|^{2\alpha} d\|E(\lambda)\Psi\|^2 \\ &\le \|\Psi\|^2 + \int_{|\lambda|>1} |\lambda|^{2\beta} d\|E(\lambda)\Psi\|^2 \\ &\le \|\Psi\|^2 + \|\,|A|^\beta \Psi\|^2 < \infty.\end{aligned}$$

これから，(i) の主張がしたがう．

(ii)　$\Psi \in \mathsf{D}(|A|^\alpha)$ とする．任意の $R > 0$ に対して，$\Psi_R = E([-R, R])\Psi$ とおけば，$\Psi_R \to \Psi$ $(R \to \infty)$．また，$\int_{\mathbb{R}} |\lambda|^{2\beta} d\|E(\lambda)\Psi_R\|^2 \le R^{2\beta}\|\Psi\|^2 < \infty$ であるから，$\Psi_R \in \mathsf{D}(|A|^\beta)$．さらに

$$\|\,|A|^\alpha \Psi_R - |A|^\alpha \Psi\|^2 = \int_{\mathbb{R}} \chi_{(R,\infty)}(|\lambda|)\lambda^{2\alpha} d\|E(\lambda)\Psi\|^2.$$

$\chi_{(R,\infty)}(|\lambda|)\lambda^{2\alpha} \le \lambda^{2\alpha}$ と $\int_{\mathbb{R}} |\lambda|^{2\alpha} d\|E(\lambda)\Psi\|^2 < \infty$ によって，上式の右辺の積分にルベーグの優収束定理を応用でき，それは $R \to \infty$ のとき，0 に収束することがわかる．したがって，$\|\,|A|^\alpha \Psi_R - |A|^\alpha \Psi\| \to 0$ $(R \to \infty)$．以上から，任意の $\varepsilon > 0$ に対して，$R_0 > 0$ があって，$R \ge R_0$ ならば

$$\|\Psi_R - \Psi\| < \varepsilon, \quad \|\,|A|^\alpha \Psi_R - |A|^\alpha \Psi\| < \varepsilon \cdots (*).$$

さて，D を $|A|^\beta$ の任意の芯としよう．したがって，任意の $\varepsilon > 0$ に対して，$\Phi_\varepsilon \in \mathsf{D}$ で

$$\|\Phi_\varepsilon - \Psi_{R_0}\| < \varepsilon, \quad \|\,|A|^\beta \Phi_\varepsilon - |A|^\beta \Psi_{R_0}\| < \varepsilon \cdots (**)$$

を満たすものが存在する．三角不等式と (2.98) および $(*)$，$(**)$ を用いることにより

$$\|\Phi_\varepsilon - \Psi\| < 2\varepsilon, \quad \| |A|^\alpha \Phi_\varepsilon - |A|^\alpha \Psi\| < 3\varepsilon$$

が得られる．そこで，$n \in \mathbb{N}$ に対して，$\Psi_n := \Phi_{1/n} \in \mathsf{D}$ とおけば，$\Psi_n \to \Psi$, $|A|^\alpha \Psi_n \to |A|^\alpha \Psi$ $(n \to \infty)$．したがって，D は $|A|^\alpha$ の芯である． ■

次の補題は非負自己共役作用素に同伴する準双線形形式の不等式の拡張に関するものである．

補題 2.64 A, B をヒルベルト空間 H における非負の自己共役作用素とし，D を $A^{1/2}$ の芯で $\mathsf{D} \subset \mathsf{D}(B^{1/2})$ を満たすものとする．定数 $a, b \geq 0$ があって，すべての $\Psi \in \mathsf{D}$ に対して

$$\|B^{1/2}\Psi\|^2 \leq a\|A^{1/2}\Psi\|^2 + b\|\Psi\|^2 \tag{2.99}$$

が成り立つとする．このとき，$\mathsf{D}(A^{1/2}) \subset \mathsf{D}(B^{1/2})$ であり，すべての $\Psi \in \mathsf{D}(A^{1/2})$ に対して (2.99) が成立する．

証明 任意の $\Psi \in \mathsf{D}(A^{1/2})$ に対して，$\Psi_n \in \mathsf{D}$ で $\Psi_n \to \Psi$, $A^{1/2}\Psi_n - A^{1/2}\Psi \to 0$ $(n \to \infty)$ となるものがとれる．(2.99) により，$\{B^{1/2}\Psi_n\}_n$ は基本列である．これと $B^{1/2}$ の閉性により，$\Psi \in \mathsf{D}(B^{1/2})$ かつ $B^{1/2}\Psi_n \to B^{1/2}\Psi$ $(n \to \infty)$．したがって，特に，$\mathsf{D}(A^{1/2}) \subset \mathsf{D}(B^{1/2})$．(2.99) の Ψ として Ψ_n をとり，$n \to \infty$ とすれば，$\Psi \in \mathsf{D}(A^{1/2})$ に対する (2.99) が得られる． ■

定理 2.62 の証明 (i) (2.97) の最初の不等式は作用素解析から容易にわかる．そこで，2 番目の不等式を示す．作用素解析により $\|B\Phi\| = \| |B|\Phi\|$, $\Phi \in \mathsf{D}(B)$ であるから，(2.96) は $\| |B|\Psi\| \leq a\|A\Psi\| + b\|\Psi\|$, $\Psi \in \mathsf{D}(A) \cdots (*)$ と同値である．$\varepsilon > 0$ を任意にとり，$B_\varepsilon := |B|/(a+\varepsilon)$, $a_\varepsilon := a/(a+\varepsilon)$, $b_\varepsilon := b/(a+\varepsilon)$ とおく．このとき，$(*)$ により，$\|B_\varepsilon \Psi\| \leq a_\varepsilon \|A\Psi\| + b_\varepsilon \|\Psi\|$, $\Psi \in \mathsf{D}(A)$．$a_\varepsilon < 1$ であるから，加藤–レリッヒの定理により，$A - B_\varepsilon$ は自己共役であり

$$A - B_\varepsilon \geq -\frac{b_\varepsilon}{1 - a_\varepsilon} = -\frac{b}{\varepsilon}.$$

したがって，$(a+\varepsilon)A-|B|\geq-(a+\varepsilon)b/\varepsilon$．ゆえに

$$\| |B|^{1/2}\Psi\|^2 \leq (a+\varepsilon)\|A^{1/2}\Psi\|^2+\frac{(a+\varepsilon)b}{\varepsilon}\|\Psi\|^2, \quad \Psi\in \mathsf{D}(A). \tag{2.100}$$

補題 2.63 の応用により，$\mathsf{D}(A)$ は $A^{1/2}$ の芯である．この事実と (2.100) および補題 2.64 により，(2.97) の 2 番目の不等式が得られる．

(ii) $B \ll A$ ならば，a はいくらでも小さくとれるから，(i) の結果により，題意がしたがう． ■

2.9 形式による摂動—KLMN 定理

自己共役作用素 A に対して対称形式 β による摂動によって得られる準双線形形式 $s_A+\beta$ は，どのような条件のもとに，ある自己共役作用素に同伴する準双線形形式となるであろうか．これは，準双線形形式を用いて自己共役作用素(量子力学のコンテクストでは物理量) を定義する方法を探究する観点からは自然な問いである．この問題に関する基本的な事実と応用を述べるのがこの節の目的である．

形式に関する摂動問題に関しても，作用素の摂動問題に関する加藤–レリッヒの定理に呼応する定理が存在する．それが次の定理である．

定理 2.65 (**KLMN 定理**[*38])．H をヒルベルト空間，A を H 上の非負自己共役作用素，β を対称な準双線形形式で次の条件を満たすものとする：

(i) $\mathsf{Q}(A)\subset \mathsf{Q}(\beta)$.

(ii) 定数 $0\leq a<1,\quad b\geq 0$ が存在して

$$|\beta(\Psi,\Psi)|\leq a\left\langle A^{1/2}\Psi, A^{1/2}\Psi\right\rangle + b\|\Psi\|^2, \quad \Psi\in\mathsf{Q}(A). \tag{2.101}$$

このとき，H 上の自己共役作用素 C で $\mathsf{Q}(C)=\mathsf{Q}(A)$ かつ

$$s_C(\Psi,\Phi)=\left\langle A^{1/2}\Psi, A^{1/2}\Phi\right\rangle+\beta(\Psi,\Phi), \quad \Psi,\Phi\in\mathsf{Q}(A) \tag{2.102}$$

を満たすものがただ一つ存在する．さらに次の (a)，(b) が成り立つ：

[*38] T. Kato, J. Lions, P. Lax, A. Milgram, E. Nelson の頭文字.

(a) C は下に有界で，$C \geq -b$.

(b) A の任意の形式芯は C の形式芯である.

証明 準双線形形式 γ を次のように定義する：$\mathsf{Q}(\gamma) := \mathsf{Q}(A), \gamma := s_A + \beta + b\, s_I$. このとき，仮定から

$$\gamma(\Psi, \Psi) \geq (1-a) \left\langle A^{1/2}\Psi, A^{1/2}\Psi \right\rangle \geq 0, \quad \Psi \in \mathsf{Q}(\gamma).$$

したがって, γ は非負である．γ が閉であることを示そう．そのために, $\Psi_n \in \mathsf{Q}(\gamma)$ が $\Psi_n \to \Psi \in \mathsf{H}, \gamma(\Psi_n - \Psi_m) \to 0$ $(n, m \to \infty)$ を満たすとしよう．このとき，上の不等式により，$\{A^{1/2}\Psi_n\}_n$ はコーシー列をなすことがわかる．したがって，$A^{1/2}\Psi_n \to \Phi$ となる $\Phi \in \mathsf{H}$ が存在する．$A^{1/2}$ は閉であるから，$\Psi \in \mathsf{D}(A^{1/2}) = \mathsf{Q}(A) = \mathsf{Q}(\gamma)$ かつ $A^{1/2}\Psi_n \to A^{1/2}\Psi$ となる．このとき，条件 (ii) の不等式により $\beta(\Psi_n - \Psi) \to 0$ であるから，$\gamma(\Psi_n - \Psi) \to 0$ となる．したがって，γ は閉である．ゆえに，定理 2.56 により，γ はある非負自己共役作用素 $\hat{C}$ の準双線形形式である．そこで，$C = \hat{C} - b$ とおけば，これは (2.102) を満たす．(a) は C の構成から明らか.

(b) を示すために，D を A の任意の形式芯としよう．したがって，任意の $\Psi \in \mathsf{Q}(C) = \mathsf{Q}(A)$ に対して，$\Psi_n \to \Psi$, $s_A(\Psi_n - \Psi) = \|A^{1/2}(\Psi_n - \Psi)\|^2 \to 0$ $(n \to \infty)$ となる $\{\Psi_n\}_n \subset \mathsf{D}$ が存在する．このとき，条件 (ii) の不等式によって，$\beta(\Psi_n - \Psi) \to 0$ $(n \to \infty)$ であるから，結局，$s_C(\Psi_n - \Psi) \to 0$ $(n \to \infty)$. したがって，D は C の形式芯である. ■

注意 2.16 下に有界な自己共役作用素 $A \geq -M$ ($M \geq 0$ は定数) については，$\tilde{A} := A + M$ として，上の定理を応用すればよい.

一般に，下に有界な自己共役作用素についての定性的性質を議論する場合には，それが非負の場合を考えれば十分である．以下，この種の注意はいちいちしない.

KLMN 定理の応用として，次の結果を得る.

定理 2.66 A, B をヒルベルト空間 H 上の自己共役作用素とし，$A \geq 0$ とする．B は A に関して，形式の意味で相対的に有界であり，形式の意味での A-限界は

1より小さいとする．このとき，下に有界な自己共役作用素 C で $\mathsf{Q}(C) = \mathsf{Q}(A)$ かつ

$$s_C = s_A + s_B$$

を満たすものがただ一つ存在する．さらに A の任意の形式芯は C の形式芯である．

ここで，以前に定義した形式和の概念を拡張しておく．

定義 2.67　一般に，ヒルベルト空間 H における自己共役作用素 $A_1, \cdots, A_N$ (下に有界である必要はない) について，$\cap_{j=1}^N \mathsf{Q}(A_j)$ が H で稠密であり，かつ自己共役作用素 A で $s_A = \sum_{j=1}^N s_{A_j}$ となるものが存在するとき (このような A は，存在するならば，命題 2.46 によって一意的に定まる)，**自己共役作用素の組** $(A_1, \cdots, A_N)$ **は形式和** A **をもつ**といい，これを $A = A_1 \dot{+} A_2 \dot{+} \cdots \dot{+} A_N$ という記号で表す．この場合，A を**組** $(A_1, \cdots, A_N)$ **に同伴する形式和**ともいう．

2.10　ディラック型作用素の本質的自己共役性

スピン 1/2 の相対論的な自由粒子一つからなる量子系のハミルトニアンを記述する自由なディラック作用素については，前著 [6] の 3.4.3 項で議論した．この節では，自由なディラック作用素の摂動から定義される対称作用素—**ディラック型作用素**— の本質的自己共役性について考察する．

$\alpha_j\,(j = 1, 2, 3)$, β を 4×4 のエルミート行列で反交換関係

$$\{\alpha_j, \alpha_l\} = 2\delta_{jl} I_4, \quad \{\alpha_j, \beta\} = 0, \quad \beta^2 = I_4 \quad (j, l = 1, 2, 3) \tag{2.103}$$

を満たすものとする．ここで，I_4 は 4 次の単位行列であり (以下，しばしば，$\lambda \in \mathbb{C}$ に対して，単に $\lambda I_4 = \lambda$ と記す)，$\{A, B\} := AB + BA$ (反交換子) *39．ヒルベルト空間 $\mathsf{L}^2(\mathbb{R}^3; \mathbb{C}^4) = \oplus^4 \mathsf{L}^2(\mathbb{R}^3)$ で働く**自由なディラック作用素** (自

*39　α_j, β の具体例は [6] の p.302 で与えたが，ここでの α_j, β は，(2.103) を満たす 4 次のエルミート行列でありさえすれば，何でもよい．

由なディラック・ハミルトニアン)

$$H_{\mathrm{D}} := -i\boldsymbol{\alpha}\cdot\nabla + m\beta = -i\sum_{j=1}^{3}\alpha_j D_j + m\beta \qquad (2.104)$$

は自己共役であり，$\mathsf{D}(H_{\mathrm{D}}) = \cap_{j=1}^{3}\mathsf{D}(D_j)$ が成り立つことは前著 [6] の定理 3.30 において証明された*40.

行列 α_j, β に関して，以下において暗黙のうちに使う基本的事実を述べておく．まず，$\mathsf{L}^2(\mathbb{R}^3;\mathbb{C}^4)$ 上の作用素として，α_j, β は有界な自己共役作用素である．(2.103) の第一式から，$\alpha_j^2 = I$ $(j=1,2,3)$．したがって，α_j は $\mathsf{L}^2(\mathbb{R}^3;\mathbb{C}^4)$ 上の自己共役なユニタリ作用素である．同様に，β もそうである．したがって

$$\|\alpha_j\| = 1 \quad (j=1,2,3), \quad \|\beta\| = 1.$$

2.10.1 本質的自己共役性 I—局所的特異性のないポテンシャルの場合

4 次のエルミート行列の全体を $\mathsf{H}_4(\mathbb{C})$ で表す．

定理 2.68 $V = (V_{jl})_{j,l=1,\cdots,4} : \mathbb{R}^3 \to \mathsf{H}_4(\mathbb{C})$ とし，その (j,l) 成分 $V_{jl} : \mathbb{R}^3 \to \mathbb{C}$ は $\mathsf{L}^\infty_{\mathrm{loc}}(\mathbb{R}^3)$ に属するとする $(j,l=1,2,3,4)$．このとき，$H_{\mathrm{D}}+V$ は $\mathsf{C}_0^\infty(\mathbb{R}^3)^4$ 上で本質的に自己共役である．

証明 次の記号を導入する：

$$\mathsf{C}_0^\infty(\mathbb{R}^3)^4 := \oplus^4\mathsf{C}_0^\infty(\mathbb{R}^3), \quad \mathcal{D}(\mathbb{R}^3;\mathbb{C}^4)' := \oplus^4\mathcal{D}(\mathbb{R}^3)'. \qquad (2.105)$$

ここで，$\mathcal{D}(\mathbb{R}^3)'$ は $\mathbb{R}^3$ 上の超関数の空間を表す*41．$H := (H_{\mathrm{D}}+V)|\mathsf{C}_0^\infty(\mathbb{R}^3)^4$ とおく．このとき，一般的判定法 (補題 2.9-(ii)) により，$\ker(H^*\pm i) = \{0\}$ を示せばよい．$\psi \in \ker(H^*+i)$ とする．このとき，任意の $u \in \mathsf{C}_0^\infty(\mathbb{R}^3)^4$ に対して，$\langle\psi, (H-i)u\rangle = 0$．これは

$$\sum_{j=1}^{3}\int_{\mathbb{R}^3}\psi(\boldsymbol{x})^*(-i)\alpha_j D_j u(\boldsymbol{x})d\boldsymbol{x} = \int_{\mathbb{R}^3}[(-m\bar{\beta} - \overline{V(\boldsymbol{x})} + i)\psi(\boldsymbol{x})^*]u(\boldsymbol{x})d\boldsymbol{x}$$

*40 $\hbar = c$ (真空中の光速) $= 1$ の単位系を用いる．

*41 [5] または [6] の付録 C.2 を参照．

を意味する*42．関数 $(-m\bar{\beta}-\bar{V}+i)\psi^*$ の各成分は $\mathsf{L}^1_{\mathrm{loc}}(\mathbb{R}^3)$ に属するので*43，超関数の意味で，すなわち，$\mathcal{D}(\mathbb{R}^3;\mathbb{C}^4)'$ における等式として，$-i\sum_{j=1}^3 \alpha_j D_j\psi = (-m\beta - V - i)\psi$ が成り立つことになる．ただし，この段階では，各 $D_j\psi$ が関数と同一視できるとは限らないが，いまの等式は，左辺全体 $(\in \mathcal{D}(\mathbb{R}^3;\mathbb{C}^4)')$ は，右辺の関数 $(\in \oplus^4\mathsf{L}^1_{\mathrm{loc}}(\mathbb{R}^3))$ と同一視できることを示す．

さて，関数 $f \in \mathsf{C}_0^\infty(\mathbb{R}^3)$ で $|\boldsymbol{x}| \leq 1$ ならば $f(\boldsymbol{x}) = 1$ となるものを任意に選び，関数列 f_n を $f_n(\boldsymbol{x}) = f(\boldsymbol{x}/n)$, $\boldsymbol{x} \in \mathbb{R}^3$ によって定義する．明らかに，$f_n \in \mathsf{C}_0^\infty(\mathbb{R}^3)$ であり，$\lim_{n\to\infty} f_n(\boldsymbol{x}) = 1, \forall \boldsymbol{x} \in \mathbb{R}^3$．$\mathcal{D}(\mathbb{R}^3)'$ の元と $\mathsf{C}_0^\infty(\mathbb{R}^3)$ の元の積に関してはライプニッツ則が成り立つので ([5] または [6] の付録 C.3, (C.27) を参照)，超関数の意味で，$D_j(f_n\psi) = (\partial_j f_n)\psi + f_n D_j\psi$．したがって，$\psi_n = f_n\psi, \phi_n := -i\sum_{j=1}^3 \alpha_j D_j\psi_n$ とおくと

$$\phi_n = (-m\beta - V - i)\psi_n - i(\boldsymbol{\alpha}\cdot\nabla f_n)\psi$$

を得る．$\psi \in \oplus^4\mathsf{L}^2(\mathbb{R}^3), V_{jl} \in \mathsf{L}^\infty_{\mathrm{loc}}(\mathbb{R}^3)$ $(j,l = 1,2,3,4)$ であるから，$V\psi_n$, ψ_n，$(\boldsymbol{\alpha}\cdot\nabla f_n)\psi \in \oplus^4\mathsf{L}^2(\mathbb{R}^3)$．したがって，$\phi_n \in \oplus^4\mathsf{L}^2(\mathbb{R}^3)$．ゆえに，$\theta_n := \phi_n + m\beta\psi_n + V\psi_n$ とおけば，$\|\theta_n + i\psi_n\|^2 = \|(-i\boldsymbol{\alpha}\cdot\nabla f_n)\psi\|^2$．直接計算により，$\|\theta_n + i\psi_n\|^2 = \|\theta_n\|^2 - 2\mathrm{Im}\,\langle\theta_n,\psi_n\rangle + \|\psi_n\|^2$ がわかる．一方 $\mathrm{Im}\,\langle\theta_n,\psi_n\rangle = \mathrm{Im}\,\langle\phi_n,\psi_n\rangle$ である．フーリエ解析により，$\langle\phi_n,\psi_n\rangle = \int_{\mathbb{R}^3}\left\langle \boldsymbol{\alpha}\cdot\boldsymbol{k}\hat{\psi}_n(\boldsymbol{k}), \hat{\psi}_n(\boldsymbol{k})\right\rangle_{\mathbb{C}^4} d\boldsymbol{k}$ であり，これは実数である．したがって，$\mathrm{Im}\,\langle\theta_n,\psi_n\rangle = 0$．ゆえに，$\|\theta_n + i\psi_n\|^2 = \|\theta_n\|^2 + \|\psi_n\|^2$ となるので，$\|\psi_n\|^2 \leq \|(\boldsymbol{\alpha}\cdot\nabla f_n)\psi\|^2$ が導かれる．$(\nabla f_n)(\boldsymbol{x}) = n^{-1}(\nabla f)(\boldsymbol{x}/n)$ であるから

$$\|(\boldsymbol{\alpha}\cdot\nabla f_n)\psi\| \leq \frac{1}{n}\left(\sum_{j=1}^3 \|D_j f\|_\infty\right)\|\psi\| \to 0\ (n\to\infty).$$

したがって，$\lim_{n\to\infty}\|\psi_n\| = 0$．一方，ルベーグの優収束定理を使えば，$\lim_{n\to\infty}\|\psi_n\| = \|\psi\|$ が示される．ゆえに，$\|\psi\| = 0$．すなわち，$\psi = 0$．よって，$\ker(H^* + i) = \{0\}$．同様に，$\ker(H^* - i) = \{0\}$ も示される．■

---

*42 行列 M に対して $\bar{M}$ は M の複素共役を表す：$(\bar{M})_{jl} := \overline{M_{jl}} = (M_{jl})^*$．

*43 一般に，$f, g \in \mathsf{L}^2_{\mathrm{loc}}(\mathbb{R}^d)$ ならば $fg \in \mathsf{L}^1_{\mathrm{loc}}(\mathbb{R}^d)$ ($\because$ 積分に関するシュヴァルツの不等式)．

注意 2.17 定理 2.68 における V は，$V_{jl} \in \mathsf{L}^\infty_{\mathrm{loc}}(\mathbb{R}^3)$ という条件にしたがうので，局所的特異性をもたない．しかし，V は下に有界である必要はないことに注意しよう．これはラプラシアンに対する，ポテンシャルによる摂動と本質的に異なる点の一つである (定理 2.25 と比較せよ)．

例 2.15 粒子が電荷 q をもち，ベクトルポテンシャル $\boldsymbol{A} = (A_1, A_2, A_3) : \mathbb{R}^3 \to \mathbb{R}^3$ と (静電) スカラーポテンシャル $\phi : \mathbb{R}^3 \to \mathbb{R}$ の中に置かれている場合の V は

$$V = -q\boldsymbol{\alpha} \cdot \boldsymbol{A} + q\phi$$

で与えられる．したがって，$\phi, A_j \in \mathsf{L}^\infty_{\mathrm{loc}}(\mathbb{R}^3)$ $(j = 1, 2, 3)$ ならば，$H_{\mathrm{D}} - q\boldsymbol{\alpha} \cdot \boldsymbol{A} + q\phi$ は $\mathsf{C}_0^\infty(\mathbb{R}^3)^4$ 上で本質的に自己共役である．

具体例

z 軸方向に一定の磁場 $\boldsymbol{B} = (0, 0, B)$ $(B \in \mathbb{R}$ は定数) が存在する場合，たとえば $\boldsymbol{A} = (B/2)(-x_2, x_1, 0)$ とすれば，$\boldsymbol{B} = \mathrm{rot}\,\boldsymbol{A}$ となるので，この $\boldsymbol{A}$ は $\boldsymbol{B}$ に対するベクトルポテンシャルの一つである．この $\boldsymbol{A}$ の各成分は $\mathsf{L}^\infty_{\mathrm{loc}}(\mathbb{R}^3)$ に属する．

2.10.2 本質的自己共役性 II—局所的特異性のあるポテンシャルの場合

次にクーロン型ポテンシャルの場合のように，局所的な特異性がある場合のポテンシャルによる摂動を考察する．まず，それ自体としても興味のある事実を一つ証明する．$\mathsf{L}^2(\mathbb{R}^d)$ における，変数 x_j に関する一般化された偏微分作用素を D_j で表し

$$\nabla := (D_1, \cdots, D_d) \tag{2.106}$$

を d 次元の**勾配作用素**という[*44]．$f \in \cap_{j=1}^d \mathsf{D}(D_j)$ に対して，$\|\nabla f\|^2 := \int_{\mathbb{R}^d} |\nabla f(\boldsymbol{x})|^2 d\boldsymbol{x} \left(= \sum_{j=1}^d \|D_j f\|^2_{\mathsf{L}^2(\mathbb{R}^d)}\right)$ とする．

補題 2.69 (**不確定性原理の補題**) $d \geq 3$ ならば，すべての $f \in \cap_{j=1}^d \mathsf{D}(D_j)$ に対して

$$\frac{(d-2)^2}{4} \int_{\mathbb{R}^d} \frac{1}{|\boldsymbol{x}|^2} |f(\boldsymbol{x})|^2 d\boldsymbol{x} \leq \int_{\mathbb{R}^d} |\nabla f(\boldsymbol{x})|^2 d\boldsymbol{x}. \tag{2.107}$$

---

*44 $d = 3$ の場合の勾配作用素と同じ記号を使う．

証明　まず，任意の $f \in \mathsf{C}_0^\infty(\mathbb{R}^d)$ に対して，(2.107) を証明する．$a>0$ を任意にとり，$u_{j,a}(\boldsymbol{x}) := x_j/(\boldsymbol{x}^2+a)$ $(\boldsymbol{x} \in \mathbb{R}^d)$ とおく．明らかに $u_{j,a} \in \mathsf{C}^\infty(\mathbb{R}^d)$．任意の $t>0$ に対して成立する自明な不等式 $\sum_{j=1}^d \|(D_j + tu_{j,a})f\|^2 \geq 0$ において左辺を計算することにより

$$\|\nabla f\|^2 - t\sum_{j=1}^d \langle f, [D_j, u_{j,a}]f\rangle + t^2 \int_{\mathbb{R}^d} \frac{\boldsymbol{x}^2}{(\boldsymbol{x}^2+a)^2}|f(\boldsymbol{x})|^2 d\boldsymbol{x} \geq 0.$$

単純な計算により

$$[D_j, u_{j,a}]f = \left(\frac{1}{\boldsymbol{x}^2+a} - \frac{2x_j^2}{(\boldsymbol{x}^2+a)^2}\right) f$$

であるから

$$\sum_{j=1}^d [D_j, u_{j,a}]f = \left(\frac{d}{\boldsymbol{x}^2+a} - \frac{2\boldsymbol{x}^2}{(\boldsymbol{x}^2+a)^2}\right) f.$$

したがって，$\|\nabla f\|^2 \geq \int_{\mathbb{R}^d} F_a(\boldsymbol{x})|f(\boldsymbol{x})|^2 d\boldsymbol{x}$ が得られる．ただし

$$F_a(\boldsymbol{x}) := t\left(\frac{d}{\boldsymbol{x}^2+a} - \frac{2\boldsymbol{x}^2}{(\boldsymbol{x}^2+a)^2}\right) - \frac{t^2\boldsymbol{x}^2}{(\boldsymbol{x}^2+a)^2}.$$

任意の $\boldsymbol{x} \neq 0$ に対して，$\lim_{a\downarrow 0} F_a(\boldsymbol{x}) = [t(d-2)-t^2]/\boldsymbol{x}^2$ であり，$|F_a(\boldsymbol{x})| \leq [t(d+2)+t^2]/\boldsymbol{x}^2$ が成り立つ．いま，$d \geq 3$ であるから，$\int_{\mathbb{R}^d} d\boldsymbol{x}|f(\boldsymbol{x})|^2/\boldsymbol{x}^2 < \infty$．したがって，ルベーグの優収束定理により

$$\lim_{a\downarrow 0}\int_{\mathbb{R}^d} F_a(\boldsymbol{x})|f(\boldsymbol{x})|^2 d\boldsymbol{x} = [t(d-2)-t^2]\int_{\mathbb{R}^d} \frac{|f(\boldsymbol{x})|^2}{\boldsymbol{x}^2} d\boldsymbol{x}.$$

ゆえに，$\|\nabla f\|^2 \geq [t(d-2)-t^2]\int_{\mathbb{R}^d} |f(\boldsymbol{x})|^2|\boldsymbol{x}|^{-2} d\boldsymbol{x}$．これと $\max_{t>0}[t(d-2)-t^2] = (d-2)^2/4$ により，(2.107) が得られる．

任意の $f \in \mathsf{C}_0^\infty(\mathbb{R}^d)$ に対して，$\|\nabla f\|^2 = \|(-\Delta)^{1/2}f\|^2$ が成り立つ．$\mathsf{C}_0^\infty(\mathbb{R}^d)$ は $-\Delta$ の芯であるから，$(-\Delta)^{1/2}$ の芯でもある (補題 2.63(ii) の応用)．よって，前段の結果と補題 2.64 の応用により，任意の $f \in \mathsf{D}((-\Delta)^{1/2}) = \cap_{j=1}^d \mathsf{D}(D_j)$ に対して，(2.107) が導かれる．■

注意 2.18　不等式 (2.107) は**ハーディーの不等式**とも呼ばれる．量子力学のコンテクストにおいて，上の補題を "不確定性原理の補題" と呼ぶ理由は次の点に

ある．$p_j = -iD_j$ とおくと，これは運動量作用素の第 j 成分である ($\hbar = 1$ の単位系)．証明の中で計算した交換関係 $[D_j, u_{j,a}]$ は $i[p_j, u_{j,a}]$ と書かれる．この場合，$u_{j,a}$ は "力" $\boldsymbol{x}/(\boldsymbol{x}^2 + a)$ の第 j 成分とみることができる．p_j と $u_{j,a}$ は非可換であるので，一般化された意味での不確定性関係が導かれる．要するに不等式 (2.107) はこの不確定性関係の一つの帰結なのである．

定理 2.70 $V : \mathbb{R}^3 \to \mathsf{H}_4(\mathbb{C})$ とし，次の条件を満たすとする：

$$\|V(\boldsymbol{x})\|^2 \leq \frac{a^2}{|\boldsymbol{x}|^2} + b^2, \quad \forall \boldsymbol{x} \in \mathbb{R}^3 \setminus \{0\}. \tag{2.108}$$

ただし，$\|V(\boldsymbol{x})\|$ は $V(\boldsymbol{x}) : \mathbb{C}^4 \to \mathbb{C}^4$ の作用素ノルムであり，a, b は定数で $0 \leq a < 1/2$，$b \geq 0$ を満たすとする．このとき，$H_{\mathrm{D}} + V$ は $\mathsf{C}_0^\infty(\mathbb{R}^3)^4$ 上で本質的に自己共役である．

証明 条件 (2.108) と不確定性原理の補題を用いると任意の $\psi \in \cap_{j=1}^3 \mathsf{D}(D_j)$ に対して，$\|V\psi\|^2 \leq 4a^2\|\nabla\psi\|^2 + b^2\|\psi\|^2$ と評価できる．これと $\|H_{\mathrm{D}}\psi\|^2 = \|\nabla\psi\|^2 + m^2\|\psi\|^2$ ([6] の補題 3.29) を用いると，$\|V\psi\| \leq 2a\|H_{\mathrm{D}}\psi\| + b\|\psi\|$ が得られる．仮定により，$0 \leq 2a < 1$ であるから，加藤–レリッヒの定理により，題意がしたがう． ■

水素様原子を相対論的に扱う場合のハミルトニアンは

$$\mathbb{D}_{\mathrm{hyd}}(Z) := H_{\mathrm{D}} - \frac{Ze^2}{|\boldsymbol{x}|} = -i\boldsymbol{\alpha} \cdot \nabla + m\beta - \frac{Ze^2}{|\boldsymbol{x}|} \tag{2.109}$$

で与えられる ($Z > 0, e > 0$ はそれぞれ，原子番号，電気素量 (基本電荷) を表すパラメーター)．$V(\boldsymbol{x}) = -Ze^2/|\boldsymbol{x}|$ として，定理 2.70 を応用することができ，次の結果を得る．

系 2.71 $0 < Ze^2 < 1/2$ ならば $\mathbb{D}_{\mathrm{hyd}}(Z)$ は $\mathsf{C}_0^\infty(\mathbb{R}^3)^4$ 上で本質的に自己共役である．

注意 2.19 e に物理的な数値を代入すると，条件 $Ze^2 < 1/2$ は $Z \leq 68$ を意味する．証明は省略するが，$Ze^2 > \sqrt{3}/2$ ($Z > 118$) ならば，$\mathbb{D}_{\mathrm{hyd}}(Z)$ は本質

的に自己共役でないことが知られている*45. これらの事実は, 非相対論的なハミルトニアン $H_{\mathrm{hyd}}(Z)$ の本質的自己共役性—これに関しては, 原子番号 Z に制限がつかない (2.3.5 項 a) — との対比において興味深い.

付録 B 作用素の和が閉であるための条件

定理 B.1 A, B をヒルベルト空間 H からヒルベルト空間 K への閉作用素とする. このとき, $A+B$ が閉であるための必要十分条件は, 定数 $C \geq 0$ が存在して

$$\|A\Psi\| + \|B\Psi\| \leq C(\|(A+B)\Psi\| + \|\Psi\|), \quad \forall\Psi \in \mathsf{D}(A) \cap \mathsf{D}(B) \qquad \text{(B.1)}$$

が成り立つことである.

証明 (必要性) $A+B$ は閉であるとしよう. したがって, そのグラフ $\mathsf{G}(A+B) = \{(\Psi, (A+B)\Psi) | \Psi \in \mathsf{D}(A+B) = \mathsf{D}(A) \cap \mathsf{D}(B)\} \subset \mathsf{H} \oplus \mathsf{K}$ は閉部分空間である ([5] の p.104, 命題 2.6). したがって, それは $\mathsf{H} \oplus \mathsf{K}$ の内積でヒルベルト空間である. そこで, 写像 $J : \mathsf{G}(A+B) \to \mathsf{K}$ を

$$J(\Psi, (A+B)\Psi) := A\Psi, \quad \Psi \in \mathsf{D}(A+B)$$

によって定義する. J は閉作用素であることを示そう. J の線形性は容易にわかる. $\Phi_n = (\Psi_n, (A+B)\Psi_n), \Phi = (\Psi, (A+B)\Psi) \in \mathsf{G}(A+B)$ について, $\lim_{n\to\infty} \Phi_n = \Phi, \lim_{n\to\infty} J\Phi_n = \eta \in \mathsf{K}$ としよう. このとき, $\lim_{n\to\infty} \Psi_n = \Psi, \lim_{n\to\infty} A\Psi_n = \eta$. A は閉であるから, $A\Psi = \eta$. したがって, $J\Phi = \eta$. ゆえに J は閉である. $\mathsf{D}(J) = \mathsf{G}(A+B)$ であるから, 閉グラフ定理 ([5] の p.110, 定理 2.15) により, J は有界. したがって, 定数 $C_1 \geq 0$ があって

$$\|A\Psi\| \leq C_1 \|(\Psi, (A+B)\Psi)\| \leq C_1(\|(A+B)\Psi\| + \|\Psi\|), \quad \Psi \in \mathsf{D}(A+B).$$

同様に, B についても, 定数 $C_2 \geq 0$ があって

$$\|B\Psi\| \leq C_2(\|(A+B)\Psi\| + \|\Psi\|), \quad \Psi \in \mathsf{D}(A+B)$$

が成り立つ. ゆえに, $C = C_1 + C_2$ とすれば, (B.1) が成り立つ.

(十分性) (B.1) が成り立つとする. $\Psi_n \in \mathsf{D}(A+B)$ が $\lim_{n\to\infty} \Psi_n = \Psi \in \mathsf{H}, \lim_{n\to\infty}(A+B)\Psi_n = \Phi \in \mathsf{K}$ を満たしているとしよう. このとき, (B.1) によっ

*45 文献については, [16] の Section 4.3 に関するノート (p.305~p.306) を参照.

て，$\{A\Psi_n\}_n, \{B\Psi_n\}_n$ はいずれも基本列 (コーシー列) をなす．したがって，ベクトル $\eta, \chi \in \mathsf{K}$ があって $\lim_{n\to\infty} A\Psi_n = \eta, \lim_{n\to\infty} B\Psi_n = \chi$．$A$ の閉性により，$\Psi \in \mathsf{D}(A)$ かつ $A\Psi = \eta$．同様に B の閉性は $\Psi \in \mathsf{D}(B)$ かつ $B\Psi = \chi$ を意味する．したがって，$\Psi \in \mathsf{D}(A) \cap \mathsf{D}(B) = \mathsf{D}(A+B)$ かつ $(A+B)\Psi = \eta + \chi = \Phi$．よって，$A+B$ は閉である．■

付録 C　閉対称作用素の基本的性質

この付録では，閉対称作用素の基本的な性質をみておく．以下，H は複素ヒルベルト空間であるとする．

補題 C.1　M, N を H の閉部分空間とし，$\dim \mathsf{M} > \dim \mathsf{N}$ が成り立つとする．このとき，$\mathsf{M} \cap \mathsf{N}^{\perp} \neq \{0\}$．

証明　N への正射影作用素を P_{N} とし，写像 $T : \mathsf{M} \to \mathsf{N}$ を $T(\Psi) := P_{\mathsf{N}}\Psi$, $\Psi \in \mathsf{M}$ によって定義する．明らかに T は有界線形である．補題の主張の対偶を証明しよう．そこで $\mathsf{M} \cap \mathsf{N}^{\perp} = \{0\}$ とする．このとき，T は単射である ($\because$ $T\Psi = 0$ ならば $P_{\mathsf{N}}\Psi = 0$．したがって，$\Psi \in \mathsf{N}^{\perp}$．ゆえに $\Psi \in \mathsf{M} \cap \mathsf{N}^{\perp}$ であるから，$\Psi = 0$)．これは，$\dim \mathsf{M} \leq \dim \mathsf{N}$ を意味する．■

定理 C.2　A を H 上の閉対称作用素とし

$$\Pi_+ := \{z \in \mathbb{C} \mid \operatorname{Im} z > 0\} \text{ (上半平面)}, \tag{C.1}$$

$$\Pi_- := \{z \in \mathbb{C} \mid \operatorname{Im} z < 0\} \text{ (下半平面)} \tag{C.2}$$

とおく．次の (i)〜(iii) が成立する：

(i) $\dim \ker(A^* - z)$ は Π_+ において $z \in \Pi_+$ によらず一定である．

(ii) $\dim \ker(A^* - z)$ は Π_- において $z \in \Pi_-$ によらず一定である．

(iii) A のスペクトル $\sigma(A)$ は次の 4 つの集合のうちどれか一つである．

(a) $\overline{\Pi}_+$．(b) $\overline{\Pi}_-$．(c) $\mathbb{C}$．(d) $\mathbb{R}$ の閉部分集合．

証明　(i) および (ii)．$z \in \mathbb{C} \setminus \mathbb{R}$ とし，$z = x + iy$ $(x, y \in \mathbb{R})$ と記す．次の事実を思い出しておく ([5] の p.140, 補題 2.39)：(1) $\|(A-z)\Psi\| \geq |y|\|\Psi\|$, $\Psi \in \mathsf{D}(A)$；(2) $\mathsf{R}(A-z)$ は閉．(2) と [5] の p.138, 補題 2.37 によって

$$\mathsf{H} = \ker(A^* - z) \oplus \mathsf{R}(A - z^*) \tag{C.3}$$

が成り立つ．

さて，$w \in \mathbb{C}$ を $|w| < |y|$ を満たす任意の複素数とし，$\Psi \in \ker(A^* - z - w), \Psi \neq 0$ $(w \in \mathbb{C} \setminus \mathbb{R})$ とする．したがって，$\Psi \in \mathsf{D}(A^*)$ かつ $(A^* - z - w)\Psi = 0$．仮に $\Psi \in [\ker(A^* - z)]^\perp$ としよう．このとき，(C.3) より，$\Psi \in \mathsf{R}(A - z^*)$ であるから，$\Psi = (A - z^*)\Phi$ となる $\Phi \in \mathsf{D}(A)$ がある．したがって

$$0 = \left\langle (A^* - z - w)\Psi, \Phi \right\rangle = \left\langle \Psi, (A - z^*)\Phi \right\rangle - w^* \langle \Psi, \Phi \rangle$$
$$= \|\Psi\|^2 - w^* \langle \Psi, \Phi \rangle.$$

ゆえに，$\|\Psi\|^2 \leq |w| \|\Psi\| \|\Phi\| \leq (|w|/|y|) \|\Psi\|^2$ $(\because (1))$．だが，これは矛盾である．したがって，$\Psi \notin [\ker(A^* - z)]^\perp$．ゆえに補題 C.1 によって，$|w| < |y|$ ならば，$\dim\ker(A^* - z - w) \leq \dim\ker(A^* - z)$．同様に，$|w| < |y|/2$ ならば，$\dim\ker(A^* - z) \leq \dim\ker(A^* - z - w)$ がわかる．ゆえに

$$\dim\ker(A^* - z) = \dim\ker(A^* - z - w), \quad |w| < \frac{|y|}{2}.$$

これは，$\dim\ker(A^* - z)$ が $\mathbb{C} \setminus \mathbb{R}$ において局所的に一定であることを示す．ゆえに，それは，Π_+ および Π_- でそれぞれ一定である ($\dim(A^* - z)$ $(z \in \Pi_+)$ と $\dim(A^* - z')$ $(z' \in \Pi_-)$ は同じとは限らない)．

(iii) $\mathrm{Im}\, z \neq 0$ のとき，(1) によって，$A - z$ は単射である．これが全射になるのは，(C.3) によって，$\ker(A^* - z^*) = \{0\}$ のとき，かつこのときに限る．したがって，ある $z_0 \in \Pi_+$ が $\rho(A)$ に属するならば，(ii) によって，任意の $w \in \Pi_-$ に対して，$\ker(A^* - w) = \{0\}$．ゆえに，$A - w^*$ は全単射である．すなわち，$w^* \in \rho(A)$．したがって，ある $z_0 \in \Pi_+$ が $\rho(A)$ の元ならば，$\Pi_+ \subset \rho(A)$．同様にある $w_0 \in \Pi_-$ が $\rho(A)$ の元ならば，$\Pi_- \subset \rho(A)$．この事実と $\sigma(A)$ が閉であることを考慮すると題意にいう場合分けがでる． ■

注意 C.1 定理 C.2-(iii) は次のことを意味する：閉対称作用素 A が自己共役でないならば，$\sigma(A)$ は $\overline{\Pi}_+$，$\overline{\Pi}_-$，$\mathbb{C}$ のうちどれか一つに等しい．これはたいへん興味深い事実である．

前著 [6] の定理 2.42 (p.143) で証明したように，A が自己共役であるための必要十分条件は $\sigma(A) \subset \mathbb{R}$ が成り立つことである．上の定理では，自己共役でない閉対称作用素のスペクトルの構造がどうなっているかをみたわけである．

A が対称作用素であるとき，$A^* = (\bar{A})^*$ であるから，定理 C.2-(i), (ii) によって，非負整数の組 $(n_+(A), n_-(A))$ を

$$n_+(A) := \dim\ker(A^* - z) = \dim\ker(A^* - i), \quad z \in \Pi_+, \tag{C.4}$$
$$n_-(A) := \dim\ker(A^* - z) = \dim\ker(A^* + i), \quad z \in \Pi_- \tag{C.5}$$

によって定義できる．これらを A の**不足指数** (deficiency index) と呼ぶ．

付録 D　閉対称作用素が自己共役拡大をもつ条件

付録 C で導入した不足指数を用いて，対称作用素が自己共役拡大をもつ条件を特徴づけることができる．まず，次のことを想起しておく．前著 [5] の p.144，定理 2.44 で証明したように，対称作用素 A が本質的に自己共役であることと $n_+(A) = n_-(A) = 0$ は同値である．

一般に，ヒルベルト空間 H からヒルベルト空間 K へのユニタリ変換の全体を $\mathsf{U}(\mathsf{H}, \mathsf{K})$ と記す．

定理 D.1　A を H 上の対称作用素とし，$\mathsf{K}_+ := \ker(A^* - i)$，　$\mathsf{K}_- := \ker(A^* + i)$ とおく．$n_+(A) = n_-(A) \neq 0$ と仮定する．このとき，各 $V \in \mathsf{U}(\mathsf{K}_+, \mathsf{K}_-)$ に対して，A の自己共役拡大 A_V で $V_1 \neq V_2$ $(V_1, V_2 \in \mathsf{U}(\mathsf{K}_+, \mathsf{K}_-))$ ならば $A_{V_1} \neq A_{V_2}$ を満たすものが存在する．

証明　A は閉として一般性を失わない．A のケーリー変換を W とする [5, p.220]：

$$W : \mathsf{R}(A + i) \to \mathsf{H}, \quad W(A + i)\Psi = (A - i)\Psi, \Psi \in \mathsf{D}(A).$$

(C.3) により，$\mathsf{H} = \ker(A^* - i) \oplus \mathsf{R}(A + i) = \ker(A^* + i) \oplus \mathsf{R}(A - i)$ であるから，H 上のユニタリ作用素 U_V を $U_V := V \oplus W$ によって定義できる．このとき，$\ker(I - U_V) = \{0\}$ がわかる．したがって，[5] の定理 2.78 (p.221) により

$$A_V := i(I + U_V)(I - U_V)^{-1} \quad [\mathsf{D}(A_V) := \mathsf{R}(I - U_V)]$$

とすれば，これは自己共役作用素である．$\mathsf{D}(A) = \mathsf{R}(I - W)$ であるから，任意の $\Psi \in \mathsf{D}(A)$ に対して，$\Psi = (I - W)\Phi$ となる $\Phi \in \mathsf{R}(A + i)$ がある．$(I - W)\Phi = (I - U_V)\Phi$ であるから，$\Psi \in \mathsf{D}(A_V)$ である．このとき，$(I - U_V)^{-1}\Psi = \Phi$ であるから，$A_V\Psi = i(I + W)\Phi = A\Psi$ (任意の $\eta \in \mathsf{R}(A + i)$ に対して，$A(I - W)\eta = i(I + W)\eta$ に注意)．したがって，A_V は A の拡大である．

$A_{V_1} = A_{V_2}$ ならば，[5] の定理 2.78 (p.221) によって，$U_{V_1} = U_{V_2}$．これは $V_1 = V_2$ を意味する．■

注意 D.1　逆に，対称作用素 A が自己共役拡大 $\tilde{A}$ をもつならば，$n_+(A) = n_-(A)$ である．これは，$n_+(A)$, $n_-(A) \neq 0$ の場合，$\tilde{A}$ のケーリー変換を $\tilde{U}$ とすれば，$V := \tilde{U}|\mathsf{K}_+$ が $\mathsf{U}(\mathsf{K}_+, \mathsf{K}_-)$ の元であることを示すことによって証明される．

注意 D.2　定理 D.1 は次のことを意味する．対称作用素 A は本質的に自己共役でないとしよう．したがって，$n_+(A) \neq 0$ または $n_-(A) \neq 0$ が成り立つ．もし，

$n_+(A) = n_-(A)$ ならば，定理 D.1 によって，A は自己共役拡大をもつが，$\mathsf{U}(\mathsf{K}_+, \mathsf{K}_-)$ の濃度は非可算無限であるので，A の自己共役拡大は非可算無限個存在する．このような例の一つは，すでに [5] の 2 章，2.3.8 項で論じた．

注意 D.3　定理 D.1 と注意 D.1 によって，$n_+(A) \neq n_-(A)$ となる対称作用素 A は自己共役拡大をもたない．

系 D.2　対称作用素 A がただ一つの自己共役拡大をもつならば，A は本質的に自己共役である．

証明　対偶を示そう．そこで，A は本質的に自己共役でないとする．この場合，$n_+(A) \geq 1$ または $n_-(A) \geq 1$．$n_+(A) \neq n_-(A)$ ならば，上の注意 D.3 によって，A は自己共役拡大をもたない．他方，$n_+(A) = n_-(A)$ の場合には，注意 D.2 により，A は非可算無限個の自己共役拡大をもつ．よって，「A はただ一つの自己共役拡大をもつ」の否定が示されたことになる．■

例 D.1　$\mathbb{R}_+ := (0, \infty)$ とし，ヒルベルト空間

$$\mathsf{L}^2(\mathbb{R}_+) := \left\{ f : \mathbb{R}_+ \to \mathbb{C}\,;\text{ボレル可測} \middle| \int_{\mathbb{R}_+} |f(r)|^2 dr < \infty \right\}$$

において，作用素 p_r を次のように定義する：

$$\mathsf{D}(p_r) := \mathsf{C}_0^\infty(\mathbb{R}_+). \quad (p_r f)(r) := -if'(r), \quad f \in \mathsf{D}(p_r).$$

このとき，p_r は対称作用素であるが，自己共役拡大をもたない．

証明　$n_+(p_r) = 1, n_-(p_r) = 0$ を証明する (このとき，注意 D.3 によって，主張がしたがう)．$g \in \ker(p_r^* - i)$ としよう．このとき，任意の $f \in \mathsf{C}_0^\infty(\mathbb{R}_+)$ に対して，$\langle g, -if' + if \rangle = 0$．したがって，$\int_{\mathbb{R}_+} g(r)^* f'(r) dr = \int_{\mathbb{R}_+} g(r)^* f(r) dr$．したがって，超関数の意味で $Dg = -g$．$g \in \mathsf{L}^2(\mathbb{R}_+)$ であるから，積分に関するシュヴァルツの不等式を用いることにより，各 $r > 0$ に対して，$u(r) := -\int_0^r g(s) ds$ は有限であることが示される．さらに，$u(r)$ はルベーグ測度についてほとんどいたるところの r に対して微分可能であり，$Du(r) = -g(r)$ が成り立つ．したがって，$D(g - u) = 0$．これと一般化された微分法の定理により ([12] の p.127, 定理 6.20)，$g(r) = u(r) + c$ を得る (c は定数)．ゆえに，$g(r) = -\int_0^r g(s) ds + c$．右辺は r の連続関数であるから，したがって，g は連続関数である．すると g はすべての $r > 0$ で微分可能であり，$g'(r) = -g(r)$ が成り立つことになる．この微分方程式の解は $g(r) = ke^{-r}$ という形に限られる (k は定数)．また，この g が確かに $\ker(p_r^* - i)$ の元であることもわかる．よって，$n_+(p_r) = 1$．

次に $h \in \ker(p_r^* + i)$ とすれば，前段と同様の議論によって，h は微分可能であり，$h'(r) = h(r)$ がわかる．この微分方程式の解は $h(r) = ke^r$ に限られる．しかし，これは $k = 0$ のときのみ，$\mathsf{L}^2(\mathbb{R}_+)$ の元である．よって，$n_-(p_r) = 0$. ■

次に，対称作用素の不足指数が一致する (したがって，自己共役拡大の存在が保証される) 有用な十分条件を一つ定式化しておく．

定義 D.3　写像 $J : \mathsf{H} \to \mathsf{H}$ を共役子 ([6], p.458)，A を H 上の線形作用素とする．任意の $\Psi \in \mathsf{D}(A)$ に対して，$J\Psi \in \mathsf{D}(A)$ であり，$AJ\Psi = JA\Psi$ が成り立つとき，A を J に関する**実作用素** (real operator) という．この場合，単に A は $\boldsymbol{J}$ **に関して実であるともいう**．

注意 D.4　A が J に関する実作用素ならば，容易に確かめられるように，実は $J\mathsf{D}(A) = \mathsf{D}(A)$ である．

補題 D.4　稠密に定義された線形作用素 A が共役子 J に関して実ならば，A^* も共役子 J に関して実である．

証明　任意の $\Psi \in \mathsf{D}(A^*)$ と $\Phi \in \mathsf{D}(A)$ に対して，$\langle J\Psi, A\Phi\rangle = \langle JA\Phi, \Psi\rangle = \langle AJ\Phi, \Psi\rangle = \langle J\Phi, A^*\Psi\rangle = \langle JA^*\Psi, \Phi\rangle$．最初と最後の式によって，$J\Psi \in \mathsf{D}(A^*)$ かつ $A^*J\Psi = JA^*\Psi$ がしたがう．したがって，A^* は J に関して実である． ■

定理 D.5　**(フォン・ノイマンの定理)** A を H 上の対称作用素とし，A は共役子 J に関して実作用素であるとする．このとき，$n_+(A) = n_-(A)$ が成り立つ．さらに，A は J に関して実の自己共役拡大をもつ．

証明　補題 D.4 によって，A^* も J に関して実である．これを用いると，任意の $\Psi \in \mathsf{K}_\pm := \ker(A^* \mp i)$ に対して，$J\Psi \in \mathsf{K}_\mp$ がわかる．したがって，J は $\mathsf{K}_\pm$ から $\mathsf{K}_\mp$ への全単射である．これは $n_+(A) = n_-(A)$ を意味する．したがって，定理 D.1 によって，各 $V \in \mathsf{U}(\mathsf{K}_+, \mathsf{K}_-)$ に対して，A の自己共役拡大 A_V で $V_1 \neq V_2$ $(V_1, V_2 \in \mathsf{U}(\mathsf{K}_+, \mathsf{K}_-))$ ならば $A_{V_1} \neq A_{V_2}$ を満たすものが存在する．K_+ の任意の CONS$\{e_n\}_n$ に対して，$V \in \mathsf{U}(\mathsf{K}_+, \mathsf{K}_-)$ で $Ve_n = Je_n$ を満たすものが存在し，$JV\Psi = V^*J\Psi, \Psi \in \mathsf{K}_+$ が成り立つ．また，A の J に関する実性を用いると，A のケーリー変換 W についても $JW\Phi = W^*J\Phi, \Phi \in \mathsf{R}(A + i)$ が成り立つ．これらの事実を用いると，定理 D.1 の証明におけるユニタリ作用素 U_V は $JU_V = U_V^* J$ を満たすことがわかる．これは A_V の J に関する実性を導く． ■

付録 E　交換子に関する基本公式

H を複素ヒルベルト空間，A, B, C, S, T を H 上の線形作用素とする．

部分集合 $\mathsf{D} \subset \mathsf{D}(S) \cap \mathsf{D}(T)$ があって，すべての $\Psi \in \mathsf{D}$ に対して，$S\Psi = T\Psi$ が成り立つとき，「D 上で $S = T$ が成り立つ」といい，このことを「$S = T$ (D 上)」というふうにも記す．

線形作用素の交換子 $[S, T] := ST - TS$ に関する以下の関係式を証明するのは容易である ($\alpha, \beta \in \mathbb{C}$ は任意)．

$$[A, B] = -[B, A] \quad (\mathsf{D}([A, B]) \text{ 上}), \tag{E.1}$$

$$[A, \alpha B + \beta C] = \alpha[A, B] + \beta[A, C] \ (\mathsf{D}([A, B]) \cap \mathsf{D}([A, C]) \text{ 上}), \tag{E.2}$$

$$[\alpha A + \beta B, C] = \alpha[A, C] + \beta[B, C] \ (\mathsf{D}([A, C]) \cap \mathsf{D}([B, C]) \text{ 上}), \tag{E.3}$$

$$[A, BC] = [A, B]C + B[A, C] \quad (\mathsf{D}([A, B]C) \cap \mathsf{D}(B[A, C]) \text{ 上}), \tag{E.4}$$

$$[AB, C] = A[B, C] + [A, C]B \quad (\mathsf{D}(A[B, C]) \cap \mathsf{D}([A, C]B) \text{ 上}). \tag{E.5}$$

命題 E.1　$n \in \mathbb{N}$, $\mathsf{D}_n \subset \cap_{j=0}^{n-1}[\mathsf{D}(B^j AB^{n-j}) \cap \mathsf{D}(B^{j+1}AB^{n-j-1})]$ とする．このとき

$$[A, B^n] = \sum_{j=0}^{n-1} B^j[A, B]B^{n-j-1} \quad (\mathsf{D}_n\text{上}) \tag{E.6}$$

が成り立つ．

証明　$n = 1$ のときは明らか．$n = m \in \mathbb{N}$ のとき，(E.6) が成り立つとしよう．このとき，D_{m+1} 上で

$$\begin{aligned} [A, B^{m+1}] &= [A, BB^m] = [A, B]B^m + B[A, B^m] \ (\because \text{(E.4)}) \\ &= [A, B]B^m + \sum_{j=0}^{m-1} B^{j+1}[A, B]B^{m-j-1}. \end{aligned}$$

最後の式は，$k = j + 1$ として，和を書き直せば，$n = m + 1$ の場合の (E.6) に等しいことがわかる．したがって，(E.6) は $n = m + 1$ の場合も成立する．　■

系 E.2　$n \in \mathbb{N}$, $\mathsf{D}_n \subset \cap_{j=0}^{n-1}[\mathsf{D}(B^j AB^{n-j}) \cap \mathsf{D}(B^{j+1}AB^{n-j-1})]$ とする．定数 $c \in \mathbb{C}$ があって $[A, B] = cI$ ($\mathsf{D}(AB) \cap \mathsf{D}(BA)$ 上) とする．このとき

$$[A, B^n] = ncB^{n-1} \quad (\mathsf{D}_n\text{上}) \tag{E.7}$$

が成り立つ．

証明　(E.6) の右辺の $[A, B]$ に cI を代入すればよい．■

例 E.1　$\mathsf{L}^2(\mathbb{R}^d)$ において，$\mathsf{D} \subset \mathsf{D}(x_j D_k^2) \cap \mathsf{D}(D_k x_j D_k) \cap \mathsf{D}(D_k^2 x_j)$ ならば

$$[x_j, D_k^2] = -2\delta_{jk} D_k \quad (\mathsf{D}\ \text{上}), j, k = 1, \cdots, d.$$

ノ　ー　ト

本章の主眼は，量子力学において現れる (あるいは現れる可能性のある) 諸々の物理量の候補の (本質的) 自己共役性を証明するためのいくつかの基本的方法および準双線形形式による自己共役拡大の構成法を論述することにあった．自己共役性の問題については，本章で取り上げた事実の他にも非常に多くの結果が得られている．これらについては，[14] の X 章や [15] 等を参照されたい．量子力学や量子場の理論において，新たなモデルを考察の対象とし，モデルの有する物理量の候補について，その (本質的) 自己共役性を証明する際に，従来の方法が適用できる場合とそうでない場合がありうる．後者の場合，本質的に新しい方法が必要とされる．このようにして，自己共役性の問題は，量子場の理論を含む広範な領域において重要な主題の一つであり続けている．

第 2 章　演習問題

1. 命題 2.14 を証明せよ．

2. $\mathsf{V}_1, \mathsf{V}_2$ を $\mathbb{R}^\nu$ 上のボレル関数の集合とし，$\mathsf{V}_1 + \mathsf{V}_2 := \{f + g | f \in \mathsf{V}_1, g \in \mathsf{V}_2\}$ とおく．このとき，$\mathsf{V}_1, \mathsf{V}_2$ がスケール不変ならば，$\mathsf{V}_1 + \mathsf{V}_2$ もスケール不変であることを示せ．

3. $p, q \geq 1$ ならば，関数空間 $\mathsf{L}^p(M, d\mu) + \mathsf{L}^q(M, d\mu)$, $\mathsf{L}^p_{\mathrm{real}}(M, d\mu) + \mathsf{L}^q_{\mathrm{real}}(M, d\mu)$ はそれぞれ，複素ベクトル空間，実ベクトル空間であることを示せ．

4. 関数 $V(x) = Kx^2/2$, $x \in \mathbb{R}$ $(K > 0:$ 定数$)$ による ($\mathsf{L}^2(\mathbb{R})$ における) かけ算作用素 V は 1 次元ラプラシアン Δ に関して相対的に有界ではないことを示せ．

5. 多項式型ポテンシャル

$$P(x) = a_n x^n + a_{n-1} x^{n-1} + \cdots + a_1 x \quad (n \geq 3, a_n \neq 0, a_j \in \mathbb{R}, j = 1, \cdots, n)$$

による ($\mathsf{L}^2(\mathbb{R})$ における) かけ算作用素 P は 1 次元ラプラシアン Δ に関して相対的に有界ではないことを示せ.

6. n を任意の自然数, $\lambda > 0$ を定数とし, $P_{2n}(\boldsymbol{x}) := \lambda|\boldsymbol{x}|^{2n}$, $\boldsymbol{x} \in \mathbb{R}^d$ とおく. 系 2.29 によって, $H_{2n} := -\Delta + P_{2n}$ は $\mathsf{C}_0^\infty(\mathbb{R}^d)$ 上で本質的に自己共役である. 以下の手順で, $\bar{H}_{2n} = H_{2n}$, すなわち, H_{2n} は $\mathsf{D}(\Delta) \cap \mathsf{D}(P_{2n}) = \mathsf{D}(\Delta) \cap \mathsf{D}(|\boldsymbol{x}|^{2n})$ 上で自己共役であることを証明せよ. $p_j := -iD_j$ とおく.

(i) 任意の $f \in \mathsf{C}_0^\infty(\mathbb{R}^d)$ に対して

$$\mathrm{Re}\,\langle -\Delta f, P_{2n} f\rangle \geq -n(2(n-1)+d)\left\langle f, P_{2(n-1)} f\right\rangle$$

を示せ.

(ii) (i) を用いて, 任意の $f \in \mathsf{C}_0^\infty(\mathbb{R}^d)$ に対して

$$\begin{aligned}\|H_{2n} f\|^2 \geq \|-\Delta f\|^2 - 2n(2(n-1)+d)\left\langle f, P_{2(n-1)} f\right\rangle \\ + \|P_{2n} f\|^2\end{aligned}$$

を示せ.

(iii) 任意の $\varepsilon \in (0,1)$ に対して, 定数 $b_\varepsilon \geq 0$ が存在して

$$\varepsilon P_{2n}(\boldsymbol{x})^2 - 2n(2(n-1)+d)P_{2(n-1)}(\boldsymbol{x}) \geq -b_\varepsilon, \quad \boldsymbol{x} \in \mathbb{R}^d$$

が成り立つことを示せ. $n = 1$ のときは, $b_\varepsilon = 2d\lambda$ にとれることを示せ.

(iv) (ii), (iii) から

$$\|-\Delta f\|^2 + (1-\varepsilon)\|P_{2n} f\|^2 \leq \|H_{2n} f\|^2 + b_\varepsilon \|f\|^2, \quad f \in \mathsf{C}_0^\infty(\mathbb{R}^d)$$

を示せ. $n = 1$ のときは, $\varepsilon = 0$, $b_\varepsilon = 2d\lambda$ にとれることを示せ.

(v) (iv) と $\mathsf{C}_0^\infty(\mathbb{R}^d)$ が H_{2n} の芯であること (系 2.29) を用いて, $\psi \in \mathsf{D}(\bar{H}_{2n})$ ならば, $\psi \in \mathsf{D}(-\Delta) \cap \mathsf{D}(P_{2n})$ かつすべての $\psi \in \mathsf{D}(-\Delta) \cap \mathsf{D}(P_{2n})$ に対して不等式

$$\|-\Delta\psi\|^2 + (1-\varepsilon)\|P_{2n}\psi\|^2 \leq \|(-\Delta + P_{2n})\psi\|^2 + b_\varepsilon\|\psi\|^2$$

が成り立つことを証明せよ.

(vi) (v) と系 2.29 によって, $-\Delta + P_{2n}$ は $\mathsf{D}(-\Delta) \cap \mathsf{D}(P_{2n}) = \mathsf{D}(-\Delta) \cap \mathsf{D}(|\boldsymbol{x}|^{2n})$ 上で自己共役であることを証明せよ.

7. ボレル可測関数 $V : \mathbb{R}^d \to \mathbb{R}$ について，$\mathsf{C}_0^\infty(\mathbb{R}^d) \subset \mathsf{D}(V)$ であるための必要十分条件は $V \in \mathsf{L}^2_{\rm loc}(\mathbb{R}^d)$ であることを示せ．

8. $d \le 3$ ならば，$\mathsf{L}^2(\mathbb{R}^d)$ において，$\mathsf{D}(\Delta)$ の任意の元は連続関数と同一視できることを示せ．

9. V は定理 2.31 と同じ条件にしたがうとする．$\boldsymbol{E} \in \mathbb{R}^d$ を定ベクトル，$q \in \mathbb{R}$ を定数とし，$W(\boldsymbol{x}) = -q\boldsymbol{E}\cdot\boldsymbol{x}$ とする[*46]．

(i) 任意の $\varepsilon > 0$ に対して，不等式 $|W(\boldsymbol{x})|^2 \le \varepsilon|\boldsymbol{x}|^4 + |q|^4|\boldsymbol{E}|^4/(4\varepsilon)$, $\boldsymbol{x} \in \mathbb{R}^d$ が成り立つことを示せ．

(ii) 任意の $\psi \in \mathsf{D}(|\boldsymbol{x}|^2)$ に対して

$$\|W\psi\| \le \sqrt{\varepsilon}\|\boldsymbol{x}^2\psi\| + \frac{|q|^2|\boldsymbol{E}|^2}{2\sqrt{\varepsilon}}\|\psi\|$$

を示せ．ここで，$\varepsilon > 0$ は任意の正の定数でよい．

(iii) 次の事実を証明せよ：$0 \le a < 1$ ならば，$-\Delta + V - q\boldsymbol{E}\cdot\boldsymbol{x} + \lambda|\boldsymbol{x}|^2$ は任意の $\lambda > 0, q \in \mathbb{R}, \boldsymbol{E} \in \mathbb{R}^d$ に対して，$\mathsf{D}(\Delta) \cap \mathsf{D}(|\boldsymbol{x}|^2)$ 上で自己共役であり，下に有界である．また，それは $\mathsf{C}_0^\infty(\mathbb{R}^d)$ 上で本質的に自己共役である．

10. 定理 2.35 の作用素 $H_{\lambda,\boldsymbol{a}}(\boldsymbol{a} \neq 0)$ は上にも下にも有界でないことを示せ．

ヒント：次の性質をもつ，$\mathbb{R}$ 上の関数 ρ をとる：(i) $\rho \in \mathsf{C}_0^\infty(\mathbb{R})$; (ii) $\rho(t) \ge 0$, $\rho(t) = \rho(-t)$, $(t \in \mathbb{R})$; (iii) $|t| \ge 1 \Longrightarrow \rho(t) = 0$; (iv) $\int_{\mathbb{R}} \rho(t)^2 dt = 1$. 整数の組 $\boldsymbol{n} = (n_1, n_2, n_3)$ に対して関数 $\psi_{\boldsymbol{n}}(\boldsymbol{x}) := \rho(x_1 + n_1)\rho(x_2 + n_2)\rho(x_3 + n_3)$ を導入する．このとき，$\psi_{\boldsymbol{n}} \in \mathsf{C}_0^\infty(\mathbb{R}^3)$, $\|\psi_{\boldsymbol{n}}\| = 1$ である．適当な部分列 $\{\boldsymbol{n}(k)\}_k$ をとれば，$\left\langle \psi_{\boldsymbol{n}(k)}, H_{\lambda,\boldsymbol{a}}\psi_{\boldsymbol{n}(k)} \right\rangle \to -\infty$ $(k \to \infty)$ となることを示せ．$H_{\lambda,\boldsymbol{a}}$ が上に有界でないことも同様にして証明される．

11. 例 2.10 の準双線形形式 s_δ は閉ではないことを証明せよ．

12. $\mathsf{L}^2(\Omega)$ (Ω は $\mathbb{R}^d$ の開集合) における一般化されたディリクレ境界条件付きラプラシアン $\Delta_{\rm D}$(例 2.11) について，$\inf\sigma(-\Delta_{\rm D}) > 0$ [したがって，$0 \notin \sigma_{\rm p}(-\Delta_{\rm D})$] を証明せよ．

[*46] $d = 3$ の場合における，$\boldsymbol{E}$ の物理的な例の一つは空間的に一様な電場である．この場合，W は電荷 q をもつ粒子に作用素する電場 $\boldsymbol{E}$ によるポテンシャル，すなわち，電位を表す．

13. 定数 $L>0$ を任意にとり，有限開区間 $(-L/2, L/2)$ における一般化されたディリクレ境界条件つきラプラシアンを $\Delta_{\mathrm{D}}^{(L)}$ とする [枠となるヒルベルト空間は $\mathsf{L}^2(-L/2, L/2) := \mathsf{L}^2((-L/2, L/2))$] (例 2.11 で $d=1$, $\Omega=(-L/2, L/2)$ の場合).

(i) $\mathsf{C}_0^2((-L/2, L/2)) \subset \mathsf{D}(-\Delta_{\mathrm{D}}^{(L)})$ かつ $-\Delta_{\mathrm{D}}^{(L)} f = -f''$, $f \in \mathsf{C}_0^2((-L/2, L/2))$ を示せ.

(ii)

$$\mathsf{D}_0^2(-L/2, L/2) := \{f \in \mathsf{C}^2((-L/2, L/2)) \mid \lim_{x\to\pm L/2} f(x)=0,\ \lim_{x\to\pm L/2} f'(x) \text{ が存在 }\}$$

とおく．このとき，$\mathsf{D}_0^2(-L/2, L/2) \subset \mathsf{D}(-\Delta_{\mathrm{D}}^{(L)})$ かつ $-\Delta_{\mathrm{D}}^{(L)} f = -f''$, $f \in \mathsf{D}_0^2(-L/2, L/2)$ を示せ.

(iii) 関数 ϕ_n $(n \in \mathbb{N})$ を次のように定義する：

$$\phi_{2l-1}(x) := \sqrt{\frac{2}{L}} \cos \frac{(2l-1)\pi}{L} x, \quad \phi_{2l}(x) := \sqrt{\frac{2}{L}} \sin \frac{2l\pi}{L} x, \quad l \in \mathbb{N}.$$

このとき，$\phi_n \in \mathsf{D}(-\Delta_{\mathrm{D}}^{(L)})$ $(n \in \mathbb{N})$ かつ $-\Delta_{\mathrm{D}}^{(L)} \phi_n = n^2\phi_n/L^2$ を示せ*47.

(iv) $\sigma(-\Delta_{\mathrm{D}}^{(L)}) = \sigma_{\mathrm{p}}(-\Delta_{\mathrm{D}}^{(L)}) = \{n^2/L^2\}_{n\in\mathbb{N}}$ を証明せよ.

14. $\mathsf{L}^2(\Omega)$ (Ω は $\mathbb{R}^d$ の開集合) において準線形形式 s_{N} を次のように定義する：$\mathsf{Q}(s_{\mathrm{N}}) := \{f \in \mathsf{L}^2(\Omega) \cap \mathsf{C}^1(\Omega) \mid \partial_j f \in \mathsf{L}^2(\Omega),\ j=1,\cdots,d\}$, $\quad s_{\mathrm{N}}(f,g) := \displaystyle\sum_{j=1}^d \langle \partial_j f, \partial_j g \rangle$, $\quad f, g \in \mathsf{Q}(s_{\mathrm{N}})$.

(i) s_{N} は非負かつ可閉であることを証明せよ.

s_{N} の閉包 $\bar{s}_{\mathrm{N}}$ に同伴する非負自己共役作用素を $-\Delta_{\mathrm{N}}$ とする.

(ii) $-\Delta_{\mathrm{N}}$ は $-\Delta_{\min}$ の自己共役拡大であることを示せ.

(iii) Ω が有界のとき，$0 \in \sigma_{\mathrm{p}}(-\Delta_{\mathrm{N}})$ を示せ.

注：$-\Delta_{\mathrm{N}}$ を**一般化されたノイマン境界条件つきラプラシアン**という．前問と (iii) によって，Ω が有界ならば，$\Delta_{\mathrm{D}} \neq \Delta_{\mathrm{N}}$ がわかる.

---

*47 $\{\phi_n\}_{n\in\mathbb{N}}$ は，発見法的には，微分方程式 $-f'' = \lambda f$ $(\lambda \in \mathbb{R})$ および条件 $f \in \mathsf{D}_0^2(-L, L)$ を満たす関数 f を求めることにより，得られる.

15. $d \leq 3$ のとき，$-\Delta$ は $C_0^\infty(\mathbb{R}^d \setminus \{0\})$ 上では本質的に自己共役ではないことを証明せよ．

関連図書

[1] 新井朝雄，『ヒルベルト空間と量子力学』，共立出版，1997.

[2] 新井朝雄，『フォック空間と量子場 上』，日本評論社，2000.

[3] 新井朝雄，『フォック空間と量子場 下』，日本評論社，2000.

[4] 新井朝雄，『現代物理数学ハンドブック』，朝倉書店，2005.

[5] 新井朝雄・江沢 洋，『量子力学の数学的構造 I』，朝倉書店，1999.

[6] 新井朝雄・江沢 洋，『量子力学の数学的構造 II』，朝倉書店，1999.

[7] 江沢 洋，物質の安定性，江沢 洋・恒藤敏彦 (編) 『量子物理学の展望 下』，岩波書店，1978.

[8] 池部晃生，『数理物理の固有値問題—離散スペクトル—』，産業図書，1976.

[9] T. Kato, Fundamental properties of Hamiltonian operators of Schrödinger type, Trans. Amer. Math. Soc. **70**(1951), 195-211.

[10] T. Kato, Perturbation Theory for Linear Operators, Springer, 1966, 1976.

[11] 黒田成俊，『スペクトル理論 II』(岩波講座　基礎数学　解析学 (II) xi)，岩波書店，1979.

[12] 黒田成俊，『関数解析』，共立出版，1980.

[13] M. Reed and B. Simon, Methods of Modern Mathematical Physics I: Functional Analysis, Academic Press, 1972.

[14] M. Reed and B. Simon, Methods of Modern Mathematical Physics II: Fourier Analysis, Self-Adjointness, Academic Press, 1975.

[15] B. Simon, Quantum Mechanics for Hamiltonians Defined as Quadratic Forms, Princeton University, 1971.

[16] B. Thaller, The Dirac Equation, Springer, 1992.

[17] W. Thirring (ed.), The Stability of Matter: From Atoms to Stars, Selecta of E. H. Lieb, Springer, 2001 (3rd ed.).

[18] 朝永振一郎，『量子力学 I』 (第 2 版)，みすず書房，1969.

3
正準交換関係の表現と物理

量子力学の根本原理の一つである，代数的構造としての正準交換関係 (CCR) の表現論の初等的部分を，量子物理との関連を念頭に置きつつ，論述する．また，CCR の変形から定義される時間作用素の概念についてもふれる．これは，従来曖昧に論じられてきた“時間–エネルギーの不確定性関係”に対する一つの明晰な形を与える．さらに，時間作用素と状態の時間発展 (生き残り確率) との関係について議論する．

3.1 はじめに

ハイゼンベルクの不確定性関係を考慮すると，量子的粒子の粒子的描像における位置作用素と運動量作用素は正準交換関係 (canonical commutation relation; CCR と略す) にしたがうことがある意味で自然に導かれることを前著 [14] の 3 章，3.3 節で発見法的に示した．さらに進んで，量子力学は，有限自由度の場合も無限自由度の場合も含めて，外的自由度に関する限り，代数的構造としての CCR のヒルベルト空間表現として，統一的に捉えられることも示唆した ([14] の 3.3.7 項および 4.4 節)．この場合，有限自由度の量子力学と量子場の理論のような無限自由度の量子力学との違いは，有限自由度の CCR の表現と無限自由度の CCR の表現のそれとして把握される．代数的構造そのものとしての CCR を量子力学の根本原理の一つとして立てるとき，次に行うべき仕事は無数に存在する CCR の表現の構造を解析することである．これは量子現象の現出の仕方を根本で支配する数学的構造の一つの相をその根源から明晰に認識することを可能にするはずである．より具体的にいえば，この仕事の基本的課題の一つは，無数にある CCR の表現たちを本質的に異なるものとそうでないものとに分類し整理することである．CCR の表現のうちには，前著 [14] ですでにみたように，外見—表現形式—が異なっても物理的にはまったく同じ内容を記述するものがある (例：シュレーディンガー表現とボルン–ハイゼンベルク–ヨルダン表現)．そのような表現どうしは物理的に同値であるという．他方，ある表現は別の表現と本質的に異なる物理的内容を内蔵している場合がある．このような二つの表現は物理的に非同値であるという．CCR の表現の分類問題は，量子力学のコンテクストにおいては，無数に存在する CCR の表現を物理的に同値なものとそうでないものとに分類する問題にほかならない．これが本章の主題である．だが，ここでは，有限自由度の CCR の表現のみを考察する．

N を自然数とし，自由度 N の場合の CCR をここでもう一度かき下しておこう[*1]：

$$[Q_j, P_k] = i\delta_{jk}, \tag{3.1}$$

$$[Q_j, Q_k] = 0, \quad [P_j, P_k] = 0, \quad (j, k = 1, \cdots, N). \tag{3.2}$$

だたし，$[X, Y] := XY - YX$．CCR の表現の二つの型を導入する：

定義 3.1 H をヒルベルト空間とする．H で稠密な部分空間 D と H 上の対称作用素 $Q_j, P_k (j, k = 1, \cdots, N)$ について

$$\mathsf{D} \subset \cap_{j,k=1}^{N} [\mathsf{D}(Q_j Q_k) \cap \mathsf{D}(Q_j P_k) \cap \mathsf{D}(P_k Q_j) \cap \mathsf{D}(P_j P_k)] \tag{3.3}$$

かつ D 上で (3.1), (3.2) が成立するとき[*2], $\{\mathsf{H}, \mathsf{D}, \{Q_j, P_j\}_{j=1}^{N}\}$ を**自由度 N の CCR の対称表現**という．この場合，もし，Q_j, P_j $(j = 1, \cdots, N)$ が自己共役作用素であるならば，$\{\mathsf{H}, \mathsf{D}, \{Q_j, P_j\}_{j=1}^{N}\}$ を**自由度 N の CCR の自己共役表現**という．いずれの表現の場合でも H を **CCR の表現のヒルベルト空間**という．

注意 3.1 $N = 1$ の場合の CCR の表現は $\{\mathsf{H}, \mathsf{D}, (Q, P)\}$ のように表す[*3]．

注意 3.2 上の定義において，D が各 Q_j, P_j の不変部分空間であるとする場合もある．この方が代数の表現という意味では自然である．だが，本書では，作用素論の観点から論じたいので上のような定義を採用する．

[*1] $\hbar = 1$ の単位系を採用する．

[*2] H 上の線形作用素 A, B について，部分空間 $\mathsf{D} \subset \mathsf{D}(A) \cap \mathsf{D}(B)$ があって，任意の $\Psi \in \mathsf{D}$ に対して，$A\Psi = B\Psi$ が成り立つとき，D 上で $A = B$ が成り立つという．

[*3] 反交換関係の記号 $\{\cdot, \cdot\}$ との混乱を避けるため．

前著 [14] の 3.3.4 項で定義したのは，実は CCR の自己共役表現であった．以下，単に CCR の表現というときには，CCR の対称表現あるいは自己共役表現を表すものとする．任意の CCR の表現 $\{\mathsf{H}, \mathsf{D}, \{Q_j, P_j\}_{j=1}^N\}$ において，各 j について，Q_j と P_j の少なくとも一方は非有界である ([14] の定理 3.23，定理 3.24)．この特性を **CCR の表現の非有界性**と呼ぶ．

CCR の表現論を展開するための方法には大きく分けて 2 通りある．その一つは，CCR の表現の非有界性にまつわる困難を避けるために，CCR をこれと発見法的には同等な—しかし，実際には，ある付加的条件のもとでのみ有効な—有界作用素の関係式に翻訳して，後者の表現を論じる方法である．もう一つは CCR の表現を直接考察する方法である．ここでは，まず，前者の方法から論じる．だが，その前に，ある予備的考察を行う．

3.2　予備的考察

この節では，CCR の表現を考察する上であらかじめ把握しておくべき基礎的な事柄を論述する．

3.2.1　スペクトル特性

ヒルベルト空間 H 上の線形作用素 T の部分空間 $\mathsf{D} \subset \mathsf{D}(T)$ への制限を T_{D} または $T|\mathsf{D}$ と記す ([13] の p.65〜p.66).

命題 3.2　$\{\mathsf{H}, \mathsf{D}, \{Q_j, P_j\}_{j=1}^N\}$ を自由度 N の CCR の対称表現とする．このとき，各 $j = 1, \cdots, N$ に対して，$Q_j|\mathsf{D}, P_j|\mathsf{D}$ は固有値をもたない：

$$\sigma_{\mathrm{p}}(Q_j|\mathsf{D}) = \emptyset, \quad \sigma_{\mathrm{p}}(P_j|\mathsf{D}) = \emptyset. \tag{3.4}$$

証明　λ を実定数として $Q_j\Psi = \lambda\Psi$ を満たす $\Psi \in \mathsf{D}$ があったとしよう．このとき，CCR により，$\langle \Psi, (Q_jP_j - P_jQ_j)\Psi \rangle = i\|\Psi\|^2$．$Q_j, P_j$ の対称性により，左辺は 0 となることがわかる．したがって，$\|\Psi\|^2 = 0$．ゆえに $\Psi = 0$．したがって，Q_j は固有ベクトルをもたない．P_j についても同様．■

注意 3.3 命題3.2はQ_jまたはP_jがまったく固有値をもたないことを意味するものではない (i.e., Q_j, P_jがそれぞれ, $\mathsf{D}(Q_j)\setminus\mathsf{D}$, $\mathsf{D}(P_j)\setminus\mathsf{D}$の中に固有ベクトルをもつ可能性は排除できない). [14] の3章演習問題19を参照.

3.2.2 表現の既約性

CCRの表現を同値なものとそうでないものとに分類する上で，次に述べる事実はあらかじめ心にとどめておく必要がある.

自由度NのCCRの表現がM個 (Mは有限または可算無限) 与えられたとして，それらを$\pi_m := \{\mathsf{H}_m, \mathsf{D}_m, \{Q_j^{(m)}, P_j^{(m)}\}_{j=1}^N\}$ ($m = 1, \cdots, M$) としよう．このとき，直和ヒルベルト空間$\mathsf{H}^M := \oplus_{m=1}^M \mathsf{H}_m$における部分空間$\mathsf{D}^M := \oplus_{m=1}^M \mathsf{D}_m$ ($M = \infty$の場合は代数的無限直和とする) は稠密である*4. H^M上の作用素Q_j, P_j ($j = 1, \cdots, N$) を

$$Q_j := \oplus_{m=1}^M Q_j^{(m)}, \quad P_j := \oplus_{m=1}^M P_j^{(m)}$$

によって定義すれば，$\pi^M := \{\mathsf{H}^M, \mathsf{D}^M, \{Q_j, P_j\}_{j=1}^N\}$はCCRの表現である. この場合，各表現$\pi_m$を**表現$\pi^M$の第$m$成分**と呼ぶ．表現$\pi^M$においては，各$Q_j, P_j$は$\mathsf{H}_m$によって簡約されることに注意しよう*5.

一般に，CCRの表現がいま述べた型の表現として表されるとき，これを**直和表現** (direct sum representation) と呼ぶ．この場合，当該のCCRの表現は**直和分解**されるという．直和表現が二つ以上の成分をもつとき，この直和表現は**非自明**であるという.

CCRの直和表現においては，その表現の詳細な性質を調べる問題は，各成分のそれを調べる問題に帰着される．それゆえ，CCRの表現を分類するにあたっては，直和表現は度外視してよい．そこで，非自明な直和表現に分解されない表現を定義することを考える．そのための鍵となる概念が次に定義する既約性の概念である.

定義 3.3 Xをヒルベルト空間，MをX上の線形作用素 (有界線形作用素である必要はない) の族とする.

---

*4 ヒルベルト空間の直和については，[13] の1.1.8項および [14] の4.3.2項を参照.

*5 作用素の簡約については，[13] の2.6.4項を参照.

(i)　X 上の有界線形作用素 $T \in \mathsf{B}(\mathsf{X})$ がすべての $A \in \mathsf{M}$ に対して $TA \subset AT$ を満たすとき，T と M は**可換**であるという．M と可換な有界線形作用素の全体を M' と記し，これをを M の**可換子集合**という[*6]．

(ii)　$\mathsf{M}' = \{zI\} =: \mathbb{C}I$ (I は X 上の恒等作用素) ならば，M は**既約** (irreducible) であるという．

定義 3.4　CCR の表現 $\{\mathsf{H}, \mathsf{D}, \{Q_j, P_j\}_{j=1}^N\}$ において $\{Q_j, P_j\}_{j=1}^N$ が既約であるとき，この表現は**既約**であるという．

この定義が，実際，上述の目的にかなうものであることは次の命題によって示される：

命題 3.5　CCR の表現 $\{\mathsf{H}, \mathsf{D}, \{Q_j, P_j\}_{j=1}^N\}$ が既約ならば，それは非自明な直和表現に分解されない．

証明　仮に，表現 $\{\mathsf{H}, \mathsf{D}, \{Q_j, P_j\}_{j=1}^N\}$ が非自明な直和に分解されたとし，その成分を $\{\mathsf{H}_m, \mathsf{D}_m, \{Q_j^{(m)}, P_j^{(m)}\}_{j=1}^N\}$ $(m = 1, \cdots, M)$ と書こう (非自明性により，$M \geq 2$)．$\Pi_m : \mathsf{H} \to \mathsf{H}_m$ を H_m への正射影作用素とすれば，Q_j, P_j の H_m による簡約可能性により，$\Pi_m \in (\{Q_j, P_j\}_{j=1}^N)'$．しかし，$M \geq 2$ であるから，$\Pi_m \neq I$ $(m = 1, \cdots, M)$．これは $\{Q_j, P_j\}_{j=1}^N$ の既約性に反する．　■

作用素の集合の既約性を別の視点から特徴づける概念を導入しておく．

定義 3.6　X をヒルベルト空間，$\mathsf{M} \subset \mathsf{B}(\mathsf{X})$ とする．任意の $T \in \mathsf{M}$ に対して，$T^* \in \mathsf{M}$ であるとき，M は**自己共役**であるという．

注意 3.4　この定義は，有界作用素の集合に関する自己共役性の概念である．作用素の自己共役性の概念と混同しないよう注意されたい．

例 3.1　X をヒルベルト空間とする．任意の $\mathsf{M} \subset \mathsf{B}(\mathsf{X})$ に対して，$\widetilde{\mathsf{M}} := \mathsf{M} \cup \{T^* | T \in \mathsf{M}\}$ とすれば，$\widetilde{\mathsf{M}}$ は自己共役である ($(T^*)^* = T$ に注意)．

[*6] 第 1 章で導入した可換子集合の一つの一般化である．

命題 3.7 X をヒルベルト空間，$\mathsf{M} \subset \mathsf{B}(\mathsf{X})$ を自己共役集合とする．このとき，次の (i)，(ii) は同値である．

(i) M は既約．

(ii) X の閉部分空間 Y で M-不変なもの (i.e., 任意の $T \in \mathsf{M}$ に対して，$T\mathsf{Y} \subset \mathsf{Y}$) は X か $\{0\}$ のいずれかである．

証明 (i) $\Longrightarrow$ (ii) : M は既約であるとする．$A \in \mathsf{M}$ とする．Y を X の閉部分空間で M-不変なものとする．任意の $\Phi \in \mathsf{Y}^\perp$ と $\Psi \in \mathsf{Y}$ に対して，$\langle A\Phi, \Psi \rangle = \langle \Phi, A^*\Psi \rangle = 0$ ($\because$ $A^* \in \mathsf{M}$ であるから，$A^*\Psi \in \mathsf{Y}$)．したがって，$A\Phi \in \mathsf{Y}^\perp$．ゆえに，$\mathsf{Y}^\perp$ も M-不変である．そこで，Y への正射影作用素を P とすれば，任意の $\Psi \in \mathsf{X}$ とすべての $A \in \mathsf{M}$ に対して，$PA\Psi = AP\Psi$ が成り立つ．ゆえに，$P \in \mathsf{M}'$．だが，M の既約性と P の正射影性により，$P = I$ または $P = 0$．よって，(ii) の主張が出る．

(ii) $\Longrightarrow$ (i): (ii) を仮定する．$T \in \mathsf{M}'$ とする．このとき，任意の $A \in \mathsf{M}$ に対して，$TA = AT$．したがって，$A^*T^* = T^*A^*$．M は自己共役であるから，これは $T^* \in \mathsf{M}'$ を意味する．したがって，$T_1 := (T + T^*)/2, T_2 := (T - T^*)/(2i)$ のいずれも M' の元である．この場合，$T = T_1 + iT_2$ と書け，T_1, T_2 は自己共役である．T_1 のスペクトル測度を E とすると，任意のボレル集合 $J \in \mathsf{B}^1$ に対して，$E(J) \in \mathsf{M}'$ となる．したがって，$\mathsf{R}(E(J))$ は M-不変である．これと仮定により，$\mathsf{R}(E(J)) = \mathsf{X}$ または $\mathsf{R}(E(J)) = \{0\}$ である．$S = \operatorname{supp} E$ とし，$a := \sup S$ とすれば，任意の $\varepsilon > 0$ に対して，$E([a - \varepsilon, a]) \neq 0$．したがって，$\mathsf{R}(E([a - \varepsilon, a]) = \mathsf{X}$．$\varepsilon > 0$ は任意であったから，これは $\mathsf{R}(E(\{a\})) = \mathsf{X}$ を意味する．すなわち，$E(\{a\}) = I$．ゆえに $T_1 = aI$．同様にして，$T_2 = bI$ となる $b \in \mathbb{R}$ がある．よって，$T = (a + ib)I$．ゆえに M は既約である．■

次の命題は，作用素の集合の既約性のユニタリ不変性に関するものである．

命題 3.8 X, Y をヒルベルト空間，M を X 上の線形作用素の族とする．U を X から Y への任意のユニタリ変換とし，$\mathsf{M}_U := \{UAU^{-1} | A \in \mathsf{M}\}$ とする．このとき，M が既約ならば，M_U も既約である．

証明 $S \in \mathsf{M}_U'$ とすれば，任意の $A \in \mathsf{M}$ に対して，$SUAU^{-1} \subset UAU^{-1}S$．

そこで，$S' := U^{-1}SU$ とおけば，$S' \in \mathsf{B}(\mathsf{X})$ であり，$S'A \subset AS'$ が成り立つ．M の既約性により，ある $z_0 \in \mathbb{C}$ があって，$S' = z_0 I$．これは $S = z_0 I$ を意味する． ■

強可換性の概念を若干拡大しておく：ヒルベルト空間 X 上の自己共役作用素 A と有界線形作用素 $T \in \mathsf{B}(\mathsf{X})$ について，$TA \subset AT$ が成り立つとき，A と T は**強可換** (strongly commuting) であるという (定義) [*7]．

CCR の自己共役表現についての重要な事実を証明するために，次の補題を証明する．

補題 3.9　A をヒルベルト空間 X 上の自己共役作用素とし，T は X 上の有界線形作用素 ($T \in \mathsf{B}(\mathsf{X})$) で A と強可換であるとする．このとき，すべての $t \in \mathbb{R}$ に対して，e^{itA} と T は可換である：

$$Te^{itA} = e^{itA}T. \tag{3.5}$$

証明　$\Psi, \Phi \in \mathsf{D}(A)$ を任意にとる．このとき，$e^{-itA}\Psi$ は t について強微分可能であり，$de^{-itA}\Psi/dt = -iAe^{-itA}\Psi$．$T$ は有界であるから，$Te^{-itA}\Psi$ も t について強微分可能であり，$dTe^{-itA}\Psi/dt = -iTAe^{-itA}\Psi$ が成立する．関数 $f : \mathbb{R} \to \mathbb{C}$ を $f(t) := \left\langle e^{-itA}\Phi, Te^{-itA}\Psi \right\rangle$ によって定義すれば，これは t について微分可能であり

$$f'(t) = \left\langle (-iA)e^{-itA}\Phi, Te^{-itA}\Psi \right\rangle + \left\langle e^{-itA}\Phi, T(-iA)e^{-itA}\Psi \right\rangle$$

と計算される．$e^{-itA}\Psi \in \mathsf{D}(A)$ であるから，T と A の強可換性により，$Te^{-itA}\Psi \in \mathsf{D}(A)$．したがって，右辺第一項は，$\left\langle e^{-itA}\Phi, iTAe^{-itA}\Psi \right\rangle$ に等しい．したがって，$f'(t) = 0$．ゆえに $f(t) = f(0) = \langle \Phi, T\Psi \rangle$．これと $\mathsf{D}(A)$ の稠密性により，$e^{itA}Te^{-itA}\Psi = T\Psi$ が得られる．T および $e^{itA}Te^{-itA}$ は有界であり，$\mathsf{D}(A)$ は稠密であるから，拡大定理の一意性により，作用素の等式 $e^{itA}Te^{-itA} = T$ が成り立つ．これを書き換えれば (3.5) が導かれる． ■

次の補題も基本的である．

[*7] T が自己共役ならば，いま定義した意味での強可換性は，自己共役作用素どうしの強可換性の概念と一致する (演習問題 1)．

補題 3.10 X をヒルベルト空間，N を X の閉部分空間とし，N 上への正射影作用素を P とする．X 上の有界線形作用素 $T \in \mathsf{B}(\mathsf{X})$ は N および $\mathsf{N}^\perp$ を不変にするとする．このとき，$PT = TP$.

証明 任意の $\Psi \in \mathsf{X}$ は $\Psi = P\Psi + (1-P)\Psi$ と表される．したがって，$T\Psi = TP\Psi + T(1-P)\Psi$. 仮定により，右辺第一項は N の元であり，右辺第二項は $\mathsf{N}^\perp$ の元であるから，$PT\Psi = TP\Psi$ となる． ■

命題 3.11 $\{\mathsf{H}, \mathsf{D}, \{Q_j, P_j\}_{j=1}^N\}$ を CCR の自己共役表現とする．これが既約であるための必要十分条件は $\{e^{itQ_j}, e^{itP_j} | t \in \mathbb{R}\}$ が既約であることである．

証明 (必要性) 対偶を証明する．そこで，$\mathsf{M} := \{e^{itQ_j}, e^{itP_j} | t \in \mathbb{R}\}$ は既約でないとしよう．M は自己共役である．したがって，命題 3.7 によって，H の閉部分空間 K で M-不変かつ $\mathsf{K} \neq \mathsf{H}$ かつ $\mathsf{K} \neq \{0\}$ となるものがある．これと補題 1.14 によって，各 Q_j, P_j は K によって簡約される．したがって，$\mathsf{H} = \mathsf{K} \oplus \mathsf{K}^\perp$ であり，$Q_j^{(1)} := (Q_j)_{\mathsf{K}}$ (Q_j の K における簡約部分)，$P_j^{(1)} := (P_j)_{\mathsf{K}}$, $Q_j^{(2)} := (Q_j)_{\mathsf{K}^\perp}$, $P_j^{(2)} := (P_j)_{\mathsf{K}^\perp}$ とすれば，$\{\mathsf{K}, P\mathsf{D}, \{Q_j^{(1)}, P_j^{(1)}\}_{j=1}^N\}$, $\{\mathsf{K}^\perp, (I-P)\mathsf{D}, \{Q_j^{(2)}, P_j^{(2)}\}_{j=1}^N\}$ (P は K への正射影作用素) は CCR の表現を与える．ゆえに，$\{\mathsf{H}, \mathsf{D}, \{Q_j, P_j\}_{j=1}^N\}$ は非自明な直和に分解される．これは，命題 3.5 によって，$\{\mathsf{H}, \mathsf{D}, \{Q_j, P_j\}_{j=1}^N\}$ が既約でないことを意味する．

(十分性) $T \in (\{Q_j, P_j\}_{j=1}^N\})'$ とする．このとき，各 Q_j, P_j は T と強可換である．したがって，補題 3.9 によって，$T \in \mathsf{M}'$. これと M の既約性により，$T = cI$ (c は定数). したがって，$\{Q_j, P_j\}_{j=1}^N$ は既約である． ■

3.2.3 シュレーディンガー表現の既約性

N 次元ユークリッドベクトル空間 $\mathbb{R}^N$ の元を $\boldsymbol{x} = (x_1, \cdots, x_N)$ と表し，ヒルベルト空間 $\mathsf{L}^2(\mathbb{R}_{\boldsymbol{x}}^N)$ において作用する，j 番目の座標変数 x_j によるかけ算作用素を $\hat{x}_j$ と記す．これは，量子力学のコンテクストでは，量子的粒子の位置作用素の第 j 成分を表す．運動量作用素は

$$\hat{p}_j := -iD_{x_j} \tag{3.6}$$

によって定義された (D_{x_j} は変数 x_j による一般化された偏微分作用素). $\mathcal{S}(\mathbb{R}^N_{\boldsymbol{x}})$ を $\mathbb{R}^N_{\boldsymbol{x}}$ 上の急減少関数の空間とするとき

$$\pi_{\mathrm{S}}^{(N)} := \{\mathsf{L}^2(\mathbb{R}^N_{\boldsymbol{x}}), \mathcal{S}(\mathbb{R}^N_{\boldsymbol{x}}), \{\hat{x}_j, \hat{p}_j\}_{j=1}^N\} \tag{3.7}$$

が自由度 N の CCR の自己共役表現であることはすでに前著 [14] の 3 章，3.3 節でみた ([14] の例 3.3 (p.283) では，$\hat{x}_j = Q_j^{\mathrm{S}}, \hat{p}_j = P_j^{\mathrm{S}}$ という表記を用いた)*8．CCR のこの表現を自由度 N のシュレーディンガー表現と呼ぶこともそこで言及した.

定理 3.12　任意の $N \in \mathbb{N}$ に対して，シュレーディンガー表現 $\pi_{\mathrm{S}}^{(N)}$ は既約である.

この定理を証明するために，それ自体として興味のある重要な事実を補題として掲げておく：

補題 3.13　$T \in \mathsf{B}(\mathsf{L}^2(\mathbb{R}^N_{\boldsymbol{x}})$ は各 $\hat{x}_j$ と強可換であるとする．このとき，本質的に有界な関数 $F \in \mathsf{L}^\infty(\mathbb{R}^N_{\boldsymbol{x}})$ があって，$T = M_F$ (F によるかけ算作用素) が成り立つ.

証明　例 1.10 で示したように，$\hat{\boldsymbol{x}} := (\hat{x}_1, \cdots, \hat{x}_N)$ は極大であるので，定理 1.26 によって，$\mathsf{E}_{\hat{\boldsymbol{x}}} = \mathsf{E}'_{\hat{\boldsymbol{x}}} \cdots (*)$ が成り立つ．$T_1 := (T+T^*)/2, T_2 := (T-T^*)/(2i)$ とおくと，T_1, T_2 は有界な自己共役作用素であり，$T = T_1 + iT_2$ が成り立つ．しかも仮定により，$T_1\hat{x}_j \subset \hat{x}_jT_1$, $T_2\hat{x}_j \subset \hat{x}_jT_2$ ($j = 1, \cdots, N$) が導かれる．したがって，各 T_k ($k = 1, 2$) と $\hat{x}_j$ は自己共役作用素の強可換性の意味で強可換である．ゆえに，$T_kE_{\hat{x}_j}(J) = E_{\hat{x}_j}(J)T_k, J \in \mathsf{B}^1$ ($E_{\hat{x}_j}$ は $\hat{x}_j$ のスペクトル測度)．これは $T_k \in \mathsf{E}'_{\hat{\boldsymbol{x}}}$ を意味する．この事実と $(*)$ によって，$T_k \in \mathsf{E}_{\hat{\boldsymbol{x}}}$. 他方，$(E_{\hat{x}_j}(J)\psi)(\boldsymbol{x}) = \chi_J(x_j)\psi(\boldsymbol{x}), \boldsymbol{x} \in \mathbb{R}^N, \psi \in \mathsf{L}^2(\mathbb{R}^N_{\boldsymbol{x}})$ であるから，定理 1.26 の必要性の証明と同様にして，ある本質的に有界な関数 $F_k \in \mathsf{L}^\infty(\mathbb{R}^N)$ があって，$T_k = M_{F_k}$ と表されることがわかる．そこで，$F := F_1 + iF_2$ とすれば，$T = M_F$.　■

---

*8　[8] の例 6.2 (p.186) においてもふれた.

定理 3.12 の証明　$T\hat{x}_j \subset \hat{x}_j T, T\hat{p}_j \subset \hat{p}_j T$ $(j = 1, \cdots, N)$ を満たす $T \in \mathsf{B}(\mathsf{L}^2(\mathbb{R}^N_{\boldsymbol{x}}))$ があったとしよう．このとき，補題 3.13 によって，ある $F \in \mathsf{L}^\infty(\mathbb{R}^N_{\boldsymbol{x}})$ があって，$T = M_F$ と書ける (M_F は F によるかけ算作用素)．したがって，$M_F\hat{p}_j \subset \hat{p}_j M_F$．これは，超関数の意味で $D_jF = 0\,(j = 1, \cdots, N)$ を導く．したがって，$F(\boldsymbol{x}) = c$ (c は定数) となる．ゆえに，$T = cI$ であるから，題意が成立する．■

定理 3.12 と命題 3.11 によって，次の事実が見いだされる．

系 3.14　ユニタリ作用素の集合 $\{e^{it\hat{x}_j}, e^{it\hat{p}_j} | t \in \mathbb{R}, j = 1, \cdots, N\}$ は既約である．

3.2.4　表現の同値性

二つの CCR の表現 $\{\mathsf{H}, \mathsf{D}, \{Q_j, P_j\}_{j=1}^N\}$，$\{\mathsf{H}', \mathsf{D}', \{Q'_j, P'_j\}_{j=1}^N\}$ が**同値**であるとは，ユニタリ変換 $U : \mathsf{H} \to \mathsf{H}'$ が存在して，$UQ_jU^{-1} = Q'_j, UP_jU^{-1} = P'_j$ $(j = 1, \cdots, N)$ が成り立つ場合をいう．互いに同値でない表現どうしは**非同値**であるという．

CCR の表現 $\pi := \{\mathsf{H}, \mathsf{D}, \{Q_j, P_j\}_{j=1}^N\}$ が直和表現であり，π のどの成分 π_m も CCR の表現 π' に同値であるとき，π は π' の**直和に同値**であるという．

3.3　ヴァイル型表現

3.1 節の終わりで予告したように，CCR の表現を有界作用素の代数の表現として書き換えることを考える．$\{\mathsf{H}, \mathsf{D}, \{Q_j, P_j\}_{j=1}^N\}$ を自由度 N の CCR の自己共役表現としよう．求める関係式を見いだすために，発見法的議論を行う．交換関係 (3.1) を繰り返し使うと

$$Q_j^n P_k - P_k Q_j^n = i\delta_{jk} n Q_j^{n-1}, \quad n \in \mathbb{N}$$

が得られる．そこで，両辺を $n!$ で割り，$(it)^n$ ($t \in \mathbb{R}$ は任意) をかけて，n について和をとる．このとき，無限和の収束を仮定するならば，$e^{itQ_j}P_k - P_k e^{itQ_j} = -t\delta_{jk}e^{itQ_j}$ が得られる．これは発見法的に $e^{itQ_j}P_k e^{-itQ_j} = P_k - t\delta_{jk}$ を意味

する．もし，これが作用素の等式として成立するならば，作用素解析により*9，任意の実数 $s \in \mathbb{R}$ に対して，$e^{itQ_j}e^{isP_k}e^{-itQ_j} = e^{is(P_k - t\delta_{jk})} = e^{-i\delta_{jk}st}e^{isP_k}$ が得られる．すなわち，

$$e^{itQ_j}e^{isP_k} = e^{-i\delta_{jk}st}e^{isP_k}e^{itQ_j}, s, t \in \mathbb{R}, j, k = 1, \cdots, N. \tag{3.8}$$

同様にして

$$e^{itQ_j}e^{isQ_k} = e^{isQ_k}e^{itQ_j}, \quad e^{itP_j}e^{isP_k} = e^{isP_k}e^{itP_j}, \quad s, t \in \mathbb{R}, j, k = 1, \cdots, N. \tag{3.9}$$

いま行った発見法的議論は，D に適当な条件を課すことにより，厳密化することは可能である．だが，紙数の都合上，ここでは省略する．

もともとの CCR の自己共役表現のことは忘れて，関係式 (3.8) と (3.9) そのものを一つの代数関係式として捉え直し，そこから出発する．

定義 3.15　ヒルベルト空間 H 上の自己共役作用素の組 $\{Q_j, P_j\}_{j=1}^N$ が (3.8) と (3.9) を満たすとき，$\{\mathsf{H}, \{Q_j, P_j\}_{j=1}^N\}$ を自由度 N の CCR の**ヴァイル** (Weyl) **型表現**という．(3.8)，(3.9) を**ヴァイル関係式**という．

$\{e^{itQ_j}, e^{itP_j} | t \in \mathbb{R}, j = 1, \cdots, N\}$ が既約であるとき，**ヴァイル型表現は既約である**という．

注意 3.5　(3.8) で $j = k$ とすれば

$$e^{isQ_j}e^{itP_j} = e^{-ist}e^{itP_j}e^{isQ_j} \quad (j = 1, \cdots, N). \tag{3.10}$$

したがって，$st \notin 2\pi\mathbb{Z} := \{2\pi n | n \in \mathbb{Z}\}$ ならば e^{isQ_j} と e^{itP_j} は可換ではない．

注意 3.6　(3.8) は，$j \neq k$ ならば，Q_j と P_k は強可換であることを意味する．また，(3.9) は，$\{Q_j\}_{j=1}^N$ が強可換であること，および $\{P_j\}_{j=1}^N$ が強可換であることを意味する ([14] の定理 3.13 (p.269) の応用による)．

---

*9　A を H 上の自己共役作用素とし，U を H からヒルベルト空間 K へのユニタリ作用素とする．このとき，任意のボレル可測関数 $\mathbb{R} \to \mathbb{C}$ に対して，作用素の等式 $Uf(A)U^{-1} = f(UAU^{-1})$ が成り立つ ([14] の補題 3.27-(ii) または [8] の p.126，式 (3.33))．以下，この性質を**作用素解析のユニタリ共変性**として言及する．

命題 3.11 の十分性の証明によって，次の事実が得られる．

命題 3.16 ヴァイル型表現 $\{\mathsf{H}, \{Q_j, P_j\}_{j=1}^N\}$ が既約ならば，$\{Q_j, P_j\}_{j=1}^N$ は既約である．

この節を終えるにあたって，ヴァイル型表現は CCR の表現であることを示そう．そのために，ある一般的な事実を補題として述べる．

補題 3.17 H をヒルベルト空間，S, T を H 上の自己共役作用素とする．$F : \mathbb{R} \to \mathsf{B}(\mathsf{H}); t \mapsto F(t) \in \mathsf{B}(\mathsf{H})$ を $\mathsf{B}(\mathsf{H})$-値の強微分可能な関数とする．ベクトル $\Psi \in \mathsf{D}(T)$ と $\Phi \in \mathsf{H}$ があって

$$e^{itS}\Phi = F(t)e^{itT}\Psi, \quad t \in \mathbb{R} \tag{3.11}$$

が成り立っているとしよう．このとき，$\Phi \in \mathsf{D}(S)$ であり，$e^{itS}\Phi$ は t について強微分可能であり

$$Se^{itS}\Phi = -iF'(t)e^{itT}\Psi + F(t)e^{itT}T\Psi. \tag{3.12}$$

特に

$$S\Phi = -iF'(0)\Psi + F(0)T\Psi. \tag{3.13}$$

証明 [14] の補題 3.51 の証明と同様にして ($A(t) = F(t), B(t) = e^{itT}$ とする)，$e^{itS}\Phi$ は t について強微分可能であり，$(e^{itS}\Phi)' = F'(t)e^{itT}\Psi + F(t)ie^{itT}T\Psi$ が成り立つ ($\Psi \in \mathsf{D}(T)$ がきく)．$e^{itS}\Phi$ の t に関する強微分可能性は $\Phi \in \mathsf{D}(S)$ および $(e^{itS}\Phi)' = iSe^{itS}\Phi = ie^{itS}S\Phi$ を意味する ([14] の定理 3.37-(ii), (iii))．したがって，第一の主張が出る．(3.13) は (3.12) で $t = 0$ としたものである．

■

命題 3.18 $\{\mathsf{H}, \{Q_j, P_j\}_{j=1}^N\}$ をヴァイル型表現とし，$j, k = 1, \cdots, N$ を任意に固定する．このとき：

(i) 任意の $\Psi \in \mathsf{D}(P_k Q_j) \cap \mathsf{D}(P_k)$ に対して，$\Psi \in \mathsf{D}(Q_j P_k)$ であり

$$[Q_j, P_k]\Psi = i\delta_{jk}\Psi \tag{3.14}$$

が成り立つ.

(ii) 任意の $\Psi \in \mathsf{D}(Q_k Q_j) \cap \mathsf{D}(Q_k)$ に対して，$\Psi \in \mathsf{D}(Q_j Q_k)$ であり

$$[Q_j, Q_k]\Psi = 0 \tag{3.15}$$

が成り立つ.

(iii) 任意の $\Psi \in \mathsf{D}(P_k P_j) \cap \mathsf{D}(P_k)$ に対して，$\Psi \in \mathsf{D}(P_j P_k)$ であり

$$[P_j, P_k]\Psi = 0 \tag{3.16}$$

が成り立つ.

証明 (i) (3.8) より，$e^{isQ_j}e^{itP_k}\Psi = e^{-ist\delta_{jk}}e^{itP_k}e^{isQ_j}\Psi$. $\Psi \in \mathsf{D}(Q_j)$ であるから，補題 3.17 を $\Phi = e^{itP_k}\Psi, S = Q_j, F(s) = e^{-ist\delta_{jk}}e^{itP_k}$ として応用することにより $e^{itP_k}\Psi \in \mathsf{D}(Q_j)$ であり，$Q_j e^{itP_k}\Psi = -t\delta_{jk}e^{itP_k}\Psi + e^{itP_k}Q_j\Psi$. $Q_j\Psi \in \mathsf{D}(P_k)$，$\Psi \in \mathsf{D}(P_k)$ であるから，右辺は t について強微分可能である. したがって，左辺も t について強微分可能である. $(e^{itP_k}\Psi)' = iP_k e^{itP_k}\Psi$ と Q_j の閉性により，$P_k e^{itP_k}\Psi \in \mathsf{D}(Q_j)$ であり

$$-Q_j P_k e^{itP_k}\Psi = -i\delta_{jk}e^{itP_k}\Psi + t\delta_{jk}P_k e^{itP_k}\Psi - e^{itP_k}P_k Q_j\Psi.$$

そこで，$t = 0$ とすれば，(3.14) が得られる.

(ii)，(iii): (i) の証明とまったく同様 (もっと簡単). ■

命題 3.18 は次のことを語る：CCR のヴァイル型表現 $\{\mathsf{H}, \{Q_j, P_j\}_{j=1}^N\}$ において，$\mathsf{D} := \cap_{j,k=1}^N [\mathsf{D}(Q_j P_k) \cap D(P_k Q_j) \cap \mathsf{D}(Q_j Q_k) \cap \mathsf{D}(P_j P_k)]$ が H で稠密ならば，$\{\mathsf{H}, \mathsf{D}, \{Q_j, P_j\}_{j=1}^N\}$ は CCR の自己共役表現である. この意味で，ヴァイル型表現は確かに CCR の表現を与えることがわかる[*10].

3.4 シュレーディンガー表現のヴァイル型性

シュレーディンガー表現 $\pi_{\mathrm{S}}^{(N)}$ (式 (3.7)) がヴァイル型であることを証明しよう.

[*10] 実は，H が可分ならば，D が実際に稠密であることが証明される (後の定理 3.30 を参照).

補題 3.19 任意の $t \in \mathbb{R}$ と $j = 1, \cdots, N$ に対して

$$(e^{it\hat{p}_j}\psi)(\boldsymbol{x}) = \psi(\boldsymbol{x} + t\boldsymbol{e}_j), \quad \text{a.e.}\boldsymbol{x}, \quad \psi \in \mathsf{L}^2(\mathbb{R}^N). \tag{3.17}$$

ただし，$\{\boldsymbol{e}_j\}_{j=1}^N$ は数ベクトル空間 $\mathbb{R}^N$ の標準基底である*11.

証明 フーリエ変換 $\mathcal{F}_N : \mathsf{L}^2(\mathbb{R}^N_{\boldsymbol{x}}) \to \mathsf{L}^2(\mathbb{R}^N_{\boldsymbol{k}})$ のユニタリ性と作用素解析のユニタリ共変性により，$\mathcal{F}_N e^{it\hat{p}_j} \mathcal{F}_N^{-1} = e^{it\mathcal{F}_N \hat{p}_j \mathcal{F}_N^{-1}} = e^{it\hat{k}_j}$. したがって，任意の $\psi \in \mathsf{L}^2(\mathbb{R}^N)$ に対して，$(e^{it\hat{p}_j}\psi)(\boldsymbol{x}) = \text{l.i.m.}_{R\to\infty}\{1/(2\pi)^{N/2}\}\int_{|\boldsymbol{k}|\le R} e^{i\boldsymbol{k}\boldsymbol{x}}$ $e^{itk_j}(\mathcal{F}_N\psi)(\boldsymbol{k})d\boldsymbol{k}$ であり，右辺は $\psi(\cdot + t\boldsymbol{e}_j)$ に等しい. ■

補題 3.19 は次のことを語る：**ユニタリ作用素** $e^{it\hat{p}_j}$ **は，関数** ψ **を** j **番目の座標軸方向へ，**$-t$ **だけ平行移動 (並進) させる働きをもつ.**

定理 3.20 任意の $s, t \in \mathbb{R}$ と $j, k = 1, \cdots N$ に対して

$$e^{is\hat{x}_j} e^{it\hat{p}_k} = e^{-ist\delta_{jk}} e^{it\hat{p}_k} e^{is\hat{x}_j}, \tag{3.18}$$

$$e^{is\hat{x}_j} e^{it\hat{x}_k} = e^{it\hat{x}_k} e^{is\hat{x}_j}, \quad e^{is\hat{p}_j} e^{it\hat{p}_k} = e^{it\hat{p}_k} e^{is\hat{p}_j}. \tag{3.19}$$

証明 (3.18) は補題3.19を使えば簡単にわかる. (3.19) の第一式は, $(e^{is\hat{x}_j}\psi)(\boldsymbol{x}) = e^{isx_j}\psi(\boldsymbol{x})$, a.e.$\boldsymbol{x} \in \mathbb{R}^N$ ([14] の補題 3.26) を使えば容易に示される. (3.19) の第二式は, (3.19) の第一式のフーリエ変換から得られる (または補題 3.19 を用いる直接計算). ■

後の論述への準備も兼ねて，ここで，シュレーディンガー表現の基本的構造の一つを証明しておこう.

定義 3.21 ヒルベルト空間 H 上の線形作用素の族 $\mathsf{A} = \{A_\alpha\}_\alpha$ (α は適当な添字集合を動く) が与えられたとき，H の部分空間 K が A の作用のもとで**不変**であるとは，$\mathsf{K} \subset \cap_\alpha \mathsf{D}(A_\alpha)$ であり，任意の $A_\alpha \in \mathsf{A}$ が K を不変にするとき，すなわち，$\Psi \in \mathsf{K}$ ならば，すべての α に対して $A_\alpha \Psi \in \mathsf{K}$ が成り立つときをいう. この場合，K を A の**不変部分空間**という.

---

*11 $\boldsymbol{e}_j := (0, \cdots, 0, \underbrace{1}_{j\text{ 番目}}, 0, \cdots, 0) \in \mathbb{R}^N$ (j 成分が 1 で他の成分は 0 のベクトル).

定理 3.22　$\Omega(\boldsymbol{x}) > 0$ (a.e.$\boldsymbol{x}$) となる関数 $\Omega \in \mathsf{L}^2(\mathbb{R}^N)$ を任意に一つ固定する．このとき，$\mathsf{L}^2(\mathbb{R}^N)$ の部分空間

$$\mathsf{D}_{\mathrm{S}}(\Omega) := \mathcal{L}\left(\left\{e^{is_1\hat{x}_1}\cdots e^{is_N\hat{x}_N}e^{it_1\hat{p}_1}\cdots e^{it_N\hat{p}_N}\Omega \middle| s_j, t_k \in \mathbb{R}, j, k = 1, \cdots, N\right\}\right) \tag{3.20}$$

は，$\mathsf{L}^2(\mathbb{R}^N)$ 上の有界作用素の部分集合

$$\mathsf{W}_{\mathrm{S}} := \left\{e^{is\hat{x}_j}, e^{it\hat{p}_j} | j = 1, \cdots, N, s, t \in \mathbb{R}\right\} \tag{3.21}$$

の不変部分空間であり，$\mathsf{L}^2(\mathbb{R}^N)$ で稠密である．

証明　$\mathsf{D}_{\mathrm{S}}(\Omega)$ が W_{S} の不変部分空間であることは，ヴァイルの関係式 (3.18), (3.19) により容易にわかる．$\mathsf{D}_{\mathrm{S}}(\Omega)$ の稠密性をいうには，すべての $s_j, t_k \in \mathbb{R}, j, k = 1, \cdots, N,$ に対して，$\left\langle f, e^{is_1\hat{x}_1}\cdots e^{is_N\hat{x}_N}e^{it_1\hat{p}_1}\cdots e^{it_N\hat{p}_N}\Omega\right\rangle = 0 \cdots (*)$ を満たす $f \in \mathsf{L}^2(\mathbb{R}^N)$ は $f = 0$ に限ることを示せばよい．$(*)$ で $t_k = 0, k = 1, \cdots, N$ の場合を考えると，$\int_{\mathbb{R}^N} d\boldsymbol{x}\, e^{i\boldsymbol{s}\boldsymbol{x}} f(\boldsymbol{x})^*\Omega(\boldsymbol{x}) = 0$ を得る．ただし，$\boldsymbol{s} = (s_1, \cdots, s_N)$．$\boldsymbol{s} \in \mathbb{R}^N$ は任意であるから，フーリエ変換の単射性によって，$f^*\Omega = 0$ でなければならない．$\Omega(\boldsymbol{x}) > 0$ (a.e.$\boldsymbol{x}$) であるから，$\mathsf{L}^2(\mathbb{R}^N)$ の元として $f = 0$ となる．■

注意 3.7　上の証明は, 稠密性に関していえば, 実は, $\mathcal{L}\left(\left\{e^{is_1\hat{x}_1}\cdots e^{is_N\hat{x}_N}\Omega | s_j \in \mathbb{R}, j = 1, \cdots, N\right\}\right)$ が稠密であることを示したことになる．定理 3.22 は，Ω が W_{S} によって生成される代数の巡回ベクトル (第 1 章を参照) であることを示す．

3.5　ヴァイル型表現の構造—フォン・ノイマンの一意性定理

この節では，可分なヒルベルト空間における，有限自由度の CCR のヴァイル型表現の構造を明らかにし，同一の自由度の既約なヴァイル型表現どうしはすべてユニタリ同値であること，したがって，本質的に一つしかないことを証明する．目標とする定理は次である：

定理 3.23　(フォン・ノイマンの一意性定理) H を可分なヒルベルト空間とし，H 上の自己共役作用素の組 $\{Q_j, P_j\}_{j=1}^N$ を CCR のヴァイル型表現とする．す

なわち，e^{itQ_j}, e^{itP_j} $(t \in \mathbb{R}, j = 1, \cdots, N)$ はヴァイル関係式 (3.8)，(3.9) にしたがうとする．このとき，次の (i)〜(iii) を満たす，互いに直交する閉部分空間 $\mathsf{H}_m \subset \mathsf{H}\,(m = 1, \cdots, M)$ (M は有限または可算無限) が存在する：

(i) $\mathsf{H} = \bigoplus_{m=1}^{M} \mathsf{H}_m$.

(ii) Q_j, P_j $(j = 1, \cdots, N)$ は各 H_m によって簡約される．

(iii) Q_j, P_j の H_m における簡約部分を $Q_j^{(m)}, P_j^{(m)}$ としよう．このとき，各 m に対して，ユニタリ作用素 $U_m : \mathsf{H}_m \to \mathsf{L}^2(\mathbb{R}^N)$ が存在し，各 $j = 1, \cdots, N$ に対して

$$U_m Q_j^{(m)} U_m^{-1} = \hat{x}_j, \quad U_m P_j^{(m)} U_m^{-1} = \hat{p}_j \tag{3.22}$$

が成り立つ．

この定理は，可分なヒルベルト空間における，CCR のヴァイル型表現は同じ自由度のシュレーディンガーの直和表現に同値であることを語る．この意味で，可分なヒルベルト空間における，CCR のヴァイル型表現は一意的である．

定理 3.23 を認めれば，次の事実は容易に導かれる．

系 3.24 前定理において，$\{Q_j, P_j\}_{j=1}^N$ が既約ならば，$\{Q_j, P_j\}_{j=1}^N$ はシュレーディンガー表現に同値である．

証明 命題 3.5 を応用すれば，定理 3.23 における M は 1 でなければならない．■

こうして，同じ自由度の既約なヴァイル型表現はすべて，シュレーディンガー表現にユニタリ同値であること，したがって，それらは互いにユニタリ同値であることがわかる．

注意 3.8 ヴァイル型でない CCR の自己共役表現については，フォン・ノイマンの一意性定理と系 3.24 は一般には成立しない．この点は特に強調しておきたい．物理の文献の中には，有限自由度の CCR の表現はすべてシュレーディンガー表現にユニタリ同値であると書いてあるものがみられるが，これは誤りである．実際，**シュレーディンガー表現に非同値で，物理的にも重要な例が存**

在することを次の節で示す (簡単な例は，すでに，[14] の 3 章演習問題 19 にあげておいた).

定理 3.23 の証明は簡単ではない．まず，自由度 1 のヴァイル型表現の場合を証明する．

3.5.1 自由度 1 のヴァイル型表現の基本的性質

$\{Q, P\}$ を可分なヒルベルト空間 H 上の自己共役作用素の組とし，CCR のヴァイル型表現であるとする．したがって

$$U(t) := e^{itQ}, \quad V(t) := e^{itP}, \quad t \in \mathbb{R} \tag{3.23}$$

とおけば，これらはヴァイルの関係式

$$U(s)V(t) = e^{-ist}V(t)U(s), \quad s, t \in \mathbb{R} \tag{3.24}$$

を満たす．この表現の構造を調べる手がかりの一つはユニタリ作用素の族

$$\mathsf{W} := \{U(s), V(t) | s, t \in \mathbb{R}\}$$

の作用のもとで不変な部分空間の構造を調べることである．そのためには

$$W(s,t) = e^{ist/2}U(s)V(t), \quad s, t \in \mathbb{R} \tag{3.25}$$

という作用素を導入するのが自然である (係数 $e^{ist/2}$ は後の議論をみこして選んである)．このとき，ある部分空間が W の作用のもとで不変であることとそれが作用素の族

$$\widetilde{\mathsf{W}} = \{W(s,t) | s, t \in \mathbb{R}\}$$

の作用のもとで不変であることとは同値である．そこで，$\widetilde{\mathsf{W}}$ の作用のもとで不変な部分空間の構造を調べよう．

このために，まず $W(s,t)$ の基本的性質を明らかにしておく必要がある．作用素 $U(s), V(t)$ のユニタリ性は

$$W(s,t)^*W(s,t) = 1, \quad W(s,t)W(s,t)^* = 1 \tag{3.26}$$

を導く．すなわち，$W(s,t)$ もユニタリである．$W(s,t)$ が (s,t) に関して強連続であることも容易にわかる．さらに，$U(s)^* = U(-s), V(t)^* = V(-t)$ であることおよびヴァイルの関係式 (3.24) を使えば

$$W(s,t)^* = W(-s,-t) \tag{3.27}$$

が得られる．同様にして

$$W(s,t)W(u,v) = e^{i(tu-sv)/2}W(s+u,t+v), \quad s,t,u,v \in \mathbb{R} \tag{3.28}$$

が成立することがわかる．

閉部分空間 M が $\widetilde{\mathsf{W}}$ の作用のもとで不変であれば，$\mathbb{R}^2$ 上の任意の関数 $k(s,t)$ に対して，$\widetilde{\mathsf{W}}$ の元の有限一次結合 $\sum_{i,j} k(s_i,t_j)W(s_i,t_j)$ $(s_i,t_j \in \mathbb{R})$ も M を不変にする．M は閉であるから，その強収束の意味での極限も (存在すれば) M を不変にする．その種の極限の一つの形として $\int_{\mathbb{R}^2} k(s,t)W(s,t)ds\,dt$ という作用素が考えられる (積分は強収束の意味で存在するとする)．そこで，次に，あるクラスの関数 $k(s,t)$ に対しては，実際，そのような作用素が定義されることを示し，その性質を調べる．

$\mathbb{R}^2$ 上の連続関数 k で $k \in \mathsf{L}^1(\mathbb{R}^2)$ となるものを任意に選ぶ．このとき，任意の $\Psi \in \mathsf{H}$ に対して，$k(s,t)W(s,t)\Psi$ は (s,t) に関して強連続であり

$$\int_{\mathbb{R}^2} \|k(s,t)W(s,t)\Psi\| ds\,dt = \left(\int_{\mathbb{R}^2} |k(s,t)|ds\ dt\right)\|\Psi\| < \infty$$

であるから，強収束の意味で, 有界作用素 K が

$$K\Psi := \int_{\mathbb{R}^2} k(s,t)W(s,t)\Psi\ \ ds\,dt$$

によって定義され

$$\|K\| \le \int_{\mathbb{R}^2} |k(s,t)|ds\,dt$$

が成り立つ．作用素 K を**積分核 $k(s,t)$ に同伴する作用素**と呼ぼう．この種の作用素に関する基本的事実は次の補題にまとめられる．

補題 3.25　関数 k を上述のものとする．

(i)　積分核 $k(-s,-t)^*$ に同伴する作用素は K^* である:

$$K^*\Psi = \int_{\mathbb{R}^2} k(-s,-t)^* W(s,t)\Psi ds\, dt, \quad \Psi \in \mathsf{H}.$$

特に，任意の $s,t \in \mathbb{R}$ に対して，$k(s,t) = k(-s,-t)^*$ ならば，K は自己共役である．

(ii)　$k(s,t) \not\equiv 0$ ならば，$K \neq 0$.

証明　(i) これは次の計算による：任意の $\Psi, \Phi \in \mathsf{H}$ に対して，$\langle \Psi, K\Phi \rangle = \int_{\mathbb{R}^2} \langle k(s,t)^* W(s,t)^* \Psi, \Phi \rangle\, ds\, dt = \int_{\mathbb{R}^2} \langle k(s,t)^* W(-s,-t)\Psi, \Phi \rangle\, ds\, dt$.

(ii) 対偶を証明する．そこで．$K = 0$ としよう．このとき，任意の $\Psi \in \mathsf{H}$ に対して，$\int_{\mathbb{R}^2} k(s,t) W(s,t)\Psi ds\, dt = 0$．したがって，任意の $u,v \in \mathbb{R}$ と $\Phi \in \mathsf{H}$ に対して，$\int_{\mathbb{R}^2} k(s,t) W(u,v) W(s,t) W(-u,-v)\Phi ds\, dt = 0$．(3.28) を使うことにより，任意の $\Phi, \Psi \in \mathsf{H}$ に対して，$\int_{\mathbb{R}^2} e^{i(sv-tu)} k(s,t) \langle \Psi, W(s,t)\Phi \rangle\, ds\, dt = 0$ が導かれる．$u,v \in \mathbb{R}$ は任意であったから，これは，関数 $k(s,t) \langle \Psi, W(s,t)\Phi \rangle$ のフーリエ変換が 0 であることを意味する．したがって，$k(s,t) \langle \Psi, W(s,t)\Phi \rangle = 0, \quad s,t \in \mathbb{R}$．これは任意の $\Psi, \Phi \in \mathsf{H}$ に対して成立するから，$k(s,t)W(s,t) = 0$ でなければならない．$W(s,t)$ はユニタリであるから，$k(s,t) = 0, \ \forall (s,t) \in \mathbb{R}^2$. ■

3.5.2　シュレーディンガー表現の場合

定理 3.22 において，シュレーディンガー表現の構造の一つを明らかにした．この定理における関数 Ω は正の L^2 関数なら何でもよいから，簡単なものとして，調和振動子の基底状態

$$\Omega_0(x) := \frac{1}{\pi^{1/4}} e^{-x^2/2}, \quad x \in \mathbb{R} \tag{3.29}$$

を選んでみよう (いま，$N = 1$ の場合を考える)．定理 3.22 ($N = 1$ の場合) によって

$$\mathsf{D}_{\mathrm{S}}(\Omega_0) := \mathcal{L}\left(\left\{ e^{is\hat{x}} e^{it\hat{p}} \Omega_0 | s,t \in \mathbb{R} \right\}\right) \tag{3.30}$$

は $\mathsf{W}_S^{(1)} := \{e^{is\hat{x}}, e^{it\hat{p}} | s,t \in \mathbb{R}\}$ の不変部分空間であり，$\mathsf{L}^2(\mathbb{R})$ で稠密である．そこで，ベクトル Ω_0 を，シュレーディンガー表現から定義される作用素 K を

用いて特徴づけることを考えてみる．具体的には，$k(s,t)$ をうまく選ぶことにより，Ω_0 を固有ベクトルとする K を見いだすことである．

自由度1のシュレーディンガー表現 $\{\mathsf{L}^2(\mathbb{R}),\mathcal{S}(\mathbb{R}),\{\hat{x},\hat{p}\}\}$ における $W(s,t)$ は

$$W_{\mathrm{S}}(s,t) := e^{ist/2}e^{is\hat{x}}e^{it\hat{p}} \quad (s,t\in\mathbb{R}) \tag{3.31}$$

で与えられる．$\mathbb{R}^2$ 上のガウス型関数

$$a(s,t) := e^{-(s^2+t^2)/4}, \quad (s,t)\in\mathbb{R}^2 \tag{3.32}$$

を積分核とする作用素

$$A_{\mathrm{S}} := \int_{\mathbb{R}^2} a(s,t)W_{\mathrm{S}}(s,t)ds\,dt \tag{3.33}$$

について次の事実が見いだされる：

補題 3.26　$\sigma_{\mathrm{p}}(A_{\mathrm{S}})\setminus\{0\}=\{2\pi\}$ かつ $\ker(A_{\mathrm{S}}-2\pi)=\{c\Omega_0|c\in\mathbb{C}\}$.

証明　補題3.19によって

$$(W_{\mathrm{S}}(s,t)f)(x) = e^{ist/2}e^{isx}f(x+t), \quad \text{a.e.}x, \quad (s,t)\in\mathbb{R}^2. \tag{3.34}$$

したがって，$(A_{\mathrm{S}}f)(x)=\int_{\mathbb{R}^2}e^{-(s^2+t^2)/4}e^{ist/2}e^{isx}f(x+t)dtds,\quad f\in\mathsf{L}^2(\mathbb{R})$. 任意の $f\in\mathsf{L}^2(\mathbb{R})$ に対して $\int_{\mathbb{R}\times\mathbb{R}}e^{-(s^2+t^2)/4}|f(x+t)|dsdt<\infty$ であるから，フビニの定理によって，上式の右辺における積分順序は任意でよい．そこで s に関する積分を最初に行い，次に t に関する積分をすれば

$$(A_{\mathrm{S}}f)(x) = 2\sqrt{\pi}\int_{\mathbb{R}} e^{-(x^2+y^2)/2}f(y)dy$$

を得る．したがって，$A_{\mathrm{S}}f=\lambda f$ $(\lambda\neq 0, f\neq 0)$ ならば $f=c\Omega_0$ となることがわかる．ここで，$c\neq 0$ は複素定数である．一方，関数 Ω_0 が $A_S\Omega_0=2\pi\Omega_0$ を満たすことは直接計算により容易にわかる．したがって，$\lambda=2\pi$ でなければならず，これを固有値とする，A_{S} の固有ベクトルは Ω_0 の定数倍に限られる．■

3.5.3 一般のヴァイル型表現の場合

CCR のヴァイル型表現 $U(s), V(t)$ の場合に戻ろう．補題 3.26 の類推によって，この場合には自己共役作用素

$$A := \int_{\mathbb{R}^2} a(s,t)W(s,t)dsdt \tag{3.35}$$

の固有値 2π に属する固有ベクトルが (存在するとすれば) Ω_0 の役割を演じることが期待される．そこで，まず，2π が A の固有値となっていることを示そう．

補題 3.27

$$\mathsf{M} = \{\Psi \in \mathsf{H} | A\Psi = 2\pi\Psi\} \tag{3.36}$$

としよう．このとき：

(i)

$$\mathsf{M} = \mathsf{R}(A) \neq \{0\}. \tag{3.37}$$

(ii) $\Psi \in \mathsf{M}$ と $\Phi \in \mathsf{M}$ が直交すれば，任意の $s, t, u, v \in \mathbb{R}$ に対して，$W(s,t)\Psi$ と $W(u,v)\Phi$ も直交する．

証明 (i) 補題 3.25 により，$A \neq 0$．関係式 (3.28) を用いて，初等的だが少し長い計算を実行すれば

$$AW(u,v)A = 2\pi a(u,v)A, \quad u, v \in \mathbb{R} \tag{3.38}$$

が成り立つことがわかる[*12]．そこで，特に $u = v = 0$ とし，$W(0,0) = 1$ を用いると $A^2 = 2\pi A$ を得る．これは任意の $\Psi \in \mathsf{H}$ に対して，$A(A\Psi) = 2\pi(A\Psi)$ を意味する．したがって，$\mathsf{R}(A) \subset \mathsf{M}$．他方，$\mathsf{M} \subset \mathsf{R}(A)$ は明らか．したがっ

---

*12 任意の $\Psi, \Phi \in \mathsf{H}$ に対して，$\langle \Phi, AW(u,v)A\Psi \rangle = \int_{\mathbb{R}^2} ds\, dt \int_{\mathbb{R}^2} ds'dt' \ a(s,t) \times a(s',t') \ e^{i(tu-sv)/2} \ e^{i[(t+v)s'-(s+u)t']/2} \ \langle \Phi, W(s+u+s', t+v+t')\Psi \rangle$ と変形できる．そこで，積分の変数変換：$s' \to \alpha = s+u+s', t' \to \beta = t+v+t'$ を行い，dt, ds に関する積分を実行すればよい (積分の順序交換ができることについては，フビニの定理が適用できることを確認せよ)．その際，指数関数の積分を $\int_{\mathbb{R}} e^{-(x-z)^2/2} dx$ ($z \in \mathbb{C}$) という形の積分に帰着させ，公式 $\int_{\mathbb{R}} e^{-(x-z)^2/2} dx = \sqrt{2\pi}, \forall z \in \mathbb{C}$ を使う．

て，(3.37) の第一の等号が成り立つ．また，$A \neq 0$ であったから，$\mathsf{R}(A) \neq \{0\}$ である．

(ii) $\Psi, \Phi \in \mathsf{M}$ としよう．(3.28)，$\Psi = A\Psi/(2\pi), \Phi = A\Phi/(2\pi)$ および A が自己共役であることを使うと

$$\begin{aligned}\langle W(s,t)\Psi, W(u,v)\Phi\rangle &= \langle \Psi, W(-s,-t)W(u,v)\Phi\rangle \\ &= e^{i(-tu+sv)/2}\langle \Psi, W(u-s,v-t)\Phi\rangle \\ &= \frac{1}{(2\pi)^2}e^{i(-tu+sv)/2}\langle \Psi, AW(u-s,v-t)A\Phi\rangle.\end{aligned}$$

そこで (3.38) を用いると，すべての $s,t,u,v \in \mathbb{R}$, に対して

$$\langle W(s,t)\Psi, W(u,v)\Phi\rangle = a(u-s,v-t)e^{i(-tu+sv)/2}\langle \Psi, \Phi\rangle \tag{3.39}$$

が得られる．これは，$\Psi, \Phi \in \mathsf{M}$ が直交すれば，$W(s,t)\Psi, W(u,v)\Phi$ も直交することを意味する． ■

3.5.4 フォン・ノイマン定理の一意性定理の証明—1 自由度の場合

H は可分であるから，M も可分である．したがって，M は完全正規直交系をもつ．その一つを $\{\Psi_m\}_{m=1}^M$ (M は有限または可算無限) とし

$$\mathsf{H}_m := \overline{\mathcal{L}\left(\{W(s,t)\Psi_m | s,t \in \mathbb{R}\}\right)} \tag{3.40}$$

とおく．このとき，補題 3.27 によって，$m \neq n$ ならば H_m と H_n は直交する．さらに次の事実が成り立つ．

定理 3.28 $U(t), V(t)$ は (3.23) で与えられるものとする．このとき：

(i) すべての $t \in \mathbb{R}$ に対して，$U(t), V(t)$ は各 H_m を不変にする．

(ii) 各 m に対して，ユニタリ変換 $U_m : \mathsf{H}_m \to \mathsf{L}^2(\mathbb{R})$ が存在して

$$U_m U(t) U_m^{-1} = e^{it\hat{x}}, \quad U_m V(t) U_m^{-1} = e^{it\hat{p}}, \quad t \in \mathbb{R} \tag{3.41}$$

が成り立つ．ただし，$\hat{x}, \hat{p}$ は $\mathsf{L}^2(\mathbb{R}_x)$ における自由度 1 のシュレーディンガー表現である．

(iii) H は H_m の直和に分解される：

$$\mathsf{H} = \bigoplus_{m=1}^{M} \mathsf{H}_m. \tag{3.42}$$

証明　(i) はヴァイルの関係式からわかる．

(ii) 各 m に対して，$\mathsf{D}_m := \mathcal{L}(\{W(s,t)\Psi_m | s,t \in \mathbb{R}\})$ とすれば，これは H_m で稠密である．D_m の任意の元 Ψ は

$$\Psi = \sum_{j=1}^{J}\sum_{k=1}^{K} \alpha_{jk} W(s_j,t_k)\Psi_m \tag{3.43}$$

という形に表される ($\alpha_{jk} \in \mathbb{C}$，$s_j, t_k \in \mathbb{R}$，$J,K \in \mathbb{N}$)．これに対応させて，ベクトル $\widetilde{\Psi} := \sum_{j=1}^{J}\sum_{k=1}^{K} \alpha_{jk} W_{\mathrm{S}}(s_j,t_k)\Omega_0$ を考える．(3.39) は $W(s,t)$ を $W_{\mathrm{S}}(s,t)$ に置き換えても成立するから (ただし，M は $A = A_S$ の場合の M)，$\|\Psi\| = \|\widetilde{\Psi}\| \cdots (*)$ が成り立つ．そこで，Ψ が (3.43) の右辺の型のベクトル Φ, Φ' を用いて，$\Psi = \Phi = \Phi'$ と 2 通りに表されたとすると，$0 = \|\Phi - \Phi'\| = \|\widetilde{\Phi} - \widetilde{\Phi}'\|$．したがって，$\widetilde{\Phi} = \widetilde{\Phi}'$．ゆえに，写像 $U_m : \mathsf{D}_m \to \mathsf{L}^2(\mathbb{R})$ を

$$U_m\Psi = \sum_{j=1}^{J}\sum_{k=1}^{K} \alpha_{jk} W_{\mathrm{S}}(s_j,t_k)\Omega_0$$

によって定義できる．$(*)$ によって，U_m は D_m から $\mathsf{D}_{\mathrm{S}}(\Omega_0)$ 上への等長作用素である．したがって，拡大定理により，U_m は，H_m から $\mathsf{L}^2(\mathbb{R})$ へのユニタリ作用素に一意的に拡大される．この拡大も U_m と書こう．このとき

$$U(t) = W(t,0), V(t) = W(0,t), W_{\mathrm{S}}(t,0) = e^{it\hat{x}}, \quad W_{\mathrm{S}}(0,t) = e^{it\hat{p}}$$

とヴァイルの関係式を使えば，(3.41) が成り立つことがわかる．

(iii) $\mathsf{K} = \oplus_{m=1}^{M}\mathsf{H}_m$ とするとき，$\mathsf{K}^{\perp} = \{0\}$ を示せばよい．任意の $u, v \in \mathbb{R}$ に対して $W(u,v)$ は各 H_m を不変にする．この事実と (3.27) を用いると，$W(u,v)$ は $\mathsf{K}^{\perp}$ も不変にすることがわかる．一方，$\mathsf{R}(A) = \mathsf{M} \subset \mathsf{K}$ であるから，$\mathsf{K}^{\perp} \subset \ker A \cdots (*)$．いま，$\Psi \in \mathsf{K}^{\perp}$ としよう．このとき，すでに注意したことにより，任意の $u, v \in \mathbb{R}$ に対して，$W(u,-v)\Psi \in \mathsf{K}^{\perp}$ である．した

がって，(*) によって，$AW(u,-v)\Psi = 0$．ゆえに，任意の $\Phi \in \mathsf{H}$ に対して，$\langle W(-u,v)^*\Phi, AW(u,-v)\Psi\rangle = 0$．これは

$$\int_{\mathbb{R}^2} a(s,t)\,\langle \Phi, W(-u,v)W(s,t)W(u,-v)\Psi\rangle\, ds\, dt = 0.$$

を意味する．(3.28) によって，$\int_{\mathbb{R}^2} e^{i(sv+tu)}a(s,t)\,\langle\Phi, W(s,t)\Psi\rangle\, ds\, dt = 0$．$u,v\in\mathbb{R}$ は任意であるから，フーリエ変換の単射性により，$a(s,t)\,\langle\Phi, W(s,t)\Psi\rangle = 0$, $(s,t)\in\mathbb{R}^2$．$\Phi\in\mathsf{H}$ は任意であったから，$W(s,t)\Psi = 0$．これは $\Psi = 0$ を導く．したがって $\mathsf{K}^\perp = \{0\}$．■

定理 3.28 から定理 3.23 ($N=1$ の場合) を導くには，次の一般的事実を利用すればよい．

補題 3.29　X をヒルベルト空間とし，N を X の閉部分空間とする．S を X 上の自己共役作用素とし，すべての $t\in\mathbb{R}$ に対して，e^{itS} は N を不変にしているとする．このとき：

(i)　S は N によって簡約される．

(ii)　K をヒルベルト空間とし，ユニタリ変換 $U:\mathsf{N}\to\mathsf{K}$ と K 上の自己共役作用素 T が存在して

$$Ue^{itS_{\mathsf{N}}}U^{-1} = e^{itT}, \quad \forall t\in\mathbb{R}$$

が成り立っているとする．ただし，S_{N} は S の N における簡約部分である．このとき，作用素の等式

$$US_{\mathsf{N}}U^{-1} = T \tag{3.44}$$

が成り立つ．

証明　(i) これは補題 1.14 による．

(ii) 作用素解析のユニタリ共変性を応用すればよい．■

3.5.5　一般の自由度の場合

自由度 N の場合の定理 3.23 の証明については概略だけを述べる．$\{Q_j, P_j\}_{j=1}^N$ を CCR のヴァイル型表現とする．任意の $\boldsymbol{t} = (t_1,\cdots,t_N)\in\mathbb{R}^N$ に対して，

$U(\boldsymbol{t}), V(\boldsymbol{t})$ を

$$U(\boldsymbol{t}) := e^{it_1 Q_1} \cdots e^{it_N Q_N}, \quad V(\boldsymbol{t}) := e^{it_1 P_1} \cdots e^{it_N P_N} \tag{3.45}$$

によって定義する．このとき，ヴァイル関係式を用いることにより

$$U(\boldsymbol{s})V(\boldsymbol{t}) = e^{-i\boldsymbol{s}\boldsymbol{t}} V(\boldsymbol{t})U(\boldsymbol{s}), \quad \boldsymbol{s}, \boldsymbol{t} \in \mathbb{R}^N \tag{3.46}$$

が導かれる．次にユニタリ作用素

$$W(\boldsymbol{s}, \boldsymbol{t}) := e^{i\boldsymbol{s}\boldsymbol{t}/2} U(\boldsymbol{s})V(\boldsymbol{t}) \tag{3.47}$$

を導入する．あとは自由度 1 の場合とまったく並行的に考察を進めればよい．なお，シュレーディンガー表現に関しては，次の置き換えが必要である：

$$\Omega_0(x) \longrightarrow \Omega_0^{(N)}(\boldsymbol{x}) := \frac{1}{\pi^{N/4}} e^{-\boldsymbol{x}^2/2}, \quad \boldsymbol{x} \in \mathbb{R}^N,$$

$$W_{\mathrm{S}}(s,t) \longrightarrow W_{\mathrm{S}}(\boldsymbol{s}, \boldsymbol{t}) := e^{i\boldsymbol{s}\boldsymbol{t}/2} e^{is_1\hat{x}_1} \cdots e^{is_N\hat{x}_N} e^{it_1\hat{p}_1} \cdots e^{it_N\hat{p}_N}, \quad \boldsymbol{s}, \boldsymbol{t} \in \mathbb{R}^N,$$

$$a(s,t) \longrightarrow a(\boldsymbol{s}, \boldsymbol{t}) := e^{-(\boldsymbol{s}^2 + \boldsymbol{t}^2)/4}, \quad \boldsymbol{s}, \boldsymbol{t} \in \mathbb{R}^N.$$

詳細を埋めることは読者の演習とする (演習問題 3).

3.5.6　フォン・ノイマンの一意性定理からの一つの帰結

次の定理は，可分なヒルベルト空間における，有限自由度の CCR のヴァイル型表現は同じ自由度の CCR の表現であることを示す．

定理 3.30　H を可分なヒルベルト空間, H 上の自己共役作用素の組 $\{Q_j, P_j\}_{j=1}^N$ は CCR のヴァイル型表現であるとする．このとき，次の (i)～(iii) が成り立つような稠密な部分空間 $\mathsf{D} \subset \mathsf{H}$ が存在する：

(i)　各 Q_j, P_j は D を不変にする：$\mathsf{D} \subset \cap_{j=1}^N [\mathsf{D}(Q_j) \cap \mathsf{D}(P_j)]$ かつ $Q_j\mathsf{D} \subset \mathsf{D}$, $P_j\mathsf{D} \subset \mathsf{D}$.

(ii)　$\{Q_j, P_j\}_{j=1}^N$ は D 上で CCR を満たす．

(iii)　各 Q_j, P_j は D 上で本質的に自己共役である．

証明 仮定により，定理 3.23 が成り立つ．$\mathsf{D}_m := U_m^{-1}\mathsf{C}_0^\infty(\mathbb{R}^N)$ とすれば，D_m は H_m で稠密である．各 $\hat{x}_j, \hat{p}_j$ は $\mathsf{C}_0^\infty(\mathbb{R}^N)$ を不変にし，$\mathsf{C}_0^\infty(\mathbb{R}^N)$ 上で CCR を満たす．したがって，$Q_j^{(m)}, P_j^{(m)}$ は D_m を不変にし，D_m 上で CCR を満たす．ことがわかる．$\hat{x}_j, \hat{p}_j$ は $\mathsf{C}_0^\infty(\mathbb{R}^N)$ 上で本質的に自己共役であるから，$Q_j^{(m)}$，$P_j^{(m)}$ は D_m 上で本質的に自己共役である ([8] の補題 5.7(p.165) の応用)．以下，二つの場合に分ける．

(1) $M < \infty$ の場合

この場合，$\mathsf{D} := \bigoplus_{m=1}^M \mathsf{D}_m$ とすれば，任意の $\Psi = (\Psi_1, \cdots, \Psi_M) \in \mathsf{D}$ に対して

$$Q_j\Psi = (Q_j^{(1)}\Psi_1, \cdots, Q_j^{(M)}\Psi_M), \quad P_j\Psi = (P_j^{(1)}\Psi_1, \cdots, P_j^{(M)}\Psi_M).$$

これから，主張の (i)，(ii) がでる．

(iii) を示すために，任意の $\Psi \in \mathsf{D}$ に対して $\langle (Q_j + i)\Psi, \Phi\rangle = 0$ となる $\Phi = (\Phi_1, \cdots, \Phi_M) \in \mathsf{H} = \bigoplus_{m=1}^M \mathsf{H}_m$ があったとしよう．Ψ として Ψ_m 以外は 0 のものをとれば，$\left\langle (Q_j^{(m)} + i)\Psi_m, \Phi_m \right\rangle = 0$．$Q_j^{(m)}$ は D_m 上で本質的に自己共役であったから，$\Phi_m = 0$ となる．m は任意であったから，これは $\Phi = 0$ を意味する．したがって，$\mathsf{R}((Q_j + i)|\mathsf{D})$ は H で稠密である．同様にして，$\mathsf{R}((Q_j - i)|\mathsf{D})$ も H で稠密であることが示される．ゆえに Q_j は D 上で本質的に自己共役である．P_j についても同様である．

(2) M が可算無限の場合

この場合は，D として

$$\mathsf{D} = \{\Psi = (\Psi_m)_{m=1}^\infty \in \mathsf{H} | \Psi_m \in \mathsf{D}_m \text{ かつある番号 } m_0 = m_0(\Psi) \text{ が存在して } m \geq m_0 \text{ ならば } \Psi_m = 0\}$$

をとり，同様の議論を行えばよい． ■

定理 3.30 によって，各自由度ごとに，ヴァイル型表現の全体は，CCR の自己共役表現の全体の部分集合であることがわかる．だが，注意 3.8 で述べておいたように，CCR の自己共役表現の中にはヴァイル型でないものもある (図 3.1).

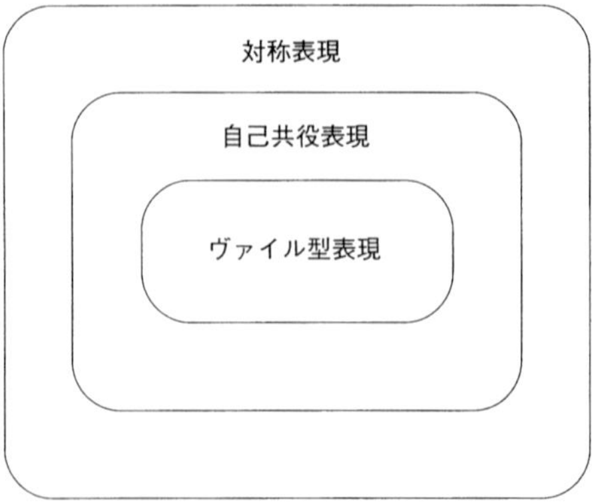

図 **3.1** 自由度を固定したときの CCR の表現

3.6 CCR の非同値表現とアハラノフ–ボーム効果

シュレーディンガー表現またはその直和にユニタリ同値にならない CCR の表現を単に**非同値表現**と呼ぶことにする．この節では，特異性のある磁場をもつ 2 次元の量子系において，CCR の非同値表現が実際に現れることを示す．ここで取り上げる例は，量子現象との関連においては，いわゆる**アハラノフ** (Aharonov)-**ボーム** (Bohm) **効果**と関連していて，物理的にも興味があるものである．

3.6.1 磁場のある系の物理的運動量の本質的自己共役性

2 次元平面 $\mathbb{R}^2 = \{\boldsymbol{x} = (x_1, x_2) | x_1, x_2 \in \mathbb{R}\}$ の中に (粒子的描像から見て) 1 個の荷電粒子が存在する量子系を考える．この粒子の電荷を $q \in \mathbb{R} \setminus \{0\}$ と記す．いま，この系は，平面 $\mathbb{R}^2$ と垂直な方向に古典的な磁場の作用を受けているものとしよう．数学的な一般性をもたせるために，磁場は N 個の孤立点 $\boldsymbol{a}_n = (a_{n1}, a_{n2}) \in \mathbb{R}^2 (n = 1, \cdots, N)$ において特異性をもってもよいとし，これらの点を除いた領域

$$M = \mathbb{R}^2 \setminus \{\boldsymbol{a}_1, \cdots, \boldsymbol{a}_N\} \tag{3.48}$$

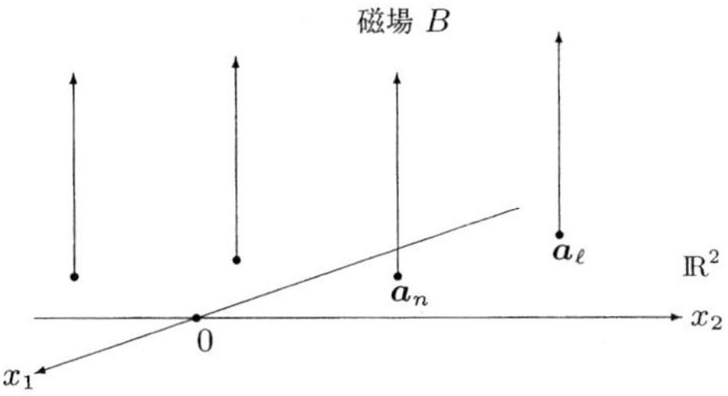

図 3.2 平面に垂直な磁場のある系

では連続であると仮定する．

古典電磁気学で学ぶように，磁場はベクトルポテンシャル $\boldsymbol{A} := (A_1, A_2) : M \to \mathbb{R}^2$ によって記述される．ここで，$A_1, A_2 : M \to \mathbb{R}$ は M 上で連続微分可能であるとする．いまの仮定のもとでは，磁場

$$B := D_1 A_2 - D_2 A_1 \tag{3.49}$$

は超関数と考えるほうが自然であり，この節ではこの観点を採用する．実際，磁場 B の基本的な例として念頭においているのは，B が点 $\boldsymbol{x} = \boldsymbol{a}_n, n = 1, \cdots, N$ にデルタ超関数的に集中しているような場合，したがって，極めて特異な場合である．以下における考察の主たる対象は，ヒルベルト空間 $\mathsf{L}^2(\mathbb{R}^2)$ において働く作用素

$$P_j := \hat{p}_j - qA_j \quad (j = 1, 2) \tag{3.50}$$

である[*13]．作用素の和の定義によって，$\mathsf{D}(P_j) = \mathsf{D}(\hat{p}_j) \cap \mathsf{D}(A_j)$ である．(P_1, P_2) を**物理的運動量**と呼ぶ．この命名は，荷電粒子の質量を $m > 0$ とすれば，古典力学との対応からみて，考察下の系における**速度作用素**の第 j 成分は P_j/m と解釈されることによる．まず，P_1, P_2 が実際に量子力学的物理量であることすなわち，それらが本質的に自己共役であることを証明しよう．

補題 3.31 F を $\mathbb{R}^d$ の閉集合とし，その d 次元ルベーグ測度 $|F|$ は 0 であるとする (i.e., F は閉零集合)．このとき，$\mathsf{C}_0^\infty(\mathbb{R}^d \setminus F)$ は $\mathsf{L}^2(\mathbb{R}^d)$ で稠密である．

[*13] $\hat{p}_j := -iD_j \ (j = 1, 2)$ は 2 次元系における自由な粒子の運動量作用素．光速 $c = 1$ および $\hbar = 1$ であるような単位系で考える．

証明　$\mathbb{R}^d \setminus F$ は開集合であるから，$\mathsf{C}_0^\infty(\mathbb{R}^d \setminus F)$ は $\mathsf{L}^2(\mathbb{R}^d \setminus F)$ で稠密である ([22] の定理 6.6 の応用)．だが，$|F| = 0$ であるから，$\mathsf{L}^2(\mathbb{R}^d \setminus F) = \mathsf{L}^2(\mathbb{R}^2)$ と自然な仕方で同一視できる．■

系 3.32　(i) $L \in \mathbb{N}$ を任意の自然数とし，$c_1, \cdots, c_L \in \mathbb{R}$ を定点とする．このとき，$\mathsf{C}_0^\infty\left(\mathbb{R} \setminus \{c_j\}_{j=1}^L\right)$ は $\mathsf{L}^2(\mathbb{R})$ で稠密である．

(ii) $\mathsf{C}_0^\infty(M)$ は $\mathsf{L}^2(\mathbb{R}^2)$ で稠密である．

証明　(i) 前補題を $d = 1$，$F = \{c_j\}_{j=1}^L$ として応用すればよい．

(ii) 前補題を $d = 2$，$F = \{\boldsymbol{a}_n\}_{n=1}^N$ として応用すればよい．■

X, Y を集合とするとき，$f : X \to \mathbb{C}, g : Y \to \mathbb{C}$ に対して $f \times g : X \times Y \to \mathbb{C}$ を

$$(f \times g)(x, y) := f(x)g(y), \quad (x, y) \in X \times Y$$

によって定義する．F を X 上の関数の部分集合，G を Y 上の関数の部分集合とするとき，$X \times Y$ 上の関数の部分集合 $\mathsf{F} \mathring{\otimes} \mathsf{G}$ を

$$\mathsf{F} \mathring{\otimes} \mathsf{G} := \mathcal{L}(\{f \times g | f \in \mathsf{F}, g \in \mathsf{G}\}) \tag{3.51}$$

によって定義する．次の一般的事実がある．

補題 3.33　$(X, \mu), (Y, \nu)$ を二つの測度空間とし，$\mathsf{L}^2(X, d\mu), \mathsf{L}^2(Y, d\nu)$ は無限次元で可分であるとする．F を $\mathsf{L}^2(X, d\mu)$ で稠密な部分空間，G を $\mathsf{L}^2(Y, d\nu)$ で稠密な部分空間とする．このとき，$\mathsf{F} \mathring{\otimes} \mathsf{G}$ は $\mathsf{L}^2(X \times Y, d\mu \otimes d\nu)$ で稠密である．

証明　F の $\mathsf{L}^2(X, d\mu)$ における稠密性により，$\mathsf{L}^2(X, d\mu)$ の完全正規直交系 (CONS) $\{\psi_n\}_{n=1}^\infty$ で $\psi_n \in \mathsf{F}$ $(n \in \mathbb{N})$ となるものがとれる．同様に G の元 ϕ_n からなる，$\mathsf{L}^2(Y, d\nu)$ の CONS$\{\phi_n\}_{n=1}^\infty$ が存在する．すると，[14] の定理 4.2 によって，$\{\psi_m \times \phi_n\}_{m,n \in \mathbb{N}}$ は $\mathsf{L}^2(X \times Y, d\mu \otimes d\nu)$ の CONS である．$\psi_m \times \phi_n \in \mathsf{F} \mathring{\otimes} \mathsf{G}$ であるから，これは $\mathsf{F} \mathring{\otimes} \mathsf{G}$ が $\mathsf{L}^2(X \times Y, d\mu \otimes d\nu)$ で稠密であることを意味する．■

便宜上，$\mathbb{R}$ の部分集合

$$X_{\boldsymbol{a}} := \mathbb{R} \setminus \{a_{n1}\}_{n=1}^{N}, \quad Y_{\boldsymbol{a}} := \mathbb{R} \setminus \{a_{n2}\}_{n=1}^{N} \tag{3.52}$$

を導入する．補題 3.32 と補題 3.33 によって，$\mathsf{L}^2(\mathbb{R}^2)$ の部分空間

$$\mathsf{D}_1 := \mathsf{C}_0^\infty(\mathbb{R}) \mathring{\otimes} \mathsf{C}_0^\infty(Y_{\boldsymbol{a}}),\ \mathsf{D}_2 := \mathsf{C}_0^\infty(X_{\boldsymbol{a}}) \mathring{\otimes} \mathsf{C}_0^\infty(\mathbb{R}) \tag{3.53}$$

は $\mathsf{L}^2(\mathbb{R}^2)$ で稠密である．$\mathbb{R}^2$ の部分集合 M_1, M_2 を次のように定義する．

$$M_1 := \{\boldsymbol{x} \in \mathbb{R}^2 | x_2 \in Y_{\boldsymbol{a}}\},\ M_2 := \{\boldsymbol{x} \in \mathbb{R}^2 | x_1 \in X_{\boldsymbol{a}}\}. \tag{3.54}$$

容易にわかるように，$\mathsf{D}_1 \subset \mathsf{C}_0^\infty(M_1)$，$\mathsf{D}_2 \subset \mathsf{C}_0^\infty(M_2)$．したがって，各 $\mathsf{C}_0^\infty(M_j)$ は $\mathsf{L}^2(\mathbb{R}^2)$ で稠密である．

補題 3.34　各 $j = 1, 2$ に対して，D_j は $\hat{p}_j$ の芯である．

証明　任意の $f \in \mathsf{C}_0^\infty(\mathbb{R}), g \in \mathsf{C}_0^\infty(Y_{\boldsymbol{a}})$ に対して，$\langle \phi, (\hat{p}_1 + i) f \times g \rangle = 0 \cdots (*)$ を満たす $\phi \in \mathsf{L}^2(\mathbb{R}^2)$ があったとしよう[*14]．$\int_{\mathbb{R}^2} |\phi(\boldsymbol{x})|^2 d\boldsymbol{x} < \infty$ とフビニの定理により，$\int_{\mathbb{R}} |\phi(x_1, x_2)|^2 dx_1 < \infty$ (a.e.x_2)．したがって，積分に関するシュヴァルツの不等式を使えば，$\int_{\mathbb{R}} |\phi(x_1, x_2)((\hat{p}_1 + i)f)(x_1)| dx_1 < \infty$ (a.e.x_2) がわかるので，$u(x_2) := \int_{\mathbb{R}} \phi(x_1, x_2)((\hat{p}_1 + i)f)(x_1)^* dx_1$ (a.e.x_2) が定義され，$u \in \mathsf{L}^2(\mathbb{R})$ である．$(*)$ とフビニの定理により，$\langle u, g \rangle = 0$．$\mathsf{C}_0^\infty(Y_{\boldsymbol{a}})$ は $\mathsf{L}^2(\mathbb{R})$ で稠密であるから (系 3.32)，$u = 0$．したがって，$\int_{\mathbb{R}} \phi(x_1, x_2)^*((\hat{p}_1 + i)f)(x_1) dx_1 = 0$ (a.e.x_2)．$\mathsf{C}_0^\infty(\mathbb{R})$ は $\hat{p}_1$ の芯であるから，$\phi(\cdot, x_2) = 0$ (a.e.x_2) が結論される．これは $\mathsf{L}^2(\mathbb{R}^2)$ の元として $\phi = 0$ を意味する．したがって，$\mathsf{R}[(\hat{p}_1 + i)|\mathsf{D}_1]$ は $\mathsf{L}^2(\mathbb{R}^2)$ で稠密である．同様に，$\mathsf{R}[(\hat{p}_1 - i)|\mathsf{D}_1]$ も $\mathsf{L}^2(\mathbb{R}^2)$ で稠密であることがわかる．よって，本質的自己共役性に関する一般的判定法により (補題 2.8-(ii))，$\hat{p}_1$ は D_1 上で本質的に自己共役である．すなわち，D_1 は $\hat{p}_1$ の芯である．$\hat{p}_2$ についても同様．■

注意 3.9　$\mathsf{L}^2(\mathbb{R})$ 上の作用素としての $\hat{p}_1$ は $\mathsf{C}_0^\infty(X_{\boldsymbol{a}})$ 上では本質的に自己共役ではない．実際，$v(k) := \sum_{n=1}^{N} e^{-ika_{n1}}/(k - i)$ $(k \in \mathbb{R})$ によって定義される関数

[*14] $\langle \cdot, \cdot \rangle$ は $\mathsf{L}^2(\mathbb{R}^2)$ の内積を表す．

$v \neq 0$ は $\mathsf{L}^2(\mathbb{R}_k)$ の元であり，その逆フーリエ変換 $\check{v}$ は $\ker[(\hat{p}_1 + i)|\mathsf{C}_0^\infty(X_{\boldsymbol{a}})]^*$ に入ることがわかる (フーリエ変換を用いて，$\langle \check{v}, (\hat{p}_1 + i)u\rangle_{\mathsf{L}^2(\mathbb{R})} = 0, \forall u \in \mathsf{C}_0^\infty(X_{\boldsymbol{a}})$ を示せ).

$x_0 \in X_{\boldsymbol{a}}, y_0 \in Y_{\boldsymbol{a}}$ を任意に固定し

$$\phi_1(\boldsymbol{x}) := \int_{x_0}^{x_1} A_1(x', x_2)dx', \quad \boldsymbol{x} \in M_1, \tag{3.55}$$

$$\phi_2(\boldsymbol{x}) := \int_{y_0}^{x_2} A_2(x_1, y')dy', \quad \boldsymbol{x} \in M_2 \tag{3.56}$$

を定義する．このとき，ϕ_1 は M_1 において連続かつ x_1 について偏微分可能であり

$$\frac{\partial \phi_1(\boldsymbol{x})}{\partial x_1} = A_1(\boldsymbol{x}), \quad \boldsymbol{x} \in M_1. \tag{3.57}$$

同様に ϕ_2 は M_2 において連続かつ x_2 について偏微分可能であり

$$\frac{\partial \phi_2(\boldsymbol{x})}{\partial x_2} = A_2(\boldsymbol{x}), \quad \boldsymbol{x} \in M_2. \tag{3.58}$$

$\mathbb{R}^2 \setminus M_j$ の 2 次元ルベーグ測度は 0 であるから，ϕ_j はルベーグ測度に関してほとんどいたるところ (a.e.) 有限に定義された実数値可測関数とみることができる (たとえば，$(x_1, x_2) \in \mathbb{R}^2 \setminus M_j$ 上では $\phi_j(x_1, x_2) = 0$ とすればよい)．したがって，関数 $e^{iq\phi_j}$ によるかけ算作用素は $\mathsf{L}^2(\mathbb{R}^2)$ 上のユニタリ作用素になる．このユニタリ作用素を U_j と記す：

$$U_j f := e^{iq\phi_j} f, \quad f \in \mathsf{L}^2(\mathbb{R}^2). \tag{3.59}$$

以上の準備のもとで，この項の基本定理のひとつを証明できる：

定理 3.35　各 $j = 1, 2$ に対して，P_j は $U_j \mathsf{D}_j$ 上で本質的に自己共役であり，作用素の等式

$$\bar{P}_j = U_j \hat{p}_j U_j^{-1} \quad (j = 1, 2) \tag{3.60}$$

が成り立つ．

証明 D_1 の元 η で $\eta = f \times g$ という形のものを任意にとる．このとき，$(U_1\eta)(\boldsymbol{x}) = e^{iq\phi_1(\boldsymbol{x})}f(x_1)g(x_2)$, $\boldsymbol{x} \in \mathbb{R}^2$. 右辺の関数は x_1 については偏微分可能であり，x_2 については連続であり，その台は有界で M_1 の内部にある．このことから，$U_1\eta \in \mathsf{D}(\hat{p}_1) \cap \mathsf{D}(A_1) = \mathsf{D}(P_1)$ かつ $(\hat{p}_1U_1\eta)(\boldsymbol{x}) = qA_1(\boldsymbol{x})(U_1\eta)(\boldsymbol{x}) + (U_1\hat{p}_1\eta)(\boldsymbol{x})$ がわかる．これは $P_1U_1\eta = U_1\hat{p}_1\eta$ を意味する．したがって，$U_1\mathsf{D}_1 \subset \mathsf{D}(P_1)$ であり任意の $\psi \in \mathsf{D}_1$ に対して，$U_1^{-1}P_1U_1\psi = \hat{p}_1\psi$ が成り立つことになる．補題 3.34 によって，$\hat{p}_1$ は D_1 上で本質的に自己共役であるから，P_1 は $U_1\mathsf{D}_1$ 上で本質的に自己共役であり作用素の等式 $U_1^{-1}\bar{P}_1U_1 = \hat{p}_1$ が成り立つ[*15]．これは (3.60) で $j = 1$ の場合と同値である．同様にして，P_2 に関する主張も証明される． ■

3.6.2 物理的運動量が生成する強連続 1 パラメーターユニタリ群

定理 3.35 によって $\bar{P}_j$ の自己共役性が確立されたので，それが生成する強連続 1 パラメーターユニタリ群 $\{e^{it\bar{P}_j}\}_{t\in\mathbb{R}}$ を考えるのは自然である．

定理 3.36 すべての $t \in \mathbb{R}$ と $\psi \in \mathsf{L}^2(\mathbb{R}^2)$ に対して

$$(e^{it\bar{P}_j}\psi)(\boldsymbol{x}) = e^{-iq\int_0^t A_j(\boldsymbol{x}+s\boldsymbol{e}_j)ds}\psi(\boldsymbol{x} + t\boldsymbol{e}_j), \quad \boldsymbol{x} \in M_j. \tag{3.61}$$

ただし，$(\boldsymbol{e}_1, \boldsymbol{e}_2)$ は $\mathbb{R}^2$ の標準基底である．

証明 (3.60) と作用素解析のユニタリ共変性により，すべての $t \in \mathbb{R}$ に対して，$e^{it\bar{P}_j} = U_je^{it\hat{p}_j}U_j^{-1}$. したがって，$U_j$ の定義と補題 3.19 によって，任意の $\psi \in \mathsf{L}^2(\mathbb{R}^2)$ と a.e.$\boldsymbol{x} \in \mathbb{R}^2$ に対して，$(e^{it\bar{P}_j}\psi)(\boldsymbol{x}) = e^{iq\phi_j(\boldsymbol{x})}e^{-iq\phi_j(\boldsymbol{x}+t\boldsymbol{e}_j)}\psi(\boldsymbol{x} + t\boldsymbol{e}_j)$ となる．右辺の指数関数の部分を計算すれば (3.61) が得られる． ■

注意 3.10 定理 3.35 と定理 3.36 は，その証明からわかるように，本質的な変更なしに，$\mathbb{R}^d$ 上の理論に拡張される ($d \geq 2$).

(3.61) の幾何学的意味について簡単に触れておこう．$qA_j = 0$ の場合は，$e^{it\bar{P}_j} = e^{it\hat{p}_j}$ $(j = 1, 2)$ である．すでにみたように，$e^{it\hat{p}_1}, e^{it\hat{p}_2}$ は関数 $\psi \in$

---

*15 [8] の補題 5.7 の応用．

$\mathsf{L}^2(\mathbb{R}^2)$ をそれぞれ，x_1 軸方向，x_2 軸方向に $-t$ だけ平行移動する働きをもつ．$qA_j \neq 0$ の場合には，(3.61) の右辺は，この平行移動が指数因子 $e^{-iq\int_0^t A_j(\boldsymbol{x}+s\boldsymbol{e}_j)ds}$ の"歪み"を受けながら行われることを意味する．すなわち，$e^{it\bar{P}_j}$ は磁場が存在する状況のもとにおける，関数の"自然な"並進を定義するものと解釈される．そこで，$e^{it\bar{P}_j}$ を j **方向への磁気的並進** (magnetic translation) と呼ぶ．

3.6.3 ヴァイル型の交換関係

ベクトルポテンシャル $\boldsymbol{A}$ のジョルダン閉曲線 $C \subset M$ に沿う線積分

$$\Phi_C(\boldsymbol{A}) := \int_C \boldsymbol{A}(\boldsymbol{x}) \cdot d\boldsymbol{x} \tag{3.62}$$

を**閉曲線** C **の内部を貫く磁束**と呼ぶ．

$x_1, x_2, s, t \in \mathbb{R}$ に対して，点 (x_1, x_2) を始点とし，$(x_1, x_2) \to (x_1+s, x_2) \to (x_1+s, x_2+t) \to (x_1, x_2+t) \to (x_1, x_2)$ というふうに一巡する矩形閉曲線を $C(x_1, x_2; s, t)$ と記す (図 3.3).

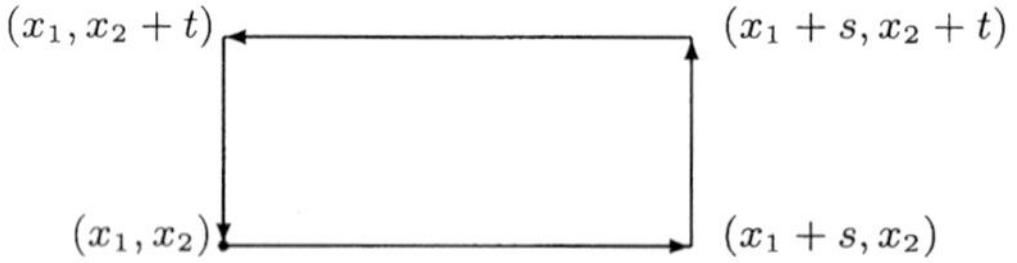

図 3.3 曲線 $C(x_1, x_2; s, t)$ $(s, t > 0$ の場合)

各 $s, t \in \mathbb{R}$ に対して，$\mathbb{R}$ の部分集合 $S_1^{(s)}, S_2^{(t)}$ と $\mathbb{R}^2$ の部分集合 $M_{s,t}$ を次のように定義する：

$$S_1^{(s)} = \mathbb{R} \setminus \{a_{n1}, a_{n1} - s\}_{n=1}^N, \quad S_2^{(t)} = \mathbb{R} \setminus \{a_{n2}, a_{n2} - t\}_{n=1}^N,$$
$$M_{s,t} = S_1^{(s)} \times S_2^{(t)}.$$

$M_{s,t}$ 上の関数 $\Phi_{s,t}^{\boldsymbol{A}}$ を

$$\Phi_{s,t}^{\boldsymbol{A}}(x_1, x_2) := \Phi_{C(x_1,x_2;s,t)}(\boldsymbol{A}), \quad (x_1, x_2) \in M_{s,t} \tag{3.63}$$

によって定義する[*16]．これは，物理的には，閉曲線 $C(x_1,x_2;s,t)$ の内部を貫く磁束を表す．集合 $\mathbb{R}^2\setminus M_{s,t}$ の 2 次元ルベーグ測度は 0 であるから，関数 $\Phi^{\boldsymbol{A}}_{s,t}(x_1,x_2)$ は，$\mathbb{R}^2$ 上の a.e. 有限な実数値関数とみなせる．したがって，$\Phi^{\boldsymbol{A}}_{s,t}$ は $\mathsf{L}^2(\mathbb{R}^2)$ 上の自己共役なかけ算作用素を一意的に定義する．このかけ算作用素も同一の記号で書くことにする．

考察下の量子的粒子の位置作用素をそれぞれ，$\hat{x}_1$，$\hat{x}_2$ で表す (i.e.，$\hat{x}_1,\hat{x}_2$ はそれぞれ，座標変数 x_1,x_2 によるかけ算作用素)．

定理 3.37 すべての $s,t\in\mathbb{R}$ と $j,k=1,2$ に対して

$$e^{is\hat{x}_j}e^{it\bar{P}_k}=e^{-ist\delta_{jk}}e^{it\bar{P}_k}e^{is\hat{x}_j}, \tag{3.64}$$

$$e^{is\bar{P}_1}e^{it\bar{P}_2}=\exp\left(-iq\Phi^{\boldsymbol{A}}_{s,t}\right)e^{it\bar{P}_2}e^{is\bar{P}_1}. \tag{3.65}$$

証明 任意の $\psi\in\mathsf{C}_0^\infty(M)$ に対して，$e^{is\hat{x}_j}\bar{P}_ke^{-is\hat{x}_j}\psi=(\bar{P}_k-s\delta_{jk})\psi$．これと定理 3.35 によって，作用素の等式 $e^{is\hat{x}_j}\bar{P}_ke^{-is\hat{x}_j}=\bar{P}_k-s\delta_{jk}$ がしたがう．ゆえに，作用素解析のユニタリ共変性により，(3.64) が得られる．

定理 3.36 によって，任意の $\psi\in\mathsf{L}^2(\mathbb{R}^2)$ に対して

$$\begin{aligned}(e^{is\bar{P}_1}e^{it\bar{P}_2}\psi)(\boldsymbol{x})&=e^{-iq\int_0^s A_1(\boldsymbol{x}+s'\boldsymbol{e}_1)ds'}(e^{it\bar{P}_2}\psi)(\boldsymbol{x}+s\boldsymbol{e}_1)\\&=e^{-iq\int_0^s A_1(\boldsymbol{x}+s'\boldsymbol{e}_1)ds'}e^{-iq\int_0^t A_2(\boldsymbol{x}+s\boldsymbol{e}_1+t'\boldsymbol{e}_2)dt'}\\&\qquad\times\psi(\boldsymbol{x}+s\boldsymbol{e}_1+t\boldsymbol{e}_2),\ \text{a.e.}\boldsymbol{x}.\end{aligned}$$

$(e^{it\bar{P}_2}e^{is\bar{P}_1}\psi)(\boldsymbol{x})$ についても同様．これを用いると (3.65) が成立することが示される． ■

3.6.4 CCR の 表 現

この項では，あるクラスのベクトルポテンシャル $\boldsymbol{A}$ に対して，位置作用素と物理的運動量の組 $\{\hat{x}_j,\bar{P}_j\}_{j=1}^2$ は自由度 2 の CCR の表現になることを示す．

定義 3.38 M 上で $B=0$ のとき，$\boldsymbol{A}$ は平坦 (flat) であるという．

[*16] $(x_1,x_2)\in M_{s,t}$ ならば，$C(x_1,x_2;s,t)$ は，点 $\boldsymbol{a}_n, n=1,\cdots,N$, を通らないことに注意．

注意 3.11 M は単連結ではないので，$\boldsymbol{A}=(A_1,A_2)$ が M 上の平坦なベクトルポテンシャルであっても，ある実数値関数 $\phi \in C^1(M)$ があって，$A_1 = \partial_1\phi, A_2 = \partial_2\phi$ と表されるとは限らない (以下に出てくる例を参照)．これは重要な点である．実際，以下に提示される理論の非自明性にとって，M の非単連結性は本質的である．

容易にわかるように，任意の $\psi \in \mathsf{C}_0^2(M)$ (M 上の 2 回連続微分可能な関数で，その台が有界で M の中に含まれるものの全体) に対して

$$[\hat{x}_j, \bar{P}_k]\psi = i\delta_{jk}\psi, \qquad [\hat{x}_j, \hat{x}_k]\psi = 0, \quad j,k=1,2, \tag{3.66}$$

$$[\bar{P}_1, \bar{P}_2]\psi = iqB\psi \tag{3.67}$$

が成り立つ．したがって，次の補題を得る．

補題 3.39 $\{\mathsf{L}^2(\mathbb{R}^2), \mathsf{C}_0^2(M), \{\hat{x}_j, \bar{P}_j\}_{j=1}^2\}$ が自由度 2 の CCR の表現であるための必要十分条件は $\boldsymbol{A}$ が平坦であることである．

$\boldsymbol{A}$ が平坦であることは，超関数としての磁場 B の台が $\{\boldsymbol{a}_1,\cdots,\boldsymbol{a}_N\}$ に集中していることを意味する．この場合，超関数の一般論によれば，そのような磁場 B は

$$B(\boldsymbol{x}) = \sum_{n=1}^{N}\sum_{\alpha,\beta=0}^{k} \lambda_{\alpha\beta}^{(n)} D_1^\alpha D_2^\beta \delta(\boldsymbol{x}-\boldsymbol{a}_n)$$

という形をもつ．ここで，$\delta(\boldsymbol{x}-\boldsymbol{a}_n)$ は点 $\boldsymbol{a}_n$ に質量をもつ 2 次元のデルタ超関数であり，k は非負の整数，$\lambda_{\alpha\beta}^{(n)}$ $(\alpha,\beta=0,1,\cdots,k,\ n=1,\cdots,N)$ は実定数である*17．これを磁場として与えるベクトルポテンシャルとして (ゲージ変換の任意性を除いて) 次のものがある：

$$A_1(\boldsymbol{x}) = -\frac{1}{2\pi}\sum_{n=1}^{N}\sum_{\alpha,\beta=0}^{k} \lambda_{\alpha\beta}^{(n)} D_1^\alpha D_2^\beta \left(\frac{x_2-a_{n2}}{|\boldsymbol{x}-\boldsymbol{a}_n|^2}\right),$$

$$A_2(\boldsymbol{x}) = \frac{1}{2\pi}\sum_{n=1}^{N}\sum_{\alpha,\beta=0}^{k} \lambda_{\alpha\beta}^{(n)} D_1^\alpha D_2^\beta \left(\frac{x_1-a_{n1}}{|\boldsymbol{x}-\boldsymbol{a}_n|^2}\right).$$

*17 たとえば，[37] の 4 章 §1，例題 5 を参照．

これは，公式

$$\frac{x_1 - a_{n1}}{|\boldsymbol{x} - \boldsymbol{a}_n|^2} = D_1 \log|\boldsymbol{x} - \boldsymbol{a}_n|, \quad \frac{x_2 - a_{n2}}{|\boldsymbol{x} - \boldsymbol{a}_n|^2} = D_2 \log|\boldsymbol{x} - \boldsymbol{a}_n|,$$
$$(D_1^2 + D_2^2)\log|\boldsymbol{x} - \boldsymbol{a}_n| = 2\pi\delta(\boldsymbol{x} - \boldsymbol{a}_n)$$

を用いれば，容易に確かめられる．この種のベクトルポテンシャルで最も簡単な形のものは次で与えられる：$\widetilde{\boldsymbol{A}}(\boldsymbol{x}) = (\widetilde{A}_1(\boldsymbol{x}), \widetilde{A}_2(\boldsymbol{x}))$,

$$\widetilde{A}_1(\boldsymbol{x}) = -\frac{1}{2\pi}\sum_{n=1}^N \lambda_n \left(\frac{x_2 - a_{n2}}{|\boldsymbol{x} - \boldsymbol{a}_n|^2}\right), \quad \widetilde{A}_2(\boldsymbol{x}) = \frac{1}{2\pi}\sum_{n=1}^N \lambda_n \left(\frac{x_1 - a_{n1}}{|\boldsymbol{x} - \boldsymbol{a}_n|^2}\right).$$

ただし，λ_n $(n = 1, \cdots, N)$ は任意の実数である．この場合の磁場を $\widetilde{B}$ とすれば

$$\widetilde{B}(\boldsymbol{x}) = \sum_{n=1}^N \lambda_n \delta(\boldsymbol{x} - \boldsymbol{a}_n)$$

である．

こうして，$\{\boldsymbol{a}_1, \cdots, \boldsymbol{a}_N\}$ に集中した，特異な磁場をもつ 2 次元量子系において，CCR の (非自明な) 表現が実現していることがわかる．そこで次の問題は，この表現がシュレーディンガー表現と同値なものであるか否かを決定することである．

例 3.2 平坦なベクトルポテンシャルの一般的な例は，次のようにして，$\mathbb{C}$ 上の有理型関数を使って構成できる．$\boldsymbol{a}_n$ に対応する，複素平面の点を a_n で表す：$a_n := a_{n1} + ia_{n2}$. M に対応する $\mathbb{C}$ の開集合を $M_{\mathbb{C}}$ で表す．f を $a_1, \cdots, a_N$ に孤立特異点をもつ有理型関数とし

$$A_1(\boldsymbol{x}) := \operatorname{Im} f(z), \quad A_2(\boldsymbol{x}) := \operatorname{Re} f(z), \quad z = x_1 + ix_2$$

とおく．このとき，$\boldsymbol{A} := (A_1, A_2)$ とすれば，f に対するコーシー–リーマン方程式により，$\boldsymbol{A}$ は M 上で平坦であることがわかる．ゆえに，$M_{\mathbb{C}}$ 上の任意の有理型関数に対して，平坦なベクトルポテンシャルが同伴していることがわかる．そのような有理型関数は無数に存在するから，平坦なベクトルポテンシャルは無数に存在することになる．この構成法は，孤立特異点の数が可算無限個の場合にも適用できるので，より一般的である．

具体例として，$\tilde{f} = \widetilde{A}_2 + i\widetilde{A}_1$ とすれば

$$\tilde{f}(z) = \frac{1}{2\pi} \sum_{n=1}^{N} \lambda_n \frac{1}{z - a_n}.$$

3.6.5 表現の同値性と非同値性

この項では，$\boldsymbol{A}$ は平坦であると仮定する．すると補題 3.39 により，

$$\pi_{\boldsymbol{A}} := \{\mathsf{L}^2(\mathbb{R}^2), \mathsf{C}_0^2(M), \{\hat{x}_j, \bar{P}_j\}_{j=1}^2\} \tag{3.68}$$

は自由度 2 の CCR の表現である．表現 $\pi_{\boldsymbol{A}}$ が自由度 2 のシュレーディンガー表現 $\pi_{\mathrm{S}}^{(2)}$ と同値であるための (したがって，また非同値であるための) 必要十分条件を求めよう．

補題 3.40 $\pi_{\boldsymbol{A}}$ は既約である．

証明 $T \in \mathsf{B}(\mathsf{L}^2(\mathbb{R}^2))$ が $T\hat{x}_j \subset \hat{x}_j T$，$T\bar{P}_j \subset \bar{P}_j T$ $(j = 1, 2)$ を満たしているとしよう．このとき，第一の条件と補題 3.13 から，ある $F \in \mathsf{L}^\infty(\mathbb{R}^2)$ があって $T = M_F$ と表される．$F = F_1 + iF_2$ $(F_1 := \mathrm{Re}\, F, F_2 := \mathrm{Im}\, F)$ とすれば，第二の条件から，$M_{F_k}\bar{P}_j \subset \bar{P}_j M_{F_k}$ $(j, k = 1, 2)$．M_{F_k} は自己共役であるから，これは，任意の $t \in \mathbb{R}$ に対して，$e^{it\bar{P}_j} M_{F_k} e^{-it\bar{P}_j} = M_{F_k}$ を意味する．この関係と定理 3.36 を用いると $F_k(\boldsymbol{x}) = F_k(\boldsymbol{x} + t\boldsymbol{e}_j)$ (a.e.$\boldsymbol{x}$) がわかる．したがって，任意の $(t, s) \in \mathbb{R}^2$ に対して $F_k(\boldsymbol{x}) = F_k(\boldsymbol{x} + (t, s))$ (a.e.$\boldsymbol{x}$) となる．これは F_k が定数であることを意味する．したがって，F は定数であるので T は定数作用素である． ■

定理 3.37 とフォン・ノイマンの一意性定理に注目すると次の定義に導かれる．すべての t, s に対して，$\Phi_{s,t}^{\boldsymbol{A}}$ が

$$\frac{2\pi\mathbb{Z}}{q} := \left\{ \frac{2\pi m}{q} | m \in \mathbb{Z}(\text{整数全体}) \right\}$$

の中に値をとる関数，すなわち，$M_{s,t}$ 上の $2\pi\mathbb{Z}/q$-値関数であるとき，**磁束は局所的に量子化されている**ということにする．これは，閉曲線 $C(x_1, x_2; s, t)$ を

貫く磁束が局所的に定数であって，その定数値が $2\pi/q$ の整数倍であるということである．

定理 3.41　CCR の表現 $\pi_{\boldsymbol{A}}$ が自由度 2 のシュレーディンガー表現 $\pi_{\mathrm{S}}^{(2)}$ に同値であるための必要十分条件は，磁束が局所的に量子化されていることである．

証明　(必要性) CCR の表現 $\pi_{\boldsymbol{A}}$ が $\pi_{\mathrm{S}}^{(2)}$ に同値ならば，$e^{is\hat{x}_j}, e^{it\bar{P}_k}$ はヴァイルの関係式を満たす．すると定理 3.37 によって，$e^{-iq\Phi_{s,t}^{\boldsymbol{A}}} = I, \forall t, s \in \mathbb{R} \cdots (*)$ でなければならない．これは磁束の局所的量子化を意味する．

(十分性) 磁束が局所的に量子化されていれば，$(*)$ が成り立つので，定理 3.37 により，$e^{is\hat{x}_j}, e^{it\bar{P}_k}$ はヴァイルの関係式を満たすことがわかる．したがって，系 3.24 により，$\pi_{\boldsymbol{A}}$ は $\pi_{\mathrm{S}}^{(2)}$ と同値な表現である．■

次に磁束の局所的量子化の条件をもっとみやすいものにすることを考える．$\delta_0 := \min\{|\boldsymbol{a}_n - \boldsymbol{a}_m| \mid n \neq m, n, m = 1, \cdots, N\}$ とし，$0 < \varepsilon < \delta_0$ に対して，中心が $\boldsymbol{a}_n$，半径 $\varepsilon > 0$ の円周 $C_\varepsilon(\boldsymbol{a}_n) = \{\boldsymbol{x} \in \mathbb{R}^2 : |\boldsymbol{x} - \boldsymbol{a}_n| = \varepsilon\}$ (向きは反時計回り) に沿っての，$\boldsymbol{A}$ の線積分を γ_n とする：

$$\gamma_n(\boldsymbol{A}) := \int_{C_\varepsilon(\boldsymbol{a}_n)} \boldsymbol{A} \cdot d\boldsymbol{x}. \tag{3.69}$$

$D(x_1, x_2; s, t)$ を閉曲線 $C(x_1, x_2; s, t)$ の内部領域とする．グリーンの定理を応用することにより，次の事実を証明できる．

補題 3.42　各 $\gamma_n(\boldsymbol{A})$ は ε によらない定数であり，すべての $s, t \in \mathbb{R}$ と $\boldsymbol{x} \in M_{s,t}$ に対して

$$\Phi_{s,t}^{\boldsymbol{A}}(\boldsymbol{x}) = \mathrm{sgn}(s)\mathrm{sgn}(t) \sum_{\boldsymbol{a}_n \in D(\boldsymbol{x}; s, t)} \gamma_n(\boldsymbol{A}) \tag{3.70}$$

が成り立つ．ただし，$\mathrm{sgn}(t)$ は符号関数である[*18]．$\sum_{\boldsymbol{a}_n \in D(\boldsymbol{x}; s, t)}$ は，$\boldsymbol{a}_n$ が $D(\boldsymbol{x}; s, t)$ に含まれるようなすべての n についての和を表す (そのような n がない場合には，上式の右辺は 0 であるとする)．

この補題からただちに次の結果が得られる．

[*18] $t \geq 0$ ならば $\mathrm{sgn}(t) = 1$，$t < 0$ ならば，$\mathrm{sgn}(t) = -1$.

命題 3.43 磁束が局所的に量子化されるための必要十分条件は，すべての $n=1,\cdots,N$ に対して，$\gamma_n(\boldsymbol{A})\in 2\pi\mathbb{Z}/q$ となることである．

定理 3.41 と命題 3.43 を合わせれば，次の定理に到達する：

定理 3.44 CCR の表現 $\pi_{\boldsymbol{A}}$ が自由度 2 のシュレーディンガー表現 $\pi_{\mathrm{S}}^{(2)}$ と同値であるための必要十分条件は，すべての $n=1,\cdots,N$, に対して，$\gamma_n(\boldsymbol{A})\in 2\pi\mathbb{Z}/q$ となることである．

この定理は次のように読み換えることができる：

定理 3.45 CCR の表現 $\pi_{\boldsymbol{A}}$ が自由度 2 のシュレーディンガー表現 $\pi_{\mathrm{S}}^{(2)}$ と非同値であるための必要十分条件は，$\gamma_n(\boldsymbol{A})\notin 2\pi\mathbb{Z}/q$ となる n が存在することである．

注意 3.12 CCR の表現 $\pi_{\boldsymbol{A}}$ がシュレーディンガー表現に非同値である状況には次の興味深い事実が対応している：$\mathsf{C}_0^2(M)$ 上では，$\bar{P}_1$ と $\bar{P}_2$ は可換であるが，$e^{is\bar{P}_1}$ と $e^{it\bar{P}_2}$ が可換にはならない $s,t\in\mathbb{R}$ が存在する．これは，すなわち，$\bar{P}_1$ と $\bar{P}_2$ が強可換でないということにほかならない．このような数理的現象は，"ネルソン現象" と呼ばれる ([25], [30] の §VIII.5 を参照)．この現象は，非有界作用素に対しては，形式的な計算 (たとえば，形式的冪級数展開による計算) がいかに危ういものでありうるかを警告する．

例 3.3 例 3.2 の直前に取り上げたベクトルポテンシャル $\widetilde{\boldsymbol{A}}$ に対しては，直接計算により

$$\gamma_n(\widetilde{\boldsymbol{A}})=\lambda_n$$

と計算される．したがって，$\lambda_n\notin 2\pi\mathbb{Z}/q$ となる n が一つでもあれば，$\pi_{\widetilde{\boldsymbol{A}}}$ はシュレーディンガー表現に同値でない．

f を $M_{\mathbb{C}}$ 上の有理型関数とし，$\boldsymbol{A}_f:=(\mathrm{Im}\,f,\mathrm{Re}\,f)$ とすれば，これが平坦なベクトルポテンシャルであることはすでにみた (例 3.2)．M 内の任意のジョルダン閉曲線 C に対して，$\int_C \boldsymbol{A}_f(\boldsymbol{x})\cdot d\boldsymbol{x}=\mathrm{Im}\int_C f(z)dz$ が成り立つことに注意し，留数定理を応用すれば

$$\gamma_n(\boldsymbol{A}_f)=\mathrm{Im}\,[2\pi i\mathrm{Res}(a_n,f)]$$

が得られる．ただし, $\mathrm{Res}(a_n,f)$ は点 a_n における f の留数である．こうして，$\gamma_n(\boldsymbol{A})\notin 2\pi\mathbb{Z}/q$ となるような，平坦なベクトルポテンシャルは無数に存在することがわかる．

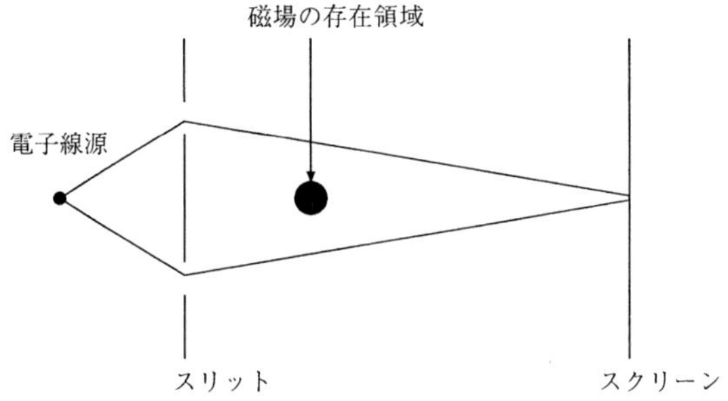

図 **3.4** AB 効果の模式図

3.6.6 アハラノフ–ボーム効果との照応

アハラノフ–ボーム効果—AB 効果と略す—は，図 3.4 に示すように，電子線の流れが，磁場の存在する領域の外側の空間を通るとき，それが空間的には磁場と相互作用をしないにも関わらず，磁場を変動させるとこれに応じて電子線の回折・干渉パターンが変化する現象を指す．古典物理学的には不可解なこの現象は，1959 年，アハラノフとボームによって，量子力学を用いて，理論的に予言された [1]．他方，AB 効果の決定的な実験的検証がなされたのは比較的最近のことであった*19．

量子力学においては，物質と電磁場の相互作用を第一義的に決めるのは，電磁場そのものではなく，それを生み出す電磁ポテンシャルである．電磁ポテンシャルは—3.6.4 項の例が示すように— 磁場が局在していても，磁場の局在領域を超えて存在しうるので，磁場を“通過しない”電子とも相互作用を行うことが可能である．これが AB 効果に対する定性的描像である．この項では，磁場の存在領域が点とみなせるような理想的な状況において，$\pi_{\boldsymbol{A}}$ がシュレーディンガー表現と非同値になる場合と AB 効果の生起が見事に照応していることを見る．

ベクトルポテンシャル $\boldsymbol{A}$ が平坦であるとき，磁場 B は点 $\boldsymbol{a}_1, \cdots, \boldsymbol{a}_N$ に集中しているので，M の中を運動する荷電粒子は，磁場とは直接相互作用をしない．

---

*19 [27] の 6,7 章，[35, 36] を参照.

ところで，すでにみたように，CCR の表現 $\pi_{\boldsymbol{A}}$ がシュレーディンガー表現と非同値になるのは，磁束が局所的に量子化されていない場合であり，しかもこのときに限られる．磁束が局所的に量子化されていないとき，$\gamma_n(\boldsymbol{A}) \notin 2\pi\mathbb{Z}/q$ となる点 $\boldsymbol{a}_n$ が少なくとも一つある．いま，$\{\boldsymbol{a}_1, \cdots, \boldsymbol{a}_N\} \cap D(x_1, x_2; s, t) = \{\boldsymbol{a}_n\}$ となるように $C(x_1, x_2; s, t)$ をとれば

$$e^{-is\bar{P}_1} e^{-it\bar{P}_2} \psi = \exp\left(-iq\,\mathrm{sgn}(s)\mathrm{sgn}(t)\gamma_n(\boldsymbol{A})\right) e^{-it\bar{P}_2} e^{-is\bar{P}_1} \psi \qquad (3.71)$$

が成り立つ*20．したがって，そのような s, t に対しては，$e^{-is\bar{P}_1}$ と $e^{-it\bar{P}_2}$ は可換ではない．定理 3.36 のあとに述べた幾何学的解釈によれば，この式は次のように解釈される．(x_1, x_2) から $(x_1 + s, x_2 + t)$ へ到る二つ半矩形曲線 $C_- : (x_1, x_2) \to (x_1 + s, x_2) \to (x_1 + s, x_2 + t)$ (図 3.3 の斜め右下の部分) と $C_+ : (x_1, x_2) \to (x_1, x_2 + t) \to (x_1 + s, x_2 + t)$ (図 3.3 の斜め左上の部分を逆にたどる曲線) を考える．(3.71) の左辺は，C_+ に沿う，状態 ψ の磁気的並進を表し，(3.71) の右辺の因子 $e^{-it\bar{P}_2} e^{-is\bar{P}_1} \psi$ は C_- に沿う，ψ の磁気的並進を表す．そして，(3.71) はこれらの磁気的並進の結果が一致せず位相因子だけずれることを示す．これは物理的には，(x_1, x_2) から出発して，C_- を通って $(x_1 + s, x_2 + t)$ に着く荷電粒子の波の位相と C_+ を通って $(x_1 + s, x_2 + t)$ に着くそれが一致しないでずれることを意味する．これはまさに AB 効果であると解釈される．こうして，CCR の表現 $\pi_{\boldsymbol{A}}$ がシュレーディンガー表現と非同値である場合と AB 効果の生起が見事に対応していることがわかる．この解釈では，**AB 効果の生起自体は，純粋に幾何学的でトポロジカルなものであって，系の力学の詳細 (ハミルトニアンの形) には依存しないことを強調しておこう**[*21]．

注意 3.13　磁場が超伝導体の中に閉じこめられている場合には，磁束が量子化されることはよく知られている [36]．この場合，磁束のとりうる値は，$h/2e$ (e は基本電荷) の整数倍，したがって，$\hbar = 1$ の単位系では，π/e の整数倍である．これからわかるように，この量子化は，ここで定義した，磁束の局所的量子化とは若干の違いがある．しかし，まさに，この違いこそ重要である．なぜな

---

*20　次に述べる解釈の都合上，s, t を $-s, -t$ とした．

*21　したがって，AB 効果は非相対論的な領域だけでなく，相対論的な領域においても起こることが予想される．

ら，考察下にある荷電粒子が電子の場合，$q = -e$ であるので，$\boldsymbol{a}_n$ を通る磁束が π/e の奇数倍ならば，磁束は局所的には量子化されていないからである．したがって，この場合には AB 効果が起こる．こうして，超伝導体の中に閉じこめられた磁場を用いて AB 効果の実験を行う場合，磁束が π/e の偶数倍 (この場合には AB 効果は生じない) か奇数倍に応じて，AB 効果を検出するための干渉縞のパターンの変化には 2 通りしかないことが結論される．これはまさしく実験事実と一致する [36].

3.7 弱ヴァイル型表現

CCR の表現のクラスで，本来の CCR の表現よりも条件的に強いがヴァイル型表現よりは条件的に弱いものを定義する．簡単のため，自由度が 1 の場合だけを考える．

3.7.1 定義と基本的性質

定義 3.46 H をヒルベルト空間，Q を H 上の対称作用素，P を H 上の自己共役作用素とする．すべての実数 $t \in \mathbb{R}$ に対して，$e^{itP}Q \subset (Q+t)e^{itP}$，すなわち，任意の $\Psi \in \mathsf{D}(Q)$ に対して，$e^{itP}\Psi \in \mathsf{D}(Q+t) = \mathsf{D}(Q)$ かつ

$$e^{itP}Q\Psi = (Q+t)e^{itP}\Psi \tag{3.72}$$

が成り立つとき，$\{\mathsf{H}, (Q, P)\}$ を **CCR の弱ヴァイル型表現**という*22.

命題 3.47 $\{\mathsf{H}, (Q, P)\}$ が CCR の弱ヴァイル型表現ならば，$\{\mathsf{H}, (\bar{Q}, P)\}$ も CCR の弱ヴァイル型表現である．

証明 $\Psi \in \mathsf{D}(\bar{Q})$ としよう．このとき，ベクトル列 $\Psi_n \in \mathsf{D}(Q)$ で

$$\Psi_n \to \Psi, Q\Psi_n \to \bar{Q}\Psi \ (n \to \infty)$$

となるものが存在する．任意の $t \in \mathbb{R}$ に対して，$e^{itP}Q\Psi_n = (Q+t)e^{itP}\Psi_n$. これから，$(Q+t)e^{itP}\Psi_n \to e^{itP}\bar{Q}\Psi \ (n \to \infty)$．また，$e^{itP}\Psi_n \to e^{itP}\Psi \ (n \to$

*22 この命名は，標準的なものではなく，筆者の発案によるものである [12]．なお，この概念は Q が対称作用素でない場合にも定義される．

∞). したがって，$e^{itP}\Psi \in \mathsf{D}(\overline{Q+t}) = \mathsf{D}(\bar{Q})$ かつ $(\bar{Q}+t)e^{itP}\Psi = e^{itP}\bar{Q}\Psi$. ゆえに，$\{\mathsf{H}, (\bar{Q}, P)\}$ は CCR の弱ヴァイル型表現である． ■

次の命題は基本的である．

命題 3.48　$\{\mathsf{H}, (Q, P)\}$ を CCR の弱ヴァイル型表現とする．このとき，任意の $t \in \mathbb{R}$ に対して，$e^{itP}\mathsf{D}(Q) = \mathsf{D}(Q)$ であり，作用素の等式

$$e^{itP}Q = (Q+t)e^{itP} \tag{3.73}$$

が成り立つ．

証明　CCR の弱ヴァイル型表現の定義から，任意の $t \in \mathbb{R}$ に対して，$e^{itP}\mathsf{D}(Q) \subset \mathsf{D}(Q) \cdots (*)$. したがって，$\mathsf{D}(Q) \subset e^{-itQ}\mathsf{D}(Q)$. $(*)$ によって，右辺は $\mathsf{D}(Q)$ に含まれる．したがって，$\mathsf{D}(Q) = e^{-itP}\mathsf{D}(Q)$ である．これが確立されれば，(3.72) は作用素の等式 (3.73) を意味する． ■

系 3.49　$\{\mathsf{H}, (Q, P)\}$ を CCR の弱ヴァイル型表現とする．もし，Q が自己共役ならば，$\{\mathsf{H}, (Q, P)\}$ はヴァイル型表現である．すなわち，ヴァイルの関係式

$$e^{isQ}e^{itP} = e^{-ist}e^{itP}e^{isQ} \tag{3.74}$$

を満たす．

証明　(3.73) は作用素の等式 $Q = e^{itP}(Q-t)e^{-itP}$ $(t \in \mathbb{R})$ を意味する．Q が自己共役ならば，作用素解析のユニタリ共変性により，任意の $s \in \mathbb{R}$ に対して，$e^{isQ} = e^{itP}e^{is(Q-t)}e^{-itP} = e^{-ist}e^{itP}e^{isQ}e^{-itP}$ が成り立つ．したがって，(3.74) を得る． ■

この系と命題 3.47 によって，弱ヴァイル型表現が独自の意味をもつのは，Q が本質的に自己共役でない場合に限ることがわかる．

3.7.2　CCR の他の型の表現との関連

CCR の弱ヴァイル型表現が実際に CCR の表現を与えることは次の命題によって示される．

命題 3.50 $\{\mathsf{H},(Q,P)\}$ を CCR の弱ヴァイル型表現とする．このとき，$\mathsf{D}(PQ)\cap\mathsf{D}(P)\subset\mathsf{D}(\bar{Q}P)$ かつ

$$(\bar{Q}P-PQ)\Psi=i\Psi,\quad \Psi\in\mathsf{D}(PQ)\cap\mathsf{D}(P) \tag{3.75}$$

が成り立つ．特に，Q,P は $\mathsf{D}(QP)\cap\mathsf{D}(PQ)$ 上で CCR を満たす．

証明 $\Psi\in\mathsf{D}(PQ)\cap\mathsf{D}(P)$ としよう．このとき，(3.72) によって，$e^{itP}Q\Psi-te^{itP}\Psi=Qe^{itP}\Psi=\bar{Q}e^{itP}\Psi$. $Q\Psi\in\mathsf{D}(P),\Psi\in\mathsf{D}(P)$ であるから，左辺は，t について強微分可能であり，その強微分は

$$e^{itP}iPQ\Psi-e^{itP}\Psi-ite^{itP}P\Psi$$

と計算される．したがって，右辺も微分可能であり，$\bar{Q}$ は閉であるから，$P\Psi\in\mathsf{D}(\bar{Q})$ かつその強微分は $\bar{Q}ie^{itP}P\Psi$ で与えられる．ゆえに，$\Psi\in\mathsf{D}(\bar{Q}P)$ であり

$$(\bar{Q}e^{itP}P-e^{itP}PQ)\Psi=e^{itP}(i-tP)\Psi,\quad \Psi\in\mathsf{D}(PQ)\cap\mathsf{D}(P) \tag{3.76}$$

が成り立つことになる．そこで，$t=0$ とすれば，(3.75) が得られる． ■

命題 3.50 から，CCR の弱ヴァイル型表現 $\{\mathsf{H},(Q,P)\}$ において，$\mathsf{D}(QP)\cap\mathsf{D}(PQ)$ が稠密ならば $\{\mathsf{H},\mathsf{D}(QP)\cap\mathsf{D}(PQ),(Q,P)\}$ は自由度 1 の CCR の対称表現であることがわかる．この意味で，CCR の弱ヴァイル型表現は CCR の表現よりも "強い".

次に CCR の弱ヴァイル型表現は，その名が示唆するように，CCR のヴァイル型表現よりも "弱い" ことを示そう．

命題 3.51 $\{\mathsf{H},(Q,P)\}$ を CCR のヴァイル型表現とする．すなわち，Q,P は H 上の自己共役作用素でヴァイルの関係式 (3.74) を満たすものとする．このとき，$\{\mathsf{H},(Q,P)\}$ および $\{\mathsf{H},(P,-Q)\}$ は CCR の弱ヴァイル型表現である．

証明 (3.74) により，任意の $\Psi,\Phi\in\mathsf{H}$ に対して

$$\left\langle e^{-isQ}\Psi,e^{itP}\Phi\right\rangle=e^{-ist}\left\langle e^{-itP}\Psi,e^{isQ}\Phi\right\rangle.$$

特に，$\Psi, \Phi \in \mathsf{D}(Q)$ とすれば，両辺ともに s について微分可能であり

$$\left\langle (-i)Qe^{-isQ}\Phi, e^{itP}\Psi \right\rangle = -ite^{-ist}\left\langle e^{-itP}\Phi, e^{isQ}\Psi \right\rangle + e^{-ist}\left\langle e^{-itP}\Phi, iQe^{isQ}\Psi \right\rangle$$

が成り立つ．そこで $s=0$ とすれば，$\left\langle Q\Phi, e^{itP}\Psi \right\rangle = \left\langle \Phi, e^{itP}(Q-t)\Psi \right\rangle$．$\Phi \in \mathsf{D}(Q)$ は任意であったから，これは $e^{itP}\Psi \in \mathsf{D}(Q)$ かつ $Qe^{itP}\Psi = e^{itP}(Q-t)\Psi$ を意味する．これは (3.72) と同値である．したがって，$\{\mathsf{H}, (Q, P)\}$ は CCR の弱ヴァイル型表現である．

(3.74) は，$e^{isP}e^{it(-Q)} = e^{-ist}e^{it(-Q)}e^{isP}, \quad s, t \in \mathbb{R}$ と同値であることに注意し，上の議論で，$Q \to P$, $P \to -Q$ と役割を変えたものを考えれば，$\{\mathsf{H}, (P, -Q)\}$ も CCR の弱ヴァイル型表現であることが結論される． ■

こうして，CCR の表現について，次の論理的関係が成り立つ．

- [ヴァイル型表現] $\Longrightarrow$ [弱ヴァイル型表現]
- [弱ヴァイル型表現] + [稠密性条件] $\Longrightarrow$ [対称表現]

だが，これらの関係の逆は一般には成立しない．

例 3.4　$L>0$ とし，ヒルベルト空間 $\mathsf{H}_L := \mathsf{L}^2([-L/2, L/2])$ における作用素 $\hat{x}_L, \hat{p}_{L,0}$ を次のように定義する：

$$\mathsf{D}(\hat{x}_L) := \mathsf{H}_L, \quad (\hat{x}_L f)(x) := xf(x), \ f \in \mathsf{H}_L,$$
$$\mathsf{D}(\hat{p}_{L,0}) := \mathsf{C}_0^\infty\left(\left(-\frac{L}{2}, \frac{L}{2}\right)\right), \quad \hat{p}_{L,0}f := -if', \ f \in \mathsf{D}(\hat{p}_{L,0}).$$

このとき，$\hat{x}_L$ は有界な自己共役作用素であり，$\hat{p}_{L,0}$ は非有界な対称作用素である．$\hat{p}_{L,0}$ の閉包を $\hat{p}_L$ と記す．$\{\mathsf{H}_L, (\hat{p}_{L,0}, -\hat{x}_L)\}$ が CCR の弱ヴァイル型表現であることは直接計算より容易に証明される．したがって，命題 3.47 によって $\{\mathsf{H}, (\hat{p}_L, -\hat{x}_L)\}$ も CCR の弱ヴァイル型表現である．だが，$\hat{p}_L$ は自己共役ではないので ([13] の 2.3.8 項を参照)，それはヴァイル型表現ではない．

3.7.3　スペクトル特性と作用素論的性質

次の定理は基本的である．

定理 3.52　$\{\mathsf{H},(Q,P)\}$ を弱ヴァイル型表現とし，$P' := P|\mathsf{D}(P)\cap\mathsf{D}(Q)$ とする．このとき，$\sigma_{\mathrm{p}}(P') = \emptyset$，すなわち，$P'$ は固有値をもたない．

証明　$\lambda \in \mathbb{R}$ として，$P\Psi = \lambda\Psi$ となる $\Psi \in \mathsf{D}(P)\cap\mathsf{D}(Q)$ があったとしよう．このとき，作用素解析により，任意の $t \in \mathbb{R}\setminus\{0\}$ に対して，$e^{itP}\Psi = e^{it\lambda}\Psi$．(3.72) と Ψ の内積をとり，$\langle \Psi, e^{itP}Q\Psi\rangle = \langle e^{-itP}\Psi, Q\Psi\rangle = e^{it\lambda}\langle\Psi, Q\Psi\rangle$ に注意すれば，$t\langle\Psi,\Psi\rangle = 0$ が得られる．したがって，$\Psi = 0$．ゆえに，P' は固有値をもたない．■

一般に，ヒルベルト空間上の対称作用素 T が下に有界または上に有界であるとき，T は**半有界** (semi-bounded) であるという．

定理 3.53　ヒルベルト空間 H は可分であるとし，$\{\mathsf{H},(Q,P)\}$ を弱ヴァイル型表現とする．P は半有界であるとしよう．このとき，$\bar{Q}$ は自己共役ではない．

証明　(3.73) は作用素の等式 $e^{itP}\bar{Q}e^{-itP} = \bar{Q} + t$ を意味する．仮に $\bar{Q}$ が自己共役であるとしよう．このとき，作用素解析のユニタリ共変性により，$e^{itP}e^{is\bar{Q}}e^{-itP} = e^{is(\bar{Q}+t)} = e^{ist}e^{is\bar{Q}}$．したがって，$e^{is\bar{Q}}, e^{itP}$ はヴァイルの関係式を満たす．ゆえに，フォン・ノイマンの一意性定理により，P は自由度 1 のシュレーディンガー表現 $\hat{p}$ の直和にユニタリ同値である．これは $\sigma(P) = \mathbb{R}$ を意味する．だが，これは P の半有界性に反する．■

3.7.4　弱ヴァイル型表現 $\{\mathsf{H},(Q,P)\}$ における e^{itP} $(t\in\mathbb{R})$ の t に関する減衰的性質

自己共役作用素 P に対して，対称作用素の集合 S_P を次のように定義する：

$$\mathsf{S}_P := \{S | S \text{ は対称作用素で } e^{itP}S \subset Se^{itP}, \forall t\in\mathbb{R} \text{ を満たす}\}. \tag{3.77}$$

例 3.5　任意の実数 $a\in\mathbb{R}$ に対して，$0, aI, f(P) \in \mathsf{S}_P$ ($f:\mathbb{R}\to\mathbb{C}$ は任意のボレル可測関数)．

定理 3.54　$\{\mathsf{H},(Q,P)\}$ を CCR の弱ヴァイル型表現とし，$S \in \mathsf{S}_P$ を任意に固定する．このとき，任意の $t \in \mathbb{R}\setminus\{0\}$ と $\Psi,\Phi \in \mathsf{D}(Q)\cap\mathsf{D}(S)$ に対して

$$|\langle \Phi, e^{itP}\Psi\rangle| \le \frac{\|\Phi\|\|(Q+S)\Psi\| + \|(Q+S)\Phi\|\|\Psi\|}{|t|}. \tag{3.78}$$

証明　(3.72) と Φ の内積をとり，S の性質を用いると，

$$t\langle \Phi, e^{itP}\Psi\rangle = \langle e^{-itP}\Phi, (Q+S)\Psi\rangle - \langle (Q+S)\Phi, e^{itP}\Psi\rangle$$

が得られる．そこで，両辺の絶対値をとり，シュヴァルツの不等式と $e^{\pm itP}$ のユニタリ性を使うことにより，(3.78) が得られる．■

3.8　時間作用素

物理の教科書や文献においては，エネルギーと時間に関する不確定性関係の取り扱いはたいへん曖昧である*23．この節では，エネルギーと時間に関する不確定性関係およびこれに関わる数学的構造を原理的観点から明晰に把握することを試みる．

3.8.1　弱時間作用素と時間-エネルギーの不確定性関係

H をヒルベルト空間とし，H を H 上の自己共役作用素とする．いま，状態のヒルベルト空間が H であり，ハミルトニアンが H で表される量子系を考える．

定義 3.55　T を H 上の対称作用素で $\mathsf{D}(T)\cap\mathsf{D}(H)\neq\{0\}$ を満たすものとする．次の性質 (i), (ii) を満たす，有界な自己共役作用素 $C \in \mathsf{B}(\mathsf{H}), C \neq 0$ が存在するならば，T を H に関する**弱時間作用素**といい，C を (T,H) に関する**非可換因子**と呼ぶ．この場合，「H は弱時間作用素 T をもつ」ともいう．

(i)　すべての $\Psi,\Phi \in \mathsf{D}(T)\cap\mathsf{D}(H)$ に対して

$$\langle T\Psi, H\Phi\rangle - \langle H\Psi, T\Phi\rangle = i\langle \Psi, C\Phi\rangle. \tag{3.79}$$

(ii)　$\delta_C := \inf_{\|\Psi\|=1,\Psi\in(\ker C)^\perp} |\langle \Psi, C\Psi\rangle| > 0.$

*23 この問題に関して，概念的に明晰で数学的にも厳密な議論を与えた重要な論文の一つは [28] であろう．

この定義は，容易にみてとれるように，自由度1のCCRの表現のある種の一般化である．ここでは，Hが半有界である場合やHが連続スペクトルの他に点スペクトルを有する場合をも射程に入れている．弱時間作用素の例については，次の項で述べる．

命題 3.56 TをHに関する弱時間作用素とし，Cを(T,H)の非可換因子とする，このときすべての$\Psi \in \mathsf{D}(T)\cap\mathsf{D}(H)\cap(\ker C)^{\perp}$に対して

$$\|T\Psi\|\|H\Psi\| \geq \frac{\delta_C}{2}\|\Psi\|^2. \tag{3.80}$$

証明 シュヴァルツの不等式により

$$\|T\Psi\|\|H\Psi\| \geq |\mathrm{Im}\,\langle T\Psi, H\Psi\rangle| = \frac{1}{2}|\langle T\Psi, H\Psi\rangle - \langle H\Psi, T\Psi\rangle| = \frac{1}{2}|\langle\Psi, C\Psi\rangle|.$$

したがって，(3.80) がしたがう． ■

対称作用素Sと単位ベクトル$\Psi \in \mathsf{D}(S)\setminus\{0\}(\|\Psi\|=1)$に対して，状態$\Psi$における$S$の**不確定さ**を

$$(\Delta S)_\Psi := \|(S - \langle\Psi, S\Psi\rangle)\Psi\| \tag{3.81}$$

によって定義する*24．

定理 3.57 **(時間–エネルギーの不確定性関係)** TをHに関する弱時間作用素とし，(T,H)の非可換因子をCとする．このとき，すべての単位ベクトル$\Psi \in \mathsf{D}(T)\cap\mathsf{D}(H)\cap(\ker C)^{\perp}$に対して

$$(\Delta T)_\Psi(\Delta H)_\Psi \geq \frac{\delta_C}{2}. \tag{3.82}$$

証明 任意の実数$a,b\in\mathbb{R}$に対して，$T-a$は$H-b$に関する弱時間作用素であり，$(T-a,H-b)$の非可換因子はCである．したがって，命題3.56によって，$\|(T-a)\Psi\|\|(H-b)\Psi\| \geq \delta_C/2$．そこで，$a=\langle\Psi,T\Psi\rangle, b=\langle\Psi,H\Psi\rangle$とすれば，(3.82) が得られる． ■

---

*24 これは，“不確定さ”という概念をSが必ずしも自己共役とは限らない場合へと拡張したものである．

定理 3.57 は従来曖昧に扱われている“時間-エネルギーの不確定性関係”に対する一つの明晰な表現を与える．この定理は，$(\Delta T)_\Psi$ が一定の限界にあるような任意の状態 Ψ に対しては，エネルギーの不確定さに正の下限が存在することを意味する．

だが，ここで，次の疑問が生じるかもしれない．すなわち，弱時間作用素は物理量であろうか？　この問いに対しては，筆者は，それは物理量であってもなくてもよいと考えている．その理由の一つは，ハミルトニアン H を一つ決めても，H に関する弱時間作用素は一意的に定まらないということがある．また，H が下に有界ならば，付加的な条件のもとで，H に関する弱時間作用素は本質的に自己共役ではありえないことが証明される．他方，その弱時間作用素が自己共役になるハミルトニアンも存在しうる[*25]．定理 3.57 から読み取れることは，ハミルトニアン H に関する弱時間作用素というのは，エネルギーの不確定さを測る尺度を提供する作用素の一つであるということである．この観点からいえば，弱時間作用素が物理量であるか否かは第二義的な問題になる (考察するハミルトニアンに依存する性質)．さらに付け加えるならば，弱時間作用素が仮に物理量でないとしても，それが物理的に意味がないということにはならない．前著 [13, 14] でもすでに暗示したように，本書の観点—座標から自由な絶対的次元からの公理論的アプローチ—によれば，たとえば，系の時間発展はユニタリ群 $\{e^{-itH}\}_{t\in\mathbb{R}}$ が統制し，素粒子の生成・消滅は生成・消滅作用素が司っているように，自己共役でない作用素も物理現象の現出に何らかの役割をもっていると考えるのが自然だからである．重要なことは，諸々の作用素が，量子現象現出との関連において，どういう役割を演じているかを厳密な仕方で把握することである．前著 [13], [14] や本書全体が示唆するであろうように，作用素の空間には，物理現象の現出との関連においてもある種の (無限) 階層構造が存在し，各作用素はそれぞれ固有の役割を担い，重々無尽縁起的な仕方で現象を支えているのである．

---

*25 たとえば，やや人工的であるが，$H = c\hat{p}$ ($c \neq 0$ は実定数で，$\hat{p}$ は $\mathsf{L}^2(\mathbb{R}_x)$ における運動量作用素) に関する弱時間作用素の一つとして，$\hat{x}/c$ があるが，これは自己共役である．

3.8.2 CCR の表現と弱時間作用素

自由度 N の量子力学系における物理量や量子現象と関わる作用素は，その状態のヒルベルト空間を表現空間とする適切な CCR の自己共役表現 $\{\mathsf{H}, \mathsf{D}, \{Q_j, P_j\}_{j=1}^N\}$ からつくられる．したがって，弱時間作用素も—もし，存在するならば—当然，CCR の自己共役表現からつくられるはずである．実際，この構造は普遍的な形で存在することが示される．だが，ここでは，その一般論を展開する余裕はないので，自由度が 1 でハミルトニアンが簡単な形の場合についてのみ論述する．

a. 非相対論的な場合

$\{\mathsf{H}, \mathsf{D}, (Q, P)\}$ を自由度 1 の CCR の対称表現とする．次の仮定を設ける．

(A.1) P は自己共役であり，単射である (したがって，逆作用素 P^{-1} が存在する)．

(A.2) 稠密な部分空間 F で $Q\mathsf{F} \subset \mathsf{F}$，$P\mathsf{F} \subset \mathsf{F}, P^{-1}\mathsf{F} \subset \mathsf{F}$ を満たすものが存在する．

$m > 0$ を定数として，

$$H_{\mathrm{NR}} := \frac{P^2}{2m} \tag{3.83}$$

によって定義されるハミルトニアン H_{NR} を考える*26．これは，CCR のシュレーディンガー表現における，質量 m の自由粒子の非相対論的なハミルトニアンを一般の CCR の表現の場合へと拡張したものである．仮定 (A.1)，(A.2) により

$$T_{\mathrm{NR}} := \frac{m}{2}(QP^{-1} + P^{-1}Q)|\mathsf{F} \tag{3.84}$$

は対称作用素であり，F を不変にする．また，H_{NR} も F を不変にする．

命題 3.58 (A.1)，(A.2) を仮定する．このとき，T_{NR} は H_{NR} に関する弱時間作用素であり，$(T_{\mathrm{NR}}, H_{\mathrm{NR}})$ の非可換子は I (恒等作用素) である．

証明 $\Psi, \Phi \in D(T_{\mathrm{NR}}) \cap \mathsf{D}(H_{\mathrm{NR}}) = \mathsf{F}$ を任意にとる．このとき，$\langle QP^{-1}\Psi, H_{\mathrm{NR}}\Phi\rangle = (1/2m)\langle P^2QP^{-1}\Psi, \Phi\rangle$．$Q, P$ に関する CCR を使うことにより，$P^2QP^{-1}\Psi$

*26 「NR」は non-relativistic (非相対論的) の意．

$=(-i+PQ)\Psi$．したがって

$$\left\langle QP^{-1}\Psi, H_{\rm NR}\Phi\right\rangle = \frac{1}{2m}\left\langle(-i+PQ)\Psi,\Phi\right\rangle.$$

同様に，$\left\langle H_{\rm NR}\Psi, P^{-1}Q\Phi\right\rangle = (1/2m)\left\langle QP\Psi,\Phi\right\rangle$．したがって，$\left\langle QP^{-1}\Psi, H_{\rm NR}\Phi\right\rangle - \left\langle H_{\rm NR}\Psi, P^{-1}Q\Phi\right\rangle = (i/m)\left\langle\Psi,\Phi\right\rangle$．この式を用いると求める結果が得られる．

■

例 3.6　1次元空間 $\mathbb{R}$ の中に質量 $m>0$ の量子的粒子が一つ存在する系を考え，状態のヒルベルト空間として座標表示の L^2 空間 $\mathsf{L}^2(\mathbb{R}) = \mathsf{L}^2(\mathbb{R}_x)$ をとる．外力が働いていない場合の系のハミルトニアン—自由粒子のハミルトニアン—は $H_0 := -\Delta_x/(2m)$ で与えられる．ただし，Δ_x は1次元の一般化されたラプラシアンである．$\mathsf{L}^2(\mathbb{R}_x)$ における CCR のシュレーディンガー表現を $(\hat{x},\hat{p})$ とする．$\hat{x},\hat{p}$ いずれも単射である．$\mathsf{L}^2(\mathbb{R}_x)$ から $\mathsf{L}^2(\mathbb{R}_k)$ へのフーリエ変換を $\mathcal{F}_1$ と記す．このとき，$\mathcal{F}_1\hat{x}\mathcal{F}_1^{-1} = iD_k$, $\mathcal{F}_1\hat{p}\mathcal{F}_1^{-1} = \hat{k}$ である．ただし，D_k は変数 k に関する一般化された微分作用素，$\hat{k}$ は k によるかけ算作用素である．$\mathsf{L}^2(\mathbb{R}_k)$ の部分空間 $\mathsf{C}_0^\infty(\mathbb{R}_k\setminus\{0\})$ は $\mathsf{L}^2(\mathbb{R}_k)$ で稠密である．さらに，$iD_k, \hat{k}, \hat{k}^{-1}$ は $\mathsf{C}_0^\infty(\mathbb{R}_k\setminus\{0\})$ を不変にする．したがって，$\mathsf{F}_0 := \mathcal{F}_1^{-1}\mathsf{C}_0^\infty(\mathbb{R}_k\setminus\{0\})$ とおけば，これは $\mathsf{L}^2(\mathbb{R}_x)$ で稠密であり，$\hat{x},\hat{p},\hat{p}^{-1}$ は F_0 を不変にする．したがって，仮定 (A.1)，(A.2) が $Q=\hat{x}, P=\hat{p}$, $\mathsf{F}=\mathsf{F}_0$ として満たされる．ゆえに

$$T_{\rm AB} := \frac{m}{2}\left(\hat{x}\hat{p}^{-1} + \hat{p}^{-1}\hat{x}\right)|\mathsf{F}_0$$

とおけば，$T_{\rm AB}$ は H_0 に関する弱時間作用素であり，$(T_{\rm AB}, H_0)$ の非可換因子は I である．弱時間作用素 $T_{\rm AB}$ は**アハラノフ–ボームの時間作用素**と呼ばれる [2]．この例は高次元への拡張をもつ (演習問題 5)．

b.　相対論的な場合 (1)

相対論的なハミルトニアンについても CCR の任意の表現での考察が可能である．だが，ここでは簡単のため，CCR のシュレーディンガー表現 $\{\mathsf{L}^2(\mathbb{R}_x), \mathsf{C}_0^\infty(\mathbb{R}_x), (\hat{x},\hat{p})\}$ で考える．質量が $m>0$ の自由粒子の相対論的ハミルトニアンは

$$H_{\rm R} := (\hat{p}^2 + m^2)^{1/2} \tag{3.85}$$

で定義される．$\mathbb{R}_k$ 上の関数 ω を

$$\omega(k) := \sqrt{k^2+m^2}, \quad k\in\mathbb{R}_k \tag{3.86}$$

によって定義する．作用素解析のユニタリ共変性を使うことにより

$$\mathcal{F}_1 H_{\mathrm{R}} \mathcal{F}_1^{-1} = \omega \tag{3.87}$$

がわかる (右辺は関数 ω によるかけ算作用素を表す)．容易にわかるように，$\omega \mathsf{C}_0^\infty(\mathbb{R}_k \setminus \{0\}) \subset \mathsf{C}_0^\infty(\mathbb{R}_k \setminus \{0\})$．したがって，$H_{\mathrm{R}}$ は F_0 を不変にする．ゆえに作用素

$$T_{\mathrm{R}} := \frac{1}{2}(H_{\mathrm{R}} \hat{p}^{-1} \hat{x} + \hat{x} H_{\mathrm{R}} \hat{p}^{-1})|\mathsf{F}_0 \tag{3.88}$$

が定義される．これは対称作用素である．

命題 3.59 作用素 T_{R} は H_{R} に関する弱時間作用素であり，$(T_{\mathrm{R}}, H_{\mathrm{R}})$ の非可換因子は I である．

証明 任意の $\psi \in \mathsf{F}_0$ に対して，$\mathcal{F}_1[H_{\mathrm{R}} \hat{p}^{-1} \hat{x}, H_{\mathrm{R}}]\psi = \omega \cdot k^{-1}[iD_k, \omega]\mathcal{F}_1 \psi = i\mathcal{F}_1 \psi$．したがって，$[H_{\mathrm{R}} \hat{p}^{-1} \hat{x}, H_{\mathrm{R}}]\psi = i\psi$．同様に (あるいは，いま導いた式の共役をとることにより) $[\hat{x} H_{\mathrm{R}} \hat{p}^{-1}, H_{\mathrm{R}}]\psi = i\psi$．したがって，$[T_{\mathrm{R}}, H_{\mathrm{R}}]\psi = i\psi$． ■

この例も高次元への拡張をもつ (演習問題 6)．

c. 相対論的な場合 (2)—ディラックハミルトニアン

質量が $m > 0$ でスピンが $1/2$ の自由な相対論的粒子のハミルトニアンは，ヒルベルト空間 $\mathsf{L}^2(\mathbb{R}^3_{\boldsymbol{x}}; \mathbb{C}^4) = \oplus^4 \mathsf{L}^2(\mathbb{R}^3_{\boldsymbol{x}})$ で働くディラック作用素

$$H_{\mathrm{D}} := \sum_{j=1}^{3} \alpha_j \hat{p}_j + m\beta \tag{3.89}$$

によって与えられる (2.10 節を参照)．$\mathsf{L}^2(\mathbb{R}^3_{\boldsymbol{x}})$ の部分空間 $\mathsf{F}_0^{(3)} := \mathcal{L}(\{f_1 \times f_2 \times f_3 | f_j \in \mathsf{F}_0, j = 1, 2, 3\})$ は $\mathsf{L}^2(\mathbb{R}^3_{\boldsymbol{x}})$ で稠密である．したがって，その 4 個の直和ベクトル空間 $\mathsf{D}_0 := \oplus^4 \mathsf{F}_0^{(3)}$ は $\mathsf{L}^2(\mathbb{R}^3_{\boldsymbol{x}}; \mathbb{C}^4)$ で稠密である．容易にわかるように，$H_{\mathrm{D}}, \hat{x}_j, \hat{p}_j^{-1}$ は D_0 を不変にする．ゆえに，各 $j = 1, 2, 3$ に対して

$$T_j := \frac{1}{2}\left(H_{\mathrm{D}} \hat{p}_j^{-1} \hat{x}_j + \hat{x}_j H_{\mathrm{D}} \hat{p}_j^{-1}\right)|\mathsf{D}_0$$

によって定義される作用素は対称作用素である．$\hat{x}_j, \hat{p}_l$ が満たす CCR と α_j, β に関する反交換関係を用いることにより，次の事実が証明される：

命題 3.60 D_0 上で $[T_j, H_{\mathrm{D}}] = i$ が成立する．すなわち，T_j は H_{D} に関する弱時間作用素であり，(T_j, H_{D}) の非可換因子は I である．

d. 相互作用の入ったハミルトニアンおよび量子場のハミルトニアンに関する弱時間作用素

上にあげた例はいずれも，相互作用のない自由粒子を記述するハミルトニアンに関する弱時間作用素であった．同様にして，自由な量子場のハミルトニアン (第二量子化作用素) に関する弱時間作用素を具体的に構成することができる [12]．次の問題は，相互作用の入ったハミルトニアンも弱時間作用素をもつかどうかを吟味することである．本書では，残念ながら，この主題について論じる余裕はないが，次の事実だけを指摘しておく：一般に，自己共役作用素 H が弱時間作用素をもつとき，ある条件を満たす対称作用素 V に対して，$H+V$ も弱時間作用素をもつことを証明することができる [12].

3.8.3 強時間作用素

弱時間作用素よりも強い特性をもつ時間作用素の概念を導入する．H をヒルベルト空間，H を H 上の自己共役作用素とし，T を H 上の対称作用素とする．

定義 3.61 H 上の有界な自己共役作用素 $C \neq 0$ が存在して，$e^{itH}T \subset (T + tC)e^{itH}$, $\forall t \in \mathbb{R}$ かつ $\delta_C > 0$ が成り立つとき，T を H に関する**強時間作用素** (strong time operator) と呼び，C を (T, H) の**強非可換因子**という．この場合，「H は強時間作用素 T をもつ」という．

注意 3.14 この定義において，$C = I$ ならば，$\{\mathsf{H}, (T, H)\}$ は CCR の弱ヴァイル型表現である．したがって，(T, H, C) は，一般化された弱ヴァイル型表現の一つとみることができる．

命題 3.48 の証明と同様にして，T が H に関する強時間作用素ならば，作用素の等式

$$e^{itH}T = (T + tC)e^{itH}, \quad \forall t \in \mathbb{R} \tag{3.90}$$

が成立することが証明される．さらに，極限操作により，作用素の等式

$$e^{itH}\bar{T} = (\bar{T} + tC)e^{itH}, \quad \forall t \in \mathbb{R} \tag{3.91}$$

が成り立つこともわかる．すなわち，$\bar{T}$ も H に関する強時間作用素である．

強時間作用素の概念が弱時間作用素の概念よりも強いことは次の命題によって保証される．

命題 3.62 T を H に関する強時間作用素とし，C を (T, H) の強非可換因子とする．このとき，T は H に関する弱時間作用素であり，(T, H) の非可換因子は C である．

証明 $\Psi, \Phi \in \mathsf{D}(T) \cap \mathsf{D}(H)$ としよう．このとき,(3.90) により $\left\langle e^{-itH}\Psi, T\Phi \right\rangle = \left\langle (T + tC)\Psi, e^{itH}\Phi \right\rangle$．両辺ともに t について微分可能であり，$t = 0$ での微分係数をとれば $\langle (-iH)\Psi, T\Phi \rangle = \langle C\Psi, \Phi \rangle + \langle T\Psi, iH\Phi \rangle$ を得る． ■

注意 3.15 CCR の表現が必ずしも弱ヴァイル型表現ではないように，H に関する弱時間作用素は必ずしも H に関する強時間作用素とは限らない．

命題 3.62 によって，強時間作用素については，弱時間作用素の一般的性質はすべて成立する．特に，時間–エネルギーの不確定性関係も成立する．だが，ここで，それらを書き下すことは省略する．

3.8.4 量子系の時間発展における状態の生き残り確率と強時間作用素

量子系の状態の時間発展に関する公理により，自己共役作用素 H をハミルトニアンとする量子系の時刻 $t \in \mathbb{R}$ における状態はベクトル $e^{-itH}\Psi$ によって表される ($\hbar = 1$ の単位系)．ただし，$\Psi \in \mathsf{H} \setminus \{0\}$ は初期状態ベクトル—時刻 0 での状態ベクトル—を表す．時刻 t において状態 $\Phi \in \mathsf{H} \setminus \{0\}$ にある確率—初期状態 Ψ の，時刻 t における，状態 Φ への**遷移確率**— を $P_{\Psi,\Phi}(t)$ とすれば，それは

$$P_{\Psi,\Phi}(t) = \frac{\left| \left\langle \Phi, e^{-itH}\Psi \right\rangle \right|^2}{\|\Phi\|^2 \|\Psi\|^2} \tag{3.92}$$

によって与えられる (確率解釈の公理)．時刻 t で初期状態と同じ状態に留まる確率

$$P_\Psi(t) := P_{\Psi,\Psi}(t) \tag{3.93}$$

を**残存確率** (survival probability) または**生き残り確率**という．以下に示すように，残存確率と強時間作用素は深いつながりをもつ．

T を H に関する強時間作用素とし，C を (T,H) の強非可換因子とする．

定理 3.63　$S \in \mathsf{S}_H$ を任意に固定する[*27]．このとき，任意の $t \in \mathbb{R}\setminus\{0\}$ と単位ベクトル $\Psi, \Phi \in [\mathsf{D}(T)\cap\mathsf{D}(S)]\setminus\{0\}$，$\Phi \notin \ker C$ ($\|\Psi\|=1, \|\Phi\|=1$) に対して

$$P_{\Psi,C\Phi}(t) \le \frac{1}{t^2}\cdot\frac{(\|(T+S)\Phi\|+\|(T+S)\Psi\|)^2}{\|C\Phi\|^2}. \tag{3.94}$$

証明　(3.90) により

$$t\left\langle C\Phi, e^{-itH}\Psi\right\rangle = \left\langle (T+S)\Phi, e^{-itH}\Psi\right\rangle - \left\langle e^{itH}\Phi, (T+S)\Psi\right\rangle.$$

両辺の絶対値をとり，シュヴァルツの不等式と $e^{\pm itH}$ のユニタリ性を使えば，$\left|t\left\langle C\Phi, e^{-itH}\Psi\right\rangle\right| \le \|(T+S)\Phi\| + \|(T+S)\Psi\|$．これから，(3.94) が得られる．■

(3.94) は，状態の時間発展における遷移確率が $t\to\pm\infty$ において 0 に収束すること，すなわち，遷移確率が時間の大きさ $|t|$ の増大とともに崩壊することを示すと同時に，その崩壊の度合いについての評価を与える．この場合，$\sup_{t\in\mathbb{R}} t^2 P_{\Psi,C\Phi}(t)$ が Ψ, Φ と時間作用素から決まる定数で抑えられるという意味において，強時間作用素は系の状態の時間発展と関わる．

系 3.64　$C^2 = C$ とする (i.e., C は正射影作用素)．このとき，任意の $t \in \mathbb{R}\setminus\{0\}$ と単位ベクトル $\Psi \in [\mathsf{D}(T)\cap\mathsf{R}(C)]\setminus\{0\}$ に対して

$$P_\Psi(t) \le \frac{4(\Delta T)_\Psi^2}{t^2}. \tag{3.95}$$

*27 S_H は (3.77) において，$P=H$ としたもの．

証明 (3.94) において, $\Phi = \Psi$ とし, S として $S = -\langle \Psi, T\Psi \rangle$ をとり, $C\Psi = \Psi$ を用いればよい. ■

(3.95) は残存確率の時間減衰に関する評価を与える. 右辺に T の不確定さが現れるのは興味深い.

ノ ー ト

CCR のヴァイル型表現の一意性は, フォン・ノイマンによって証明された [26]. CCR の対称表現がいつシュレーディンガー表現になるかという問題については, 本章で論じることができなかったが, これに対しては, レリッヒとディクスミエール (Dixmier) によって一つの解答が与えられている (**レリッヒ–ディクスミエールの定理**; [29] を参照).

シュレーディンガー表現と非同値な CCR の表現の純数学的な例は, たとえば, [16], [33, 34] にみられる. 弱ヴァイル型表現の研究は, [15], [33, 34] によって基本的な部分が完成されている.

アハラノフ–ボーム効果の表現論的扱いはおそらく [18] が最初かもしれない. 数学的に厳密な解析的アプローチは [32] によってなされた. アハラノフ–ボーム効果と CCR の非同値表現との関連を最初に指摘したのは, 多分 [31] である. 筆者は, この論文に動機付けられて, CCR の表現とアハラノフ–ボーム効果という主題について, 一連の研究を展開した [3, 4, 5, 6, 7, 9, 10, 11]. 関連する研究として, [19, 21] がある.

3.6 節で考察した 2 次元系において, 特異点 $\boldsymbol{a}_n$ の個数を可算無限個にし, その分布に関してある種の対称性をもたせると (たとえば, 格子点の集合), これに付随する CCR の非同値表現に関していろいろと興味深い事実が見いだされる. たとえば, **量子平面**や**量子群** [20] の表現が構成される. この側面については, 一般向けの解説を [11] に書いておいた. アハラノフ–ボーム効果の数理は, 現在でも活発に研究されている (現状を知るには, 論文 [17] が参考になるかもしれない).

時間作用素の理論は最近の量子論の熱い話題の一つかもしれない [24]. この理論に対する表現論的なアプローチは Miyamoto[23] によって着手された. この論文では, 強非可換因子が恒等作用素の場合の強時間作用素が扱われている. 強時間作用素に関する, より一般的で包括的な理論展開については [12] を参照されたい. 論文 [12] では, 3.7 節で論じた弱ヴァイル型表現および強時間作用素の一般化が導入された. 特に, 量子系のハミルトニアン H が一般化された意味での強時間作用素 T をもつとき, 遷移確率について次の事実を証明することができる：各自然数 n に対して, 部分空間 D_n があって, $|P_{\Psi,\Phi}(t)| \le c_n(\Psi,\Phi)/|t|^{2n}$, $\forall t \in \mathbb{R} \setminus \{0\}, \forall \Phi \in \mathsf{D}(T^n), \forall \Psi \in \mathsf{D}_n$

($c_n(\Psi, \Phi)$ は t によらない定数)．また，H のスペクトルに関しても情報を得ることができる．これらの事柄の他にもいろいろ興味深い事実が見いだされる．

この章の論述や上に述べたことから示唆されるように，CCR あるいはその変形の表現として量子力学を捉える観点は，諸々の量子現象を原理的かつ統一的な仕方で厳密に認識するための基礎を提供するだけでなく，具体的な諸問題においても実り多い結果をもたらすのである．

第 3 章　演習問題

H をヒルベルト空間とする．

1. A, T を H 上の自己共役作用素とし，$T \in \mathsf{B}(\mathsf{H})$ とする．このとき，A と T が強可換であるための必要十分条件は $TA \subset AT$ が成り立つことである．これを証明せよ．

2. (3.33) によって定義される作用素 A_{S} の $\ker A_{\mathrm{S}}$ を求めよ．

3. 自由度 2 以上の場合に関するフォン・ノイマンの一意性定理の証明の詳細を埋めよ．

4. L を H 上の自己共役作用素とし

$$\delta_L := \inf_{\Psi \in (\ker L)^\perp, \|\Psi\|=1} |\langle \Psi, L\Psi \rangle|$$

とおく．

(i)　$L \geq 0$ ならば，$\delta_L = \inf \sigma(L|(\ker L)^\perp)$ を示せ．

(ii)　$L \leq 0$ ならば，$\delta_L = -\sup \sigma(L|(\ker L)^\perp)$ を示せ．

(iii)　$\delta_L \leq \inf\{|\lambda| | \lambda \in \sigma(L|(\ker L)^\perp)\}$ を示せ．

5. $d \geq 1$ を任意の自然数とし，ヒルベルト空間 $\mathsf{L}^2(\mathbb{R}^d_{\boldsymbol{x}})$ において自由ハミルトニアン $H_0 := -\Delta/(2m)$ を考える (Δ は d 次元の一般化されたラプラシアン，$m > 0$ は定数)．各 $j = 1, \cdots, d$ に対して

$$T_{\mathrm{NR},j} := \frac{m}{2}\left(\hat{x}_j \hat{p}_j^{-1} + \hat{p}_j^{-1} \hat{x}_j\right) |(\hat{\otimes}^d \mathsf{F}_0)$$

を定義する．ただし，F_0 は例 3.6 における部分空間であり

$$\hat{\otimes}^d \mathsf{F}_0 := \mathcal{L}(\{f_1 \times \cdots \times f_d | f_j \in \mathsf{F}_0, j = 1, \cdots, d\}).$$

このとき，各 $T_{\mathrm{NR},j}$ は H_0 に関する弱時間作用素であり，$(T_{\mathrm{NR},j}, H_0)$ の非可換因子は I であることを示せ．

6. 記号は前問題にしたがうとし，$\mathsf{L}^2(\mathbb{R}^d_{\boldsymbol{x}})$ で働く非負自己共役作用素—相対論的自由ハミルトニアン— $K_0 := (-\Delta + m^2)^{1/2}$ を考える．各 $j = 1, \cdots, d$ に対して

$$T_{\mathrm{R},j} := \frac{1}{2}\left(K_0 \hat{p}_j^{-1} \hat{x}_j + \hat{x}_j K_0 p_j^{-1}\right) |(\hat{\otimes}^d \mathsf{F}_0)$$

を定義する．このとき，各 $T_{\mathrm{R},j}$ は K_0 に関する弱時間作用素であり，$(T_{\mathrm{R},j}, H_0)$ の非可換因子は I であることを示せ．

関連図書

[1] Y. Aharonov and D. Bohm, Significance of electromagnetic potentials in the quantum theory, *Phys. Rev.* **115** (1959), 485–491.

[2] Y. Aharonov and D. Bohm, Time in the quantum theory and the uncertainty relation for time and energy, *Phys. Rev.* **122** (1961), 1649–1658.

[3] A. Arai, Momentum operators with gauge potentials, local quantization of magnetic flux, and representation of canonical commutation relations, *J. Math. Phys.* **33** (1992), 3374–3378.

[4] A. Arai, Properties of the Dirac-Weyl operator with a strongly singular gauge potential, *J. Math. Phys.* **34** (1993), 915–935.

[5] A. Arai, Gauge theory on a non-simply conneted domain and representations of canonical commutation relations, *J. Math. Phys.* **36** (1995), 2569–2580.

[6] A. Arai, Representation of canonical commutation relations in a gauge theory, the Aharonov-Bohm effect, and the Dirac-Weyl operator, *J. Nonlinear Math.Phys.* **2** (1995), 247–262.

[7] A. Arai, Canonical commutation relations in a gauge theory, the Weierstrass Zeta-function, and infinite dimensional Hilbert space representations of the quantum group $U_q(sl_2)$, *J. Math. Phys.* **37** (1996), 4203–4218.

[8] 新井朝雄，『ヒルベルト空間と量子力学』，共立出版，1997.

[9] 新井朝雄，ゲージ理論における正準交換関係の表現とアハラノフ–ボーム効果，荒木不二洋 編『数理物理への誘い 2』（遊星社，1997）の第 7 話，p.165–p.190.

[10] A. Arai, Representation-theoretic aspects of two-dimensional quantum systems in singular vector potentials: canonical commutation relations, quantum algebras, and reduction to lattice quantum systems, *J. Math. Phys.* **39** (1998), 2476–2498.

[11] 新井朝雄，非単連結空間上のゲージ量子力学，江沢 洋 編『数理物理への誘い 3』（遊星社，2000）の第 6 話，p.143–p.164.

[12] A. Arai, Generalized weak Weyl relation and decay of quantum dynamics, *Rev. Math. Phys.* **17** (2005), 1–39.

[13] 新井朝雄・江沢 洋,『量子力学の数学的構造 I』, 朝倉書店, 1999.

[14] 新井朝雄・江沢 洋,『量子力学の数学的構造 II』, 朝倉書店, 1999.

[15] G. Dorfmeister and J. Dorfmeister, Classification of certain pairs of operators (P, Q) satisfying $[P, Q] = -i\,Id$, *J. Funct. Anal.* **57** (1984), 301–328.

[16] B. Fuglede, On the relation $PQ-QP = -iI$, *Math. Scand.* **20** (1967), 79–88.

[17] V. A. Geyler and P. Šťovíček, Zero modes in a system of Aharonov-Bohm fluxes, *Rev. Math. Phys.* **16** (2004), 851–907.

[18] G. A. Goldin, R. Menikoff and D. H. Sharp, Representations of a local current algebra in nonsimply connected space and the Aharonov-Bohm effect, *J. Math. Phys.* **22** (1981), 1664–1668.

[19] M. Hirokawa, Canonical quantization on a doubly connected space and the Aharonov-Bohm phase, *J. Funct. Anal.* **174** (2000), 322–363.

[20] C. Kassel, *Quantum Groups*, Springer, New York, 1995.

[21] H. Kurose and H. Nakazato, Geometric construction of $*$-representation of the Weyl algebra with degree 2, *Publ. Res. Inst. Math. Sci.* **32** (1996), 555–579.

[22] 黒田成俊,『関数解析』, 共立出版, 1980.

[23] M. Miyamoto, A generalized Weyl relation approach to the time operator and its connection to the survival probability, *J. Math. Phys.* **42** (2001), 1038–1052.

[24] J. G. Muga, R. Sala Mayato and I. L. Egusquiza (Eds), Time in Quantum Mechanics, Springer, LNP m72, 2002.

[25] E. Nelson, Analytic vectors, *Ann. of Math.* **70** (1959), 572–615.

[26] J. von Neumann, Die Eindeutigkeit der Schrödingerschen Operatoren, *Math. Ann.* **104** (1931), 570–578.

[27] 日本物理学会編,『量子力学と新技術』, 培風館, 1987.

[28] P. Pfeifer and J. Fröhlich, Generalized time-energy uncertainty relations and bounds on lifetimes of resonances, *Rev. Mod. Phys.* **67** (1995), 759–779.

[29] C.R. Putnam, *Commutation Properties of Hilbert Space Operators*, Springer, Berlin, 1967.

[30] M. Reed and B. Simon, *Mehtods of Modern Mathematical Physics Vol.I: Functional Analysis*, Academic Press, New York, 1972.

[31] H. Reeh, A remark concerning canonical commutation relations, *J. Math. Phys.* **29**(1988), 1535–1536.

[32] N. M. Ruijsenaars, The Aharonov-Bohm effect and scattering theory, *Ann. of Phys.* **146**(1983), 1–34.

[33] K. Schmüdgen, On the Heisenberg commutation relation. I, *J. Funct. Anal.* **50** (1983), 8–49.

[34] K. Schmüdgen, On the Heisenberg commutation relation. II, *Publ. RIMS, Kyoto Univ.* **19** (1983), 601–671.

[35] 外村 彰,『電子波で見る世界』, 丸善, 1985.
[36] 外村 彰,『量子力学を見る』, 岩波書店, 1995.
[37] 吉田 耕作・伊藤 清三 編,『函数解析と微分方程式』, (現代数学演習叢書 4), 岩波書店, 1976.

4
量子力学における対称性

対称性は現代物理学における最も基本的な概念の一つであり，数学的には，群やリー代数と呼ばれる根源的理念あるいはこれらに類似の代数的構造の表現として普遍的・統一的に捉えられる．この章では，作用素論的に厳密な仕方で，量子力学における対称性の基本的な構造を普遍的な観点から論述する．

4.1　はじめに—対称性とはどういうものか

対称性というときに，多くの人がすぐに想い浮かべるのは，左右対称性ではなかろうか．実際，左右対称的な対象は，私たちの周囲に難なく見いだすことができる．たとえば，人間の体や植物の葉の多くは，それぞれ，然るべき視点から眺めれば，左右対称的に見える．建築物，家具，食器などについても同様のことが観察される．左右対称性を数学的にみた場合，それは，ある種の空間的操作に対する不変性として捉えられることがわかる．たとえば，2 次元平面上の図形が左右対称であるということは，ある基準となる直線があって，この直線に関して，その図形を折り重ねたときに，直線の左側の図形の部分と右側のそれがぴったり重なるということにほかならない．つまり，この場合は，ある直線に関する “折り重ね” という空間的操作に関して不変な図形を，この直線に関する左右対称な図形というわけである．

いうまでもなく，“折り重ね” 以外にも種々の空間的操作が可能である．たとえば，平行移動 (並進)，鏡映，回転などがある．これらの操作で不変に保たれる性質は，それぞれ，並進対称性 (不変性)，鏡映対称性，回転対称性と呼ばれる．この観点を普遍へと向かって徹底的に押し進めていくと，任意の，一つないし複数の空間的操作に対して不変となる性質として一つの対称性を想定することができ，これがすなわち対称性の一般的概念像にほかならない．この概念像を数学の概念として明晰に捉えるためには，まず，対称性と関わる空間的操作を一つの数学的構造として抽象的・普遍的に措定する必要がある．このようにして得られる根源的理念の一つが**群**と呼ばれる対象である*1．対称性というのは，普遍的・本質的ないい方をすれば，群の作用に対する不変性のことである．こうして，対称性の概念は，日常的な次元を超えて，普遍的な，より高次の次元へ向かって一挙に拡大する．この普遍的な高みに立つことにより，種々様々な個別的対称性をある絶対的根源から統一的に俯瞰することが可能となり，感覚的・表層的次元にとどまっていたのでは得ることができない，深く美しい認識に到達することができる．もちろん，この認識は美しいというだけでなく，応用上も強力である*2．

では，群とは何か，まず，その定義を与えよう．

4.2 群

4.2.1 定 義 と 例

定義 4.1 集合 G が**群** (group) であるとは，G の任意の二つの元 g_1, g_2 に対して，G の元 g_1g_2 を対応させる演算が定義され，かつ以下の条件 (G.1)〜(G.3) が満たされるときをいう：

(G.1) (**結合法則**) $(g_1g_2)g_3 = g_1(g_2g_3), \quad \forall g_j \in G, j = 1, 2, 3.$

(G.2) (**単位元の存在**) ある元 $e \in G$ があって，すべての $g \in G$ に対して $ge = eg = g$ が成立する．e を G の**単位元**という．

(g.3) (**逆元の存在**) 各 $g \in G$ に対して，$gg^{-1} = g^{-1}g = e$ をみたす元 $g^{-1} \in G$ が存在する．g^{-1} を g の**逆元**という．

条件 (G.1)〜(G.3) は**群の公理系**と呼ばれる．この場合，任意の $g \in G$ に対して，g_1g $(g_1 \in G)$ を割り当てる対応を g_1 の**左作用**という．g_1g を得ることを

*1 「群」という理念に至る道は他にもある．

*2 ここで略述した観点を初等的なレヴェルで詳述した本として [1] がある．

「g に g_1 を左から作用させる，あるいは左からかける」という．また，gg_1 を割り当てる対応を g_1 の**右作用**という．gg_1 を得ることを「g に g_1 を右から作用させる，あるいは右からかける」という．

群の公理系に関して，補足的な注意をしておこう．

(i) 群 G の単位元はただ一つである．実際，別に $ge' = e'g = g, \forall g \in G$ を満たす元 $e' \in G$ があったとすれば，$g = e$ として，$ee' = e'e = e$．他方，(G.2) で $g = e'$ とすれば，$e'e = ee' = e'$．ゆえに，$e = e'$．

(ii) 各 $g \in G$ の逆元もただ一つである．実際，別に，$gg' = g'g = e$ となる $g' \in G$があったとすれば，左から g^{-1} を作用させることにより，$g' = g^{-1}e = g^{-1}$ を得る．

(iii) 群 G を定義する演算 $(g_1, g_2) \mapsto g_1g_2$ は，通常，“積” あるいは “乗法” と呼ばれる．この積が可換のとき，すなわち，すべての $g_1, g_2 \in G$ に対して $g_1g_2 = g_2g_1$ が成り立つとき，G を**可換群**あるいは**アーベル群**という．

(iv) G が可換群の場合，演算 $(g_1, g_2) \mapsto g_1g_2$ を積という代わりに “和” と呼び，g_1g_2 を $g_1 + g_2$ と書く場合がある．この場合には，群は**加群**と呼ばれ，その単位元は 0，g の逆元は $-g$ と書かれる．

群 G の元 g と $n \in \mathbb{N}$ に対して

$$g^n := \underbrace{g \cdots g}_{n\ 個}, \quad g^{-n} := (g^{-1})^n \tag{4.1}$$

と記し，それぞれ，g の n 乗，マイナス n 乗という．

例 4.1　任意のベクトル空間は，その加法の演算に関して加群である．

群 G の元の個数を G の**位数**という．位数が有限の群は**有限群**と呼ばれ，位数が無限の群は**無限群**と呼ばれる．

群 G の部分集合 H が G の群の演算に関して群であるとき，H を G の**部分群**という．容易にわかるように，H が G の部分群であるための必要十分条件は，任意の $g, h \in H$ に対して，$gh \in H$ かつ $g^{-1} \in H$ が成り立つことである．

例 4.2　加群としての $\mathbb{R}^d$ を d **次元並進群**という．これは無限群である．

例 4.3　d 次の実正則行列の全体は行列の積の演算によって群になる．この群を $\mathrm{GL}(d,\mathbb{R})$ と書き，**実一般線形群**と呼ぶ．$\mathrm{GL}(d,\mathbb{R})$ の部分集合

$$\mathrm{O}(d) = \{g \in \mathrm{GL}(d,\mathbb{R}) | g \text{ は直交行列 }\} \tag{4.2}$$

は $\mathrm{GL}(d,\mathbb{R})$ の部分群をなす．これを d **次元直交群**という．また，$\mathrm{O}(d)$ の部分集合

$$\mathrm{SO}(d) = \{g \in \mathrm{O}(d,\mathbb{R}) | \det g = 1\} \tag{4.3}$$

は $\mathrm{O}(d)$ の部分群をなす．これを d **次元回転群**という．いずれも無限群である．

例 4.4　d 次の複素正則行列の全体も群をなす．これを**複素一般線形群**と呼び，$\mathrm{GL}(d,\mathbb{C})$ と記す．$\mathrm{GL}(d,\mathbb{R})$ は $\mathrm{GL}(d,\mathbb{C})$ の部分群である．

例 4.5　V を $\mathbb{K}$ 上のベクトル空間とし ($\mathbb{K} = \mathbb{R}$ または $\mathbb{C}$)，V から V への線形作用素の全体を $\mathsf{L}(\mathsf{V})$ と記す．このとき，V 上の全単射な線形作用素の全体

$$\mathrm{GL}(\mathsf{V}) := \{T \in \mathsf{L}(\mathsf{V}) | T \text{ は全単射 }\} \tag{4.4}$$

は作用素の積に関して群をなす．これを **V 上の一般線形群**という．

例 4.6　ヒルベルト空間 H に対して，

$$\mathrm{GL_B}(\mathsf{H}) := \mathsf{B}(\mathsf{H}) \cap \mathrm{GL}(\mathsf{H}) \tag{4.5}$$

(H 上の全単射な有界線形作用素の全体) は $\mathrm{GL}(\mathsf{H})$ の部分群をなす．

例 4.7　ヒルベルト空間 H 上のユニタリ作用素の全体

$$\mathcal{U}(\mathsf{H}) := \{U \in \mathsf{B}(\mathsf{H}) | U^*U = I = UU^*\} \tag{4.6}$$

は $\mathrm{GL_B}(\mathsf{H})$ の部分群である．この無限群を **H 上のユニタリ群**という．

特に，$\mathsf{H} = \mathbb{C}^N$ の場合 ($N < \infty$)，$\mathcal{U}(\mathbb{C}^N)$ は N **次元ユニタリ群**と呼ばれ，通常，$\mathrm{U}(N) := \mathcal{U}(\mathbb{C}^N)$ という記号で表される．$\mathbb{C}^N$ 上の線形作用素を N 次の正方行列と同一視すると (以下，この同一視を適宜用いる)，$\mathrm{U}(N)$ は N 次のユニタリ行列の全体と同一視できる．$\mathrm{U}(N)$ の部分集合

$$\mathrm{SU}(N) := \{U \in \mathrm{U}(N) | \det U = 1\} \tag{4.7}$$

も部分群であり，これは N 次の**特殊ユニタリ群**と呼ばれる．

4.2.2 線形リー群

H を $\mathbb{K}$ 上のヒルベルト空間とするとき，群 $\mathrm{GL_B}(\mathsf{H})$ は $\mathsf{B}(\mathsf{H})$ の部分集合であるので，作用素ノルムでの位相が入る．以下，$\mathrm{GL_B}(\mathsf{H})$ はこの位相の入った集合として考える．$T_n, T \in \mathsf{B}(\mathsf{H})$ について，$\lim_{n\to\infty} \|T_n - T\| = 0$ が成り立つとき，$\text{u-}\lim_{n\to\infty} T_n = T$ と記す．

定義 4.2 G を $\mathrm{GL_B}(\mathsf{H})$ の部分群とする．もし，$A_n \in G\,(n \in \mathbb{N})$, $\text{u-}\lim_{n\to\infty} A_n = A \in \mathrm{GL_B}(\mathsf{H})$ ならば，常に $A \in G$ となるとき，G は $\mathrm{GL_B}(\mathsf{H})$ の中で**閉じている**といい，このような部分群 G を H 上の**線形リー群**という．

特に，$\mathsf{H} = \mathbb{R}^d$ または $\mathbb{C}^d$ の場合の線形リー群を **d 次の線形リー群**という．

群 $\mathrm{GL_B}(\mathsf{H})$ 自体は，定義によって，自明的に H 上の線形リー群である．

例 4.8 H 上のユニタリ群 $\mathcal{U}(\mathsf{H})$ は線形リー群である．

例 4.9 $\mathrm{GL}(d, \mathbb{K})$ は，これに属する元を $\mathbb{K}^d$ 上の線形作用素とみることにより，$\mathrm{GL}(\mathbb{K}^d)$ と同一視できる．この場合，$\mathrm{GL}(d, \mathbb{K})$ の部分群は $\mathrm{GL}(\mathbb{K}^d)$ の部分群とみることができる．以下，この同一視を用いる．したがって，$\mathrm{O}(d), \mathrm{SO}(d), \mathrm{U}(d), \mathrm{SU}(d)$ は d 次の線形リー群である．$\mathrm{GL}(d, \mathbb{K})$ の部分集合

$$\mathrm{SL}(d, \mathbb{K}) := \{T \in \mathrm{GL}(d, \mathbb{K}) | \det T = 1\} \tag{4.8}$$

も線形リー群である．これを **d 次の特殊線形群**という．これらの他にも種々の線形リー群が存在する[*3]．

4.2.3 変換群と対称性

X を空でない集合とし，X 上の任意の 2 つの写像 $f, g : \mathsf{X} \to \mathsf{X}$ に対して，積演算 fg を $fg := f \circ g$ (合成写像，i.e.，$(f \circ g)(x) := f(g(x)), x \in \mathsf{X}$) によって定義する．明らかに fg は X 上の写像である．

X 上の全単射な写像の全体を $\mathcal{G}(\mathsf{X})$ で表す．次の事実は基本的である．

命題 4.3 $\mathcal{G}(\mathsf{X})$ は写像の積演算に関して群をなす．この場合，単位元は X 上の恒等作用素 I_X であり，$f \in \mathcal{G}(\mathsf{X})$ の逆元は，f の逆写像 f^{-1} である．

---

*3 たとえば，[23] を参照．

この命題を証明するために，次の事実に注意する：

補題 4.4 (i) 任意の $f, g \in \mathcal{G}(\mathsf{X})$ に対して，$fg \in \mathcal{G}(\mathsf{X})$.

(ii) 任意の $f \in \mathcal{G}(\mathsf{X})$ に対して $f^{-1} \in \mathcal{G}(\mathsf{X})$.

証明 (i) fg の単射性を示すために，$(fg)(x) = (fg)(y)$ $(x, y \in \mathsf{X})$ としよう．このとき，$f(g(x)) = f(g(y))$．これと f の単射性により，$g(x) = g(y)$．g は単射であるから，$x = y$．ゆえに fg は単射である．次に，fg の全射性を示すために，$y \in \mathsf{X}$ を任意にとる．f の全射性により，$y = f(x)$ となる $x \in \mathsf{X}$ がある．g の全射性により，$x = g(w)$ となる $w \in \mathsf{X}$ がある．したがって，$y = (fg)(w)$．ゆえに fg は全射である．

(ii) これは逆写像の定義から明らか. ■

命題 4.3 の証明 写像の積演算が結合法則を満たすことは容易にわかる．X 上の恒等写像 I_{X} は全単射であるから，$\mathcal{G}(\mathsf{X})$ の元である．これらの事実と補題 4.4 により，題意がしたがう． ■

群 $\mathcal{G}(\mathsf{X})$ を X **上の全変換群** (full transformation group) と呼ぶ．

$\mathcal{G}(\mathsf{X})$ の部分群を X 上の一つの**変換群**という．

例 4.10 $\mathrm{GL}(\mathbb{K}^d)$ は $\mathbb{K}^d$ 上の変換群である．したがって，その任意の部分群も $\mathbb{K}^d$ 上の変換群である．

例 4.11 任意のベクトル空間 V に対して，V 上の一般線形群 $\mathrm{GL}(\mathsf{V})$ およびその任意の部分群は V 上の変換群である．

例 4.12 **(ローレンツ群，ポアンカレ群)** $d \in \mathbb{N}$ とする．$(d+1)$ 次元ベクトル空間 $\mathbb{R}^{d+1} = \{x = (x^0, x^1, \cdots, x^d) | x^\mu \in \mathbb{R}, \mu = 0, 1, \cdots, d\}$ を考え，双線形形式 $g^{(d+1)} : \mathbb{R}^{d+1} \times \mathbb{R}^{d+1} \to \mathbb{R}$ を

$$g^{(d+1)}(x, y) := x^0 y^0 - \sum_{i=1}^{d} x^i y^i, \quad x, y \in \mathbb{R}^{d+1}$$

によって定義する．これを $\mathbb{R}^{d+1}$ 上の**ローレンツ内積**または**ローレンツ計量**という[*4]．ただし，これは本来の意味での内積ではない．実際，内積の正値性は成立せず，x の関

[*4] 文献によっては，**ミンコフスキー内積**あるいは．**ミンコフスキー計量**という場合もある．

数 $g^{(d+1)}(x,x)$ は正にも負にもなりうる[*5]．このような双線形形式は**不定内積**と呼ばれる．$\mathbb{R}^{d+1}$ と $g^{(d+1)}$ の組 $(\mathbb{R}^{d+1}, g^{(d+1)})$ を**標準的 $(d+1)$ 次元ミンコフスキーベクトル空間**という[*6]．これは特殊相対性理論の時空を定義する概念である $(d+1=4$ の場合$)$.

$\mathbb{R}^{d+1}$ 上の線形写像 Λ がローレンツ計量を保存するとき，すなわち

$$g^{(d+1)}(\Lambda x, \Lambda y) = g^{(d+1)}(x,y), \quad \forall x, y \in \mathbb{R}^{d+1}$$

を満たすとき，Λ を $\mathbb{R}^{d+1}$ 上の**ローレンツ写像**という[*7]．容易にわかるように，ローレンツ写像 Λ は全単射である．

$\mathbb{R}^{d+1}$ 上のローレンツ写像の全体を $\mathrm{O}(d,1)$ と表す．これは写像の積演算に関して変換群をなす．この変換群を $(d+1)$ **次元ローレンツ群**という．

任意の $a \in \mathbb{R}^{d+1}$ と $\Lambda \in \mathrm{O}(d,1)$ に対して，写像 $(a,\Lambda) : \mathbb{R}^{d+1} \to \mathbb{R}^{d+1}$ を

$$(a,\Lambda)(x) := \Lambda x + a, \quad x \in \mathbb{R}^{d+1}$$

によって定義する．これを**ポアンカレ写像**という．ポアンカレ写像の全体を $\mathcal{P}(d,1)$ とすれば，これも $\mathbb{R}^{d+1}$ 上の変換群をなす．この場合，任意の $a_1, a_2 \in \mathbb{R}^{d+1}, \Lambda_1, \Lambda_2 \in \mathrm{O}(d,1)$ に対して

$$(a_1,\Lambda_1)(a_2,\Lambda_2) = (\Lambda_1 a_2 + a_1, \Lambda_1\Lambda_2)$$

が成り立つ．群 $\mathcal{P}(d,1)$ を**ポアンカレ群**という．

写像 $f : \mathsf{X} \to \mathsf{X}$ と X の部分集合 S に対して

$$f(\mathsf{S}) := \{f(x) | x \in \mathsf{S}\} \tag{4.9}$$

とおく．これは f の定義域を S に制限して得られる写像の像 (値域) である．

$\mathcal{T}$ を X 上の変換群とする．X の部分集合 D が任意の $T \in \mathcal{T}$ に対して，$T(\mathsf{D}) = \mathsf{D}$ を満たすとき，D は **$\mathcal{T}$-不変**または **$\mathcal{T}$-対称**であるという．こうして，**各変換群に応じて，X の部分集合 (抽象的な意味での幾何学的対象) に関する対称性が定義される．**

---

*5　たとえば，$x = (0, x^1, \cdots, x^d) \neq 0$ というベクトルを考えると，$g^{(d+1)}(x,x) = -\sum_{i=1}^{d}(x^i)^2 < 0$ であり，$y = (y^0, 0, 0, \cdots, 0)$ $(y^0 \neq 0)$ というベクトルを考えると $g^{(d+1)}(y,y) > 0$.

*6　抽象的なミンコフスキーベクトル空間の概念もある [5].

*7　“ローレンツ変換” というのが慣習的な呼び名であるが，物理では，これを座標変換の意味で使う場合が多いので，これとの混同を避けるため，本書では，ローレンツ変換という言葉は使用しない．座標変換と写像は別の概念である．

例 4.13 $\mathbb{R}^d$ の SO(d)-不変な部分集合を d 次元の**回転対称** (**不変**) な**図形**という．たとえば，$\mathbb{R}^d$ の中の半径 r の $(d-1)$ 次元球面 $S_r := \{x \in \mathbb{R}^d \| |x| = r\}$ は回転対称である．

例 4.14 $\mathbb{R}^{d+1}$ の O(d, 1)-不変な部分集合を $(d+1)$ 次元の**ローレンツ対称** (**不変**) な**図形**という．たとえば

$$V_m := \{x \in \mathbb{R}^{d+1} | g^{(d+1)}(x,x) = m^2\}$$

($m \geq 0$ は定数) —質量 m の**質量超双曲面**—はローレンツ対称である．

X の部分集合に関する対称性は，次に示すように，X の直積集合

$$\mathsf{X}^n := \{(x_1, \cdots, x_n) | \, x_j \in \mathsf{X}, j = 1, \cdots, n\} \tag{4.10}$$

—X の n 重直積 $(n = 1, 2, \cdots)$ — から別の集合への写像に関する対称性を誘導する．

Y を集合とし，$F : \mathsf{X}^n \to \mathsf{Y}; (x_1, \cdots, x_n) \mapsto F(x_1, \cdots, x_n) \in \mathsf{Y}$ を X^n から Y への写像とする．このとき，任意の $T \in \mathcal{G}(\mathsf{X})$ に対して，$\hat{T}F : \mathsf{X}^n \to \mathsf{Y}$ を

$$(\hat{T}F)(x_1, \cdots, x_n) := F(T^{-1}x_1, \cdots, T^{-1}x_n), \quad (x_1, \cdots, x_n) \in \mathsf{X}^n \tag{4.11}$$

によって定義する．もし，すべての $T \in \mathcal{T}$ に対して，$\hat{T}F = F$ が成り立つならば，F は **$\mathcal{T}$-不変**または **$\mathcal{T}$-対称であるという**．

例 4.15 SO(d)-不変な関数を d 次元の**回転対称** (**不変**) な**関数**という．たとえば，$[0, \infty)$ 上の任意の関数 f を用いて写像 $F : \mathbb{R}^d \to \mathbb{R}$ を $F(x) := f(|x|)$ によって定義すれば，この F は回転対称である．

例 4.16 O(d, 1)-不変な関数を $(d+1)$ 次元の**ローレンツ対称** (**不変**) な**関数**という．たとえば，$\mathbb{R}$ 上の任意の関数 f を用いて写像 $F : \mathbb{R}^{d+1} \to \mathbb{R}$ を $F(x) := f(g^{(d+1)}(x))$ によって定義すれば，この F はローレンツ対称である．

4.2.4 準同型写像と核

群に関する基本的概念をいくつか述べておく．G, H を群とする．写像 $\phi : G \to H$ がすべての $g_1, g_2 \in G$ に対して，$\phi(g_1 g_2) = \phi(g_1)\phi(g_2)$ を満たすと

き—この性質を写像 ϕ の**準同型性**という—，ϕ を G から H の中への**準同型写像**という．これは，つまり，群の構造を保存するような写像のことである．

準同型写像 $\phi : G \to H$ が全射であるとき (i.e., $\phi(G) := \{\phi(g)|g \in G\} = H$), G は H に**準同型**であるという．

全単射な準同型写像 $\phi : G \to H$ を**同型写像**という．

準同型写像 $\phi : G \to H$ に対して，$\ker\phi := \{g \in G|\phi(g) = e_H\}$ (e_H は H の単位元) —$e_H \in H$ の ϕ に関する逆像—を ϕ の**核** (kernel) という．

注意 4.1　$\phi : G \to H$ が準同型写像ならば，$\phi(e_G) = e_H$ である ($\because$ $e_G^2 = e_G$ と準同型性により，$\phi(e_G) = \phi(e_G)^2$．両辺に左から $\phi(e_G)^{-1}$ をかければ，$\phi(e_G) = e_H$ が出る)．また，任意の $g \in G$ に対して，$\phi(g^{-1}) = \phi(g)^{-1}$ である ($\because$ $e_H = \phi(e_G) = \phi(gg^{-1}) = \phi(g)\phi(g^{-1})$ による)．これらの事実は，以後，断りなしに用いられるであろう．

命題 4.5　$\phi : G \to H$ を準同型写像とするとき，$\ker\phi$ は G の部分群である．

証明　上の注意により，$g^{-1} \in \ker\phi, g \in \ker\phi$．また，任意の $g, h \in \ker\phi$ に対して，$\phi(gh) = \phi(g)\phi(h) = e_H^2 = e_H$．したがって，$gh \in \ker\phi$．■

4.2.5　位　相　群

並進群 $\mathbb{R}^d$ や線形リー群では，点列の収束と極限の概念が定義されている．このような群の普遍化を考える．

G を群とする．G が位相空間であり (付録 F を参照)，直積位相空間 $G \times G$ から G への写像:$(h, g) \mapsto hg$ $(h, g \in G)$ および G から G への写像:$g \mapsto g^{-1}$(g の逆元) がともに連続であるとき，G は**位相群**と呼ばれる．

例 4.17　d 次元並進群 $\mathbb{R}^d$，ローレンツ群 $\mathrm{O}(d, 1)$，ポアンカレ群 $\mathcal{P}(d, 1)$，線形リー群は位相群である．

4.3 量子力学における対称性の原理的構造

4.3.1 対 称 性 変 換

前著 [8] の 3 章，3.1 節で定式化したように，量子系の状態は，ヒルベルト空間 H の射影空間 $P(\mathsf{H}) = \{[\Psi]|\Psi \in \mathsf{H} \setminus \{0\}\}$ の元 $[\Psi] := \{\alpha\Psi|\alpha \neq 0\}$—これを射線と呼んだ—によって表される．二つの状態 $[\Psi], [\Phi]$ の間の遷移確率は $|\langle\Psi, \Phi\rangle|^2/(||\Psi||^2||\Phi||^2)$ で与えられた ([8], p.255)．ここでは，この量を $\ll [\Psi], [\Phi] \gg$ と記す：

$$\ll [\Psi], [\Phi] \gg := \frac{|\langle\Psi, \Phi\rangle|^2}{||\Psi||^2||\Phi||^2}. \tag{4.12}$$

状態間の遷移確率を保存するような，$P(\mathsf{H})$ 上の写像は量子系の基本的な対称性を表すものとみることができる．そこで，そのような写像に名前をつけておく：

定義 4.6 全単射な写像 $T : P(\mathsf{H}) \to P(\mathsf{H})$ で，すべての $[\Psi], [\Phi] \in P(\mathsf{H})$ に対して

$$\ll T[\Psi], T[\Phi] \gg = \ll [\Psi], [\Phi] \gg \tag{4.13}$$

を満たすものを $P(\mathsf{H})$ **上の対称性変換** (symmetry transformation) と呼ぶ．

$P(\mathsf{H})$ 上の対称性変換の全体を $\mathrm{Sym}(\mathsf{H})$ と記す．

"群＝対称性" という理念にしたがえば，次の事実は，対称性変換という命名の妥当性を支持する：

命題 4.7 $\mathrm{Sym}(\mathsf{H})$ は $P(\mathsf{H})$ 上の変換群である．

証明 $\mathrm{Sym}(\mathsf{H}) \subset \mathcal{G}(P(\mathsf{H}))$ (4.2.3 項における $\mathcal{G}(\mathsf{X})$ において $\mathsf{X} = P(\mathsf{H})$ の場合) であるから，任意の $T_1, T_2, T \in \mathrm{Sym}(\mathsf{H})$ に対して，$T_1T_2, T^{-1} \in \mathrm{Sym}(\mathsf{H})$ を示せばよい．だが，これは容易である． ■

H の零でない二つのベクトル Ψ, Φ が同じ射線に属するとき，$\Psi \sim \Phi$ と記すことは [8] の 3 章，3.1 節で述べた．H 上の写像 $F : \mathsf{H} \to \mathsf{H}$ について，「$\Psi \sim \Phi$ ならば $F(\Psi) \sim F(\Phi)$」が成り立つとき，F を**同値性保存写像**と呼ぶ．

$F : \mathsf{H} \to \mathsf{H}$ が同値性保存写像ならば，各射線 $[\Psi]$ に対して，射線 $[F(\Psi)]$ は $[\Psi]$ の代表元の選び方によらずに一つ定まるから，$P(\mathsf{H})$ 上の写像 $\hat{F}$ を

$$\hat{F}[\Psi] := [F(\Psi)], \quad [\Psi] \in P(\mathsf{H}) \tag{4.14}$$

によって定義できる．$\hat{F}$ を F の**誘導写像**と呼ぶ．

容易にわかるように，$F : \mathsf{H} \to \mathsf{H}$ が同値性保存写像であるための必要十分条件は，各 $\Psi \in \mathsf{H} \setminus \{0\}$ と各 $\alpha \in \mathbb{C} \setminus \{0\}$ に対して，$\alpha' \in \mathbb{C} \setminus \{0\}$ があって，$F(\alpha\Psi) = \alpha' F(\Psi)$ が成り立つことである．

したがって，特に，H 全体を定義域とする線形作用素および反線形写像は同値性保存写像である．

次の事実は容易に証明される (演習問題 1)：

命題 4.8　F がユニタリまたは反ユニタリならば，$\hat{F}$ は対称性変換である．すなわち $\hat{F} \in \mathrm{Sym}(\mathsf{H})$.

逆に次の事実が成り立つ：

定理 4.9　(**ウィグナー–バーグマン (Bargmann) の定理**) 各対称性変換 $T \in \mathrm{Sym}(\mathsf{H})$ に対して，H 上のユニタリまたは反ユニタリな作用素 U があって

$$T = \hat{U} \tag{4.15}$$

と表される．このような作用素 U は指数因子を除いて一意的に定まる．すなわち，別に $T = \hat{W}$ となるユニタリまたは反ユニタリな作用素 $W : \mathsf{H} \to \mathsf{H}$ があったとすれば，$U = e^{i\theta} W$ を満たす定数 $\theta \in [0, 2\pi)$ がある．特に，(4.15) を満たす U はすべてユニタリであるか，すべて反ユニタリであるかのどちらかである．

証明　任意の $[\Psi] \in P(\mathsf{H})$ に対して，$T[\Psi] = [\Psi_T]$ となる $\Psi_T \in \mathsf{H}$ がある．このようなベクトル Ψ_T を Ψ ごとに一つ選ぶ．すると，対応 $F : \Psi \mapsto \Psi_T$ は H 上の写像を定義し，しかも，遷移確率を保存する．T の全射性により，F は全射である．したがって，ウィグナーの定理 ([8] の p.318) により，ユニタリまたは反ユニタリな作用素 U と写像 $\theta_F : \mathsf{H} \to \mathbb{R}$ が存在して，$F(\Psi) = e^{i\theta_F(\Psi)} U(\Psi), \forall \Psi \in \mathsf{H}$ と表される．これは $[F(\Psi)] = [U(\Psi)] = \hat{U}[\Psi]$ を意味する．したがって，$T = \hat{U}$.

次に, $\hat{U} = \hat{W}$ としよう (W はユニタリまたは反ユニタリ). このとき, $[U\Psi] = [W\Psi], \forall\Psi \in \mathsf{H} \setminus \{0\}$ であるから, $U\Psi = a_\Psi W\Psi$ を満たす複素数 $a_\Psi \neq 0$ がある. U, W のユニタリ性または反ユニタリ性により, $|a_\Psi| = 1$. したがって, $\theta(\Psi) \in [0, 2\pi)$ がただ一つ存在して, $a_\Psi = e^{i\theta(\Psi)}$ と書ける. ゆえに, $U\Psi = e^{i\theta(\Psi)}W\Psi$. この式で, $\Psi = \Psi_1 + \Psi_2$ ($\Psi_1, \Psi_2 \in \mathsf{H}$ は線形独立) を考えることにより, $\theta(\Psi_1) = \theta(\Psi_2)$ が導かれる. $\Psi = \alpha\Phi$ ($\Phi \in \mathsf{H}\setminus\{0\}$, $\alpha \in \mathbb{C} \setminus \{0\}$ は任意) を考えると, U, W はともにユニタリであるか, ともに反ユニタリであるかのどちらかであり, かつ $\theta(\Phi) = \theta(\alpha\Phi)$ が示される. したがって, $\theta(\Psi)$ は $\Psi \in \mathsf{H} \setminus \{0\}$ によらない定数である. ■

4.3.2 射 影 表 現

量子系において, 空間的または時間的な "操作" あるいは他の何らかの "操作" を記述する群 G が与えられたとしよう (たとえば, $\mathbb{R}^d$ の原点に関する回転であれば, $G = \mathrm{SO}(\mathbb{R}^d)$). G の各元 g によって記述される操作に対応して, 状態の空間 $P(\mathsf{H})$ における変換—$\rho(g)$ と書こう—が誘導されると想定するのは物理的にみて自然である. この場合, $\{\rho(g)|g \in G\}$ が対称性変換群 $\mathrm{Sym}(\mathsf{H})$ の部分群になっており, しかも G の群構造を保存するものであるならば, これによって, ρ は, 当該の量子系の, 群 G に関する対称性を記述するものとみなせるであろう. こうして, 次の定義に達する：

定義 4.10 G を群とする. 写像 $\rho : G \to \mathrm{Sym}(\mathsf{H})$ が準同型写像であるとき, ρ を G の $P(\mathsf{H})$ における**射影表現** (projective representation) という.

G を群とし, $\rho : G \to \mathrm{Sym}(\mathsf{H})$ を射影表現としよう. このとき, 定理 4.9 によって, 各 g に対して, ユニタリまたは反ユニタリな作用素 $\pi(g) : \mathsf{H} \to \mathsf{H}$ があって, $\rho(g) = \widehat{\pi(g)}$ と書ける. もし, すべての $g \in G$ に対して, $\pi(g)$ がユニタリ (反ユニタリ) であるとき, ρ を**射影ユニタリ (反ユニタリ) 表現**という*8. この場合, 射影表現 ρ はユニタリ (反ユニタリ) である, という.

その射影表現が常にユニタリとなるような群のクラスを導入しよう：

---

*8 括弧は括弧に対応させて読む.

定義 4.11　群 G の各元 g に対して，元 $h \in G$ があって，$g = h^2$ と表されるとき，G は平方的であるという．

定理 4.12　平方的な群 G の射影表現はすべてユニタリである．

証明　ρ を G の射影表現とする．仮定により，各 $g \in G$ は $g = h^2$ $(h \in G)$ と表される．準同型性により，$\rho(g) = \rho(h)^2 = \widehat{(\pi(h)^2)}$ が成り立つ．他方，$\rho(g) = \widehat{\pi(g)}$．したがって，定理 4.9 により，$\pi(g) = e^{i\theta}\pi(h)^2$ を満たす定数 $\theta \in [0, 2\pi)$ がある．再び，定理 4.9 により，$\pi(h)$ はユニタリであるか反ユニタリである．したがって，$\pi(h)^2$ はユニタリである．ゆえに，題意が成立する．■

例 4.18　並進群 $\mathbb{R}^d$ は平方的である．実際，任意の $x \in \mathbb{R}^d$ に対して，$x = (x/2) + (x/2)$ である．したがって，$\mathbb{R}^d$ の任意の射影表現はユニタリである．

例 4.19　任意の $d \in \mathbb{N}$ に対して，d 次元回転群 $\mathrm{SO}(d)$ は平方的である．したがって，$\mathrm{SO}(d)$ の任意の射影表現はユニタリである．

証明　まず，A を任意の d 次の実交代行列，i.e., ${}^tA = -A$ を満たす d 次の実行列 (${}^tA$ は A の転置行列を表す) とするとき，$e^A \in \mathrm{SO}(d)$ であることに注意する*9．線形代数学でよく知られているように，各 $T \in \mathrm{SO}(d)$ に対して，直交行列 P と定数 $p, r \in \mathbb{N}$ $(p + 2r = d)$ および定数 $\theta_j \in [0, 2\pi)$ $(j = 1, \cdots, r)$ があって

$$P^{-1}TP = \begin{pmatrix} I_p & 0 & \cdots & 0 \\ 0 & R(\theta_1) & & 0 \\ \vdots & & \ddots & \vdots \\ 0 & & & R(\theta_r) \end{pmatrix}$$

と表される (たとえば，[17, p.178])．ここで，I_p は p 次の単位行列

$$R(\theta) := \begin{pmatrix} \cos\theta & -\sin\theta \\ \sin\theta & \cos\theta \end{pmatrix} \in \mathrm{SO}(2) \quad (\theta \in \mathbb{R}). \tag{4.16}$$

$J := \begin{pmatrix} 0 & -1 \\ 1 & 0 \end{pmatrix}$ とおけば，$R(\theta) = e^{\theta J}$ と書ける．そこで

*9　正方行列 A に対して，$e^A := \sum_{n=0}^{\infty} A^n/n!$．[7] の 1 章演習問題 31，[2] の 2 章演習問題 19 または [5] の 9 章演習問題 17 を参照．

$$Y := \begin{pmatrix} 0 & 0 & \cdots & 0 \\ 0 & \theta_1 J & \cdots & 0 \\ \vdots & & \ddots & \vdots \\ 0 & & & \theta_r J \end{pmatrix}$$

とすれば，$P^{-1}TP = e^Y$．したがって，$X = PYP^{-1}$ とおけば，$T = e^X$ と表される．任意の実数 $t \in \mathbb{R}$ に対して，tX は実交代行列である（$\because$ Y は実交代行列）．したがって，この証明のはじめに述べた事実により，$e^{tX} \in \mathrm{SO}(d)$．そこで，$h = e^{X/2}$ とおけば，$h \in \mathrm{SO}(d)$ であり，$T = h^2$ が成立する．■

例 4.20　任意の $N \in \mathbb{N}$ に対して，N 次元ユニタリ群 $\mathrm{U}(N)$ は平方的である．したがって，$\mathrm{U}(N)$ の任意の射影表現はユニタリである．

証明　線形代数学でよく知られているように，任意のユニタリ行列 $U \in \mathrm{U}(N)$ に対して，ユニタリ行列 W と対角行列 $D = (\theta_j \delta_{jk})_{j,k=1,\cdots,N}$ $(\theta_j \in [0, 2\pi))$ があって，$WUW^{-1} = e^{iD}$ と表される（[17] の §5, p.167 の定理 7 の応用）．したがって，$X = W^{-1}DW$ とおけば，$U = e^{iX}$ と書ける．そこで，$h = e^{iX/2}$ とおけば，$h \in \mathrm{U}(N)$ であり，$U = h^2$ が成り立つ*10．■

例 4.21　2 次の複素特殊線形群 $\mathrm{SL}(2, \mathbb{C})$ は平方的である．したがって，$\mathrm{SL}(2, \mathbb{C})$ の任意の射影表現はユニタリである．

証明　$A \in \mathrm{SL}(2, \mathbb{C})$ とする．線形代数学の一般論（ジョルダン標準形の理論）により，2 次の正則行列 P があって，$PAP^{-1} = \begin{pmatrix} \alpha & \beta \\ 0 & \alpha^{-1} \end{pmatrix}$ が成立する．ただし，$\alpha \neq 0, \beta \in \mathbb{C}$ は定数である．右辺が e^Y に等しいような $Y := \begin{pmatrix} a & b \\ 0 & -a \end{pmatrix}$ を求める．結果は次のようになる：$e^a = \alpha$, $b := \beta / \left(\sum_{n=0}^{\infty} a^{2n}/(2n+1)!\right)$．したがって，$X = P^{-1}YP$ とおけば，$A = B^2, B := e^{X/2}$ と書ける．$\det B = e^{\mathrm{Tr}\, X/2} = 1$（$\because$ Tr はトレースを表し，$\mathrm{Tr}\, X = 0$）であるから，$B \in \mathrm{SL}(2, \mathbb{C})$．よって，題意が成立する．■

例 4.22　ローレンツ群 $\mathrm{O}(d, 1)$ の任意の元 Λ を行列表示で考え，その (μ, ν) 成分を Λ^μ_ν と記す $(\mu, \nu = 0, 1, \cdots, d)$．$\eta$ を $(d+1)$ 次の対角行列で，$\eta_{00} = 1, \eta_{jj} = -1 (j = 1, \cdots, d)$，$\eta_{\mu\nu} = 0, \mu \neq \nu$ を満たすものとする．このとき，任意の $x, y \in \mathbb{R}^{d+1}$ に対して

$$g^{(d+1)}(x, y) = \langle x, \eta y \rangle_{\mathbb{R}^{d+1}} \tag{4.17}$$

---

*10 A が N 次のエルミート行列ならば，$e^{iA} \in \mathrm{U}(N)$．

と書ける ($\langle\cdot,\cdot\rangle_{\mathbb{R}^{d+1}}$ は $\mathbb{R}^{d+1}$ の標準内積). この事実を用いると，$(d+1)$ 次の正方行列 Λ がローレンツ写像であるためには

$$ {}^t\Lambda\eta\Lambda = \eta \tag{4.18} $$

が必要十分であることがわかる．

$\Lambda \in \mathrm{O}(d,1)$ としよう．(4.18) の両辺の行列式をとることにより，$(\det\Lambda)^2 = 1$ を得る．したがって

$$ \det\Lambda = 1 \text{ または } -1. \tag{4.19} $$

また，(4.18) の両辺の $(0,0)$ 成分を考えると $(\Lambda_0^0)^2 = 1 + \sum_{j=1}^d (\Lambda_0^j)^2 \geq 1$ がわかる．したがって，

$$ \Lambda_0^0 \geq 1 \text{ または } \Lambda_0^0 \leq -1. \tag{4.20} $$

そこで，$\det\Lambda$ の符号と Λ_0^0 の値域に応じて，ローレンツ群 $\mathrm{O}(d,1)$ を四つの部分集合に分けることができる．その一つ

$$ \mathcal{L}_+^\uparrow(\mathbb{R}^{d+1}) := \{\Lambda \in \mathrm{O}(d,1) | \det\Lambda = 1,\ \Lambda_0^0 \geq 1\} \tag{4.21} $$

は $\mathrm{O}(d,1)$ の部分群をなす (演習問題 2). これを**固有ローレンツ群** (proper Lorentz group) と呼ぶ．

$d+1=4$ の場合を考えよう．この場合，次の事実がある：

定理 4.13 準同型写像 $\phi : \mathrm{SL}(2,\mathbb{C}) \to \mathcal{L}_+^\uparrow(\mathbb{R}^4)$ で次の性質 (i)〜(iii) を満たすものがある：(i) ϕ は全射である．(ii) 各 $\Lambda \in \mathcal{L}_+^\uparrow(\mathbb{R}^4)$ に対して，$\phi(A) = \phi(-A) = \Lambda$ となる $A \in \mathrm{SL}(2,\mathbb{C})$ がただ一つ存在する．(iii) $\ker\phi = \{\pm I_2\}$.

ここでは，紙数の都合上，この定理の証明は割愛する[*11].

定理 4.13 によって，任意の $\Lambda \in \mathcal{L}_+^\uparrow(\mathbb{R}^4)$ に対して，$\Lambda = \phi(A)$ となる $A \in \mathrm{SL}(2,\mathbb{C})$ がある．例 4.21 により，$A = B^2$ となる $B \in \mathrm{SL}(2,\mathbb{C})$ がとれる．したがって，ϕ の準同型性により，$T := \phi(B)$ とおけば，$T \in \mathcal{L}_+^\uparrow(\mathbb{R}^4)$ であり，$\Lambda = T^2$ と書ける．したがって，$\mathcal{L}_+^\uparrow(\mathbb{R}^4)$ は平方的である．ゆえに，**$\mathcal{L}_+^\uparrow(\mathbb{R}^4)$ の任意の射影表現はユニタリである．**

注意 4.2 線形リー群の概念の普遍化として，**リー群**なる群のクラスが存在する．これは，大ざっぱにいえば，可微分多様体の構造が入る群であり，群の演

[*11] たとえば，[23] の IV 章の §2 あるいは [4] の 11 章，11-1-2 項を参照．だが，本書を通読する上では，定理 4.13 を認めて先に進んでも問題はない．

算と逆元を対応させる演算が連続であるような群のことである*12．一般に連結なリー群は平方的であり，したがって，その射影表現はユニタリであることが示される．この一般的事実を使えば，任意の $d \in \mathbb{N}$ に対して，$\mathcal{L}_+^{\uparrow}(\mathbb{R}^{d+1})$ の射影表現はユニタリであることが証明される．

4.3.3 ユニタリ表現

G を群とし，$\rho : G \to \mathrm{Sym}(\mathsf{H})$ を射影表現とする．このとき，すでに述べたように，各 $g \in G$ に対して，$\rho(g) = \widehat{\pi(g)}$ となる，H 上のユニタリまたは反ユニタリな作用素 $\pi(g)$ を一つ選ぶことができる．誘導写像の定義に戻って考えることにより，$\widehat{\pi(g)}\widehat{\pi(h)} = \widehat{\pi(g)\pi(h)}$, $g, h \in G$ がわかる．これと ρ の準同型性および定理 4.9 によって，G の任意の元の対 (g, h) に対して，絶対値が 1 の複素数 $\omega(g, h)$ があって

$$\pi(g)\pi(h) = \omega(g, h)\pi(gh)$$

と表される．群演算の結合則を用いると，すべての $f, g, h \in G$ に対して

$$\omega(fg, h)\omega(f, g) = \begin{cases} \omega(f, gh)\omega(g, h) & ;\pi(f) \text{ がユニタリのとき} \\ \omega(f, gh)\omega(g, h)^* & ;\pi(f) \text{ が反ユニタリのとき} \end{cases}$$

が示される．一般には，$\omega(g, h)$ を常に 1 となるように選べるとは限らない．だが，そのような場合もありうる．そこで，次の定義を設ける：

定義 4.14 写像 $\pi : G \to \mathcal{U}(\mathsf{H})$ が準同型写像であるとき，π を，G の H 上の**ユニタリ表現**という．この場合，H を**表現空間**という．

命題 4.15 π が G の H 上でのユニタリ表現であるとき，任意の $g \in G$ に対して，$\pi(g)^* = \pi(g^{-1})$ が成り立つ．

証明 π の準同型性により，$\pi(g)^{-1} = \pi(g^{-1})$(注意 4.1 を参照)．他方，$\pi(g)$ のユニタリ性により，$\pi(g)^* = \pi(g)^{-1}$．したがって，$\pi(g^{-1}) = \pi(g)^*$． ■

*12 たとえば，[14] の IV 章を参照．

G が位相群の場合のユニタリ表現には連続性の概念が伴いうる．そのような表現のクラスを定義するために，ここで，位相空間からヒルベルト空間上の有界線形作用素の空間への写像の連続性の概念を定義しておく．

定義 4.16 X を位相空間，H をヒルベルト空間，T を X から $\mathsf{B}(\mathsf{H})$ (H 上の有界線形作用素の全体) への写像とする．

(i) 各 $\Psi \in \mathsf{H}$ に対して，X から H への写像：$x \to T(x)\Psi$ $(x \in \mathsf{X})$ が H の強位相 (H のノルムによる通常の位相) で連続のとき，T は**強連続** (strongly continuous) であるという．すなわち，T が強連続であるとは，各 $x \in \mathsf{X}$ と $\Psi \in \mathsf{H}$ ごとに，任意の $\varepsilon > 0$ に対して，$\{y \in \mathsf{X} \mid \|T(x)\Psi - T(y)\Psi\| < \varepsilon\}$ が x の近傍を含むことである[*13]．

(ii) 任意の $\Psi, \Phi \in \mathsf{H}$ に対して，X 上の複素数値関数：$x \to \langle \Phi, T(x)\Psi \rangle$ が連続であるとき，T は**弱連続** (weakly continuous) であるという．

定義 4.17 位相群 G のヒルベルト空間 H におけるユニタリ表現 $\pi : G \to \mathcal{U}(\mathsf{H})$ が強連続であるとき，π を**強連続ユニタリ表現**と呼ぶ．

注意 4.3 文献によって，“位相群のユニタリ表現” という言葉によって，強連続性も含めている場合がある．

例 4.23 ヒルベルト空間 H 上の強連続 1 パラメーターユニタリ群は，1 次元並進群 $\mathbb{R}$ の強連続ユニタリ表現である．

強連続ユニタリ表現の別の例は次の項でみることにして，ユニタリ表現の強連続性を判定するための命題を証明しよう．

命題 4.18 X を位相空間，u を X から $\mathcal{U}(\mathsf{H})$ への弱連続な写像とすれば，u は強連続である．

---

*13 点列収束でいえば，$x_n \to x$ $(n \to \infty)$ $(x_n, x \in \mathsf{X})$ のとき，すべての $\Psi \in \mathsf{H}$ に対して，$\text{s-}\lim_{n\to\infty} T(x_n)\Psi = T(x)\Psi$ が成り立つということ．ただし，一般の位相空間の場合には，点列収束に対していまの条件を満たしても，強連続であるとはいえない．しかし，本書を通読する上では，点列収束の場合を念頭においていただければ十分である．

証明　$\Psi \in \mathsf{H}$ と $x \in \mathsf{X}$ を任意にとる．$u(\cdot)$ のユニタリ性により，任意の $y \in \mathsf{X}$ に対して

$$\|u(x)\Psi - u(y)\Psi\|^2 = 2\mathrm{Re}\,\langle u(x)\Psi, (u(x) - u(y))\Psi\rangle \\ \leq 2|\langle u(x)\Psi, (u(x) - u(y))\Psi\rangle|$$

と評価できる．一方，仮定により，任意の $\varepsilon > 0$ に対して，x の近傍 $U_{\varepsilon,\Psi} \subset \mathsf{X}$ が存在して，$y \in U_{\varepsilon,\Psi}$ ならば $2|\langle u(x)\Psi, (u(x) - u(y))\Psi\rangle| < \varepsilon^2$ が成り立つ．したがって，$\|u(x)\Psi - u(y)\Psi\| < \varepsilon, y \in U_{\varepsilon,\Psi}$．ゆえに u は強連続である．■

命題 4.18 をもう少し使いやすい形にしておこう：

命題 4.19　X を位相空間，u を X から $\mathcal{U}(\mathsf{H})$ への写像，D を H の稠密な部分空間とする．もし，任意の $\Psi, \Phi \in \mathsf{D}$ に対して，X 上の関数：$x \to \langle \Phi, u(x)\Psi\rangle$ が連続であるならば，u は強連続である．

証明　命題 4.18 によって，u の弱連続性を示せばよい．任意の $\Psi, \Phi \in \mathsf{H}$ に対して，$F(x) = \langle \Psi, u(x)\Phi\rangle$ とおく．D の稠密性により，$\Psi_n \to \Psi, \Phi_n \to \Phi$ $(n \to \infty)$ となる $\Psi_n, \Phi_n \in \mathsf{D}$ がある．そこで，$F_n(x) = \langle \Psi_n, u(x)\Phi_n\rangle$，$C := \sup_{n\geq 1}\|\Phi_n\|$ とすれば，シュヴァルツの不等式により，$|F_n(x) - F(x)| \leq \|\Psi_n - \Psi\|C + \|\Psi\|\|\Phi_n - \Phi\|$．任意の $\varepsilon > 0$ に対して，番号 n_0 があって，$n \geq n_0$ ならば，$\|\Psi_n - \Psi\|C + \|\Psi\|\|\Phi_n - \Phi\| < \varepsilon$ が成立する．したがって，$\sup_{x\in X}|F_n(x) - F(x)| \leq \varepsilon, n \geq n_0$．さて，$x \in X$ を任意に固定する．任意の $y \in X$ に対して，

$$|F(x) - F(y)| \leq |F(x) - F_{n_0}(x)| + |F_{n_0}(x) - F_{n_0}(y)| + |F_{n_0}(y) - F(y)| \\ \leq 2\varepsilon + |F_{n_0}(x) - F_{n_0}(y)|.$$

関数 F_{n_0} は連続であるから，任意の $\varepsilon > 0$ に対して，$V_\varepsilon \subset \{y \in X|\ |F_{n_0}(x) - F_{n_0}(y)| < \varepsilon\}$ となる近傍 V_ε がある．したがって，任意の $y \in V_\varepsilon$ に対して，$|F(x) - F(y)| < 3\varepsilon$ が成立する．ゆえに，$V_\varepsilon \subset \{y \in X|\ |F(x) - F(y)| < 3\varepsilon\}$．$\varepsilon > 0$ は任意であったから，これは，F が点 x で連続であることを意味する．■

4.3.4　保測変換とユニタリ表現

$(\mathsf{X}, \mathsf{B}, \mu)$ を σ 有限な測度空間とする．写像 $\phi : \mathsf{X} \to \mathsf{X}$ が**可測**であるとは，任意の $B \in \mathsf{B}$ に対して，$\phi^{-1}(B) := \{x \in \mathsf{X} | \phi(x) \in B\} \in \mathsf{B}$ が成り立つことをいう．ϕ が全単射で，ϕ および逆写像 ϕ^{-1} がともに可測であるならば，ϕ は**両可測**であるという．

可測な写像 $\phi : \mathsf{X} \to \mathsf{X}$ がすべての $B \in \mathsf{B}$ に対して，$\mu(B) = \mu(\phi^{-1}(B))$ を満たすとき，ϕ は**保測** (measure preserving) であるという．この場合，μ は ϕ **に関して不変な測度**あるいは単に ϕ-**不変測度**であるという．

両可測な保測写像を**保測変換**と呼ぶ*14.

命題 4.20　$\phi : \mathsf{X} \to \mathsf{X}$ が保測変換ならば，ϕ^{-1} も保測変換である．

証明　$f := \phi^{-1}$ (ϕ の逆写像) の保測性を示せばよい．このとき，任意の $B \in \mathsf{B}$ に対して，$f^{-1}(B) = \phi(B) := \{\phi(x) | x \in B\}$ が成り立つ．$C = \phi(B)$ とおけば，$B = \phi^{-1}(C)$ であるから，ϕ の保測性により，$\mu(C) = \mu(B)$．したがって，$\mu(f^{-1}(B)) = \mu(B)$．ゆえに f は保測である．■

例 4.24　$\mathbb{R}^d$ 上の任意の直交変換 $T \in \mathrm{O}(d)$ は，$(\mathbb{R}^d, \mathsf{B}^d, \mu_{\mathrm{L}}^d)$ (μ_{L}^d は $\mathbb{R}^d$ 上のルベーグ測度) 上の保測変換である (ルベーグ測度の基本的性質の一つ).

命題 4.21　$\phi : \mathsf{X} \to \mathsf{X}$ を X 上の保測変換とする．X 上の可測関数 Ψ に対して，X 上の関数 $U(\phi)\Psi$ を

$$(U(\phi)\Psi)(x) = \Psi(\phi^{-1}(x)), \quad \mu\text{-a.e.} x \in \mathsf{X} \tag{4.22}$$

によって定義する．このとき，$U(\phi)$ は $\mathsf{L}^2(\mathsf{X}, d\mu))$ 上のユニタリ作用素である．

証明　まず，任意の $A_1, \cdots, A_n \in \mathsf{B}$ からつくられる単関数 (階段関数) $f = \sum_{j=1}^n \alpha_j \chi_{A_j}$ (χ_A は A の定義関数，$\alpha_j \in \mathbb{C}$ は定数) に対して，積分の定義と ϕ^{-1} の保測性 (命題 4.20) を用いることにより，$\int_{\mathsf{X}} (U(\phi)f)(x) d\mu(x) = \int_{\mathsf{X}} f(x) d\mu(x) \cdots (*)$ を示すことができる．次に，非負の可積分関数 f に対して

*14　もっと一般には，保測な写像を保測変換という場合がある．本書では，ここで定義した意味で用いる．

は，これを単関数の単調増加列で近似できるので，やはり $(*)$ が成り立つ．任意の可積分関数 f に対して，$f_+(x) = \max\{0, f(x)\}, f_-(x) = \max\{0, -f(x)\}$ とすれば，$f_\pm$ は非負の可積分関数であり，$f = f_+ - f_-$ と書けるので，$U(\phi)$ の線形性により，$(*)$ が成り立つ．

さて, $\Psi, \Phi \in \mathsf{L}^2(\mathsf{X}, d\mu)$ とすれば, $\langle U(\phi)\Psi, U(\phi)\Phi\rangle = \int_{\mathsf{X}}(U(\phi)\Psi^*\Phi)(x)d\mu(x)$ と書ける．$\Psi^*\Phi$ は可積分関数であるから，$(*)$ により，右辺は $\langle\Psi, \Phi\rangle$ に等しいことがわかる．したがって，$U(\phi)$ は内積を保存する．さらに $U(\phi)U(\phi^{-1}) = I$ であるから，$U(\phi)$ は全射である．ゆえに，$U(\phi)$ はユニタリである．■

容易にわかるように，X 上の保測変換すべてからなる集合

$$G_{\mathrm{MP}}(\mathsf{X}) := \{\phi : \mathsf{X} \to \mathsf{X} | \phi \text{ は保測変換 }\} \tag{4.23}$$

は群をなす．この群を $(\mathsf{X}, \mathsf{B}, \mu)$ 上の**全保測変換群**という．$G_{\mathrm{MP}}(\mathsf{X})$ の部分群を **X 上の保測変換群**と呼ぶ．

系 4.22　G を X 上の保測変換群とする．このとき, 対応 $U : G \to \mathcal{U}(\mathsf{L}^2(\mathsf{X}, d\mu)); U : \phi \mapsto U(\phi), \phi \in G$ は G の $\mathsf{L}^2(\mathsf{X}, d\mu)$ 上でのユニタリ表現を与える．

証明　前命題により，U の準同型性をだけをみればよいが，これは容易である．■

例 4.25　$\nu \in \mathbb{N}$ とする．任意の $a \in \mathbb{R}^\nu$ に対して，写像 $T_a : \mathbb{R}^\nu \to \mathbb{R}^\nu$ を

$$T_a(x) := x + a, \quad x \in \mathbb{R}^\nu \tag{4.24}$$

によって定義する．これをベクトル a による**並進**または**平行移動**という．写像 T_a が $(\mathbb{R}^\nu,\ \mathsf{B}^\nu,\ \mu_{\mathrm{L}}^\nu)$ 上の保測変換であることは容易にわかる[*15]．したがって，$\mathsf{L}^2(\mathbb{R}^\nu)$ 上の写像 $T(a)$ を

$$(T(a)f)(x) = f(T_{-a}x) = f(x - a), \quad f \in \mathsf{L}^2(\mathbb{R}^\nu), \text{ a.e.} x \in \mathbb{R}^\nu$$

によって定義すれば, $T(\cdot)$ は並進群 $\mathbb{R}^\nu$ の $\mathsf{L}^2(\mathbb{R}^\nu)$ におけるユニタリ表現になる．関数 $T(a)f$ を関数 f の，ベクトル a による**並進**または**平行移動**という．

[*15] ルベーグ測度の並進不変性を使う．

ユニタリ表現 T の強連続性を示そう．そのために，命題 4.19 を応用する．$g,f \in \mathsf{C}_0^\infty(\mathbb{R}^\nu)$ とすれば，$K := \mathrm{supp}\, g$ は有界閉集合であり，$\langle g, T(a)f\rangle = \int_K g(x)^* f(x-a)dx$．この右辺にルベーグの優収束定理を応用することにより，関数：$a \to \langle g, T(a)f\rangle$ の連続性が示される．$\mathsf{C}_0^\infty(\mathbb{R}^\nu)$ は $\mathsf{L}^2(\mathbb{R}^\nu)$ で稠密であるから，命題 4.19 によって，T は強連続である．

T の強連続性の含意の一つをみよう．$(e_j)_{j=1}^\nu$ をベクトル空間 $\mathbb{R}^\nu$ の標準基底とする：

$$e_j := (0, \cdots, 0, \overset{j\text{ 番目}}{1}, 0, \cdots, 0).$$

上に証明した事実により，任意の $t \in \mathbb{R}$ に対して

$$T_j(t) = T(te_j)$$

とおくと，$\{T_j(t)\}_{t\in\mathbb{R}}$ は強連続 1 パラメーターユニタリ群である．したがって，ストーンの定理により

$$T_j(t) = e^{-itL_j}, \quad t \in \mathbb{R}$$

を満たす自己共役作用素 L_j がただ一つ存在する．任意の $f \in \mathsf{C}_0^\infty(\mathbb{R}^\nu)$ に対して，

$$\text{s-}\lim_{t\to 0} \frac{T_j(t) - 1}{t} f = -D_j f \tag{4.25}$$

を示すのは難しくない[*16]．したがって，$f \in \mathsf{D}(L_j)$ であり，$-iL_j f = -D_j f$．$T_j(t)$ は $\mathsf{C}_0^\infty(\mathbb{R}^\nu)$ を不変にしているので，$\mathsf{C}_0^\infty(\mathbb{R}^\nu)$ は L_j の芯である．ゆえに，作用素の等式 $L_j = -iD_j = \hat{p}_j$ が成り立つ．ここで，$\hat{p}_j$ はシュレーディンガー表現における運動量作用素の j 成分である．よって

$$T_j(t) = e^{-it\hat{p}_j}. \tag{4.26}$$

こうして，運動量作用素 $\hat{p}_j$ の (-1) 倍は，ν 次元並進群のユニタリ表現 T の第 j 座標の並進の生成子であることがわかる．

任意の $a \in \mathbb{R}^\nu$ は $a = \sum_{j=1}^\nu a_j e_j$ と書けるので

$$T(a) = T(a_1 e_1) \cdots T(a_\nu e_\nu) = e^{-ia_1\hat{p}_1} \cdots e^{-ia_\nu \hat{p}_\nu}$$

[*16] $K = \mathrm{supp}\, f$ とおけば，K は有界であり $K' := \{x + te_j | x \in K, |t| \le 1\}$ とすれば

$$\left\| \frac{T_j(t)-1}{t} f + D_j f \right\|^2 = \int_{K'} \left| \frac{f(x - te_j) - f(x)}{t} + D_j f(x) \right|^2 dx, \ |t| \le 1.$$

右辺の積分の被積分関数を $F_t(x)$ とすれば，$|F_t(x)| \le (2\sup_{x\in\mathbb{R}^\nu} |D_j f(x)|)^2$ かつ $\lim_{t\to 0} F_t(x) = 0, \forall x \in \mathbb{R}^\nu$．したがって，ルベーグの優収束定理により，(4.25) が得られる．

が成り立つ．一方，$\hat{p}_j$ と $\hat{p}_k$ は強可換であったから

$$T(a) = e^{-i\overline{a\hat{p}}} \tag{4.27}$$

となる．ただし，$a\hat{p} := \sum_{j=1}^{\nu} a_j\hat{p}_j$ であり，$\overline{a\hat{p}}$ は $a\hat{p}$ の閉包—これは自己共役—を表す．

例 4.26 d 次元直交群 $\mathrm{O}(d)$ は $(\mathbb{R}^d, \mathsf{B}^d, \mu_{\mathrm{L}}^d)$ 上の保測変換群である．ルベーグ測度の直交変換不変性により，ϕ を $\mathrm{O}(d)$ の元として，(4.22) によって定義される対応 $U : \mathrm{O}(d) \to \mathcal{U}(\mathsf{L}^2(\mathbb{R}^d))$ は $\mathrm{O}(d)$ のユニタリ表現を与える．しかも，この表現は強連続である．これに対する証明の方法は，例 4.25 のそれと同様である (演習問題 3).

例 4.27 $\mathbb{R}^d$ 上の**空間反転** $\mathcal{I}$ は

$$\mathcal{I}(x) = -x, \quad x \in \mathbb{R}^d \tag{4.28}$$

によって定義される．集合

$$G_{\mathrm{sp}} = \{I, \mathcal{I}\} \tag{4.29}$$

は位数 2 の群である．これを**空間反転群**と呼ぼう．これは $\mathrm{O}(d)$ の部分群である．$\mathcal{I}$ は保測変換であるので，ϕ を G_{sp} の元として，(4.22) によって定義される作用素 $U(\phi)$ は空間反転群のユニタリ表現を与える．

容易にわかるように，$U(\mathcal{I})$ は自己共役でもある．ユニタリ作用素のスペクトルは複素平面の単位円周内に含まれ，自己共役作用素のスペクトルは実数の部分集合であるから，$\sigma(U(\mathcal{I})) \subset \{-1, 1\}$ でなければならない．一方，$U(\mathcal{I}) \neq \pm I$ である．したがって

$$\sigma(U(\mathcal{I})) = \{-1, 1\} \tag{4.30}$$

を得る．ゆえに，$\mathsf{L}_{\pm}^2(\mathbb{R}^d)$ を $U(\mathcal{I})$ の固有値 ± 1 に属する固有空間とすれば

$$\mathsf{L}^2(\mathbb{R}^d) = \mathsf{L}_+^2(\mathbb{R}^d) \bigoplus \mathsf{L}_-^2(\mathbb{R}^d)$$

と直和分解できる．量子力学においては，$\mathsf{L}_+^2(\mathbb{R}^d)$ の元を**パリティが正 (または偶) の状態**，$\mathsf{L}_-^2(\mathbb{R}^d)$ の元を**パリティが負 (または奇) の状態**という．

例 4.28 S_N を N 次の対称群 (すなわち，N 文字の置換全体からなる置換群) としよう．$\sigma \in \mathsf{S}_N$ に対して，$\mathbb{R}^d$ の N 個の直積 $\mathbb{R}^{dN} = \mathbb{R}^d \times \cdots \times \mathbb{R}^d$ 上の変換 $\hat{\sigma}$ が

$$\hat{\sigma}(x) = (x_{\sigma^{-1}(1)}, \cdots, x_{\sigma^{-1}(N)})$$

$(x_j \in \mathbb{R}^d, j = 1, \cdots, N)$ によって定義される．これは $(\mathbb{R}^{dN}, \mathsf{B}^{dN}, \mu_{\mathrm{L}}^{dN})$ 上の保測変換であり，対応 $\sigma \to \hat{\sigma}$ は S_N の，$\mathbb{R}^{dN}$ 上での表現になっている．したがって

$$\hat{\mathsf{S}}_N = \{\hat{\sigma} | \sigma \in \mathsf{S}_N\} \tag{4.31}$$

とすれば，$\hat{\mathsf{S}}_N$ は $\mathbb{R}^{dN}$ の保測変換群である．ゆえに，$\phi = \hat{\sigma}$ として (4.22) によって定義される $U(\hat{\sigma})$ をあらためて $U(\sigma)$ と書けば，これは S_N のユニタリ表現を与える．

すべての $\sigma \in \mathsf{S}_N$ に対して，$U(\sigma)\psi = \psi$ を満たす，$\mathbb{R}^{dN}$ 上の関数 ψ は**対称**であるといい，また，すべての $\sigma \in \mathsf{S}_N$ に対して，$U(\sigma)\psi = \varepsilon(\sigma)\psi$ を満たす，$\mathbb{R}^{dN}$ 上の関数 ψ は**反対称**であるという．ここで $\varepsilon(\sigma)$ は置換 σ の符号を表す．これは，前著 [8] の 4 章，4.1 節に現れた，対称状態関数あるいは反対称状態関数の表現論的特徴付けを与える．

4.3.5　回転群の強連続ユニタリ表現と一般軌道角運動量

d 次元回転群 $\mathrm{SO}(d)$ の強連続ユニタリ表現のある一般的構造にふれておく．H を複素ヒルベルト空間とし，U を $\mathrm{SO}(d)$ の，H における任意の強連続ユニタリ表現とする．

$1 \le j < k \le d$ とし，$\mathbb{R}^d$ において，x_j-x_k 平面の角度 θ の回転を考える．この写像を $R_{jk}(\theta)$ とし，$y = R_{jk}(\theta)(x)$, $x \in \mathbb{R}^d$ とすれば

$$y = (x_1, \cdots, x_j \cos \overset{j\text{ 番目}}{\theta} - x_k \sin\theta, \cdots, x_j \sin \overset{k\text{ 番目}}{\theta} + x_k \cos\theta, \cdots, x_d)$$

容易にわかるように，$R_{jk}(\theta) \in \mathrm{SO}(d)$ であり

$$R_{jk}(\theta) R_{jk}(\phi) = R_{jk}(\theta + \phi), \quad \theta, \phi \in \mathbb{R} \tag{4.32}$$

が成り立つ．そこで

$$U_{jk}(\theta) := U(R_{jk}(\theta))$$

とおけば，$\{U_{jk}(\theta) | \theta \in \mathbb{R}\}$ は H 上の強連続 1 パラメーターユニタリ群であることがわかる．したがって，ストーンの定理により

$$U_{jk}(\theta) = e^{-i\theta L_{jk}}, \quad \theta \in \mathbb{R} \tag{4.33}$$

を満たす自己共役作用素 L_{jk} がただ一つ存在する．物理的には，L_{jk} の組 $(L_{jk})_{j,k,j \neq k}$ は状態のヒルベルト空間 H における，普遍化された意味での軌

道角運動量と解釈されるものであるので，これを H における**一般軌道角運動量**と呼ぶ．L_{jk} のスペクトルについて，表現の如何に関わらず，次の事実が成立するのは興味深い：

定理 4.23 各 $j,k=1,\cdots,d$ $(j \neq k)$ に対して，$\sigma(L_{jk})=\sigma_{\mathrm{p}}(L_{jk}) \subset \mathbb{Z}$.

$n:=\dim \mathsf{H}<\infty$ ならば，L_{jk} の相異なる固有値は高々 n 個であり，H が可算無限次元であれば，$\sigma(L_{jk})=\sigma_{\mathrm{p}}(L_{jk})$ は $\mathbb{Z}$ の可算無限部分集合である．

証明 任意の $\theta \in \mathbb{R}$ に対して，$R_{jk}(\theta+2\pi)=R_{jk}(\theta)$ であるから，$e^{-i(\theta+2\pi)L_{jk}}=e^{-i\theta L_{jk}}$．したがって，$e^{-2\pi i L_{jk}}=I$．これとスペクトル写像定理により，$\sigma(L_{jk}) \subset \mathbb{Z}$．ゆえに題意が成立する．後半の言明は，前半の結果とスペクトル定理から容易に導かれる． ■

4.3.6 時間反転と反ユニタリ作用素

群の射影表現において，反ユニタリ作用素が現れる重要な例を一つ述べておく．

$(d+1)$ 次元時空 $\mathbb{R}^{d+1}:=\{x=(x^0,x^1,\cdots,x^d)|x^\mu \in \mathbb{R}, \mu=0,\cdots,d\}$ において，写像 $I_{\mathrm{time}}:\mathbb{R}^{d+1} \to \mathbb{R}^{d+1}$ を

$$I_{\mathrm{time}}(x):=(-x^0,x^1,\cdots,x^d), \quad x \in \mathbb{R}^{d+1}$$

によって定義し，これを**時間反転**と呼ぶ．明らかに，$I_{\mathrm{time}} \in \mathrm{O}(d,1) \cap \mathrm{O}(d+1)$．しかし，$I_{\mathrm{time}} \notin \mathcal{L}_+^\uparrow(\mathbb{R}^{d+1}), \mathrm{SO}(d+1)$．また，各 $t \in \mathbb{R}$ に対して，写像 $T_t:\mathbb{R}^{d+1} \to \mathbb{R}^{d+1}$ を

$$T_t(x):=(x^0+t,x^1,\cdots,x^d), \quad x \in \mathbb{R}^{d+1}$$

によって定義し，これを時間 t による**時間並進**と呼ぶ．容易にわかるように

$$I_{\mathrm{time}}^2=I_{\mathbb{R}^{d+1}}, \quad T_{t+s}=T_tT_s=T_sT_t, \quad t,s \in \mathbb{R}$$
$$I_{\mathrm{time}}T_t=T_{-t}I_{\mathrm{time}}, \quad t \in \mathbb{R} \quad \cdots(*).$$

したがって，特に，I_{time}, T_t はいずれも全単射であり

$$I_{\mathrm{time}}^{-1}=I_{\mathrm{time}}, \quad T_t^{-1}=T_{-t}, \quad t \in \mathbb{R}$$

が成り立つ．ゆえに

$$G_{\mathrm{time}} := \{I_{\mathbb{R}^{d+1}}, I_{\mathrm{time}}, T_t, I_{\mathrm{time}}T_t | t \in \mathbb{R}\}$$

とおけば，これは群をなす．この群を**時間反転–時間並進群**と呼ぶ．これはポアンカレ群 $\mathcal{P}(d,1)$ の部分群である．

さて，H をヒルベルト空間とし，G_{time} の射影表現 $\rho : G_{\mathrm{time}} \to \mathrm{Sym}(\mathsf{H})$ が与えられたとしよう．したがって，各 $g \in G_{\mathrm{time}}$ に対して，H 上のユニタリ作用素または反ユニタリ作用素 $\pi(g)$ があって，$\rho(g) = \widehat{\pi(g)}$ と表される．$\mathcal{T} := \pi(I_{\mathrm{time}}), U(t) := \pi(T_t)$ とおこう．このとき，各 $t \in \mathbb{R}$ に対して

$$\mathcal{T}U(t) = e^{i\theta(t)}\pi(I_{\mathrm{time}}T(t)), \quad U(t)\mathcal{T} = e^{i\xi(t)}\pi(T_tI_{\mathrm{time}})$$

を満たす実数 $\theta(t), \xi(t) \in [0, 2\pi)$ がある．$(*)$ によって，$\pi(I_{\mathrm{time}}T_t) = \pi(T_{-t}I_{\mathrm{time}})$ であるから

$$\mathcal{T}U(t) = e^{i\chi(t)}U(-t)\mathcal{T}.$$

ただし，$\chi(t) := \theta(t) - \xi(-t)$.

いま，対応：$t \mapsto U(t)$ は $\mathbb{R}$ の強連続ユニタリ表現である仮定しよう（これは自然な仮定）．するとストーンの定理により

$$U(t) = e^{-itH}, \quad t \in \mathbb{R}$$

を満たす，H 上の自己共役作用素 H がただ一つ存在する．この H は，量子力学のコンテクストでは，ハミルトニアンと解釈されるものである．上の結果により

$$\mathcal{T}U(t)\mathcal{T}^{-1} = e^{i\chi(t)}U(-t).$$

$U(t+s) = U(t)U(s) = U(s)U(t), t, s \in \mathbb{R}$ および $|\chi(t)| \leq 4\pi$ を用いると，$\chi(t) = 0, \forall t \in \mathbb{R}$ がわかる．

$\mathcal{T}$ がユニタリ作用素であるとしてみよう．すると，作用素解析のユニタリ共変性により，上の式は，$\mathcal{T}H\mathcal{T}^{-1} = -H$ を導く．したがって，$\sigma(H) = \sigma(-H) \cdots (**)$．しかし，もし，$H$ が非有界かつ下に有界ならば，これは成立しない（$\because$ $E_0(H) := \inf \sigma(H) > -\infty$ とし，$(**)$ が成り立つとすれば，

$-E_0(H) \in \sigma(H)$．したがって，$E_0(H) \leq -E_0(H)$, i.e., $E_0(H) \leq 0$．H は上に非有界であるから，$E > -E_0(H)$ となる $E \in \sigma(H)$ がある．すると，再び，$(**)$ によって，$-E \in \sigma(H)$．だが，$-E < E_0(H)$ であるから，これは矛盾)．よって，次の興味深い結論に到達する：**時間反転–時間並進群の射影表現において，ハミルトニアンが非有界かつ下に有界であるならば，時間反転は反ユニタリ作用素によって記述される．** 時間反転を記述する反ユニタリ作用素の具体的な構成法については，演習問題 8 を参照.

4.4 一般の表現

先に進む前に，ここで，群のユニタリ表現をその一分節として含む，一般の表現の概念について簡単にふれておこう.

4.4.1 定　　義

$\mathbb{K} = \mathbb{R}$ または $\mathbb{C}$ とする．G を群，$\mathsf{V} \neq \{0\}$ を $\mathbb{K}$ 上のベクトル空間とする．G から V 上の一般線形群 $\mathrm{GL}(\mathsf{V})$ への準同型写像 ϱ とベクトル空間 V の組 (ϱ, V) を群 G の V 上での**表現**といい，V を G の**表現空間**という*17．$\mathbb{K} = \mathbb{R}$ $(\mathbb{K} = \mathbb{C})$ の場合 (ϱ, V) を**実表現** (**複素表現**) という*18．ϱ が単射であるとき，表現 (ϱ, V) は**忠実である** (faithful) という.

V がヒルベルト空間 H の場合には，(ϱ, H) を G の**ヒルベルト空間表現**という．この場合，もし，すべての $g \in G$ に対して，$\varrho(g) \in \mathsf{B}(\mathsf{H})$ ならば，表現 (ϱ, H) を**有界表現**と呼ぶ.

注意 4.4 $\dim \mathsf{V} < \infty$ ならば，V は，V に入る任意の内積によってヒルベルト空間とみることができ，V 上の線形作用素はこの内積に関して有界であるので，群の有限次元表現は有界なヒルベルト空間表現とみなせる.

例 4.29 V をベクトル空間とし，G を $\mathrm{GL}(\mathsf{V})$ の部分群とする．このとき，各 $T \in G$

---

*17 すでに定義したユニタリ表現は，V がヒルベルト空間，$\varrho(g)$ がユニタリ作用素の場合である.

*18 括弧には括弧を対応させて読む.

に対して，$\varrho(T) := T$ とすれば，これは，V 上での G の表現を与える．この表現を G の**恒等表現**という．

例 4.30　空でない集合 X 上の $\mathbb{K}$ 値関数の全体を $\mathcal{F}(\mathsf{X};\mathbb{K})$ と記す．これは $\mathbb{K}$ 上のベクトル空間である．G を X 上の変換群とする．任意の $g \in G$ に対して，$T(g) : \mathcal{F}(\mathsf{X};\mathbb{K}) \to \mathcal{F}(\mathsf{X};\mathbb{K})$ を

$$(T(g)F)(x) := F(g^{-1}(x)), \quad F \in \mathcal{F}(\mathsf{X};\mathbb{K}), x \in \mathsf{X}$$

によって定義すれば，$(T, \mathcal{F}(\mathsf{X};\mathbb{K}))$ は G の表現である．

群 G の表現 (ϱ, V) は，V が有限次元 (n 次元) ならば**有限次元表現** (**n 次元表現**) であるといい，V が無限次元ならば**無限次元表現**であるという．

(ϱ, V) を G の表現としよう．すべての $g \in G$ に対して，$\varrho(g)$ が V の部分空間 M を不変にするとき—この場合，M は ϱ-**不変**または $\varrho(G)$-**不変**であるという—，すなわち，$\Psi \in \mathsf{M}$ ならば $\varrho(g)\Psi \in \mathsf{M}$ が成り立つとき，M を表現 (ϱ, V) の**不変部分空間**という．この場合，$\varrho_{\mathsf{M}}(g) := \varrho(g)|\mathsf{M}$ ($\varrho(g)$ の M への制限) とすれば，$(\varrho_{\mathsf{M}}, \mathsf{M})$ は，群 G の一つの表現になる．

表現を類別する上での基本的な概念を導入しておく．

定義 4.24　$(\varrho, \mathsf{H}), (\sigma, \mathsf{K})$ を群 G のヒルベルト空間表現とする．もし，全単射な有界線形作用素 $T : \mathsf{H} \to \mathsf{K}$ があって $T\varrho(g) = \sigma(g)T, \forall g \in G$ が成り立つならば，二つの表現 (ϱ, H)，(σ, K) は**同値**であるという．特に，T がユニタリ作用素のときは，(ϱ, H)，(σ, K) は**ユニタリ同値**であるという．

ここで定義した同値性の概念は，それぞれ，G のヒルベルト空間表現の集合に一つの同値関係を定義することがわかる．したがって，G のヒルベルト空間表現の集合は，この同値関係によって類別される．一つの同値類に属する表現どうしは，外見は異なっても，本質的に同じものと解釈される．

4.4.2　表現の可約性と既約性

表現の同値性の概念に加えて，群の表現を解析する上での重要な概念が存在する．

(ϱ, V) を G の表現とする．このとき，明らかに，V と $\{0\}$ は，(ϱ, V) の不変部分空間である．これらを**自明な不変部分空間**と呼ぶ．V が有限次元で表現 (ϱ, V) が非自明な不変部分空間をもたないとき，この表現は**既約** (irreducible) であるという．既約でない表現 (ϱ, V) は**可約** (reducible) であるという．

ヒルベルト空間表現 (ϱ, H) は，非自明な不変閉部分空間をもたないとき，**既約**であるという．そうでない場合には，(ϱ, H) は**可約**であるという．

表現 (ϱ, H) において，その任意の不変閉部分空間 M に対して直交補空間 $\mathsf{M}^{\perp}$ も不変部分空間であるとき，(ϱ, H) は**完全可約**であるという (既約表現は完全可約表現の特別な場合である)．

例 4.31 任意の群の 1 次元表現は既約である．これは既約表現の自明な例である．

例 4.32 (ϱ, H) を群 G のヒルベルト空間表現とする．もし，任意の零でないベクトル $\Psi, \Phi \in \mathsf{H} \setminus \{0\}$ に対して，$\varrho(g)\Psi = \Phi$ を満たす $g \in G$ があるならば，(ϱ, H) は既約である．

証明 $\mathsf{M} \neq \{0\}$ を H の ϱ-不変な閉部分空間とする．このとき，$\mathsf{M} = \mathsf{H}$ を示せばよい．そこで，$\Psi \in \mathsf{H} \setminus \{0\}$ を任意にとる．仮定により，任意の $\Phi \in \mathsf{M} \setminus \{0\}$ に対して，$\Psi = \varrho(g)\Phi$ となる $g \in G$ がある．右辺は M の元であるから，$\Psi \in \mathsf{M}$．したがって，$\mathsf{H} \subset \mathsf{M}$ ($0 \in \mathsf{M}$ は自明)．よって，$\mathsf{M} = \mathsf{H}$． ■

命題 4.25 H が有限次元で，(ϱ, H) が完全可約ならば，次の性質 (i)，(ii) を満たす，有限個の不変部分空間 $\mathsf{M}_1, \cdots, \mathsf{M}_N$ が存在する：

(i) 各 $n = 1, \cdots, N$ に対して，表現 $(\varrho_{\mathsf{M}_n}, \mathsf{M}_n)$ は既約である．

(ii) $\mathsf{H} = \bigoplus_{n=1}^{N} \mathsf{M}_n$．

注意 4.5 H が有限次元ならば，$\mathsf{L}(\mathsf{H})$ (例 4.5 の $\mathsf{L}(\mathsf{V})$ で $\mathsf{V} = \mathsf{H}$ の場合) の元はすべて有界であるので，(ϱ, H) は必然的に有界表現である．

証明 仮定により，非自明な部分空間 M が存在する．すべての $g \in G$ に対して，$\varrho(g)$ は有界作用素であるから，M の閉包も不変部分空間である．したがって，はじめから M は閉として一般性を失わない．ゆえに $\mathsf{H} = \mathsf{M} \oplus \mathsf{M}^{\perp}$ と直交分解できる．もし，$(\varrho_{\mathsf{M}}, \mathsf{M})$ が既約でなければ，同様にして，M を不変閉部分空間の直和に分解できる．$(\varrho_{\mathsf{M}^{\perp}}, \mathsf{M}^{\perp})$ についても同様である．いま，H は有限次元であるから，この手続きは有限回で終了し，ついには，H は，$(\varrho_{\mathsf{M}_n}, \mathsf{M}_n)$ が既約であるような閉部分空間 M_n の直和に分解される． ■

命題 4.25 の結論が成り立っているとき，各 ϱ_{M_n} を ϱ の**既約成分**といい，ϱ は**既約成分 (表現) の直和に分解されている**という．

定理 4.26 H をヒルベルト空間とする (無限次元でもよい)．ユニタリ表現 (U, H) が可約ならば，それは完全可約である．

証明 M を (U, H) の任意の非自明な不変部分空間とする．このとき，すべての $g \in G$, $\Psi \in \mathsf{M}^\perp, \Phi \in \mathsf{M}$ に対して，命題 4.15 によって，$\langle U(g)\Psi, \Phi\rangle = \langle \Psi, U(g^{-1})\Phi\rangle$．仮定により，$U(g^{-1})\Phi \in \mathsf{M}$ であるから，右辺は 0 である．したがって，$U(g)\Psi \in \mathsf{M}^\perp$．ゆえに，$U(g)$ は $\mathsf{M}^\perp$ を不変にする． ■

命題 4.25 と定理 4.26 によって，**有限次元ユニタリ表現においては，その既約表現だけを問題にすればよいことが結論される**．

4.4.3 既約性の特徴づけ

$\mathbb{K}$ 上のベクトル空間 V, W に対して，V 全体を定義域とする，V から W への線形作用素の全体を L(V, W) とする (例 4.5 で導入した L(V) は L(V, V) にほかならない)．

次の補題は群の表現の既約性を論じる上で基本となるものである．

補題 4.27 (シューアの補題) V, W を $\mathbb{K}$ 上のベクトル空間とし，$(\varrho, \mathsf{V}), (\sigma, \mathsf{W})$ を群 G の二つの既約表現とする．線形作用素 $A \in \mathsf{L}(\mathsf{V}, \mathsf{W})$ がすべての $g \in G$ に対して

$$\sigma(g)A = A\varrho(g) \tag{4.34}$$

を満たすならば，A は全単射であるか，$A = 0$ のどちらかである．

証明 (4.34) を用いると，A の核 $\ker A$ は (ϱ, V) の不変部分空間であることがわかる．したがって，ϱ の既約性により，$\ker A = \{0\}$ または $\ker A = \mathsf{V}$．もし，$\ker A = \mathsf{V}$ ならば，$A = 0$ である．そこで，$A \neq 0$ の場合を考える．このとき，

$\ker A = \{0\}$ であるから，A は単射である．A の像 $A(\mathsf{V})$ は，(4.34) によって，(σ, W) の不変部分空間である．したがって，σ の既約性により，$A(\mathsf{V}) = \{0\}$ または $A(\mathsf{V}) = \mathsf{W}$．いま，$A \neq 0$ であるから，$A(\mathsf{V}) = \mathsf{W}$ でなければならない．したがって，A は全射である． ■

シューアの補題から種々の事実を導くことができる．

定理 4.28 V を有限次元複素ベクトル空間，(ϱ, V) を群 G の既約表現とする．このとき，すべての $g \in G$ に対して $\varrho(g)$ と可換な線形作用素 $A \in \mathsf{L}(\mathsf{V})$ は定数作用素である．すなわち，すべての $g \in G$ に対して

$$\varrho(g)A = A\varrho(g) \tag{4.35}$$

が成り立つならば，ある $\lambda \in \mathbb{C}$ があって，$A = \lambda I$ が成り立つ．

証明 A の固有値の一つを λ とし，$B = A - \lambda I$ とすれば，(4.35) により，$\varrho(g)B = B\varrho(g), \forall g \in G$．したがって，シューアの補題により，$B = 0$ または B は全単射である．だが，B は全単射ではないので，$B = 0$，すなわち，$A = \lambda I$ でなければならない． ■

この定理の無限次元版は次の定理によって与えられる．

定理 4.29 H を複素ヒルベルト空間，(ϱ, H) を群 G の既約な有界表現とする．このとき，すべての $g \in G$ に対して $\varrho(g)$ と可換な有界線形作用素 $A \in \mathsf{B}(\mathsf{H})$ は定数作用素である．

証明 A のスペクトル $\sigma(A)$ は空でないので ([7] の定理 2.21-(ii))，その一つを λ とし，$B = A - \lambda I$ とおく．このとき，B は全射ではない．したがって，前定理の証明と同様にして，$B = 0$，すなわち，$A = \lambda I$ でなければならない． ■

系 4.30 可換群の既約で有界な複素ヒルベルト空間表現はすべて 1 次元である．

証明 G を可換群とし，(ϱ, H) を題意にいう表現とする．このとき，任意の $g, h \in G$ に対して，$\varrho(g)\varrho(h) = \varrho(h)\varrho(g)$ であるから，定理 4.29 によって，あ

る定数 $\lambda(g)\in\mathbb{C}$ があって $\varrho(g)=\lambda(g)I$ となる．したがって，H のすべての部分空間は $\varrho(g)$ の作用で不変である．これと既約性を合わせれば，$\dim\mathsf{H}=1$ でなければならない．■

例 4.33　2 次元回転群

$$\mathrm{SO}(2)=\{R(\theta)|\theta\in\mathbb{R}\} \tag{4.36}$$

($R(\theta)$ は (4.16) によって定義される) の既約で有界かつ強連続な複素ヒルベルト空間表現は

$$\varrho_m(R(\theta)):=e^{im\theta},\quad m=0,\pm1,\pm2,\cdots$$

によって与えられる 1 次元表現 $(\varrho_m,\mathbb{C})$ $(m\in\mathbb{Z})$ に限る．

証明　SO(2) は可換群であるから，定理 4.29 によって，その既約で有界な複素ヒルベルト空間表現は 1 次元である．いま，これを $(\varrho,\mathbb{C})$ とする．このとき，$f(\theta)=\varrho(R(\theta))$ とすれば，準同型性により，$f(\theta+\phi)=f(\theta)f(\phi)$, $\theta,\phi\in\mathbb{R}$ が成り立つ．これから，任意の有理数 $q\in\mathbb{R}$ に対して，$f(q)=f(1)^q$ となる．連続性により，任意の実数 $\theta\in\mathbb{R}$ に対して，$f(\theta)=f(1)^\theta$ が得られる．任意の $\theta\in\mathbb{R}$ に対して，$f(\theta+2\pi)=f(\theta)$ であることに注意すると，$f(1)^{2\pi}=1$ でなければならない．これは，ある整数 m があって，$f(1)=e^{im}$ を意味する．したがって，$f(\theta)=e^{im\theta}$．■

次の定理は，群の表現の既約性の判定にとって有用である．

定理 4.31　H をヒルベルト空間，(ϱ,H) を群 G の完全可約な有界表現とする．これが既約であるための必要十分条件は，すべての $\varrho(g)$ と可換である $A\in\mathsf{L}(\mathsf{H})$ が定数作用素となることである．

証明　条件の必要性はすでに示したので，十分性を示す．対偶を証明しよう．そこで，ϱ が既約でないとすれば，その完全可約性により，非自明な閉部分空間 $\mathsf{M}\subset\mathsf{H}$ があって，すべての $g\in G$ に対して，$\varrho(g)$ は M および $\mathsf{M}^\perp$ を不変にする．M への正射影作用素を P とすれば，補題 3.10 により，$P\varrho(g)=\varrho(g)P, g\in G$．しかし，$P\neq0,I$ であるので，P は定数作用素でない．すなわち，すべての $\varrho(g)$ と可換な定数作用素でない作用素の存在が示されたことになる．■

4.5 物理量の対称性

次に物理量の対称性を定式化しよう．まず，抽象的な構造を述べる．物理量は自己共役作用素で表されるから，抽象的には，自己共役作用素と群のユニタリ表現の関係を調べればよい．

4.5.1 自己共役作用素の群対称性

以下，G を群，H をヒルベルト空間とする．

定義 4.32 B を H 上の線形作用素とする．H 上のユニタリ作用素 U があって $UBU^{-1} = B$ が成り立つとき，B は U-不変であるという．

次の命題は，具体的なコンテクストにおいて現れる作用素 A の U-不変性を確かめるのに有用である．

命題 4.33 A を H 上の線形作用素，U を H 上のユニタリ作用素とする．

(i) A が自己共役で，U が A と強可換，すなわち $UA \subset AU$ が成り立つならば，A は U-不変である．

(ii) $UA \subset AU$ かつ $U^{-1}A \subset AU^{-1}$ ならば A は U-不変である．

証明 (i) 仮定により，任意の $\Psi \in \mathsf{D}(A)$ に対して，$U\Psi \in \mathsf{D}(A)$ かつ $AU\Psi = UA\Psi$．したがって，$A \subset U^{-1}AU \cdots (*)$．右辺も自己共役であるから，$A = U^{-1}AU$ でなければならない．これは $UAU^{-1} = A$ と同値である*19．

(ii) (i) で U のかわりに U^{-1} を考えると $(*)$ に加えて，$A \subset UAU^{-1}$ が成り立つ．これは，$U^{-1}AU \subset A$ を意味する．これと $(*)$ により，$A = U^{-1}AU$ を得る． ■

具体的な問題で有用になる一つの事実を証明しておく．

---

*19 H 上の線形作用素 B, C が $B = C$ を満たせば，任意のユニタリ作用素 W に対して，$WBW^{-1} = WCW^{-1}$ が成り立つ．

補題 4.34　H をヒルベルト空間，A を H 上の閉作用素とし，D を A の一つの芯とする．ユニタリ作用素 U が $UA\Psi = AU\Psi, \forall\Psi \in$ D を満たすならば，$UA \subset AU$．したがって，特に，A が自己共役ならば，A は U-不変である．

証明　任意の $\Psi \in$ D(A) に対して，ベクトル列 $\Psi_n \in$ D で $\Psi_n \to \Psi, A\Psi_n \to A\Psi$ $(n \to \infty)$ を満たすものがとれる．仮定により，$UA\Psi_n = AU\Psi_n$．左辺は，$n \to \infty$ のとき，$UA\Psi$ に収束する．また，$U\Psi_n \to U\Psi$ $(n \to \infty)$．したがって，A の閉性により，$U\Psi \in$ D(A) かつ $AU\Psi = UA\Psi$．これは $UA \subset AU$ を意味する．最後の主張は，いまの結果と命題 4.33-(i) による．■

定義 4.35　群 G のユニタリ表現 $(U,$ H$)$ が存在して，すべての g に対して，H 上の線形作用素 A が $U(g)$-不変であるとき，A は G-**対称性**をもつという．この場合，$(U,$ H$)$ を A の G-**対称性の (一つの) 表現**と呼ぶ．

補題 4.36　A を H 上の自己共役作用素とし，$T \in$ B(H) は $TA \subset AT$ を満たすとする．λ を T の固有値とする．このとき，T の固有空間 $\ker(T-\lambda)$ は A を簡約する．

証明　M $= \ker(T-\lambda)$ とおき，M 上への正射影作用素を P とする．仮定により，任意の $t \in \mathbb{R}$ に対して，$Te^{itA} = e^{itA}T$ が成り立つ．したがって．任意の $\Psi \in$ H に対して，$Te^{itA}P\Psi = \lambda e^{itA}P\Psi$．したがって，$e^{itA}P\Psi \in$ M．ゆえに $Pe^{itA}P\Psi = e^{itA}P\Psi$．これは作用素の等式 $Pe^{itA}P = e^{itA}P$ を意味する．この共役をとり，$-t$ をあらためて t とすれば，$e^{itA}P = Pe^{itA}$ が得られる．これは $PA \subset AP$ を意味する．したがって，M は A を簡約する．■

この補題の簡単な応用として次の命題が得られる：

命題 4.37　H 上の自己共役作用素 A は G-対称性をもつとし，$(U,$ H$)$ をその対称性の表現とする．このとき，A は各 $U(g)$ の固有空間によって簡約される．

次の事実も有用である：

命題 4.38 H 上の閉作用素 A は G-対称性をもつとし，(U,H) をその対称性の表現とする．λ を A の固有値，H_λ をその固有空間とする．このとき，$(U_{\mathsf{H}_\lambda},\mathsf{H}_\lambda)$ は G のユニタリ表現である．

証明 A の G-対称性により，H_λ は (U,H) の不変部分空間になる．したがって，$(U_{\mathsf{H}_\lambda},\mathsf{H}_\lambda)$ は G のひとつのユニタリ表現を与える． ■

命題 4.38 は，量子力学への応用において，たとえば，次のように使うことができる：もし，$\dim\mathsf{H}_\lambda$ が有限ならば，$(U_{\mathsf{H}_\lambda},\mathsf{H}_\lambda)$ は，G の有限次元ユニタリ表現であるから完全可約であり，有限個の既約表現の直和に分解される．したがって，もし，G の有限次元ユニタリ表現の既約表現の種類があらかじめ別の方法でわかっていれば，$\dim\mathsf{H}_\lambda$ の可能な値がわかる．つまり，固有値 λ の縮退度 (多重度) の可能な値が知られるのである．

4.5.2 動力学 (時間発展) の対称性

$\mathbb{R}$ から複素ヒルベルト空間 H への写像 ($\mathbb{R}$ 上の H-値関数) の全体を $\mathrm{Map}(\mathbb{R};\mathsf{H})$ と記す．これは，ベクトル値関数の和とスカラー倍によって，複素ベクトル空間になる*20.

各写像 $T:\mathsf{H}\to\mathsf{H}$ に対して，$\mathrm{Map}(\mathbb{R};\mathsf{H})$ 上の写像 $\hat{T}$ が

$$(\hat{T}F)(t):=TF(t),\quad F\in\mathrm{Map}(\mathbb{R};\mathsf{H}),\ t\in\mathbb{R} \tag{4.37}$$

によって定義される．これを T の**持ち上げ**という．

$\mathbb{R}$ 上の強連続な H-値関数の全体を $\mathsf{C}(\mathbb{R};\mathsf{H})$ で表す：

$$\mathsf{C}(\mathbb{R};\mathsf{H}):=\{F\in\mathrm{Map}(\mathbb{R};\mathsf{H})|F\ \text{は強連続}\}. \tag{4.38}$$

これは，幾何学的には，H 内の曲線の全体と解釈される*21.

---

*20 任意の $F,G\in\mathrm{Map}(\mathbb{R};\mathsf{H})$ と $\alpha\in\mathbb{C}$ に対して，$(F+G)(t):=F(t)+G(t)\in\mathsf{H}$, $(\alpha F)(t):=\alpha F(t)\in\mathsf{H}$, $t\in\mathbb{R}$. 零ベクトルは，すべての $t\in\mathbb{R}$ に対して $O(t)=0_{\mathsf{H}}$ (H の零ベクトル) を満たす写像であり，F の逆ベクトルは，$(-1)F$ である．

*21 通常，有限次元空間の幾何学においては，"曲線" といえば，連続性は仮定されている．

さて，H をハミルトニアンを表す，ヒルベルト空間 H 上の自己共役作用素としよう．初期状態 $\Psi \in \mathsf{H}$ に対して，H-値関数 $\Psi_H : \mathbb{R} \to \mathsf{H}$ が

$$\Psi_H(t) := e^{-itH}\Psi, \quad t \in \mathbb{R} \tag{4.39}$$

によって定義される．$\{e^{-itH}\}_{t\in\mathbb{R}}$ は強連続 1 パラメーターユニタリ群であるから，$\Psi_H \in \mathsf{C}(\mathbb{R};\mathsf{H})$ である．前著 [8] の 3 章，3.5 節でみたように，写像 Ψ_H は初期状態が Ψ である量子系の時間発展を記述し，$\Psi \in \mathsf{D}(H)$ ならば，Ψ_H は抽象的シュレーディンガー方程式

$$i\frac{d\Psi(t)}{dt} = H\Psi(t) \tag{4.40}$$

の一つの解である．ハミルトニアン H による時間発展の全体の集合

$$\mathcal{S}_H := \{\Psi_H | \Psi \in \mathsf{H}\} \tag{4.41}$$

を—古典力学における術語を流用して—**量子力学的状態の流れ**または**相流**と呼び，その要素 Ψ_H を**量子的力学的流線** (あるいは単に**流線**) または**状態曲線**という．容易にわかるように，$\mathcal{S}_H$ は $\mathsf{C}(\mathbb{R};\mathsf{H})$ の部分空間である．

$\mathcal{S}_H$ の部分集合

$$\mathcal{S}_H^{(1)} := \{\Psi_H | \Psi \in \mathsf{D}(H)\} \tag{4.42}$$

はシュレーディンガー方程式 (4.40) の解の全体の集合である．これも部分空間である．

次の事実は興味深い．

命題 4.39 (i) 異なる初期状態をもつ流線は，交わることはない．すなわち，$\Psi \neq \Phi$ $(\Psi, \Phi \in \mathsf{H})$ ならば $\Psi_H(t) \neq \Phi_H(t), \forall t \in \mathbb{R}$.

(ii) 状態のヒルベルト空間 H は流線で埋め尽くされる．すなわち，$\mathsf{H} = \cup_{\Psi\in\mathsf{H}}\{\Psi_H(t) | t \in \mathbb{R}\}$.

(iii) $\mathcal{S}_H^{(1)}$ の流線は $\mathcal{S}_H$ において稠密に分布している．すなわち，任意の流線 $F \in \mathcal{S}_H$ に対して，$\lim_{n\to\infty} \|F_n(t) - F(t)\| = 0, \forall t \in \mathbb{R}$ を満たす流線 $F_n \in \mathcal{S}_H^{(1)}$ が存在する．

証明 (i) 対偶を証明する．ある $t_0 \in \mathbb{R}$ があって，$\Psi_H(t_0) = \Phi_H(t_0)$ とすれば，$e^{-it_0 H}\Psi = e^{-it_0 H}\Phi$ である．両辺に左から $e^{it_0 H}$ を作用させれば，$\Psi = \Phi$ を得る．

(ii) 任意の $\Psi \in \mathsf{H}$ に対して，$\Psi \in \{\Psi_H(t)|t \in \mathbb{R}\}$．したがって，$\mathsf{H} \subset \cup_{\Psi\in\mathsf{H}}\{\Psi_H(t)|t \in \mathbb{R}\}$．逆の包含関係は自明．

(iii) ある $\Psi \in \mathsf{H}$ があって，$F = \Psi_H$ と書ける．$\mathsf{D}(H)$ は稠密であるから，$\lim_{n\to\infty}\|\Psi_n - \Psi\| = 0$ を満たすベクトル列 $\Psi_n \in \mathsf{D}(H)$ が存在する．そこで，$F_n := (\Psi_n)_H$ とおけば，$F_n \in \mathcal{S}_H^{(1)}$ であり，$\|F_n(t) - F(t)\| = \|\Psi_n - \Psi\| \to 0\ (n \to \infty)$． ■

量子系の時間発展に関する群対称性の基本的な構造は次の定理によって与えられる．

定理 4.40 H が G-対称であり，(U, H) をその対称性の表現とし，$U(g)\ (g \in G)$ の持ち上げを $\hat{U}(g)$ と書く ($\hat{U}(g) := \widehat{U(g)}$)．このとき，各 $g \in G$ に対して $\hat{U}(g)$ は $\mathcal{S}_H$ および $\mathcal{S}_H^{(1)}$ を不変にする．

証明 $\Psi_H \in \mathcal{S}_H$ を任意にとる．このとき，$(\hat{U}(g)\Psi_H)(t) = U(g)e^{-itH}\Psi$．仮定により，$U(g)HU(g)^{-1} = H$ であるから，作用素解析のユニタリ共変性により，$U(g)e^{-itH} = e^{-itH}U(g)$．したがって，$(\hat{U}(g)\Psi_H)(t) = e^{-itH}U(g)\Psi = (U(g)\Psi)_H(t)$．ゆえに，$\hat{U}(g)\Psi_H \in \mathcal{S}_H$．$\Psi \in \mathsf{D}(H)$ ならば，H の $U(g)$-対称性により，$U(g)\Psi \in \mathsf{D}(H)$ であるので，$\hat{U}(g)\Psi_H \in \mathcal{S}_H^{(1)}$ である． ■

定理 4.40 は，物理的には，次のことを語る：G-対称性をもつハミルトニアンによって記述される量子系においては，$F : \mathbb{R} \to \mathsf{H}$ が系の状態の時間発展を表すならば，任意の $g \in G$ に対して，$\hat{U}(g)F$ も状態の可能な時間発展を表す ($\mathcal{S}_H$ の $U(g)$-不変性)．これを方程式論的なレヴェルでいえば，$F : \mathbb{R} \to \mathsf{H}$ がシュレーディンガー方程式 (4.40) の解ならば，$\hat{U}(g)F$ もそうである ($\mathcal{S}_H^{(1)}$ の $U(g)$-不変性)．

4.6 シュレーディンガー型作用素の対称性

これまでに展開した一般論—それは，有限自由度の量子力学だけでなく，量子場の理論にも適用されうる—をシュレーディンガー型作用素に応用しよう．

4.6.1 回 転 対 称 性

$d \in \mathbb{N}$ として，ヒルベルト空間 $\mathsf{L}^2(\mathbb{R}^d)$ を考える．d 次元回転群 $\mathrm{SO}(d)$ の各元 g に対して，$U_{\mathrm{rot}}(g) : \mathsf{L}^2(\mathbb{R}^d) \to \mathsf{L}^2(\mathbb{R}^d)$ を

$$(U_{\mathrm{rot}}(g)\psi)(x) := \psi(g^{-1}(x)), \quad \psi \in \mathsf{L}^2(\mathbb{R}^d), \text{ a.e.} x \in \mathbb{R}^d \tag{4.43}$$

によって定義すれば，$(U_{\mathrm{rot}}, \mathsf{L}^2(\mathbb{R}^d))$ は $\mathrm{SO}(d)$ の強連続ユニタリ表現である (例 4.26)．

定義 4.41 $\mathsf{L}^2(\mathbb{R}^d)$ 上の線形作用素 T は，すべての $g \in \mathrm{SO}(d)$ に対して，$U_{\mathrm{rot}}(g)$-不変であるとき (i.e., $U_{\mathrm{rot}}(g)TU_{\mathrm{rot}}(g)^{-1} = T, \forall g \in \mathrm{SO}(d)$ が成り立つとき)，d **次元の回転対称性**をもつあるいは単に**回転対称**であるという．

まず，次の事実を証明する．

定理 4.42 d 次元の一般化されたラプラシアン Δ は，回転対称である．すなわち，$U_{\mathrm{rot}}(g)\Delta U_{\mathrm{rot}}(g)^{-1} = \Delta, \forall g \in \mathrm{SO}(d)$.

証明 Δ は自己共役であり，$\mathsf{C}_0^\infty(\mathbb{R}^d)$ はその芯の一つであるから，補題 4.34 によって，$\Delta U_{\mathrm{rot}}(g)\psi = U_{\mathrm{rot}}(g)\Delta\psi, \forall\psi \in \mathsf{C}_0^\infty(\mathbb{R}^d), \forall g \in \mathrm{SO}(d) \cdots (*)$ を示せばよい．D_j を変数 x_j に関する一般化された偏微分作用素とし，行列 g の (j,k) 成分 (要素) を g_{jk} で表す．$g^{-1} = {}^t g$ (g の転置行列) に注意すると，$[D_j(U_{\mathrm{rot}}(g)\psi)](x) = \sum_{k=1}^d g_{jk}(U_{\mathrm{rot}}(g)D_k\psi)(x)$. したがって，$D_j^2(U_{\mathrm{rot}}(g)\psi)(x) = \sum_{\ell=1}^d \sum_{k=1}^d g_{jk}g_{j\ell}(U_{\mathrm{rot}}(g)D_\ell D_k\psi)(x)$. そこで，$j$ について和をとり，$\sum_{j=1}^d g_{jk}g_{j\ell} = \delta_{k\ell}$ を用いると $(*)$ を得る． ■

次に，$V : \mathbb{R}^d \to \mathbb{R}$ をポテンシャルとし，シュレーディンガー型作用素

$$H_V = -\Delta + V \tag{4.44}$$

を考える．

$\mathbb{R}^d$ 上のルベーグ測度に関してほとんどいたるところ (a.e.) 定義された関数 F は，すべての $g \in \mathrm{SO}(d)$ に対して $(U_{\mathrm{rot}}(g)F)(x) = F(x)$, a.e.$x \in \mathbb{R}^d$ を満たすとき，**回転対称**あるいは**回転不変**であるという．

例 4.34 $[0, \infty)$ 上の任意の関数 f に対して，$F(x) := f(|x|)$, a.e.$x \in \mathbb{R}^d$ によって定義される関数 F は回転対称である．

クーロンポテンシャルや湯川型ポテンシャルは回転対称である．

定理 4.43 V が回転対称であり，H_V は $\mathsf{D}(\Delta) \cap \mathsf{D}(V)$ 上で本質的に自己共役であるとしよう (その閉包を $\overline{H}_V$ と記す)．このとき，$\overline{H}_V$ は回転対称である．

証明 前定理と V の回転対称性により，$U_{\mathrm{rot}}(g)[\mathsf{D}(\Delta) \cap \mathsf{D}(V)] \subset \mathsf{D}(\Delta) \cap \mathsf{D}(V)$ であり，すべての $g \in \mathrm{SO}(d), \psi \in \mathsf{D}(\Delta) \cap \mathsf{D}(V)$ に対して，$U_{\mathrm{rot}}(g)H_V\psi = H_V U_{\mathrm{rot}}(g)\psi$ が成り立つ．$\mathsf{D}(\Delta) \cap \mathsf{D}(V)$ 上での H_V の本質的自己共役性と補題 4.34 により，求める結果を得る． ■

4.6.2 空間反転対称性

G_{sp} を例 4.27 で定義した空間反転群とする．G_{sp}-対称な自己共役作用素は**空間反転対称**あるは**空間反転不変**であるという．$\mathcal{I}, U(\mathcal{I})$ をそれぞれ，例 4.27 で定義した空間反転，ユニタリ作用素とする．$\mathbb{R}^d$ 上の関数 F が $(\mathcal{I}F)(x) = F(x)$, a.e.$x \in \mathbb{R}^d$ を満たすならば，F は**空間反転対称**あるいは**空間反転不変**であるという．次の定理は，定理 4.43 と同様にして，容易に証明されうる．

定理 4.44 V が空間反転対称であり，H_V は $\mathsf{D}(\Delta) \cap \mathsf{D}(V)$ 上で本質的に自己共役であるとしよう．このとき，$\overline{H}_V$ は空間反転対称である．

4.6.3 置 換 対 称 性

S_N-対称な自己共役作用素は**置換対称**あるいは**置換不変**であるという．$\{U(\sigma) | \sigma \in \mathsf{S}_N\}$ を例 4.28 で導入したユニタリ表現とする．$\mathbb{R}^{dN}$ 上の実数値関数 V :

$\mathbb{R}^{dN} \to \mathbb{R}$ をポテンシャルにもつシュレーディンガー型作用素

$$H_N = -\sum_{n=1}^{N} \frac{1}{2m}\Delta_{x_n} + V$$

を考えよう．ここで，$m > 0$ は定数であり，Δ_{x_n} は変数 $x_n \in \mathbb{R}^d$ に関するラプラシアンを表す．次の定理も容易に証明される．

定理 4.45 V が置換対称であり，H_N は $\cap_{n=1}^{N} \mathsf{D}(\Delta_{x_n}) \cap \mathsf{D}(V)$ 上で本質的に自己共役であるとしよう．このとき，$\overline{H}_N$ は置換対称である．

4.7 対称性と保存則

4.7.1 一般的構造

H をヒルベルト空間 H 上の自己共役作用素で群 G に関して G-対称なものとし，(U, H) をその G-対称性の表現とする．いま，H は量子系のハミルトニアンを表すとしよう．作用素解析のユニタリ共変性により，各 $g \in G$ に対して，$e^{itH}U(g)e^{-itH} = U(g), \forall t \in \mathbb{R}$ が成り立つので，$U(g)$ は保存量である[*22]．ところで，G が，並進群や回転群の場合のように，連続パラメーターで定義される位相群の場合には，$U(g)$ は，生成子と呼ばれる，いくつかの作用素から構成されることが知られている (たとえば，H 上の強連続 1 パラメーターユニタリ群は，ストーンの定理により，一つの自己共役作用素によって生成される)．では，そのような作用素も保存量になるであろうか．

簡単のため, ここでは, G の元 g がいくつかの実パラメーター $t_1, \cdots, t_n$ の組によって定義され, 自己共役作用素 $A_j, j = 1, 2, \cdots, n$ が存在して, 各 $j = 1, \cdots, n$ に対して, $t_j = 0$ の近傍で

$$U(0, \cdots, 0, t_j, 0, \cdots, 0) = e^{it_j A_j} \tag{4.45}$$

と表される場合を考えよう[*23]．

[*22] 以後，保存量の概念を自己共役作用素以外にも拡大して使う．すなわち，任意の $t \in \mathbb{R}$ に対して，$e^{itH}Ae^{-itH} = A$ を満たす作用素はハミルトニアン H に関して**保存量**であると定義する．

[*23] 詳細は割愛するが，線形リー群のような場合，この形に帰着できる．

定理 4.46 H, G, U を上述のようなものとする．このとき，各 A_j は保存量である．

証明 (4.45) を満たすような t_j をとる．このとき，H の $U(g)$-不変性により，すべての $s \in \mathbb{R}$ に対して，$e^{isH}e^{it_jA_j}\Psi = e^{it_jA_j}e^{isH}\Psi$．この式で，$\Psi$ を $\mathsf{D}(A_j)$ の任意のベクトルとし，$t_j = 0$ での強微分を考察することにより，$e^{isH}\Psi \in \mathsf{D}(A_j)$ かつ $e^{isH}A_j\Psi = A_je^{isH}\Psi$ であることが導かれる．これは $A_j \subset e^{-isH}A_je^{isH}$ を意味する．左辺も右辺も自己共役であるから，$A_j = e^{-isH}Le^{isH}$．したがって，A_j は保存量である． ■

例 4.35 $(T, \mathsf{L}^2(\mathbb{R}^\nu))$ を例 4.25 において定義された，強連続ユニタリ表現とする．このとき，$\mathsf{L}^2(\mathbb{R}^\nu)$ 上の線形作用素 H を $H := \sum_{j=1}^{\nu} \lambda_j D_j^2$ によって定義する．ただし，λ_j は実定数である*24．自己共役作用素 $-iD_j$ と $-iD_k$ は強可換であるから，H は本質的に自己共役である ([8] の補題 4.15-(ii) の応用)*25．さらに，$\bar{H}$ が，$a \in \mathbb{R}^\nu$ に対して，$T(a)$-不変であることも容易にわかる．したがって，定理 4.46 により，$T(a)$ の生成子たち，すなわち，運動量 $\hat{p}_1, \cdots, \hat{p}_\nu$ は $\bar{H}$ に関する保存量である．もちろん，この事実は，$\bar{H}$ と $\hat{p}_j$ の強可換性に注目すれば，ただちにわかる．ここでは，この事実を対称性の観点からみたわけである．

4.8 回転対称性と軌道角運動量作用素の保存

前節の定理を軌道角運動量作用素に応用しよう．$d \geq 2$ を自然数とする．d 次元の**軌道角運動量**は，CCR のシュレーディンガー表現において

$$M_{jk} := \hat{x}_j\hat{p}_k - \hat{x}_k\hat{p}_j, \quad (j \neq k,\ j, k = 1, \cdots, d) \tag{4.46}$$

$$M_{jj} := 0, \quad (j = 1, \cdots, d) \tag{4.47}$$

を満たす作用素の組 $(M_{jk})_{j,k=1,\cdots,d}$ によって定義される．M_{jk} を**軌道角運動量 (の成分) 作用素**あるいは単に**成分**という．ただし，$\hat{x}_j$ は座標変数 x_j によるかけ算作用素 (位置作用素)，$\hat{p}_j := -iD_j$ は運動量作用素である．

---

*24 たとえば，$H = D_1^2 - D_2^2 - \cdots - D_\nu^2$ (ν 次元のダランベールシャン)．

*25 フーリエ解析を用いて直接的にも証明できる．

4.3.5 項における一般論をいまの場合に応用すれば,

$$V_{jk}(\theta) := U_{\mathrm{rot}}(R_{jk}(\theta)) = e^{-i\theta\hat{L}_{jk}}, \quad \theta \in \mathbb{R} \tag{4.48}$$

を満たす, $\mathsf{L}^2(\mathbb{R}^d)$ 上の自己共役作用素 $\hat{L}_{jk}$ がただ一つ存在する. $V_{jk}(\theta)$ は $\mathsf{C}_0^\infty(\mathbb{R}^d)$ を不変にするので, $\mathsf{C}_0^\infty(\mathbb{R}^d)$ は $\hat{L}_{jk}$ の芯であり, 任意の $\psi \in \mathsf{C}_0^\infty(\mathbb{R}^d)$ に対して $-i\hat{L}_{jk}\psi = \text{s-}\lim_{\theta\to 0}[V_{jk}(\theta) - 1]\psi/\theta$. が成り立つ. したがって, 特に, すべての $\phi \in \mathsf{C}_0^\infty(\mathbb{R}^d)$ に対して $\left\langle \phi, -i\hat{L}_{jk}\psi \right\rangle = \lim_{\theta\to 0}\int_{\mathbb{R}^d} F_\theta(x)dx$. ただし

$$F_\theta(x) := \phi(x)^* \frac{[\psi(R_{jk}(-\theta)x) - \psi(x)]}{\theta}.$$

平均値の定理により, $|F_\theta(x)| \le |\phi(x)| \sup_{x\in\mathbb{R}^d} |x_k D_j\psi(x) - x_j D_k\psi(x)|$ であり, $\lim_{\theta\to 0} F_\theta(x) = \phi(x)^*[x_k D_j\psi(x) - x_j D_k\psi(x)]$, $x \in \mathbb{R}^d$. よって, ルベーグの優収束定理により. $\left\langle \phi, -i\hat{L}_{jk}\psi \right\rangle = \int_{\mathbb{R}^d} \phi(x)^*[x_k D_j\psi(x) - x_j D_k\psi(x)]dx$ を得る. したがって, $-i\hat{L}_{jk}\psi = x_k D_j\psi - x_j D_k\psi$. これは, $\hat{L}_{jk}\psi = M_{jk}\psi$ を意味する. こうして, 次の事実が証明されたことになる.

定理 4.47　各 $j, k = 1, \cdots, d, j \ne k$ に対して, M_{jk} は $\mathsf{C}_0^\infty(\mathbb{R}^d)$ 上で本質的に自己共役であり

$$V_{jk}(\theta) = e^{-i\theta\overline{M}_{jk}} \tag{4.49}$$

が成り立つ.

式 (4.49) は, 軌道角運動量作用素 M_{jk} が, x_j-x_k 平面の回転に対応する回転群の生成子の (-1) 倍であることを示している.

定理 4.47 と定理 4.46 から次の結果が得られる：

系 4.48　H を $\mathsf{L}^2(\mathbb{R}^d)$ 上の回転対称なハミルトニアンとする. このとき, 各 $j, k = 1, \cdots, d, j \ne k$ に対して, 軌道角運動量作用素 $\overline{M}_{jk}$ は H に関して保存量である.

例 4.36　$H = -\Delta, \overline{H}_V$. ただし, V は回転対称で, H_V は本質的に自己共役であるとする.

4.9　軌道角運動量の固有空間による直和分解 (I) —2 次元空間の場合

例 4.3.6 と命題 4.37 により，回転対称なシュレーディンガー型作用素は軌道角運動量の固有空間へ簡約される．この構造を具体的に見てみたい．まず，この節では 2 次元空間の場合を考える．

4.9.1　$\mathsf{L}^2(\mathbb{R}^2)$ の直和分解

2 次元空間 $\mathbb{R}^2$ の点を (x, y) $(x, y \in \mathbb{R})$ と表す．2 次元空間における軌道角運動量は，$\mathsf{L}^2(\mathbb{R}^2)$ で働く作用素

$$M := -ixD_y + iyD_x \tag{4.50}$$

で与えられる．ただし，D_x, D_y はそれぞれ，x, y に関する一般化された偏微分作用素である (x, y によるかけ算作用素をふたたび x, y と記す)．すでに証明したように，M は $\mathsf{C}_0^\infty(\mathbb{R}^2)$ 上で本質的に自己共役である．その閉包も同じ記号で表す．各 $\theta \in \mathbb{R}$ に対して

$$R(\theta) := \begin{pmatrix} \cos\theta & -\sin\theta \\ \sin\theta & \cos\theta \end{pmatrix} \tag{4.51}$$

とおけば，2 次元回転群は

$$\mathrm{SO}(2) = \{R(\theta) | \theta \in \mathbb{R}\} \tag{4.52}$$

と表され

$$U_{\mathrm{rot}}(R(\theta)) = e^{-iM\theta} \tag{4.53}$$

が成り立つ．

定理 4.23 によって，$\sigma(M) = \sigma_{\mathrm{p}}(M) \subset \mathbb{Z}$ はすでにわかっている．ここでは，M のスペクトルを完全に決定したい．そのために極座標 (r, θ) $(r > 0, \theta \in [0, 2\pi))$ を用いる：

$$x = r\cos\theta, \quad y = r\sin\theta. \tag{4.54}$$

極座標への移行には，あるユニタリ変換が伴うことを示そう．

正の実数空間 $\mathbb{R}_+ := (0,\infty)$ と区間 $[0,2\pi)$ の直積空間

$$E = \mathbb{R}_+ \times [0,2\pi) = \{(r,\theta) | r \in \mathbb{R}_+, \theta \in [0,2\pi)\} \tag{4.55}$$

には直積測度 $d\mu := rdr \otimes d\theta$ がはいるので，ヒルベルト空間 $\mathsf{L}^2(E,d\mu)$ が考えられる*26．以後，便宜上，$\mathsf{L}^2(E,d\mu)$ の関数 ψ の定義域を，$\psi(r,\theta)=\psi(r,\theta+2\pi)$ によって，$\mathbb{R}_+ \times \mathbb{R}$ に拡張しておく．写像 $P : \mathsf{L}^2(\mathbb{R}^2) \to \mathsf{L}^2(E,d\mu)$ を

$$(P\psi)(r,\theta) = \psi(r\cos\theta, r\sin\theta) \tag{4.56}$$

によって定義すれば，P がユニタリであることは容易にわかる．

$\mathsf{L}^2([0,2\pi])$ 上の作用素 p_θ を次のように定義する：

$$\mathsf{D}(p_\theta) := \{f \in \mathrm{AC}^2[0,2\pi] | f(0) = f(2\pi)\}, \tag{4.57}$$

$$p_\theta f := -if', \quad f \in \mathsf{D}(p_\theta). \tag{4.58}$$

ただし，$\mathrm{AC}^2[0,2\pi]$ は $[0,2\pi]$ 上の絶対連続関数 f で $f' \in \mathsf{L}^2([0,2\pi])$ を満たすものの全体である*27．[7] の 2.3.8 項で証明したように，p_θ は自己共役であり

$$\sigma(p_\theta) = \sigma_{\mathrm{p}}(p_\theta) = \mathbb{Z} \tag{4.59}$$

が成り立つ．この場合，各固有値 $\ell \in \mathbb{Z}$ の多重度は 1 であり，これに属する規格化された固有ベクトルは

$$\phi_\ell(\theta) := \frac{1}{\sqrt{2\pi}} e^{i\ell\theta} \tag{4.60}$$

で与えられる．

以下，自然な同一視 (同型) $\mathsf{L}^2(E,d\mu) = \mathsf{L}^2(\mathbb{R}_+, rdr) \otimes \mathsf{L}^2([0,2\pi])$ を自由に用いる*28．この場合，$\mathsf{L}^2(\mathbb{R}_+, rdr)$ 上の閉作用素 A および $\mathsf{L}^2([0,2\pi])$ 上の閉作用素 B に対して，$A \otimes I, I \otimes B$ をそれぞれ，A, B と表す．

*26 任意のボレル集合 $B \subset \mathbb{R}_+$, $C \subset [0,2\pi)$ に対して，$\mu(B \times C) = \left(\int_B rdr\right)|C|$．$|C|$ は C のルベーグ測度を表す．

*27 [7] の p.147 を参照．

*28 [8] の 4.1.3 項を参照．

任意の $\psi \in \mathsf{C}_0^\infty(\mathbb{R}^2)$ に対して，$P\psi \in \mathsf{D}(p_\theta)$ であり $p_\theta P\psi = PM\psi$ が成り立つことは合成関数の微分法により，容易にわかる．$\mathsf{C}_0^\infty(\mathbb{R}^2)$ は M の芯であり，p_θ は自己共役であるから，作用素の等式

$$M = P^{-1} p_\theta P \tag{4.61}$$

が結論される．したがって，スペクトルのユニタリ不変性により，次の定理を得る．

定理 4.49

$$\sigma(M) = \sigma_{\mathrm{p}}(M) = \mathbb{Z}. \tag{4.62}$$

各 $\ell \in \mathbb{Z}$ に対して

$$\ker(M - \ell) = \{P^{-1} f \otimes \phi_\ell | f \in \mathsf{L}^2(\mathbb{R}_+, rdr)\}. \tag{4.63}$$

証明　(4.63) だけ証明すればよい．$\psi \in \ker(M - \ell)$ とすれば，$p_\theta P\psi = \ell P\psi$. したがって，a.e. r に対して定数 $f(r)$ があって，$(P\psi)(r, \cdot) = f(r)\phi_\ell$ が成り立つ．$P\psi \in \mathsf{L}^2(E, d\mu)$ であるから，$f \in \mathsf{L}^2(\mathbb{R}_+, rdr)$ である．したがって，$\psi = P^{-1} f \otimes \phi_\ell$.

逆に $\psi = P^{-1} f \otimes \phi_\ell$ $(f \in \mathsf{L}^2(\mathbb{R}_+, rdr))$ とすれば，$P\psi \in \mathsf{D}(p_\theta)$ であるから，(4.61) により，$\psi \in \mathsf{D}(M)$ であり，$M\psi = \ell\psi$ が成り立つ．すなわち，$\psi \in \ker(M - \ell)$. ■

[7] の例 1.20 でみたように，$\{\phi_\ell\}_{\ell \in \mathbf{Z}}$ は $\mathsf{L}^2([0, 2\pi])$ の完全正規直交系 (CONS) をなす．したがって，任意の $\psi \in \mathsf{L}^2(E, d\mu)$ に対して，a.e.r を固定するごとに $\psi(r, \theta)$ は θ の関数として $\mathsf{L}^2([0, 2\pi])$ に属するので

$$\psi(r, \cdot) = \sum_{\ell=-\infty}^{\infty} a_\ell(r) \phi_\ell \tag{4.64}$$

と表される ($\mathsf{L}^2([0, 2\pi])$ における強収束)．ただし

$$a_\ell(r) := \int_0^{2\pi} \phi_\ell(\theta)^* \psi(r, \theta) d\theta. \tag{4.65}$$

ベッセルの不等式の応用により，任意の自然数 L に対して，$\sum_{\ell=-L}^{L}|a_\ell(r)|^2 \le \int_0^{2\pi}|\psi(r,\theta)|^2 d\theta$ が成り立つことがわかる．これとルベーグの優収束定理により，(4.64) は $\mathsf{L}^2(E, d\mu)$ の強収束の意味でも収束することがわかる．ゆえに

$$\mathsf{H}_\ell := \{f \otimes \phi_\ell | f \in \mathsf{L}^2(\mathbb{R}_+, rdr)\} \tag{4.66}$$

とすれば

$$\mathsf{L}^2(E, d\mu) = \bigoplus_{\ell=-\infty}^{\infty} \mathsf{H}_\ell \tag{4.67}$$

が成り立つ (H_ℓ が閉部分空間であることは容易にわかる)．(4.63) により

$$P^{-1}\mathsf{H}_\ell = \ker(M - \ell), \quad \ell \in \mathbb{Z}$$

である．したがって

$$\mathsf{L}^2(\mathbb{R}^2) = \bigoplus_{\ell=-\infty}^{\infty} \ker(M - \ell) \tag{4.68}$$

と無限直和分解できたことになる．

4.9.2 ラプラシアンの直和分解

一般化された 2 次元ラプラシアン

$$\Delta = D_x^2 + D_y^2 \tag{4.69}$$

は，定理 4.42 により，SO(2)-対称であるから，命題 4.37 により，$\mathsf{L}^2(\mathbb{R}^2)$ の直和分解 (4.68) に応じて，直和分解される．(4.61) からわかるように，SO(2) のユニタリ表現の生成子 M は，$\mathsf{L}^2(E, d\mu)$ 上のほうが簡潔な形をもつ．ラプラシアンについても同様のことが期待される．$\mathsf{L}^2(E, d\mu)$ 上でのラプラシアン

$$\Delta_{r,\theta} := P\Delta P^{-1} \tag{4.70}$$

は，定義域を $P\mathsf{D}(\Delta)$ として，$\mathsf{L}^2(E, d\mu)$ で自己共役である．命題 4.37 をいまの場合に応用すれば

$$\Delta_{r,\theta} = \bigoplus_{\ell=-\infty}^{\infty} \Delta_{r,\theta}^{(\ell)} \tag{4.71}$$

と直和分解される．ただし，$\Delta_{r,\theta}^{(\ell)}$ は $\Delta_{r,\theta}$ の H_ℓ における部分である．この作用素の具体的な表示を適当な部分空間上で求めてみよう．

次の記法を導入する：

$$\partial_r := \frac{\partial}{\partial r}, \quad \partial_\theta := \frac{\partial}{\partial \theta}.$$

$\psi \in \mathsf{C}_0^\infty(\mathbb{R}^2)$ としよう．容易に確かめられる関係式

$$\partial_r P\psi = \cos\theta P(\partial_x\psi) + \sin\theta P(\partial_y\psi),$$
$$\partial_\theta P\psi = -r\sin\theta P(\partial_x\psi) + r\cos\theta P(\partial_y\psi)$$

を用いると

$$P(\partial_x\psi) = \cos\theta\partial_r P\psi - \frac{\sin\theta}{r}\partial_\theta P\psi,$$
$$P(\partial_y\psi) = \sin\theta\partial_r P\psi + \frac{\cos\theta}{r}\partial_\theta P\psi$$

が導かれる．これから

$$P\Delta\psi = \left(\partial_r^2 + \frac{1}{r}\partial_r + \frac{1}{r^2}\partial_\theta^2\right)P\psi$$

となることがわかる．したがって

$$\Delta_{r,\theta} f = \left(\partial_r^2 + \frac{1}{r}\partial_r + \frac{1}{r^2}\partial_\theta^2\right)f \quad f \in P\mathsf{C}_0^\infty(\mathbb{R}^2). \tag{4.72}$$

$\mathbb{R}_+$ 上の関数 f が次の条件 (i)～(iii) を満たすとき，f は空間 D_0 に属するという：

(i)　$f \in L^2(\mathbb{R}_+, rdr)$.

(ii)　$(0,\infty)$ 上で 2 回連続微分可能で $\lim_{r\to 0} f(r)$ が存在し，$\lim_{r\to 0} rf'(r) = 0$.

(iii)　すべての $\ell \in \mathbb{Z}$ に対して，$\left(\dfrac{d^2}{dr^2} + \dfrac{1}{r}\dfrac{d}{dr} - \dfrac{\ell^2}{r^2}\right)f \in \mathsf{L}^2(\mathbb{R}_+, rdr)$.

$f \in \mathsf{D}_0$ とし

$$\psi_f^{(\ell)} := f \otimes \phi_\ell \tag{4.73}$$

とする．このとき，任意の $\psi \in \mathsf{C}_0^\infty(\mathbb{R}^2)$ に対して，部分積分により

$$\left\langle \psi_f^{(\ell)}, \Delta_{r,\theta} P\psi \right\rangle = \left\langle \left(\partial_r^2 + \frac{1}{r}\partial_r - \frac{\ell^2}{r^2} \right) \psi_f^{(\ell)}, P\psi \right\rangle$$

を得る．$P\mathsf{C}_0^\infty(\mathbb{R}^2)$ は $\Delta_{r,\theta}$ の芯であるから，$\psi_f^{(\ell)} \in \mathsf{D}(\Delta_{r,\theta})$ かつ

$$\Delta_{r,\theta}\psi_f^{(\ell)} = \left(\partial_r^2 + \frac{1}{r}\partial_r - \frac{\ell^2}{r^2} \right) \psi_f^{(\ell)} \tag{4.74}$$

が成り立つ．したがって

$$\mathsf{D}_{0,\ell} := \{\psi_f^{(\ell)} | f \in \mathsf{D}_0\} \tag{4.75}$$

とおけば

$$\mathsf{D}_{0,\ell} \subset \mathsf{D}(\Delta_{r,\theta}^{(\ell)}), \tag{4.76}$$

$$\Delta_{r,\theta}^{(\ell)} = \partial_r^2 + \frac{1}{r}\partial_r - \frac{\ell^2}{r^2}, \quad (\mathsf{D}_{0,\ell}\ \text{上}) \tag{4.77}$$

となることがわかった．

4.9.3 シュレーディンガー型作用素の直和分解

$V : \mathbb{R}^2 \to \mathbb{R}$ を回転対称なポテンシャルとしよう．これは $r = \sqrt{x^2+y^2}$ だけの関数であるので，$V = V(r)$ と書くことにする．シュレーディンガー型作用素 $H_V := -\Delta + V$ は $\mathsf{D}(\Delta) \cap \mathsf{D}(V)$ 上で本質的に自己共役であると仮定し，その閉包も同じ記号 H_V で表す．このとき，定理 4.43 によって，H_V は回転対称であるので，H_V は直和分解 (4.68) に応じて分解される．H_V のユニタリ変換 PH_VP^{-1} の H_ℓ における簡約部分を $H_V^{(\ell)}$ とし

$$\mathsf{D}_{0,\ell}(V) = \left\{ \psi_f^{(\ell)} \middle| f \in \mathsf{D}_0, \int_0^\infty |V(r)f(r)|^2 r dr < \infty \right\} \tag{4.78}$$

とおく．このとき，上の議論から

$$\mathsf{D}_{0,\ell}(V) \subset \mathsf{D}(H_V^{(\ell)}), \tag{4.79}$$

$$H_V^{(\ell)} = -\partial_r^2 - \frac{1}{r}\partial_r + \frac{\ell^2}{r^2} + V(r), \quad (\mathsf{D}_{0,\ell}(V)\ \text{上}) \tag{4.80}$$

が成り立つことがわかる．こうして，ハミルトニアン H_V の解析は H_V^ℓ—これは自然な仕方で $\mathsf{L}^2(\mathbb{R}_+, rdr)$ 上の作用素とみることができ，H_V の**動径部分** (radial part) と呼ばれる—の解析の問題に帰着される．

4.10　軌道角運動量の固有空間による直和分解 (II) —3 次元空間の場合

4.10.1　3 次元空間における軌道角運動量の成分の変換性

3 次元空間においては，独立な軌道角運動量の成分は 3 個であり，それらは，符号の不定性を除いて，次の作用素によって与えられる (4.8 節を参照)：

$$L_1 := \overline{M}_{23}, \quad L_2 := \overline{M}_{31}, \quad L_3 := \overline{M}_{12}. \tag{4.81}$$

これらの作用素の組

$$\mathbf{L} = (L_1, L_2, L_3) \tag{4.82}$$

を—これ自体は作用素ではないが—便宜上，**3 次元の (量子) 軌道角運動量**ということにする．これは，その成分が線形作用素であるようなベクトルの一種と考えられる．有限次元空間のベクトルの成分の変換に対応するある概念を導入する：

定義 4.50　$d \in \mathbb{N}$ とする．$\mathsf{L}^2(\mathbb{R}^d)$ 上の線形作用素 $A_1, \cdots, A_d$ の組 $\mathbf{A} = (A_1, \cdots, A_d)$ が**回転に関してユニタリ装備的である** (unitary implementable) とは，すべての $g \in \mathrm{SO}(d)$ と $\psi \in \cap_{j=1}^d \mathsf{D}(A_j)$ に対して，$U_{\mathrm{rot}}(g)^{-1}\Psi \in \cap_{j=1}^d \mathsf{D}(A_j)$ であって

$$U_{\mathrm{rot}}(g) A_j U_{\mathrm{rot}}(g)^{-1} \Psi = \sum_{k=1}^d (g^{-1})_{jk} A_k \Psi \tag{4.83}$$

が成り立つときをいう．

注意 4.6　$\mathbf{v} : \mathbb{R}^d \to \mathbb{R}^d$; $\mathbb{R}^d \ni x \mapsto \mathbf{v}(x) \in \mathbb{R}^d$ を $\mathbb{R}^d$ 上のベクトル場とし，$\mathbb{R}^d$ の標準基底 $\mathbf{e}_j = (0, \cdots, 0, \overset{j\,番目}{1}, 0, \cdots, 0)$ $(j = 1, \cdots, d)$ に関する成分表示を $(v_j(x))_{j=1}^d$ とする：$\mathbf{v}(x) = \sum_{j=1}^d v_j(x)\mathbf{e}_j$．このとき，$\bar{\mathbf{e}}_j := \sum_{k=1}^d g_{kj}\mathbf{e}_k$ とすれば，$(\bar{\mathbf{e}}_j)_{j=1}^d$ は $\mathbb{R}^d$ の基底であり，この基底に関する $\mathbf{v}(x)$ の第 j 成分を

$\bar{v}_j(x)$ とすれば (i.e., $\mathbf{v}(x) = \sum_{j=1}^{d} \bar{v}_j(x)\bar{\mathbf{e}}_j$), $\bar{v}_j(x) := \sum_{k=1}^{3}(g^{-1})_{jk}v_k(x)$ が成り立つ．この構造とのアナロジーからいえば，(4.83) の右辺は，$\mathbb{R}^d$ の直交座標系の回転に伴う，“作用素成分” $A_1, \cdots, A_d$ の変換を表すものと解釈される．これが，回転群のユニタリ表現によるユニタリ変換で与えられるというのが式 (4.83) の意味である．

回転に関してユニタリ装備的な作用素の組の基本的な例については演習問題 4 をみよ．

軌道角運動量 $\mathbf{L}$ は回転に関してユニタリ装備的であることを証明しよう：

定理 4.51 すべての $g \in \mathrm{SO}(3)$ に対して，作用素の等式

$$U_{\mathrm{rot}}(g)L_jU_{\mathrm{rot}}(g)^{-1} = \overline{\sum_{k=1}^{3}(g^{-1})_{jk}L_k} \tag{4.84}$$

が成り立つ．ここで，右辺は，作用素 $\sum_{k=1}^{3}(g^{-1})_{jk}L_k$ の閉包を表す．

証明 まず，(4.84) が $C_0^\infty(\mathbb{R}^3)$ 上で成立することを示す．証明を通して，$U = U_{\mathrm{rot}}$ と記す．$\psi \in C_0^\infty(\mathbb{R}^3), \theta \in \mathbb{R}\setminus\{0\}$ とする．$R_{jk}(\theta)$ を 4.8 節で定義したものとし，$U_1(\theta) := U(R_{23}(\theta))$ とおく．このとき，$U_1(\theta) = e^{-i\theta L_1}$ であり

$$(U(g)U_1(\theta)U(g)^{-1}\psi)(x) = \psi(gR_{23}(-\theta)g^{-1}(x)), \quad x \in \mathbb{R}^3.$$

したがって

$$U(g)\frac{U_1(\theta) - I}{\theta}U(g)^{-1}\psi = \Phi_\theta.$$

ただし

$$\Phi_\theta(x) := \frac{\psi(gR_{23}(-\theta)g^{-1}(x)) - \psi(x)}{\theta}.$$

ところで，$R_{23}(-\theta) = I + K(\theta)$ と書ける．ただし

$$K(\theta) := \begin{pmatrix} 0 & 0 & 0 \\ 0 & \cos\theta - 1 & \sin\theta \\ 0 & -\sin\theta & \cos\theta - 1 \end{pmatrix}.$$

したがって，$K_g(\theta) := gK(\theta)g^{-1}$ とおけば，$gR_{23}(-\theta)g^{-1}x = x + K_g(\theta)(x)$ となる．ここで

$$(K_g(\theta)x)_j = \sum_{k=1}^{3}\{(\cos\theta - 1)(g_{j2}g_{k2} + g_{j3}g_{k3}) + \sin\theta(g_{j2}g_{k3} - g_{j3}g_{k2})\}x_k$$

に注意すれば

$$\lim_{\theta\to 0}\frac{(K_g(\theta)x)_j}{\theta} = \sum_{k=1}^{3}(g_{j2}g_{k3} - g_{j3}g_{k2})x_k$$

となる．したがって，$\mathsf{L}^2(\mathbb{R}^3)$ 収束の意味で

$$\begin{aligned}\lim_{\theta\to 0}\Phi_\theta &= \sum_{j,k=1}^{3}(g_{j2}g_{k3} - g_{j3}g_{k2})x_k\partial_j\psi\\ &= \sum_{j<k}(g_{j2}g_{k3} - g_{j3}g_{k2})(x_k\partial_j - x_j\partial_k)\psi\end{aligned}$$

となることがわかる．ゆえに

$$U(g)L_1U(g)^{-1}\psi = i\sum_{j<k}(g_{j2}g_{k3} - g_{j3}g_{k2})(x_k\partial_j - x_j\partial_k)\psi$$

が得られる．ところで $\mathbf{g}_j = (g_{1j}, g_{2j}, g_{3j})$ とすれば，$\mathbf{g}_2$ と $\mathbf{g}_3$ のベクトル積 $\mathbf{g}_2 \times \mathbf{g}_3$ の第 j 成分は $(\mathbf{g}_2 \times \mathbf{g}_3)_j = \sum_{k<\ell}^{3}\varepsilon_{jk\ell}(g_{k2}g_{\ell 3} - g_{k3}g_{\ell 2})$ と書ける．ただし，$\varepsilon_{jk\ell}\,(j,k,\ell = 1,2,3)$ は次のように定義される数である (**反対称シンボル**または**レビ・チビタシンボル**と呼ばれる)：

$$\varepsilon_{jk\ell} = \begin{cases} 1 & ;(j,k,\ell)\text{ が }(1,2,3)\text{ の偶置換のとき}\\ -1 & ;(j,k,\ell)\text{ が }(1,2,3)\text{ の奇置換のとき}\\ 0 & ;\text{その他の場合}\end{cases} \tag{4.85}$$

したがって

$$U(g)L_1U(g)^{-1}\psi = \sum_{j=1}^{3}(\mathbf{g}_2 \times \mathbf{g}_3)_jL_j\psi \tag{4.86}$$

となる．g が直交行列であることは $\langle \mathbf{g}_j, \mathbf{g}_k \rangle = \delta_{jk}\ (j,k=1,2,3)$ と同値である．つまり，$\{\mathbf{g}_j\}_{j=1}^3$ は $\mathbb{R}^3$ の正規直交基底をなす．この事実と $k=2,3$ に対して，$\langle \mathbf{g}_k, \mathbf{g}_2 \times \mathbf{g}_3 \rangle = 0$ となること，および $\langle \mathbf{g}_1, \mathbf{g}_2 \times \mathbf{g}_3 \rangle = \det g = 1$ を用いると，$\mathbf{g}_2 \times \mathbf{g}_3 = \mathbf{g}_1$ となることがわかる．これを (4.86) の右辺に代入し，${}^t g = g^{-1}$ を使えば，(4.84) で $j=1$ とした場合を $\mathsf{C}_0^\infty(\mathbb{R}^3)$ 上に制限した関係式が得られる．

$\mathsf{C}_0^\infty(\mathbb{R}^3)$ は L_1 の芯であるから，任意の $\psi \in \mathsf{D}(L_1)$ に対して，$\psi_n \to \psi, L_1\psi_n \to L_1\psi\ (n\to\infty)$ となる $\psi_n \in \mathsf{C}_0^\infty(\mathbb{R}^3)$ がとれる．$\phi_n := U(g)\psi_n$ とすれば，$\phi_n \in \mathsf{C}_0^\infty(\mathbb{R}^3)$ であり上に示した事実により，$U(g)L_1\psi_n = \sum_{k=1}(g^{-1})_{1k}L_k\phi_n$．左辺は，$n\to\infty$ のとき，$U(g)L_1\psi$ に収束する．他方，$\phi_n \to U(g)\psi\ (n\to\infty)$．したがって，$U(g)\psi \in \mathsf{D}(\overline{\sum_{k=1}^3 (g^{-1})_{1k}L_k})$ かつ $U(g)L_1\psi = \overline{\sum_{k=1}^3 (g^{-1})_{1k}L_k}U(g)\psi$ が結論される．これは $U(g)L_1U(g)^{-1} \subset \overline{\sum_{k=1}^3 (g^{-1})_{1k}L_k}$ を意味する．右辺は対称作用素であり，左辺は自己共役であるから，(4.84) で $j=1$ の場合が成立する．$j=2,3$ の場合も同様にして証明される． ■

4.10.2 軌道角運動量の 2 乗

軌道角運動量の 2 乗は

$$\mathbf{L}^2 := L_1^2 + L_2^2 + L_3^2 \tag{4.87}$$

によって定義される非負対称作用素である ($\mathsf{C}_0^\infty(\mathbb{R}^3) \subset \mathsf{D}(\mathbf{L}^2)$ に注意)．$\mathbf{L}^2|\mathsf{C}_0^\infty(\mathbb{R}^3)$ のフリードリクス拡大を Λ とする (2.8.5 項を参照)．したがって，Λ は非負自己共役作用素であり，$\mathsf{C}_0^\infty(\mathbb{R}^3)$ は $\Lambda^{1/2}$ の芯である*29.

定理 4.52 任意の $g \in \mathrm{SO}(3)$ に対して，Λ は $U_{\mathrm{rot}}(g)$-不変である．すなわち，Λ は SO(3)-対称性をもつ．

証明 証明を通して，$U(g) = U_{\mathrm{rot}}(g)$ とおく．任意の $g \in \mathrm{SO}(3)$ に対して，$U(g)$ は $\mathsf{C}_0^\infty(\mathbb{R}^3)$ を不変にする．定理 4.51 によって，任意の $\psi, \phi \in \mathsf{C}_0^\infty(\mathbb{R}^3)$

---

*29 実は，Λ は $\mathsf{C}_0^\infty(\mathbb{R}^3)$ 上で本質的に自己共役であることが証明できる．証明に興味のある読者は，たとえば，[19] の p.61，Lemma 2.20 を参照されたい．

に対して ($L_j = U(g)^{-1}[U(g)L_jU(g)^{-1}]U(g)$ と変形できることに注意)

$$\langle\psi, \Lambda\phi\rangle = \sum_{j=1}^{3}\sum_{k,l=1}^{3}(g^{-1})_{jk}(g^{-1})_{jl}\langle U(g)\psi, L_kL_lU(g)\phi\rangle.$$

そこで，$\sum_{j=1}^{3}(g^{-1})_{jk}(g^{-1})_{jl} = \delta_{kl}$ に注意すれば，最後の式は $\langle\psi, U(g)^{-1}\Lambda U(g)\phi\rangle$ に等しいことがわかる．したがって，$\langle\Lambda^{1/2}\psi, \Lambda^{1/2}\phi\rangle = \langle\Lambda^{1/2}U(g)\psi, \Lambda^{1/2}U(g)\phi\rangle$．$\mathsf{C}_0^\infty(\mathbb{R}^3)$ は $\Lambda^{1/2}$ の芯であるから，極限理論により，任意の $\psi \in \mathsf{D}(\Lambda^{1/2})$ に対して，$U(g)\psi \in \mathsf{D}(\Lambda^{1/2})$ であり，$\langle\Lambda^{1/2}\psi, \Lambda^{1/2}\phi\rangle = \langle\Lambda^{1/2}U(g)\psi, \Lambda^{1/2}U(g)\phi\rangle, \psi, \phi \in \mathsf{D}(\Lambda^{1/2})$ であることが示される．$U(g)\phi \in \mathsf{D}(\Lambda)$ の場合を考えることにより，$U(g)^{-1}\Lambda U(g) \subset \Lambda$ が出る．両辺とも自己共役であるから，それらは一致しなければならない．すなわち，$U(g)^{-1}\Lambda U(g) = \Lambda$．よって，題意が成立する．■

系 4.53　各 $L_j\ (j = 1, 2, 3)$ と Λ は強可換である．

証明　$e^{-i\theta L_j}$ $(\theta \in \mathbb{R})$ は $U_{\mathrm{rot}}(g)$ の特殊な値であるから，定理 4.52 により，$e^{-i\theta L_j}\Lambda e^{i\theta L_j} = \Lambda$．これは L_j と Λ の強可換性を意味する．■

4.10.3　Λ の 固 有 値

系 4.53 によって，軌道角運動量の 2 乗 Λ と，$L_j (j = 1, 2, 3)$ のうちの任意の一つは同時固有空間をもちうる．このことを念頭において Λ の固有値を求めよう．結果的に言えば，2 次元空間の場合と同様，この場合も 3 次元極座標系

$$x = r\cos\phi\sin\theta,\quad y = r\sin\phi\sin\theta,\quad z = r\cos\theta$$

$(r > 0, \phi \in [0, 2\pi), \theta \in [0, \pi])$ に移ると便利であることがわかる[*30]．直積集合

$$\Omega := \mathbb{R}_+ \times [0, \pi] \times [0, 2\pi]$$

には直積測度 $d\nu := r^2dr \otimes \sin\theta d\theta \otimes d\phi$ が入る．したがって，ヒルベルト空間 $\mathsf{L}^2(\Omega, d\nu)$ が考えられる．極座標変換に対応して，ユニタリ変換 $T : \mathsf{L}^2(\mathbb{R}^3) \to$

[*30] 物理描像的な理由は，軌道角運動量の 2 乗の回転対称性にある．

$\mathsf{L}^2(\Omega, d\nu)$ が

$$(T\psi)(r, \theta, \phi) := \psi(r\cos\phi\sin\theta, r\sin\phi\sin\theta, r\cos\theta),\ \psi \in \mathsf{L}^2(\mathbb{R}^3) \quad (4.88)$$

によって定義される．

2 次元の軌道角運動量 M の場合と同様にして—自然な同型 $\mathsf{L}^2(\Omega, d\nu) = \mathsf{L}^2(\mathbb{R}_+, rdr) \otimes \mathsf{L}^2([0, \pi], \sin\theta d\theta) \otimes \mathsf{L}^2([0, 2\pi], d\phi)$ を用いると簡単—

$$TL_3T^{-1} = p_\phi \cong I \otimes I \otimes p_\phi \quad (4.89)$$

を証明することができる．したがって

$$\sigma(L_3) = \sigma_{\mathrm{p}}(L_3) = \mathbb{Z} \quad (4.90)$$

であり，L_3 の固有値 $m \in \mathbb{Z}$ に属する固有関数は $F(r, \theta)\exp(im\phi)$ という形で与えられる．ただし，F は $\int_{\mathbb{R}_+}\int_0^\pi |F(r, \theta)|^2 r^2 dr\ \sin\theta d\theta < \infty$ という条件を満たす関数である．

合成関数の微分法により，任意の $f \in \mathsf{C}_0^\infty(\mathbb{R}^3)$ に対して

$$TL_1 f = i(\sin\phi\partial_\theta + \cot\theta\cos\phi\partial_\phi)Tf,$$
$$TL_2 f = i(-\cos\phi\partial_\theta + \cot\theta\sin\phi\partial_\phi)Tf$$

を示すことができる．これらの表示式と (4.89) を用いて，初等的であるが，やや長い計算を行うことにより，任意の $f \in \mathsf{C}_0^\infty(\mathbb{R}^3)$ に対して

$$T\Lambda f = \hat{\Lambda}Tf, \quad (4.91)$$

$$\hat{\Lambda} := -\frac{1}{\sin\theta}\partial_\theta(\sin\theta\,\partial_\theta) - \frac{1}{\sin^2\theta}\partial_\phi^2 \quad (4.92)$$

が成り立つことがわかる．作用素 $\hat{\Lambda}$ の形をみればわかるように，その固有関数は変数分離法によって求められることが予想されよう．実際，f を θ だけの関数とし

$$\Phi(\theta, \phi) = f(\theta)e^{im\phi}\ (m \in \mathbb{Z})$$

とすれば

$$\hat{\Lambda}\Phi = -e^{im\phi}\left\{\frac{1}{\sin\theta}\partial_\theta(\sin\theta\partial_\theta) - \frac{m^2}{\sin^2\theta}\right\}f(\theta)$$

であるから，$\hat{\Lambda}$ の固有ベクトル方程式

$$\hat{\Lambda}\Phi = \lambda\Phi$$

$(\lambda \in \mathbb{R})$ は

$$\left\{\frac{1}{\sin\theta}\partial_\theta(\sin\theta\partial_\theta) - \frac{m^2}{\sin^2\theta} + \lambda\right\} f(\theta) = 0 \tag{4.93}$$

という形をとる．$x = \cos\theta, f(\theta) = F(x)$ とすれば，この方程式は

$$(1-x^2)\frac{d^2F(x)}{dx^2} - 2x\frac{dF(x)}{dx} + \left\{\lambda - \frac{m^2}{1-x^2}\right\} F(x) = 0 \tag{4.94}$$

と書かれる．これは級数展開の方法で解くことができる*31．特に，$\lambda = \ell(\ell+1)$ かつ ℓ が非負の整数の場合を考えると，(4.94) は古典的な微分方程式論において，**ルジャンドルの陪多項式**の満たす微分方程式として知られている方程式にほかならない．ルジャンドルの陪多項式というのは

$$P_\ell^m(x) = (1-x^2)^{m/2}\frac{d^m}{dx^m}P_\ell(x),\ P_\ell^{-m}(x) := P_\ell^m(x),\ (m \geq 0) \tag{4.95}$$

によって定義される多項式である．ここで，右辺の関数 $P_\ell(x)$ はルジャンドルの名で呼ばれる ℓ 次の多項式で

$$P_\ell(x) = \frac{(-1)^\ell}{2^\ell \ell!}\left(\frac{d}{dx}\right)^\ell (1-x^2)^\ell \tag{4.96}$$

という形をもち，**ルジャンドルの微分方程式**

$$(1-x^2)\frac{d^2P_\ell(x)}{dx^2} - 2x\frac{dP_\ell(x)}{dx} + \ell(\ell+1)P_\ell(x) = 0 \tag{4.97}$$

を満たす*32．したがって，(4.93) の一つの解は $f(\theta) = P_\ell^m(\cos\theta)$ である．$|m| > \ell$ ならば $P_\ell^m = 0$ であることに注意しよう．

次の式を証明することができる (証明は難しくない) *33：

$$\int_0^\pi P_\ell^m(\cos\theta)P_{\ell'}^m(\cos\theta)\sin\theta\,d\theta = \frac{(\ell+m)!}{(\ell-m)!}\frac{2}{2\ell+1}\delta_{\ell\ell'}, \quad |m| \leq \ell. \tag{4.98}$$

---

*31 たとえば，[13] の 2 章を参照.

*32 [7] の 1 章，演習問題 7 を参照．詳しくは，[13] の 2 章または [12] の p.57 をみよ.

*33 [13] の 2 章または [12] の p.136 を参照.

したがって，特に $P_\ell^m(\cos\theta)$ は $\mathsf{L}^2([0,\pi],\sin\theta\,d\theta)$ の元であり，$\ell\neq\ell'$ ならば，$P_\ell^m(\cos\theta)$ と $P_{\ell'}^m(\cos\theta)$ は直交する．関数

$$Y_{\ell,m}(\theta,\phi)=(-1)^m\frac{(\ell-m)!}{(\ell+m)!}P_\ell^m(\cos\theta)e^{im\phi},\quad |m|\leq\ell \tag{4.99}$$

およびその 1 次結合は ℓ 次の**球関数**と呼ばれる．関数系

$$\mathcal{Y}:=\{Y_{\ell,m}||m|\leq\ell,\ \ell\in\mathbb{N}\cup\{0\}\}$$

は $\mathsf{L}^2([0,\pi]\times[0,2\pi],\sin\theta d\theta\otimes d\phi)$ において完全直交系であることを証明することができる*34．したがって，任意の $\psi\in\mathsf{L}^2(\Omega,d\nu)$ と a.e.$r>0$ に対して，$\mathsf{L}^2([0,\pi]\times[0,2\pi],\sin\theta d\theta\otimes d\phi)$ の収束の意味で

$$\psi(r,\theta,\phi)=\sum_{\ell=0}^{\infty}\sum_{m=-\ell}^{\ell}a_{\ell,m}(r)Y_{\ell,m}(\theta,\phi) \tag{4.100}$$

と展開される．ここで, 展開係数 $a_{\ell,m}(r)$ については，ベッセルの不等式の応用により，任意の $L\in\mathbb{N}$ に対して

$$\sum_{\ell=0}^{L}\sum_{m=-\ell}^{\ell}\|Y_{\ell,m}\|^2|a_{\ell,m}(r)|^2\leq\int_{[0,\pi]\times[0,2\pi]}|\psi(r,\theta,\phi)|^2\sin\theta\,d\theta\,d\phi$$

が成り立つことがわかる．これとルベーグの優収束定理により，(4.100) は，$\mathsf{L}^2(\Omega,d\nu)$ における収束の意味でも成立することがわかる．したがって, $\mathsf{L}^2(\Omega,d\nu)$ の部分空間 K_ℓ を

$$\mathsf{K}_\ell:=\left\{\sum_{m=-\ell}^{\ell}a_m(r)Y_{\ell,m}(\theta,\phi)\Big|\int_0^\infty|a_m(r)|^2r^2dr<\infty\right\} \tag{4.101}$$

によって定義すれば，これは閉部分空間であり

$$\mathsf{L}^2(\Omega,d\nu)=\bigoplus_{\ell=0}^{\infty}\mathsf{K}_\ell \tag{4.102}$$

*34 たとえば, [23] の 5 章 §2 を参照．いまは，この事実を認めて，この項の終わりまで読み進んだほうが全体の流れを把握しやすいであろう．

と直和分解される．したがって

$$\mathsf{L}^2(\mathbb{R}^3) = \bigoplus_{\ell=0}^{\infty} T^{-1}\mathsf{K}_\ell \tag{4.103}$$

が成り立つ．

関数系 $\mathcal{Y}$ によって生成される，$\mathsf{L}^2([0,\pi]\times[0,2\pi], \sin\theta d\theta \otimes d\phi)$ の部分空間 $\mathsf{D}_\mathcal{Y} := \mathcal{L}(\mathcal{Y})$ を定義域とする線形作用素 R_Λ を

$$R_\Lambda f := -\left(\frac{1}{\sin\theta}\partial_\theta(\sin\theta\,\partial_\theta) + \frac{1}{\sin^2\theta}\partial_\phi^2\right) f, \quad f \in \mathsf{D}_\mathcal{Y} \tag{4.104}$$

によって定義する．関数系 $\mathcal{Y}$ の完全性により，R_Λ は対称作用素である．その閉包も同じ記号 R_Λ で表す．このとき

$$\sigma(R_\Lambda) = \sigma_\mathrm{p}(R_\Lambda) = \{\ell(\ell+1) | \ell \in \{0\} \cup \mathbb{N}\}, \tag{4.105}$$

$$\mathsf{M}_\ell := \ker(R_\Lambda - \ell(\ell+1)) = \mathcal{L}(\{Y_{\ell,m} |\, |m| \le \ell\}). \tag{4.106}$$

$\dim \mathsf{M}_\ell = 2\ell+1$ であるから，R_Λ の固有値 $\ell(\ell+1)$ は $(2\ell+1)$ 重に縮退している．

さて，$W : \mathsf{L}^2(\Omega, d\nu) \to \mathsf{L}^2(\mathbb{R}_+, r^2dr) \otimes \mathsf{L}^2([0,\pi]\times[0,2\pi], \sin\theta d\theta \otimes d\phi)$ を自然な同型とすれば

$$W\hat{\Lambda}W^{-1} \supset I \otimes R_\Lambda | \mathsf{L}^2(\mathbb{R}_+, r^2dr)\hat{\otimes}\mathsf{D}_\mathcal{Y} \tag{4.107}$$

が成り立つ．したがって $WT\Lambda T^{-1}W^{-1} \supset I \otimes R_\Lambda | \mathsf{L}^2(\mathbb{R}_+, r^2dr)\hat{\otimes}\mathsf{D}_\mathcal{Y}$．[7] の 2.9.6 項の事実によって，$R_\Lambda$ は $\mathsf{D}_\mathcal{Y}$ 上で本質的に自己共役であるから，$I \otimes R_\Lambda$ は $\mathsf{L}^2(\mathbb{R}_+, r^2dr)\hat{\otimes}\mathsf{D}_\mathcal{Y}$ 上で本質的に自己共役である．したがって作用素の等式

$$WT\Lambda T^{-1}W^{-1} = I \otimes R_\Lambda \tag{4.108}$$

が成り立つ．これとテンソル積のスペクトルの理論により，次の定理が得られる：

定理 4.54

$$\sigma(\Lambda) = \sigma_\mathrm{p}(\Lambda) = \{\ell(\ell+1) | \ell \in \mathbb{N} \cup \{0\}\} \tag{4.109}$$

であり

$$\ker(\Lambda - \ell(\ell+1)) = T^{-1}\mathsf{K}_\ell = T^{-1}W^{-1}\mathsf{L}^2(\mathbb{R}_+, rdr) \otimes \mathsf{M}_\ell. \tag{4.110}$$

軌道角運動量の大きさは

$$|\mathbf{L}| := \Lambda^{1/2} \tag{4.111}$$

によって定義される．上の定理とスペクトル写像定理により

$$\sigma(|\mathbf{L}|) = \sigma_{\mathrm{p}}(|\mathbf{L}|) = \{\sqrt{\ell(\ell+1)} | \ell \in \{0\} \cup \mathbb{N}\}. \tag{4.112}$$

$|\mathbf{L}|$ の固有値 $\sqrt{\ell(\ell+1)}$ を特徴づける非負整数 ℓ を軌道角運動量の**量子数**という．

(4.89) によって，閉部分空間 $T^{-1}\mathsf{K}_\ell$ は e^{-itL_3} の不変部分空間であり，L_3 の $T^{-1}\mathsf{K}_\ell$ における簡約部分は $(2\ell+1)$ 個の固有値 $m = -\ell, -\ell+1, \cdots, \ell$ をもつことがわかる．これを軌道角運動量の**方向量子化**という[*35]．

4.10.4 シュレーディンガー型作用素の簡約

この項では次の仮定のもとで考察する：

仮定 ：ポテンシャル $V : \mathbb{R}^3 \to \mathbb{R}$ は回転対称であるとし，シュレーディンガー型作用素 $H_V := -\Delta + V$ は $\mathsf{D}(\Delta) \cap \mathsf{D}(V)$ 上で本質的に自己共役であるとする (その閉包も同じ記号で表す)．

補題 4.55 H_V と Λ は強可換である．

証明 すでにみたように，任意の $t \in \mathbb{R}$ に対して，$e^{itH_V} L_j e^{-itH_V} = L_j$．したがって，すべての $f, g \in \mathsf{C}_0^\infty(\mathbb{R}^3)$ に対して

$$\begin{aligned}\left\langle \Lambda^{1/2} f, \Lambda^{1/2} g \right\rangle &= \sum_{j=1}^{3} \langle L_j e^{-itH_V} f, L_j e^{-itH_V} g \rangle \\ &= \left\langle \Lambda^{1/2} e^{-itH_V} f, \Lambda^{1/2} e^{-itH_V} g \right\rangle\end{aligned}$$

が成り立つ．$\mathsf{C}_0^\infty(\mathbb{R}^3)$ は $\Lambda^{1/2}$ の芯であったから，極限議論により，この等式は，すべての $f, g \in \mathsf{D}(\Lambda^{1/2})$ へと拡張される (同時に $e^{-itH_V}\mathsf{D}(\Lambda^{1/2}) \subset \mathsf{D}(\Lambda^{1/2})$ がわかる)．すると $\Lambda \subset e^{itH_V} \Lambda e^{-itH_V}$ が導かれる．したがって，$\Lambda = e^{itH_V} \Lambda e^{-itH_V}$．これは，$\Lambda$ と H_V の強可換性を意味する． ■

[*35] 軌道角運動量の第一成分 L_1，第二成分 L_2 についても同様のことが示される．

さて

$$T H_V T^{-1} = \widetilde{H}_V \tag{4.113}$$

とおけば，補題 4.55 により，$\widetilde{H}_V$ は，直和分解 (4.102) に応じて直和分解されるので，その K_ℓ における部分を $\widetilde{H}_V^{(\ell)}$ とする．

$$\widetilde{\mathsf{D}}_\ell = \mathcal{L}\{f \times Y_{\ell,m} |\ |m| \le \ell, f \in C_0^\infty(\mathbb{R}_+)\}$$

とすれば

$$\widetilde{H}_V^{(\ell)} | \widetilde{\mathsf{D}}_\ell = -\partial_r^2 - \frac{2}{r}\partial_r + V(r) + \frac{\ell(\ell+1)}{r^2} \tag{4.114}$$

となる．こうして，H_V の解析は，$\mathsf{L}^2(\mathbb{R}_+, r^2 dr)$ 上の作用素 $\widetilde{H}_V^\ell$ の解析に還元される．

4.11　リー代数的構造と対称性

4.11.1　リー代数とその表現

これまでは，群の表現という観点から，量子系における対称性の構造に関する基本的側面をみてきた．ここで，前節までの議論を注意深く振り返って眺めると，連続群 (位相群) のユニタリ表現の場合，表現の特性は，最終的には，その表現の生成子—たとえば，回転群のユニタリ表現の場合には，軌道角運動量であり，空間並進群 $\mathbb{R}^d$ の場合には，運動量，時間並進群の場合には，ハミルトニアン—のそれに帰着されることがわかる．ゆえに，この場合には，対称性の現出にあたって，生成子の集合がより基本的であると考えられる．そこで，もし生成子の集合が何らかの普遍的な代数的構造を有するならば．むしろ，この代数的構造のほうを，群よりも高い位階にあって，より深い次元から対称性を統制している基本的理念の一つとみなすことができよう．実際にそのような代数的構造は存在する．その一つが次に定義するリー代数である．

定義 4.56　$\mathfrak{g}$ を $\mathbb{K}$ 上のベクトル空間とする．写像 $[\cdot,\cdot] : \mathfrak{g} \times \mathfrak{g} \to \mathfrak{g}; \mathfrak{g} \times \mathfrak{g} \ni (X, Y) \mapsto [X, Y]$ があって，次の条件 (i)～(iii) を満たすとき，この写像を $\mathfrak{g}$ 上の**括弧積**または**リー括弧積**と呼び，$\mathfrak{g}$ を $\mathbb{K}$ 上の**リー代数**または**リー環**という．

(i) (線形性) $[aX+bY,Z]=a[X,Z]+b[Y,Z]$, $a,b\in\mathbb{K}$, $X,Y,Z\in\mathsf{g}$.

(ii) (反対称性) $[X,Y]=-[Y,X]$, $X,Y\in\mathsf{g}$.

(iii) (ヤコビ恒等式) $[X,[Y,Z]]+[Y,[Z,X]]+[Z,[X,Y]]=0$, $X,Y,Z\in\mathsf{g}$.

$\mathbb{K}=\mathbb{R},\mathbb{C}$ に応じて，それぞれ，g を**実リー代数**，**複素リー代数**という．

例 4.37 V を $\mathbb{K}$ 上のベクトル空間とするとき，V 上の線形作用素の全体 L(V) は交換子積 $[A,B]:=AB-BA$ を括弧積として $\mathbb{K}$ 上のリー代数になる．

例 4.38 $\mathbb{K}$ 上の n 次の正方行列の全体 $\mathsf{M}_n(\mathbb{K}):=\{A=(A_{ij})_{i,j=1,\cdots,n}|A_{ij}\in\mathbb{K}\}$ は交換子積によって，$\mathbb{K}$ 上のリー代数になる．このリー代数を $\mathsf{gl}(n,\mathbb{K})$ と表し，**一般線形リー代数**という．これはリー代数としての $\mathsf{L}(\mathbb{K}^n)$ (前例) と同じである．

例 4.39 $N\in\mathbb{N}$ に対して

$$\mathsf{u}(N):=\{X\in\mathsf{gl}(N,\mathbb{C})|e^{tX}\in\mathrm{U}(N),\forall t\in\mathbb{R}\}$$

はリー代数をなす．これを示すために，まず，すべての $t\in\mathbb{R}$ に対して，$e^{tX}\in\mathrm{U}(N)$ ならば，ストーンの定理により，N 次のエルミート行列 A があって，$X=iA$ と書けることに注意する．したがって，X は交代行列である．逆に，X が交代行列ならば，$A:=-iX$ はエルミート行列であるので，すべての $t\in\mathbb{R}$ に対して，$e^{tX}=e^{itA}\in\mathrm{U}(N)$ である．したがって

$$\mathsf{u}(N)=\{X\in\mathsf{gl}(N,\mathbb{C})|X^*+X=0\}. \tag{4.115}$$

右辺の集合が交換子積に関してリー代数をなすことは容易にわかる．$\mathsf{u}(N)$ を **N 次元ユニタリ群 $\mathrm{U}(N)$ のリー環**という．

例 4.40 $N\in\mathbb{N}$ に対して

$$\mathsf{su}(N):=\{X\in\mathsf{gl}(N,\mathbb{C})|e^{tX}\in\mathrm{SU}(N),\forall t\in\mathbb{R}\}$$

はリー代数をなす．証明は次の通り：前例により，任意の $X\in\mathsf{su}(N)$ は $X=iA$ と書ける (A はエルミート行列)．$\det e^{tX}=1$ により，$e^{it\mathrm{Tr}\,A}=1$．これがすべての $t\in\mathbb{R}$ に対して成立しなければならないから，$\mathrm{Tr}\,A=0$ である．逆に X を，$\mathrm{Tr}\,X=0$ を満たす交代行列とすれば，すべての $t\in\mathbb{R}$ に対して $e^{tX}\in\mathrm{SU}(N)$ であることは容易にわかる．よって

$$\mathsf{su}(N):=\{X\in\mathsf{gl}(N,\mathbb{C})|X+X^*=0,\mathrm{Tr}\,X=0\}. \tag{4.116}$$

右辺の集合がリー代数になることも簡単に示される．$\mathsf{su}(N)$ を **N 次元特殊ユニタリ群 $\mathrm{SU}(N)$ のリー環**という．

例 4.41 例 4.39, 例 4.40 と同様に, V が有限次元ベクトル空間で G が V 上の線形リー群であるとき,

$$\mathsf{g} := \{X \in \mathsf{L}(\mathsf{V}) | e^{tX} \in G, \forall t \in \mathbb{R}\} \tag{4.117}$$

によって定義される集合は交換子積に関してリー代数をなすことが証明される (簡単ではない)*36. このリー代数を**線形リー群 G のリー環**という.

注意 4.7 上述の例においては, リー括弧積は交換子積で与えられているが, そうでないリー代数の例も存在する (演習問題 5).

例 4.39, 例 4.40, 例 4.41 は線形リー群と特定のリー代数との関係を与える. 一般のリー群についても同様の関係がある. 非常に大ざっぱにいえば, リー群というのは, リー代数を "積分して" 得られるものでり, 逆にみれば, リー代数とは, リー群の "微分" なのである. これが, リー群よりもリー代数の方をより根源的な存在とみる理由の一つである.

群の場合と同様, リー代数についてもその表現の概念が存在する:

定義 4.57 g を $\mathbb{K}$ 上のリー代数, V を $\mathbb{K}$ 上のベクトル空間とする. 写像 π : $\mathsf{g} \to \mathsf{L}(\mathsf{V})$ が線形であり, かつ $[\pi(X), \pi(Y)] = \pi([X, Y])$, $X, Y \in \mathsf{g}$ が成り立つとき, (π, V) または単に π を g の V 上での**表現**という. この場合, V を g の**表現空間**と呼ぶ. 表現空間がヒルベルト空間の部分空間の場合には, **ヒルベルト空間表現**という.

V の部分空間 D について, $\pi(X)\mathsf{D} \subset \mathsf{D}$, $X \in \mathsf{g}$ が成り立つとき, D を π の**不変部分空間**という.

もし, π の不変部分空間が $\{0\}$, V—これらを自明な不変部分空間という—のほかにないならば, π は**既約**であるという.

注意 4.8 言葉の混用であるが, $\{\pi(X) | X \in \mathsf{g}\}$ を g の表現という場合もある.

例 4.42 V をベクトル空間とする. L(V) の部分空間 h が交換子積に関して閉じていれば (i.e., $A, B \in \mathsf{h} \Longrightarrow [A, B] \in \mathsf{h}$), h は交換子積に関してリー代数をなす. この場合, $\pi(A) := A, A \in \mathsf{h}$ とすれば, (π, V) は h の表現を与える. これを h の**恒等表現**という.

---

*36 たとえば, [23] の 3 章を参照.

例 **4.43**　g を $\mathbb{K}$ 上のリー代数とする．各 $X \in \mathsf{g}$ に対して，$\mathrm{Ad}(X) \in \mathsf{L}(\mathsf{g})$ を

$$\mathrm{Ad}(X)(Y) := [X, Y], \quad Y \in \mathsf{g}$$

によって定義できる．このとき，Ad は g 上での g の表現である．これを g の**随伴表現** (adjoint representation) という．

例 **4.44**　$\mathsf{L}^2(\mathbb{R}^3)$ で働く軌道角運動量 (L_1, L_2, L_3) は交換関係

$$[L_j, L_k] = i \sum_{l=1}^{3} \varepsilon_{jkl} L_l \quad (\mathsf{C}_0^\infty(\mathbb{R}^3) \text{ 上}) \tag{4.118}$$

を満たす ([8] の 3 章, 3.4.4 項)．したがって，L_1, L_2, L_3 から生成される，$\mathsf{L}(\mathsf{C}_0^\infty(\mathbb{R}^3))$ の部分空間 $\{\sum_{j=1}^3 \alpha_j L_j | \alpha_j \in \mathbb{C}, j = 1, 2, 3\}$ は交換子積に関してリー代数をなす．

リー代数の同型の概念は次のように定義される：

定義 4.58　$\mathsf{g}_1, \mathsf{g}_2$ を $\mathbb{K}$ 上のリー代数とする．ベクトル空間同型 (i.e., 全単射な線形作用素) $T : \mathsf{g}_1 \to \mathsf{g}_2$ で括弧積を保存するもの，すなわち，$[T(X), T(Y)] = T([X, Y])$, $X, Y \in \mathsf{g}_1$ を満たすものが存在するとき，g_1 と g_2 は同型であるという．T を**リー代数の同型写像**という．

4.11.2　リー代数に関する対称性

g を複素リー代数とし，(π, V) を g の複素ヒルベルト空間表現とする (V は複素ヒルベルト空間 H の部分空間)．H 上の自己共役作用素 A—量子力学のコンテクストでは物理量—について，$e^{itA}\pi(X) \subset \pi(X)e^{itA}, \forall t \in \mathbb{R}, \forall X \in \mathsf{g}$ が成り立つとき，A は g-**対称性**をもつという．

この対称性の概念は，群に関する対称性のある種の一般化になっていることが次のようにしてわかる．いま，各 $X \in \mathsf{g}$ に対して，$\pi(X)$ は本質的に自己共役であるとしよう．(その閉包も同じ記号 $\pi(X)$ で表す)．このとき，ストーンの定理により，$\pi(X)$ は強連続 1 パラメーターユニタリ群 $\{e^{it\pi(X)}\}_{t\in\mathbb{R}}$ を生成する．そこで

$$G_{\mathsf{g}} := \{I, e^{it_1\pi(X_1)} \cdots e^{it_n\pi(X_n)} | n \in \mathbb{N}, t_j \in \mathbb{R}, X_j \in \mathsf{g}, j = 1, \cdots, n\} \tag{4.119}$$

とおけば，これは H 上のユニタリ群 $\mathcal{U}(\mathsf{H})$ の部分群である．自己共役作用素 A が g-対称性をもてば，任意の $X \in \mathsf{g}$ に対して，$\pi(X)$ は A と強可換であることがわかる．したがって，$e^{it\pi(X)}Ae^{-it\pi(X)} = A$, $\forall t \in \mathbb{R}$ が導かれる．これは A の G_{g}-対称性を意味する*37.

逆に A が G_{g}-対称性をもてば，A は g-対称性をもつことも容易にわかる．

だが，上の定義の要点は，$\pi(X)$ が必ずしも本質的に自己共役である必要はないこと，また，本質的に自己共役であっても，g-対称な自己共役作用素が，G_{g} を含む，より大きな群に関する対称性をもつ必要はないという点にある．

4.11.3　ハイゼンベルク・リー代数の表現としての正準交換関係

N を自然数とする．$(2N+1)$ 個の元 $X_1, \cdots, X_N, Y_1, \cdots, Y_N, Z \neq 0$ から生成される複素リー代数 h において

$$[X_j, Y_k] = i\delta_{jk}Z, \quad [X_j, X_k] = 0, \quad [Y_j, Y_k] = 0, \tag{4.120}$$

$$[X_j, Z] = 0, [Y_j, Z] = 0, \quad j, k = 1, \cdots, N \tag{4.121}$$

が成り立つとき，h を $(2N+1)$ **次元のハイゼンベルク・リー代数**という．

前著 [8] において，正準交換関係 (CCR) の表現を量子力学の基本原理の一つに据えたが，実は，それは抽象的な意味でのハイゼンベルク・リー代数の表現とみるのが適切である．実際，次の事実が成り立つ：

定理 4.59　$\{\mathsf{H}, \mathsf{D}, \{Q_j, P_j\}_{j=1}^N\}$ を自由度 N の CCR の表現とするとき (ただし，$Q_j\mathsf{D} \subset \mathsf{D}, P_j\mathsf{D} \subset \mathsf{D}$, $j = 1, \cdots, N$ とする)，表現 $\pi : \mathsf{h} \to \mathsf{L}(\mathsf{D})$ (D 上の線形作用素の全体) で

$$\pi(X_j) = Q_j, \quad \pi(Y_j) = P_j, \quad \pi(Z) = I \ (j = 1, \cdots, N)$$

を満たすものが存在する．π は単射である．

証明　h の元 $X_1, \cdots, X_N, Y_1, \cdots, Y_N, Z$ は線形独立である．実際，$\sum_{j=1}^N \alpha_j X_j + \sum_{j=1}^N \beta_j Y_j + \gamma Z = 0 \cdots (*) (\alpha_j, \beta_j, \gamma \in \mathbb{C})$ とし，これと X_k との括弧積を

*37 G_{g} については，恒等表現を採用している．

とれば，$i\beta_k Z = 0$．$Z \neq 0$ であるから，$\beta_k = 0$．また，$(*)$ と Y_k との括弧積を考えると $\alpha_k = 0$ を得る．したがって，$\gamma = 0$ も出る．同様にして，$Q_1, \cdots, Q_N, P_1, \cdots, P_N, I$ は $\mathsf{L}(\mathsf{D})$ の元として線形独立である．したがって，ベクトル空間同型写像に関する存在定理 ([5] の p.31，定理 1.22) により，ベクトル空間同型写像 $\pi : \mathsf{h} \to \mathcal{L}(\{I, Q_j, P_j | j = 1, \cdots, N\})$ で $\pi(X_j) = Q_j, \pi(Y_j) = P_j, \pi(Z) = I$ を満たすものがただ一つ存在する．これが h の表現であることは容易にわかる．■

4.11.4　リー代数の表現としての第二量子化

H を複素ヒルベルト空間，$\mathcal{F}(\mathsf{H}) = \oplus_{n=0}^{\infty} \otimes^n \mathsf{H}$ を H 上の全フォック空間とし ([8] の 4 章，4.3 節)，H 上の稠密に定義された可閉作用素 A の第二量子化作用素を $d\Gamma(A)$ とする[*38]．H の部分空間 D に対して，$\mathcal{F}(\mathsf{H})$ の部分空間

$$\mathcal{F}_{\text{fin}}(\mathsf{D}) := \{\Psi = \{\Psi^{(n)}\}_{n=0}^{\infty} | \text{ある番号 } n_0 \text{ があって，} n \geq n_0 \text{ ならば } \Psi^{(n)} = 0$$
$$\Psi^{(n)} \in \hat{\otimes}^n \mathsf{D}, n \geq 0\} \tag{4.122}$$

を定義する．次の事実が成り立つ：

補題 4.60　A, B を H 上の稠密に定義された可閉作用素とし，$[A, B]$ も稠密に定義された可閉作用素であるとする ($\mathsf{D}([A, B]) := \mathsf{D}(AB) \cap \mathsf{D}(BA)$)．このとき，すべての $\Psi \in \mathcal{F}_{\text{fin}}(\mathsf{D}([A, B]))$ に対して

$$[d\Gamma(A), d\Gamma(B)]\Psi = d\Gamma([A, B])\Psi. \tag{4.123}$$

証明　$n \in \mathbb{N}$ を任意として，$\Psi = \otimes_{j=1}^n \Psi_j, \Psi_j \in \mathsf{D}$ という形のベクトル Ψ に対して (4.123) を示せばよい．第二量子化作用素の定義により

$$d\Gamma(A)d\Gamma(B)\Psi = \sum_{k \neq j}^{n} \sum_{j=1}^{n} \psi_1 \otimes \cdots \overset{k\text{ 番目}}{A\psi_k} \otimes \cdots \otimes \overset{j\text{ 番目}}{B\psi_j} \otimes \cdots \otimes \psi_n$$
$$+ \sum_{j=1}^{n} \psi_1 \otimes \cdots \otimes \overset{j\text{ 番目}}{AB\psi_j} \otimes \cdots \otimes \psi_n.$$

---

*38　[8] の 4 章では，A が自己共役の場合だけ考えたが，容易にわかるように，A が稠密に定義された可閉作用素の場合にも，$d\Gamma(A)$ はまったく同じ形で定義される．

$d\Gamma(B)d\Gamma(A)\Psi$ は，いまの式で A と B を入れ換えたものである．これらの事実から (4.123) が得られる．■

さて，H 上の稠密に定義された可閉作用素の集合 g が交換子積に関して複素リー代数をなすとし，H の部分空間 D があって，すべての $A \in \mathsf{g}$ に対して，$\mathsf{D} \subset \mathsf{D}(A)$ かつ $A\mathsf{D} \subset \mathsf{D}$ (i.e., D は g の不変部分空間) が成り立つものとする*39．このとき，写像 $\pi : \mathsf{g} \to \mathsf{L}(\mathcal{F}_{\mathrm{fin}}(\mathsf{D}))$ を

$$\pi(A)\Psi := d\Gamma(A)\Psi, \quad \Psi \in \mathcal{F}_{\mathrm{fin}}(\mathsf{D}) \tag{4.124}$$

によって定義すれば，補題 4.60 によって，$(\pi, \mathcal{F}_{\mathrm{fin}}(\mathsf{D}))$ はリー代数の g の表現であることがわかる．こうして，第二量子化作用素を通して，$\mathsf{L}(\mathsf{H})$ の中のあるクラスのリー代数は全フォック空間上にその表現をもつ．

第二量子化作用素 $d\Gamma(\cdot)$ はボソンフォック空間 $\mathcal{F}_{\mathrm{s}}(\mathsf{H})$ およびフェルミオンフォック空間 $\mathcal{F}_{\mathrm{as}}(\mathsf{H})$ によって簡約される．その簡約部分をそれぞれ，$d\Gamma_{\mathrm{s}}(\cdot), d\Gamma_{\mathrm{as}}(\cdot)$ とし

$$\pi_{\mathrm{s}}(A)\Psi := d\Gamma_{\mathrm{s}}(A)\Psi, \quad \Psi \in P_{\mathrm{s}}\mathcal{F}_{\mathrm{fin}}(\mathsf{D}), \tag{4.125}$$

$$\pi_{\mathrm{as}}(A)\Psi := d\Gamma_{\mathrm{as}}(A)\Psi, \quad \Psi \in P_{\mathrm{as}}\mathcal{F}_{\mathrm{fin}}(\mathsf{D}) \tag{4.126}$$

とすれば ($P_{\mathrm{s}} : \mathcal{F}(\mathsf{H}) \to \mathcal{F}_{\mathrm{s}}(\mathsf{H})$，$P_{\mathrm{as}} : \mathcal{F}(\mathsf{H}) \to \mathcal{F}_{\mathrm{as}}(\mathsf{H})$ はそれぞれ，ボソンフォック空間 $\mathcal{F}_{\mathrm{s}}(\mathsf{H})$，フェルミオンフォック空間 $\mathcal{F}_{\mathrm{as}}(\mathsf{H})$ への正射影作用素)，$\pi_{\mathrm{s}}, \pi_{\mathrm{as}}$ も g の表現を与える．

この種の表現は量子場の理論において重要な役割を演じる．

4.11.5　角運動量代数

すでにみたように (例 4.44)，軌道角運動量が生成するベクトル空間はリー代数をなす．だが，$\mathsf{L}^2(\mathbb{R}^3)$ は具象的なヒルベルト空間であるので，軌道角運動量によって形成されるリー代数はある抽象的なリー代数の表現の一つとみるのが自然である．この考え方は，軌道角運動量 (L_1, L_2, L_3) 以外の物理量で (4.118) と同じ交換関係を満たすものの存在によって補強される．

---

*39 g の自明な例は $\mathsf{g} = \mathsf{B}(\mathsf{H})$．この場合，$\mathsf{D} = \mathsf{H}$．

例 4.45　スピン 1/2 の**スピン角運動量**

$$s_j := \frac{1}{2}\sigma_j, \quad j = 1, 2, 3 \tag{4.127}$$

—$\mathbb{C}^2$ で働く自己共役作用素—も (4.118) と同じ交換関係を満たす．

例 4.46　スピン 1/2 の量子的粒子が N 個存在する系のスピン自由度に関する状態のヒルベルト空間は $\otimes^N \mathbb{C}^2$ であり，この場合の全スピン角運動量 $\mathsf{S}^{(N)} := (S_1^{(N)}, S_2^{(N)}, S_3^{(N)})$ の第 j 成分 $(j = 1, 2, 3)$ は

$$S_j^{(N)} := \sum_{n=1}^{N} I \otimes \cdots \otimes I \otimes \overset{n\,\text{番目}}{s_j} \otimes I \otimes \cdots \otimes I \tag{4.128}$$

(I は恒等作用素) で与えられる．$S_1^{(N)}, S_2^{(N)}, S_3^{(N)}$ も (4.118) と同じ交換関係を満たす．

例 4.47　3 次元ユークリッド空間 $\mathbb{R}^3$ の中に現象する，スピン 1/2 をもつ量子的粒子の状態のヒルベルト空間として，$\mathsf{L}^2(\mathbb{R}^3; \mathbb{C}^2) = \mathsf{L}^2(\mathbb{R}^3) \oplus \mathsf{L}^2(\mathbb{R}^3)$ がとれる．この場合の**全角運動量** $\mathbf{J} := (J_1, J_2, J_3)$ (軌道角運動量 + スピン角運動量) の第 j 成分は

$$J_j := L_j + s_j \quad (j = 1, 2, 3,) \tag{4.129}$$

によって定義される．これらも (4.118) と同じ交換関係にしたがう．

例 4.48　N 個の (内部自由度をもたない) 量子的粒子の系の状態ヒルベルト空間 $\mathsf{L}^2(\mathbb{R}^{3N}) = \otimes^N \mathsf{L}^2(\mathbb{R}^3)$ (自然な同型による同一視) において定義される線形作用素

$$L_j^{(N)} := \sum_{n=1}^{N} I \otimes \cdots \otimes \overset{n\,\text{番目}}{L_j} \otimes I \otimes \cdots \otimes I \tag{4.130}$$

も，たとえば，$\hat{\otimes}^N \mathsf{C}_0^\infty(\mathbb{R}^3)$ ($\hat{\otimes}$ は代数的テンソル積を表す) 上で (4.118) と同じ交換関係を満たす．$L_j^{(N)}$ は本質的に自己共役であり，その閉包も同じ記号 $L_j^{(N)}$ で表すことにする．このとき，自己共役作用素の組 $(L_1^{(N)}, L_2^{(N)}, L_3^{(N)})$ は **N 粒子系の全軌道角運動量**を表す．

例 4.49　N 個のスピン 1/2 の量子的粒子の系の状態ヒルベルト空間 $\otimes_{\mathrm{as}}^N \mathsf{L}^2(\mathbb{R}^3; \mathbb{C}^2)$ ($\mathsf{L}^2(\mathbb{R}^3; \mathbb{C}^2)$ の N 重反対称テンソル積；スピン 1/2 の量子的粒子はフェルミオンであることに注意) において定義される線形作用素

$$J_j^{(N)} := \overline{L_j^{(N)} \otimes I + I \otimes S_j^{(N)}} \quad (j = 1, 2, 3) \tag{4.131}$$

は自己共役である．作用素の組 $\mathbf{J}^{(N)} := (J_1^{(N)}, J_2^{(N)}, J_3^{(N)})$ はこの系における全角運動量を表す．これも (4.118) と同じ交換関係を満たす．

例 4.50 **(量子場の軌道角運動量)** $\mathsf{L}^2(\mathbb{R}^3)$ 上のフォック空間 $\mathcal{F}_{\#}(\mathsf{L}^2(\mathbb{R}^3))$ $(\# = \mathrm{s}, \mathrm{as})$ において

$$M_{\#,j} := d\Gamma_{\#}(L_j) \quad (j = 1, 2, 3)$$

とすれば，これらの作用素は自己共役であり，補題 4.60 によって，$P_{\#}\mathcal{F}_{\mathrm{fin}}(\mathsf{C}_0^{\infty}(\mathbb{R}^3))$ 上で，(4.118) と同じ交換関係を満たすことがわかる．作用素の組 $(M_{\#,1}, M_{\#,2}, M_{\#,3})$ は，量子場の理論のコンテクストでは，4 次元時空におけるスカラー量子場の空間的軌道角運動量を表す．

これらの例を一つのリー代数の異なる表現とみることにより，統一的な観点へと移行することができる．そのリー代数とは次の定義によって与えられるものである．

定義 4.61 3 個の元 J_1, J_2, J_3 $(J_k \neq 0, k = 1, 2, 3)$ から生成される複素リー代数 A が

$$[J_j, J_k] = i\sum_{l=1}^{3} \varepsilon_{jkl} J_l \quad (j, k = 1, 2, 3)$$

を満たすとき，A を**角運動量代数**という．

定理 4.59 と同様にして，L_1, L_2, L_3 は角運動量代数 A の表現であることがわかる (演習問題 6)．

同様にスピン 1/2 の角運動量 s_1, s_2, s_3 も A の表現である．これは既約表現である (演習問題 7)．

上述の他の例もすべて A の表現であることがわかる．

角運動量代数の表現という理念は，先述の例に現れる種々の角運動量を統一するにとどまらず，角運動量の概念を拡大する．たとえば，スピンが 1/2 とは異なるスピン角運動量はもとより，アイソスピンのような内部自由度でさえも一種の角運動量とみなすことが可能になる[*40]．

[*40] **アイソスピン**とは，荷電以外の性質はほぼ等しい素粒子を同じ素粒子の異なる固有状態とみるための量子数である．たとえば，核子のアイソスピンは 1/2 で，通常のスピンの場合と同様，2 種類の固有状態が可能であり，それぞれ，陽子と中性子に対応する．同様に π 中間子のアイソスピンは 1 で 3 種類の異なる固有状態が可能であり，それぞれ，π^+, π^0, π^- という中間子に対応する．

自然哲学的認識論の観点からは，角運動量代数の理念によって，非常に豊かな—事実上，無限的といってよい—量子的現象の展開を内蔵する，自然・宇宙の根源的な構造の一つが認識されたことになるのである．

次の事実にも注目しよう．

命題 4.62 su(2) と A はリー代数として同型である．

証明 su(2) の任意の元 X は，例 4.40 によって

$$X = \begin{pmatrix} \alpha & -\beta^* \\ \beta & -\alpha \end{pmatrix} = 2\alpha s_3 + (\beta - \beta^*)s_1 - i(\beta + \beta^*)s_2$$

という形に書かれる．ただし，$\alpha^* = -\alpha, \beta \in \mathbb{C}$ である．そこで，写像 T : su(2) $\to$ A を

$$T(X) := 2\alpha J_3 + (\beta - \beta^*)J_1 - i(\beta + \beta^*)J_2$$

によって定義すれば，これはリー代数の同型写像を与えることが確かめられる．

■

この命題により，角運動量代数の表現を求める問題は，su(2) の表現を求める問題に帰着される．これを用いることにより，次の重要な事実が得られる．

定理 4.63 $S_j := \pi(J_j)\,(j = 1, 2, 3)$ を有限次元ヒルベルト空間 H における，角運動量代数 A の既約な表現とし，各 S_j は自己共役であるとする．このとき，非負整数または正の半奇数 $(1/2, 3/2, 5/2, \cdots)\ell$ が存在して，$\dim \mathsf{H} = 2\ell + 1$ が成り立つ．この場合，$j = 1, 2, 3$ に対して，$\sigma(S_j) = \sigma_{\mathrm{p}}(S_j) = \{m\}_{m=-\ell}^{\ell}$. 各固有値 m の多重度は 1 である．さらに，A の有限次元既約表現はこの型の表現に限る．

この定理の証明はここではしない*41.

上の定理にいう既約表現を区別する数 ℓ は，物理的には，量子的粒子の角運動量の 1 成分のとりうる値の最大値であると解釈される．スピン角運動量の場

*41 たとえば，[5] の 10 章，演習問題 2 や [23] の III 章，§4 を参照．

合には，これを**スピン量子数**と呼び，A の $(2\ell+1)$ 次元既約表現を**スピン** ℓ **の表現**という．

例 4.51　ℓ 次の球関数 $Y_{\ell,m}$ で生成される，$\mathsf{L}^2([0,\pi]\times[0,2\pi],\sin\theta d\theta\otimes d\phi)$ の部分空間 M_ℓ (4.10.3 項を参照) は

$$\pi(J_1) = i\sin\phi\partial_\theta + i\cot\theta\cos\phi\partial_\phi,$$
$$\pi(J_2) = -i\cos\phi\partial_\theta + i\cot\theta\sin\phi\partial_\phi,$$
$$\pi(J_3) = -i\partial_\phi.$$

によって定義される，角運動量代数の $(2\ell+1)$ 次元既約表現の表現空間である (各 $\pi(J_k)$ は L_k を極座標で表し，作用するベクトル空間を $\mathcal{L}(\{\psi\in\mathsf{M}_\ell|\ell\in\{0\}\cup\mathbb{N}\})$ に制限したものである*42)．

付録 F　位相空間

ユークリッド空間，ヒルベルト空間，バナッハ空間における点どうしの近さは，そのノルムから定義される距離を用いて測られる．だが，集合の中には線形空間でないものも無数にあるし，距離が定義されないものも存在しうる．では，距離の概念が必ずしも存在しないような集合においては，点どうしの近さをどのように測るのが自然であろうか．この問いに応える一つの概念が以下に定義する位相 (topology) という概念である．これは上に言及した空間の開集合全体の構造の抽象化として得られる．

F.1　定　義　と　例

定義 F.1　集合 X の部分集合の一つの族 $\mathcal{T}$ が次の三つの性質を満たすとき，$\mathcal{T}$ を X の (一つの) **位相**あるいは**トポロジー**という：

(T.1)　$\mathsf{X},\emptyset\in\mathcal{T}$.

(T.2)　$\mathcal{T}$ の任意の有限個の集合の共通部分は $\mathcal{T}$ に属する．すなわち，任意の $n\in\mathbb{N}$ と任意の $T_1,\cdots,T_n\in\mathcal{T}$ に対して，$\cap_{i=1}^n T_i\in\mathcal{T}$.

(T.3)　$\mathcal{T}$ の任意個の集合の和集合は $\mathcal{T}$ に属する．すなわち，$T_\alpha\in\mathcal{T}$ $(\alpha\in A;\ A$ は添え字集合) ならば，$\cup_{\alpha\in A}T_\alpha\in\mathcal{T}$ (A は可算集合である必要はない)．

位相 $\mathcal{T}$ をもつ集合 X を**位相空間** (topological space) という．この場合，$\mathcal{T}$ の元を**開集合** (open set) という．

注意 F.1　集合 X が有する位相は一つとは限らないので (以下の例 F.2, 例 F.3 を参照)，位相 $\mathcal{T}$ による位相空間であることを明確したい場合には，$(X,\mathcal{T})$ のように記す．

---

*42 この表現の自然な導出については，[23] の V 章を参照.

例 F.1　E をバナッハ空間とし，E における開集合の全体を $\mathcal{O}_{\mathsf{E}}$ とすれば，$\mathcal{O}_{\mathsf{E}}$ は位相である．

証明　まず，$\mathsf{E}, \emptyset \in \mathcal{O}_E$ は明らか．(T.2) を示すために，$T_1, \cdots, T_n \in \mathcal{O}_{\mathsf{E}}$ を任意にとり，$x \in \cap_{i=1}^n T_i$ とする．このとき，$x \in T_i, i = 1, \cdots, n$．他方，$T_i$ は開集合であるから，ある $\delta_i > 0$ が存在して，$\|x-y\| < \delta_i$ ならば $y \in T_i$．そこで，$\delta = \min\{\delta_1, \cdots, \delta_n\}$ とおけば，$\|x-y\| < \delta$ のとき $y \in \cap_{i=1}^n T_i$，したがって，$\cap_{i=1}^n T_i \in \mathcal{O}_{\mathsf{E}}$．最後に (T.3) を示す．$T_\alpha \in \mathcal{O}_{\mathsf{E}}$ $(\alpha \in A)$ として，$x \in \cup_\alpha T_\alpha$ とする．したがって，ある α_0 があって $x \in T_{\alpha_0}$．T_{α_0} は開集合であるから，ある $\delta_0 > 0$ が存在して，$\|x-y\| < \delta_0$ ならば $y \in T_{\alpha_0} \subset \cup_\alpha T_\alpha$．ゆえに $\cup_\alpha T_\alpha \in \mathcal{O}_{\mathsf{E}}$．

例 F.2　集合 X において，X のすべての部分集合からなる集合族 $D := \{A | A \subset \mathsf{X}\}$ は X の位相の一つである (証明は容易)．この位相を**離散位相**といい，(X, D) を**離散空間**という．

例 F.3　集合 X において，X と空集合 $\emptyset$ だけからなる集合族 $\{\mathsf{X}, \emptyset\}$ は明らかに X の位相の一つである．この位相を**密着位相**といい，$(\mathsf{X}, \{\mathsf{X}, \emptyset\})$ を**密着空間**という．

F.1.1　閉集合と基本近傍系

$(\mathsf{X}, \mathcal{T})$ を位相空間とする．部分集合 $A \subset \mathsf{X}$ について，その補集合 $A^c := \mathsf{X} \setminus A$ が開集合であるとき，A は**閉集合**であるという．

X の開集合で点 $x \in \mathsf{X}$ を含むものを x の**近傍**という．位相空間においては，この近傍なる概念が点どうしの近さを測る尺度を与える．

定義 F.2　X を位相空間とする．点 $x \in \mathsf{X}$ の近傍からなる，一つの集合族 $\mathcal{B}(x)$ は，「x の任意の近傍 U に対して，$V \in \mathcal{B}(x)$ かつ $V \subset U$ となるものが存在する」という性質をもつとき，x の**基本近傍系**と呼ばれる．

例 F.4　バナッハ空間 E の任意の点 x の ε 近傍 $U_\varepsilon(x) := \{y \in \mathsf{E} | \|x-y\| < \varepsilon\}$ の全体 $\mathcal{B}(x) = \{U_\varepsilon(x) | \varepsilon > 0\}$ は x の基本近傍系である．

例 F.5　位相空間 X の点を $x \in \mathsf{X}$ を含む開集合の全体を $\mathcal{O}(x)$ とすれば，これは x の基本近傍系である．

定理 F.3　X を位相空間とし，X の各点 x に対して，基本近傍系 $\mathcal{B}(x)$ が与えられているとする．このとき，X の部分集合 O が開集合であるための必要十分条件は，任意の $x \in O$ に対して，$V \subset O$ となる $V \in \mathcal{B}(x)$ が存在することである．

証明 (必要性) O が開集合ならば，任意の $x \in O$ に対して，O は x の近傍であるから，基本近傍系の定義により，$V \subset O$ となる $V \in \mathcal{B}(x)$ が存在する．

(十分性) 任意の $x \in O$ に対して，$V \subset O$ となる $V \in \mathcal{B}(x)$ が存在するとする．そのような V の一つを V_x と書く．このとき，$O = \{x|x \in O\} \subset \cup_{x\in O} V_x \subset O$．したがって，$O = \cup_{x\in O} V_x$．$V_x$ は開集合であったから，O は開集合である． ■

F.2 連続写像と位相同型

位相空間においては，写像の連続性の概念が定義できる：

定義 F.4 X, Y を位相空間とし，$f : \mathsf{X} \to \mathsf{Y}$ を X から Y への写像とする．

(i) 点 $x \in \mathsf{X}$ について，Y における $f(x)$ の任意の近傍 U に対して，$f^{-1}(U) := \{x \in \mathsf{X}|f(x) \in U\}$ が X の近傍であるとき，f は点 x で**連続**であるという．f がすべての点 $x \in \mathsf{X}$ で連続であるとき，f を**連続写像**と呼ぶ．

(ii) f が連続写像で全単射かつ逆写像 $f^{-1} : \mathsf{Y} \to \mathsf{X}$ も連続であるとき，f を X から Y への**同相写像**または**位相写像**という．

X から Y への同相写像が存在するとき，X と Y は**位相同型**または単に**同相**であるという．

F.3 位相空間の直積

X, Y を位相空間とし，X の各点 x および Y の各点 y に対して，それぞれ，基本近傍系 $\mathcal{B}_{\mathsf{X}}(x), \mathcal{B}_{\mathsf{Y}}(y)$ が与えられているとする．このとき，直積集合 $\mathsf{X} \times \mathsf{Y} := \{(x, y)|x \in \mathsf{X}, y \in \mathsf{Y}\}$ の任意の点 (x, y) に対して，$\mathcal{B}_{\mathsf{X}}(x) \times \mathcal{B}_{\mathsf{Y}}(y) := \{A \times B|A \in \mathcal{B}_{\mathsf{X}}(x), B \in \mathcal{B}_{\mathsf{Y}}(y)\}$ が (x, y) の基本近傍系となるような，$\mathsf{X} \times \mathsf{Y}$ の位相がただ一つ存在する[*43]．この位相をもつ直積集合 $\mathsf{X} \times \mathsf{Y}$ を X と Y の**直積位相空間**という．

ノ ー ト

本章の論述の主眼は，量子力学や量子場の理論における対称性の一般的構造を提示することにある．この一般的枠組みは，非相対論的量子力学や非相対論的量子場の理論のみならず，相対論的量子力学や相対論的量子場の理論にも適用されうることを強調しておきたい．ローレンツ群やポアンカレ群の例を出しておいたのは，この点についての注意を喚起するためである[*44]．

[*43] 証明については，たとえば，竹之内 脩『トポロジー』(廣川書店，1973 (15 版)) の 5 章を参照．

[*44] 特殊相対論的量子場の理論への応用については，[4] の 7.4 節を参照．

紙数の都合上，具体的な例の詳述は，回転群の表現と軌道角運動量の関係に限定せざるを得なかった．同様の方法により，他の群やリー代数の無限次元表現を扱うことが可能である．今日では，群やリー代数の表現論について詳しく論じた数学書も多く出回っている (たとえば，[9, 11, 14, 18, 23])．数理物理学との関連で書かれた連続群論のユニークな書 [22] も本章で扱えなかった内容を補ってくれるだろう．

量子力学の具体的な例に関する群論的あるいはリー代数的議論は，たとえば，[10, 20, 21] にみられる．特に，[10] は，本章では言及することができなかった，素粒子物理学における対称性の役割を理解するのに適している．相対論的量子力学 (ディラック方程式の理論) における対称性については [19] の 2 章，3 章あるいは [4] の 11 章に詳しく書かれている．ローレンツ群やポアンカレ群の量子場の理論における表現の具体的構成については，[4] の 9 章，11 章を参照されたい．

第 4 章　演習問題

1. 命題 4.8 を証明せよ．

2. (4.21) で定義される集合 $\mathcal{L}_+^\uparrow(\mathbb{R}^{d+1})$ が $\mathrm{O}(d,1)$ の部分群であることを証明せよ．ヒント：(4.18) から，$\Lambda^{-1}=\eta^t\Lambda\eta$.

3. $\mathrm{O}(d)$ の $\mathsf{L}^2(\mathbb{R}^d)$ 上でのユニタリ表現 (例 4.26) の強連続性を証明せよ．

4. 各 $j=1,\cdots,d$ に対して，A_j を $\mathbb{R}^d$ 上のボレル可測関数とし，この関数による，$\mathsf{L}^2(\mathbb{R}^d)$ のかけ算作用素も同じ記号で表す．このとき，$\mathbf{A}=(A_1,\cdots,A_d)$ が回転に関してユニタリ装備的であるための必要十分条件は，すべての $g\in\mathrm{SO}(d)$ に対して

$$A_j(g(x))=\sum_{k=1}^d g_{jk}A_k(x),\quad \text{a.e.}x\in\mathbb{R}^d, j=1,\cdots,d$$

が成り立つことであることを証明せよ．このような $\mathbf{A}$ の例を構成せよ．

例：$d=2$ の場合，$B\in\mathbb{R}$ を定数として，$A_1(x)=-Bx_2, A_2(x)=Bx_1$, $x=(x_1,x_2)\in\mathbb{R}^2$．この場合の $\mathbf{A}=(A_1,A_2)$ は，電磁気学のコンテクストでは，$\mathbb{R}^2$ を $\mathbb{R}^3=\{(x_1,x_2,x_3)|x_j\in\mathbb{R}^3, j=1,2,3\}$ の部分空間とみるとき，x_3 軸方向に一様な磁場 B を生み出すベクトルポテンシャルを表す.

5. V を 3 次元実ベクトル空間とし，V の基底 (e_1,e_2,e_3) を任意に一つ固定する．この基底に関するベクトル $x\in\mathsf{V}$ の成分を x^i で表す：$x=\sum_{i=1}^3 x^ie_i$. 写像

$[\cdot,\cdot]: \mathsf{V}\times\mathsf{V}\to\mathsf{V}$ を

$$[x,y] := (x^2y^3 - x^3y^2)e_1 + (x^3y^1 - x^1y^3)e_2 + (x^1y^2 - x^2y^1)e_3, \quad x,y\in\mathsf{V}$$

によって定義する．このとき，この写像は V 上のリー括弧積であることを示せ(したがって，V は $[\cdot,\cdot]$ に関して実リー代数である).

6. $\mathsf{L}^2(\mathbb{R}^3)$ における軌道角運動量 L_1, L_2, L_3 は角運動量代数 A の表現であることを次の手順で証明せよ.

(i) A の生成元 J_1, J_2, J_3 は線形独立であることを示せ.

(ii) 線形な単射 $\pi: \mathsf{A}\to\mathsf{L}(\mathsf{C}_0^\infty(\mathbb{R}^3))$ ($\mathsf{C}_0^\infty(\mathbb{R}^3)$ から $\mathsf{C}_0^\infty(\mathbb{R}^3)$ への線形作用素の全体) で $\pi(J_k) = L_k$ を満たすものが存在することを示せ.

(iii) (ii) の π は A の表現であることを示せ.

7. スピン 1/2 のスピン角運動量 s_1, s_2, s_3 は角運動量代数 A の既約表現の一つであることを示せ.

8. H を複素ヒルベルト空間とし，C を $\mathcal{H}$ 上の共役子とする.

(i) H 上の各反ユニタリ作用素 W に対して，H 上のユニタリ作用素 U がただ一つ存在して，$W = CU$ と表されることを示せ.

(iii) H を H 上の自己共役作用素で C に関して実であるとする．U を H 上のユニタリ作用素で H と強可換なものとし，$W := CU$ とおく．このとき，任意の $t\in\mathbb{R}$ に対して，$We^{-itH} = e^{itH}W$ を示せ.

注意：(ii) の反ユニタリ作用素 W は，ハミルトニアンが H で与えられる量子系における，時間反転–時間並進群の射影表現における時間反転に対応する反ユニタリ作用素の候補でありうる.

関連図書

[1] 新井朝雄,『対称性の数理』, 日本評論社, 1993.

[2] 新井朝雄,『ヒルベルト空間と量子力学』, 共立出版, 1997.

[3] 新井朝雄,『フォック空間と量子場 上』, 日本評論社, 2000.

[4] 新井朝雄,『フォック空間と量子場 下』, 日本評論社, 2000.

[5] 新井朝雄,『物理現象の数学的諸原理–現代数理物理学入門』, 共立出版, 2003.

[6] 新井朝雄,『現代物理数学ハンドブック』, 朝倉書店, 2005.

[7] 新井朝雄・江沢 洋,『量子力学の数学的構造 I』, 朝倉書店, 1999.

[8] 新井朝雄・江沢 洋,『量子力学の数学的構造 II』, 朝倉書店, 1999.
[9] 江沢 洋・島 和久,『群と表現』, 岩波講座・応用数学, 岩波書店, 1994.
[10] H. ジョージアイ,『物理学におけるリー代数—アイソスピンから統一理論へ』(九後汰一郎 訳), 吉岡書店, 1990.
[11] 平井 武・山下 博,『表現論入門セミナー』, 遊星社, 2003.
[12] H. ホックシタット,『特殊関数』(岡崎 誠・大槻義彦 訳), 培風館, 1974.
[13] マージナウ・マーフィー,『物理と化学のための数学 I』(改訂版 28 刷), 共立出版, 共立全書 502, 1973.
[14] 松島与三,『多様体入門』(13 版), 裳華房, 1976.
[15] M,. Reed and B. Simon, Methods of Modern Mathematical Physics I: Functional Analysis, 1972.
[16] M. Reed and B. Simon, Methods of Modern Mathematical Physics IV: Analysis of Operators, Academic Press, 1978.
[17] 佐武一郎,『線型代数学』(32 版), 裳華房, 1976.
[18] 島 和久,『連続群とその表現』, 岩波書店, 1981.
[19] B. Thaller, The Dirac Equation, Springer, 1992.
[20] 朝永振一郎,『角運動量とスピン』, みすず書房, 1989.
[21] E. ウィグナー,『群論と量子力学』(森田正人・森田玲子 訳), 吉岡書店, 1971.
[22] 保江邦夫,『数理物理学方法序説 7 連続群論』, 日本評論社, 2001.
[23] 山内恭彦・杉浦光夫,『連続群論入門』, 培風館, 1960.

5

物理量の摂動と固有値の安定性

この章では，物理量が固有値 E_0 をもつとき，この物理量に摂動が加わった場合，摂動の入った物理量も E_0 の“近くに”固有値をもつか，という基礎的な問題を考察する．この考察の目的の一つは，物理で発見法的に使われている，いわゆる形式的摂動法に対する数学的に厳密な根拠を与えることである．だが，本章の真の目的は，物理量の固有値およびこれに関連する数学的諸対象の在り方をより深い，根源的な相から明晰に認識するための第一の階梯の一部を提示せんとするものである．

5.1　はじめに

前著 [7] の命題 3.3 で証明したように，量子力学的状態の在り方に関する自然な仮定のもとで，量子系の物理量 A の測定値 (観測値) の全体はそのスペクトル $\sigma(A)$ と一致する．したがって，物理量のスペクトルの構造を明らかにすること—**スペクトル解析**—は，量子力学の種々の具象的モデルの理論的結果を実験あるいは観測と比較する意味において欠かすことのできない仕事である．

スペクトル解析のうちで，最も基本的な問題の一つは次のように述べられる：物理量 A が固有値 E_0 をもつとき，この物理量に摂動 B が加わった場合—$A+B$ が自己共役になるという条件のもとで— 摂動の入った物理量 $A+B$ も固有値をもつか？　この問題は摂動のもとでの**固有値の安定性の問題**と呼ばれる[*1]．物理量 $A+B$ が E_0 の“近く”に固有値をもち続ける場合，A の固有値 E_0 は摂動 B のもとで**安定である** (stable) といわれる．そうでない場合，それは摂動 B のもとで**不安定である**という．この章では，この問題に対する一つの解答を与え

[*1] $A+B$ が，さしあたり，本質的に自己共役であるか自己共役拡大 C をもつことしかわからない場合も起こりうる．前者の場合にはその閉包 $\overline{A+B}$ について，後者の場合には C について同じ問題を考える．

る**解析的摂動論** (analytic perturbation theory) と呼ばれる理論について，その基礎的部分を論述する．これは，物理で発見法的に使われている，いわゆる形式的摂動法に対する数学的に厳密な根拠を与えるものである[*2]．

前著 [6, 7] や本書のこれまでの章でみたように，量子力学の具象的モデルにおける物理量は，質量や電荷などの物理定数を含む場合が多い．それらの定数は，数学的には，パラメーターとみなせる．そのようなパラメーターの一つに着目することにより，物理量は，一つの実数パラメーター κ によって添え字づけられた自己共役作用素 $A(\kappa)$ の族 $\{A(\kappa)\}_\kappa$ として捉えることが可能になる．

たとえば，上の B を κB で置き換えることにより，$A(\kappa) := A + \kappa B$ という作用素の族が考えられる．この例では，$\kappa = 0$ における $A(\kappa)$，すなわち，$A(0)$ が無摂動作用素 A を与える．

物理量の族 $\{A(\kappa)\}_\kappa$ に対して，固有値の安定性の問題は次のように定式化される：

> パラメーター κ の特殊な値 κ_0 における作用素 $A(\kappa_0)$—無摂動作用素に相当— が固有値 E_0 をもつとき，κ がどのような範囲にあれば，物理量 $A(\kappa)$ は E_0 の “近く” に固有値をもつか？

この問題は，純数学的な観点からは，パラメーター κ が連続的に変化するときに，作用素 $A(\kappa)$ の諸々の性質—スペクトル特性を含む—がどのように変わるか，あるいは変わらないかを探究する作用素論的研究の一環として位置づけることができる．以上が本章で提示する理論に対する基本的動機である．

注意 5.1　上述の作用素 $A(\kappa)$ の固有値問題を考える場合，新しいパラメーター λ を $\lambda := \kappa - \kappa_0$ によって導入し $\widetilde{A}(\lambda) := A(\lambda + \kappa_0)$ とおけば，$\widetilde{A}(0) = A(\kappa_0)$ である．すなわち，$\widetilde{A}(\lambda)$ において $\lambda = 0$ の場合がもともとの問題での無摂動作用素 $A(\kappa_0)$ を与える．したがって，摂動のもとでの固有値の安定性の問題においては，摂動の入った作用素を指定するパラメーターの空間は—必要ならば今述べたパラメーター変換を行うことにより—原点を含む近傍であるとして一般性を失わない．5.4 節以降での議論は，この観点を前提としている．

---

*2　解析的摂動論は**正則的摂動論** (regular perturbation theory) とも呼ばれる．

5.2 複素変数のバナッハ空間値関数

複素解析学で学ぶように，たとえば，実変数の複素数値関数がテイラー展開可能な場合，この関数は，複素解析関数の実変数への制限とみることができる．この教えに習うならば，もっと一般的なコンテクストにおいても，実数パラメーター κ をもつ対象があるとき，κ を複素数まで拡張して考えるのは—それがうまくいくかどうかという問題はさしあたり脇において— 自然な方法の一つである．複素関数論との類推からいえば，この方法は，少なくとも“解析的な”範疇を扱う場合には—もちろん，考察の対象に応じて自然な“解析性”の概念が見いだされたとしての話であるが— 有効であろうことが推察される．

前節のコンテクストでいえば，作用素の族 $\{A(\kappa)\}_\kappa$ を指定するパラメーター κ を複素数まで拡張して考えることになる．この場合，対応 : $\kappa \mapsto A(\kappa)$ は複素変数 κ を変数とし，ヒルベルト空間上の作用素に値をとる写像—このような写像を**複素変数の作用素値関数**という— とみることができる．そこで，このような関数についての解析学を構築する必要がある．だが，結論から言えば，この作業は，より普遍的な観点から行ったほうが統一的で明晰な認識をもたらすことがわかる．すなわち，写像の値域をヒルベルト空間上の作用素の集合に限るのではなく，これを概念的に含む，もっと一般的な集合にとるのである．しかし，いきなり一般的な場合を扱うのは，本書の範囲を越える．そこで，この節では，ヒルベルト空間 H 上の有界線形作用素の空間 B(H) がバナッハ空間になることに留意し，まず，複素平面 $\mathbb{C}$ の開集合を定義域として，バナッハ空間に値をとる写像について基礎的な事柄を論じる[*3]．

5.2.1 連続性と解析性

D を $\mathbb{C}$ の開集合，X を $\mathbb{C}$ 上のバナッハ空間 (複素バナッハ空間) とする．D から X への写像 $F : D \to \mathsf{X}; D \ni z \mapsto F(z) \in \mathsf{X}$，すなわち，$D$ 上の X 値関数を D で定義された，**複素変数のバナッハ空間値関数**という．

[*3] バナッハ空間については，[6] の 1 章，1.2.6 項を参照．

定義 5.1　$F: D \to \mathsf{X}$, $z_0 \in D$ とする．

(i)　任意の $\varepsilon > 0$ に対して，定数 $\delta > 0$ が存在して，$|z-z_0| < \delta, z \in D$ ならば $\|F(z) - F(z_0)\| < \varepsilon$ が成り立つとき，F は点 z_0 において**連続** (continuous) であるという．F が D のすべての点において連続であるとき，F は D において連続であるという．

(ii)　点 $z_0 \in D$ において，極限 $\lim_{h\to 0}[F(z_0+h) - F(z_0)]/h$ が存在するとき，F は z_0 で**微分可能**であるという．D のすべての点 z で F が微分可能であるとき，F は D 上で**微分可能**または**解析的** (analytic) あるいは**正則** (regular) であるという．この場合

$$F'(z) := \frac{dF(z)}{dz} := \lim_{h\to 0} \frac{F(z+h) - F(z)}{h}, \quad z \in D$$

によって定義される X 値関数 F' を F の**導関数**または**微分**という．

写像 $F': D \to \mathsf{X}$ が D のすべての点で微分可能であるとき，F は D 上で **2 回微分可能**であるといい，$F^{(2)} := (F')'$ を F の **2 階の導関数**という．F が D 上で 2 回微分可能で $F^{(2)}$ が D の各点で微分可能であるとき，F は D 上で **3 回微分可能**であるといい，$F^{(3)} := (F^{(2)})'$ を **3 階の導関数**という．以下同様にして，自然数 n に対して，F が D 上で $(n-1)$ 回微分可能であり，$(n-1)$ 階の導関数 $F^{(n-1)}$ が D の各点で微分可能であるとき，F は D 上で $\boldsymbol{n}$ **回微分可能**であるといい，$F^{(n)} := (F^{(n-1)})'$ を F の $\boldsymbol{n}$ **階の導関数**と呼ぶ．$F^{(n)}(z) = d^nF(z)/dz^n$ という記法も用いる．

F が D の各点で何回でも微分可能であるとき，F は**無限回微分可能**であるという．

例 5.1　A をヒルベルト空間 H 上の閉作用素で $\varrho(A) \neq \emptyset$ を満たすとする．このとき，レゾルヴェント方程式により，任意の $z, z+h \in \varrho(A)$ $(h \neq 0)$ に対して

$$\frac{1}{h}\{(A-(z+h))^{-1} - (A-z)^{-1}\} = (A-(z+h))^{-1}(A-z)^{-1}.$$

この式において $h \to 0$ の極限を考察することにより，B(H) 値関数：$\varrho(A) \ni z \mapsto (A-z)^{-1}$ は正則であり

$$\frac{d}{dz}(A-z)^{-1} = (A-z)^{-2} \tag{5.1}$$

であることがわかる．同様にして，写像：$z \mapsto (A-z)^{-1}$ は $\varrho(A)$ 上で無限回微分可能であり

$$\frac{d^n}{dz^n}(A-z)^{-1} = n!(A-z)^{-(n+1)} \quad (n=1,2,\cdots) \tag{5.2}$$

が成り立つことがわかる．

補題 5.2 D を $\mathbb{C}$ の開集合とし，$F : D \to \mathsf{X}$ は D 上で正則であるとする．このとき，F は D 上で連続である．

証明 $z \in D$ とし，$o_1(z,h) = F(z+h) - F(z) - F'(z)h \in \mathsf{X}$ $(z+h \in D)$ とおく．このとき，仮定により，$\lim_{h\to 0} \|o_1(z,h)\|/|h| = 0$ であり

$$F(z+h) = F(z) + F'(z)h + o_1(z,h) \tag{5.3}$$

と書ける．したがって，$\|F(z+h) - F(z)\| \leq \|F'(z)\|\,|h| + \|o_1(z,h)\| \to 0$ $(h \to 0)$．ゆえに，F は連続である．

5.2.2 線　積　分

複素変数のバナッハ空間値関数についても，通常の複素関数の場合と同様な仕方で，線積分が考えられる．D を $\mathbb{C}$ の開集合とし，$C : [a,b] \to D$ ($\mathbb{R}$ の閉区間 $[a,b]$ から D の中への写像) を区分的に滑らかな曲線とする*4．曲線 C の導関数を $\dot{C}(t) := dC(t)/dt$ とも記す．$F : D \to \mathsf{X}$ は連続であるとしよう．このとき，F の C に沿う線積分 $\int_C F(z)dz$ を

$$\int_C F(z)dz := \int_a^b F(C(t))\dot{C}(t)dt \tag{5.4}$$

によって定義する．ただし，右辺は，バナッハ空間値関数 $F(C(\cdot))\dot{C}(\cdot)$ のリーマン積分である ([7] の p.265 における $\mathsf{B(H)}, T(t)$ をそれぞれ，$\mathsf{X}, T(t) = F(C(t))\dot{C}(t)$ で置き換えて定義されるもの)．これは，曲線 C のパラメーター表示によらないことがわかる*5．すなわち，通常の複素関数に関する線積分の場合と同様，

---

*4 複素平面 $\mathbb{C}$ における曲線の基本的な概念については，複素解析学の教科書を参照されたい．

*5 全単射な連続微分可能な写像 $h : [c,d] \to [a,b]$ で $h'(s) > 0, s \in [c,d]$ を満たすもの (曲線の向きを変えない写像) に対して，$\widetilde{C}(s) := C(h(s))$ とおくとき $\int_C F(z)dz = \int_{\widetilde{C}} F(z)dz$.

$\int_C F(z)dz$ は曲線 C の像と向きだけから決まる (バナッハ空間 X における) 対象である．

C が閉曲線のときの線積分を**周積分** (contour integral) という．以下，本書では，特に断らない限り，周積分は反時計まわりにとるものとする．

5.2.3　正則なバナッハ空間値関数の基本的性質

バナッハ空間 X の双対空間を X* で表す (付録 G を参照)．双対空間の存在によって，X 値の正則関数の理論を通常の正則関数の場合とまったく並行的に展開することができる．まず，通常の複素解析の結果を援用するための概念を定義する：

定義 5.3　D を $\mathbb{C}$ の開集合，$F : D \to$ X とする．各 $\ell \in$ X* に対して，複素関数 $\ell(F(z))$ が点 $z_0 \in D$ において，正則であるとき，F は点 z_0 で**弱解析的** (weakly analytic) であるという．F が D のすべての点で弱解析的であるとき，F は D 上で弱解析的であるという．

命題 5.4　$\mathbb{C}$ の開集合 D で定義された写像 $F : D \to$ X が正則ならば F は弱解析的であり，任意の $\ell \in$ X* に対して

$$\ell(F'(z)) = \frac{d}{dz}\ell(F(z)) \tag{5.5}$$

が成り立つ．

証明　任意の $z \in D$ に対して

$$\begin{aligned}\left|\ell\left(\frac{F(z+h)-F(z)}{h}\right) - \ell(F'(z))\right| &= \left|\ell\left(\frac{F(z+h)-F(z)}{h} - F'(z)\right)\right| \\ &\le \|\ell\|\left\|\frac{F(z+h)-F(z)}{h} - F'(z)\right\| \\ &\to 0 \quad (h \to 0).\end{aligned}$$

これは題意を意味する．■

実は，驚くべきことに，命題 5.4 の逆も成り立つ：

定理 5.5　D を $\mathbb{C}$ の開集合とする．$F : D \to \mathsf{X}$ が D 上で弱解析的ならば，正則である．さらに，F は D 上で無限回微分可能であり，各階の導関数 $F^{(n)}(z)$ も D で正則である．また，任意の $\ell \in \mathsf{X}^*$ と $n = 1, 2, \cdots$ に対して

$$\ell(F^{(n)}(z)) = \frac{d^n}{dz^n}\ell(F(z)) \tag{5.6}$$

が成り立つ．

この定理は非常に有用である．というのは，一般的にいって，与えられた関数が正則であることを直接証明するよりも弱解析的であることを証明するほうが簡単だからである．

定理 5.5 を証明するために，補題を一つ用意する．

補題 5.6　X をバナッハ空間とする．X の点列 $\{x_n\}_n$ がコーシー列であるための必要十分条件は，「任意の $\varepsilon > 0$ に対して，番号 n_0 があって，$n, m \ge n_0$ ならば $\sup_{\ell \in \mathsf{X}^*, \|\ell\| \le 1} |\ell(x_n) - \ell(x_m)| \le \varepsilon$」$\cdots (*)$ が成り立つことである．

証明　(必要性) 点列 $\{x_n\}_n$ は X のコーシー列であるとする．したがって，任意の $\varepsilon > 0$ に対して，番号 n_0 があって，$n, m \ge n_0$ ならば $\|x_n - x_m\| < \varepsilon$ が成り立つ．ゆえに，任意の $\ell \in \mathsf{X}^*$ に対して，$|\ell(x_n - x_m)| \le \|\ell\|\varepsilon$ である．これと ℓ の線形性により，$(*)$ が成り立つ．

(十分性) $(*)$ が成り立つとする．このとき，任意の $\ell \in \mathsf{X}^* \setminus \{0\}$ に対して，$\ell' = \ell/\|\ell\|$ とおけば，$\|\ell'\| = 1$ であるから，$(*)$ と ℓ の線形性により，$|\ell(x_n - x_m)| \le \|\ell\|\varepsilon$ $(n, m \ge n_0)$．これと付録 G の命題 G.7 によって $\|x_n - x_m\| \le \varepsilon$ $(n, m \ge n_0)$．したがって，$\{x_n\}_n$ は X のコーシー列である．■

定理 5.5 の証明　$F : D \to \mathsf{X}$ は弱解析的であるとする．点 $z_0 \in D$ を任意にとり，z_0 を中心とする半径 $R > 0$ の円 K で，その周と内部が D の中に含まれるものを任意にとる．任意の $\ell \in \mathsf{X}^*$ に対して，関数 $f(z) := \ell(F(z))$ は D で正則である．したがって，コーシーの積分公式により

$$\begin{aligned}
&\frac{f(z_0 + h) - f(z_0)}{h} - f'(z_0) \\
&\quad = \frac{1}{2\pi i}\int_K \left[\frac{1}{h}\left(\frac{1}{z - (z_0 + h)} - \frac{1}{z - z_0}\right) - \frac{1}{(z - z_0)^2}\right] f(z)dz.
\end{aligned}$$

f は K 上で連続であり，K は有界閉集合であるから，$C_\ell := \sup_{z\in K}|f(z)|$ は有限である．これは $|\ell(F(z))| \le C_\ell,\ z \in K$ を意味する．付録 G で述べた事実 $\mathsf{X} \subset \mathsf{X}^{**}$ を用いると，各 $F(z)$ は，$F(z)(\ell) := \ell(F(z))$ という仕方で，X^{**} の元とみることができ，$|F(z)(\ell)| \le C_\ell,\quad \ell \in \mathsf{X}^*$ が成り立つ．したがって，一様有界性の原理 [7, p.353] によって，$c_F := \sup_{z\in K}\|F(z)\| < \infty$．これを用いると

$$\left|\frac{f(z_0+h)-f(z_0)}{h} - f'(z_0)\right| \le \frac{1}{2\pi}\|\ell\|_{\mathsf{X}^*}c_F\int_0^{2\pi}\left|\frac{1}{h}\left(\frac{1}{Re^{i\theta}-h}-\frac{1}{Re^{i\theta}}\right)-\frac{1}{R^2e^{2i\theta}}\right|Rd\theta.$$

これと補題 5.6 により，$\{[F(z_0+h)-F(z_0)]/h\}_h$ は X のコーシー列であることがわかる．したがって，$\lim_{h\to 0}[F(z_0+h)-F(z_0)]/h$ は X で収束するので，F は z_0 で正則である．$z_0 \in D$ は任意であったから，F は D 上で正則である．この場合，上の不等式で z_0 を任意の $z \in D$ で置き換えることにより

$$\ell(F'(z)) = \frac{d}{dz}\ell(F(z)) \tag{5.7}$$

を得る．関数 $d\ell(F(z))/dz$ は正則であるから，(5.7) によって，$F'(z)$ は弱解析的である．ゆえに，上の議論で，F のかわりに F' を考えれば，F' は正則であり，(5.6) で $n=2$ の場合が成り立つことになる．以下，同様にして，任意の $n \in \mathbb{N}$ に対して，$F^{(n)}$ は正則であり，(5.6) が成り立つことが帰納的に証明される．■

命題 5.4 と定理 5.5 はバナッハ空間値解析関数の理論を展開する上での基礎になる．これらの事実により，通常の複素関数論の結果を援用できる．ここでは，基本的な結果だけを述べておく．まず，コーシーの積分定理の一般化は次の定理で与えられる．

定理 5.7　複素変数の X 値関数 F がジョルダン閉曲線 C の内部で正則で，C の周まで含めて連続ならば

$$\int_C F(z)dz = 0 \tag{5.8}$$

が成り立つ．

証明 任意の $\ell \in \mathsf{X}^*$ に対して，$\ell(F(z))$ は D 上で正則な関数であるから，通常のコーシーの積分定理によって，$\int_C \ell(F(z))dz = 0$．左辺は，ℓ の連続性により，左辺は $\ell(\int_C F(z)dz)$ と書けるから，$\ell(\int_C F(z)dz) = 0$．これがすべての $\ell \in \mathsf{X}^*$ に対して成立するから，付録 G の系 G.6 によって，(5.8) が結論される．■

(5.8) が証明されれば，あとは通常の複素解析関数論とまったく並行的な展開が可能になる．

定理 5.8 **(積分表示, テイラー展開)** $F : D \to \mathsf{X}$ は正則であるとし, $z_0 \in D$ に対して, $R := \inf_{z \in \partial D} |z - z_0|$ とおく (∂D は D の境界を表し, R は D の境界と点 z_0 との距離を表す)．このとき, z_0 の R 近傍 $U_R(z_0) := \{z \in \mathbb{C} \mid |z - z_0| < R\} \subset D$ に含まれる任意の円周 K(中心は z_0) に対して

$$F^{(n)}(z_0) = \frac{n!}{2\pi i} \int_K \frac{F(z)}{(z - z_0)^{n+1}} dz \in \mathsf{X} \qquad (n = 0, 1, 2, \cdots) \tag{5.9}$$

が成り立つ (右辺は，円 K の取り方によらない)．さらに F は $U_R(z_0)$ において

$$F(z) = \sum_{n=0}^{\infty} \frac{F^{(n)}(z_0)}{n!} (z - z_0)^n, \quad z \in U_R(z_0) \tag{5.10}$$

(作用素ノルムによる収束) という形に展開される．しかも，この展開は一意的に定まる．

証明 任意の $\ell \in \mathsf{X}^*$ に対して，$f(z) := \ell(F(z))$ は，D で定義された通常の複素解析関数であるから，これに対して，コーシーの積分公式 $f^{(n)}(z_0) = n!(2\pi i)^{-1} \int_K f(z)(z - z_0)^{-(n+1)} dz$ が成り立つ．これは，すべての $\ell \in \mathsf{X}^*$ に対して

$$\ell\left(F^{(n)}(z_0)\right) = \ell\left(\frac{n!}{2\pi i} \int_K \frac{F(z)}{(z - z_0)^{n+1}} dz\right)$$

を意味する．したがって，付録 G の系 G.6 によって (5.9) が導かれる．

(5.10) は，$f(z) = \ell(F(z))$ のテイラー展開と (5.6) を用いればよい．■

5.3 閉作用素と冪等作用素

A をヒルベルト空間 H 上の閉作用素とするとき，例 5.1 でみたように，写像 $: \varrho(A) \ni z \mapsto (A-z)^{-1}$ は解析的である．だが，z_0 が A の孤立固有値ならば，$\lim_{z\to z_0}(A-z)^{-1}$ は存在しない (演習問題 1)．この意味で，A の孤立固有値はこの作用素値解析関数のある種の "特異点" とみなせる．通常の解析関数論において，極のまわりの周積分を $2\pi i$ で割った数は留数と呼ばれ，重要な役割を演じることはよく知られている．そこで，作用素値解析関数の場合もこの留数に相当する対象—$(A-z)^{-1}$ の周積分— を定義し，それがいかなる作用素論的性質をもつかを調べることは自然である．そのような対象は，固有値あるいはスペクトルに関する情報を担っていると予想される．これがこの節の理論の背後にある基本的着想あるいは見通しの一つである．5.1 節でふれたパラメーター κ によって指定される作用素 $A(\kappa)$ の固有値問題と関連させていうならば，$A(\kappa)$ の固有値 $E(\kappa)$ は κ のある関数を定義するものとみることができ，次の節以降で示すように，$(A(\kappa)-z)^{-1}$ の周積分から，$E(\kappa)$ に関する情報を引き出すことができるのである．

5.3.1 自己共役作用素のレゾルヴェントの周積分

まず，基本的な場合として，自己共役作用素のレゾルヴェントの周積分を考える．A をヒルベルト空間 H 上の自己共役作用素とし，点 $E_0 \in \mathbb{R}$ は

$$\delta := \inf_{\lambda\in\sigma(A)\setminus\{E_0\}} |E_0-\lambda| > 0$$

を満たすとする (E_0 は $\sigma(A)$ に属していてもいなくてもよい)．ゆえに，任意の $r \in (0,\delta)$ に対して，中心が E_0 で半径が r の円周 $\{E \in \mathbb{C} \,|\, |E-E_0| = r|\}$ は A のレゾルヴェント集合 $\varrho(A)$ に属する (図 5.1)．

補題 5.9 A, r, E_0 を上述のものとする．

(i) 任意の $r \in (0,\delta)$ に対して

$$P := -\frac{1}{2\pi i}\int_{|E-E_0|=r} (A-E)^{-1} dE \tag{5.11}$$

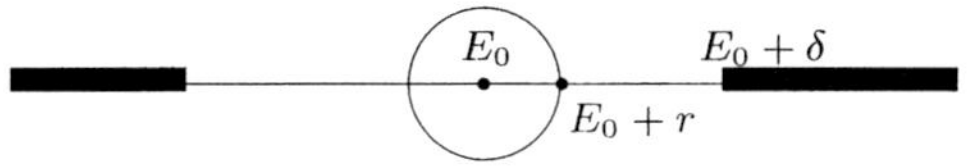

図 5.1　幾何学的配位

▬ の部分は $\sigma(A)$ の一部を表す．この図では連続的スペクトルのように描いたが，それは A の孤立固有値の部分集合である場合もありうる．

は r によらない．ただし，$\int_{|E-E_0|=r}(\cdot)dE$ は円周 : $|E-E_0|=r$ を反時計まわりに一周する線積分を表す．

(ii)　E_0 が A の固有値であれば，P は固有空間 $\ker(A-E_0)$ の上への正射影作用素である．

証明　(i) (5.11) の右辺を P_r としよう．任意の $\Psi, \Phi \in \mathsf{H}$ に対して

$$\langle \Psi, P_r\Phi\rangle = -\frac{1}{2\pi i}\int_{|E-E_0|=r}\left\langle \Psi, (A-E)^{-1}\Phi\right\rangle dE$$

と書ける．関数 : $E \mapsto \left\langle \Psi, (A-E)^{-1}\Phi\right\rangle$ は $\varrho(A)$ で正則であるから，コーシーの積分定理によって，右辺の線積分は $r\in(0,\delta)$ によらない．したがって，$\langle \Psi, P_r\Phi\rangle$ は $r\in(0,\delta)$ によらない．$\Psi,\Phi\in\mathsf{H}$ は任意であったから，これは，すべての $r_1, r_2 \in (0,\delta)$ に対して，$P_{r_1}=P_{r_2}$ を意味する．

(ii) スペクトル定理により，任意の $\Psi,\Phi\in\mathsf{H}$ に対して

$$\left\langle \Psi, (A-E)^{-1}\Phi\right\rangle = I_1(E)+I_2(E)+I_3(E)$$

と書ける．ただし，$I_1(E) := \int_{(-\infty, E_0-\delta]}(\lambda-E)^{-1}d\langle \Psi, E_A(\lambda)\Phi\rangle$($E_A$ は A のスペクトル測度), $I_2(E) := \int_{[E_0+\delta,\infty)}(\lambda-E)^{-1}d\langle\Psi, E_A(\lambda)\Phi\rangle$, $I_3(E) := (E_0-E)^{-1}\langle\Psi, E_A(\{E_0\})\Phi\rangle$．したがって,$\langle \Psi, P\Phi\rangle = -\dfrac{1}{2\pi i}\displaystyle\sum_{j=1}^{3}\int_{|E-E_0|=r} I_j(E)dE$.
関数 $I_1(E), I_2(E)$ は $|E-E_0|<r$ で正則であるから，$\int_{|E-E_0|=r} I_j(E)dE=0$ $(j=1,2)$．他方

$$\int_{|E-E_0|=r} I_3(E)dE = -2\pi i\,\langle \Psi, E_A(\{E_0\})\Phi\rangle\,.$$

ゆえに，$P=E_A(\{E_0\})$ が結論される．$E_A(\{E_0\})$ は $\ker(A-E_0)$ への正射影作用素であるから ([6] の命題 2.54)，題意がしたがう．　■

5.3.2　冪等作用素

ここで，正射影作用素の自己共役性を捨象して得られる作用素の概念を導入しておく．

定義 5.10　作用素 $P \in \mathsf{B}(\mathsf{H})$ について，$P^2 = P$ (冪等性) が成り立つとき，P を冪等作用素という．

注意 5.2　文献によっては，冪等作用素のことを射影作用素という場合がある．前著 [6, 7] においては，射影作用素という言葉を直交射影作用素 (正射影作用素) の意味で用いたので，ここでもそれを踏襲することにする．

定義 5.11　M, N を H の閉部分空間とする．$\mathsf{M} \cap \mathsf{N} = \{0\}$ かつ任意の $\Psi \in \mathsf{H}$ に対して，$\Psi_1 \in \mathsf{M}, \Psi_2 \in \mathsf{N}$ があって $\Psi = \Psi_1 + \Psi_2$ と表されるとき，M と N は相補的 (complementary) であるといい，$\mathsf{H} = \mathsf{M} \dot{+} \mathsf{N}$ と記す．

以下，線形作用素 L の値域 $\mathsf{R}(L)$ を $\mathrm{Ran}\, L$ というふうにも記す．

命題 5.12　P を H 上の冪等作用素とする．このとき，次の (i)〜(iv) が成り立つ：

(i)　$\mathrm{Ran}\, P$ は閉である．

(ii)　$I - P$ は冪等作用素である (したがって，(i) によって，$\mathrm{Ran}\,(I - P)$ は閉).

(iii)　$\ker P = \mathrm{Ran}\,(I - P)$.

(iv)　$\mathsf{H} = \mathrm{Ran}\, P \dot{+} \ker P$.

(v)　$\dim \mathrm{Ran}\, P < \infty$ または $\dim \mathrm{Ran}\, P^* < \infty$ のとき，

$$\dim \mathrm{Ran}\, P = \dim(\ker P)^{\perp} = \dim \mathrm{Ran}\, P^*. \tag{5.12}$$

証明　(i) これは正射影作用素の場合と同様.

(ii)　$(I - P)^2$ を直接計算してみればよい.

(iii)　$P(I - P) = 0$ より，$\mathrm{Ran}\,(I - P) \subset \ker P$ が出る．逆に，$\Psi \in \ker P$ とすれば，$P\Psi = 0$. したがって，$\Psi = (I - P)\Psi$. ゆえに $\Psi \in \mathrm{Ran}\,(I - P)$.

(iv)　任意の $\Psi \in \mathsf{H}$ に対して，$\Psi_1 = (I - P)\Psi, \Psi_2 = P\Psi$ とおけば，$\Psi_1 \in \ker P, \Psi_2 \in \mathrm{Ran}\, P$ であり，$\Psi = \Psi_1 + \Psi_2$ が成り立つ．$\Phi \in \mathrm{Ran}\, P \cap \ker P$

とすれば，$P\Phi = 0 \cdots (*)$ であり，ある $\eta \in \mathsf{H}$ があって $\Phi = P\eta$ と書ける．$(*)$ と P の冪等性を用いると，$P\eta = 0$ が出る．したがって，$\Phi = 0$．ゆえに $\mathrm{Ran}\, P \cap \ker P = \{0\}$．

(v)　(5.12) の第二の等号は，直交分解 $\mathsf{H} = \ker P \oplus \mathrm{Ran}\, P^*$ による．$\dim \mathrm{Ran}\, P < \infty$ とし，$\{f_k\}_{k=1}^N$ を $(\ker P)^\perp$ の線形独立なベクトルの集合とする．このとき，$\{Pf_k\}_{k=1}^N$ が線形独立であることを示すのは容易である．したがって，$N \le \dim \mathrm{Ran}\, P$．ゆえに $\dim(\ker P)^\perp \le \dim \mathrm{Ran}\, P$．逆に，$\{e_j\}_{j=1}^n$ を $\mathrm{Ran}\, P$ の基底とすれば，$\{P^* e_j\}_{j=1}^n$ は線形独立である (直交分解 $\mathsf{H} = \ker P^* \oplus \mathrm{Ran}\, P$ を使え)．ゆえに，$\dim \mathrm{Ran}\, P \le \dim \mathrm{Ran}\, P^* = \dim(\ker P)^\perp$ (直交分解 $\mathsf{H} = \ker P \oplus \mathrm{Ran}\, P^*$)．よって，$\dim \mathrm{Ran}\, P = \dim(\ker P)^\perp$．$\dim \mathrm{Ran}\, P^* < \infty$ の場合も同様．■

命題 5.13　Q, P を H 上の冪等作用素とする．もし，$\dim \mathrm{Ran}\, P \ne \dim \mathrm{Ran}\, Q$ ならば $\|P - Q\| \ge 1$ である．

証明　一般性を失うことなく，$\dim \mathrm{Ran}\, P < \dim \mathrm{Ran}\, Q$ としてよい．$\mathsf{M} = \mathrm{Ran}\, Q$，$\mathsf{N} = \ker P$ とおく．命題 5.12-(v) によって，$\dim \mathsf{N}^\perp = \dim \mathrm{Ran}\, P < \dim \mathsf{M}$．したがって，$\mathsf{N} \cap \mathsf{M} \ne \{0\}$ (第 2 章，付録 C，補題 C.1)．そこで，$\Psi \in \mathsf{N} \cap \mathsf{M}, \Psi \ne 0$ とすると，$P\Psi = 0, Q\Psi = \Psi$．したがって，$\|(P - Q)\Psi\| = \|\Psi\|$．これは $\|P - Q\| \ge 1$ を意味する．■

D を $\mathbb{C}$ 上の領域，すなわち，連結開集合とする．各 $z \in D$ に対して，冪等作用素 $P(z) \in \mathsf{B}(\mathsf{H})$ を対応させる写像 $P : D \to \mathsf{B}(\mathsf{H})$ を**冪等作用素値関数**という．

命題 5.14　D を $\mathbb{C}$ の領域とする．連続な冪等作用素値関数 $P : D \to \mathsf{B}(\mathsf{H})$ について，$\dim \mathrm{Ran}\, P(z)$ は $z \in D$ によらない定数である．

証明　$z_0, z_1 \in D$ を任意にとる．D の連結性により，z_0, z_1 を結ぶ曲線 $C : [a, b] \to D$ で $C(a) = z_0, C(b) = z_1$ となるものがとれる．C 上の任意の点 $z(t)$ に対して，P の連続性により，定数 $\delta_t > 0$ があって，$|z - z(t)| < \delta_t, z \in D$ ならば $\|P(z) - P(z(t))\| < 1$ が成り立つ．これと前命題により，

$\dim \mathrm{Ran}\, P(z(t)) = \dim \mathrm{Ran}\, P(z)$．$U_t := \{z \in D|\ |z - z(t)| < \delta_t\}$ とおけば，$K := \{C(t)|t \in [a,b]\} \subset \cup_{t\in[a,b]} U_t$．$U_t$ 上では $\dim \mathrm{Ran}\, P(z)$ は一定である．K はコンパクト集合 (有界閉集合) であるから，ハイネ・ボレルの定理により，有限個の $t_1, \cdots, t_N$ があって，$K \subset \cup_{j=1}^N U_{t_j}$．この場合，$a \in U_{t_1}, b \in U_{t_N}, U_{t_j} \cap U_{t_{j+1}} \neq \emptyset, j = 1, \cdots, N-1$, であるようにとれる．したがって，特に, K 上で $\dim \mathrm{Ran}\, P(z)$ は一定であるから, $\dim \mathrm{Ran}\, P(z_0) = \dim \mathrm{Ran}\, P(z_1)$ が得られる．■

5.3.3　閉作用素のレゾルヴェントの周積分

A が H 上の (自己共役とは限らない) 閉作用素の場合に，前項の事実はどのように変更・拡張されるであろうか．これを次に調べよう．いま，点 $\lambda_0 \in \mathbb{C}$ は

$$\{\lambda \in \mathbb{C} \mid 0 < |\lambda - \lambda_0| < \delta\} \subset \varrho(A) \tag{5.13}$$

を満たすとする．このとき， 任意の $r \in (0, \delta)$ に対して，円周 : $|\lambda - \lambda_0| = r$ は $\varrho(A)$ に属するので $\mathsf{B}(\mathsf{H})$ 値の線積分

$$P_{\lambda_0} := -\frac{1}{2\pi i} \int_{|\lambda - \lambda_0| = r} (A - \lambda)^{-1} d\lambda \in \mathsf{B}(\mathsf{H}) \tag{5.14}$$

が定義される．この作用素の基本的性質は次の定理にまとめられる：

定理 5.15　A, λ_0, r を上のものとする．

(i)　P_{λ_0} は r によらない．さらに $P_{\lambda_0}^2 = P_{\lambda_0}$．

(ii)　$P_{\lambda_0} \neq 0$ であるための必要十分条件は $\lambda_0 \in \sigma(A)$ (すなわち，λ_0 は A のスペクトル $\sigma(A)$ の孤立点) となることである．

(iii)　$\mathsf{M} := \ker P_{\lambda_0}$，$\mathsf{N} := \mathrm{Ran}\, P_{\lambda_0}$ とおくと，M, N は閉部分空間であり，$\mathsf{H} = \mathsf{M} \dot{+} \mathsf{N}, \mathsf{M} \cap \mathsf{N} = \{0\}$ が成り立つ．

(iv)　$\mathsf{N} \subset \mathsf{D}(A)$，$A\mathsf{N} \subset \mathsf{N}$.

(v)　$P_{\lambda_0} A \subset A P_{\lambda_0}$.

(vi)　$A[\mathsf{M} \cap \mathsf{D}(A)] \subset \mathsf{M}$.

(vii)　λ_0 が A の固有値ならば，$\ker(A - \lambda_0) \subset \mathsf{N}$.

(viii) M における作用素 B を $\mathsf{D}(B) := \mathsf{D}(A) \cap \mathsf{M}, B\Phi := A\Phi, \Phi \in \mathsf{D}(B)$ によって定義するとき (これは (vi) により可能)，$\lambda_0 \notin \sigma(B)$.

(ix) $\lambda_0 \in \sigma(A)$ かつ N が有限次元ならば，λ_0 は A の固有値であり，ある自然数 n があって，すべての $\Psi \in \mathsf{N}$ に対して $(A - \lambda_0)^n\Psi = 0$ が成り立つ.

(x) $\dim \mathsf{N} = 1$ ならば，λ_0 は A の固有値であり，$\ker(A - \lambda_0) = \mathrm{Ran}\, P_{\lambda_0}$ が成り立つ.

証明 (i) 前半は補題 5.9-(i) の証明と同様. $0 < r < R < \delta$ としよう. レゾルヴェント方程式を用いることにより，$P_{\lambda_0}^2$ を次のように計算することができる：

$$\begin{aligned}
P_{\lambda_0}^2 &= \frac{1}{(2\pi i)^2} \int_{|\lambda-\lambda_0|=r} \int_{|\mu-\lambda_0|=R} (A-\lambda)^{-1}(A-\mu)^{-1} d\lambda\, d\mu \\
&= \frac{1}{(2\pi i)^2} \int_{|\lambda-\lambda_0|=r} \int_{|\mu-\lambda_0|=R} (\lambda-\mu)^{-1}\{(A-\lambda)^{-1} - (A-\mu)^{-1}\} d\lambda\, d\mu \\
&= \frac{1}{(2\pi i)^2} \left\{ \int_{|\lambda-\lambda_0|=r} d\lambda (A-\lambda)^{-1} \int_{|\mu-\lambda_0|=R} (\lambda-\mu)^{-1} d\mu \right. \\
&\quad \left. - \int_{|\mu-\lambda_0|=R} d\mu (A-\mu)^{-1} \int_{|\lambda-\lambda_0|=r} (\lambda-\mu)^{-1} d\lambda \right\} \\
&= \frac{1}{(2\pi i)^2} \left\{ (-2\pi i) \int_{|\lambda-\lambda_0|=r} (A-\lambda)^{-1} d\lambda - \int_{|\mu-\lambda_0|=R} (A-\mu)^{-1} d\mu \times 0 \right\} \\
&= P_{\lambda_0}.
\end{aligned}$$

(ii) (必要性) 対偶を示す. $\lambda_0 \in \varrho(A)$ としよう. このとき，$A - \lambda_0$ は全単射であり，対応:$z \mapsto (A-z)^{-1}$ は $|z - \lambda_0| < \delta$ で解析的である. そこで，$\lambda = \lambda_0 + re^{i\theta}, \theta \in [0, 2\pi]$ と変数変換し，$r \to 0$ とすることにより，$P_{\lambda_0} = 0$ が導かれる.

(十分性) 対偶を示す. まず，一般的な事実を証明する. 写像

$$R := \frac{1}{2\pi i} \int_{|\lambda-\lambda_0|=r} (\lambda-\lambda_0)^{-1}(A-\lambda)^{-1} d\lambda \tag{5.15}$$

を導入する. 容易に導かれる等式

$$(A-\lambda)^{-1}(A-\lambda_0)\Psi = [1 + (\lambda-\lambda_0)(A-\lambda)^{-1}]\Psi,\ \Psi \in \mathsf{D}(A) \tag{5.16}$$

を用いると

$$R(A-\lambda_0)\Psi=\Psi-P_{\lambda_0}\Psi, \quad \Psi\in \mathsf{D}(A) \tag{5.17}$$

がわかる．任意の $\Psi \in \mathsf{H}$ に対して，$\Phi_n := \sum_{j=1}^n c_j^{(n)}(\lambda_j^{(n)}-\lambda_0)^{-1}(A-\lambda_j^{(n)})^{-1}\Psi$ を積分 $(2\pi i)^{-1}\int_{|\lambda-\lambda_0|=r}(\lambda-\lambda_0)^{-1}(A-\lambda)^{-1}\Psi d\lambda$ に対するリーマン近似和としよう．すなわち，定数 $c_j^{(n)}, \lambda_j^{(n)}$ は，$n\to\infty$ のとき，$\Phi_n \to (2\pi i)^{-1}\int_{|\lambda-\lambda_0|=r}(\lambda-\lambda_0)^{-1}(A-\lambda)^{-1}\Psi d\lambda = R\Psi$ となるように選ばれている．明らかに $\Phi_n\in\mathsf{D}(A)$．作用素の等式

$$(A-\lambda_0)(A-\lambda)^{-1}=[1+(\lambda-\lambda_0)(A-\lambda)^{-1}] \tag{5.18}$$

を用いると $(A-\lambda_0)\Phi_n\to\Psi-P_{\lambda_0}\Psi$ $(n\to\infty)$ を示すことができる．これと $A-\lambda_0$ の閉性により，$R\Psi\in\mathsf{D}(A-\lambda_0)=\mathsf{D}(A)$ かつ

$$(A-\lambda_0)R\Psi=[1-P_{\lambda_0}]\Psi, \quad \Psi\in\mathsf{H} \tag{5.19}$$

が結論される．

さて，$P_{\lambda_0}=0$ としよう．このとき，(5.17)，(5.19) によって，$\lambda_0\in\varrho(A)$ であり，$R=(A-\lambda_0)^{-1}$ が導かれる．ゆえに，$\lambda_0\in\sigma(A)$ ならば，$P_{\lambda_0}\neq 0$.

(iii) 命題 5.12-(iv) の応用．

(iv) および (v) $\Psi\in\mathsf{H}$ とし，$\Psi_n := \sum_{j=1}^n c_j^{(n)}(A-\lambda_j^{(n)})^{-1}\Psi$ を周積分 $-(2\pi i)^{-1}\int_{|\lambda-\lambda_0|=r}(A-\lambda)^{-1}\Psi d\lambda$ に対するリーマン近似和とする (すなわち，定数 $c_j^{(n)}, \lambda_j^{(n)}$ は，$n\to\infty$ のとき，$\Psi_n\to P_{\lambda_0}\Psi$ に収束するように選ばれている)．明らかに，$\Psi_n\in\mathsf{D}(A)$．恒等式 $A(A-\lambda)^{-1}=1+\lambda(A-\lambda)^{-1}$ を用いると $\{A\Psi_n\}_n$ は，$-(2\pi i)^{-1}\int_{|\lambda-\lambda_0|=r}\lambda(A-\lambda)^{-1}\Psi d\lambda$ に収束することがわかる．これと A の閉性により，$P_{\lambda_0}\Psi\in\mathsf{D}(A)$ かつ

$$AP_{\lambda_0}\Psi=-(2\pi i)^{-1}\int_{|\lambda-\lambda_0|=r}\lambda(A-\lambda)^{-1}\Psi d\lambda. \tag{5.20}$$

したがって，特に，$\mathsf{N}\subset\mathsf{D}(A)$.

$\Psi\in\mathsf{D}(A)$ ならば，上式の右辺は $P_{\lambda_0}A\Psi$ に等しい．よって (v) の事実が出る．

上に示したことにより，$\Psi \in \mathsf{N}$ ならば，$\Psi \in \mathsf{D}(A)$ であり，$P_{\lambda_0}\Psi = \Psi$ である．したがって，(v) によって，$A\Psi = AP_{\lambda_0}\Psi = P_{\lambda_0}A\Psi \in \mathsf{N}$.

(vi) $\Psi \in \mathsf{M} \cap \mathsf{D}(A)$ とすると $P_{\lambda_0}\Psi = 0$ である．これと (v) を使えば $P_{\lambda_0}A\Psi = AP_{\lambda_0}\Psi = 0$. したがって，$A\Psi \in \mathsf{M}$.

(vii) λ_0 が A の固有値であるとし，$\Psi \in \ker(A - \lambda_0)$ とする．このとき，$(A-\lambda)^{-1}\Psi = (\lambda_0 - \lambda)^{-1}\Psi$. これと P_{λ_0} の定義およびコーシーの積分定理により，$P_{\lambda_0}\Psi = \Psi$ が導かれる．したがって，$\Psi \in \mathsf{N}$.

(viii) (i) の計算と同様にして，$P_{\lambda_0}R = 0$ が示される．したがって，$\mathrm{Ran}\, R \subset \mathsf{M}$. $\Psi \in \mathsf{M}$ とすると，$P_{\lambda_0}\Psi = 0$. これらの事実と (5.17), (5.19) によって，$R(B-\lambda_0) \subset I_{\mathsf{M}}, (B-\lambda_0)R = I_{\mathsf{M}}$ を得る．これは $\lambda_0 \in \varrho(B)$，したがって，$\lambda_0 \notin \sigma(B)$ を意味する．

(ix) $\Psi \in \mathsf{N}$ かつ $A\Psi = a\Psi$ としよう $(a \in \sigma_{\mathrm{p}}(A))$. このとき，$r > 0$ がいくらでも小さくできることに注意すると

$$P_{\lambda_0}\Psi = -\frac{1}{2\pi i}\int_{|\lambda-\lambda_0|=r}(a-\lambda)^{-1}\Psi d\lambda = \begin{cases} \Psi & a = \lambda_0 \\ 0 & a \neq \lambda_0 \end{cases}$$

となる．したがって，$A|\mathsf{N}$ の固有値は λ_0 だけである．ゆえに，$\dim \mathsf{N} < \infty$ ならば，$A|\mathsf{N}$ は固有値をもち，それは λ_0 に等しい．$\dim \mathsf{N} < \infty$ ならば，N に基底をとることにより，$A|\mathsf{N}$ は n 次の正方行列として表される．これを C としよう．このとき，C のジョルダン標準形の対角成分はすべて λ_0 である．したがって，ある n に対して $(C-\lambda_0)^n = 0$ が成り立つ．これは $(A-\lambda_0)^n\Psi = 0, \Psi \in \mathsf{N}$ を意味する．

(x) $\dim \mathsf{N} = 1$ ならば，(v) により，$A\Psi = \lambda_0\Psi, \Psi \in \mathsf{N}$ が成り立つ．したがって，$\mathsf{N} \subset \ker(A-\lambda_0)$. これと (viii) の結果を合わせれば，$\ker(A-\lambda_0) = \mathsf{N}$.

■

系 5.16 λ_0 が実数で，A が自己共役ならば，P_{λ_0} は正射影作用素である．

証明 P_{λ_0} の自己共役性を示せばよい．そのためには

$$P_{\lambda_0} = -\frac{r}{2\pi}\int_0^{2\pi}(A - \lambda_0 - re^{i\theta})^{-1}e^{i\theta}d\theta$$

と表し，$P_{\lambda_0}^* = -\frac{r}{2\pi}\int_0^{2\pi}[(A-\lambda_0-re^{i\theta})^{-1}]^* e^{-i\theta}d\theta$ および $[(A-\lambda_0-re^{i\theta})^{-1}]^* = (A-\lambda_0-re^{-i\theta})^{-1}$ を用い，変数変換 $\theta' = -\theta + 2\pi$ を行えばよい．■

定理 5.15-(ix) によって，閉作用素 A のスペクトルの点 λ_0 が $\sigma(A)$ の孤立点であり，かつ $\mathrm{Ran}\, P_{\lambda_0}$ が有限次元であるならば，λ_0 は A の固有値である．この型の固有値を A の**離散固有値** (discrete eigenvalue) という．この場合，$m_{\mathrm{a}}(\lambda_0) := \dim \mathrm{Ran}\, P_{\lambda_0}$ を固有値 λ_0 の**代数的多重度** (algebraic multiplicity) という．これとの対比において，通常の多重度 $m_{\mathrm{g}}(\lambda_0) := \dim \ker(A-\lambda_0)$ を**幾何学的多重度** (geometric multiplicity) という[*6]．(vii) によって $m_{\mathrm{g}}(\lambda_0) \le m_{\mathrm{a}}(\lambda_0)$.

A の離散固有値の全体を $\sigma_{\mathrm{d}}(A)$ で表し，これを A の**離散スペクトル**という．離散スペクトルの ($\sigma(A)$ における) 補集合 $\sigma_{\mathrm{ess}}(A) := \sigma(A) \setminus \sigma_{\mathrm{d}}(A)$ を A の**真性スペクトル** (essential spectrum) という．

注意 5.3　<u>A が自己共役の場合</u>は，$P_{\lambda_0} = E_A(\{\lambda_0\})$ であるから (補題 5.9), $\lambda_0 \in \sigma(A)$ が A の離散固有値であることは「λ_0 が A の孤立固有値であり，その多重度が有限であること」と同値であり，$m_{\mathrm{g}}(\lambda_0) = m_{\mathrm{a}}(\lambda_0)$ が成り立つ．

5.3.4　離散固有値をもつための十分条件

定理 5.15 をもう少し一般化しよう．A は H 上の閉作用素で $\{\lambda \in \mathbb{C} \mid |\lambda - a| = r\} \subset \varrho(A)$ を満たすものとする ($r > 0$ は定数で，$a \in \mathbb{C}$ は定点)．したがって

$$P := -\frac{1}{2\pi i}\int_{|\lambda-a|=r}(A-\lambda)^{-1}d\lambda \tag{5.21}$$

が定義される．

定理 5.17　A, a, r を上のものとする．

(i)　P は冪等作用素である．

(ii)　$\dim \mathrm{Ran}\, P = n < \infty$ ならば，A は $\{\lambda \in \mathbb{C} \mid |\lambda - a| < r\}$ の中に高々 n 個の離散固有値をもつ．

[*6] この概念は，λ_0 が離散固有値でない場合にも定義される．

(iii)　(ii) において $n=1$ ならば，A は $\{\lambda\in\mathbb{C}\,|\,|\lambda-a|<r\}$ の中にただ一つの単純な離散固有値をもつ．この場合，任意の $\Psi\in\mathsf{D}(A)$ に対して，$AP\Psi=P\Psi$ が成り立つ．

(iv)　a が実数で，A が自己共役ならば，P は正射影作用素である．

証明　(i) 定理 5.15-(i) の証明と同様．

(ii) および (iii) 定理 5.15 の場合と同様にして，$\mathsf{H}=\ker P\dot{+}\operatorname{Ran}P$ および $\operatorname{Ran}P\subset\mathsf{D}(A)$, $A\operatorname{Ran}P\subset\operatorname{Ran}P$, $A[\ker P\cap\mathsf{D}(A)]\subset\ker P$ が成立することがわかる．$A_1:=A|\operatorname{Ran}P$,　$A_2:=A|\ker P\cap\mathsf{D}(A)$ としよう．このとき，$|\lambda-a|<r$ ならば，$\lambda\notin\sigma(A_2)$．したがって，そのような λ に対して，$\lambda\in\varrho(A)$ であるのは，$\lambda\in\varrho(A_1)$ であるとき，かつこのときに限る．したがって，$\{\lambda\in\mathbb{C}\,|\,|\lambda-a|<r\}\cap\sigma(A)=\{\lambda\in\mathbb{C}\,|\,|\lambda-a|<r\}\cap\sigma(A_1)$．もし，$n:=\dim\operatorname{Ran}P<\infty$ ならば，A_1 のスペクトルは相異なる固有値 $\lambda_1,\cdots,\lambda_k$ $(k\le n)$ だけからなる．したがって，$\sigma(A)\cap\{\lambda|\,|\lambda-a|<r\}$ は有限集合である．この集合の任意の点を ν とし，P_ν (P_{λ_0} で λ_0 を ν としたもの) を考えると，直接計算により，$P_\nu P=PP_\nu=P_\nu$ がわかる．したがって，$\operatorname{Ran}P_\nu\subset\operatorname{Ran}P$．ゆえに，$\dim P_\nu<n$．よって，$\nu$ は A の離散固有値である．

(iv) 系 5.16 の証明と同様．　■

5.4　物理量の摂動の一般的クラス—解析的摂動

準備がやや長くなってしまったが，これで摂動のもとでの物理量の固有値の安定性の問題へ滑らかに考察の歩みを進めることができる．

5.4.1　自己共役作用素のある一般的な族

H_0 をヒルベルト空間 H 上の自己共役作用素—量子力学のコンテクストでは無摂動系の物理量— とし，$\mathbb{R}$ の原点を含む区間 $\mathbb{I}$ によって添え字づけられた対称作用素の族 $\{H_{\mathrm{I}}(\kappa)\}_{\kappa\in\mathbb{I}}$ が次の条件を満たしているとする：

(H.1)　すべての $\kappa\in\mathbb{I}$ に対して，$\mathsf{D}(H_0)\subset\mathsf{D}(H_{\mathrm{I}}(\kappa))$ かつ $H_{\mathrm{I}}(0)=0$.

(H.2) $\kappa \in \mathbb{I}$ に依存しうる定数 $a(\kappa), b(\kappa) \geq 0$ が存在して

$$\|H_{\mathrm{I}}(\kappa)\Psi\| \leq a(\kappa)\|H_0\Psi\| + b(\kappa)\|\Psi\|, \quad \Psi \in \mathsf{D}(H_0) \tag{5.22}$$

が成り立つ．

(H.3) $a(0) = 0, b(0) = 0$ かつ $\kappa \in \mathbb{I}$ の関数として，$a(\kappa), b(\kappa)$ は連続である．

このとき，H_0 の $H_{\mathrm{I}}(\kappa)$ による摂動として得られる対称作用素

$$H(\kappa) := H_0 + H_{\mathrm{I}}(\kappa) \tag{5.23}$$

は，$a(\kappa) < 1$ を満たす任意の $\kappa \in \mathbb{I}$ に対して，加藤–レリッヒの定理 (定理 2.7) により，自己共役である．条件 (H.1) より，$H(0) = H_0$ であり，条件 (H.2), (H.3) は

$$\lim_{\kappa \to 0} H(\kappa)\Psi = H_0\Psi, \quad \Psi \in \mathsf{D}(H_0)$$

を導く．この意味で $H(\kappa)$ は H_0 の一つの “連続変形” とみられる．

以下，H_0 が離散固有値 $E_0 \in \mathbb{R}$ をもつ場合を考える． したがって

$$\delta := \inf_{\lambda \in \sigma(H_0) \setminus \{E_0\}} |\lambda - E_0| > 0. \tag{5.24}$$

ゆえに

$$\varepsilon := \frac{\delta}{2} \tag{5.25}$$

とすれば，点 E_0 を中心とする，半径 ε の円周

$$K_\varepsilon := \{E \in \mathbb{C} \mid |E - E_0| = \varepsilon\} \tag{5.26}$$

は H_0 のレゾルヴェント集合 $\varrho(H_0)$ に含まれる (図 5.1 において，$A = H_0, r = \varepsilon$ とした状況)．そこで，次に K_ε が $H(\kappa)$ のレゾルヴェント集合 $\varrho(H(\kappa))$ にも含まれる条件を考察しよう．結果からいえば，次の補題が成り立つ．

補題 5.18　$\kappa \in \mathbb{I}$ と上の ε に対して，定数

$$r(\kappa) := a(\kappa) + \frac{(|E_0| + \varepsilon)a(\kappa) + b(\kappa)}{\varepsilon} \tag{5.27}$$

を導入し，$r(\kappa)<1$ とする．このとき，$H(\kappa)$ は自己共役であり，$K_\varepsilon \subset \varrho(H(\kappa))$ かつ

$$\begin{aligned}&(H(\kappa)-E)^{-1}-(H_0-E)^{-1}\\&=\sum_{n=1}^{\infty}(-1)^n(H_0-E)^{-1}[H_{\mathrm{I}}(\kappa)(H_0-E)^{-1}]^n, \quad E\in K_\varepsilon\end{aligned} \tag{5.28}$$

が成り立つ (収束は一様位相による収束)．さらに

$$\|(H(\kappa)-E)^{-1}-(H_0-E)^{-1}\| \le \frac{r(\kappa)}{\varepsilon[1-r(\kappa)]}. \tag{5.29}$$

証明　(5.27) の右辺第二項は非負であるから，$r(\kappa)<1$ ならば $a(\kappa)<1$ である．したがって，すでに指摘したように，$H(\kappa)$ は自己共役である．

$E\in K_\varepsilon, r(\kappa)<1$ とする．定理 2.4 によって

$$a(\kappa)+(a(\kappa)|E|+b(\kappa))\|(H_0-E)^{-1}\|<1 \tag{5.30}$$

ならば，$E\in\varrho(H(\kappa))$ であり，(5.28) が成り立つ．3 角不等式からしたがう不等式 $|E|\le\varepsilon+|E_0|$ と H_0 のスペクトル表示を用いて証明される不等式 $\|(H_0-E)^{-1}\|\le\varepsilon^{-1}$ $(E\in K_\varepsilon)$ (演習問題 2) に注意すると，(5.30) が成立し，したがって，$K_\varepsilon\subset\varrho(H(\kappa))$ である．(5.29) は定理 2.4 の評価式と $\|H_{\mathrm{I}}(\kappa)(H_0-E)^{-1}\|\le r(\kappa)$ による．■

補題 5.18 の仮定のもとで，作用素

$$P(\kappa):=-\frac{1}{2\pi i}\int_{K_\varepsilon}(H(\kappa)-E)^{-1}dE$$

が定義される．定理 5.17(iii) により，$P(\kappa)$ は正射影作用素である．

次の定理は作用素 $H(\kappa)$ の固有値の存在に関する基本定理の一つである．

定理 5.19　H_0 の離散固有値 E_0 の多重度は n であるとし，$r(\kappa)<1/2$ とする．このとき，次の (i)～(iii) が成立する：

(i)　$H(\kappa)$ は開区間 $(E_0-\varepsilon, E_0+\varepsilon)$ の中に，高々 n 個の固有値をもつ．

(ii)　$n=1$ の場合を考え，Ω_0 を H_0 の固有値 E_0 に属する単位ベクトルとする：$\|\Omega_0\|=1$，$H_0\Omega_0=E_0\Omega_0$．このとき，$H(\kappa)$ は開区間 $(E_0-\varepsilon, E_0+\varepsilon)$

の中にただ一つの固有値 $E(\kappa)$ をもつ．さらに

$$\Omega(\kappa) := P(\kappa)\Omega_0 \tag{5.31}$$

は $H(\kappa)$ の固有値 $E(\kappa)$ に属する固有ベクトルであり

$$E(\kappa) = E_0 + \frac{\langle H_{\mathrm{I}}(\kappa)\Omega_0, P(\kappa)\Omega_0\rangle}{\langle \Omega_0, P(\kappa)\Omega_0\rangle} \tag{5.32}$$

が成り立つ．

(iii)

$$\lim_{\kappa\to 0}\Omega(\kappa) = \Omega_0, \quad \lim_{\kappa\to 0}E(\kappa) = E_0. \tag{5.33}$$

証明　(i) $r(\kappa) < 1/2$ とする．補題 5.9-(ii) によって

$$P_0 := P(0) \tag{5.34}$$

は H_0 の固有空間 $\ker(H_0 - E_0)$ への正射影作用素である．容易に証明される不等式

$$\|P(\kappa) - P_0\| \le \frac{\varepsilon}{2\pi}\int_0^{2\pi} \|(H(\kappa) - E_0 - \varepsilon e^{i\theta})^{-1} - (H_0 - E_0 - \varepsilon e^{i\theta})^{-1}\|d\theta$$

と (5.29)，$r(\kappa) < 1/2$ によって

$$\begin{aligned} \|P(\kappa) - P_0\| &\le \frac{r(\kappa)}{1 - r(\kappa)} && (5.35)\\ &< 1. && (5.36)\end{aligned}$$

(5.36) と命題 5.13 から $\dim \operatorname{Ran} P(\kappa) = \dim \operatorname{Ran} P_0 = n$ を得る．すると定理 5.17-(ii) と $H(\kappa)$ の固有値の実性により，(i) の題意が成立する．

(ii) 後半の事実だけを証明すればよい．$n = 1$ であれば，$(H(\kappa)-E)^{-1}$ の E に関する正則性を用いて $P(\kappa) = -(2\pi i)^{-1}\int_{|E-E(\kappa)|=r}(H(\kappa) - E)^{-1}dE$ と変形できる ($r \in (0, \varepsilon)$ は十分小)．すると系 5.16 により，$P(\kappa)$ は $\ker(H(\kappa)-E(\kappa))$ の上への正射影作用素であり，$\dim\ker(H(\kappa) - E(\kappa)) = 1$ により，$\Omega(\kappa) \in \ker(H(\kappa) - E(\kappa))$ である．$P_0\Omega_0 = \Omega_0$ と $\|\Omega_0\| = 1$ によって，$\|\Omega(\kappa) - \Omega_0\|$

$\leq \|P(\kappa) - P_0\| < 1$．したがって，$\Omega(\kappa) \neq 0$．ゆえに $\Omega(\kappa)$ は $H(\kappa)$ の固有値 $E(\kappa)$ に属する固有ベクトルである．すなわち，$H(\kappa)\Omega(\kappa) = E(\kappa)\Omega(\kappa)$．この式の各辺とベクトル Ω_0 の内積をとり，$\langle \Omega_0, P(\kappa)\Omega_0 \rangle = \|P(\kappa)\Omega_0\|^2 \neq 0$ を用いると $E(\kappa) = \langle H(\kappa)\Omega_0, P(\kappa)\Omega_0 \rangle / \langle \Omega_0, P(\kappa)\Omega_0 \rangle$ が導かれる．そこで $H(\kappa)\Omega_0 = E_0\Omega_0 + H_{\mathrm{I}}(\kappa)\Omega_0$ に注意すれば (5.32) が得られる．

(iii) (5.35) と $\lim_{\kappa\to 0} r(\kappa) = 0$ は (5.33) の第一式を意味する．(5.33) の第一式と $\lim_{\kappa\to 0} H_{\mathrm{I}}(\kappa)\Omega_0 = 0$ から，(5.33) の第二式が導かれる．■

$r(\kappa) < 1/2$ としよう．このとき，(5.28) により

$$P(\kappa) = P_0 + \sum_{n=1}^{\infty} Q_n(\kappa). \tag{5.37}$$

ただし

$$Q_n(\kappa) := -\frac{1}{2\pi i}\int_{K_\varepsilon} (-1)^n (H_0 - E)^{-1}[H_{\mathrm{I}}(\kappa)(H_0 - E)^{-1}]^n dE. \tag{5.38}$$

E_0 の多重度が 1 の場合，(5.37) は，$H(\kappa)$ の固有ベクトル $\Omega(\kappa) = P(\kappa)\Omega_0$ が

$$\Omega(\kappa) = \Omega_0 + \sum_{n=1}^{\infty} Q_n(\kappa)\Omega_0 \tag{5.39}$$

と展開されることを意味する．したがって，$N \geq 1$ として

$$\Omega_N(\kappa) := \Omega_0 + \sum_{n=1}^{N} Q_n(\kappa)\Omega_0$$

というベクトルを考えると，N が大きくなればなるほど $\Omega_N(\kappa)$ は $\Omega(\kappa)$ をよりよく近似するベクトルであることがわかる．

以上により，作用素論において解析的摂動論とよばれる理論の基礎的な部分が叙述されたことになる[*7]．

---

*7　ここでの "解析性" の意味については，5.4.3 項を参照．

5.4.2　基底状態の存在

前著 [7] では，量子系のハミルトニアン H の最低エネルギーが H の固有値であるとき，それに属する固有ベクトルを H の基底状態と呼んだ．だが，ここで，便宜上，言葉の用語法を拡張しておく．

一般に，下に有界な自己共役作用素 A に対して，そのスペクトルの下限

$$E_0(A) := \inf \sigma(A) \tag{5.40}$$

が A の固有値であるとき，その固有ベクトルを A の**基底状態**と呼ぶ．すなわち，A の基底状態とは，$E_0(A)$ が A の固有値であるときの $\ker(A - E_0(A)) \setminus \{0\}$ の元のことである．もし，$E_0(A)$ が A の単純固有値であるならば (i.e., $\dim \ker(A - E_0(A)) = 1$)，$A$ の基底状態は**一意的である**という．

定理 5.19 は，基底状態の存在と一意性の問題について，次の結果をもたらす*8．

定理 5.20　H_0 は下に有界な自己共役作用素とする．$E_0(H_0)$ は H_0 の離散的な固有値になっているとし，その多重度を n とする (したがって，H_0 は n 重に縮退した基底状態をもつ)．$E_0 = E_0(H_0)$ とおき，$r(\kappa) < 1/2$ とする．このとき，次の (i), (ii) が成立する：

(i)　$H(\kappa)$ は基底状態をもち，その縮退度は n 以下である．また

$$E_0(H(\kappa)) \in \left(E_0 - \frac{\varepsilon}{2}, E_0 + \frac{\varepsilon}{2}\right). \tag{5.41}$$

(ii)　$n = 1$ とし，H_0 の規格化された基底状態を Ω_0 とする．このとき，$H(\kappa)$ の基底状態は一意的に存在し，それは，定数倍を除いて，$\Omega(\kappa) := P(\kappa)\Omega_0$ によって与えられる．

証明　(i) 加藤–レリッヒの定理 (第 2 章，定理 2.7) により

$$E_0(H(\kappa)) \geq E_0 - \max\left\{\frac{b(\kappa)}{1 - a(\kappa)}, a(\kappa)|E_0| + b(\kappa)\right\}.$$

---

*8　基底状態の存在の重要性については，第 2 章の序節でふれた．

$r(\kappa) < 1/2$ により

$$a(\kappa)|E_0| + b(\kappa) < \frac{\varepsilon}{2}, \quad \frac{b(\kappa)}{1-a(\kappa)} < \frac{\varepsilon}{2}.$$

したがって，$E_0(H(\kappa)) > E_0 - \varepsilon/2 \cdots (*)$．$\Psi_0$ を H_0 の規格化された基底状態の任意の一つとすれば

$$\begin{aligned}\langle \Psi_0, H(\kappa)\Psi_0\rangle &= E_0 + \langle \Psi_0, H_{\mathrm{I}}(\kappa)\Psi_0\rangle \le E_0 + a(\kappa)|E_0| + b(\kappa) \\ &< E_0 + \frac{\varepsilon}{2}.\end{aligned}$$

変分原理により，$E_0(H(\kappa)) \le \langle \Psi_0, H(\kappa)\Psi_0\rangle$ であるから $E_0(H(\kappa)) < E_0 + \varepsilon/2 \cdots (**)$ を得る．$(*)$ と $(**)$ から，(5.41) が導かれる．定理 5.19-(i) によって，$H(\kappa)$ は，区間 $(E_0 - \varepsilon/2, E_0 + \varepsilon/2)$ の中には，高々 n 個の離散固有値をもつだけである．したがって，$E_0(H(\kappa))$ は $H(\kappa)$ の離散固有値であり，その多重度は n 以下である．

(ii) (i) と定理 5.19-(ii) による．■

5.4.3　$H_{\mathrm{I}}(\kappa)$ が κ について 1 次である場合

前項の一般論の一つの特殊化として，$H_{\mathrm{I}}(\kappa)$ が H_0-有界な対称作用素 H_1 を用いて

$$H_{\mathrm{I}}(\kappa) = \kappa H_1 \tag{5.42}$$

と表される場合を考え

$$L(\kappa) := H_0 + \kappa H_1 \tag{5.43}$$

とおく．ただし

$$\|H_1\Psi\| \le a\|H_0\Psi\| + b\|\Psi\|, \quad \Psi \in \mathsf{D}(H_0) \tag{5.44}$$

($a, b \ge 0$ は定数) とする．パラメーター κ を摂動 H_1 に関する**結合定数**または**摂動パラメーター**という．

容易にわかるように

$$a(\kappa) := a|\kappa|, \quad b(\kappa) := b|\kappa| \tag{5.45}$$

とすれば，この $a(\cdot), b(\cdot)$ は条件 (H.1)，(H.2)，(H.3) を満たす．この場合

$$R_\varepsilon := \frac{1}{2\left(a + \dfrac{(|E_0| + \varepsilon)a + b}{\varepsilon}\right)} \tag{5.46}$$

とおけば，いまの場合の $r(\kappa)$ は

$$r(\kappa) = \frac{|\kappa|}{2R_\varepsilon} \tag{5.47}$$

という形をとる．したがって

$$r(\kappa) < \frac{1}{2} \Longleftrightarrow |\kappa| < R_\varepsilon \tag{5.48}$$

が成り立つ．上の $H_{\rm I}(\kappa)$ を (5.38) の右辺に代入し，(5.37) を用いると

$$P(\kappa) = \sum_{n=0}^{\infty} P_n \kappa^n \quad (|\kappa| < R_\varepsilon) \tag{5.49}$$

を得る．ただし

$$P_n := -\frac{1}{2\pi i} \int_{K_\varepsilon} (-1)^n (H_0 - E)^{-1} [H_1 (H_0 - E)^{-1}]^n dE. \tag{5.50}$$

(5.49) の右辺の級数は，複素平面の原点の近傍

$$U_{R_\varepsilon} := \{\kappa \in \mathbb{C} \mid |\kappa| < R_\varepsilon\} \tag{5.51}$$

でも定義される．この B(H) 値関数を $\widetilde{P}(\kappa)$ とすれば，$\widetilde{P}$ は U_{R_ε} 上の解析的な B(H) 値関数であり，$\kappa \in \mathbb{R} \cap U_{R_\varepsilon}$ ならば $P(\kappa) = \widetilde{P}(\kappa)$ が成り立つ．したがって，$P(\kappa)$ は U_{R_ε} 上の B(H) 値解析関数 $\widetilde{P}(\kappa)$ へ拡張される．

展開 (5.49) の含意の一つをみるために，E_0 が単純な離散固有値の場合を考える．いまの場合

$$E(\kappa) = E_0 + \kappa \frac{\langle H_1 \Omega_0, P(\kappa)\Omega_0 \rangle}{\langle \Omega_0, P(\kappa)\Omega_0 \rangle} \quad (|\kappa| < R_\varepsilon). \tag{5.52}$$

そこで，U_{R_ε} 上の関数 $\widetilde{E}$ を

$$\widetilde{E}(\kappa) = E_0 + \kappa \frac{\left\langle H_1 \Omega_0, \widetilde{P}(\kappa)\Omega_0 \right\rangle}{\left\langle \Omega_0, \widetilde{P}(\kappa)\Omega_0 \right\rangle}, \quad \kappa \in U_{R_\varepsilon} \tag{5.53}$$

によって定義すれば，これは解析的であり，任意の $\kappa \in \mathbb{R} \cap U_{R_\varepsilon}$ に対して，$\widetilde{E}(\kappa) = E(\kappa)$ が成り立つ．これらの事実により

$$E(\kappa) = E_0 + \sum_{n=1}^{\infty} c_n \kappa^n \quad (|\kappa| < R_\varepsilon) \tag{5.54}$$

と冪級数展開できる ($c_n \in \mathbb{R}$ は定数)．級数 (5.54) を $H(\kappa)$ の固有値 $E(\kappa)$ に対する**レイリー** (Rayleigh) – **シュレーディンガー級数**または**摂動級数** (perturbation series)，展開係数 c_n を**レイリー–シュレーディンガー係数**という．

レイリー–シュレーディンガー係数 c_n を計算するには次のように進めばよい．(5.49) と (5.52) により

$$E(\kappa) = E_0 + \frac{\sum_{n=1}^{\infty} a_n \kappa^n}{\sum_{n=0}^{\infty} b_n \kappa^n} \quad (|\kappa| < R_\varepsilon) \tag{5.55}$$

が成り立つ．ただし

$$a_n := \langle H_1 \Omega_0, P_{n-1} \Omega_0 \rangle \ (n \geq 1), \quad b_n := \langle \Omega_0, P_n \Omega_0 \rangle \quad (n \geq 0). \tag{5.56}$$

(5.55) と (5.54) から，数列 $\{c_n\}_{n=1}^{\infty}$ に対して次の漸化式が得られる：

$$c_1 = a_1, \quad c_n = a_n - \sum_{k=1}^{n-1} b_{n-k} c_k \quad (n = 2, 3, \cdots). \tag{5.57}$$

ここで $b_0 = 1$ を用いた．したがって，c_n は $a_1, \cdots, a_n, b_1, \cdots, b_{n-1}$ を用いて一意的に表される．

以上の事実をまとめると次の定理を得る：

定理 5.21 H_1 は (5.44) を満たす対称作用素とし，$|\kappa| < R_\varepsilon$ とする．このとき，$L(\kappa)$ は自己共役であり，次の (i)，(ii) が成り立つ：

(i) $L(\kappa)$ は開区間 $(E_0 - \varepsilon, E_0 + \varepsilon)$ の中に，高々 n 個の固有値をもつ．

もし，H_0 が下に有界で，E_0 が H_0 の最低エネルギーであれば，$L(\kappa)$ は基底状態をもち，$E_0(L(\kappa))$ は $L(\kappa)$ の離散的固有値である．また，$E_0(L(\kappa)) \in (E_0 - \varepsilon/2, E_0 + \varepsilon/2)$．$E_0(L(\kappa)$ の多重度は n 以下である．

(ii) E_0 の多重度が 1 であるとき，$L(\kappa)$ は開区間 $(E_0-\varepsilon, E_0+\varepsilon)$ の中にただ一つの固有値 $E(\kappa)$ をもち，(5.54) が成り立つ．また，$L(\kappa)$ の固有値 $E(\kappa)$ に属する固有ベクトル $\Omega(\kappa)$ は

$$\Omega(\kappa)=\sum_{n=0}^{\infty}P_n\Omega_0\kappa^n \tag{5.58}$$

と展開される．ただし，P_n は (5.50) で定義される．

もし，H_0 が下に有界で，E_0 が H_0 の最低エネルギーであれば，$L(\kappa)$ の基底状態は一意的に存在し，それは，零でない定数倍を除いて，$\Omega(\kappa)$ に等しい (いまの場合，Ω_0 は H_0 の基底状態).

(5.57) と (5.56) を用いると c_n を具体的に計算することができる．まず

$$c_1=\langle\Omega_0, H_1\Omega_0\rangle \tag{5.59}$$

はすぐにわかる．(5.57) によって $c_2=a_2-b_1c_1$．一方，(5.56) と $(H_0-E)^{-1}\Omega_0=(E_0-E)^{-1}\Omega_0$ を用いると

$$b_1=\frac{1}{2\pi i}\int_{K_\varepsilon}\langle\Omega_0, H_1\Omega_0\rangle\,(E_0-E)^{-2}dE=0.$$

したがって

$$c_2=a_2=\frac{1}{2\pi i}\int_{K_\varepsilon}\frac{\left\langle\Omega_0, H_1(H_0-E)^{-1}H_1\Omega_0\right\rangle}{E_0-E}dE. \tag{5.60}$$

以下，同様にして，逐次 c_n を計算することができる．

注意 5.4 H_0 が固有ベクトルの完全正規直交系をもつ場合を考え，それらを $\{\Omega_0, \Psi_n|n\geq 1\}$ とする：$H_0\Psi_n=E_n\Psi_n$，$E_n\in\sigma_{\mathrm{d}}(H_0)(n\geq 1)$．このとき

$$\begin{aligned}\left\langle\Omega_0, H_1(H_0-E)^{-1}H_1\Omega_0\right\rangle &= (E_0-E)^{-1}|\langle\Omega_0, H_1\Omega_0\rangle|^2\\ &\quad+\sum_{n=1}^{\infty}(E_n-E)^{-1}|\langle\Omega_0, H_1\Psi_n\rangle|^2\end{aligned}$$

となるので

$$c_2=\sum_{n=1}^{\infty}(E_0-E_n)^{-1}|\langle\Omega_0, H_1\Psi_n\rangle|^2$$

と計算される．これが通常の物理の教科書で扱われる形式的摂動級数における 2 次の係数の形である．だが，公式 (5.60) は，H_0 が固有ベクトルの完全正規直交系をもたない場合にも成立する式であり，この例の場合よりもはるかに一般的である．

注意 5.5　摂動作用素 $H_{\mathrm{I}}(\kappa)$ が H_0-有界な対称作用素 $H_1, \cdots, H_N$ $(N \geq 2)$ を用いて $H_{\mathrm{I}}(\kappa) = \kappa H_1 + \kappa^2 H_2 + \cdots + \kappa^N H_N$ という形で与えられる場合でも，上述の場合とまったく同様な議論が可能である．

5.5　応　　用

この節では，前節の結果を量子力学の具体的なモデルに応用する．以下，$\hbar = 1, c = 1$ の単位系を用いる．

5.5.1　量子調和振動子の摂動

1 次元量子調和振動子の系を考え，状態のヒルベルト空間として $\mathsf{L}^2(\mathbb{R})$ をとる．したがって，そのハミルトニアンは

$$H_0 = -\frac{\Delta}{2m} + \frac{\omega^2}{2}\hat{x}^2$$

で与えられる．ここで，Δ は 1 次元の一般化されたラプラシアン，$m > 0, \omega > 0$ はそれぞれ，振動子の質量，角振動数，$\hat{x}$ は座標変数 $x \in \mathbb{R}$ によるかけ算作用素である．[7] で示したように，H_0 は自己共役であり，そのスペクトルは多重度 1 の離散固有値 $\lambda_n := (n + 1/2)\,\omega$ $(n = 0, 1, 2, \cdots)$ だけからなる．V を $\mathbb{R}$ 上のボレル可測関数で，$\mathsf{D}(H_0) \subset \mathsf{D}(V)$ かつ

$$\|V\psi\| \leq a\|H_0\psi\| + b\|\psi\|, \quad \psi \in \mathsf{D}(H_0)$$

を満たすものとしよう．$\lambda_n - \lambda_{n-1} = \omega$ $(n \geq 1)$ であるから，前節の E_0 として λ_n をとると，ε は $\omega/2$ である．したがって，いまの場合の R_ε は

$$R(a, b, \omega) := \frac{1}{2\,[a + (2(n+1)\omega a + 2b)/\omega]}$$

となる．ゆえに，定理 5.21 によって，結合定数 κ が $|\kappa| < R(a,b,\omega)$ を満たすならば，V によって摂動を受けたハミルトニアン $H_0+\kappa V$ は，$(\lambda_n - \omega/2, \lambda_n + \omega/2)$ の中にただ一つの固有値 $E_n(\kappa)$ をもち，これは κ について実解析的である．

N 個の量子調和振動子からなる系のハミルトニアンはテンソル積 $\otimes^N \mathsf{L}^2(\mathbb{R})$ 上の作用素

$$H_0^{(N)} := \sum_{j=1}^{N} I \otimes \cdots \otimes I \otimes \overset{j\text{ 番目}}{H_0} \otimes I \otimes \cdots \otimes I$$

として定義される[*9]．テンソル積の理論により，$H_0^{(N)}$ は自己共役であり

$$\sigma(H_0^{(N)}) = \sigma_{\mathrm{d}}(H_0^{(N)}) = \{\lambda_{i_1} + \cdots + \lambda_{i_n} | i_1, \cdots, i_n \geq 0\}$$

が成り立つ．したがって，$N=1$ の場合と同様にして，$H_0^{(N)}$ の固有値は，相対的に有界な摂動のもとで安定であることがわかる (詳細を埋めることは読者に任せる[*10])．

こうして，**量子調和振動子の多体系のハミルトニアンの各固有値は，相対的に有界な摂動のもとにおいて，結合定数 κ の大きさが十分小さければ安定である**ことがわかる．

5.5.2　2 電子系の基底状態の存在

電荷 Ze をもつ原子核が $\mathbb{R}^3$ の原点に固定されているとし，そのまわりに 2 個の電子が存在する系を考える．このとき，系は 2 個の電子からなる 2 体系とみなせるので，状態のヒルベルト空間として，1 電子系の状態のヒルベルト空間 $\mathsf{L}^2(\mathbb{R}^3;\mathbb{C}^2)$ の 2 重反対称テンソル積 $\otimes_{\mathrm{as}}^2 \mathsf{L}^2(\mathbb{R}^3;\mathbb{C}^2)$ をとることができる．$Z=2$ の場合の系はヘリウム原子のある "近似形態" を記述する[*11]．原子番号 Z は，数学的には，自然数である必要はないので，以後，正のパラメーターとみなす．

以下では，簡単のため，電子のスピンと統計性は無視する．したがって，状

---

*9　[7] の 4 章を参照．

*10　ただし，$N \geq 2$ のときは，最低エネルギー以外の固有値は縮退していることに注意．

*11　より精密には，原子核を構成する陽子 2 個も動いている場合を考える必要がある．もっと根源的に考察するのであれば量子電磁場との相互作用も考慮しなければならない．

態のヒルベルト空間として $\mathsf{L}^2(\mathbb{R}^3)\otimes\mathsf{L}^2(\mathbb{R}^3)=\mathsf{L}^2(\mathbb{R}^3\times\mathbb{R}^3)$ (自然な同型) をとる．

1 個の電子と原点に固定された原子核との相互作用に関するハミルトニアンは

$$H_{\mathrm{hyd}}(Z):=-\frac{\Delta_{\boldsymbol{x}}}{2m}-\frac{Ze^2}{|\boldsymbol{x}|}$$

で与えられる．ここで，$\Delta_{\boldsymbol{x}}$ は変数 $\boldsymbol{x}$ に関する一般化されたラプラシアンであり，m は電子の質量を表すパラメーターである．作用素 $H_{\mathrm{hyd}}(Z)$ は水素様原子のハミルトニアンであるので，第 2 章でみたように，$\mathsf{D}(H_{\mathrm{hyd}}(Z))=\mathsf{D}(\Delta_{\boldsymbol{x}})$ かつ $H_{\mathrm{hyd}}(Z)$ は下に有界な自己共役作用素である．電子間の相互作用を無視したハミルトニアンは $\mathsf{L}^2(\mathbb{R}^3\times\mathbb{R}^3)$ 上の作用素

$$H_0:=h_1+h_2$$

で与えられる．ただし，$\mathbb{R}^3\times\mathbb{R}^3$ の点を $(\boldsymbol{x}_1,\boldsymbol{x}_2)$ と表すとき，h_j $(j=1,2)$ は変数 $\boldsymbol{x}_j$ に関する水素様原子のハミルトニアン $H_{\mathrm{hyd}}(Z)$ である：

$$(h_j\psi)(\boldsymbol{x}_1,\boldsymbol{x}_2)=\left(-\frac{\Delta_{\boldsymbol{x}_j}}{2m}-\frac{Ze^2}{|\boldsymbol{x}_j|}\right)\psi(\boldsymbol{x}_1,\boldsymbol{x}_2),\quad \psi\in\mathsf{D}(\Delta_{\boldsymbol{x}_j})\cap\mathsf{D}(1/|\boldsymbol{x}_j|).$$

電子間の相互作用はクーロンポテンシャル

$$V_{\mathrm{ee}}(\boldsymbol{x}_1,\boldsymbol{x}_2):=\frac{e^2}{|\boldsymbol{x}_1-\boldsymbol{x}_2|}$$

で与えられるから，電子間の相互作用も取り入れた系のハミルトニアンは

$$H(\kappa):=H_0+\kappa V_{\mathrm{ee}}$$

で与えられる．ここで，摂動パラメーター $\kappa\in\mathbb{R}$ を導入した．第 2 章，2.3 節で示したように，$H(\kappa)$ は $\mathsf{D}(H_0)$ 上で自己共役で下に有界である．

水素様原子のハミルトニアンのスペクトルについては次の補題に述べる事実が成立する：

補題 5.22　各 $n\geq 1$ に対して

$$E_n:=-\frac{Z^2e^4m}{2n^2}$$

とおく．このとき

$$\sigma_{\mathrm{d}}(H_{\mathrm{hyd}}(Z)) = \{E_n\}_{n=1}^{\infty}, \quad \sigma_{\mathrm{ess}}(H_{\mathrm{hyd}}(Z)) = [0, \infty) \tag{5.61}$$

であり，各離散固有値 E_n の多重度は n^2 である．

ここでは，この事実を認めて先に進む*12．ハミルトアニン $H_{\mathrm{hyd}}(Z)$ の規格化された基底状態は (絶対値が 1 の定数倍を除いて)

$$\psi_0(\boldsymbol{x}) = \sqrt{\frac{Z^3}{\pi a_0^3}} e^{-Z|\boldsymbol{x}|/a_0}, \quad a_0 := \frac{1}{me^2} \tag{5.62}$$

で与えられる：$H_{\mathrm{hyd}}(Z)\psi_0 = E_1\psi_0, \quad \|\psi_0\|_{\mathsf{L}^2(\mathbb{R}^3)} = 1$.

自然な同型 $\mathsf{L}^2(\mathbb{R}^3 \times \mathbb{R}^3) \cong \mathsf{L}^2(\mathbb{R}^3) \otimes \mathsf{L}^2(\mathbb{R}^3)$ のもとで H_0 は $H_{\mathrm{hyd}}(Z) \otimes I + I \otimes H_{\mathrm{hyd}}(Z)$ にユニタリ同値である*13．自己共役作用素のテンソル積のスペクトル理論の応用により

$$E_{n,m} := E_n + E_m \quad (n, m \in \mathbb{N})$$

とおけば

$$\sigma_{\mathrm{p}}(H_0) = \{E_{n,m} | n, m \geq 1\}, \quad \sigma(H_0) = \{\lambda + \mu | \lambda, \mu \in \sigma(H_{\mathrm{hyd}}(Z))\}$$

が成立する*14．各式の右辺の集合を具体的に計算すると

$$\sigma_{\mathrm{d}}(H_0) = \{E_{1,m} | m \geq 1\} \subset [2E_1, E_1), \quad \sigma_{\mathrm{ess}}(H_0) = [E_1, \infty)$$

がわかる．

*12 各 E_n が $H_{\mathrm{hyd}}(Z)$ の固有値であることは周知であろう (量子力学の入門的教科書において必ず扱われる事項である)．しかし，$H_{\mathrm{hyd}}(Z)$ のスペクトルの精確な構造 (5.61) を証明することはそれほど簡単ではなく，次のような階梯を踏まねばならない．まず，$H_{\mathrm{hyd}}(Z)$ の真性スペクトルの構造—(5.61) の第二式—を証明する (第 6 章の例 6.4)．これから，離散スペクトル $\sigma_{\mathrm{d}}(H_{\mathrm{hyd}}(Z))$ は $(-\infty, 0)$ の部分集合であることがわかる．次に $E < 0$ に対する固有ベクトル方程式 $H_{\mathrm{hyd}}(Z)\psi = E\psi$ ($\psi \in \mathsf{D}(\Delta)$) の解 ψ は $\mathbb{R}^3 \setminus \{0\}$ 上で無限回微分可能な L^2 関数と同一視できることを示し—いわゆる**楕円的正則性** (elliptic regularity) とよばれる性質 ([5] の定理 17.52 を参照) —，E の可能な値は上述の $E_n, n = 1, 2, \cdots$, で尽きることを証明する．

*13 [7] の 4 章を参照．

*14 [7] の 4 章を参照．

次の点に注意しよう．すなわち，$n, m \geq 2$ に対する固有値 $E_{n,m}$ は真性スペクトル $[E_1, \infty)$ の中に "埋め込まれて" いる (図 5.2)．このような固有値を**埋蔵固有値** (embedded eigenvalue) という．他方，H_0 の最低エネルギー $E_{1,1} = 2E_1$ は H_0 の離散固有値であり，その多重度は 1 である．

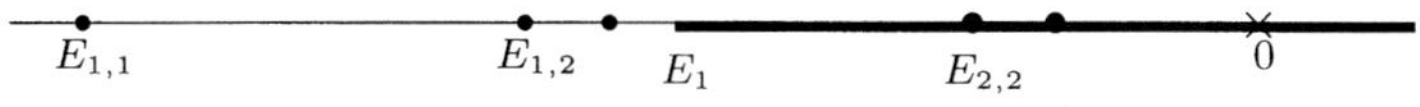

図 **5.2**　H_0 のスペクトル

実は，埋蔵固有値の概念は，一般的な概念であり，次のように定義される：

定義 5.23　作用素 A の固有値 λ が A のスペクトル $\sigma(A)$ の孤立点でないとき，λ を A の**埋蔵固有値** (embedded eigenvalue) という．

一般的にいって，埋蔵固有値に対する摂動問題は，離散固有値のそれに比べてたいへん難しい．なぜなら，埋蔵固有値の定義から明らかなように，埋蔵固有値に対しては，これまでに述べた解析的摂動論の手法がそのままでは使えないからである．この問題については，次の節でもう少し詳しく論じる．

第 2 章，2.3 節でみたように，V_{ee} は H_0 に関して無限小であるので，解析的摂動論により，$|\kappa|$ が十分小であれば，$H(\kappa)$ の最低エネルギー $E_0(H(\kappa))$ は，区間 $(2E_1 - |E_1|/2, 2E_1 + |E_1|/2) = (5E_1/2, 3E_1/2)$ の中にある，$H(\kappa)$ のただ一つの固有値であり，その多重度は 1 であることが結論される．したがって，特に，$H(\kappa)$ の基底状態は一意的に存在する．さらに，$E_0(H(\kappa))$ は κ の実解析関数であり

$$E_0(H(\kappa)) = 2E_1 + \kappa \langle \Omega_0, V_{\text{ee}} \Omega_0 \rangle + O(\kappa^2) \quad (\kappa \to 0)$$

が成り立つ．ただし，$\Omega_0(\boldsymbol{x}_1, \boldsymbol{x}_2) := \psi_0(\boldsymbol{x}_1)\psi_0(\boldsymbol{x}_2)$．一方，付録 H の積分公式を用いると

$$\langle \Omega_0, V_{\text{ee}} \Omega_0 \rangle = e^2 \left(\frac{Z^3}{\pi a_0^3} \right)^2 \int_{\mathbb{R}^3 \times \mathbb{R}^3} \frac{e^{-2Z(|\boldsymbol{x}_1| + |\boldsymbol{x}_2|)/a_0}}{|\boldsymbol{x}_1 - \boldsymbol{x}_2|} d\boldsymbol{x}_1 d\boldsymbol{x}_2 = -\frac{5}{4} Z E_{\text{hyd}}$$

を得る．ただし，$E_{\rm hyd} := -e^2/(2a_0)$ は水素原子の基底状態エネルギーである．したがって

$$E_0(H(\kappa)) = \left(2Z^2 - \frac{5}{4}\kappa Z\right) E_{\rm hyd} + O(\kappa^2) \quad (\kappa \to 0).$$

すでに述べたように，$Z=2$ の場合はヘリウム原子であり，この場合には

$$E_0(H(\kappa)) = \left(8 - \frac{5\kappa}{2}\right) E_{\rm hyd} + O(\kappa^2) \tag{5.63}$$

である．ヘリウム原子の基底状態のエネルギーの実験値は $5.807E_{\rm hyd}$ であることが知られている．$\kappa \approx 0.88$ ならば，$(8-5\kappa/2)\,E_{\rm hyd} \approx 5.807\,E_{\rm hyd}$ であるから，もし，$\kappa = 0.88$ で $E_0(H(\kappa))$ が収束するならば，$E_0(H(0.88))$ は実験値とよい一致を示す．本来は $\kappa = 1$ であるが，$\kappa = 1$ が展開 (5.63) の収束域に入っているとしても，理論と実験の一致はあまりよくないことがわかる．

5.5.3　2 核子系の束縛状態の存在

原子核の構成要素である核子 (陽子，中性子) どうしの間には中間子の交換により，核力と呼ばれる引力が生じる．この核力のポテンシャルは，低エネルギー領域においては，第一次近似的に

$$V_{\rm Y}(\boldsymbol{x}) := -\frac{g}{4\pi}\frac{e^{-m|\boldsymbol{x}|}}{|\boldsymbol{x}|}, \quad \boldsymbol{x} \in \mathbb{R}^3 \setminus \{0\} \tag{5.64}$$

という形で与えられる．ここで，$g > 0$ は核子の結合定数，$m > 0$ は力を媒介する中間子の質量，$|\boldsymbol{x}|$ は核子間の距離を表す．このポテンシャル $V_{\rm Y}$ を**湯川ポテンシャル**という[*15]．容易にわかるように，$V_{\rm Y}$ は超関数方程式

$$(\Delta - m^2)\phi(\boldsymbol{x}) = g\delta(\boldsymbol{x}) \tag{5.65}$$

($\phi \in \mathcal{D}(\mathbb{R}^3)'$) の解である ($\Delta$ は 3 次元の一般化されたラプラシアン，$\delta(\boldsymbol{x})$ は 3 次元のデルタ超関数)[*16]方程式 (5.65) は**湯川方程式**と呼ばれることがある．

---

*15 日本の偉大な理論物理学者湯川秀樹 (1907–1981) による．

*16 直接示すには，$V_{\rm Y}$ のフーリエ変換を計算すればよい (演習問題 3)．他方，[6] または [7] の付録 C の (C.45) と (C.53) を既知とすれば，(5.65) はただちにわかる．なお，(C.45) には誤植があり，$(-\Delta+1)G(f) = (2\pi)^{d/2}\delta(f)$ が正しい式である (2 刷以降では訂正済み)．

二つの核子からなる系の状態のヒルベルト空間として，$\mathsf{L}^2(\mathbb{R}^3 \times \mathbb{R}^3)$ をとり，核子は非相対論的であるとする (ここでも核子のスピンと統計性は無視する). このとき，系のハミルトニアンは，ヒルベルト空間 $\mathsf{L}^2(\mathbb{R}^3 \times \mathbb{R}^3)$ で働く作用素

$$H := -\frac{1}{2M_1}\Delta_{\boldsymbol{x}_1} - \frac{1}{2M_2}\Delta_{\boldsymbol{x}_2} + \widetilde{V}_{\mathrm{Y}}$$

によって与えられる $((\boldsymbol{x}_1, \boldsymbol{x}_2) \in \mathbb{R}^3 \times \mathbb{R}^3)$. ただし，$M_j = m_{\mathrm{p}}$ (陽子の質量) または $M_j = m_{\mathrm{n}}$ (中性子の質量) $(j = 1, 2)$ であり

$$\widetilde{V}_{\mathrm{Y}}(\boldsymbol{x}_1, \boldsymbol{x}_2) := V_{\mathrm{Y}}(\boldsymbol{x}_1 - \boldsymbol{x}_2).$$

このハミルトニアンにおけるポテンシャル部分 $\widetilde{V}_{\mathrm{Y}}$ は $\boldsymbol{x}_1$ と $\boldsymbol{x}_2$ の差だけの関数であるので，第 2 章，2.3.4 項で示したように，H の解析は 1 体問題のハミルトニアン

$$H_{\mathrm{Y}}(m) := -\frac{1}{2M}\Delta_{\boldsymbol{x}} + V_{\mathrm{Y}} \tag{5.66}$$

—$\mathsf{L}^2(\mathbb{R}^3)$ で働く作用素—の解析に帰着される．ただし，$M := M_1 M_2/(M_1 + M_2)$ (換算質量).

ハミルトニアン $H_{\mathrm{Y}}(m)$ の固有値問題を考察するために，$m = 0$ の場合の V_{Y}，すなわち，

$$V_g(\boldsymbol{x}) := -\frac{g}{4\pi|\boldsymbol{x}|} \tag{5.67}$$

はクーロン型ポテンシャルであることに注目する．これをポテンシャルとするシュレーディンガー型ハミルトニアン

$$H_0 = -\frac{1}{2M}\Delta_{\boldsymbol{x}} + V_g \tag{5.68}$$

は，第 2 章，2.3.5 項 a で示したように，自己共役で下に有界である．作用素 H_0 を用いると

$$H_{\mathrm{Y}}(m) = H_0 + W_m \tag{5.69}$$

と書ける．ただし

$$W_m(\boldsymbol{x}) := \frac{g\left(1 - e^{-m|\boldsymbol{x}|}\right)}{4\pi|\boldsymbol{x}|}, \quad \boldsymbol{x} \in \mathbb{R}^3 \setminus \{0\}$$

であり，パラメーター m は $[0,\infty)$ を動くものとする．容易にわかるように

$$0 \le W_m(\boldsymbol{x}) \le \frac{gm}{4\pi}, \quad \boldsymbol{x} \in \mathbb{R}^3 \setminus \{0\}. \tag{5.70}$$

したがって

$$\|W_m\psi\| \le \frac{gm}{4\pi}\|\psi\|, \quad \psi \in \mathsf{L}^2(\mathbb{R}^3). \tag{5.71}$$

ゆえに，かけ算作用素 W_m は有界であるので，$H_{\mathrm{Y}}(m)$ は自己共役である．また，$W_m \ge 0$ により

$$H_{\mathrm{Y}}(m) \ge H_0.$$

したがって，特に，$H_{\mathrm{Y}}(m)$ の最低エネルギー

$$E_1(m) := \inf \sigma(H_{\mathrm{Y}}(m))$$

に対して

$$E_1(m) \ge \lambda_1 \tag{5.72}$$

が成り立つ．ただし，

$$\lambda_n := -\left(\frac{g}{4\pi}\right)^2 \frac{M}{2n^2} \quad (n \ge 1) \tag{5.73}$$

は H_0 の離散スペクトルの点である (補題 5.22 を参照)．不等式 (5.72) は，H_0 の最低エネルギーが摂動 W_m のもとで下がらないことを意味する．

定理 5.24　各 $n \ge 1$ に対して

$$\varepsilon_n := \left(\frac{g}{4\pi}\right)^2 \cdot \frac{M}{4} \cdot \frac{2n+1}{(n+1)^2 n^2} \tag{5.74}$$

とする．

(i)　もし

$$m < \frac{2\pi\varepsilon_n}{g} \tag{5.75}$$

ならば，$H_{\mathrm{Y}}(m)$ は開区間 $(\lambda_n - \varepsilon_n, \lambda_n + \varepsilon_n)$ の中に高々 n^2 個の固有値をもつ．

(ii)　(基底状態の存在と一意性) $m < 2\pi\varepsilon_1/g$ ならば，$H_{\mathrm{Y}}(m)$ の最低エネルギー $E_1(m)$ は $H_{\mathrm{Y}}(m)$ の単純な離散固有値であり，

$$\lambda_1 \le E_1(m) \le \lambda_1 + \frac{gm}{4\pi} \tag{5.76}$$

が成り立つ．

証明 (i) H_0 の固有値 λ_n の摂動を考える．前節の一般論で $\kappa = m$，$H_{\mathrm{I}}(\kappa) = W_m$ の場合を考えればよい．$\varepsilon_n = (1/2)\inf_{\lambda\in\sigma(H_0)\setminus\{\lambda_n\}}|\lambda - \lambda_n|$ であることは，(5.73) を使えば容易にわかる．いまの場合，$\kappa = m, \varepsilon = \varepsilon_n$ として $a(m) = 0, b(m) = gm/4\pi$ であるから，$R_{\varepsilon_n} = 2\pi\varepsilon_n/g$ となる．したがって，条件 (5.75) のもとで定理 5.19 を応用でき，証明すべき事実がしたがう．

(ii) (5.76) の右側の不等式だけ示せばよい．(5.70) により，任意の単位ベクトル $\psi \in \mathsf{D}(H_0)$ に対して，$\langle\psi, H_{\mathrm{Y}}(m)\psi\rangle \leq \langle\psi, H_0\psi\rangle + (gm/4\pi)$．これと最低エネルギーに対する変分原理により，$E_1(m) \leq \langle\psi, H_0\psi\rangle + gm/4\pi$．次に，$H_0$ について，最低エネルギーに対する変分原理を用いれば (5.76) の右側の不等式が得られる． ■

注意 5.6 $H_{\mathrm{Y}}(m)$ の基底状態の存在と一意性のための十分条件 $m < 2\pi\varepsilon_1/g$ は，$m/M < 3g/128\pi$ と同値である．M, m の実験値は $M \approx 938\,\mathrm{Mev}, m \approx 135\,\mathrm{Mev}$ (π^0 中間子)，$140\,\mathrm{Mev}$ ($\pi^{\pm}$ 中間子) であるから，たとえば，$g \geq 20$ ならば 2 核子系の基底状態は存在する．陽子と中性子の系は**重陽子**と呼ばれる一つの束縛状態を形成することが実験的に知られている．いま得た理論的結果はこの実験事実に対応していると解釈されうる．

5.6 埋蔵固有値の摂動，共鳴極，生き残り確率

5.6.1 埋蔵固有値の摂動問題についての予備的注意

埋蔵固有値に対する摂動問題は，数学的に繊細で微妙な側面をもつ．実際，具体的な例を研究することにより，無摂動作用素の埋蔵固有値 E_0 は摂動のもとで安定な場合—摂動を受けた作用素が E_0 の "近く" に固有値をもつ場合—もあれば，不安定な場合—摂動のもとで消えてしまう場合 (摂動を受けた作用素は E_0 の "近く" には固有値をもたない場合)—もあることが知られる．どちらになるかは，無摂動作用素と摂動の特性や作用素に含まれるパラメーターの範囲による[*17]．埋蔵固有値が摂動のもとで消えてしまう場合，そこにいかなる数学的構

[*17] 次の節で，このような例の一つを論じる．この節では，まず，ある一般的な構造を提示する．

造が関与し，量子力学のコンテクストにおいて，それがどのような現象に関わるかを調べることはたいへん興味のあるところである．

5.6.2　レゾルヴェント法

埋蔵固有値の摂動問題に対するアプローチの一つは次のようなものである．例5.1 でみたように，ヒルベルト空間 H 上の自己共役作用素 H のレゾルヴェント $(H-z)^{-1}$ は H のレゾルヴェント集合 $\varrho(H)$ 上の $\mathsf{B}(\mathsf{H})$ 値解析関数である．したがって，任意のベクトル $\Psi \in \mathsf{H}$ に対して，複素変数 $z \in \varrho(H)$ の関数

$$F_H(z;\Psi) := \left\langle \Psi, (H-z)^{-1}\Psi \right\rangle \tag{5.77}$$

は $\varrho(H)$ 上の解析関数である．H のスペクトル測度を E_H とすれば，自己共役作用素のレゾルヴェントに対するスペクトル表示により，任意の実数 E と $z \in \varrho(H)$ に対して

$$F_H(z;\Psi) = \frac{\|E_H(\{E\})\Psi\|^2}{E-z} + \int_{\mathbb{R}\setminus\{E\}} \frac{1}{\lambda - z} d\|E_H(\lambda)\Psi\|^2$$

と書ける．この式から次のことがわかる：(i) E が H の固有値であり，$E_H(\{E\})\Psi \neq 0$ ならば E は $F_H(z;\Psi)$ の特異点である．特に，E が孤立固有値であれば，E は $F_H(z;\Psi)$ の 1 位の極である．(ii) 逆に，E が $F_H(z;\Psi)$ の特異点であり，$\lim_{\varepsilon\to 0,\varepsilon\neq 0}(-i\varepsilon)F_H(E+i\varepsilon;\Psi) \neq 0$ ならば，E は H の固有値である*18．したがって，H の固有値は—埋蔵固有値であれ，孤立固有値であれ— あるクラスに属するベクトル Ψ に対する解析関数 $F_H(z;\Psi)$ の特異点として特徴づけられる．

ところで，複素解析学の観点からいえば，解析関数というのは，それを可能な限り解析接続することによって初めて，その全貌に到達することができる．したがって，$F_H(z;\Psi)$ についてもその解析接続を考察するのは自然であり，その解析接続の特異点は，量子力学のコンテクストでは，何らかの物理的意味をも

---

*18 ルベーグの優収束定理を用いることにより

$$\lim_{\varepsilon\to 0,\varepsilon\neq 0}(-i\varepsilon)\int_{\mathbb{R}\setminus\{E\}} \frac{1}{\lambda - E - i\varepsilon} d\|E_H(\lambda)\Psi\|^2 = 0$$

が証明される．

つと推察される．H の孤立固有値が，$F_H(z;\Psi)$ の実軸上の極であることを考慮すると，$F_H(z;\Psi)$ の解析接続の，実軸以外の場所にある極は固有値に準ずる役割を担っていると予想される．次の定義は，この予想を動機づけとして導入されるものである．

定義 5.25 関数 $F_H(z;\Psi)$ が上半平面 $\{z \in \mathbb{C}\,|\,\mathrm{Im}\,z > 0\}$ から，実軸のある部分を横切って，(第二リーマン面の) 下半平面 $\{z \in \mathbb{C}\,|\,\mathrm{Im}\,z < 0\}$ のある領域 D へ解析接続可能であるとし，この解析接続を $\widetilde{F}_H(z;\Psi)$ とする．関数 $\widetilde{F}_H(z;\Psi)$ が点 $z_0 \in D$ に極をもつとき，z_0 を H の**共鳴極** (resonance pole) といい，$2\mathrm{Im}\,z_0$ を**共鳴の幅**という．

この定義にいう「共鳴極」という命名は，H が量子系のハミルトニアンを表すとき，$\widetilde{F}_H(z;\Psi)$ の下半平面における極が，考察下の量子系の**共鳴状態** (resonance state) と呼ばれる状態に対応するものであることを予想した上でつけられたものである*19．共鳴状態というのは，厳密な意味での束縛状態 (i.e.，ハミルトニアンの固有状態) ではなく，物理的に粗くいえば，次の性質をもつ状態のことである*20：(i) そのエネルギーの観測値はある微小な幅の中間点 E_{r} で "近似" できる；(ii) ある程度 "長い" 時間にわたって継続し，その後に別の状態にある確率で遷移する．(i) における幅を共鳴状態の**準位幅**といい，通常，Γ という記号で表す．したがって，共鳴状態のエネルギー幅を表す区間は $[E_{\mathrm{r}} - \Gamma/2, E_{\mathrm{r}} + \Gamma/2]$ である．また，(ii) にいう継続時間を共鳴状態の**寿命**という．これは Γ に反比例する量であることが実験的に確認される．共鳴状態は，たとえば，原子や素粒子どうしの衝突・散乱の中間状態として現れる．この場合，散乱の確率を入射粒子のエネルギー E の関数とみたとき，それは $E = E_{\mathrm{r}}$ のところでピークをもつ．このような散乱を**共鳴散乱** (resonance scattering) という．こうして，共鳴状態には実数の組 (E_{r}, Γ) が同伴する．物理的・発見法的議論によれば，この組から決まる複素数 $z_{\mathrm{r}} := E_{\mathrm{r}} - i(\Gamma/2)$ がハミルトニアンの共鳴極 (上の定義で H がハミルトニアンを表す場合の共鳴極) の一つを与えると推測される．だ

*19 もちろん，純数学的には，上の定義における対象 z_0 を何と呼ぶかは全然本質的な問題ではない．

*20 $F_H(z;\Psi)$ におけるベクトル Ψ が表す状態とは別物である．

が，この推測を，普遍的な形で証明するのは簡単ではなく，多くの準備がいる．

5.6.3 共鳴極と生き残り確率の指数関数的崩壊

ハミルトニアンの共鳴極の存在は，状態の生き残り確率の時間崩壊 (時間的減衰) と関連していることを示そう[*21]．次の定理が成り立つ．

定理 5.26 H を H 上の自己共役作用素とし，次の性質 (i)～(iii) をもつ実数 $a \in \mathbb{R}$ が存在するとする：

(i) $a \notin \sigma_{\mathrm{p}}(H)$.

(ii) あるベクトル $\Psi \in \mathsf{D}(H)$ に対して，z の関数 $F_H(z;\Psi)$ は切断平面 $\mathbb{C} \setminus [a,\infty)$ で解析的であり，上半平面から，実軸の部分区間 $[a,\infty)$ を横切って (第二リーマン面の) 下半平面の部分集合 $D_a := \{z \in \mathbb{C} \,|\, \mathrm{Re}\, z > a, \mathrm{Im}\, z < 0\}$ へと解析接続される．この解析接続を $\widetilde{F}_H(z;\Psi)$ とすれば ($\mathrm{Im}\, z > 0$ ならば，$\widetilde{F}_H(z;\Psi) = F_H(z;\Psi)$)，$\widetilde{F}_H(z;\Psi)$ は，D_a の中にただ一つの 1 位の極 $z_0 = E_{\mathrm{r}} - i(\Gamma/2)$ をもつ．

(iii) $\lim_{z \in D_a, z \to \infty} |\widetilde{F}_H(z;\Psi)| = 0$.

このとき，すべての $t > 0$ に対して

$$\left\langle \Psi, e^{-itH}\Psi \right\rangle = -R_0 e^{-itE_{\mathrm{r}}} e^{-t\Gamma/2} + [R_1(t) - R_2(t)]e^{-ita}. \tag{5.78}$$

ただし，R_0 は $\widetilde{F}(z;\Psi)$ の $z = z_0$ における留数であり

$$R_1(t) := \frac{1}{2\pi}\int_0^\infty F(a - i\xi;\Psi)e^{-t\xi}d\xi,$$
$$R_2(t) := \lim_{\varepsilon \downarrow 0}\frac{1}{2\pi}\int_0^\infty \widetilde{F}(a + \varepsilon - i\xi;\Psi)e^{-t\xi}d\xi.$$

証明 記号上の煩雑さを避けるために，証明を通して，$f(t) := \left\langle \Psi, e^{-itH}\Psi \right\rangle$ ($t > 0$)，$F(z) := F_H(z;\Psi)$, $\widetilde{F}(z) := \widetilde{F}_H(z;\Psi)$ とおく．$\mathrm{Im}\, z > 0$ に対して成り立つ公式

$$(H - z)^{-1} = i\int_0^\infty e^{-it(H-z)}dt$$

[*21] 生き残り確率については，3.8.4 項を参照．

([7] の p.268，補題 3.11) によって

$$F(z) = i\int_{-\infty}^{\infty} \chi_{[0,\infty)}(t)f(t)e^{-yt}e^{itx}dt, \quad z = x + iy \quad (x \in \mathbb{R}, y > 0)$$

と書ける．ただし，$\chi_{[0,\infty)}$ は $[0,\infty)$ の定義関数である．したがって，$F(z) = F(x+iy)$ は x の関数として，$i\chi_{[0,\infty)}(t)f(t)e^{-yt}$ のフーリエ変換 (の $\sqrt{2\pi}$ 倍) である．関数 $f(t)e^{-yt}$ は $t \geq 0$ で微分可能であり，$\int_0^\infty |f(t)|e^{-yt}dt < \infty$ であるので，フーリエ逆変換公式が成り立つ：

$$f(t) = \frac{1}{2\pi i}\int_{-\infty}^{\infty} F(x+iy)e^{-it(x+iy)}dx \quad (t > 0). \tag{5.79}$$

ただし，右辺は広義積分の意味でとる*22．また，$y > 0$ は任意でよい．関数 F が切断平面 $\mathbb{C} \setminus [a,\infty)$ で解析的であることを考慮して，(5.79) の右辺の積分を三つの部分に分ける：$f(t) = I_1(t) + I_2(t) + I_3(t)$．ただし

$$\begin{aligned} I_1(t) &:= \frac{1}{2\pi i}\int_{-\infty}^{a} F(x+iy)e^{-it(x+iy)}dx, \\ I_2(t) &:= \frac{1}{2\pi i}\int_{a}^{a+\varepsilon} F(x+iy)e^{-it(x+iy)}dx, \\ I_3(t) &:= \frac{1}{2\pi i}\int_{a+\varepsilon}^{\infty} F(x+iy)e^{-it(x+iy)}dx. \end{aligned}$$

ただし，$0 < \varepsilon < \mathrm{Re}\, z_0 - a$ とする．積分 $I_1(t), I_3(t)$ を計算するために，$F(z)e^{-itz}$ は $\mathbb{C} \setminus [a,\infty)$ で正則関数であること，$\widetilde{F}(z)e^{-itz}$ は D_a 上で有理型であることに注意し，コーシーの積分定理を用いる．まず，$I_3(t)$ を計算しよう．そのために，定数 $R > 0$ を $R > -\mathrm{Im}\, z_0 + y, R > \mathrm{Re}\, z_0 - a$ を満たすように選び，関数 $\widetilde{F}(z)e^{-itz}$ を閉曲線：$[a+\varepsilon+iy, a+\varepsilon+R+iy] \to \{a+\varepsilon+iy+Re^{-i\theta} | \theta \in [0,\pi/2]\} \to \{a+\varepsilon+iy+i\xi | \xi \in [-R,0]\}$ に添って積分する (図 5.3)．

このとき，極 z_0 はこの閉曲線内に含まれる．したがって，コーシーの積分定理により

---

*22 $\int_{-\infty}^{\infty} |F(x+iy)|dx < \infty$ かどうかはわからない．具体的な例では，多くの場合，この積分は発散している．

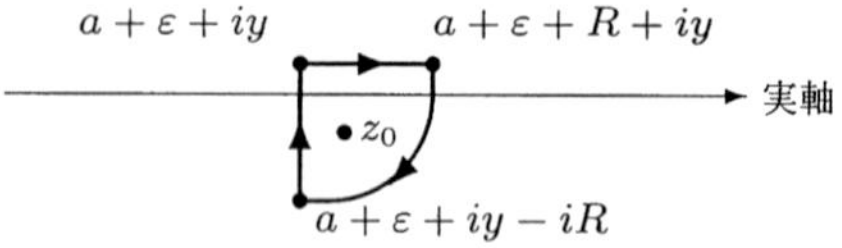

図 **5.3** $I_3(t)$ の計算のための積分路

$$\frac{1}{2\pi i}\int_{a+\varepsilon}^{a+\varepsilon+R} F(x+iy)e^{-it(x+iy)}dx$$
$$+\frac{1}{2\pi}\int_0^{\pi/2} \widetilde{F}\left(a+\varepsilon+iy+Re^{-i\theta}\right)e^{-it(a+\varepsilon)}e^{ty}Re^{-itR\cos\theta}e^{-tR\sin\theta}d\theta$$
$$+\frac{1}{2\pi}\int_{-R+y}^{y}\widetilde{F}(a+\varepsilon+i\xi)e^{-it(a+\varepsilon+i\xi)}d\xi = -R_0e^{-itE_{\mathrm{r}}}e^{-t\Gamma/2}.$$

条件 (iii) と

$$\int_0^{\pi/2} Re^{-tR\sin\theta}d\theta \le \int_0^{\pi/2} Re^{-2tR\theta/\pi}d\theta = \frac{\pi}{2t}\left(1-e^{-tR}\right) \le \frac{\pi}{2t}$$

を用いると，左辺の第二項の積分は $R\to\infty$ で 0 に収束することがわかる．$R\to\infty$ としてから，$y\to 0$ とすることにより

$$\lim_{y\to 0} I_3(t) = -R_0e^{-itE_{\mathrm{r}}}e^{-t\Gamma/2} - \frac{1}{2\pi}e^{-it(a+\varepsilon)}\int_0^\infty \widetilde{F}(a+\varepsilon-i\xi)e^{-t\xi}d\xi$$

を得る．$I_1(t)$ については，閉曲線: $\{x+iy|x\in[-R+a,a]\}\to\{a+i(-\xi+2y-R)|\xi\in[-R+y,y]\}\to\{a+iy+Re^{-i\theta}|\theta\in[\pi/2,\pi]\}$ について $F(z)e^{itz}$ を積分することにより，$I_3(t)$ の場合と同様にして

$$I_1(t) = \frac{1}{2\pi}e^{-ita}\int_0^\infty F(a-i\xi)e^{-t\xi}d\xi$$

が示される．$\lim_{\varepsilon\to 0} I_2(t)=0$ は容易にわかる．以上を整理すれば，(5.78) が得られる． ■

式 (5.78) の物理的意味を考えよう．議論をみやすくするために，$\|\Psi\|=1$ の場合を考える．$|R_1(t)|+|R_2(t)| \ll |R_0|e^{-t\Gamma/2}\cdots(*)$ を満たす一つの集合として区間 $[\alpha,\beta]$ $(\alpha\ge 0)$ がとれると仮定する．このとき，任意の $t\in[\alpha,\beta]$ に対

して

$$\langle \Psi, e^{-itH}\Psi \rangle \approx -R_0 e^{-itE_{\mathrm{r}}} e^{-t\Gamma/2}$$

が成り立つ．

第3章ですでにみたように，H が量子系のハミルトニアンを表す場合

$$P_\Psi(t) := |\langle \Psi, e^{-itH}\Psi \rangle|^2$$

は時刻0で状態 Ψ にあった系が時刻 t で状態 Ψ に留まる確率—**生き残り確率**(残存確率)—を表す．したがって，時刻 $t \in [\alpha, \beta]$ における生き残り確率は近似的に $e^{-t\Gamma}$ に比例する．すなわち，それは時間に関して，指数関数的に減衰する．ゆえに，状態 Ψ の生き残り時刻の平均値—状態 Ψ の平均寿命— を τ とすれば，$\tau \approx \int_\alpha^\beta te^{-t\Gamma}dt / \int_\alpha^\beta e^{-t\Gamma}dt$. これから，もし，$\alpha\Gamma \ll 1$ かつ $\beta\Gamma \gg 1 \cdots (**)$ ならば $\tau \approx 1/\Gamma$ となる．よって，条件 $(**)$ のもとで，Γ は平均寿命の逆数と考えてよい．ゆえに，Γ が大きければ状態 Ψ の平均寿命は短く，小さければ長い．

次に $(*)$ を満たさないような状況を考える．これは，t が十分大きいとき，たとえば，$R_1(t)$ および $R_2(t)$ の減衰のオーダーが t の負冪 $t^{-\gamma}$ ($\gamma > 0$ は定数) に比例する場合に起こる[*23]．この場合には，もはや，状態の平均寿命について語ることはできない．

5.6.4 指数関数的減衰とスペクトル

前項の最後に述べたことと関連して，次の驚くべき事実を証明しておこう．

定理 5.27 A を H 上の自己共役作用素とし，単位ベクトル Φ と定数 $C, \gamma > 0$ があって，すべての $t \in \mathbb{R}$ に対して

$$|\langle \Phi, e^{-itA}\Phi \rangle| \le Ce^{-|t|\gamma}$$

が成り立つとする．このとき，$\sigma(A) = \mathbb{R}$.

証明 $f(t) := \langle \Phi, e^{-itA}\Phi \rangle, t \in \mathbb{R}$ とおく．1次元ボレル集合 B に対して，$\mu(B) := \|E_A(B)\Phi\|^2$ とおけば，これは，$(\mathbb{R}, \mathsf{B}^1)$ 上の確率測度であり，$f(t) =$

[*23] 実際，このような例は存在する．

$\int_{\mathbb{R}} e^{-it\lambda}d\mu(\lambda)$ と書ける．仮定により，$|f(t)| \le Ce^{-|t|\gamma}$ であるから，f の逆フーリエ変換 $\check{f}(\lambda) = (2\pi)^{-1/2}\int_{\mathbb{R}} f(t)e^{i\lambda t}dt \quad (\lambda \in \mathbb{R})$ は存在し，それは帯領域 $S := \{z \in \mathbb{C} | \, |\mathrm{Im}\, z| < \gamma\}$ で定義される正則関数 $\check{f}(z) := (2\pi)^{-1/2}\int_{\mathbb{R}} f(t)e^{izt}dt$ へと解析接続される．任意の $\lambda \in \mathbb{R}$ に対して，$\check{f}(\lambda)$ は実数であり，$\check{f}$ は $\mathbb{R}$ 上で有界かつ連続である．フーリエ解析と作用素解析により，$\mu(B) = (2\pi)^{-1/2}\int_B \check{f}(\lambda)d\lambda,\ B \in \mathsf{B}^1 \cdots (*)$ が成り立つことが示される*24．ゆえに，μ はルベーグ測度に関して絶対連続である．$\check{f}$ は S 上で正則であり，それは恒等的に 0 でないから，一致の定理により，その零点は S の孤立点に限る．この事実と任意の $\lambda \in \mathbb{R}$ に対して，$\check{f}(\lambda)$ は実数になることを考慮すると，$\mathrm{supp}\,\mu = \mathbb{R}$ でなければならないことが結論される．ところが，$\mathrm{supp}\,\mu \subset \mathrm{supp}\,E_A = \sigma(A)$ であるから，$\sigma(A) = \mathbb{R}$ である． ■

定理 5.27 は，ハミルトニアン H によって記述される系の生き残り確率について次の性質を導く：**H が下に有界または上に有界ならば，任意の単位ベクトル Ψ に関する生き残り確率 $|\langle \Psi, e^{-itH}\Psi\rangle|^2$ $(t \in \mathbb{R})$ は，$t \in \mathbb{R}$ の関数として $\mathbb{R}$ 全体で指数関数的に減衰することはない．**

5.7 フリードリクスモデル

最後に，前節の最初の項で述べた事柄を例証する簡単なモデルの一つ—歴史的には，フリードリクス (K.O. Friedrichs)[10] によって最初に考案されたモデル—を考察しておく．

5.7.1 モデルの定義

$\omega : \mathbb{R} \to [0,\infty)$ を連続関数で，任意の $\lambda \ge 0$ に対して $\{k \in \mathbb{R} | \omega(k) = \lambda\}$ のルベーグ測度が 0 であり，かつ $\omega(k) \to \infty$ $(|k| \to \infty)$ を満たすものとし，ヒルベルト空間 $\mathsf{L}^2(\mathbb{R})$ において，関数 ω によるかけ算作用素を $\hat{\omega}$ で表す．した

*24 まず，有界な台をもつ実数値連続関数 g のすべてに対して，$(2\pi)^{-1/2}\int_{\mathbb{R}} g(\lambda)\check{f}(\lambda)d\lambda = \langle \Phi, g(A)\Phi\rangle$ を示せ．次に，$\mathbb{R}$ の任意の有界区間 J の定義関数 χ_J を有界な台をもつ実数値連続関数列で近似することにより，$B = J$ の場合の $(*)$ を導け．最後に，$\mu(\mathbb{R}) = 1$ に注意し，ホップの拡張定理の一意性により，$(*)$ を示せ．

がって，$\hat{\omega}$ は非負自己共役作用素であり

$$m := \inf_{k\in\mathbb{R}} \omega(k) \tag{5.80}$$

とすれば，$m \geq 0$ であり

$$\sigma(\hat{\omega}) = [m, \infty), \quad \sigma_{\mathrm{p}}(\hat{\omega}) = \emptyset \tag{5.81}$$

が成り立つ*25．$\mu_0 \in \mathbb{R}$ を定数とする．

例 5.2 (i) $m \geq 0$ を定数として，$\omega(k) = \sqrt{k^2 + m^2}$，$k \in \mathbb{R}$ (2 次元時空における，質量 m，運動量 k の相対論的自由粒子のエネルギー)．(ii) $M > 0$ を定数として，$\omega(k) = k^2/(2M)$，$k \in \mathbb{R}$ (質量 M，運動量 k の非相対論的自由粒子の運動エネルギー)．(iii) $\alpha > 0$ を定数として，$\omega(k) = |k|^\alpha + m$.

1 次元ユニタリ空間 $\mathbb{C}$ と $\mathsf{L}^2(\mathbb{R})$ の直和ヒルベルト空間

$$\mathsf{H}_{\mathrm{F}} := \mathbb{C} \oplus \mathsf{L}^2(\mathbb{R}) = \{(z, \psi) | z \in \mathbb{C}, \psi \in \mathsf{L}^2(\mathbb{R})\} \tag{5.82}$$

を考える．H_{F} のベクトル (z, ψ) を $\begin{pmatrix} z \\ \psi \end{pmatrix}$ とも表す．一般に，$\alpha \in \mathbb{C}$，T を $\mathsf{L}^2(\mathbb{R})$ から $\mathbb{C}$ への線形作用素，S を $\mathbb{C}$ から $\mathsf{L}^2(\mathbb{R})$ への線形作用素，A を $\mathsf{L}^2(\mathbb{R})$ 上の線形作用素とするとき，H_{F} 上の線形作用素

$$L := \begin{pmatrix} \alpha & T \\ S & A \end{pmatrix}$$

を $\mathsf{D}(L) := \mathbb{C} \oplus [D(A) \cap \mathsf{D}(T)]$

$$L \begin{pmatrix} z \\ \psi \end{pmatrix} := \begin{pmatrix} \alpha z + T\psi \\ S(z) + A\psi \end{pmatrix}, \quad \begin{pmatrix} z \\ \psi \end{pmatrix} \in \mathsf{D}(L)$$

によって定義する．この型の作用素 L を**作用素行列** (operator matrix) という*26．容易にわかるように

$$\begin{pmatrix} \alpha & 0 \\ 0 & A \end{pmatrix} = \alpha \oplus A$$

---

*25 [6] の p.136, 例 2.13, [6] の pp.126–127, 命題 2.26, 定理 2.27 の応用.

*26 作用素を行列要素とする作用素の意．任意の有限個のヒルベルト空間 $\mathsf{H}_1, \cdots, \mathsf{H}_N$ の直和ベクトル空間 $\oplus_{j=1}^N \mathsf{H}_j$ における線形作用素の非常に広いクラスが，作用素行列の形に表される．$N = 2$ の場合については，[3] の付録 C を参照.

である．右辺は $\mathbb{C}$ 上の作用素 α (α をかける作用素) と A の直和である[*27]．

さて

$$H_0 := \mu_0 \oplus \hat{\omega} = \begin{pmatrix} \mu_0 & 0 \\ 0 & \hat{\omega} \end{pmatrix} \tag{5.83}$$

とすれば，これは自己共役であり

$$\sigma(H_0) = \{\mu_0\} \cup [m, \infty), \quad \sigma_{\mathrm{p}}(H_0) = \{\mu_0\} \tag{5.84}$$

が成立する．この場合，固有値 μ_0 の多重度は 1 であり，その固有ベクトルは (定数倍を除いて)

$$\Omega_0 := (1, 0) \tag{5.85}$$

で与えられる．もし

$$\mu_0 > m \tag{5.86}$$

ならば，μ_0 は H_0 の埋蔵固有値である (図 5.4)．以下，この条件のもとで考える[*28]．

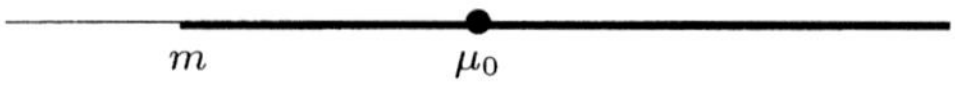

図 5.4 H_0 のスペクトル ($\mu_0 > m$ の場合)

図 5.5 H_0 のスペクトル ($\mu_0 < m$ の場合)

ヒルベルト空間 H_{F} および $\mu_0, \hat{\omega}$ に対する量子力学的に可能な描像の一つは次のようなものである．すなわち，H_{F} は，1 次元的な運動を行う量子的粒子が高々 1 個存在しえるような系の状態のヒルベルト空間を表す．この場合，ベクトル $(z, 0) \in \mathsf{H}_{\mathrm{F}}$ は量子的粒子が 0 の状態を記述し，$(0, \psi) \in \mathsf{H}_{\mathrm{F}}$ は量子的粒子

---

*27 ヒルベルト空間上の作用素の直和については，[7] の 4 章，4.3.2 項を参照．

*28 $\mu_0 < m$ の場合は，μ_0 は H_0 の離散固有値である (図 5.5)．この場合の摂動についての解析は演習問題とする (演習問題 4)．

が1個存在する状態 (運動量表示) を記述する．$\hat{\omega}$ は，量子的粒子の自由運動のハミルトニアンを表し，μ_0 は量子的粒子が存在しないときの系のエネルギーを表す．作用素 H_0 は，このような系における自由ハミルトニアン (無摂動ハミルトニアン) である．

次に H_0 の摂動を考える．関数 $g \in \mathsf{L}^2(\mathbb{R})(g \neq 0)$ に対して，写像 $A_g : \mathsf{L}^2(\mathbb{R}) \to \mathbb{C}$ を

$$A_g\psi := \langle g, \psi \rangle_{\mathsf{L}^2(\mathbb{R})}, \quad \psi \in \mathsf{L}^2(\mathbb{R}) \tag{5.87}$$

によって定義する．容易にわかるように，A_g は有界線形作用素であり

$$\|A_g\| = \|g\|_{\mathsf{L}^2(\mathbb{R})} \tag{5.88}$$

が成り立つ[*29]．上述の描像でいえば，A_g は量子的粒子を一つ減らす働きをする作用素である．作用素 A_g の共役作用素 $A_g^* : \mathbb{C} \to \mathsf{L}^2(\mathbb{R})$ は

$$(A_g^* z)(k) = g(k)z, \quad z \in \mathbb{C}\,(\text{a.e.}k \in \mathbb{R}) \tag{5.89}$$

という形で与えられる．これは量子的粒子が存在しない状態から，量子的粒子が一つ存在する状態をつくる働きをする作用素である．

摂動作用素 $H_{\mathrm{I}} : \mathsf{H}_{\mathrm{F}} \to \mathsf{H}_{\mathrm{F}}$ を

$$H_{\mathrm{I}} := \begin{pmatrix} 0 & A_g \\ A_g^* & 0 \end{pmatrix} = \begin{pmatrix} 0 & A_g \\ g & 0 \end{pmatrix} \tag{5.90}$$

によって定義し，$\kappa \in \mathbb{R}$ をパラメーターとして

$$H(\kappa) := H_0 + \kappa H_{\mathrm{I}} \tag{5.91}$$

とおく．これが**フリードリクスモデルのハミルトニアン**である．H_{I} は有界な対称作用素であるので，加藤–レリッヒの定理によって，$H(\kappa)$ は自己共役であり，下に有界である．

以後，$\mathsf{L}^2(\mathbb{R})$ や H_{F} の内積を単に $\langle \cdot, \cdot \rangle$ で表す．

[*29] $\|A_g\| \leq \|g\|_{\mathsf{L}^2(\mathbb{R})}$ は容易にわかる．実際に等号が成立することを示すには，$A_g g = \|g\|^2_{\mathsf{L}^2(\mathbb{R})}$ に注意すればよい．

5.7.2　埋蔵固有値の消失

以下

$$C_g := \int_{\mathbb{R}} \frac{|g(k)|^2}{\omega(k) - m} dk < \infty \tag{5.92}$$

という条件のもとで考える．作用素 $H(\kappa)$ に関する基本的性質の一つが次の定理で与えられる．

定理 5.28　$\kappa \neq 0$ とし，(5.86)，(5.92) および次の二つの条件 (i)，(ii) を仮定する：

(i)　任意の $E > m$ に対して

$$\frac{g(k)}{\omega(k) - E} \notin \mathsf{L}^2(\mathbb{R}). \tag{5.93}$$

(ii)

$$\kappa^2 < \frac{\mu_0 - m}{C_g}. \tag{5.94}$$

このとき，$H(\kappa)$ は固有値をもたない．すなわち，H_0 の埋蔵固有値 μ_0 は摂動のもとで消える．

証明　固有ベクトル方程式 $H(\kappa)\Phi = E\Phi$ $[\Phi = (z, \psi) \in \mathsf{D}(H(\kappa)) = \mathsf{D}(H_0)]$ は $z(E - \mu_0) = \kappa \langle g, \psi \rangle$，$(E - \omega)\psi = \kappa z g \cdots (*)$ を意味する．この第二式から $\psi(k) = \kappa z g(k)(E - \omega(k))^{-1}$ a.e.k．まず，$z = 0$ ならば，$\psi = 0$ であるから，$\Phi = 0$．したがって，Φ は固有ベクトルではない．z が 0 でないとき，次の三つの場合が考えられる．

(a) $E = m$ の場合．このときは，$\psi(k) = \kappa z g(k)(m - \omega(k))^{-1}$ a.e.k．これを $(*)$ の第 1 式に代入すると $\mu_0 - m = \kappa^2 C_g$ となり，条件 (5.94) に反する．$E = m$ は $H(\kappa)$ の固有値ではない．

(b) $E < m$ の場合．(a) と同様にして，$E = \mu_0 + \kappa^2 \int_{\mathbb{R}} [|g(k)|^2/(E - \omega(k))] dk$ を得る．$(-\infty, m)$ 上の関数 $f(x) := \mu_0 + \kappa^2 \int_{\mathbb{R}} |g(k)|^2 (x - \omega(k))^{-1} dk$ は連続で単調減少である．条件 (5.94) によって，$\lim_{x \uparrow m} f(x) > m$．したがって，方程式 $f(x) = x$ は $(-\infty, m)$ の中に解をもたない．ゆえに，E は $H(\kappa)$ の固有値ではない．

(c) $E > m$ の場合．この場合，条件 (5.93) によって，$\psi \notin \mathsf{L}^2(\mathbb{R})$．したがって，$E$ は $H(\kappa)$ の固有値ではない．以上から，$H(\kappa)$ は固有値をもたない．■

例 5.3 $g \in \mathsf{L}^2(\mathbb{R})$ が連続関数であり，$\omega(k) > m$ を満たす，すべての $k > 0$ に対して，$|g(k)| > 0$ ならば，例 5.2 の関数 ω のすべてに対して，(5.93) は成り立つ．したがって，このような ω と g に対しては，条件 (5.86), (5.94) のもとで，$H(\kappa)$ $(\kappa \neq 0)$ は固有値をもたない．

5.7.3 $H(\kappa)$ が固有値をもつ条件

条件 (5.93) または (5.94) が成立しないような ω と g に対しては，$H(\kappa)$ が固有値をもつ場合がある．

定理 5.29 条件 (5.86)，(5.92) および

$$\frac{\mu_0 - m}{C_g} < \kappa^2 \tag{5.95}$$

を仮定する．このとき，$H(\kappa)$ は多重度 1 の固有値 $E_m(\kappa) \in (-\infty, m)$ をもち，これは方程式

$$E_m(\kappa) = \mu_0 + \kappa^2 \int_{\mathbb{R}} \frac{|g(k)|^2}{E_m(\kappa) - \omega(k)} dk \tag{5.96}$$

を満たす．さらに

$$\psi_m := \frac{\kappa g}{E_m(\kappa) - \omega}, \quad z_m := \kappa \frac{\langle g, \psi_m \rangle}{E_m(\kappa) - \mu_0}, \quad \Phi_m := (z_m, \psi_m) \tag{5.97}$$

とすれば，Φ_m は $H(\kappa)$ の固有値 $E_m(\kappa)$ に属する固有ベクトルである：$H(\kappa)\Phi_m = E_m(\kappa)\Phi_m$．

証明 条件 (5.95) のもとでは，前定理の証明における (b) の部分の考察により，$f(x) = x$ は $(-\infty, m)$ の中にただ一つの解 $E_m(\kappa)$ をもつ．仮定により，$\psi_m \in \mathsf{L}^2(\mathbb{R})$ であり，$\Phi_m \in \ker(H(\kappa) - E_m(\kappa))$ であることは直接計算により確かめられる．■

定理 5.29 は，摂動パラメーターの大きさ $|\kappa|$ が十分大きければ，$H(\kappa)$ は固有値をもつことを示すものであり，興味深い．ただし，この場合の固有値は，埋蔵

固有値 μ_0 の "変容" というよりも，むしろ，強結合領域—$|\kappa|$ の大きい領域—に特有の新しい数理的現象とみるのが自然である．定理 5.28 も考慮すると，パラメーター $|\kappa|$ の変化において，$|\kappa|$ が点

$$\kappa_{\mathrm{c}} := \sqrt{\frac{\mu_0 - m}{C_g}}$$

を "通過する" 際に劇的な変化が起こるわけである．この種の点を摂動の**臨界点** (critical point) と呼ぶ．

一般に，量子力学や量子場の理論において，ハミルトニアンの強結合領域で独自に出現する構造ないし効果を**非摂動的構造** (nonpeturbative structure) または**非摂動的効果** (nonperturbative effect) という．

フリードリクスモデル $H(\kappa)$ における固有値 $E_m(\kappa)$ の出現は非摂動的効果の一つとみなせる．

5.7.4　レゾルヴェントとスペクトル

H_0 の埋蔵固有値 μ_0 が摂動 κH_{I} のもとで消えてしまう場合に，共鳴極が存在するかどうかを調べるために，まず，$H(\kappa)$ のレゾルヴェントがどういう形で与えられるかをみよう．

$z \in \mathbb{C} \setminus \mathbb{R}$ とし (したがって，$z \in \varrho(H(\kappa))$)，任意の $\Psi = (\eta, \psi) \in \mathsf{H}_{\mathrm{F}}$ に対して，$(H(\kappa) - z)^{-1}\Psi = (w, \phi)$ とおく．このとき

$$\eta = (\mu_0 - z)w + \kappa \langle g, \phi \rangle, \quad \psi = \kappa g w + (\omega - z)\phi.$$

この連立方程式を w と ϕ について解けば

$$w = \frac{1}{D(z)}\left(\eta - \kappa \left\langle \frac{g}{\omega - z^*}, \psi \right\rangle\right), \quad \phi = \frac{\psi - \kappa g w}{\omega - z} \tag{5.98}$$

を得る．ただし

$$D(z) := \mu_0 - z - \kappa^2 \int_{\mathbb{R}} \frac{|g(k)|^2}{\omega(k) - z} dk. \tag{5.99}$$

したがって

$$(H(\kappa)-z)^{-1}=\begin{pmatrix} \dfrac{1}{D(z)} & -\kappa\dfrac{A_{g/(\omega-z^*)}}{D(z)} \\ -\dfrac{\kappa g}{(\omega-z)D(z)} & \dfrac{1}{\omega-z}\left(1+\kappa^2\dfrac{gA_{g/(\omega-z^*)}}{D(z)}\right) \end{pmatrix}. \tag{5.100}$$

この形から，$H(\kappa)$ のレゾルヴェントの性質にとって，関数 $D(z)$ の性質が重要な役割を演じることが推察される．そこで，この関数の性質を調べよう．

補題 5.30 関数 $D(z)$ は切断平面

$$\mathbb{C}_m := \mathbb{C}\setminus[m,\infty) \tag{5.101}$$

で解析的である．さらに，次の (i), (ii) が成立する：

(i) (5.94) が成り立つとき，$D(z)$ は $\mathbb{C}_m$ の中に零点をもたない．したがって，$1/D(z)$ は $\mathbb{C}_m$ で解析的である．

(ii) (5.95) が成り立つとき，$D(z)$ の $\mathbb{C}_m$ における零点は定理 5.29 にいう $E_m(\kappa)$ だけである．したがって，$1/D(z)$ は $\mathbb{C}_m\setminus\{E_m(\kappa)\}$ で解析的である．

証明 最初の主張を証明するのは容易である．方程式 $D(z)=0\cdots(*)$ を満たす $z\in\mathbb{C}_m$ を $z=x+iy$ $(x,y\in\mathbb{R})$ とし，$(*)$ をその実部と虚部がともに 0 という条件で吟味することにより，$y=0$ でなければならないことがわかる．したがって，$D(x)=0$．これと定理 5.28 と定理 5.29 の証明から (i), (ii) の主張が出る． ■

定理 5.31 (i) (5.94) が成り立つとき

$$\sigma(H(\kappa))\subset[m,\infty),\quad \sigma_{\mathrm{p}}(H(\kappa))=\emptyset. \tag{5.102}$$

(ii) (5.95) が成り立つとき

$$\sigma(H(\kappa))\subset\{E_m(\kappa)\}\cup[m,\infty),\quad \sigma_{\mathrm{p}}(H(\kappa))=\{E_m(\kappa)\}. \tag{5.103}$$

証明　(i) (5.100) の右辺の $\mathsf{B}(\mathsf{H}_\mathrm{F})$ 値関数を $T(z)$ とすると，これは $\mathbb{C}_m$ で解析的であり，$z \in \mathbb{C} \setminus \mathbb{R}$ ならば

$$\langle \Theta, T(z)(H(\kappa)-z)\Psi \rangle = \langle \Theta, \Psi \rangle, \quad \Theta \in \mathsf{H}_\mathrm{F}, \Psi \in \mathsf{D}(H_0)$$
$$\langle (H(\kappa)-z^*)\Xi, T(z)\Phi \rangle = \langle \Xi, \Phi \rangle, \quad \Xi \in \mathsf{D}(H_0), \Phi \in \mathsf{H}_\mathrm{F}$$

が成り立つ．任意の $x \in (-\infty, m)$ に対して，$z = x + i\varepsilon, \varepsilon > 0$ とし，$\varepsilon \to 0$ の極限をとり，$\mathsf{D}(H_0)$ が稠密であることを使えば $T(x)(H(\kappa)-x)\Psi = \Psi, \Psi \in \mathsf{D}(H_0)$，$(H(\kappa)-x)T(x)\Phi = \Phi, \Phi \in \mathsf{H}_\mathrm{F}$ が導かれる．これは $x \in \varrho(H(\kappa))$ を意味し，式 (5.100) は任意の $z \in \mathbb{C}_m$ に対して成り立つことがわかる．したがって，$\mathbb{C}_m \subset \varrho(H(\kappa))$．ゆえに，$\sigma(H(\kappa)) \subset [m, \infty)$．

(ii) (i) と同様．■

定理 5.31 は次のことを語る：弱結合領域—条件 (5.94) を満たす κ の領域—では，$H(\kappa)$ は基底状態をもたないが，強結合領域—条件 (5.95) を満たす κ の領域—では $H(\kappa)$ は基底状態をもつ．これは，強結合領域において初めて，基底状態が現れることを意味する．このような現象を**束縛の高まり** (enhanced binding) という．これもたいへん興味深い現象である．

5.7.5　解析接続と共鳴極

この項を通して，(5.86) を仮定する．ハミルトニアン $H(\kappa)$ のレゾルヴェントについて，無摂動系のハミルトニアン H_0 の固有ベクトル Ω_0 に対する行列要素

$$F(z) := \left\langle \Omega_0, (H(\kappa)-z)^{-1}\Omega_0 \right\rangle, \quad z \in \varrho(H(\kappa)) \tag{5.104}$$

の解析接続を考える．(5.100) によって

$$F(z) = \frac{1}{D(z)}. \tag{5.105}$$

したがって，$D(z)$ の解析接続を考えればよい．ここでは，簡単のため

$$\omega(k) = |k|, \quad k \in \mathbb{R} \tag{5.106}$$

の場合についてのみ論述する*30．このとき

$$D(z) = \mu_0 - z - \kappa^2 \int_0^\infty \frac{h_g(k)}{k-z} dk.$$

ただし

$$h_g(k) := |g(k)|^2 + |g(-k)|^2, \quad k \in \mathbb{R}. \tag{5.107}$$

関数 g は次の条件を満たすとする：

(g.1) $g \in \mathsf{L}^2(\mathbb{R})$ で g は $\mathbb{R}$ 上連続であり，$|g(k)| > 0, k > 0$ かつ $\sup_{k\in\mathbb{R}} |g(k)|^2 < \infty$，$\int_{\mathbb{R}}(|g(k)|^2/|k|)dk < \infty$.

(g.2) h_g は $[0, \infty)$ 上で連続微分可能である．

(g.3) h_g は $\{z \in \mathbb{C}\,|\mathrm{Im}\, z < 0\}$ における有理型関数への解析接続をもつ．この有理型関数も同じ記号 h_g で表す．h_g は $\{z \in \mathbb{C}\,|\mathrm{Re}\, z \geq 0, \mathrm{Im}\, z < 0\}$ の中には極をもたず，$\sup_{\mathrm{Re}\, z\geq 0, \mathrm{Im}\, z<0} |h_g(z)| < \infty$ を満たす．

条件 (g.1) は $m = 0$ の場合の (5.93) の成立を導く．上の条件に加えて，$m = 0$，$\omega(k) = |k|$ の場合の条件 (5.94)

$$|\kappa| < \alpha_{\mathrm{c}} := \sqrt{\frac{\mu_0}{\int_{\mathbb{R}}(|g(k)|^2/|k|)dk}} \tag{5.108}$$

も仮定する．このとき，定理 5.28 によって，$H(\kappa)$ は固有値をもたない．すなわち，H_0 の埋蔵固有値は摂動 κH_{I} のもとで消える．

例 5.4 $a, b > 0$ を定数，$n > l, n, l \in \mathbb{N}$ とするとき

$$g(k) := \begin{cases} \dfrac{k^l}{[(k+a)^2 + b^2]^n} & (k \geq 0) \\ 0 & (k < 0) \end{cases}$$

によって定義される関数 g は上記の条件 (g.1)～(g.3) を満たす．この場合，$h_g(z) = z^{2l}/[(z+a)^2 + b^2]^{2n}$ ($\mathrm{Im}\, z < 0$ または $z \in [0, \infty)$)．

補題 5.32 $D(z)$ は上半平面から $[0, \infty)$ を横切って (第二リーマン面の) 下半平面上の有理型関数に解析接続される．その解析接続を $\widetilde{D}(z)$ とすれば

$$\widetilde{D}(z) = D(z) - 2\pi i \kappa^2 h_g(z), \quad \mathrm{Im}\, z < 0. \tag{5.109}$$

---

*30 ω がもっと一般の場合についても，以下の議論は拡張できる．

証明　まず，任意の $x \geq 0$ に対して

$$D(x) := \lim_{\varepsilon \downarrow 0} D(x+i\varepsilon) = \mu_0 - x - \kappa^2 \mathrm{P}\int_0^\infty \frac{h_g(k)}{k-x}dk - i\pi\kappa^2 h_g(x)$$

を示すのは難しくない．ただし，$\mathrm{P}\int(\cdot)dk$ は主値積分を表す*31．したがって，(5.109) によって，$\widetilde{D}(z)$ を定義すると，これは $\mathrm{Im}\, z < 0$ で有理型関数であり，任意の $x \geq 0$ に対して

$$\lim_{\varepsilon \downarrow 0} \widetilde{D}(x - i\varepsilon) = \lim_{\varepsilon \downarrow 0} D(x+i\varepsilon) = D(x)$$

が成り立つ．ゆえに，題意が成立する．■

以下，κ は複素変数として考える．

補題 5.33　定数 $\kappa_0 > 0$ が存在して，$|\kappa| < \kappa_0$ ならば，$\widetilde{D}(z)$ は μ_0 の近くに 1 位の零点 $z(\kappa)$ をもち，これは次の性質 (i)，(ii) をもつ：

(i)　$\mathrm{Im}\, z(\kappa) < 0$ $(|\kappa| < \kappa_0)$.

(ii)　$z(\kappa)$ は κ の関数として，$|\kappa| < \kappa_0$ において解析的であり

$$z(\kappa) = \mu_0 + \sum_{n=1}^\infty a_n \kappa^{2n}, \quad |\kappa| < \kappa_0 \tag{5.110}$$

とテイラー展開される．ここで

$$a_1 = -\mathrm{P}\int_0^\infty \frac{h_g(k)}{k-\mu_0}dk - 2\pi i h_g(\mu_0). \tag{5.111}$$

証明　2 変数 $\kappa, z \in \mathbb{C}$ の関数 $f(z,\kappa)$ を次のように定義する：

$$f(z,\kappa) := \begin{cases} D(z) & ;\mathrm{Im}\, z > 0 \text{ または } z \in [0,\infty) \text{ のとき} \\ \widetilde{D}(z) & ;\mathrm{Im}\, z < 0, \mathrm{Re}\, z > 0 \text{ のとき} \end{cases}$$

---

*31 任意の $x \geq 0$ と $\varepsilon > 0$ に対して

$$\int_0^\infty \frac{h_g(k)}{k-x\mp i\varepsilon}dk = \int_0^\infty \frac{(k-x)h_g(k)}{(k-x)^2+\varepsilon^2}dk \pm i\int_0^\infty \frac{\varepsilon h_g(k)}{(k-x)^2+\varepsilon^2}dk$$

と変形し，変数変換を用いて，$\varepsilon \downarrow 0$ の極限を考察すればよい．右辺第一項は $\mathrm{P}\int_0^\infty h_g(k)/(k-x)dk$ に収束し，右辺第二項は $\pm i\pi h_g(x)$ に収束する．

ただし，$|\kappa| < \alpha_c$ とする (5.108)．f は，$|z-\mu_0| < \mu_0$，$|\kappa| < \alpha_c$ で正則であり，$f(z,0)$ は $z=\mu_0$ に一位の零点をもつ．したがって，複素関数論の陰関数定理*32によって，正数 $r_0 < \alpha_c, R_0$ があって，$|\kappa| < r_0$ を満たす各 κ に対して，z に関する方程式 $f(z,\kappa)=0$ は $\{z \in \mathbb{C}\,||z-\mu_0| < R_0\}$ の中にちょうど 1 個の解をもつ．それを $z(\kappa)$ とすれば，$z(\kappa)$ は κ の関数として，$|\kappa| < r_0$ で解析的である．$D(z)$ は $\{z \in \mathbb{C}\,|\,\mathrm{Im}\,z > 0\} \cup [0,\infty)$ には零点をもたないので，$\mathrm{Im}\,z(\kappa) < 0$ かつ $\widetilde{D}(z(\kappa)) = 0$ でなければならない．$\widetilde{D}$ の導関数は

$$\widetilde{D}'(z) = -1 - \kappa^2 \int_0^\infty \frac{h_g(k)}{(k-z)^2} dk - 2\pi i \kappa^2 h_g'(z)$$

という形をもつので，正数 r_1 があって，$|\kappa| < r_1$ ならば $\widetilde{D}'(z(\kappa)) \neq 0$ がわかる．したがって，$|\kappa| < r_1$ ならば，$z(\kappa)$ は $\widetilde{D}(z)$ の 1 位の零点である．

$\widetilde{D}(z)$ の零点の一意性を示すには，$\widetilde{D}(z_0) = 0$ ならば $|z_0 - \mu_0| \leq \kappa^2 C(z_0)$ と評価できることに注意すればよい．ただし

$$C(z) := \left| \int_0^\infty \frac{h_g(k)}{k-z} dk \right| + 2\pi |h_g(z)|.$$

g に対する条件により，$C(z)$ は $[0,\infty) \cup \{z \in \mathbb{C}\,|\,\mathrm{Re}\,z \geq 0, \mathrm{Im}\,z < 0\}$ で有界である．したがって，$|\kappa|$ が十分小さければ，零点 z_0 は μ_0 の近傍にしかなく，しかも $\lim_{\kappa \to 0} z_0 = \mu_0$．よって，ある定数 $\kappa_0 > 0$ が存在して，$|\kappa| < \kappa_0$ ならば，$z(\kappa)$ は $\widetilde{D}(z)$ の $\{z \in \mathbb{C}\,|\,\mathrm{Re}\,z \geq 0, \mathrm{Im}\,z < 0\}$ におけるただ一つの零点である．

(5.111) は，$a_1 = \lim_{\kappa \to 0}(z(\kappa) - \mu_0)/\kappa^2$ および

$$\frac{z(\kappa) - \mu_0}{\kappa^2} = -\int_0^\infty \frac{h_g(k)}{k - \mu_0 - \kappa^2 w(\kappa)} dk - 2\pi i h_g(\mu_0 + \kappa^2 w(\kappa))$$

$(w(\kappa) := a_1 + a_2\kappa^2 + a_3\kappa^4 + \cdots)$ を用いることにより証明できる．■

以上から，次の定理が証明されたことになる．

*32 **定理**：二つの複素変数 w, z の関数 $F(w,z)$ が $|z-a| \leq R_1, |w-b| \leq R_2$ ($a, b \in \mathbb{C}$ は定点，R_1, R_2 は正の定数) で解析的 (正則) であり，$F(w,a)$ が $w=b$ において k 位の零点をもつならば，正数 r_1, r_2 が存在して，$|z-a| < r_1$ を満たす任意の z に対して，w に関する方程式 $F(w,z)=0$ は，$\{w \in \mathbb{C}\,|\,|w-b| < r_2\}$ の中にちょうど (重複を込めて) k 個の解をもつ．特に，$k=1$ の場合，その解を $w=f(z)$ とすれば，f は $|z-a| < r_1$ で解析的である．

この定理の証明については，たとえば，楠 幸男『解析函数論』(廣川書店，1974 (8 版)) の p.144 を参照．

定理 5.34 条件 (5.86), (g.1)〜(g.3), (5.108) のもとで, (5.104) によって定義される関数 $F(z)$ は上半平面から, $[0,\infty)$ を横切って, 下半平面に解析接続され, $|\kappa|<\kappa_0$ ならば, 補題 5.33 にいう複素数 $z(\kappa)$ を, $\{z\in\mathbb{C}\,|\,\mathrm{Re}\,z\geq 0, \mathrm{Im}\,z<0\}$ の中におけるただ一つの極としてとしてもつ. この極の位数は 1 である.

こうして, 埋蔵固有値 μ_0 が摂動 κH_{I} のもとで消える場合に, $H(\kappa)$ は共鳴極 $z(\kappa)$ をもつことがわかる (ただし, $|\kappa|$ は十分小).

5.7.6 生き残り確率の時間崩壊

定理 5.34 の仮定を前提とする. このとき, 定理 5.26 を $a=0, H=H(\kappa), \Psi=\Omega_0$ として応用できる. いまの場合, (5.78) における $R_0, R_1(t)-R_2(t)$ は次のように計算される：

$$R_0=\frac{1}{\widetilde{D}'(z(\kappa))},$$

$$R(t):=R_1(t)-R_2(t)=-i\kappa^2\int_0^\infty\frac{h_g(-ik)e^{-tk}}{D(-ik)\widetilde{D}(-ik)}dk,\quad t>0.$$

したがって, $z(\kappa)=E_{\mathrm{r}}(\kappa)-i(\Gamma(\kappa)/2)$ とすれば, 定理 5.26 により

$$\left\langle\Omega_0, e^{-itH(\kappa)}\Omega_0\right\rangle=\frac{-1}{\widetilde{D}'(z(\kappa))}e^{-itE_{\mathrm{r}}(\kappa)}e^{-t\Gamma(\kappa)/2}+R(t),\quad t>0. \tag{5.112}$$

容易にわかるように

$$R(0):=\lim_{t\to 0}R(t)=-i\kappa^2\int_0^\infty\frac{h_g(-ik)}{D(-ik)\widetilde{D}(-ik)}dk. \tag{5.113}$$

したがって

$$0<t\ll-\frac{2}{\Gamma(\kappa)}\log(|R(0)||\widetilde{D}'(z(\kappa))|)$$

ならば

$$\left\langle\Omega_0, e^{-itH(\kappa)}\Omega_0\right\rangle\approx\frac{-1}{\widetilde{D}'(z(\kappa))}e^{-itE_{\mathrm{r}}(\kappa)}e^{-t\Gamma(\kappa)/2}$$

であるので, 生き残り確率 $|\left\langle\Omega_0, e^{-itH(\kappa)}\Omega_0\right\rangle|^2$ は指数関数的に減衰する.

他方, 変数変換により

$$R(t)=\frac{c(t)}{t},\quad t>0$$

と書ける．ただし

$$c(t) := -i\kappa^2 \int_0^\infty \frac{h_g(-ik/t)e^{-k}}{D(-ik/t)\widetilde{D}(-ik/t)} dk, \quad t > 0.$$

$h_g(0) = 0$ であるから，たとえば，ある $\alpha > 0$ に対して

$$\lim_{t\to\infty} t^\alpha h_g(-ik/t) = c \neq 0$$

ならば

$$R(t) \sim \frac{C_\infty}{t^{1+\alpha}} \quad (t \to \infty)$$

となる．ただし

$$C_\infty := \frac{\kappa^2}{2\pi} \cdot \frac{c}{\left(\mu_0 - \kappa^2 \int_0^\infty \frac{h_g(k)}{k} dk\right)^2}.$$

したがって

$$|\left\langle \Omega_0, e^{-itH(\kappa)}\Omega_0 \right\rangle|^2 \sim \frac{C_\infty^2}{t^{2(1+\alpha)}} \quad (t \to \infty).$$

したがって，十分大きな時間 $t > 0$ に対しては，状態 Ω_0 に対する生き残り確率は指数関数的に減衰はせず，t に関して冪のオーダーで減衰する．

付録 G　バナッハ空間の双対空間とハーン–バナッハの定理

この付録ではバナッハ空間の解析における基礎的な事実を叙述する．

G.1　バナッハ空間の双対空間

バナッハ空間に対しても，ヒルベルト空間の場合と同様に双対空間の概念が定義される．X を複素バナッハ空間とする[*33]．

定義 G.1　写像 $\ell : \mathsf{X} \to \mathbb{C}$ が次の条件 (i)，(ii) を満たすとき，ℓ を X 上の**有界線形汎関数**という：(i) (線形性) すべての $x, y \in \mathsf{X}, \alpha, \beta \in \mathbb{C}$ に対して，$\ell(\alpha x + \beta y) = \alpha\ell(x) + \beta\ell(y)$．(ii) (有界性) 定数 $C > 0$ があって，すべての $x \in \mathsf{X}$ に対して，$|\ell(x)| \leq C\|x\|$ が成り立つ．

[*33] バナッハ空間の定義については，[6] の 1 章，1.2.6 項を参照．

X 上の有界線形汎関数の全体を X^* で表し，これを X の**双対空間**という．

各 $\ell \in \mathsf{X}^*$ に対して定まる有限量 $\|\ell\|_{\mathsf{X}^*} := \sup_{x\in\mathsf{X},\, x\neq 0} |\ell(x)|/\|x\|$ を ℓ の**ノルム**と呼ぶ．

容易にわかるように

$$|\ell(x)| \le \|\ell\|_{\mathsf{X}^*}\|x\|, \quad \ell \in \mathsf{X}^*, x \in \mathsf{X}. \tag{G.1}$$

ヒルベルト空間上の有界線形作用素の場合と同様にして，任意の $\ell \in \mathsf{X}^*$ は連続であること，すなわち，$x_n, x \in \mathsf{X}$, $x_n \to x (n \to \infty) \Longrightarrow \lim_{n\to\infty} \ell(x_n) = \ell(x)$ が示される[*34]．

命題 G.2 $(\mathsf{X}^*, \|\cdot\|_{\mathsf{X}^*})$ はバナッハ空間である．

証明 $\{\ell_n\}_n$ を X^* のコーシー列とする．すなわち，任意の $\varepsilon > 0$ に対して，番号 n_0 があって，$n, m \ge n_0$ ならば $\|\ell_n - \ell_m\|_{\mathsf{X}^*} < \varepsilon$. これから，定数 $C > 0$ があって $\|\ell_n\|_{\mathsf{X}^*} \le C, n \ge 1$ がわかる．また，すべての $x \in \mathsf{X}$ に対して，$|\ell_n(x) - \ell_m(x)| \le \|x\|\varepsilon, n, m \ge n_0 \cdots (*)$. これは $\{\ell_n(x)\}_n$ が $\mathbb{C}$ のコーシー列であることを意味する．したがって，極限 $\ell(x) := \lim_{n\to\infty} \ell_n(x)$ が存在する．$\ell : x \mapsto \mathbb{C}$ が線形であることは ℓ_n の線形性からしたがう．さらに $|\ell(x)| = \lim_{n\to\infty} |\ell_n(x)| \le \limsup_{n\to\infty} \|\ell_n\|_{\mathsf{X}^*}\|x\| \le C\|x\|$. ゆえに $\ell \in \mathsf{X}^*$. $(*)$ において，$m \to \infty$ とすれば，$|\ell_n(x) - \ell(x)| \le \|x\|\varepsilon, n \ge n_0$. これは，$\|\ell_n - \ell\|_{\mathsf{X}^*} \le \varepsilon, n \ge n_0$ を意味する．したがって，$\lim_{n\to\infty} \|\ell_n - \ell\|_{\mathsf{X}^*} = 0$. よって，$\{\ell_n\}_n$ を X^* の中に極限 ℓ をもつ．したがって，完備である． ■

この命題により，X^* の双対空間 $\mathsf{X}^{**} := (\mathsf{X}^*)^*$ を考えることができる．任意の $x \in \mathsf{X}$ に対して，$\tilde{x} \in \mathsf{X}^{**}$ を $\tilde{x}(\ell) := \ell(x), \quad \ell \in \mathsf{X}^*$ によって定義できる．対応 : $x \mapsto \tilde{x}$ は 1 対 1 である．したがって，この対応によって，X は X^{**} の中に埋め込まれる．この意味で，$\mathsf{X} \subset \mathsf{X}^{**}$ と記し，$\tilde{x}$ と x を同一視する．

$\mathsf{X} = \mathsf{X}^{**}$ を満たすバナッハ空間 X は**回帰的** (reflexive) であるという[*35]．

G.2 ハーン–バナッハの定理

X が無限次元で，しかもヒルベルト空間でない場合に，X^* の元がどのくらいあるかは，さしあたって，明らかではない．次の定理が語る，バナッハ空間の基本的構造は，この側面についての知見を提供する．

---

*34 [6] の p.64 を参照．

*35 X が有限次元ならば，X は常に回帰的であるが，無限次元の場合には，そうとは限らない．

定理 G.3　ハーン-バナッハの定理． V を複素ベクトル空間，p を V 上の実数値関数とし，すべての $x, y \in \mathsf{V}$ と $|\alpha| + |\beta| = 1$ を満たすすべての $\alpha, \beta \in \mathbb{C}$ に対して

$$p(\alpha x + \beta y) \leq |\alpha| p(x) + |\beta| p(y)$$

を満たすとする．D を V の部分空間，ϕ を D 上の線形汎関数ですべての $x \in D$ に対して

$$|\phi(x)| \leq p(x)$$

を満たすものとする．このとき，V 上の線形汎関数 Φ で次の性質 (i), (ii) を満たすものが存在する：(i) すべての $x \in \mathsf{V}$ に対して，$|\Phi(x)| \leq p(x)$．(ii) すべての $x \in D$ に対して，$\Phi(x) = \phi(x)$．

この定理の証明については，関数解析の本を参照されたい[*36]．

以下，X は複素バナッハ空間であるとする．

系 G.4　**(拡大定理)** D を X の部分空間，ϕ_0 を D で定義された有界線形汎関数とする．$\|\phi_0\| := \sup_{x \in D,\, x \neq 0} |\phi_0(x)|/\|x\|$ とおく．このとき，X^* の元 ϕ で次の性質 (i)，(ii) を満たすものが存在する：(i) $\phi(x) = \phi_0(x)$，$x \in D$．(ii) $\|\phi\| = \|\phi_0\|$．

証明　$p(x) = \|\phi_0\| \, \|x\|, x \in D$ としてハーン–バナッハの定理を応用すればよい．■

系 G.5　**(有界線形汎関数の存在)** 各 $x \in \mathsf{X}, x \neq 0$ に対して，$\phi_x \in \mathsf{X}^*$ で $\phi_x(x) = \|x\|$，　$\|\phi_x\| = 1$ を満たすものが存在する．

証明　$D = \{\alpha x | \alpha \in \mathbb{C}\}$ (1 次元部分空間)，$\phi_0(\alpha x) = \alpha \|x\|$ として，系 G.4 を応用すればよい．■

この系は，$\mathsf{X} \neq \{0\}$ ならば，$\mathsf{X}^* \neq \{0\}$ であること，すなわち，非自明な有界線形汎関数の存在を示す．

系 G.6　ベクトル $x \in \mathsf{X}$ について，すべての $\ell \in \mathsf{X}^*$ に対して $\ell(x) = 0$ が成り立つならば，$x = 0$ である．

証明　対偶を証明する．$x \neq 0$ とすると，系 G.5 によって，$\phi_x \in \mathsf{X}^*$ で $\phi_x(x) = \|x\| \neq 0$ を満たすものが存在する．したがって，題意が成立する．■

次の命題は重要である．

[*36] たとえば，[14] の 8 章，8.2 節．

命題 G.7　任意の $x \in \mathsf{X}$ に対して，$\|x\| = \sup_{\ell \in \mathsf{X}^*, \|\ell\| \le 1} |\ell(x)|$.

証明　$x \neq 0$ の場合について示せば十分である．$a := \sup_{\|\ell\| \le 1} |\ell(x)|$ とおく．$\|\ell\|$ の定義から，$|\ell(x)| \le \|\ell\|\|x\|$．したがって，$a \le \|x\|$．系 G.5 によって，$\ell \in X^* \setminus \{0\}$ で $\ell(x) = \|x\|, \|\ell\| = 1$ を満たすものが存在する．したがって，$\|x\| \le a$. ■

付録 H　ある 2 重積分の計算

半無限開区間 $(0, \infty)$ 上の連続関数 f, g が条件

$$\int_{\mathbb{R}^3 \times \mathbb{R}^3} \frac{|f(|\boldsymbol{x}|)g(|\boldsymbol{y}|)|}{|\boldsymbol{x} - \boldsymbol{y}|} d\boldsymbol{x}d\boldsymbol{y} < \infty$$

を満たすとき，次の等式が成立する：

$$\int_{\mathbb{R}^3 \times \mathbb{R}^3} \frac{f(|\boldsymbol{x}|)g(|\boldsymbol{y}|)}{|\boldsymbol{x} - \boldsymbol{y}|} d\boldsymbol{x}d\boldsymbol{y}$$
$$= 16\pi^2 \left(\int_0^\infty dr_1 r_1^2 f(r_1) \int_{r_1}^\infty dr_2 r_2 g(r_2) + \int_0^\infty dr_1 r_1^2 g(r_1) \int_{r_1}^\infty dr_2 r_2 f(r_2) \right). \tag{H.1}$$

証明　仮定により，積分

$$I := \int_{\mathbb{R}^3 \times \mathbb{R}^3} \frac{f(|\boldsymbol{x}|)g(|\boldsymbol{y}|)}{|\boldsymbol{x} - \boldsymbol{y}|} d\boldsymbol{x}d\boldsymbol{y} \tag{H.2}$$

は有限であり，累次積分ができる．したがって

$$I = \int_{\mathbb{R}^3} d\boldsymbol{x} f(|\boldsymbol{x}|) \int_{\mathbb{R}^3} \frac{g(|\boldsymbol{y}|)}{|\boldsymbol{x} - \boldsymbol{y}|} d\boldsymbol{y}.$$

$\boldsymbol{x} = (x_1, x_2, x_3)$，$\boldsymbol{y} - \boldsymbol{x} = (z_1, z_2, z_3)$ に対して，次の極座標変換を行う．

$$x_1 = r_1 \cos\phi \sin\theta, \quad x_2 = r_1 \sin\phi \sin\theta, \quad x_3 = r_1 \cos\theta,$$
$$z_1 = \rho \cos\psi \sin\chi, \quad z_2 = \rho \sin\psi \sin\chi, \quad z_3 = \rho \cos\chi$$

$(r_1 = |\boldsymbol{x}| > 0, \phi \in [0, 2\pi), \theta \in [0, \pi];\ \rho = |\boldsymbol{y} - \boldsymbol{x}| > 0, \psi \in [0, 2\pi), \chi \in [0, \pi])$.
ただし，χ は $\boldsymbol{x}$ を一つとめるごとにベクトル $\boldsymbol{x}$ と $\boldsymbol{y} - \boldsymbol{x}$ のなす角度にとる．このとき

$$I = 8\pi^2 \int_0^\infty dr_1 r_1^2 f(r_1) \int_0^\infty d\rho\rho \int_0^\pi d\chi g(\sqrt{\rho^2 + 2\rho r_1 \cos\chi + r_1^2}) \sin\chi$$

χ についての積分を変数変換：$\chi \to r_2 = \sqrt{\rho^2 + 2\rho r_1 \cos\chi + r_1^2}$ を用いて行うと

$$\begin{aligned} I &= 8\pi^2 \int_0^\infty dr_1 r_1 f(r_1) \int_0^\infty d\rho \int_{|\rho - r_1|}^{\rho + r_1} dr_2 r_2 g(r_2) \\ &= 8\pi^2 \int_0^\infty dr_1 r_1 f(r_1) \int_0^\infty dr_2 r_2 g(r_2) \int_{|r_1 - r_2|}^{r_1 + r_2} d\rho \\ &= 8\pi^2 \int_0^\infty dr_1 r_1 f(r_1) \int_0^\infty r_2 g(r_2)(r_1 + r_2 - |r_1 - r_2|) dr_2. \end{aligned}$$

r_2 に関する積分を $r_1 \geq r_2$ の部分と $r_1 < r_2$ の部分に分けて計算することにより，(H.1) が得られる． ■

例 H.1 $\alpha > 0$ を定数として，$f(r) = g(r) = e^{-\alpha r}$，$r > 0$ の場合を考え，(H.1) と簡単に証明できる公式

$$\int_0^\infty r^n e^{-\beta r} dr = \frac{n!}{\beta^{n+1}} \quad (\beta > 0 \text{ は定数})$$

を用いると

$$\int_{\mathbb{R}^3 \times \mathbb{R}^3} \frac{e^{-\alpha|\boldsymbol{x}|} e^{-\alpha|\boldsymbol{y}|}}{|\boldsymbol{x} - \boldsymbol{y}|} d\boldsymbol{x} d\boldsymbol{y} = \frac{20\pi^2}{\alpha^5} \tag{H.3}$$

を得る．

ノ ー ト

解析的摂動論のさらに深い展開は，この理論の創始者によって書かれた世界的名著 [12] の 7 章以降や [16] の 12 章にみられる．埋蔵固有値の摂動問題の解析への一つのアプローチとして，**伸張解析的方法** (dilatation analytic method) と呼ばれるものがある．これは $\mathsf{L}^2(\mathbb{R}^d)$ の**伸張変換**—各 $\theta \in \mathbb{R}$ に対して，$(u(\theta)f)(x) := e^{d\theta/2} f(e^\theta x)$，$f \in \mathsf{L}^2(\mathbb{R}^d)$ によって定義されるユニタリ変換 $u(\theta)$— を用いて，レゾルヴェントの解析接続を行う手法であり，特に，シュレーディンガー型作用素に対して有効である (詳細については，[16] の XII.6 節や [11] の 16 章を参照)．

5.7 節で論じたモデルの原型はフリードリクス [10] によって与えられた．このモデルに関する近年の研究の一つとして [13] がある．フリードリクスモデルのボソン的第二量子化 ([7] の 4.3 節または [3] を参照) は，量子調和振動子とボース場の相互作

用モデルを生みだす [8, Lemma 6.1]．このモデルにおいても，モデルのハミルトニアンに含まれるパラメーターの範囲に応じて，埋蔵固有値が摂動のもとで消えたり，消えなかったりする [1]．

第5章　演習問題

H を複素ヒルベルト空間，A をヒルベルト空間 H 上の閉作用素とする．

1. z_0 が A の孤立固有値ならば，$\lim_{z\to z_0, z\in\varrho(A)}(A-z)^{-1}$ は存在しないことを示せ．

2. A が自己共役のとき，任意の $E\in\varrho(A)$ に対して，$\delta_E := \inf_{\lambda\in\sigma(A)}|\lambda - E|$ とおく．このとき，$\|(A-E)^{-1}\| \le 1/\delta_E$ を証明せよ．

注意 実際には，等号が成り立つ (余力があれば，これも証明せよ)．

3. 湯川ポテンシャル V_{Y} [(5.64) を参照] のフーリエ変換

$$\hat{V}_{\mathrm{Y}}(\boldsymbol{k}) := (2\pi)^{-3/2}\int_{\mathbb{R}^3} V_{\mathrm{Y}}(\boldsymbol{x})e^{-i\boldsymbol{k}\boldsymbol{x}}d\boldsymbol{x},\ \boldsymbol{k}\in\mathbb{R}^3$$

を計算せよ．

(答)

$$\hat{V}_{\mathrm{Y}}(\boldsymbol{k}) = -\frac{g}{(2\pi)^{3/2}}\cdot\frac{1}{\boldsymbol{k}^2+m^2},\quad \boldsymbol{k}\in\mathbb{R}^3.$$

4. 5.7 節のフリードリクスモデルにおいて，$\mu_0 < m$ で (5.92) が成り立つ場合を考察する (この場合，μ_0 は H_0 の多重度 1 の離散固有値である)．以下の事柄を証明せよ．

(i) すべての $\kappa\in\mathbb{R}$ に対して，$H(\kappa)$ の $(-\infty, m)$ における固有値はただ一つであり，それを $\mu(\kappa)$ とすると

$$\mu(0) = \mu_0,$$
$$\mu(\kappa) = \mu_0 + \kappa^2\int_{\mathbb{R}}\frac{|g(k)|^2}{\mu(\kappa)-\omega(k)}dk$$

が成り立つ．また，$\mu(\kappa)$ は多重度 1 の離散固有値である．

(ii) $\mu(\kappa)$ は $H(\kappa)$ の最低エネルギーである (したがって，$H(\kappa)$ は基底状態をもつ)．

(iii) $\mu(\kappa)$ は $\kappa = 0$ のある近傍で実解析的であり，$\mu(\kappa) = \mu_0 + \sum_{n=1}^{\infty} b_n\kappa^{2n}$ とテイラー展開される．ここで $b_1 = \int_{\mathbb{R}}[|\hat{g}(k)|^2/(\mu_0 - \omega(k))]dk < 0$．

関連図書

[1] A. Arai, Spectral analysis of a quantum harmonic oscillator coupled to infinitely many scalar bosons, *J. Math. Anal. Appl.* **140** (1989), 270–288.

[2] 新井朝雄，『ヒルベルト空間と量子力学』，共立出版，1997.

[3] 新井朝雄，『フォック空間と量子場 上』，日本評論社，2000.

[4] 新井朝雄，『フォック空間と量子場 下』，日本評論社，2000.

[5] 新井朝雄，『現代物理数学ハンドブック』，朝倉書店，2005.

[6] 新井朝雄・江沢 洋，『量子力学の数学的構造 I』，朝倉書店，1999.

[7] 新井朝雄・江沢 洋，『量子力学の数学的構造 II』，朝倉書店，1999.

[8] A. Arai and M. Hirokawa, Ground states of a general class of quantum field Hamiltonians, *Rev. Math. Phys.* **12** (2000), 1085–1135.

[9] E. B. Davies, Quantum Theory of Open Systems, Academic Press, 1976.

[10] K. O. Friedrichs, On the perturbation of continuous spectra, *Commun. Pure Appl. Math.* **I** (1948), 361–406.

[11] P. D. Hislop and I. M. Sigal, Introduction to Spectral Theory, Springer, 1996.

[12] T. Kato, Perturbation Theory for Linear Operators, Springer, 2nd Ed., 1976.

[13] C. King, Exponential decay near resonance without analyticity, *Lett. Math. Phys.* **23** (1991), 215–222.

[14] 黒田成俊，『関数解析』，共立出版，1980.

[15] M. Reed and B. Simon, Methods of Modern Mathematical Physics I: Functional Analysis, 1972.

[16] M. Reed and B. Simon, Methods of Modern Mathematical Physics IV: Analysis of Operators, Academic Press, 1978.

6
物理量のスペクトル

物理量のスペクトルを解析する上での非摂動的な基本的手法を論じ，量子力学のモデルへ応用する．

6.1　は じ め に

前章では，物理量のスペクトル解析のうち，固有値の存在問題を摂動的な観点から論じた．だが，この観点では，非摂動的な効果は捉え難い．そこで，摂動的な構造にとどまらず，非摂動的な構造をも把捉しえるような方法が必要になる．この章の目的は，そのような方法のうち，基本的なものを論述することにある．具体例への応用により，論述された一般的方法の強力さが示唆されるはずである．

6.2　離散スペクトルと真性スペクトルの特徴づけ

第 5 章の 5.3 節においてみたように，ヒルベルト空間上の閉作用素のスペクトルは離散スペクトルと真性スペクトルという互いに素な集合の和集合として表される．この節では，物理量の非摂動的スペクトル解析の予備的段階の一つとして，これらのスペクトルの性質を特徴づける．

以下，H はヒルベルト空間であるとする．まず，次の事実を確認しておく．

定理 6.1　H 上の任意の自己共役作用素 A に対して，その真性スペクトル $\sigma_{\mathrm{ess}}(A)$ は閉集合である．

証明　$\{\lambda_n\}_{n=1}^{\infty} \subset \sigma_{\text{ess}}(A)$, $\lambda_n \to \lambda\ (n \to \infty)$ としよう．このとき，$\lambda \in \sigma_{\text{ess}}(A)$ を示せばよい．$\sigma(A)$ は閉集合であったから，$\lambda \in \sigma(A)$．仮に，$\lambda \in \sigma_{\text{d}}(A)$ とすると，$\lambda_n \neq \lambda (n \geq 1)$ であり，離散スペクトルの点の孤立性によって，$(\lambda - \delta, \lambda + \delta) \cap \sigma(A) = \{\lambda\}$ となる $\delta > 0$ が存在する．しかし，$\lambda_n \to \lambda$ であるから，これは不可能である．ゆえに，$\lambda \in \sigma_{\text{ess}}(A)$．■

注意 6.1　自己共役作用素の離散スペクトルは，$\mathbb{R}$ の閉集合であるとは限らない (演習問題 1)．

命題 6.2　A を H の自己共役作用素とするとき，$\sigma(A)$ の集積点は $\sigma_{\text{ess}}(A)$ に属する．特に $\sigma_{\text{d}}(A)$ の集積点は $\sigma_{\text{ess}}(A)$ に属する．

証明　$\lambda \in \mathbb{R}$ を $\sigma(A)$ の集積点とすれば，$\lambda_n \neq \lambda, \lambda_n \to \lambda\ (n \to \infty)$ となる $\{\lambda_n\}_{n=1}^{\infty} \subset \sigma(A)$ がある．$\sigma(A)$ は閉集合であるから，$\lambda \in \sigma(A)$．どんな $\varepsilon > 0$ をとっても，$(\lambda - \varepsilon, \lambda + \varepsilon)$ は λ_n を無数に含むから，$(\lambda - \varepsilon, \lambda + \varepsilon) \cap \sigma(A) \neq \{\lambda\}$．したがって，$\lambda \notin \sigma_{\text{d}}(A)$．ゆえに $\lambda \in \sigma_{\text{ess}}(A)$．■

以下では，1 次元のスペクトル測度 (単位の分解) $E(B)\ (B \in \mathsf{B}^1)$ に対して

$$E(a,b) = E((a,b)), \quad E[a,b) = E([a,b)), \quad E(a,b] = E((a,b]) \tag{6.1}$$

という簡略記号を用いる．

次の定理は自己共役作用素のスペクトル解析において基本的である．

定理 6.3　A を H 上の自己共役作用素，E_A をそのスペクトル測度とする．このとき，実数 λ が $\sigma(A)$ に属するための必要十分条件はすべての $\varepsilon > 0$ に対して $E_A(\lambda - \varepsilon, \lambda + \varepsilon) \neq 0$ となることである．

証明　(必要性) 対偶を示す．そこで，ある $\delta > 0$ があって，$E_A(\lambda - \delta, \lambda + \delta) = 0$ とする．これは $(\lambda - \delta, \lambda + \delta) \subset (\operatorname{supp} E_A)^c = \varrho(A)$ を意味する[*1]．したがって，$\lambda \notin \sigma(A)$．

---

*1　$\operatorname{supp} E_A = \sigma(A)$ ([4] の p.225，2.9.5 項)．

(十分性) これも対偶を示す．$\lambda \in \rho(A) \cap \mathbb{R}$ としよう．$\rho(A)$ は $\mathbb{C}$ における開集合であるから，ある $\delta > 0$ が存在して，$\{z \in \mathbb{C} \,||z - \lambda| < \delta\} \subset \rho(A)$. 特に，$(\lambda - \delta, \lambda + \delta) \subset \rho(A)$. したがって，$E_A(\lambda - \delta, \lambda + \delta) = 0$. ■

命題 6.4　A を H 上の自己共役作用素とする．このとき，実数 λ が $\sigma_{\mathrm{ess}}(A)$ に属するための必要十分条件は，λ が A の固有値で多重度が無限大であるか，または $\sigma(A)$ の集積点になっていることである．

証明　(必要性) $\lambda \in \sigma_{\mathrm{ess}}(A)$ としよう．このとき，二つの場合，すなわち，(i)λ が A の固有値である場合と (ii) そうでない場合が考えられる．(i) の場合は，λ の多重度は無限大であるか，λ は $\sigma(A)$ の孤立点でないかのどちらかである．後者の場合は，λ の任意の近傍に $\sigma(A)$ の点で λ と異なるものが存在するから，λ は $\sigma(A)$ の集積点である．次に (ii) の場合を考える．この場合，もし，λ が $\sigma(A)$ の集積点でなければ，ある $\delta > 0$ があって，$(\lambda - \delta, \lambda + \delta) \cap \sigma(A) = \{\lambda\}$. これは λ が孤立固有値であることを意味する．だが，これは今の仮定に反する．

(十分性) これは真性スペクトルの定義から容易にしたがう． ■

自己共役作用素の離散スペクトルあるいは真性スペクトルは，そのスペクトル測度を用いて次のように特徴づけられる：

定理 6.5　A を H 上の自己共役作用素とする．

(i)　$\lambda \in \sigma_{\mathrm{d}}(A)$ であるための必要十分条件は，$\lambda \in \sigma(A)$ かつある $\delta > 0$ が存在して，$\mathrm{Ran}\,(E_A(\lambda - \delta, \lambda + \delta))$ が有限次元となることである．

(ii)　$\lambda \in \sigma_{\mathrm{ess}}(A)$ であるための必要十分条件は，すべての $\varepsilon > 0$ に対して，$\mathrm{Ran}\,(E_A(\lambda - \varepsilon, \lambda + \varepsilon))$ が無限次元となることである．

証明　(i) 条件の必要性は離散スペクトルの定義から明らか．

(十分性) $\lambda \in \sigma(A)$ かつある $\delta > 0$ が存在して，$\dim \mathrm{Ran}\,(E_A(\lambda - \delta, \lambda + \delta)) < \infty$ としよう．仮に，任意の $\varepsilon > 0$ に対して，$(\lambda - \varepsilon, \lambda + \varepsilon) \cap \sigma(A) \neq \{\lambda\}$ とすると，$\lambda_n \to \lambda$ となる $\lambda_n \in \sigma(A), \lambda_n \neq \lambda$, が存在する．$\lambda_n \in (\lambda - \delta, \lambda + \delta)$ として一般性を失わない．定理 6.3 により，各 n に対して，$\varepsilon_n > 0$ を選んで，$I_n = (\lambda_n - \varepsilon_n, \lambda_n + \varepsilon_n), I_n \cap I_m = \emptyset, n \neq m, E_A(I_n) \neq 0$, となる

ようにできる．任意の $N \geq 1$ に対して，$\oplus_{n=1}^{N} \mathrm{Ran}\,(E_A(I_n)) \subset \mathrm{Ran}\,(E_A(\lambda-\delta,\lambda+\delta))$ であるから，$\sum_{n=1}^{N} \dim \mathrm{Ran}\,(E_A(I_n)) \leq \dim \mathrm{Ran}\,(E_A(\lambda-\delta,\lambda+\delta))$. $\dim \mathrm{Ran}\,(E_A(I_n)) \geq 1$ であるから, $N \to \infty$ とすれば, 左辺は無限大に発散する. これは今の仮定に矛盾する．したがって, ある $\varepsilon_0 > 0$ が存在して, $(\lambda-\varepsilon_0, \lambda+\varepsilon_0) \cap \sigma(A) = \{\lambda\}$ でなければならない．これは, λ が A の孤立した固有値であることを示すものである．さらに $\dim \mathrm{Ran}\,(E(\{\lambda\})) \leq \dim \mathrm{Ran}\,(E_A(\lambda-\delta,\lambda+\delta)) < \infty$ であるから，λ の多重度は有限である．以上から，$\lambda \in \sigma_{\mathrm{d}}(A)$ が結論される．

(ii) (必要性) $\lambda \in \mathbb{R}$ が $\sigma_{\mathrm{ess}}(A)$ に属するとすれば，$\lambda \in \sigma(A), \lambda \notin \sigma_{\mathrm{d}}(A)$. したがって，(i) における十分性の対偶を考えることにより，すべての $\varepsilon > 0$ に対して，$\mathrm{Ran}\,(E_A(\lambda-\varepsilon,\lambda+\varepsilon))$ は無限次元でなければならない．

(十分性) すべての $\varepsilon > 0$ に対して，$\mathrm{Ran}\,(E_A(\lambda-\varepsilon,\lambda+\varepsilon))$ が無限次元であるとすれば，定理 6.3 より，$\lambda \in \sigma(A)$. そこで，(i) における必要性の対偶をとれば $\lambda \in \sigma_{\mathrm{ess}}(A)$ となる． ■

最後に，自己共役作用素の真性スペクトルの同定において，非常に有用な判定法を証明しておく．

定理 6.6 (**ヴァイルの判定法**) A を H 上の自己共役作用素とする．このとき，実数 λ が $\sigma_{\mathrm{ess}}(A)$ に属するための必要十分条件は点列 $\{\Psi_n\}_{n=1}^{\infty} \subset \mathsf{D}(A)$ で

$$\|\Psi_n\| = 1, \quad \text{w-}\lim_{n\to\infty} \Psi_n = 0, \tag{6.2}$$

$$\text{s-}\lim_{n\to\infty} (A-\lambda)\Psi_n = 0 \tag{6.3}$$

を満たすものが存在することである．

証明 (必要性) $\lambda \in \sigma_{\mathrm{ess}}(A)$ とすれば，命題 6.4 により，λ は A の孤立固有値で多重度が無限大であるか，$\sigma(A)$ の集積点であるかのどちらかである．前者の場合，$\dim \mathrm{Ran}\,(E_A(\{\lambda\})) = \infty$ であるから，$\mathrm{Ran}\,(E_A(\{\lambda\}))$ の正規直交系の任意の一つを $\{\Psi_n\}_{n=1}^{\infty}$ とすれば，(6.2)，(6.3) は満たされる (任意の正規直交系は零ベクトル 0 に弱収束することに注意)．後者の場合，$\lambda_n \to \lambda$ $(n \to \infty)$ となる $\lambda_n \in \sigma(A), \lambda_n \neq \lambda$, が存在する．$\delta_n > 0$ を適切に選ぶことにより，区間 $I_n = (\lambda_n - \delta_n, \lambda_n + \delta_n)$ が $I_n \cap I_m = \emptyset, n \neq m, \lambda \notin I_n$, を満たすよ

うにできる．このとき，$\mathrm{Ran}\,(E_A(I_n))$ と $\mathrm{Ran}\,(E_A(I_m))$ $(n \neq m)$ は直交し，$\delta_n \to 0$ $(n \to \infty)$ である．$\lambda_n \in \sigma(A)$ であったから，定理 6.3 によって，$\dim \mathrm{Ran}\,(E_A(I_n)) \geq 1$ $(n \geq 1)$．したがって，各 n に対して，単位ベクトル $\Psi_n \in \mathrm{Ran}\,(E_A(I_n))$ が存在して，$\{\Psi_n\}_{n=1}^\infty$ は正規直交系をなす．任意の正規直交系は 0 に弱収束するから，この $\{\Psi_n\}_{n=1}^\infty$ は (6.2) を満たす．さらに

$$\|(A-\lambda)\Psi_n\|^2 = \int_{I_n} |\mu-\lambda|^2 d\|E_A(\mu)\Psi_n\|^2 \leq (|\lambda_n-\lambda|+\delta_n)^2 \to 0\ (n \to \infty).$$

したがって，(6.3) も満たされる．

(十分性) (6.2)，(6.3) を満たす点列 $\{\Psi_n\}_{n=1}^\infty \subset \mathsf{D}(A)$ があったとし，$I_\varepsilon = (\lambda-\varepsilon, \lambda+\varepsilon)\ (\varepsilon > 0)$ とおく．任意の $\varepsilon > 0$ に対して，$\dim \mathrm{Ran}\,(E_A(I_\varepsilon)) = \infty$ を示せばよい (∵定理 6.5-(ii))．すべての $\Psi \in \mathsf{D}(A)$ に対して

$$\begin{aligned}\|(A-\lambda)\Psi\|^2 &= \int_{\mathbb{R}} (\mu-\lambda)^2 d\|E_A(\mu)\Psi\|^2 \\ &\geq \varepsilon^2 \int_{[\lambda+\varepsilon,\infty)} d\|E_A(\mu)\Psi\|^2 + \varepsilon^2 \int_{(-\infty,\lambda-\varepsilon]} d\|E_A(\mu)\Psi\|^2 \\ &= \varepsilon^2\{\|E_A[\lambda+\varepsilon,\infty)\Psi\|^2 + \|E_A(-\infty,\lambda-\varepsilon]\Psi\|^2\}.\end{aligned}$$

$\Psi = \Psi_n$ とすれば，(6.3) によって

$$E_A[\lambda+\varepsilon,\infty)\Psi_n \xrightarrow{\mathrm{s}} 0, \quad E_A(-\infty,\lambda-\varepsilon]\Psi_n \xrightarrow{\mathrm{s}} 0 \quad (n \to \infty).$$

恒等式 $E_A(I_\varepsilon) = 1 - E_A[\lambda+\varepsilon,\infty) - E_A(-\infty,\lambda-\varepsilon]$ により，$(1-E_A(I_\varepsilon))\Psi_n \xrightarrow{\mathrm{s}} 0\,(n \to \infty)$．$E_A(I_\varepsilon)$ は射影作用素であるから，これは，$\|E_A(I_\varepsilon)\Psi_n\| \to 1\ (n \to \infty) \cdots (*)$ を意味する．

仮に $\dim \mathrm{Ran}\,(E_A(I_\varepsilon)) = M < \infty$ とすれば，$\mathrm{Ran}\,(E_A(I_\varepsilon)) = \mathcal{L}(\{\eta_m | m = 1, \cdots, M\})$ となる正規直交系 $\{\eta_m\}_{m=1}^M \subset \mathrm{Ran}\,(E_A(I_\varepsilon))$ がとれる．このとき，$\|E_A(I_\varepsilon)\Psi_n\|^2 = \sum_{m=1}^M |\langle \Psi_n, \eta_m \rangle|^2$．(6.2) により，右辺は，$n \to \infty$ のとき，0 に収束する．だが，これは $(*)$ に矛盾する．したがって，$\mathrm{Ran}\,(E_A(I_\varepsilon))$ は無限次元である．■

定理 6.6 の簡単な応用を述べよう：

例 6.1 $\mathsf{L}^2(\mathbb{R}^d)$ におけるシュレーディンガー型作用素

$$H_V := -\Delta + V \tag{6.4}$$

を考える ($V:\mathbb{R}^d \to \mathbb{R}$). すでに知っているように, $\sigma(-\Delta) = [0,\infty)$, $\sigma_{\mathrm{p}}(-\Delta) = \emptyset$ であるから

$$\sigma_{\mathrm{ess}}(-\Delta) = [0,\infty).$$

$\int_{\mathbb{R}^d} |V(x)|^2 dx < \infty$ (i.e., $V \in \mathsf{L}^2(\mathbb{R}^d)$) であり, H_V は本質的に自己共役であると仮定しよう ($d \le 3$ の場合は, 第 2 章の定理 2.17 によって, $\mathsf{D}(H_V) = \mathsf{D}(\Delta)$ かつ H_V は下に有界な自己共役作用素である). このとき

$$[0,\infty) \subset \sigma_{\mathrm{ess}}(\overline{H}_V). \tag{6.5}$$

証明 次の性質 (i), (ii) をもつ実数値関数 $\rho \in \mathsf{C}_0^\infty(\mathbb{R}^d)$ を一つ選ぶ：(i) $|x| \ge 1 \Longrightarrow \rho(x) = 0$; (ii) $\int_{\mathbb{R}^d} \rho(x)^2 dx = 1$. 各 $n \in \mathbb{N}$ に対して, $\rho_n(x) := \rho(x/n), x \in \mathbb{R}^d$ とし, $k \in \mathbb{R}^d$ を任意に固定し, $\psi_n(x) := n^{-d/2}\rho_n(x)e^{ikx}$ とする. このとき, $\|\psi_n\| = 1$ であり, $\text{w-}\lim_{n\to\infty} \psi_n = 0$ が成り立つ[*2]. 直接計算により, $\lim_{n\to\infty} \|(-\Delta - k^2)\psi_n\| = 0$ もわかる. さらに

$$\|V\psi_n\|^2 \le n^{-d}(\sup_{x\in\mathbb{R}^d} |\rho(x)|^2) \int_{\mathbb{R}^d} |V(x)|^2 dx \to 0 \ (n \to \infty).$$

したがって, $\lim_{n\to\infty} \|(H_V - k^2)\psi_n\| = 0$. ゆえに, 定理 6.6 によって, $k^2 \in \sigma_{\mathrm{ess}}(\overline{H}_V)$. $k \in \mathbb{R}^d$ は任意であったから, (6.5) がしたがう. ■

6.3 最小–最大原理

ヒルベルト空間 H 上の自己共役作用素 A の期待値 $\langle \Psi, A\Psi \rangle$ ($\Psi \in \mathsf{D}(A)$, $\|\Psi\| = 1$) から, A のスペクトルの構造に関する情報を取り出すことを考える. これは, 量子力学的には, 物理量の期待値から, その物理量を表す自己共役作用素のスペクトルの性質を“読み取る”ことに相当する. したがって, この着想は, 量子物理的にも自然なものである.

[*2] まず, 任意の $f \in \mathsf{C}_0^\infty(\mathbb{R}^d)$ に対して, $\lim_{n\to\infty} \langle f, \psi_n \rangle = 0 \cdots (*)$ を示す. 次に, $\|\psi_n\| = 1$ であることと $\mathsf{C}_0^\infty(\mathbb{R}^d)$ が $\mathsf{L}^2(\mathbb{R}^d)$ で稠密であることを用いて, すべての $f \in \mathsf{L}^2(\mathbb{R}^d)$ に対して, $(*)$ を示す.

6.3.1 有限次元の場合

基本的なアイデアを得るために，まず，H が有限次元の場合を考え，その次元を N としよう．この場合，A のスペクトルは，重複も含めて，N 個の実固有値からなる ([4] の定理 2.23 と命題 2.33)．それらを $\lambda_n\,(n=1,\cdots,N)$ としよう．ここで便宜上，$\lambda_1 \le \lambda_2 \le \cdots \le \lambda_N$ と順序づけておく．固有値 λ_n に属する固有ベクトルを Ψ_n とする:$A\Psi_n = \lambda_n\Psi_n$．$\{\Psi_n\}_{n=1}^N$ は H の正規直交基底であるとして一般性を失わない．したがって，任意の $\Psi \in \mathsf{H}$ は $\Psi = \sum_{n=1}^N \alpha_n\Psi_n$ ($\alpha_n = \langle\Psi_n, \Psi\rangle$) と一意的に展開される．$\Psi$ は単位ベクトルであるとしよう．したがって，$\sum_{n=1}^N |\alpha_n|^2 = 1$ である．すると $\langle\Psi, A\Psi\rangle = \sum_{n=1}^N \lambda_n|\alpha_n|^2 \ge \lambda_1$, i.e., $\lambda_1 \le \langle\Psi, A\Psi\rangle$．ここで，特に $\Psi = \Psi_1$ とすれば，等号が成り立つ．ゆえに

$$\lambda_1 = \min_{\Psi\in\mathsf{H},\|\Psi\|=1} \langle\Psi, A\Psi\rangle$$

を得る．こうして，A の最低固有値は，A の期待値だけを用いて表されることがわかる．

次に λ_2 が A の期待値だけを用いて表されるかどうかを調べよう．Ψ として Ψ_1 と直交するものをとれば，$\alpha_1 = 0$ であるから，$\langle\Psi, A\Psi\rangle = \sum_{n=2}^N \lambda_n|\alpha_n|^2 \ge \lambda_2$. 特に $\Psi = \Psi_2$ にとれば，等号が成り立つ．ゆえに

$$\lambda_2 = u_A(\Psi_1). \tag{6.6}$$

ただし

$$u_A(\Phi) := \min_{\Psi\in\mathsf{H},\|\Psi\|=1,\langle\Phi,\Psi\rangle=0} \langle\Psi, A\Psi\rangle, \quad \Phi \in \mathsf{H}.$$

だが，λ_2 に関する表示 (6.6) はまだ Ψ_1 に依存している．そこで，この依存性を消すことを考える．任意の $\Phi = \sum_{n=1}^N \beta_n\Psi_n \in \mathsf{H}$ に対して，$\alpha_1\beta_1^* + \alpha_2\beta_2^* = 0$ となる複素数の対 $(\alpha_1, \alpha_2) \ne (0,0)$ が存在する．そこで，$\eta = \alpha_1\Psi_1 + \alpha_2\Psi_2$ とすれば，$\langle\Phi, \eta\rangle = 0$ であり，$\langle\eta, A\eta\rangle / \|\eta\|^2 \le \lambda_2$ が成り立つ．ゆえに，すべての $\Phi \in \mathsf{H}$ に対して，$u_A(\Phi) \le \lambda_2$．これと (6.6) を合わせれば

$$\lambda_2 = \max_{\Phi\in\mathsf{H}} \min_{\Psi\in\mathsf{H},\|\Psi\|=1,\langle\Psi,\Phi\rangle=0} \langle\Psi, A\Psi\rangle$$

が得られる．これは，λ_2 が A の期待値だけを用いて表されることを示している．同様にして

$$\lambda_n = \max_{\Phi_1,\cdots,\Phi_{n-1}\in \mathsf{H}} \min_{\|\Psi\|=1,\Psi\in[\Phi_1,\cdots,\Phi_{n-1}]^\perp} \langle \Psi, A\Psi \rangle, \quad 2 \le n \le N \tag{6.7}$$

を証明することができる (演習問題 2)．ただし，$[\Phi_1,\cdots,\Phi_{n-1}]^\perp$ は $\Phi_j, j = 1,\cdots,n-1$ と直交するベクトルの全体を表す：

$$[\Phi_1,\cdots,\Phi_{n-1}]^\perp = \{\Psi \in \mathsf{H} | \langle \Psi, \Phi_j \rangle = 0, j = 1,\cdots,n-1\}. \tag{6.8}$$

こうして，A のすべての固有値は A の期待値だけを用いて表されることがわかる．

6.3.2 無限次元の場合

以上の予備的考察のもとに，ヒルベルト空間 H が無限次元の場合へと考察を進めよう．A は H 上の自己共役作用素であるとし，下に有界であるとする．上述の考察から，次の対象を導入するのは自然である：

$$\mu_1(A) = \inf_{\Psi\in \mathsf{D}(A),\|\Psi\|=1} \langle \Psi, A\Psi \rangle, \tag{6.9}$$

$$\mu_n(A) = \sup_{\Phi_1,\cdots,\Phi_{n-1}\in \mathsf{H}} U_A^{(n-1)}(\Phi_1,\cdots,\Phi_{n-1}) \quad (n \ge 2). \tag{6.10}$$

ただし

$$U_A^{(n-1)}(\Phi_1,\cdots,\Phi_{n-1}) := \inf_{\Psi\in \mathsf{D}(A),\|\Psi\|=1,\Psi\in[\Phi_1,\cdots,\Phi_{n-1}]^\perp} \langle \Psi, A\Psi \rangle. \tag{6.11}$$

(6.10) において，$\Phi_1,\cdots,\Phi_{n-1}$ は一次独立である必要はないことを注意しておく．$\mu_n(A)$ を A の n **番目の特性レヴェル**と呼ぶ[*3]．

注意 6.2 $\dim \mathsf{H} = N < \infty$ の場合は，$n = 1,\cdots,N$ に対してのみ $\mu_n(A)$ が定義される．この場合，前項で見たように，$\mu_n(A)$ は，小さい方から重複をこめて数えた，A の n 番目の固有値である．

---

*3 この命名は，筆者が試みに行うものである (英語に直すとすれば，n-th characteristic level of A であろうか)．筆者の知る限り，$\mu_n(A)$ には名前がついていないようである．

変分原理により，$\mu_1(A)$ は A のスペクトルの下限に等しい：

$$\mu_1(A) = \inf \sigma(A). \tag{6.12}$$

任意のベクトル $\Phi_1, \cdots, \Phi_{n-1} \in \mathsf{H}$ に対して

$$U_A^{(n-1)}(\Phi_1, \cdots, \Phi_{n-1}) = U_A^{(n)}(\Phi_1, \cdots, \Phi_{n-1}, \Phi_{n-1}) \leq \mu_{n+1}(A)$$

であるから

$$\mu_n(A) \leq \mu_{n+1}(A) \quad (n \geq 1) \tag{6.13}$$

が成り立つ．したがって，$\mu_n(A)$ は n について単調増加である．

A の真性スペクトルの下限を Σ_A で表す：

$$\Sigma_A := \inf \sigma_{\mathrm{ess}}(A). \tag{6.14}$$

$\dim \mathsf{H} = +\infty$ かつ $\sigma_{\mathrm{ess}}(A) = \emptyset$ の場合は，$\Sigma_A = +\infty$ と規約する．

言葉の使い方を一つ約束しておく．$\sigma_{\mathrm{p}}(A) = \{\lambda_j\}_{j=1}^N$ $(\lambda_1 < \cdots < \lambda_N)$ であり，λ_j の多重度が m_j であるとき，A は重複をこめて $M := m_1 + \cdots + m_N$ 個の固有値をもつという．この場合，$E_i := \lambda_1$ $(i = 1, \cdots, m_1)$，$E_{m_1+\cdots+m_{j-1}+k} := \lambda_j$ $(j \geq 2, k = 1, \cdots, m_j)$ によって定義される有限数列 $E_1, \cdots, E_M$ を重複をこめて数えた，A の固有値という．

A の特性レヴェルについて，次の事実が成り立つ：

補題 6.7 A を無限次元ヒルベルト空間 H 上の自己共役作用素で下に有界なものとし，$a \in \mathbb{R}$ とする．このとき，次の (i), (ii), (iii) が成立する：

(i) $a < \mu_n(A)$ ならば，$\dim \mathrm{Ran}\,(E_A(-\infty, a)) \leq n - 1$.

(ii) $a > \mu_n(A)$ ならば，$\dim \mathrm{Ran}\,(E_A(-\infty, a)) \geq n$.

(iii) すべての $n \in \mathbb{N}$ に対して，$\mu_n(A) < \infty$.

証明 (i) 対偶を示す．そこで，$\dim \mathrm{Ran}\,(E_A(-\infty, a)) \geq n$ としよう．A は下に有界であるから，スペクトル表示を用いることにより，$\mathrm{Ran}\,(E_A(-\infty, a)) \subset \mathsf{D}(A)$ であり，任意の $\Psi \in \mathrm{Ran}\,(E_A(-\infty, a))$ に対して，$\langle \Psi, A\Psi \rangle \leq a\|\Psi\|^2 \cdots (*)$ であることがわかる．したがって，$\mathrm{Ran}\,(E_A(-\infty, a))$ の n 次元部分空間 V で

$\mathsf{V} \subset \mathsf{D}(A)$ かつ任意の $\Psi \in \mathsf{V}$ に対して $(*)$ が成り立つようなものが存在する. $\dim \mathsf{V} = n$ であるから, 任意の $\Phi_1, \cdots, \Phi_{n-1} \in \mathsf{H}$ に対して $\mathsf{V} \cap [\Phi_1, \cdots, \Phi_{n-1}]^\perp \neq \{0\}$ である[*4]. そこで, $\Psi \in \mathsf{V} \cap [\Phi_1, \cdots, \Phi_{n-1}]^\perp, \|\Psi\| = 1$ とすれば

$$U_A^{(n-1)}(\Phi_1, \cdots, \Phi_{n-1}) \leq \langle \Psi, A\Psi \rangle \leq a.$$

したがって, $\mu_n(A) \leq a$. ゆえに (i) の主張が導かれる.

(ii) これも対偶を示す. そこで, $\dim \mathrm{Ran}\,(E_A(-\infty, a)) \leq n - 1$ とする. したがって, $\mathrm{Ran}\,(E_A(-\infty, a)) = \mathcal{L}(\{\eta_1, \cdots, \eta_{n-1}\})$ となるベクトル η_j $(j = 1, \cdots, n-1)$ が存在する. ただし, $\eta_1, \cdots, \eta_{n-1}$ は一次独立であるとは限らない. このとき, 任意の $\Psi \in [\eta_1, \cdots, \eta_{n-1}]^\perp \cap \mathsf{D}(A)$ は $\mathrm{Ran}\,(E_A[a, \infty))$ の中にある. したがって $\langle \Psi, A\Psi \rangle \geq a\|\Psi\|^2$. これから, $U_A^{(n-1)}(\eta_1, \cdots, \eta_{n-1}) \geq a$, したがって $\mu_n(A) \geq a$. ゆえに (ii) の主張が成り立つ.

(iii) 仮に, ある n に対して, $\mu_n(A) = \infty$ とすれば, (i) の条件はどんな $a \in \mathbb{R}$ に対しても成り立つから, 任意の $a \in \mathbb{R}$ に対して $\dim \mathrm{Ran}\,(E_A(-\infty, a)) \leq n - 1$. しかし, $\text{s-}\lim_{a \to \infty} E_A(-\infty, a) = I$ であり, $\dim \mathsf{H} = \infty$ であるから, これは不可能である. したがって, 題意が成立する. ■

次の定理は無限次元ヒルベルト空間上の自己共役作用素のスペクトル解析において重要な役割を演じる：

定理 6.8 (**最小–最大原理** (min-max principle)) A を無限次元ヒルベルト空間 H 上の自己共役作用素で下に有界なものとする. このとき, 各 $n \in \mathbb{N}$ ごとに, 次の (i), (ii) のどちらか一方が成立する：

(i) A は $(-\infty, \Sigma_A)$ の中に, 重複もこめて少なくとも n 個の固有値をもち, $\mu_n(A)$ はその n 番目の固有値である.

(ii) $\mu_n(A) = \Sigma_A$. この場合, 任意の $m \geq n + 1$ に対して $\mu_m(A) = \mu_n(A)$ である. もし, A が $(-\infty, \Sigma_A)$ の中に固有値をもつとすれば, 個数は重複もこめて高々 $(n-1)$ 個である.

証明 二つの場合に分けて考える.

[*4] 第 2 章, 付録 C の補題 C.1 の応用.

(1) ある $\varepsilon_0 > 0$ に対して $\dim \mathrm{Ran}\,(E_A(-\infty, \mu_n(A) + \varepsilon_0)) < \infty$ の場合

この場合は，定理 6.8-(i) の状況にあることを示そう．任意の $\varepsilon > 0$ に対して

$$E_A(\mu_n(A) - \varepsilon, \mu_n(A) + \varepsilon) = E_A(-\infty, \mu_n(A) + \varepsilon) - E_A(-\infty, \mu_n(A) - \varepsilon].$$

補題 6.7 の (i), (ii) により $\dim \mathrm{Ran}\,(E_A(-\infty, \mu_n(A)+\varepsilon)) \geq n$, $\dim \mathrm{Ran}\,(E_A(-\infty, \mu_n(A)-\varepsilon]) \leq n-1$．したがって, $\dim \mathrm{Ran}\,(E_A(\mu_n(A)-\varepsilon, \mu_n(A)+\varepsilon)) \geq 1$．これと定理 6.3 により $\mu_n(A) \in \sigma(A)$．$0 < \varepsilon < \varepsilon_0$ という場合を考えると，今の場合の仮定と定理 6.5-(i) により，$\mu_n(A) \in \sigma_{\mathrm{d}}(A)$ を得る．したがって，$\mu_n(A)$ は多重度有限の孤立固有値であるから，ある $\delta > 0$ が存在して $(\mu_n(A) - \delta, \mu_n(A) + \delta) \cap \sigma(A) = \{\mu_n(A)\}$．このとき，$\dim \mathrm{Ran}\,(E_A(-\infty, \mu_n(A)]) = \dim \mathrm{Ran}\,(E_A(-\infty, \mu_n(A) + \delta) \geq n$ (補題 6.7-(ii))．したがって，A は $\mu_n(A)$ 以下の範囲に少なくとも n 個の固有値 $\lambda_1, \cdots, \lambda_n$ をもつ ($\lambda_1 \leq \lambda_2 \leq \cdots \leq \lambda_n \leq \mu_n(A)$)．もし，仮に，$\lambda_n < \mu_n(A)$ ならば，$\lambda_n + \varepsilon < \mu_n(A)$ となる ε があるが，このとき $\dim \mathrm{Ran}\,(E_A(-\infty, \lambda_n + \varepsilon)) = n$ でなければならない．しかし，これは，補題 6.7-(i) と矛盾する．よって $\lambda_n = \mu_n(A)$．すなわち，$\mu_n(A)$ は A の n 番目の固有値である．

(2) すべての $\varepsilon > 0$ に対して $\dim \mathrm{Ran}\,(E_A(-\infty, \mu_n(A) + \varepsilon)) = \infty$ の場合

この場合は，定理 6.8-(ii) の状況にあることを示そう．補題 6.7-(i) により，$\dim \mathrm{Ran}\,(E_A(-\infty, \mu_n(A) - \varepsilon])) \leq n - 1$．したがって，すべての $\varepsilon > 0$ に対して $\dim \mathrm{Ran}\,(E_A(\mu_n(A) - \varepsilon, \mu_n(A) + \varepsilon)) = \infty$．これと定理 6.5-(ii) により，$\mu_n(A) \in \sigma_{\mathrm{ess}}(A)$．他方, 任意の $a < \mu_n(A)$ に対し, ε_0 を $0 < \varepsilon_0 < \mu_n(A) - a$ を満たすようにとれば, 補題 6.7-(i) により, $\dim \mathrm{Ran}\,(E_A(a-\varepsilon_0, a+\varepsilon_0)) \leq n-1$．したがって，$a \notin \sigma_{\mathrm{ess}}(A)$．これは，$\mu_n(A) = \Sigma_A$ であることを意味する．

仮に $\mu_n(A) < \mu_{n+1}(A)$ とし, $a_n := (\mu_n(A)+\mu_{n+1}(A))/2$ とおく．このとき, $a_n < \mu_{n+1}(A)$ であるから, 補題 6.7-(i) によって $\dim \mathrm{Ran}\,(E_A(-\infty, a_n)) \leq n$．一方，$a_n > \mu_n(A)$ であるから，仮定により，$\dim \mathrm{Ran}\,(E_A(-\infty, a_n)) = \infty$．したがって，矛盾が生じる．ゆえに $\mu_n(A) \geq \mu_{n+1}(A)$．これと (6.13) をあわせれば，$\mu_n(A) = \mu_{n+1}(A)$ を得る．以下，同様に $\mu_n(A) = \mu_m(A)\,(m \geq n + 1)$ が成り立つ．

$(-\infty, \mu_n(A))$ の中に A の固有値が仮に n 個あったとし, a をその n 番目の固有値としよう．このとき, $(a+\mu_n(A))/2 > a$ であるから, $\dim \mathrm{Ran}\,(E_A(-\infty,(a+\mu_n(A))/2)) \geq n$．一方，$(a+\mu_n(A))/2 < \mu_n(A)$ であるから，補題 6.7-(i) により，$\dim \mathrm{Ran}\,(E_A(-\infty,(a+\mu_n(A))/2)) \leq n-1$．したがって，矛盾が生じる．ゆえに，$(-\infty, \mu_n(A))$ の中には A の固有値は高々 $(n-1)$ 個しかない．かくして，今の場合は，定理 6.8 の (ii) の状況にあることが示された． ■

6.3.3 基底状態および離散固有値の存在

最小–最大原理から出てくる簡単な帰結を述べておこう．

定理 6.9 (基底状態の存在) A を無限次元ヒルベルト空間 H 上の下に有界な自己共役作用素とする．単位ベクトル $\Psi \in \mathsf{D}(A)$ で $\langle \Psi, A\Psi \rangle < \Sigma_A$ を満たすものがあれば，A は基底状態をもつ．

証明 仮定の条件は $\mu_1(A) < \Sigma_A$ を意味する．したがって，最小–最大原理により，$\mu_1(A)$ は A の 1 番目の固有値である．ゆえに，A は基底状態をもつ． ■

この定理は，有限自由度の量子力学のモデルだけでなく，量子場のモデルに対しても適用することができ，その応用範囲は広い．

定理 6.10 (離散スペクトルの存在) A を無限次元ヒルベルト空間 H 上の下に有界な自己共役作用素とし，ある $a \in \mathbb{R}$ があって $\sigma_{\mathrm{ess}}(A) \subset [a, \infty)$ がわかっているとする．さらに，ある $n \geq 1$ に対して，$\mu_n(A) < a$ であるとしよう．このとき，A は，重複をこめて少なくとも n 個の固有値を $(-\infty, a)$ の中にもち，$\mu_n(A)$ は A の n 番目の固有値である．

証明 仮定のもとでは，$\mu_n(A) < \Sigma_A$．したがって，定理 6.8-(i) の状況があてはまる．ゆえに題意が成り立つ． ■

6.3.4 比較定理とレイリー–リッツの原理

多くの場合，自己共役作用素の特性レヴェルを陽に計算することはできない．したがって，その場合には，特性レヴェルを上と下から評価することが重要になる．この項では，そのための基本的な方法を述べる．

定理 6.11 (比較定理) A, B をヒルベルト空間 H 上の下に有界な自己共役作用素で $A \leq B$ を満たすものとする (i.e., $\mathsf{D}(B) \subset \mathsf{D}(A)$ かつ $\langle \Psi, A\Psi \rangle \leq \langle \Psi, B\Psi \rangle, \forall \Psi \in \mathsf{D}(B)$). $N := \dim \mathsf{H} \leq \infty$ とおく．このとき，すべての $n \in \mathbb{N}$ ($\dim \mathsf{H} = +\infty$ の場合；$\dim \mathsf{H} = N < \infty$ のときは，$n = 1, \cdots, N$) に対して

$$\mu_n(A) \leq \mu_n(B). \tag{6.15}$$

証明 (1) $n = 1$ の場合．$\mu_1(A) \leq \langle \Psi, A\Psi \rangle, \forall \Psi \in \mathsf{D}(A), \|\Psi\| = 1$, と $A \leq B$ によって，$\mu_1(A) \leq \langle \Psi, B\Psi \rangle, \forall \Psi \in \mathsf{D}(B), \|\Psi\| = 1$. そこで，$\Psi$ について両辺の下限をとれば (6.15) が得られる．

(2) $n \geq 2$ の場合．任意の $\Phi_j \in \mathsf{H}$ $(j = 1, \cdots, n-1)$ と $\Phi \in [\Phi_1, \cdots, \Phi_{n-1}]^\perp \cap \mathsf{D}(A)$ ($\|\Phi\| = 1$) に対して，$U_A^{(n-1)}(\Phi_1, \cdots, \Phi_{n-1}) \leq \langle \Phi, A\Phi \rangle$. したがって，$U_A^{(n-1)}(\Phi_1, \cdots, \Phi_{n-1}) \leq \langle \Phi, B\Phi \rangle$. これは，$U_A^{(n-1)}(\Phi_1, \cdots, \Phi_{n-1}) \leq \mu_n(B)$ を意味する．$\Phi_1, \cdots, \Phi_{n-1}$ について両辺の上限をとれば (6.15) が得られる．■

定義 6.12 閉作用素 A について $\sigma_{\mathrm{ess}}(A) = \emptyset$ が成り立つとき，A のスペクトルは**純粋に離散的** (purely discrete) であるという．

系 6.13 A, B を H 上の下に有界な自己共役作用素で $A \leq B$ を満たすものとする．A のスペクトルは純粋に離散的であるとし，$\sigma(A) = \sigma_{\mathrm{d}}(A) = \{E_n\}_{n=1}^\infty$ ($E_1 \leq E_2 \leq \cdots \leq E_n \leq E_{n+1} \leq \cdots$), $E_n \to \infty$ $(n \to \infty)$ とする．このとき，B のスペクトルも純粋に離散的であり，$\sigma_{\mathrm{d}}(B) = \{F_n\}_{n=1}^\infty$ とすれば，$E_n \leq F_n, \forall n \in \mathbb{N}$ が成り立つ．

証明 定理 6.11 により，すべての $n \in \mathbb{N}$ に対して，$E_n = \mu_n(A) \leq \mu_n(B)$. したがって，$\lim_{n\to\infty} \mu_n(B) = \infty \cdots (*)$. 仮に $\sigma_{\mathrm{ess}}(B) \neq \emptyset$ とし，ある n_0 に対して，$\mu_{n_0}(B) = \Sigma_B$ とすると，最小–最大原理により，すべての $n \geq n_0$ に対して $\mu_n(B) = \Sigma_B$. だが，これは $(*)$ に反する．したがって，最小–最大原理により，どんな n に対しても，B は $(-\infty, \Sigma_B)$ の中に重複をこめて少なくとも n 個の固有値をもち，$\mu_n(B)$ はその n 番目の固有値である．この場合，$\mu_n(B) < \Sigma_B$ であるが，n を十分大きくとれば，$(*)$ によって，これは矛盾であ

る．ゆえに，$\sigma_{\rm ess}(B)=\emptyset$．このとき，再び，最小–最大原理により，$\mu_n(B)$ は B の n 番目の固有値である．よって題意が成立する． ■

例 6.2 **(調和振動子の摂動)** $V:\mathbb{R}\to\mathbb{R}$ を下に有界なボレル可測関数で $V\in \mathsf{L}^2_{\rm loc}(\mathbb{R})$ かつ $D(V)\subset D(x^2)$ (i.e., $\psi\in\mathsf{L}^2(\mathbb{R})$ が $\int_{\mathbb{R}}|V(x)|^2|\psi(x)|^2dx<\infty$ を満たすならば $\int_{\mathbb{R}}|x|^4|\psi(x)|^2dx<\infty$) を満たすものとする．このとき，定理 2.25 によって，任意の $\omega>0$ に対して，$H_{\rm os}(V):=-\Delta+\omega^2x^2+V$ は $\mathsf{C}_0^\infty(\mathbb{R})$ 上で本質的に自己共役であり，下に有界である．$V(x)\ge v_0$, a.e.x とし ($v_0\in\mathbb{R}$ は定数), $A:=-\Delta+\omega^2x^2+v_0$ とおく．A は，1 次元調和振動子のハミルトニアンを定数作用素 v_0 だけずらしたものであり，自己共役かつ下に有界である．容易にわかるように，任意の $\psi\in\mathsf{C}_0^\infty(\mathbb{R})$ に対して，$\langle\psi,H_{\rm os}(V)\psi\rangle\ge\langle\psi,A\psi\rangle\cdots(*)$．$\mathsf{C}_0^\infty(\mathbb{R})$ は $H_{\rm os}(V)$ の芯であるから，$(*)$ はすべての $\psi\in D(\overline{H_{\rm os}(V)})$ まで拡張できると同時に，$D(\overline{H_{\rm os}(V)})\subset D(A)$ が示される．前著 [5] においてすでに証明したように，A のスペクトルは純粋に離散的であり，$\sigma_{\rm d}(A)=\{(2n+1)\omega+v_0\}_{n=0}^\infty$ である．したがって，系 6.13 によって，$\overline{H_{\rm os}(V)}$ のスペクトルも純粋に離散的であり，$\sigma_{\rm d}(\overline{H_{\rm os}(V)})=\{E_n\}_{n=0}^\infty$ とすれば，$(2n+1)\omega+v_0\le E_n,\ n\ge 0$, が成り立つ．

この例を d 次元への場合に拡張することは直接的である．

次の比較原理も重要である：

定理 6.14 **(レイリー–リッツ (Ritz) の原理)**．H をヒルベルト空間 H 上の下に有界な自己共役作用素とする．$\mathsf{M}\subset\mathsf{D}(H)$ を n 次元部分空間とし，$P:\mathsf{H}\to\mathsf{M}$ を M への正射影作用素とする．$H_{\mathsf{M}}:=PHP|\mathsf{M}$ とし，H_{M} の固有値を $\widehat{\mu}_1,\cdots,\widehat{\mu}_n$ $(\widehat{\mu}_1\le\widehat{\mu}_2\le\cdots\le\widehat{\mu}_n)$ とする．このとき

$$\mu_j(H)\le\widehat{\mu}_j,\quad j=1,\cdots,n. \tag{6.16}$$

証明 最小–最大原理を H_{M} にあてはめる．まず，$\widehat{\mu}_1=\inf_{\Psi\in\mathsf{M},\|\Psi\|=1}\langle\Psi,H\Psi\rangle$．今，$\mathsf{M}\subset\mathsf{D}(H)$ であるから，[右辺]$\ge\inf_{\Psi\in\mathsf{D}(H),\|\Psi\|=1}\langle\Psi,H\Psi\rangle=\mu_1(H)$．したがって，$j=1$ の場合の (6.16) が成立する．

次に，$j\ge 2$ の場合を考える．この場合

$$\begin{aligned}\widehat{\mu}_j&=\sup_{\Phi_1,\cdots,\Phi_{j-1}\in\mathsf{M}}\ \inf_{\Psi\in\mathsf{M},\|\Psi\|=1,\Psi\in[\Phi_1,\cdots,\Phi_{j-1}]^\perp}\langle\Psi,H\Psi\rangle\\&=\sup_{\Phi_1,\cdots,\Phi_{j-1}\in\mathsf{H}}\ \inf_{\Psi\in\mathsf{M},\|\Psi\|=1,\Psi\in[P\Phi_1,\cdots,P\Phi_{j-1}]^\perp}\langle\Psi,H\Psi\rangle.\end{aligned}$$

任意の $\Psi \in \mathsf{M}, \Phi \in \mathsf{H}$ に対して，$\langle \Psi, P\Phi \rangle = \langle P\Psi, \Phi \rangle = \langle \Psi, \Phi \rangle$ であるから，$[P\Phi_1, \cdots, P\Phi_{j-1}]^\perp \cap \mathsf{M} = [\Phi_1, \cdots, \Phi_{j-1}]^\perp \cap \mathsf{M} \subset [\Phi_1, \cdots, \Phi_{j-1}]^\perp \cap \mathsf{D}(H)$. したがって，$\widehat{\mu}_j \geq \sup_{\Phi_1, \cdots, \Phi_{j-1} \in \mathsf{H}} \inf_{\Psi \in \mathsf{D}(H), \|\Psi\|=1, \Psi \in [\Phi_1, \cdots, \Phi_{j-1}]^\perp} \langle \Psi, H\Psi \rangle = \mu_j(H)$. ゆえに (6.16) が得られる． ■

レイリー－リッツの原理は，たとえば，具体的な問題において，H が固有値をもつことがわかっている場合，固有値に対する上界を数値的に評価するのに使うことができる ($\widehat{\mu}_j$ は，コンピュータを使えば，数値計算可能である)．この場合，n 次元部分空間 M をいろいろと動かすことにより，評価の精度をあげることができる．

6.3.5 形式による定式化

最小–最大原理は自己共役作用素の形式を用いても定式化できる．応用上，この方がより有用な場合がある．自己共役作用素 A の形式を s_A で表し，s_A の定義域を $\mathsf{Q}(A)$ で表す[*5]．各 $\Psi \in \mathsf{Q}(A)$ に対して

$$s_A(\Psi) := s_A(\Psi, \Psi) = \int_{\mathbb{R}} \lambda d\|E_A(\lambda)\Psi\|^2 \tag{6.17}$$

とおく (E_A は A のスペクトル測度)．

定理 6.15 A を H 上の下に有界な自己共役作用素としよう．このとき

$$\mu_n(A) = \sup_{\Phi_1, \cdots, \Phi_{n-1}} \inf_{\Psi \in [\Phi_1, \cdots, \Phi_{n-1}]^\perp, \|\Psi\|=1, \Psi \in \mathsf{Q}(A)} s_A(\Psi). \tag{6.18}$$

証明 (6.18) の右辺を $\widetilde{\mu}_n(A)$ としよう．$\mathsf{D}(A) \subset \mathsf{Q}(A)$ であるから，$\widetilde{\mu}_n(A) \leq \mu_n(A)$ $(n \geq 1) \cdots (*)$．補題 6.7 の証明を，$\mathsf{D}(A)$ を $\mathsf{Q}(A)$ に変えて行うことにより，補題 6.7 は $\mu_n(A)$ を $\widetilde{\mu}_n(A)$ に変えた形で成立することがわかる．したがって，定理 6.8 は，$\mu_n(A)$ を $\widetilde{\mu}_n(A)$ に変えた形で成立することになる．したがって，もし，$\mu_n(A)$ が A の n 番目の固有値であれば，$(*)$ により，$\widetilde{\mu}_n(A)$ も n 番目の固有値であるから，$\mu_n(A) = \widetilde{\mu}_n(A)$．また，$\mu_n(A) = \Sigma_A$ ならば，$(-\infty, \mu_n(A))$ の中には，A の固有値は高々 $(n-1)$ 個しか存在しえないから，

[*5] 第 2 章，2.8 節を参照.

$(*)$ によって，$\widetilde{\mu}_n(A)$ は，A の n 番目の固有値ではありえない．したがって，$\widetilde{\mu}_n(A) = \Sigma_A$．ゆえに $\mu_n(A) = \widetilde{\mu}_n(A)$．こうして，(6.18) が成立することがわかる． ■

二つの (下に有界な) 自己共役作用素 A, B について，$\mu_n(A), \mu_n(B)$ を形式を用いて，比較するために，ある概念を導入する：

定義 6.16 A, B を H 上の自己共役作用素とする．$\mathsf{Q}(B) \subset \mathsf{Q}(A)$ かつすべての $\Psi \in \mathsf{Q}(B)$ に対して，$s_A(\Psi) \le s_B(\Psi)$ が成り立つとき，$A \preceq B$ と記す．

次の事実を注意しておく：

命題 6.17 A, B を H 上の下に有界な自己共役作用素で $A \le B$ を満たすとする．このとき，$A \preceq B$.

証明 $A \ge \gamma$ (γ は実定数) として，$\hat{A} := A - \gamma, \hat{B} := B - \gamma$ とおけば，$0 \le \hat{A} \le \hat{B}$．したがって，任意 $\Psi \in \mathsf{D}(B)$ に対して，$\|\hat{A}^{1/2}\Psi\|^2 \le \|\hat{B}^{1/2}\Psi\|^2 \cdots (*)$．任意の $\Phi \in \mathsf{D}(\hat{B}^{1/2}) = \mathsf{Q}(\hat{B})$ に対して，$\Phi_n \in \mathsf{D}(B), \Phi_n \to \Phi, \hat{B}^{1/2}\Phi_n \to \hat{B}^{1/2}\Phi$ $(n \to \infty)$ となるものがとれる (たとえば，$\Phi_n = E_B[-n, n]\Phi$)．$(*)$ の Ψ として，$\Phi_n - \Phi_m$ をとると，$\{\hat{A}^{1/2}\Phi_n\}_n$ はコーシー列であることがわかる．したがって，$\eta := \lim_{n\to\infty} A^{1/2}\Phi_n$ は存在する．$\hat{A}^{1/2}$ の閉性により，$\Phi \in \mathsf{D}(\hat{A}^{1/2})$ かつ $\eta = \hat{A}^{1/2}\Phi$．したがって，$\mathsf{D}(\hat{B}^{1/2}) \subset \mathsf{D}(\hat{A}^{1/2})$．そこで，$(*)$ の Ψ として，Φ_n をとり，$n \to \infty$ とすれば，$\|\hat{A}^{1/2}\Phi\| \le \|\hat{B}^{1/2}\Phi\|$．以上から，$\hat{A} \preceq \hat{B}$．これは $A \preceq B$ を意味する． ■

注意 6.3 上の命題の逆は成立しない．すなわち，$A \preceq B$ であっても $A \le B$ とは限らない．だが，A が下に有界で，$A \preceq B$ かつ $\mathsf{D}(B) \subset \mathsf{D}(A)$ ならば $A \le B$ であることは容易にわかる．

次の定理は定理 6.11 の形式版である．

定理 6.18 **(形式の場合の比較定理)** A, B を H 上の下に有界な自己共役作用素で $A \preceq B$ を満たすものとする．このとき，各 n に対して $\mu_n(A) \le \mu_n(B)$.

証明 定理 6.11 の証明と同様 (いまの場合，定理 6.15 を使う)． ■

6.3.6 特性レヴェルの結合定数に関する単調性と連続性

定理 6.15 の重要な応用を一つあげておこう．A, B をヒルベルト空間 H 上の自己共役作用素で次の条件を満たすものとする：

(i) $A \geq 0$.

(ii) B は A に関して，形式の意味で無限小である．

このとき，KLMN 定理によって，任意の $\lambda \geq 0$ に対して，下に有界な自己共役作用素 C で $\mathsf{Q}(C) = \mathsf{Q}(A) = \mathsf{D}(A^{1/2})$ かつ

$$s_C(\Psi, \Phi) = s_A(\Psi, \Phi) + \lambda s_B(\Psi, \Phi),\ \Psi, \Phi \in \mathsf{Q}(A) \tag{6.19}$$

を満たすものがただ一つ存在する*6．この自己共役作用素 C を $C = A \dot{+} \lambda B$ と表すことは第 2 章で述べた．

定理 6.19 A, B を上の (i), (ii) を満たす自己共役作用素であるとし，すべての $\lambda \geq 0$ に対して，$\Sigma_{A \dot{+} \lambda B} = 0$ と仮定する．このとき，各 n に対して，次の (i), (ii) が成り立つ：

(i) $\mu_n(A \dot{+} \lambda B)$ は λ の関数として，$[0, \infty)$ 上で連続かつ単調減少である．

(ii) $\mu_n(A \dot{+} \lambda B) < 0$ となる λ の範囲では $\mu_n(A \dot{+} \lambda B)$ は λ の関数として狭義単調減少である．

証明 (i) $C = A \dot{+} \lambda B$, $\mu_n(\lambda) = \mu_n(C)$ とおく．仮定と最小–最大原理により，すべての $n \geq 1$ に対して，$\mu_n(\lambda) \leq 0$．この性質と定理 6.15 により

$$F_\Psi(\lambda) = \min\{s_C(\Psi), 0\}, \quad \Psi \in \mathsf{Q}(C) = \mathsf{Q}(A),$$
$$W_{\Phi_1, \cdots, \Phi_{n-1}}(\lambda) = \inf_{\Psi \in [\Phi_1, \cdots, \Phi_{n-1}]^\perp, \|\Psi\|=1, \Psi \in \mathsf{Q}(A)} F_\Psi(\lambda)$$

とすれば

$$\mu_n(\lambda) = \sup_{\Phi_1, \cdots, \Phi_{n-1}} W_{\Phi_1, \cdots, \Phi_{n-1}}(\lambda) \tag{6.20}$$

と書ける．(6.19) により，$F_\Psi(\lambda) = \min\{s_A(\Psi) + \lambda s_B(\Psi), 0\}$．$A \geq 0$ によ

*6 第 2 章，2.8 節を参照．

り，$s_A(\Psi) \geq 0$ であるから，$F_\Psi(\lambda)$ は，$\lambda \geq 0$ の単調減少関数である[*7]．これと (6.20) から，$\mu_n(\lambda)$ も λ の単調減少関数であることが結論される．

次に $\mu_n(\lambda)$ の λ に関する連続性を示そう．$\Psi \in \mathsf{Q}(C) = \mathsf{Q}(A), \|\Psi\| = 1,$ を固定すれば，$s_A(\Psi) + \lambda s_B(\Psi)$ は λ の連続関数であるから，F_Ψ も $[0,\infty)$ 上の連続関数である．そこで，関数族 $\{F_\Psi | \Psi \in \mathsf{Q}(A), \|\Psi\| = 1\}$ が任意の区間 $[a,b] \subset [0,\infty)$ で同程度に連続であることを示せば十分である[*8]．なぜなら，その場合，λ の関数族 $\{W_{\Phi_1,\cdots,\Phi_{n-1}} | \Phi_1, \cdots, \Phi_{n-1} \in \mathsf{H}\}$ も同程度連続になり，したがって，$\mu_n(\lambda)$ が連続になるからである．

$\Psi \in \mathsf{Q}(A), \|\Psi\| = 1,$ とし，$\lambda_0 > 0$ を任意に固定する．上述の条件 (ii) によって

$$|s_B(\Psi)| \leq \frac{1}{2(\lambda_0 + 1)} s_A(\Psi) + b \tag{6.21}$$

を満たす定数 $b > 0$ が存在する．次の事実に注意する．

(★) ある $\xi \in [0, \lambda_0 + 1)$ に対して，$F_\Psi(\xi) < 0$ ならば $|s_B(\Psi)| < 2b$.

(★) の証明：条件から，$F_\Psi(\xi) = s_A(\Psi) + \xi s_B(\Psi) < 0$．したがって，$s_A(\Psi) < -\xi s_B(\Psi) \leq \xi |s_B(\Psi)|$．これを (6.21)) の右辺に適用すれば $|s_B(\Psi)| < \frac{1}{2}|s_B(\Psi)| + b$，すなわち，$|s_B(\Psi)| < 2b$ を得る．

任意の $\varepsilon > 0$ に対して，$\delta := \min\{1, \varepsilon/(2b)\}$ とおき，$|\lambda - \lambda_0| < \delta$ とする ($0 < \delta \leq 1$ に注意)．二つの場合に分けて考える．

(1) $F_\Psi(\lambda_0) = 0$ の場合．この場合，$s_A(\Psi) + \lambda_0 s_B(\Psi) \geq 0 \cdots (*)$ であり，$|F_\Psi(\lambda) - F_\Psi(\lambda_0)| = |F_\Psi(\lambda)|$．したがって，$F_\Psi(\lambda) = 0$ ならば，自明的に，$|F_\Psi(\lambda) - F_\Psi(\lambda_0)| < \varepsilon$．他方，もし，$F_\Psi(\lambda) < 0$ ならば，(★) によって，$|s_B(\Psi)| < 2b$ であるから，$(*)$ に注意すれば，$|F_\Psi(\lambda)| = -F_\Psi(\lambda) \leq$

---

*7 一般に，$a \geq 0, b \in \mathbb{R}$ を固定された定数とするとき，$\lambda \geq 0$ の関数 $f(\lambda) := \min\{a + \lambda b, 0\}$ は単調減少である．この事実は，$b \geq 0$ と $b < 0$ の場合に分けて考えれば，容易に証明される．

*8 一般に，区間 $[a,b]$ 上で定義された関数の族 $\mathcal{F} = \{f_\alpha | \alpha \in I\}$ (I はある添え字集合) について，任意の $\varepsilon > 0$ に対して，個々の $\alpha \in I$ に依存しない定数 $\delta = \delta(\varepsilon) > 0$ が存在して，$x, y \in [a,b], |x - y| < \delta$ であるかぎり，すべての $\alpha \in I$ に対して $|f_\alpha(x) - f_\alpha(y)| < \varepsilon$ が成り立つならば，$\mathcal{F}$ は $[a,b]$ 上で**同程度に連続**であるという．この場合，$\inf_{\alpha \in I} f_\alpha(x)$ や $\sup_{\alpha \in I} f_\alpha(x)$ は存在すれば，それらは $[a,b]$ 上で連続である．これは容易に確かめられる．

$(\lambda_0 - \lambda)s_B(\Psi) \le 2b\delta \le \varepsilon$．したがって，いずれの場合でも，$|F_\Psi(\lambda) - F_\Psi(\lambda_0)| < \varepsilon$ が成り立つ．

(2) $F_\Psi(\lambda_0) < 0$ の場合．この場合は，$F_\Psi(\lambda_0) = s_A(\Psi) + \lambda_0 s_B(\Psi)$．したがって，(★) によって，$|F_\Psi(\lambda) - F_\Psi(\lambda_0)| \le |\lambda - \lambda_0||s_B(\Psi)| < 2b\delta \le \varepsilon$.

δ は Ψ の取り方によっていないから，以上の結果は，関数族 $\{F_\Psi | \Psi \in \mathsf{Q}(A), \|\Psi\| = 1\}$ が $[0,\infty)$ の任意の有限区間で同程度連続であることを示す．

(ii) $\mu_n(\lambda) < 0$ としよう．したがって，$\mu_n(\lambda) + \varepsilon_0 < 0 \cdots (**)$ となる $\varepsilon_0 > 0$ がとれる．$\Phi_1, \cdots, \Phi_{n-1}$ を任意に固定し，$U(\lambda) = W_{\Phi_1,\cdots,\Phi_{n-1}}(\lambda)$ とおけば，最小–最大原理により，$U(\lambda) \le \mu_n(\lambda) < 0$．このことと $U(\lambda)$ の定義から，任意の $\varepsilon \in (0, \varepsilon_0)$ に対して $\Psi_\varepsilon \in [\Phi_1, \cdots, \Phi_{n-1}]^\perp, \|\Psi_\varepsilon\| = 1, \Psi_\varepsilon \in \mathsf{Q}(A)$ が存在して $s_A(\Psi_\varepsilon) + \lambda\ s_B(\Psi_\varepsilon) < U(\lambda) + \varepsilon < \mu_n(\lambda) + \varepsilon \cdots (***)$ が成立する．$s_A(\Psi) \ge 0$ であるから，$\lambda\ s_B(\Psi_\varepsilon) < \mu_n(\lambda) + \varepsilon_0 < 0$ が導かれる．$(**)$ によって，任意の $\alpha > 0$ に対して，$\lambda^{-1}(\mu_n(\lambda) + \varepsilon_0) + \alpha^{-1}\beta < 0$ となる $\beta > 0$ が存在する．これとすぐ前の式によって $\alpha s_B(\Psi_\varepsilon) + \beta < 0$．これと $(***)$ を使えば，$s_A(\Psi_\varepsilon) + (\lambda + \alpha)s_B(\Psi_\varepsilon) + \beta < \mu_n(\lambda) + \varepsilon$ が得られる．これは，$U(\lambda + \alpha) + \beta < \mu_n(\lambda) + \varepsilon$ を意味する．そこで，$\Phi_1, \cdots, \Phi_{n-1}$ に関する上限をとれば ($\beta > 0$ は $\Phi_j, j = 1, \cdots, n-1$ によっていないことに注意)，$\mu_n(\lambda + \alpha) + \beta \le \mu_n(\lambda) + \varepsilon$．さらに，$\varepsilon \to 0$ の極限をとれば，$\mu_n(\lambda + \alpha) + \beta \le \mu_n(\lambda)$，したがって，$\mu_n(\lambda + \alpha) < \mu_n(\lambda)$．$\alpha > 0$ は任意であったから，これは，$\mu_n(\lambda)$ の狭義単調減少性を示している． ■

定理 6.20 A, B を H 上の非負自己共役作用素で $\mathsf{Q}(A) \cap \mathsf{Q}(B)$ が稠密であるものとする (したがって，任意の $\lambda \ge 0$ に対して，非負自己共役作用素 $A \dot{+} \lambda B$ (形式和) が定義される)．このとき，各 n に対して，$\mu_n(A \dot{+} \lambda B)$ は $\lambda \in [0, \infty)$ の単調増加関数である．

証明 $B \ge 0$ であるから，$0 \le \lambda \le \mu$ ならば $A \dot{+} \lambda B \preceq A \dot{+} \mu B$．これは，定理 6.18 により，題意を意味する． ■

6.4 コンパクト作用素

この節と次の節では，前節の一般論を量子力学の具象的なモデルへ応用するための数学的準備を行う．

6.4.1 定 義 と 例

H, K をヒルベルト空間とし，B(H, K) を H を定義域とする，H から K への有界な線形作用素の全体とする．この空間の中の重要なクラスの一つを定義する：

定義 6.21 $T \in \mathsf{B}(\mathsf{H},\mathsf{K})$ とする．H における**すべての**有界な点列 $\{\Psi_n\}_{n=1}^{\infty}$ (i.e., $\Psi_n \in \mathsf{H}, \sup_{n\geq 1}\|\Psi_n\| < \infty$) に対して，$\{T\Psi_n\}_{n=1}^{\infty} \subset \mathsf{K}$ が強収束する部分列を含むとき (i.e., 単調増加列 $\{n_j\}_{j=1}^{\infty} \subset \mathbb{N}$ で $n_j \to \infty$ $(j \to \infty)$ を満たすものとベクトル $\Phi \in \mathsf{K}$ があって，$\text{s-}\lim_{j\to\infty} T\Psi_{n_j} = \Phi$ が成り立つとき) T は**コンパクト** (compact) あるいは**完全連続** (completely continuous) であるという．H から K へのコンパクト作用素の全体を C(H, K) で表す．$\mathsf{C}(\mathsf{H}) := \mathsf{C}(\mathsf{H},\mathsf{H})$ とおく．

注意 6.4 上の定義は，H, K がバナッハ空間の場合にもそのまま拡張される．

C(H, K) が B(H, K) の部分空間であることは容易に確かめられる (演習問題 4).

例 6.3 有界線形作用素 $T \in \mathsf{B}(\mathsf{H},\mathsf{K})$ で値域 $\mathrm{Ran}\,(T)$ の次元が有限であるものを**有限階作用素** (finite rank operator) と呼ぶ．有限階作用素の全体を $\mathsf{C}_{\mathrm{fin}}(\mathsf{H},\mathsf{K})$ で表す．$\mathsf{C}_{\mathrm{fin}}(\mathsf{H}) := \mathsf{C}_{\mathrm{fin}}(\mathsf{H},\mathsf{H})$ とおく．

- 任意の $T \in \mathsf{C}_{\mathrm{fin}}(\mathsf{H},\mathsf{K})$ はコンパクトである．すなわち，$\mathsf{C}_{\mathrm{fin}}(\mathsf{H},\mathsf{K}) \subset \mathsf{C}(\mathsf{H},\mathsf{K})$.

証明 $\dim \mathrm{Ran}\,(T) = M < \infty$ とおくと，正規直交基底 $\{\Phi_m\}_{m=1}^{M} \subset \mathrm{Ran}\,(T)$ があって，任意の $\Psi \in \mathsf{H}$ に対して，$T\Psi$ は $T\Psi = \sum_{m=1}^{M} \alpha_m(\Psi)\Phi_m$ と表される．ここで，$\alpha_m(\Psi) := \langle \Phi_m, T\Psi\rangle$. したがって，$|\alpha_m(\Psi)| \leq \|T\|\,\|\Psi\|$. さて，$\{\Psi_n\}_{n=1}^{\infty}$ を H における任意の有界列とし，$C := \sup_{n\geq 1}\|\Psi_n\|$—これは有限—とおく．$\beta_n^{(m)} := \alpha_m(\Psi_n)$ とすれば，$T\Psi_n = \sum_{m=1}^{M} \beta_n^{(m)}\Phi_m \cdots (*)$ であり，$|\beta_n^{(m)}| \leq C\|T\|$ が成り立つ．し

たがって，各 m ごとに定まる数列 $\{\beta_n^{(m)}\}_{n=1}^\infty$ は有界であるので，ボルツァーノ-ワイエルシュトラスの定理により，まず，$m=1$ の場合を考えると，数列 $\{n_{1k}\}_k \subset \mathbb{N}$ が存在して，$\{\beta_{n_{1k}}^{(1)}\}_k$ は収束する．次に，$m=2$ の場合を考えると，同様に $\{n_{1k}\}_k$ の部分列 $\{n_{2k}\}_k \subset \mathbb{N}$ が存在して，$\{\beta_{n_{2k}}^{(2)}\}_k$ は収束する．以下同様にして，部分列 $\{n_{mk}^{(m)}\}_k \subset \mathbb{N}\,(m = 1,\cdots,M)$ で $\{n_{mk}^{(m)}\}_k \supset \{n_{(m+1)k}^{(m+1)}\}_k$ かつ $\{\beta_{n_{mk}}^{(m)}\}_k$ が収束するものが存在することがわかる．このとき，すべての $m = 1,\cdots,M$ に対して，$\{\beta_{n_{Mk}}^{(m)}\}_k$ は収束する．これと $(*)$ によって，ベクトル列 $\{T\Psi_{n_{Mk}}\}_k$ は収束する．ゆえに T はコンパクトである． ■

6.4.2　基本的な性質

定理 6.22　$T \in \mathsf{B}(\mathsf{H},\mathsf{K})$ とする．

(i)　$T_n \in \mathsf{B}(\mathsf{H},\mathsf{K})$ がコンパクトで，$\|T_n - T\| \to 0\,(n \to \infty)$ ならば，T はコンパクトである．

(ii)　L をヒルベルト空間，$S \in \mathsf{B}(\mathsf{K},\mathsf{L})$ とする．このとき，S,T のどちらかがコンパクトならば，$ST \in \mathsf{B}(\mathsf{H},\mathsf{L})$ はコンパクトである．

証明　(i) 仮定により，任意の $\varepsilon > 0$ に対して，番号 n_0 があって $\|T_n - T\| < \varepsilon\,(n \geq n_0)$ が成り立つ．したがって，任意の $m,n \geq n_0$ に対して $\|T_n - T_m\| < 2\varepsilon$ ($\because$ 3 角不等式)．$\{\Psi_m\}_m$ を H の任意の有界列としよう．したがって，$C := \sup_{m\geq 1}\|\Psi_m\| < \infty$．$T_1$ はコンパクトであるから，$\{T_1\Psi_m\}_m$ は強収束する部分列を含む．これを $\{T_1\Psi_{m_k(1)}\}_k$ としよう．T_2 もコンパクトであるから $\{T_2\Psi_{m_k(1)}\}_k$ も強収束する部分列を含む．これを $\{T_2\Psi_{m_k(2)}\}_k$ とする．以下同様にして，各 n に対して，部分列 $\{m_k(n)\}_k$ で $\{m_k(n+1)\}_k \subset \{m_k(n)\}_k$ を満たし，$\{T_n\Psi_{m_k(n)}\}_k$ が強収束するようなものがとれる．そこで，$\Phi_k = \Psi_{m_k(k)}$ とすれば，すべての n に対して，$\{T_n\Phi_k\}_k$ は強収束する．この収束先を η_n としよう．$\|\Phi_k\| \leq C$ であるから，$n,m \geq n_0$ とすれば，任意の k に対して，

$$
\begin{aligned}
\|\eta_n - \eta_m\| &\leq \|\eta_n - T_n\Phi_k\| + \|T_n\Phi_k - T_m\Phi_k\| + \|T_m\Phi_k - \eta_m\| \\
&< \|\eta_n - T_n\Phi_k\| + 2C\varepsilon + \|T_m\Phi_k - \eta_m\|.
\end{aligned}
$$

そこで $k \to \infty$ とすれば，$\|\eta_n - \eta_m\| \leq 2C\varepsilon\,(n,m \geq n_0)$．これは $\{\eta_n\}_n$ がコーシー列であることを意味する．したがって，$\eta \in \mathsf{K}$ が存在して，$\|\eta_n - \eta\| \to$

$0\ (n \to \infty)$. 不等式

$$\begin{aligned}\|T\Phi_k - \eta\| &\le \|T\Phi_k - T_n\Phi_k\| + \|T_n\Phi_k - \eta_n\| + \|\eta_n - \eta\| \\ &\le C\|T - T_n\| + \|T_n\Phi_k - \eta_n\| + \|\eta_n - \eta\|\end{aligned}$$

に注意すれば，上と同様にして，$T\Phi_k \to \eta\ (k \to \infty)$ となることがわかる．したがって，T はコンパクトである．

(ii) T がコンパクトであれば，任意の有界列 $\{\Psi_n\}_n \subset \mathsf{H}$ に対して，$\{T\Psi_n\}_n$ は強収束する部分列 $\{T\Psi_{n_k}\}_k$ を含む．S は有界であるから，$ST\Psi_{n_k}$ は強収束する．したがって，ST はコンパクトである．S がコンパクトの場合も同様．■

定理 6.22-(i) は，コンパクト作用素列の一様収束先もコンパクトであること (したがって，$\mathsf{C}(\mathsf{H},\mathsf{K})$ はバナッハ空間 $\mathsf{B}(\mathsf{H},\mathsf{K})$ の閉部分空間)，定理 6.22-(ii) は，作用素のコンパクト性は有界作用素の積演算で保存されることを語る．

次の定理を述べる前にヒルベルト空間論における基本的な事実の一つを補題として述べる：

補題 6.23　ヒルベルト空間 H において，弱収束する点列は有界である．すなわち，$\{\Psi_n\}_{n=1}^{\infty} \subset \mathsf{H}$ を弱収束する任意の点列とすれば，$\sup_{n\ge1}\|\Psi_n\| < \infty$.

証明　$S_n : \mathsf{H} \to \mathbb{C}$ を $S_n(\Phi) = \langle\Psi_n, \Phi\rangle$，$\Phi \in \mathsf{H}$ によって定義すれば，S_n は有界線形汎関数であり，$\|S_n\| = \|\Psi_n\| \cdots (*)$ ([4] の 1.3 節を参照)．仮定により，ある $\Psi \in \mathsf{H}$ が存在して，$S_n(\Phi) \to \langle\Psi, \Phi\rangle\ (n \to \infty)$. したがって，各 $\Phi \in \mathsf{H}$ に対して定数 $C_\Phi > 0$ が存在して，$\sup_{n\ge1}|S_n(\Phi)| \le C_\Phi$. ゆえに，バナッハ–シュタインハウスの定理 ([5] の p.353，定理 3.48) によって，$\sup_{n\ge1}\|S_n\| < \infty$. これと $(*)$ により題意が成立する．■

コンパクト作用素の重要な性質の一つが次の定理によって与えられる：

定理 6.24　$T \in \mathsf{B}(\mathsf{H},\mathsf{K})$ をコンパクト作用素とする．このとき，$\text{w-}\lim_{n\to\infty}\Psi_n = \Psi\ (\Psi_n, \Psi \in \mathsf{H})$ ならば，$\text{s-}\lim_{n\to\infty} T\Psi_n = T\Psi$.

証明　$\Phi_n := T\Psi_n$ が $\Phi := T\Psi$ に弱収束することは容易にわかる．仮に，Φ_n は Φ に強収束しなかったとしてみよう．このとき，「ある $\varepsilon > 0$ と部分列 $\{\Phi_{n_k}\}_k$ が

存在して $\|\Phi_{n_k}-\Phi\|\geq\varepsilon$」 $\cdots(*)$ が成り立つ．補題 6.23 によって，$\{\|\Psi_{n_k}\|\}_k$ は有界であり，T はコンパクトであるので，$\{\Phi_{n_k}\}_k$ は強収束する部分列を含む．これを $\{\Phi_{m_k}\}_k$ とし，$\widetilde{\Phi}:=\text{s-}\lim_{k\to\infty}\Phi_{m_k}$ とする．強収束すれば弱収束するから，$\widetilde{\Phi}=\text{w-}\lim_{k\to\infty}\Phi_{m_k}$．一方，証明の初めに述べたことより，この右辺は，$\Phi$ に等しい．したがって，$\widetilde{\Phi}=\Phi$．だが，これは $(*)$ に反する．■

定理 6.24 は，コンパクト作用素は弱収束列を強収束列に変換する，ということを語る．

定理 6.22-(i) と例 6.3 により，**有限階の作用素列の作用素ノルムによる極限 (一様収束極限) はコンパクト**である．実はこの逆も成り立つ：

定理 6.25　$T\in\mathsf{B}(\mathsf{H},\mathsf{K})$ をコンパクト作用素とする．$\{\psi_n\}_{n=1}^{\infty}$ を H の完全正規直交系とし，各 $N\geq 1$ に対して作用素 T_N を

$$T_N\Psi:=\sum_{n=1}^{N}\langle\psi_n,\Psi\rangle\,T\psi_n \tag{6.22}$$

によって定義する．このとき，次の (i)，(ii) が成り立つ：

(i)　$T_N\in\mathsf{C}_{\text{fin}}(\mathsf{H},\mathsf{K})$.

(ii)　$\|T_N-T\|\to 0\ (N\to\infty)$.

証明　(i) $\text{Ran}\,(T_N)\subset\mathcal{L}(\{T\psi_n\}_{n=1}^{N})$ であり，右辺は有限次元部分空間であるから，$T_N\in\mathsf{C}_{\text{fin}}(\mathsf{H},\mathsf{K})$.

(ii) 任意の $\Psi\in\mathsf{H}\,(\Psi\neq 0)$ は $\Psi=\sum_{n=1}^{\infty}\langle\psi_n,\Psi\rangle\,\psi_n$ と展開される．したがって，$T\Psi-T_N\Psi=T\Psi_N$．ただし，$\Psi_N:=\sum_{n=N+1}^{\infty}\langle\psi_n,\Psi\rangle\,\psi_n$．明らかに，$\Psi_N\in[\psi_1,\cdots,\psi_N]^{\perp}$．したがって，$(\|T\Psi-T_N\Psi\|)/\|\Psi\|\leq\lambda_N$．ただし，$\lambda_N:=\sup_{\|\psi\|=1,\psi\in[\psi_1,\cdots,\psi_N]^{\perp}}\|T\psi\|$．ゆえに $\|T-T_N\|\leq\lambda_N$．他方，任意の $\Psi\in[\psi_1,\cdots,\psi_N]^{\perp}$ に対して，$T_N\Psi=0$ であるから，$\|T\Psi\|=\|(T-T_N)\Psi\|\leq\|T-T_N\|\,\|\Psi\|$．したがって，$\lambda_N\leq\|T-T_N\|$．よって $\|T_N-T\|=\lambda_N$．ゆえに，$\lim_{N\to\infty}\lambda_N=0$ を示せばよい．

明らかに，λ_N は N に関して単調減少であり，$\lambda_N\geq 0$ であるから，極限 $\lim_{N\to\infty}\lambda_N=\lambda\geq 0$ が存在する．仮に $\lambda>0$ としてみよう．このとき，$\lambda>\lambda/2$ であることと，λ_N の単調減少性に注意すれば，$\Phi_N\in[\psi_1,\cdots,\psi_N]^{\perp}$，$\|\Phi_N\|=$

$1, \|T\Phi_N\| \geq \lambda/2$ となる列 $\{\Phi_N\}_N$ をとることができる．$\text{w-}\lim_{N\to\infty}\Phi_N = 0$ となることは容易にわかる．したがって，定理 6.24 によって，$T\Phi_N \xrightarrow{\text{s}} 0$ $(N \to \infty)$．これは矛盾である．ゆえに $\lambda = 0$. ■

定理 6.25 は，有限階作用素の集合 $\mathsf{C}_{\text{fin}}(\mathsf{H}, \mathsf{K})$ が (作用素ノルムから定まる位相において) コンパクト作用素の集合 $\mathsf{C}(\mathsf{H}, \mathsf{K})$ の中で稠密であることを示す．

定理 6.26　$T \in \mathsf{C}(\mathsf{H}, \mathsf{K})$ とする．$S_n \in \mathsf{B}(\mathsf{X}, \mathsf{H})$ (X はヒルベルト空間) とし，$\text{s-}\lim_{n\to\infty} S_n = 0, \text{s-}\lim_{n\to\infty} S_n^* = 0$ を満たすとする．このとき，$\lim_{n\to\infty} \|TS_n\| = 0$.

証明　バナッハ–シュタインハウスの定理により，$C := \sup_{n\geq 1}\|S_n\| < \infty$. T_N を定理 6.25 と同じものとすれば，任意の $\varepsilon > 0$ に対して，番号 N_0 が存在して，$\|T_N - T\| < \varepsilon$ $(N \geq N_0)$．任意の $\Psi \in \mathsf{X}$ に対して，$T_N S_n \Psi = \sum_{k=1}^N \langle S_n^*\psi_k, \Psi\rangle \times T\psi_k$ であるから，$\|T_N S_n\| \leq \sum_{k=1}^N \|S_n^*\psi_k\|\,\|T\|$．これと $\text{s-}\lim_{n\to\infty} S_n^* = 0$ によって，$\lim_{n\to\infty}\|T_N S_n\| = 0$．したがって，番号 n_0 が存在して $\|T_{N_0} S_n\| < \varepsilon$ $(n \geq n_0)$．ゆえに，$n \geq n_0$ ならば，$\|TS_n\| \leq \|(T - T_{N_0})S_n\| + \|T_{N_0} S_n\| \leq C\|T_{N_0} - T\| + \|T_{N_0} S_n\| < (C+1)\varepsilon$. よって，定理の結論を得る． ■

6.4.3　スペクトル

定理 6.27　T をヒルベルト空間 H 上のコンパクト作用素とする (i.e., $T \in \mathsf{C}(\mathsf{H})$)．このとき，$\sigma(T)\setminus\{0\} = \sigma_{\text{d}}(T)\setminus\{0\}$．すなわち，任意の $\lambda \in \sigma(T)\setminus\{0\}$ は多重度が有限の孤立固有値である．さらに，$\sigma_{\text{d}}(T)\setminus\{0\}$ の可能な集積点は 0 だけである．

証明　まず，$\mathbb{C}\setminus(\sigma_{\text{p}}(T)\cup\{0\})$ は T のレゾルベント集合に属することを示す．$\lambda \in \mathbb{C}, \lambda \neq 0,$ とすれば，$\lambda - T = \lambda(1 - \lambda^{-1}T)$ と書けることに注意して，作用素 $1 - zT$ $(z \in \mathbb{C})$ について考察する．$T = 0$ の場合は自明なので，$T \neq 0$ とする．

点 $a \in \mathbb{C}$ を任意に固定する．aT もコンパクトであるから，定理 6.25 によって，$\|F - aT\| < 1/2$ を満たす有限階作用素 F がとれる．$r = 1/(2\|T\|)$ とし，$U_r(a) = \{z \in \mathbb{C} \mid |z - a| < r\}$ とすれば，すべての $z \in U_r(a)$ に対して，

$\|F - zT\| < 1$ が成り立つ．したがって，C. ノイマンの定理 ([4] の p.71，定理 1.34) により，$1 - zT + F$ は全単射であり，一様位相で

$$(1 - zT + F)^{-1} = \sum_{n=0}^{\infty}(zT - F)^n \tag{6.23}$$

が成り立つ．そこで $G(z) = F(1 - zT + F)^{-1}$ とおけば

$$1 - zT = (1 - G(z))(1 - zT + F)$$

と書ける．これから次のことがわかる：

(i) $1 - zT$ が全単射であるための必要十分条件は $1 - G(z)$ が全単射であることである．

(ii) $zT\Psi = \Psi$ が 0 でない解 Ψ をもつための必要十分条件は $G(z)\Phi = \Phi$ が 0 でない解 Φ をもつことである．

こうして，問題は作用素 $1 - G(z)$ の解析に帰着される．

F は有限階作用素であるから, $\mathrm{Ran}\,(F)$ は有限次元である．この部分空間の正規直交基底の一つを $\{\Phi_n\}_{n=1}^N$ とすれば, F は, $F\Psi = \sum_{n=1}^N \langle \eta_n, \Psi\rangle \Phi_n$ $(\Psi \in \mathsf{H})$ と表される．ただし, $\eta_n := F^*\Phi_n$．したがって, $G(z)\Psi = \sum_{n=1}^N \langle \eta_n(z), \Psi\rangle \Phi_n$ $\cdots (*)$．ただし，$\eta_n(z) = ((1 - zT + F)^{-1})^*\eta_n$．

$G(z)\Phi = \Phi$ が 0 でない解 Φ をもつとしよう．$\mathrm{Ran}\,(G(z)) \subset \mathrm{Ran}\,(F)$ であるから，$\Phi = \sum_{n=1}^N \alpha_n\Phi_n$ と書ける $(\alpha_n \in \mathbb{C})$．したがって，$(*)$ を使えば，$\alpha_n = \sum_{m=1}^N \langle \eta_n(z), \Phi_m\rangle \alpha_m$ $(n = 1, \cdots, N)$ $\cdots (**)$ が成り立つ．逆に $(**)$ が解 $\{\alpha_n\}_{n=1}^N \neq 0$ をもてば，$\Phi = \sum_{n=1}^N \alpha_n\Phi_n$ は $G(z)\Phi = \Phi$ を満たす．こうして, $G(z)\Phi = \Phi$ が 0 でない解をもつことと $(**)$ が非自明な解 $\{\alpha_n\}_{n=1}^N \neq 0$ をもつことは同値であることがわかる．(m, n) 成分が $M_{mn}(z) := \delta_{mn} - \langle \eta_m(z), \Phi_n\rangle$ で与えられる N 次の行列を $M(z)$ とすれば，$(**)$ が非自明な解をもつためには $d(z) := \det M(z) = 0$ が必要十分である．そこで

$$Z_r(a) = \{z \in U_r(a) | d(z) = 0\} \quad (U_r(a) \text{ における，} d(z) \text{ の零点の集合})$$

とすれば，$G(z)\Phi = \Phi$ が 0 でない解をもつための必要十分条件は，$z \in Z_r(a)$ である，ということになる．これと上記 (ii) によって，$zT\Psi = \Psi$ が 0 でない解 Ψ をもつための必要十分条件は，$z \in Z_r(a)$ であることが結論される．

(6.23) によって $\langle \eta_m(z), \Phi_n \rangle = \sum_{k=0}^{\infty} \langle \eta_m, (zT-F)^k \Phi_n \rangle$ であるから, $M(z)$ の行列要素のおのおのは $U_r(a)$ で正則である．したがって，$d(z)$ も $U_r(a)$ で正則である．ゆえに，$Z_r(a)$ は離散的な集合であるか，$Z_r(a) = U_r(a)$ のどちらかである．もし，ある a に対して，$Z_r(a) = U_r(a)$ が成り立ったとすれば，a とは異なる点 b を $U_r(a)$ の中に任意にとり，いまと同様の議論を $U_r(b)$ で行えば，$z \in U_r(a) \cap U_r(b)$ は $Z_r(b)$ に含まれる．したがって，一致の定理により，$Z_r(b) = U_r(b)$ となる．以下同様にして，任意の $z \in \mathbb{C}$ に対して，$zT\Psi = \Psi$ が 0 でない解をもつことになる．しかし，T は有界であるから，これは不可能である．ゆえに，すべての $a \in \mathbb{C}$ に対して，$Z_r(a) \neq U_r(a)$．したがって，$Z_r(a)$ は離散的な集合である．これが無限集合の場合は，集積点は $U_r(a)$ の中にはない (もし，$U_r(a)$ の中にあるとすれば，一致の定理により，$Z_r(a) = U_r(a)$ となって矛盾)．これがどんな $a \in \mathbb{C}$ についても成り立つから，$zT\Psi = \Psi$ が 0 でない解 Ψ をもつような z の集合は離散的であり，その可能な集積点は ∞ のみである．これは，$\sigma_{\mathrm{p}}(T)$ は離散的であり，その可能な集積点は 0 だけであることを意味する．

次に $z \in U_r(a) \setminus Z_r(a), z \neq 0,$ に対して，$1 - zT$ は全単射であること，すなわち，$1/z \in \rho(T)$ を示そう．今の場合，$d(z) \neq 0$．したがって，任意の $\Psi \in \mathsf{H}$ に対して，$w_1, \cdots, w_m \in \mathbb{C}$ に関する連立方程式

$$w_n = \langle \eta_n(z), \Psi \rangle + \sum_{m=1}^{N} \langle \eta_n(z), \Phi_m \rangle w_m \quad (n = 1, \cdots, N)$$

は解 $\{\beta_n\}_{n=1}^{N}$ $(w_n = \beta_n)$ をもつ．そこで $\Phi = \Psi + \sum_{n=1}^{N} \beta_n \Phi_n$ とおけば，$(1 - G(z))\Phi = \Psi$ が成り立つ．したがって，$1 - G(z)$ は全射である．また，$G(z)\Phi = \Phi$ とすれば，上の議論により，$d(z) \neq 0$ の場合は，$\Phi = 0$ でなければならない．したがって，$1 - G(z)$ は単射である．ゆえに $1 - G(z)$ は全単射である．上記 (i) により，$1 - zT$ も全単射である．これとすでに証明した $\sigma_{\mathrm{p}}(T)$ に関する結果をあわせれば，任意の $\lambda \in \mathbb{C} \setminus (\sigma_{\mathrm{p}}(T) \cup \{0\})$ は $\rho(T)$ に属することがわかる．

以上から，$\sigma(T)$ は離散的な集合で $\sigma(T) = \overline{\sigma_{\mathrm{p}}(T)}$ であり，その可能な集積点は 0 だけであることが結論される．

最後に，固有値 $\lambda \in \sigma(T) \setminus \{0\}$ の多重度は有限であることを示そう．仮に $T\Psi_n = \lambda\Psi_n, ||\Psi_n|| = 1$, を満たす Ψ_n が無限個あったとしよう．$\{\Psi_n\}_{n=1}^{\infty}$ は (必要ならばグラム–シュミットの直交化を行うことにより) 正規直交系であるとして一般性を失わない．T のコンパクト性により，ある部分列 $\{\Psi_{n_k}\}_k$ と $\Phi \in \mathsf{H}$ が存在して，$T\Psi_{n_k} \to \Phi$ $(k \to \infty)$．したがって，$\Psi_{n_k} \to \lambda^{-1}\Phi$ $(k \to \infty)$. 任意の正規直交系は 0 に弱収束するから，$\Phi = 0$ でなければならない．したがって，$\|T\Psi_{n_k}\| \to 0$ $(k \to \infty)$．一方，$\|T\Psi_{n_k}\| = |\lambda| \neq 0$ であるから，矛盾が生じる． ■

自己共役なコンパクト作用素のスペクトルに関してはもっと詳しいことがいえる．まず，準備として次の補題を証明する．

補題 6.28 $T \in \mathsf{B}(\mathsf{H})$ を自己共役作用素とする．このとき，$\pm\|T\|$ のうち少なくとも一つは $\sigma(T)$ に属する．

証明 仮に, $\pm\|T\| \notin \sigma(T)$ としよう．このとき, $\sigma(T) \subset [-\|T\|, \|T\|]$ と T の閉性により, ある定数 $\delta \in (0, \|T\|)$ が存在して, $\sigma(T) \subset I_\delta := [-\|T\|+\delta, \|T\|-\delta]$ が成り立つ．しかし，$\sigma(T) = \operatorname{supp} E_T$ (E_T は T のスペクトル測度) であるから, 任意の $\Psi \in \mathsf{H}$ に対して, $\|T\Psi\|^2 = \int_{I_\delta} \lambda^2 d\|E_T(\lambda)\Psi\|^2 \leq (\|T\| - \delta)^2\|\Psi\|^2$. これは，$\|T\| \leq \|T\| - \delta$ を意味するから矛盾である． ■

この補題と定理 6.27 をあわせれば次の補題を得る：

補題 6.29 コンパクト作用素 $T \in \mathsf{C}(\mathsf{H})$ が自己共役ならば，$\|T\|$ または $-\|T\|$ の少なくとも一方は T の離散的固有値である．

注意 6.5 T が有界な自己共役作用素のとき，$\sigma(T) \subset [-\|T\|, \|T\|]$ であるから，もし，$\|T\|$ $(-\|T\|)$ が T の固有値ならば，それは，T の固有値のうち最大 (最小) のものである[*9]．

定理 6.30 H を可分な無限次元ヒルベルト空間とし, T を H 上の自己共役なコンパクト作用素とする．このとき，$\lambda_n \to 0$ $(n \to \infty)$，$T\Psi_n = \lambda_n\Psi_n (n \in \mathbb{N})$

*9 括弧には括弧を対応させて読む．

を満たす実数列 $\{\lambda_n\}_{n=1}^{\infty}$ と H の完全正規直交系 $\{\Psi_n\}_{n=1}^{\infty}$ が存在する ($n \neq m$ でも $\lambda_n \neq \lambda_m$ とは限らない). $\lambda_1, \lambda_2, \cdots,$ のうち互いに異なるものを集めた集合は $\sigma_{\mathrm{p}}(T)$ に等しい.

証明 T が 0 の場合は自明であるから, $T \neq 0$ とする. このとき, 補題 6.29 と定理 6.27 によって, T の 0 でない固有値の集合 $\sigma(T) \setminus \{0\}$ は空ではない. この集合の点を $E_1, E_2, \cdots$ (有限または可算無限) ($m \neq n$ ならば $E_m \neq E_n$) とする. $|E_1| \geq |E_2| \geq \cdots$ として一般性を失わない. 固有値 E_n に属する固有空間を M_n とすれば, T の自己共役性により, $m \neq n$ ならば M_m と M_n は直交している. 定理 6.27 によって, $d_n := \dim \mathsf{M}_n < \infty$. M_n の正規直交基底を $\{\Psi_{n,k}\}_{k=1}^{d_n}$ とすれば, $T\Psi_{n,k} = E_n \Psi_{n,k}, k = 1, \cdots, d_n$. 各 n と $k = d_{n-1}+1, \cdots, d_{n-1}+d_n$ ($d_0 = 0$ とおく) に対して, $\nu_k = E_n, \Phi_k := \Psi_{n,k}$ とおく. したがって, $T\Phi_k = \nu_k \Phi_k$, $k \geq 1$. $\mathsf{M}_1, \mathsf{M}_2, \cdots,$ のすべてのベクトルから張られる部分空間の閉包を M としよう. したがって, $\mathsf{M} = \mathcal{L}(\{\Phi_k\}_k)$.

まず, $\mathsf{M}^{\perp} = \{0\}$ の場合を考察する. このときは, M は H で稠密である. したがって, $\{\Psi_k\}_k$ は完全である. $\dim\ \mathsf{H} = \infty$ であるから, $\{E_n\}_n$ は可算無限集合である. ゆえに, 定理 6.27 によって, $\nu_k \to 0$ ($k \to \infty$). そこで, $\lambda_n = \nu_n, \Psi_n = \Phi_n$ とすれば, これが求めるものである.

次に $\mathsf{M}^{\perp} \neq \{0\}$ の場合を考える. このとき, $\mathsf{M}^{\perp}$ は固有値 0 に属する, T の固有空間であることを証明しよう. まず, T が $\mathsf{M}^{\perp}$ を不変にすること, すなわち, $\Psi \in \mathsf{M}^{\perp}$ ならば $T\Psi \in \mathsf{M}^{\perp}$ であることは容易に確かめられる. そこで, T を $\mathsf{M}^{\perp}$ に制限したものを T_0 とすれば, T_0 は自己共役でコンパクトである. したがって, もし T_0 が 0 でなければ, 補題 6.29 により, T_0 は 0 でない固有値をもつ. これを E とし, その固有ベクトルの一つを $\Psi_0 \in \mathsf{M}^{\perp}$ とすれば, $T_0\Psi_0 = E\Psi_0$ であるが, これは $T\Psi_0 = E\Psi_0$ と書けるので, E は T の 0 でない固有値である. したがって, ある n に対して $E = \lambda_n$ でなければならない. すると $\Psi_0 \in \mathsf{M}_n$ ということになるが, M_n と $\mathsf{M}^{\perp}$ は直交しているから, $\Psi_0 = 0$. これは矛盾である. したがって, $T_0 = 0$ である. これは, $\mathsf{M}^{\perp}$ が T の固有値 0 に属する固有空間であることを意味する. この空間の正規直交基底を $\{\Phi_m\}_{m=1}^{N}$ ($1 \leq N \leq \infty$) とすれば, $\{\Psi_{n,k}, \Phi_m | n \geq 1, k = 1, \cdots, d_n, m \geq 1\}$ は H の完全正規直交系をなす. この

場合, $\#\{E_n\}_n$ が有限ならば, $N = \infty$ でなければならないが, このときは, λ_n の定義において, ある n から先は 0 とおけばよい. ゆえに, この場合にも主張が成立する. $\#\{E_n\}_n = \infty$, $N < \infty$ のときは, $\lambda_j := 0, j = 1, \cdots, N, \lambda_{N+n} := \nu_n$ とすればよい. 最後に $\#\{E_n\}_n = \infty$, $N = \infty$ のときは, $\lambda_{2n} = 0, \lambda_{2n-1} = \nu_n$ とすればよい. ■

定理 6.30 は次のことを語る：可分な無限次元ヒルベルト空間上の自己共役なコンパクト作用素は自らの固有ベクトルの完全系をもち, $0 \in \mathbb{R}$ はその真性スペクトルに属する.

6.5 真性スペクトルの安定性

定義 6.31 A をヒルベルト空間 H 上の閉作用素, B を H 上の線形作用素としよう. B が二つの条件

(i) $\mathsf{D}(A) \subset \mathsf{D}(B)$;

(ii) ある $z \in \rho(A)$ に対して, $B(A-z)^{-1}$ はコンパクト

を満たすとき, B は A に関して**相対コンパクト**あるいは単に **A-コンパクト**であるという.

定理 6.32 A をヒルベルト空間 H 上の閉作用素, B を H 上の A-コンパクトな作用素とする. このとき, 次の (i)～(iii) が成り立つ：

(i) すべての $z \in \rho(A)$ に対して, $B(A-z)^{-1}$ はコンパクト.

(ii) A が自己共役ならば, B は A-有界であり, その相対限界は 0 である.

(iii) A が自己共役で B が対称ならば, $A+B$ は自己共役である. A が下に有界ならば, $A+B$ もそうである.

証明 (i) 仮定により, ある $z_0 \in \rho(A)$ に対して $B(A-z_0)^{-1}$ はコンパクト. A のレゾルベント方程式を使うことにより

$$B(A-z)^{-1} = B(A-z_0)^{-1} + (z-z_0)B(A-z_0)^{-1}(A-z)^{-1}, \quad z \in \rho(A).$$

定理 6.22-(ii) により, 右辺の第二項もコンパクトである. コンパクト作用素の和はコンパクトであるから, $B(A-z)^{-1}$ はコンパクトである.

(ii) n を自然数とすれば，$in \in \rho(A)$ である．$T := B(A-i)^{-1}$，$S_n := (A-i)(A-in)^{-1}$ とおけば，$B(A-in)^{-1} = TS_n$ と書ける．関数 $f(x) = (x-i)(x-in)^{-1}$ $(x \in \mathbb{R})$ は有界連続であるから，作用素解析により，S_n は有界な作用素である．さらにスペクトル表示を用いることにより，$\text{s-}\lim_{n\to\infty} S_n = 0$, $\text{s-}\lim_{n\to\infty} S_n^* = 0$ を示すことができる ($S_n^* = (A+i)(A+in)^{-1}$ であることに注意)．T はコンパクトであるから，定理 6.26 を応用すれば，$\|B(A-in)^{-1}\| \to 0$ $(n \to \infty)$ を得る．したがって，任意の $\varepsilon > 0$ に対して，番号 $n_0 = n_0(\varepsilon)$ が存在して，$n \geq n_0$ ならば $\|B(A-in)^{-1}\| < \varepsilon$．これを用いると，任意の $\Psi \in \mathsf{D}(A)$ に対して

$$\begin{aligned}\|B\Psi\| &= \|B(A-in_0)^{-1}(A-in_0)\Psi\| \\ &\leq \varepsilon\|(A-in_0)\Psi\| \leq \varepsilon\|A\Psi\| + \varepsilon n_0\|\Psi\|\end{aligned}$$

を得る．$\varepsilon > 0$ は任意であったから，これは B の A-限界が 0 であることを意味する．

(iii) (ii) と加藤–レリッヒの定理による． ■

次の定理は，摂動のもとでの真性スペクトルの不変性に関するものである．

定理 6.33 A をヒルベルト空間 H 上の自己共役作用素，B を H 上の A-コンパクトな対称作用素とする．このとき

$$\sigma_{\text{ess}}(A+B) = \sigma_{\text{ess}}(A). \tag{6.24}$$

証明 $\lambda \in \sigma_{\text{ess}}(A)$ としよう．このとき，定理 6.6 によって，点列 $\{\Psi_n\}_{n=1}^{\infty} \subset \mathsf{D}(A)$ で (6.2), (6.3) を満たすものが存在する．任意の $z \in \rho(A)$ に対して

$$(A+B-\lambda)\Psi_n = (A-\lambda)\Psi_n + [B(A-z)^{-1}](A-z)\Psi_n$$

と書ける．この右辺の第一項は 0 に強収束する．$(A-z)\Psi_n = (A-\lambda)\Psi_n + (\lambda-z)\Psi_n$ であるから，$\text{w-}\lim_{n\to\infty}(A-z)\Psi_n = 0$．定理 6.32-(i) により，$B(A-z)^{-1}$ はコンパクトであるから，上式の右辺の第二項も 0 に強収束する．したがって，$\|(A+B-\lambda)\Psi_n\| \to 0$ $(n \to \infty)$．ゆえに，$\lambda \in \sigma_{\text{ess}}(A+B)$．よって $\sigma_{\text{ess}}(A) \subset \sigma_{\text{ess}}(A+B)$．

定理 6.32-(ii) の証明より，n を十分大きくとれば，$\|B(A-in)^{-1}\|<1$．したがって，そのような n に対して，$1+B(A-in)^{-1}$ は全単射であり

$$(A+B-in)^{-1}=(A-in)^{-1}[1+B(A-in)^{-1}]^{-1}$$

が成り立つ．これは，$\pm B(A+B-in)^{-1}$ のコンパクト性を意味する．すなわち，$\pm B$ は $A+B$-コンパクトである．そこで前段の議論で，A を $A+B$ とし，B を $-B$ とすれば，$\sigma_{\mathrm{ess}}(A+B)\subset\sigma_{\mathrm{ess}}(A+B-B)=\sigma_{\mathrm{ess}}(A)$．■

6.6　シュレーディンガー型作用素の真性スペクトル

6.6.1　基　本　定　理

前節の結果を (6.4) によって定義される，$\mathsf{L}^2(\mathbb{R}^d)$ 上のシュレーディンガー型作用素 H_V に応用しよう．この節を通して

$$H_0:=-\Delta \tag{6.25}$$

とおく．$\sigma_{\mathrm{ess}}(-\Delta)=[0,\infty)$ (例 6.1) と定理 6.33 によって，次の事実がただちに導かれる：

定理 6.34　V が H_0-コンパクトならば，H_V は下に有界な自己共役作用素であり

$$\sigma_{\mathrm{ess}}(H_V)=\sigma_{\mathrm{ess}}(H_0)=[0,\infty). \tag{6.26}$$

この定理の観点からは，どのようなポテンシャル V が H_0-コンパクトになるかを調べることが重要である．以下はこの問題の考察にあてられる．

6.6.2　レゾルヴェントの積分核表示

ポテンシャル V が H_0-コンパクトであることを示すには，適当な $z\in\rho(H_0)=\mathbb{C}\setminus[0,\infty)$ に対して，$V(H_0-z)^{-1}$ がコンパクトであることを示せばよい．そこで，特に $z=-1$ の場合を考え，作用素 $V(H_0+1)^{-1}$ について考察する．

フーリエ変換により

$$((H_0+1)^{-1}\psi)(x) = \frac{1}{(2\pi)^{d/2}}\mathrm{l.i.m.}_{R\to\infty}\int_{|k|\le R}\frac{\widehat{\psi}(k)e^{ikx}}{k^2+1}dk.$$

ここで，l.i.m. は平均 2 乗収束 ($\mathsf{L}^2(\mathbb{R}^2)$ での収束) を表す[*10]．$\psi\in\mathcal{S}(\mathbb{R}^d)$ とすれば，右辺は，$\widehat{\psi}\in\mathcal{S}(\mathbb{R}^d)$ と緩増加超関数 $1/(k^2+1)$ の積の逆フーリエ変換とみることができる．したがって，

$$G := \mathcal{F}^{-1}((k^2+1)^{-1})$$

($\mathcal{F}$ は $\mathbb{R}^d$ 上の緩増加超関数のフーリエ変換) とすれば，

$$(H_0+1)^{-1}\psi = \frac{1}{(2\pi)^{d/2}}G*\psi$$

と表される．ここで，$*$ は超関数の意味での合成積である[*11]．緩増加超関数 G は関数

$$G(x;d) := \frac{1}{2^{d/2}}\int_0^\infty t^{-d/2}\exp\left(-t-\frac{x^2}{4t}\right)dt,\quad x\in\mathbb{R}^d\setminus\{0\} \qquad (6.27)$$

と同一視されることが証明される[*12]．ゆえに

$$((H_0+1)^{-1}\psi)(x) = \frac{1}{(2\pi)^{d/2}}\int_{\mathbb{R}^d}G(x-y;d)\psi(y)dy,\ \psi\in\mathcal{S}(\mathbb{R}^d). \quad (6.28)$$

(6.28) には，ある一般的な作用素の形が具現化している．一般に (M_1,μ_1), (M_2,μ_2) を測度空間とするとき，(M_2,μ_2) 上の一つの関数空間 D_2 から (M_1,μ_1) 上のある関数空間 D_1 への線形作用素 T が直積測度空間 $(M_1\times M_2,\mu_1\otimes\mu_2)$ 上の関数 $K(x,y)$ を用いて

$$(Tf)(x) = \int_{M_2}K(x,y)f(y)d\mu_2(y),\quad f\in\mathsf{D}_2 \qquad (6.29)$$

と表されるとき，T を**積分作用素** (integral operator) と呼び，$K(x,y)$ をその**積分核** (integral kernel) という．

---

*10 [4] または [5] の付録 A，A.7 節を参照.
*11 [4] または [5] の付録 C.7 を参照.
*12 [4] または [5] の付録 C の定理 C.13.

この概念を用いると，上に得た結果 (6.28) は，$(H_0+1)^{-1}$ の $\mathcal{S}(\mathbb{R}^d)$ への制限は，積分核が $G(x-y;d)$ の積分作用素で与えられる，と言い換えられる．したがって，$V(H_0+1)^{-1}$ は定義域を適当に制限することにより，積分核が $V(x)G(x-y;d)$ で与えられる積分作用素になる．そこで，この種の積分作用素がコンパクトになる条件を考察する必要がある．

6.6.3 ヒルベルト–シュミット型積分作用素

ここでひとまず,上記の問題を離れて,ある種の積分作用素に関する一般論を展開しておく．$(M_1,\mu_1),(M_2,\mu_2)$ を測度空間とし, $K\in \mathsf{L}^2(M_1\times M_2, d\mu_1\otimes d\mu_2)$ としよう：$\int_{M_1\times M_2}|K(x,y)|^2 d\mu_1\otimes d\mu_2<\infty$. このとき, 任意の $f\in \mathsf{L}^2(M_2,d\mu_2)$ に対して，シュヴァルツの不等式によって

$$\int_{M_2}|K(x,y)f(y)|d\mu_2(y)\le\left(\int_{M_2}|K(x,y)|^2 d\mu_2(y)\right)^{1/2}\|f\|_{\mathsf{L}^2(M_2,d\mu_2)}$$

であるから

$$\begin{aligned}&\int_{M_1}d\mu_1(x)\left(\int_{M_2}|K(x,y)f(y)|d\mu_2(y)\right)^2\\&\quad\le\left(\int_{M_1}d\mu_1(x)\int_{M_2}|K(x,y)|^2 d\mu_2(y)\right)\|f\|^2_{\mathsf{L}^2(M_2,d\mu_2)}<\infty.\end{aligned}$$

したがって

$$(\widehat{K}f)(x)=\int_{M_2}K(x,y)f(y)d\mu_2(y),\quad f\in\mathsf{L}^2(M_2,d\mu_2) \tag{6.30}$$

によって線形作用素 $\widehat{K}:\mathsf{L}^2(M_2,d\mu_2)\to\mathsf{L}^2(M_1,d\mu_1)$ を定義することができ，これは有界である．しかも，その作用素ノルムについて

$$\|\widehat{K}\|\le\|K\|_{\mathsf{L}^2(M_1\times M_2,d\mu_1\otimes d\mu_2)} \tag{6.31}$$

が成り立つ．作用素 $\widehat{K}$ を K に同伴する**ヒルベルト–シュミット型積分作用素**という．これに対し，次の定理が成り立つ．

定理 6.35 $\mathsf{L}^2(M_1,d\mu_1)$, $\mathsf{L}^2(M_2,d\mu_2)$ はともに可分であるとする．このとき，$\widehat{K}$ はコンパクトである．

証明 $\{e_n\}_{n=1}^{\infty}, \{f_n\}_{n=1}^{\infty}$ をそれぞれ, $\mathsf{L}^2(M_1, d\mu_1), \mathsf{L}^2(M_2, d\mu_2)$ の完全正規直交系 (CONS) とし, $\psi_{m,n}(x,y) := e_m(x)f_n(y)^*$ とおく (i.e., $\psi_{m,n} = e_m \times f_n^*$). このとき, $\{\psi_{m,n}\}_{m,n}$ は $\mathsf{L}^2(M_1 \times M_2, d\mu_1 \otimes d\mu_2)$ の CONS になる[*13]. したがって, $\mathsf{L}^2(M_1 \times M_2, d\mu_1 \otimes d\mu_2)$ の強収束の意味で $K = \sum_{n,m=1}^{\infty} a_{mn}\psi_{m,n}$. ただし, $a_{mn} := \langle \psi_{m,n}, K\rangle$ であり, $\sum_{m,n=1}^{\infty} |a_{mn}|^2 < \infty$ である. 各番号 N に対して, $K_N := \sum_{n,m=1}^{N} a_{mn}\psi_{m,n}$ とする. 明らかに, $K_N \in \mathsf{L}^2(M_1 \times M_2, d\mu_1 \otimes d\mu_2)$. K_Nを積分核とする作用素を$\widehat{K}_N$とすれば$\widehat{K}_N f = \sum_{m,n=1}^{N} a_{mn} \langle f_n, f\rangle e_m$. これは有限階の作用素であるから, コンパクトである. (6.31) によって $\|\widehat{K}_N - \widehat{K}\| \le \|K_N - K\|_{\mathsf{L}^2(M_1 \times M_2, d\mu_1 \otimes d\mu_2)}$. 一方

$$\|K_N - K\|^2_{\mathsf{L}^2(M_1 \times M_2, d\mu_1 \otimes d\mu_2)} = \sum_{m,n=1}^{\infty} |a_{mn}|^2 - \sum_{m,n=1}^{N} |a_{mn}|^2 \to 0 \quad (N \to \infty).$$

したがって, $\|\widehat{K}_N - \widehat{K}\| \to 0 \quad (N \to \infty)$. ゆえに, 定理 6.22-(i) により, $\widehat{K}$ はコンパクトである. ■

自己共役なヒルベルト–シュミット型積分作用素の積分核と固有値の間にはある関係がある：

定理 6.36 (M, μ) を測度空間で $\mathsf{L}^2(M, d\mu)$ は可分であるとする. $K \in \mathsf{L}^2(M \times M, d\mu \otimes d\mu)$ とし, $\widehat{K}$ を K に同伴するヒルベルト–シュミット型積分作用素とする. このとき, 次の (i),(ii) が成り立つ：

(i) $\widehat{K}$ が自己共役であるための必要十分条件は

$$K(x,y)^* = K(y,x), \quad \text{a.e.}x, y \in M \tag{6.32}$$

が成り立つことである.

(ii) K は (6.32) を満たすとしよう (したがって, $\widehat{K}$ は自己共役). $\widehat{K}$ の相異なる固有値の全体を $\{E_n\}_{n=1}^{N}$ $(N \le \infty)$ とし, E_n の多重度を $m(E_n)$ としよう. このとき

$$\sum_{n=1}^{N} m(E_n)E_n^2 = \|K\|^2_{\mathsf{L}^2(M \times M, d\mu \otimes d\mu)}. \tag{6.33}$$

[*13] [5] の定理 4.2 を参照. $\{f_n^*\}_n$ も $\mathsf{L}^2(M_2, d\mu_2)$ の CONS であることに注意.

証明 (i) (必要性) $\widehat{K}$ は自己共役であるとする．このとき，任意の $f, g \in \mathsf{L}^2(M, d\mu)$ に対して $\left\langle f, \widehat{K}g \right\rangle = \left\langle \widehat{K}f, g \right\rangle \cdots (*)$．今，$\eta_1(x) := \int_M K(x,y)g(y)d\mu(y)$, $\eta_2(x) := \int_M K(y,x)^* g(y)d\mu(y)$ とおけば，$\eta_j \in \mathsf{L}^2(M, d\mu)$ であり，フビニの定理により，$(*)$ は $\langle f, \eta_1 \rangle = \langle f, \eta_2 \rangle$ と書き直せる．$f \in \mathsf{L}^2(M, d\mu)$ は任意であったから，$\eta_1 = \eta_2$. これがすべての $g \in \mathsf{L}^2(M, d\mu)$ に対して成り立つから (6.32) が得られる．

(十分性) (6.32) が成り立つならば，$\widehat{K}$ が自己共役であることは，フビニの定理を応用すれば容易にわかる．

(ii) (i)，定理 6.35 と定理 6.30 によって，$\widehat{K}f_n = \lambda_n f_n$ を満たす，$\mathsf{L}^2(M, d\mu)$ の CONS $\{f_n\}_{n=1}^\infty$ と実数列 $\{\lambda_n\}_n$ で $\lambda_n \to 0\ (n \to \infty)$ を満たすものが存在する．$\{f_m \times f_n^*\}_{m,n}$ は $\mathsf{L}^2(M \times M, d\mu \otimes d\mu)$ の CONS であるから，$K = \sum_{m,n=1}^\infty b_{mn} f_m \times f_n^*$ $(b_{mn} := \langle f_m \times f_n^*, K \rangle)$ と $\mathsf{L}^2(M \times M, d\mu \otimes d\mu)$ において展開される．このとき，パーセヴァルの等式により $\|K\|^2_{\mathsf{L}^2(M \times M, d\mu \otimes d\mu)} = \sum_{m,n=1}^\infty |b_{mn}|^2$ が成り立つ．$\widehat{K}f_n = \lambda_n f_n$ より $\lambda_n f_n = \sum_{m=1}^\infty b_{mn} f_m$ が成り立つ．したがって，$b_{mn} = 0,\ m \neq n$．ゆえに，$\|K\|^2_{\mathsf{L}^2(M \times M, d\mu \otimes d\mu)} = \sum_{n=1}^\infty |b_{nn}|^2$．また，$\lambda_n = \langle f_n, Kf_n \rangle = b_{nn}$．したがって，$\|K\|^2_{\mathsf{L}^2(M \times M, d\mu \otimes d\mu)} = \sum_{n=1}^\infty \lambda_n^2$．右辺においては，$\lambda_n = 0$ の部分は寄与しないから，右辺は，(6.33) の左辺に等しいことがわかる． ■

6.6.4 ポテンシャルの H_0-コンパクト性

さて，初めの問題に戻ろう．

補題 6.37 作用素 $V(H_0+1)^{-1}$ がヒルベルト-シュミット型積分作用素であるための必要十分条件は $d \leq 3$ かつ $V \in \mathsf{L}^2(\mathbb{R}^d)$ である．この条件が成り立つとき，V は H_0-コンパクトである．

証明 $V \neq 0$ の場合だけを考えれば十分である．積分作用素 $V(H_0+1)^{-1}$ がヒルベルト-シュミット型であることと条件

$$\int_{\mathbb{R}^d \times \mathbb{R}^d} |V(x)|^2 |G(x-y;d)|^2 dxdy < \infty \tag{6.34}$$

は同値である. フビニの定理によって, (6.34) は順序積分 $\int_{\mathbb{R}^d} dx|V(x)|^2 \int_{\mathbb{R}^d} |G(x-y;d)|^2 dy$ の有限性と同値である. この積分は発散する場合も含めて

$$\left(\int_{\mathbb{R}^d} |V(x)|^2 dx\right)\left(\int_{\mathbb{R}^d} |G(x;d)|^2 dx\right)$$

に等しい. これが有限であるためには, $V \in \mathsf{L}^2(\mathbb{R}^d)$ かつ $G(\cdot;d) \in \mathsf{L}^2(\mathbb{R}^d)$ であることが必要十分である. 後者の条件は $d \leq 3$ と同値である*14. よって, 題意がしたがう. ■

補題 6.37 と定理 6.34 によって次の事実に導かれる：

定理 6.38 $d \leq 3, V \in \mathsf{L}^2(\mathbb{R}^d)$ ならば, H_V は下に有界な自己共役作用素であり

$$\sigma_{\mathrm{ess}}(H_V) = [0,\infty) \tag{6.35}$$

が成り立つ.

例 6.4 湯川型ポテンシャル. $d \leq 3$, $\alpha \in \mathbb{R}, 0 < \beta < d/2$, $m > 0$ を定数とし

$$V_m(x) := \frac{\alpha e^{-m|x|}}{|x|^\beta}$$

とすれば, $V \in \mathsf{L}^2(\mathbb{R}^d)$ である. したがって, H_{V_m} は下に有界な自己共役作用素であり, $\sigma_{\mathrm{ess}}(H_{V_m}) = [0,\infty)$ が成り立つ.

補題 6.37 を基礎として, H_0-コンパクトになる V のもっと広いクラスをみつけることができる.

定義 6.39 $1 \leq p < \infty$ としよう. 任意の $\epsilon > 0$ に対して, $V_{1,\epsilon} \in \mathsf{L}^p(\mathbb{R}^d), V_{2,\epsilon} \in \mathsf{L}^\infty(\mathbb{R}^d)$ $(1 \leq p < \infty)$ が存在して

$$V = V_{1,\epsilon} + V_{2,\epsilon}, \quad \|V_{2,\epsilon}\|_\infty := \mathrm{ess.sup}_{x\in\mathbb{R}^d}|V_{2,\epsilon}(x)| < \epsilon$$

が成り立つならば, V は $(\mathsf{L}^p + \mathsf{L}^\infty_\epsilon)(\mathbb{R}^d)$ に属するといい, $V \in (\mathsf{L}^p + \mathsf{L}^\infty_\epsilon)(\mathbb{R}^d)$ と記す.

---

*14 [4] または [5] の付録 C の定理 C.13 の (ii), (iii) を用いよ.

注意 6.6　$V \in \mathsf{L}^p(\mathbb{R}^d)$ ならば，$V_{1,\epsilon} = \dot{V}, V_{2,\epsilon} = 0$ ととれるから，$V \in (\mathsf{L}^p + \mathsf{L}^\infty_\epsilon)(\mathbb{R}^d)$．したがって，$\mathsf{L}^p(\mathbb{R}^d) \subset (\mathsf{L}^p + \mathsf{L}^\infty_\epsilon)(\mathbb{R}^d)$．

補題 6.40　$d \leq 3$ とする．$V \in (\mathsf{L}^2 + \mathsf{L}^\infty_\epsilon)(\mathbb{R}^d)$ ならば，V は H_0-コンパクトである．

証明　$\{\epsilon_n\}_{n=1}^\infty$ を $\epsilon_n \to 0 (n \to \infty)$ となる正数列としよう．仮定により，

$$V = V_n^{(1)} + V_n^{(2)}, \quad V_n^{(1)} \in \mathsf{L}^2(\mathbb{R}^d), \quad V_n^{(2)} \in \mathsf{L}^\infty(\mathbb{R}^d), \quad \|V_n^{(2)}\|_\infty < \epsilon_n$$

となる関数 $V_n^{(j)}$ $(j = 1, 2)$ が存在する．したがって，

$$\begin{aligned}
&\|V_n^{(1)}(H_0 + 1)^{-1} - V(H_0 + 1)^{-1}\| \\
&= \|V_n^{(2)}(H_0 + 1)^{-1}\| \leq \|V_n^{(2)}\|_\infty \|(H_0 + 1)^{-1}\| \\
&\leq \epsilon_n \|(H_0 + 1)^{-1}\| \to 0 \quad (n \to \infty).
\end{aligned}$$

補題 6.37 より，$V_n^{(1)}(H_0 + 1)^{-1}$ はコンパクトである．したがって，その作用素ノルムでの極限である $V(H_0 + 1)^{-1}$ もコンパクトである．■

補題 6.40 と定理 6.34 から，H_0 に対する摂動 V のもとでの真性スペクトルの不変性 (安定性) に関する次の定理が得られる．

定理 6.41　$d \leq 3$ とし，$V \in (\mathsf{L}^2 + \mathsf{L}^\infty_\epsilon)(\mathbb{R}^d)$ とする．このとき，H_V は下に有界な自己共役作用素であり

$$\sigma_{\mathrm{ess}}(H_V) = [0, \infty) \tag{6.36}$$

が成り立つ．

例 6.5　**原点に特異性をもつポテンシャル．**$d \leq 3$ とし

$$V(x) = \frac{\alpha}{|x|^\beta}, \quad x \in \mathbb{R}^d \setminus \{0\}$$

という場合を考えよう．ここで，$\alpha \in \mathbb{R}, \beta > 0$ は定数であり，β は $0 < \beta < d/2$ を満たすとする．$r > 0$ を任意に固定し，χ_r を $\{x \in \mathbb{R}^d | \, |x| \leq r\}$ の定義関数とし，$V_1 = \chi_r V, \quad V_2 = (1 - \chi_r)V$ とおけば，$V = V_1 + V_2$ と書くことができる．しかも，

$V_1 \in \mathsf{L}^2(\mathbb{R}^d), V_2 \in \mathsf{L}^\infty(\mathbb{R}^d)$ であり，$V_2(x) \to 0$ ($|x| \to \infty$) を満たす．これから，$V_2 \in (\mathsf{L}^2 + \mathsf{L}^\infty_\epsilon)(\mathbb{R}^d)$ がわかる．ゆえに $V \in (\mathsf{L}^2 + \mathsf{L}^\infty_\epsilon)(\mathbb{R}^d)$. よって，この V に対して，(6.36) が成り立つ．$d = 3, \beta = 1$ の場合が**クーロン型ポテンシャル**である．

定理 6.41 の $d \geq 4$ の場合への拡張ついては次の結果が知られている．

定理 6.42 $d \geq 4$, $p > d/2$ とし，$V \in (\mathsf{L}^p + \mathsf{L}^\infty_\epsilon)(\mathbb{R}^d)$ とする．このとき，V は H_0-コンパクトである．したがって，H_V は下に有界な自己共役作用素であり，$\sigma_{\mathrm{ess}}(H_V) = [0, \infty)$ が成り立つ．

この定理の証明については，たとえば，[10] の §3.3, c), d) を参照されたい．

6.7 シュレーディンガー型ハミルトニアンの離散スペクトル

この節では，シュレーディンガーハミルトニアン H_V の離散スペクトルが存在するための十分条件と離散的固有値の個数について調べる．

6.7.1 $\sigma_{\mathrm{d}}(H_V)$ が無限集合となる V のクラス

定理 6.43 $V \in \mathsf{L}^2_{\mathrm{loc}}(\mathbb{R}^d)$ かつ H_V は自己共役で下に有界であり，$\sigma_{\mathrm{ess}}(H_V) \subset [0, \infty)$ が満たされると仮定する．さらに，定数 $a > 0$, $\varepsilon > 0$, r_0 が存在して

$$V(x) \leq -\frac{a}{|x|^{2-\varepsilon}}, \quad |x| \geq r_0 \tag{6.37}$$

が成り立つとする．このとき，$\sigma_{\mathrm{d}}(H_V) \cap (-\infty, 0)$ は無限集合である．

証明 真性スペクトルの仮定と最小–最大原理によって，すべての自然数 $N \geq 1$ に対して，$\mu_N(H_V) < 0$ を示せば十分である．$\mathrm{supp}\,\psi \subset \{x \in \mathbb{R}^d | 1 < |x| < 2\}, \|\psi\| = 1$ を満たす $\psi \in \mathsf{C}_0^\infty(\mathbb{R}^d)$ を一つとろう．$R > 0$ に対して，$\psi_R(x) = R^{-d/2}\psi(R^{-1}x)$ とおけば，$\psi_R \in \mathsf{C}_0^\infty(\mathbb{R}^d), \|\psi_R\| = 1$, $\mathrm{supp}\,\psi_R \subset \{x \in \mathbb{R}^d | R < |x| < 2R\}$. したがって，$\psi_R \in \mathsf{D}(\Delta) \cap \mathsf{D}(V)$. (6.37) によって，$R > r_0$ ならば，$\langle \psi_R, H_V \psi_R \rangle \leq R^{-2} \langle \psi, -\Delta\psi \rangle - aR^{-2+\varepsilon} \left\langle \psi, |x|^{-2+\varepsilon}\psi \right\rangle$ がわかる．$\varepsilon > 0$ であるから，右辺は，十分大きなすべての R に対して，負になる．すなわち，ある定数 $c > r_0$ が存在して，$\langle \psi_R, H_V \psi_R \rangle < 0$, $R \geq c$.

さて，$\psi_n = \psi_{2^n c}(n=1,2,\cdots)$ ($R=2^n c$ の場合) とすれば，$n \neq m$ ならば $\mathrm{supp}\,\psi_n \cap \mathrm{supp}\,\psi_m = \emptyset$ であるから，$\{\psi_n\}_n$ は正規直交系である．同じ理由から，$\langle \psi_n, H_V \psi_m \rangle = 0, n \neq m$ も成り立つ．したがって，任意の N に対して，$\mathsf{M}_N := \mathcal{L}(\{\psi_1,\cdots,\psi_N\})$ とし，P_N を M_N への正射影作用素とすれば，$P_N H_V P_N|\mathsf{M}_N$ の固有値は $\langle \psi_n, H_V \psi_n \rangle$ $(n=1,\cdots,N)$ で与えられる．したがって，レイリー－リッツの原理 (定理 6.14) により，$\mu_N(H_V) \leq \max_{1\leq n\leq N} \langle \psi_n, H_V \psi_n \rangle$．他方，前段の結果により $\langle \psi_n, H_V \psi_n \rangle < 0$ $(n \geq 1)$．したがって $\mu_N(H_V) < 0$．■

定理 6.43 を前節の結果 (定理 6.41，定理 6.42) とをあわせれば，次の結果を得る．

定理 6.44 $d \leq 3$ ならば，$V \in (L^2 + L^\infty_\varepsilon)(\mathbb{R}^d)$ とし，$d \geq 4$ ならばある $p > d/2$ があって，$V \in (L^p + L^\infty_\varepsilon)(\mathbb{R}^d)$ であるとする．さらに，定数 $a > 0, \varepsilon > 0, r_0$ が存在して (6.37) が成り立つとする．このとき，$\sigma_{\mathrm{d}}(H_V) \subset (-\infty, 0)$ であり，$\sigma_{\mathrm{d}}(H_V)$ は無限集合である．

例 6.6 $U : \mathbb{R}^3 \to \mathbb{R}$ は $\mathsf{L}^\infty(\mathbb{R}^3)$ に属し，ある $R_0 > 0$ があって，$\inf_{|x|\geq R_0} U(x) > 0$ を満たすとする．$\alpha \in (0, 3/2)$ を定数として，$\mathbb{R}^3$ において

$$V(x) = -\frac{U(x)}{|x|^\alpha}$$

という型のポテンシャルを考える．この V が $(\mathsf{L}^2 + \mathsf{L}^\infty_\epsilon)(\mathbb{R}^3)$ に属し，(6.37) を満たすことは容易に確かめられる．ゆえに，この V に対して，定理 6.44 の結論が成り立つ．

$\alpha = 1, U(x) = Ze^2$ の場合の H_V は水素様原子のハミルトニアンである．

6.7.2 ビルマン–シュウィンガーの方法

この項では，H_V の離散スペクトル $\sigma_{\mathrm{d}}(H_V)$ が有限集合になる十分条件を考察する．そのために，任意の $E < 0$ に対して，E よりも小さい，H_V の固有値の個数を評価する．

一般に，線形作用素 A の固有値 λ の多重度を $m_A(\lambda)$ で表す．

$\sigma_{\mathrm{d}}(H_V) = \{\lambda_n\}_{n=1}^N$ $(N \leq \infty)$ としよう ($n \neq m \Rightarrow \lambda_n \neq \lambda_m$ とする)．このとき，固有値の多重度も含めて数えた，H_V の離散スペクトルの点の個数を

$N(V)$ とすれば，これは

$$N(V) = \sum_{n=1}^{N} m_{H_V}(\lambda_n) \tag{6.38}$$

によって与えられる．$\sigma_{\rm d}(H_V) = \emptyset$ のときは，$N(V) = 0$ とする．目標は次の定理を証明することである：

定理 6.45 （**ビルマン** (Birman) – **シュウィンガー** (Schwinger) **の定理**）ポテンシャル $V : \mathbb{R}^3 \to \mathbb{R}$ は $V \in (\mathsf{L}^2 + \mathsf{L}^\infty_\varepsilon)(\mathbb{R}^3)$，$V \leq 0$ および

$$\|V\|_{\mathcal{R}}^2 := \int_{\mathbb{R}^3 \times \mathbb{R}^3} \frac{|V(x)|\,|V(y)|}{|x-y|^2} dxdy < \infty \tag{6.39}$$

を満たすとする．このとき

$$N(V) \leq \frac{\|V\|_{\mathcal{R}}^2}{(4\pi)^2}. \tag{6.40}$$

この定理を証明するために補題を二つ用意する．

$V : \mathbb{R}^3 \to \mathbb{R}$ はボレル可測であるとし，各 $E < 0$ に対して，作用素

$$K_E := |V|^{1/2}(H_0 - E)^{-1}|V|^{1/2} \tag{6.41}$$

を導入する ($E \in \varrho(H_0)$ に注意).

補題 6.46 V は $\mathbb{R}^3$ 上の実数値ボレル可測関数で (6.39) を満たすとする．このとき，K_E は自己共役なヒルベルト–シュミット型積分作用素であり，その積分核は

$$k_E(x,y) = \frac{|V(x)|^{1/2} e^{-\sqrt{-E}|x-y|} |V(y)|^{1/2}}{4\pi|x-y|} \tag{6.42}$$

で与えられる．

証明 $d = 3$ の場合，(6.28) と $G(x;3) = \sqrt{\pi/2}|x|^{-1}e^{-|x|}$ [[4] または [5] の付録 C の式 (C.53)] により，$(H_0 - E)^{-1}$ は積分作用素であり，その積分核は

$$(H_0 - E)^{-1}(x,y) := \frac{e^{-\sqrt{-E}|x-y|}}{4\pi|x-y|} \tag{6.43}$$

で与えられる[*15]．したがって，K_E は積分核が $k_E(x,y)$ の積分作用素になる．条件 (6.39) によって

$$\int_{\mathbb{R}^3\times\mathbb{R}^3} |k_E(x,y)|^2 dxdy = \int_{\mathbb{R}^3\times\mathbb{R}^3} \frac{|V(x)|e^{-\sqrt{-E}|x-y|}|V(y)|}{(4\pi)^2|x-y|^2} dxdy$$
$$\le \int_{\mathbb{R}^3\times\mathbb{R}^3} \frac{|V(x)|\,|V(y)|}{(4\pi)^2|x-y|^2} dxdy < \infty.$$

したがって，$k_E \in \mathsf{L}^2(\mathbb{R}^6)$ であるから，題意が成立する． ■

補題 6.47 (ビルマン–シュウィンガー原理)H_V は $\mathsf{D}(H_0)\cap\mathsf{D}(V)$ で自己共役であるとし，$V\le 0, V\ne 0, \lambda>0, E<0$ とする．このとき，E が $H_{\lambda V}$ の固有値ならば λ^{-1} は K_E の固有値である．さらに，$m_{K_E}(\lambda^{-1}) \ge m_{H_{\lambda V}}(E)$.

証明 仮定により，$\mathsf{D}(H_V)\subset\mathsf{D}(V)\subset\mathsf{D}(|V|^{1/2})$. $H_{\lambda V}\psi = E\psi, \psi\in\mathsf{D}(H_0)\cap\mathsf{D}(V), \psi\ne 0$, とすれば，直接計算により，$K_E(|V|^{1/2}\psi) = \lambda^{-1}|V|^{1/2}\psi$ がわかる．$|V|^{1/2}\psi\in L^2(\mathbb{R}^3), |V|^{1/2}\psi\ne 0$, であるから，$\lambda^{-1}$ は K_E の固有値であり，$|V|^{1/2}\psi$ はその固有ベクトルである． ■

定理 6.45 の証明 V に対する仮定と定理 6.41 により，$\Sigma_{H_V}=0$. 今の場合，V は H_0 に関して無限小であるから，V は H_0 に関して形式の意味でも無限小である．したがって，定理 6.19-(i) により，対応 : $[0,\infty)\ni\lambda\mapsto\mu_n(\lambda) := \mu_n(H_{\lambda V})$ は連続な単調減少関数である．

さて，$E<0$ として，$N_E(V)$ を H_V の E より小さい固有値の数とする (多重度も含めて数える)．最小–最大原理により，$N_E(V) = \#\{n|\mu_n(1)<E\}$ が成り立つ ($\#S$ は集合 S の濃度を表す)．$\mu_n(0)=0$ であるから ($\because\ \sigma(H_0) = \sigma_{\mathrm{ess}}(H_0) = [0,\infty)$ と最小–最大原理)，$\mu_n(1)<E$ ならば，ある $\lambda_n\in(0,1)$ が存在して，$\mu_n(\lambda_n)=E$ が成り立つ．この場合，μ_n の連続性により，μ_n は λ_n の十分小さな近傍で負であるから，定理 6.19-(ii) により，そのような λ_n はた

[*15] $a=\sqrt{-E}$ とおけば，$(H_0-E)^{-1} = a^{-2}(a^{-2}H_0+1)^{-1}$ であるので，スケール変換によって

$$(H_0-E)^{-1}(x,y) = a(H_0+1)^{-1}(ax,ay)$$

となることに注意.

だ一つである．$\lambda \in (0,1)$ ならば $\lambda^{-2} > 1$ に注意すれば

$$N_E(V) = \#\{n| \text{ある } \lambda_n \in (0,1) \text{ に対して, } \mu_n(\lambda_n) = E\}$$
$$\leq \sum_{\lambda_n;\mu_n(\lambda_n)=E} \lambda_n^{-2}$$

と評価できる．補題 6.47 によって，$\mu_n(\lambda_n) = E$ ならば，λ_n^{-1} は K_E の固有値であり，その多重度は E のそれ以上である．したがって，$\sum_{\lambda_n;\mu_n(\lambda_n)=E} \lambda_n^{-2} \leq \sum_{\mu\in\sigma_{\mathrm{p}}(K_E)} m_{K_E}(\mu)\mu^2$．定理 6.36-(ii) によって

$$\sum_{\mu\in\sigma_{\mathrm{p}}(K_E)} m_{K_E}(\mu)\mu^2 = \int_{\mathbb{R}^3\times\mathbb{R}^3} \frac{|V(x)|e^{-2\sqrt{-E}|x-y|}|V(y)|}{(4\pi)^2|x-y|^2}dxdy$$
$$\leq \frac{\|V\|_{\mathcal{R}}^2}{(4\pi)^2}.$$

以上の事実をあわせれば，$N_E(V) \leq \|V\|_{\mathcal{R}}^2/(4\pi)^2$ を得る．そこで $E \uparrow 0$ とすれば，(6.38) がしたがう． ■

$\|V\|_{\mathcal{R}}^2 < \infty$ となるポテンシャルは**ロルニック** (Rollnik) **ポテンシャル**と呼ばれ，$\|V\|_{\mathcal{R}}$ (≥ 0) を**ロルニックノルム**という．ロルニックポテンシャルの全体を $\mathcal{R}$ で表す．

次の系は，結合定数 $\lambda > 0$ が十分小さい場合に，$H_{\lambda V}$ が離散的固有値をもたないようなポテンシャル V の "広い" クラス $(\subset \mathcal{R})$ が存在することを示す．

系 6.48 $V \neq 0$ は定理 6.45 の仮定を満たすとする．このとき，$0 < \lambda < 4\pi/\|V\|_{\mathcal{R}}$ を満たす任意の λ に対して，$\sigma_{\mathrm{d}}(H_{\lambda V}) = \emptyset$，$\sigma_{\mathrm{ess}}(H_{\lambda V}) = [0,\infty)$．

証明 任意の $\lambda > 0$ に対して，定理 6.45 により，$N(\lambda V) \leq \lambda^2\|V\|_{\mathcal{R}}^2/(4\pi)^2$．したがって，$\lambda^2\|V\|_{\mathcal{R}}^2/(4\pi)^2 < 1$ ならば，$N(\lambda V) = 0$ でなければならない（$N(\lambda V)$ は非負整数であることに注意）．ゆえに題意がしたがう． ■

定理 6.45 の応用の一つとして，次の定理が導かれる．

定理 6.49 ポテンシャル $V : \mathbb{R}^3 \to \mathbb{R}$ は次の条件を満たすとする：

(i) $V \in (\mathsf{L}^2 + \mathsf{L}^\infty_\varepsilon)(\mathbb{R}^3)$.

(ii) 定数 $r_0 > 0, \varepsilon_0 > 0, 0 \le b < 1$ が存在して

$$V(x) \ge -\frac{1}{4}b|x|^{-2}, \quad x \in \{y \in \mathbb{R}^3 |\ |y| > r_0 \text{ または } |y| < \varepsilon_0\}$$

が成り立つとする．このとき，$\#\sigma_{\rm d}(H_V)$ は有限である．

証明 $W = V + \frac{1}{4}b|x|^{-2}$ とおこう．ハーディーの不等式 (補題 2.69) によって，$H_0 - \frac{1}{4}|x|^{-2} \ge 0$．したがって形式の意味で

$$H_V = (1-b)H_0 + W + b\left(H_0 - \frac{1}{4}|x|^{-2}\right) \ge (1-b)H_0 + W_-.$$

ただし，$W_-(x) := \min\{W(x), 0\}$．したがって，$\sigma_{\rm ess}(H_V) = [0, \infty)$ と最小—最大原理および形式の場合の比較定理により

$$0 \ge \mu_n(H_V) \ge \mu_n((1-b)H_0 + W_-) = (1-b)\mu_n(H_0 + (1-b)^{-1}W_-).$$

仮定により，$|x| > r_0$ または $|x| < \varepsilon_0$ ならば $W \ge 0$ であるから，W_- の台は $\varepsilon_0 \le |x| \le r_0$ の範囲にあり，$W_- \in L^2(\mathbb{R}^3)$ である．したがって，ビルマン–シュヴィンガーの定理により，$\sigma_{\rm d}(H_0 + (1-b)^{-1}W_-)$ は有限集合である．他方，$\sigma_{\rm ess}(H_0 + (1-b)^{-1}W_-) = [0, \infty)$．したがって，ある番号 n_0 が存在して，$n \ge n_0$ ならば $\mu_n(H_0 + (1-b)^{-1}W_-) = 0$．ゆえに $n \ge n_0$ ならば $\mu_n(H_V) = 0$ が得られる．これは，$\sigma_{\rm d}(H_V)$ が有限集合であることを意味する．

■

6.7.3 純粋に離散的なスペクトルをもつ場合

最後に H_V のスペクトルが純粋に離散的になるようなポテンシャルのクラスの存在を示そう．

定理 6.50 $d \ge 1$ を任意に固定する．ポテンシャル $V : \mathbb{R}^d \to \mathbb{R}$ は下に有界であるとし，$V \in \mathsf{L}^1_{\rm loc}(\mathbb{R}^d)$ および $|x| \to \infty$ のとき，$V(x) \to \infty$ を満たすとする．このとき，$H := H_0 \dot{+} V$ のスペクトルは純粋に離散的である．さらに，$\sigma(H) = \sigma_{\rm d}(H)$ の固有値を小さい順に並べたときの n 番目の固有値を E_n とすれば，$E_n \to \infty$ $(n \to \infty)$ である．

証明 $V \geq 0$として証明すれば十分である*16．最小—最大原理により，$n \to \infty$のとき，$\mu_n(H) \to \infty$を示せばよい．仮定により，任意の$R > 1$に対して，$r_0 > 0$が存在して$|x| > r_0$ならば$V(x) > R$が成り立つ．関数$W : \mathbb{R}^d \to \mathbb{R}$を$|x| \leq r_0$ならば，$W(x) := -R$，$|x| > r_0$ならば$W(x) := 0$によって定義する．このとき，$V \geq R + W$であるから，比較定理により，$\mu_n(H) \geq R + \mu_n(H_0 + W)$．$W$は有界であり，$\mathrm{supp}\, W$も有界であるので，定理6.41と定理6.42を応用することができる．したがって，$\sigma_{\mathrm{ess}}(H_0 + W) = [0, \infty)$．この事実と最小–最大原理を組み合わせれば，ある番号$n_0 = n_0(R)$があって，$n \geq n_0$ならば，$\mu_n(H_0 + W) \geq -1$が成り立つことがわかる．したがって，$n \geq n_0$ならば，$\mu_n(H) \geq R - 1$．$R > 1$は任意であったから，これは，$\mu_n(H) \to \infty\ (n \to \infty)$を意味する．したがって，$\sigma_{\mathrm{ess}}(H) = \emptyset$，$\sigma(H) = \sigma_{\mathrm{d}}(H)$．この場合，$E_n = \mu_n(H)$であるから，$E_n \to \infty\ (n \to \infty)$． ■

例 6.7 (**非調和振動子**)$n_j \geq 1, j = 1, \cdots, d$, を自然数とし，$n = \min\{n_1, \cdots, n_d\}$とする．$\alpha = (\alpha_1, \cdots, \alpha_d)$を多重指数とする．$c_j > 0$, $c_\alpha \in \mathbb{R}$, を定数とし

$$V(x) = \sum_{j=1}^{d} c_j x_j^{2n_j} + \sum_{|\alpha| < 2n} a_\alpha x_1^{\alpha_1} \cdots x_d^{\alpha_d}, \quad x = (x_1, \cdots, x_d) \in \mathbb{R}^d$$

としよう ($\alpha := \sum_{j=1}^{d} |\alpha_j|$)．このとき，$V$は定理6.50の仮定を満たす．したがって，この場合の$H_0 \dot{+} V$のスペクトルは純粋に離散的である．$n_j \geq 2$ならば，$H_0 \dot{+} V$はd次元の非調和振動子のハミルトニアンの一般形の一つを与える．

ノ ー ト

本章で論述した一般論 (6.2節～6.5節，6.6.3項) は，非常に広い応用をもつ．たとえば，シュレーディンガー型作用素だけでなく，量子場の理論におけるハミルトニアンのスペクトル解析にも使われる ([3] の13章およびそのノートを参照)．この章で扱えなかった，多体系のシュレーディンガー作用素のスペクトル解析については，[6] や [7] などを参照されたい．前者には，シュレーディンガー型作用素に関する非常に詳しい内容が見いだされる．

---

*16 $V \geq -b$ ($b > 0$:定数) ならば，$\widetilde{V} = V + b$とすれば，$\widetilde{V} \geq 0$であり，$\sigma(H_0 \dot{+} V)$が純粋に離散的であることと$\sigma(H_0 \dot{+} \widetilde{V})$がそうであることとは同値である．

第6章 演習問題

H, K はヒルベルト空間であるとする.

1. $\{e_n\}_{n=1}^{\infty}$ を H の完全正規直交系とする. $\{q_n\}_{n=1}^{\infty}$ は狭義単調減少数列で $q_n > 0, n \in \mathbb{N}$ を満たすものとし, $q := \lim_{n\to\infty} q_n$ とおく.

(i) 任意の $\Psi \in \mathsf{H}$ に対して, $\sum_{n=1}^{\infty} q_n \langle e_n, \Psi \rangle e_n$ は収束することを示せ.

(ii) (i) により, 写像 $Q : \mathsf{H} \to \mathsf{H}$ を $Q(\Psi) := \sum_{n=1}^{\infty} q_n \langle e_n, \Psi \rangle e_n$ によって定義できる. Q は有界な自己共役作用素であることおよび $\|Q\| = q_1$ であることを示せ.

(iii) $\sigma_{\mathrm{d}}(Q) = \{q_n\}_{n=1}^{\infty}$ を示せ.

(iv) $\sigma_{\mathrm{ess}}(Q) = \{q\}$ を示せ.

注:(iii) から Q の離散スペクトルは $\mathbb{R}$ の閉集合ではないことがわかる.

2. $N \geq n \geq 3$ の場合の等式 (6.7) を証明せよ.

3. 任意の有界な自己共役作用素 $A, B \in \mathsf{B}(\mathsf{H})$ と各 n に対して

$$|\mu_n(A) - \mu_n(B)| \leq \|A - B\|$$

を証明せよ. ただし, $\mu_n(A)$ は A の n 番目の特性レヴェルである.

注:対応 $\mu_n : A \mapsto \mu_n(A)$ は, 有界な自己共役作用素の集合上の関数を定義する. 上の不等式は, この関数が一様位相で連続であることを意味する.

4. コンパクト作用素の集合 C(H, K) は B(H, K) の部分空間であることを示せ.

5. $A \in \mathsf{B}(\mathsf{H}, \mathsf{K})$ がコンパクトならば, $|A|$ もコンパクトであることを証明せよ.

6. $A, B \in \mathsf{B}(\mathsf{H}, \mathsf{K})$ について, 定数 $C > 0$ があって, $\|B\Psi\| \leq C\|A\Psi\|, \Psi \in \mathsf{H}$ が成り立つとする. このとき, もし, A がコンパクトならば B もコンパクトであることを証明せよ.

7. $A \in \mathsf{B}(\mathsf{H})$ を非負で自己共役なコンパクト作用素とする. このとき, $A^{1/2}$ もコンパクトであることを証明せよ.

関連図書

[1] 新井朝雄,『ヒルベルト空間と量子力学』, 共立出版, 1997.
[2] 新井朝雄,『フォック空間と量子場 上』, 日本評論社, 2000.
[3] 新井朝雄,『フォック空間と量子場 下』, 日本評論社, 2000.
[4] 新井朝雄・江沢 洋,『量子力学の数学的構造 I』, 朝倉書店, 1999.
[5] 新井朝雄・江沢 洋,『量子力学の数学的構造 II』, 朝倉書店, 1999.
[6] H. L. Cycon, R. G. Froese, W. Kirsch and B. Simon, Schrödinger Operators, Springer, 1987.
[7] J. Dereziński and C. Gérard, Scattering Theory of Classical and Quantum N-particle Systems, Springer, 1997.
[8] T. Kato, Perturbation Theory for Linear Operators, Springer, 2nd Ed., 1976.
[9] P. D. Hislop and I. M. Sigal, Introduction to Spectral Theory, Springer, 1996.
[10] 黒田成俊,『スペクトル理論 II』, 岩波書店, 1979.
[11] 黒田成俊,『関数解析』, 共立出版, 1980.
[12] M. Reed and B. Simon, Methods of Modern Mathematical Physics I: Functional Analysis, 1972.
[13] M. Reed and B. Simon, Methods of Modern Mathematical Physics IV: Analysis of Operators, Academic Press, 1978.
[14] B. Simon, Quantum Mechanics for Hamiltonians Defined as Quadratic Forms, Princeton University, 1971.

7
散乱理論

量子系の時刻パラメーターを t とするとき，系の状態の $t \to \pm\infty$ における挙動—長時間挙動—に関わる理論の一般的な枠組みを論述する．

7.1 はじめに—発見法的議論

量子的粒子の性質や構造を調べる基本的な方法の一つは，二つの量子的粒子を衝突させてその結果を解析することである．そのような実験は，加速器と呼ばれる装置を用いてなされる．量子的粒子は，衝突することにより，いろいろな方向へ確率的に散乱する (図 7.1)[*1]．

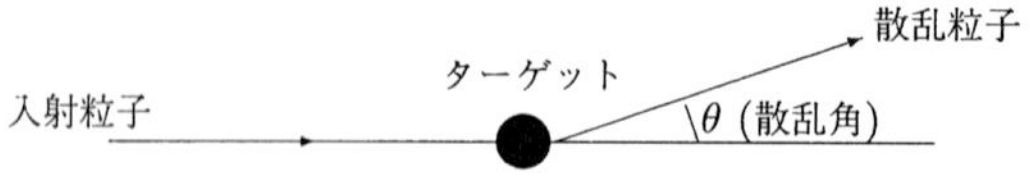

図 7.1 典型的な散乱実験の模式図

そうした散乱現象を量子力学の基本原理に基づいて理論的に解明するのが量子力学における**散乱理論**である．これは，より一般的な観点からは，時刻パラメーターを t とするとき，$t \to \pm\infty$ における系の漸近挙動—これを系の**長時間挙動**という— に関わる理論の一部とみることができる．前著 [6] で定式化したように，系の時間発展は，状態の時間発展 (シュレーディンガー描像) あるいは物理量の時間発展 (ハイゼンベルク描像) として捉えられる．したがって，量子

*1 図 7.1 において，ターゲットは入射粒子と相互作用を行うと想定される量子的粒子である．同一の入射状態に対して，入射粒子が散乱する方向は確率的に分布する．入射の向きを z 軸の正の向きとするとき，z 軸と散乱の方向のなす角 θ を**散乱角**という．散乱の確率は，一般には，θ だけでなく，z 軸のまわりの方位角にも依存する．

系の長時間挙動に関する問題は次のように定式化される：対象とする量子系の状態のヒルベルト空間を H，ハミルトニアンを H としよう．このとき：(i) 適当な部分空間に属する任意の状態 $\Psi \in \mathsf{H}$ に対して，$e^{-itH}\Psi$ の $t \to \pm\infty$ での振る舞いを調べよ．(ii) 一定のクラスに属する物理量 A に対して，$e^{itH}Ae^{-itH}$ の $t \to \pm\infty$ における挙動を解析せよ．

この章では，上記 (i) の問題に焦点をしぼり，この問題に関わる数学的側面をできるだけ普遍的な観点から考察する．具体的な散乱実験や現象に関する観測と理論の比較を行うことはしない*2．だが，数学的に厳密な理論を展開する前に，その背後にある物理的描像を略述しておこう．

簡単のため，質量 $m > 0$ の量子的粒子が 3 次元空間 $\mathbb{R}^3$ をポテンシャル $V : \mathbb{R}^3 \to \mathbb{R}$ の作用のもとで運動する系を考える．この系の状態のヒルベルト空間として $\mathsf{L}^2(\mathbb{R}^3)$ をとり，ハミルトニアンはシュレーディンガー型作用素

$$H_{\mathrm{S}} = K_0 + V$$

で与えられるものとしよう．ここで，$K_0 = -\Delta/(2m)$ (Δ は一般化された 3 次元ラプラシアン) は自由ハミルトニアンである*3．**ハミルトニアン H_{S} は本質的に自己共役であると仮定し**，その閉包も同じ記号で表す．V は無限遠では "急速に" 0 に近づくとし，その実効的な作用は原点の近くに集中しているとする*4．この系における散乱とは，理想化した形で述べるならば，当該の量子的粒子が無限遠から原点の近傍に入射し，十分時間が経過したときに，この粒子が，観測によって，再び無限遠に見いだされる現象にほかならない．この場合，すでに注意したように，無限遠で見いだされる量子的粒子の運動の向きは確率的に分

*2 こうした事柄は，物理学の観点から書かれた，量子力学や量子場の理論の標準的な教科書に載っている．だが，通常の物理の文献における扱いは極めて発見法的であり，実験と比較する結果を出すのに，厳密に基礎づけられていない，形式的摂動論を使用する．この章の目的は，そのような発見法的議論に対する数学的基礎づけにとどまらず，量子力学の基本原理から必然的に導かれる非摂動的かつ数学的に厳密な結果を論述することである．

*3 $\hbar = 1$ の単位系で考える．

*4 たとえば，入射粒子とターゲットがともに核子の場合には，V は近似的に湯川ポテンシャル $V_{\mathrm{Y}}(x) = -\dfrac{g}{4\pi}\dfrac{e^{-m_\pi |x|}}{|x|}$, $x \in \mathbb{R}^3 \setminus \{0\}$ ($g > 0, m_\pi > 0$ は定数) で与えられる．このポテンシャルは言及した特性をもつ．

布することになる．この確率は相互作用 V の形によって決定される．構築されるべき散乱理論は，そうした確率の計算方法も与えるものでなければならない．

考察下の系の時刻 $t \in \mathbb{R}$ での状態ベクトルは，時刻 0 での状態ベクトルを $\psi \in \mathsf{L}^2(\mathbb{R}^3)$ ($\|\psi\| = 1$) とすれば，量子力学の公理により，$e^{-itH_{\mathrm{S}}}\psi$ で与えられる．散乱現象における入射粒子の存在領域は，ポテンシャルがほぼ 0 に等しい無限遠の領域—$D_{-\infty}$ としよう— と考えることができる．また，入射粒子がポテンシャルの中心近くにやってくると想定される適当な時刻を時刻の原点にとりなおせば，入射粒子が $D_{-\infty}$ にある時刻は，数学的には，$t \to -\infty$ (物理描像的には“無限の過去”) としてよい*5．したがって，$t \to -\infty$ においては，粒子は $D_{-\infty}$ にあると想定されるので，系の運動は自由ハミルトニアン K_0 による運動によって近似されるであろう．すなわち，あるベクトル $\psi_- \in \mathsf{L}^2(\mathbb{R}^3)$ があって，漸近的に

$$e^{-itH_{\mathrm{S}}}\psi \sim e^{-itK_0}\psi_- \quad (t \to -\infty) \tag{7.1}$$

という関係が成立することが期待される (ψ_- は ψ とは一般には異なることに注意)．この近似の意味は

$$\lim_{t \to -\infty} \|e^{-itH_{\mathrm{S}}}\psi - e^{-itK_0}\psi_-\| = 0 \tag{7.2}$$

とするのが，まずは自然であろう．このような状態 ψ_- を状態 ψ の $t = -\infty$ での**漸近的配位** (asymptotic configuration) という ($\|\psi\| = 1$ より，$\|\psi_-\| = 1$ である)．$e^{-itK_0}\psi_-$ $(t \to -\infty)$ は，入射粒子の $t \to -\infty$ での漸近的状態を表すと解釈される．作用素 $e^{-itH_{\mathrm{S}}}$ および e^{-itK_0} のユニタリ性を用いると，(7.2) は

$$\psi = \text{s-}\lim_{t \to -\infty} e^{itH_{\mathrm{S}}} e^{-itK_0}\psi_-, \tag{7.3}$$

$$\psi_- = \text{s-}\lim_{t \to -\infty} e^{itK_0} e^{-itH_{\mathrm{S}}}\psi \tag{7.4}$$

*5 原子スケールの距離 $\approx 10^{-10}$ m (ポテンシャルが本質的に効いてくる長さのスケール) を，たとえば，粒子が光速 $\fallingdotseq 3 \times 10^8$ m/s の 1/3 の速さ (実験的にいって標準的な速さのオーダー) で“通過する”時間は $\approx 10^{-18}$ 秒で極めて短い．他方，入射粒子が発射された位置から原子までの距離はマクロ的なスケールであるので，ここで述べた近似的描像が妥当性をもつ．

を導くことがわかる．したがって，もし，強極限

$$W_-(H_S, K_0) = \text{s-}\lim_{t\to-\infty} e^{itH_S}e^{-itK_0} \tag{7.5}$$

が存在すれば

$$\psi = W_-(H_S, K_0)\psi_- \tag{7.6}$$

と書ける．作用素 $W_-(H_S, K_0)$ は**波動作用素**と呼ばれる作用素のクラスの一例である*6.

$t \to +\infty$ における系の任意の漸近状態は，$t \to -\infty$ の場合の議論と同様にして，漸近的に $e^{-itK_0}\phi_+$ $(t \to \infty)$ $(\phi_+ \in \mathsf{L}^2(\mathbb{R}^3))$ という形で与えられるとしよう．すなわち，$\mathsf{L}^2(\mathbb{R}^3)$ の適当な部分空間に属する任意のベクトル ϕ に対して，$e^{-itH_S}\phi \sim e^{-itK_0}\phi_+$ $(t \to \infty)$ となる $\phi_+ \in \mathsf{L}^2(\mathbb{R}^3)$ があるとする．したがって，$t \to +\infty$ に対応する波動作用素

$$W_+(H_S, K_0) := \text{s-}\lim_{t\to+\infty} e^{itH_S}e^{-itK_0}$$

が存在するとすれば

$$\phi = W_+(H_S, K_0)\phi_+. \tag{7.7}$$

このような設定のもとで，$t \to -\infty$ において，系の状態が $e^{-itK_0}\psi_-$ であったとき，$t \to +\infty$ において，系の状態が $e^{-itK_0}\phi_+$ に見いだされる確率— ψ_- **から ϕ_+ への散乱の遷移確率**という— を $P(\psi_-, \phi_+)$ とすれば，量子力学の公理により [$t \to +\infty$ での (観測される前の) 系の状態は $e^{-itH_S}\psi$ であるので]

$$P(\psi_-, \phi_+) = \left|\lim_{t\to\infty} \left\langle e^{-itK_0}\phi_+, e^{-itH_S}\psi\right\rangle\right|^2 \tag{7.8}$$

で与えられる．そこで

$$A(\psi_-, \phi_+) := \lim_{t\to\infty} \left\langle e^{-itK_0}\phi_+, e^{-itH_S}\psi\right\rangle \tag{7.9}$$

を導入すれば

$$P(\psi_-, \phi_+) = |A(\psi_-, \phi_+)|^2 \tag{7.10}$$

---

*6 波動作用素の厳密な定義は本章の 7.3 節で与える．

と書ける．$A(\psi_-,\phi_+)$ を ψ_- から ϕ_+ への**散乱の遷移確率振幅**と呼ぶ．(7.6), (7.7) を用いて，(7.9) の右辺を変形すると

$$A(\psi_-,\phi_+) = \langle \phi_+, S(H_{\mathrm{S}},K_0)\psi_- \rangle \tag{7.11}$$

という簡潔な表示を得る．ただし

$$S(H_{\mathrm{S}},K_0) := W_+(H_{\mathrm{S}},K_0)^* W_-(H_{\mathrm{S}},K_0). \tag{7.12}$$

ここで，次の点に注意しよう．$t \to -\infty$ での状態が漸近的に $e^{-itK_0}\psi_-$ で与えられるとき，$t \to +\infty$ の系の漸近的状態は $e^{-itK_0}\psi_+$ である．ただし，ψ と ψ_+ の関係は，(7.7) によって，$\psi = W_+(H_{\mathrm{S}},K_0)\psi_+$ である．これと (7.6) により

$$W_+(H_{\mathrm{S}},K_0)\psi_+ = W_-(H_{\mathrm{S}},K_0)\psi_-.$$

ところで，任意の $\chi,\eta \in \mathsf{L}^2(\mathbb{R}^3)$ に対して

$$\begin{aligned}\langle W_+(H_{\mathrm{S}},K_0)\chi, W_+(H_{\mathrm{S}},K_0)\eta\rangle &= \lim_{t\to\infty}\left\langle e^{itH_{\mathrm{S}}}e^{-itK_0}\chi, e^{itH_{\mathrm{S}}}e^{-itK_0}\eta\right\rangle \\ &= \lim_{t\to\infty}\langle\chi,\eta\rangle = \langle\chi,\eta\rangle\end{aligned}$$

であるから

$$W_+(H_{\mathrm{S}},K_0)^* W_+(H_{\mathrm{S}},K_0) = I.$$

したがって

$$\psi_+ = S(H_{\mathrm{S}},K_0)\psi_- \tag{7.13}$$

が成り立つ．ゆえに，作用素 $S(H_{\mathrm{S}},K_0)$ は $t=-\infty$ での漸近的配位を $t=+\infty$ での漸近的配位へ変換する．この故に作用素 $S(H_{\mathrm{S}},K_0)$ を**散乱作用素** (scattering operator) と呼ぶ．

(7.11) によって，散乱の遷移確率振幅—したがって，また，遷移確率—を計算するには，散乱作用素 $S(H_{\mathrm{S}},K_0)$ の行列要素 $\langle\phi_+, S(H_{\mathrm{S}},K_0)\psi_-\rangle$ を計算すればよい．この型の行列要素の集合 $\{\langle\phi_+, S(H_{\mathrm{S}},K_0)\psi_-\rangle \,|\, \phi_+,\psi_- \in \mathsf{L}^2(\mathbb{R}^3)\}$ を**散乱行列** (scattering matrix) という*7.

*7　慣習上，作用素 $S(H_{\mathrm{S}},K_0)$ を単に散乱行列という場合もある．

上述の発見法的議論において，本質的な点の一つは，いうまでもなく，作用素 $e^{itH_{\mathrm{S}}}e^{-itK_0}$ の $t \to \pm\infty$ での強極限の存在—波動作用素の存在—である．だが，波動作用素の存在を証明することは全然自明な問題ではない．実際，波動作用素が存在するか否かはポテンシャルの性質に依存する．こうして，散乱理論への数学的に厳密なアプローチにとっては，波動作用素の存在を証明することがその基本的課題の一つとなる．

上の議論では，非相対論的粒子の，ポテンシャルによる散乱を考察したが，散乱現象は何もこの形だけに限定されない．すでに，示唆したように，量子系の長時間挙動は任意の量子系—量子的粒子と量子場の相互作用系や量子場どうしの相互作用系を含む— において考えられるからである．それゆえ，この問題は，少なくも理論の大枠に関する限り，一般的かつ抽象的な形で考察したほうがよく，応用の範囲も広くなりうる．つまり，ここで考察した H_{S}, K_0 のかわりに，一般のヒルベルト空間 H 上の二つの自己共役作用素 H, H_0 をとり，作用素

$$W_t(H, H_0) = e^{itH}e^{-itH_0}$$

の $t \to \pm\infty$ の強極限を考察するのである．

この節を終えるにあたって，散乱理論を構成する際にあらかじめ注意しておかなければなければならない点を一つだけ述べておく．それは，必ずしもすべてのベクトル $\Psi \in \mathsf{H}$ に対して，$\lim_{t\to\pm\infty} W_t(H, H_0)\Psi \cdots (*)$ が存在するわけではないということである．たとえば，Ψ が H_0 の固有値 E に属する固有ベクトルであるとしよう．このとき，$\exp(-itH_0)\Psi = \exp(-itE)\Psi (\Psi \neq 0)$ であるから，$(*)$ の存在と $\Phi_\pm := \mathrm{s} - \lim_{t\to\pm\infty} e^{it(H-E)}\Psi$ の存在は同値になる．だが，この場合，任意の $s \in \mathbb{R}$ に対して ($t \to \pm\infty$ のとき，$t + s \to \pm\infty$ であるから) $\lim_{t\to\pm\infty} \|e^{i(t+s)(H-E)}\Psi - e^{it(H-E)}\Psi\| = 0$ でなければならない．これは，$\|e^{is(H-E)}\Psi - \Psi\| = 0$，すなわち，$e^{is(H-E)}\Psi = \Psi$ を意味する．$s \in \mathbb{R}$ は任意であったから，$s = 0$ での強微分を考えることにより，$\Psi \in \mathsf{D}(H)$ かつ $H\Psi = E\Psi$ が結論される．ゆえに，H は固有値 E をもち，Ψ はその固有ベクトルの一つである．だが，この場合，$\Phi_\pm = \Psi$ となって，興味ある結果は得られない．いまの議論から，H_0 が固有値 E をもつ場合に，E が H の固有値でなければ，$(*)$ は存在しないこともわかる．以上から，極限 $\mathrm{s}\text{-}\lim_{t\to\pm\infty} W_t(H, H_0)\Psi \cdots (**)$

($\Psi \in \mathsf{H}$) の存在を考察する問題においては，ベクトル Ψ は H_0 の固有空間—H_0 のすべての固有ベクトルから生成される部分空間—に属さないものとして一般性を失わないことがわかる．これは，次に述べる意味で，物理描像的にも自然である．実際，(∗∗) が存在するとすれば，ポテンシャルによる散乱の場合とのアナロジーにより，Ψ は考察下の系の漸近的配位を表すと解釈される [i.e., $t \to -\infty$ であれば，あるベクトル $\Phi \in \mathsf{H}$ に対して，$e^{-itH}\Phi \sim e^{-itH_0}\Psi\ (t \to -\infty)$]．このような状態は，CCR のシュレーディンガー表現の描像でいえば，$t \to \pm\infty$ のとき，空間の任意の有界領域に量子的粒子 (一般には複数) が存在する確率が 0 となるような状態に対応するであろう．したがって，それは H_0 の固有状態 (束縛状態) ではありえない．

そこで，漸近的配位を表すと予想される状態ベクトルの空間をあらかじめ導入しておくと便利である．この考察は，私たちを自己共役作用素のスペクトルの一つの分類へと導く．

7.2 数学的準備 — 絶対連続スペクトルと特異スペクトル

7.2.1 絶対連続部分空間と特異部分空間

自己共役作用素のスペクトルを分類する概念として，離散スペクトルと真性スペクトルという概念があることは第 5 章，5.3 節においてすでにみた (6.2 節も参照)．散乱理論を構成する上において，前節の終わりで示唆された，スペクトルの分類はこれとは異なるものである．この分類の鍵となるのは，自己共役作用素がスペクトル測度をもつという事実と測度に関するルベーグの分解定理 ([5] または [6] の付録 A の定理 A.12) である．これが以下の理論の背後にある基本的なアイデアである．

H をヒルベルト空間，H を H 上の自己共役作用素とし，そのスペクトル測度を E_H とする．このとき，任意の $\Psi \in \mathsf{H}$ に対して

$$\mu_\Psi(B) := \|E_H(B)\Psi\|^2, \quad B \in \mathsf{B}^1(\mathbb{R}\ のボレル集合体) \tag{7.14}$$

によって定義される写像 $\mu_\Psi : \mathsf{B}^1 \to [0, \infty)$ は $\mathbb{R}$ 上の有界なボレル測度である．したがって，それが 1 次元ルベーグ測度に関して絶対連続であるか，あるいは

特異であるかを問うことができる*8．この問いは，むしろ，ベクトル Ψ を分類するのに使うのが自然である．こうして，次の定義へと到る：

定義 7.1 測度 μ_Ψ が 1 次元ルベーグ測度に関して絶対連続であるような Ψ の全体を $\mathsf{H}_{\rm ac}(H)$ と記す．また，μ_Ψ が 1 次元ルベーグ測度に関して特異であるような Ψ の全体を $\mathsf{H}_{\rm s}(H)$ と表す．

次の事実は基本的である．

定理 7.2 $\mathsf{H}_{\rm ac}(H)$ と $\mathsf{H}_{\rm s}(H)$ は互いに直交する閉部分空間であり

$$\mathsf{H} = \mathsf{H}_{\rm ac}(H) \bigoplus \mathsf{H}_{\rm s}(H) \tag{7.15}$$

が成り立つ．

証明 まず，$\mathsf{H}_{\rm ac}(H)$ が部分空間であることを示そう．$\Psi, \Phi \in \mathsf{H}_{\rm ac}(H)$ とする．このとき，任意の $\alpha, \beta \in \mathbb{C}$ に対して，$\mu_{\alpha\Psi+\beta\Phi}(B) = |\alpha|^2\|E_H(B)\Psi\|^2 + |\beta|^2\|E_H(B)\Phi\|^2 + 2\mathrm{Re}\,(\alpha^*\beta\,\langle E_H(B)\Psi, E_H(B)\Phi\rangle)$．仮定により，$|B|$ (B の 1 次元ルベーグ測度)$= 0$ ならば，$\|E_H(B)\Psi\| = \|E_H(B)\Phi\| = 0$ であるから，上の式の右辺は 0 である．したがって，$\mu_{\alpha\Psi+\beta\Phi}$ は 1 次元ルベーグ測度に関して絶対連続である．ゆえに，$\alpha\Psi + \beta\Phi \in \mathsf{H}_{\rm ac}(H)$．

次に $\mathsf{H}_{\rm ac}(H)$ の閉性を示す．$\Psi_n \in \mathsf{H}_{\rm ac}(H), \Psi_n \to \Psi \in \mathsf{H}$ とすれば，任意の $B \in \mathsf{B}^1$ に対して，$E_H(B)\Psi_n \to E_H(B)\Psi$ である．$|B| = 0$ ならば，$E_H(B)\Psi_n = 0$ であるから，$E_H(B)\Psi = 0$ となる．したがって，$\Psi \in \mathsf{H}_{\rm ac}(H)$．ゆえに，$\mathsf{H}_{\rm ac}(H)$ は閉である．以上から，$\mathsf{H}_{\rm ac}(H)$ は H の閉部分空間である．

$\mathsf{H}_{\rm s}(H)$ が部分空間であることを示そう．$\Psi, \Phi \in \mathsf{H}_{\rm s}(H)$ とすれば，$|B| = 0, |C| = 0, \|E_H(\mathbb{R} \setminus B)\Psi\|^2 = 0, \|E_H(\mathbb{R} \setminus C)\Phi\|^2 = 0$ となる $B, C \in \mathsf{B}^1$ が存在する．$E_H(\mathbb{R} \setminus B) = I - E_H(B)$ であるから，$E_H(B)\Psi = \Psi$．同様に，$E_H(C)\Phi = \Phi$．したがって，$\Psi+\Phi = E_H(B)\Psi + E_H(C)\Phi$．左から $E_H(B\cup C)$ を作用させ，単位の分解の性質を用いると，$E_H(B \cup C)(\Psi + \Phi) = \Psi + \Phi$ を得る．$|B \cup C| = 0$ であるから，これは，$\Psi + \Phi \in \mathsf{H}_{\rm s}(H)$ を意味する．任意の

---

*8 絶対連続な測度と特異な測度の定義については，[5] または [6] の付録 A，A.6 節を参照．

$\alpha \in \mathbb{C}$ に対して，$\alpha\Psi \in \mathsf{H}_{\mathrm{s}}(H)$ であることは容易にわかる．ゆえに，$\mathsf{H}_{\mathrm{s}}(H)$ は部分空間である．

部分空間 $\mathsf{H}_{\mathrm{s}}(H)$ の閉性を示すために，$\Psi_n \in \mathsf{H}_{\mathrm{s}}(H), \Psi_n \to \Psi \in \mathsf{H}$ とすれば，$|B_n| = 0$ となる $B_n \in \mathsf{B}^1$ が存在して，$E_H(B_n)\Psi_n = \Psi_n$ が成り立つ．$B = \cup_{n=1}^{\infty} B_n$ とすれば，$|B| = 0$ であって，$E_H(B)\Psi_n = \Psi_n$ となる．したがって，$n \to \infty$ とすれば，$E_H(B)\Psi = \Psi$ を得る．ゆえに，$\Psi \in \mathsf{H}_{\mathrm{s}}(H)$．すなわち，$\mathsf{H}_{\mathrm{s}}(H)$ は閉である．

$\mathsf{H}_{\mathrm{ac}}(H)$ と $\mathsf{H}_{\mathrm{s}}(H)$ が直交することを示そう．そこで，$\Phi \in \mathsf{H}_{\mathrm{ac}}(H), \Psi \in \mathsf{H}_{\mathrm{s}}(H)$, とする．このとき，$|B_0| = 0$ となる $B_0 \in \mathsf{B}^1$ が存在して，$E_H(B_0)\Psi = \Psi$．一方，$|B_0| = 0$ により，$E_H(B_0)\Phi = 0$ である．したがって，$\langle \Phi, \Psi \rangle = \langle \Phi, E_H(B_0)\Psi \rangle = \langle E_H(B_0)\Phi, \Psi \rangle = 0$.

最後に (7.15) を示そう．任意の $\Psi \in \mathsf{H}$ に対して，ルベーグの分解定理 ([5] または [6] の付録 A の定理 A.12) により，μ_Ψ は

$$\mu_\Psi = \mu_{\Psi,\mathrm{ac}} + \mu_{\Psi,\mathrm{s}} \tag{7.16}$$

という形に一意的に分解される．ここで，$\mu_{\Psi,\mathrm{ac}}, \mu_{\Psi,\mathrm{s}}$ はそれぞれ，μ_Ψ の 1 次元ルベーグ測度に関して絶対連続な部分，特異な部分を表す．

$\mu_{\Psi,\mathrm{s}} \neq 0$ としよう．このとき，$|B_0| = 0$ となる $B_0 \in \mathsf{B}^1$ が存在して，$\mu_{\Psi,\mathrm{s}}(B_0^{\mathrm{c}}) = 0$ が成り立つ．したがって，$C \subset B_0^{\mathrm{c}}, C \in \mathsf{B}^1$, ならば，$\mu_{\Psi,\mathrm{s}}(C) = 0$．ゆえに $\mu_\Psi(C) = \mu_{\Psi,\mathrm{ac}}(C)$．$\eta = E_H(B_0^{\mathrm{c}})\Psi$，$\chi = E_H(B_0)\Psi$ とおけば，$\Psi = \eta + \chi \cdots (*)$．任意の $B \in \mathsf{B}^1$ に対して，$\mu_\eta(B) = \|E_H(B \cap B_0^{\mathrm{c}})\Psi\|^2 = \mu_{\Psi,\mathrm{ac}}(B \cap B_0^{\mathrm{c}})$ であるから，μ_η は絶対連続である．したがって，$\eta \in \mathsf{H}_{\mathrm{ac}}(H)$．一方，$\mu_\chi(B) = \|E_H(B \cap B_0)\Psi\|^2 = \mu_{\Psi,\mathrm{s}}(B \cap B_0)$．したがって，$\mu_\chi$ は特異である．ゆえに，$\chi \in \mathsf{H}_{\mathrm{s}}(H)$．これらの事実と $(*)$ は (7.15) を意味する．

$\mu_{\Psi,\mathrm{s}} = 0$ の場合は，すべての $\Psi \in \mathsf{H}$ に対して，$\Psi \in \mathsf{H}_{\mathrm{ac}}(H)$ であるから，$\mathsf{H} = \mathsf{H}_{\mathrm{ac}}(H)$ となって，(7.15) は自明的に成り立つ． ■

上の定理に基づいて，$\mathsf{H}_{\mathrm{ac}}(H)$ を H に関する**絶対連続部分空間** (subspace of absolute continuity), $\mathsf{H}_{\mathrm{s}}(H)$ を H に関する**特異部分空間** (subspace of singularity) という．

次の定理は重要である．

定理 7.3 $\mathsf{H}_{\mathrm{ac}}(H), \mathsf{H}_{\mathrm{s}}(H)$ は H を簡約する．

この定理を証明するために，ある有用な一般的事実を補題として用意する．

補題 7.4 M を H の閉部分空間とし，P_{M} を M への正射影作用素とする．T を H 上の自己共役作用素とし，そのスペクトル測度を E_T とする．もし，すべての $B \in \mathsf{B}^1$ に対して，$P_{\mathsf{M}}E_T(B) = E_T(B)P_{\mathsf{M}}$ が成り立つならば，M は T を簡約する．

証明 $\Psi \in \mathsf{D}(T)$ とする．仮定により，任意の $B \in \mathsf{B}^1$ に対して，$\|E_T(B)P_{\mathsf{M}}\Psi\|^2 = \|P_{\mathsf{M}}E_T(B)\Psi\|^2 \leq \|E_T(B)\Psi\|^2$．したがって

$$\int_{\mathbb{R}} \lambda^2 d\|E_T(\lambda)P_{\mathsf{M}}\Psi\|^2 \leq \int \lambda^2 d\|E_T(\lambda)\Psi\|^2 < \infty.$$

これは $P_{\mathsf{M}}\Psi \in \mathsf{D}(T)$ を意味する．さらに，任意の $\Phi \in \mathsf{H}$ と $B \in \mathsf{B}^1$ に対して $\langle P_{\mathsf{M}}\Phi, E_T(B)\Psi\rangle = \langle \Phi, E_T(B)P_{\mathsf{M}}\Psi\rangle$ であるから

$$\begin{aligned}\langle \Phi, P_{\mathsf{M}}T\Psi\rangle &= \int_{\mathbb{R}} \lambda d\,\langle P_{\mathsf{M}}\Phi, E_T(\lambda)\Psi\rangle = \int \lambda d\,\langle \Phi, E_T(\lambda)P_{\mathsf{M}}\Psi\rangle \\ &= \langle \Phi, TP_{\mathsf{M}}\Psi\rangle .\end{aligned}$$

したがって，$P_{\mathsf{M}}T\Psi = TP_{\mathsf{M}}\Psi$．ゆえに，$\mathsf{M}$ は T を簡約する． ■

定理 7.3 の証明 P_{ac} を $\mathsf{H}_{\mathrm{ac}}(H)$ への正射影作用素とする．まず，任意の $C \in \mathsf{B}^1$ に対して，$E_H(C)$ は $\mathsf{H}_{\mathrm{ac}}(H), \mathsf{H}_{\mathrm{s}}(H)$ を不変にすることを示そう．$\Psi \in \mathsf{H}_{\mathrm{ac}}(H)$，$\Psi_C = E_H(C)\Psi$ とすれば，$\|E_H(B)\Psi_C\|^2 = \|E_H(B \cap C)\Psi\|^2 \ (B \in \mathsf{B}^1) \cdots (*)$．$|B| = 0$ ならば $|B \cap C| = 0$ であるから，$(*)$ の右辺は 0 であり，したがって，$\|E_H(B)\Psi_C\| = 0$ となる．ゆえに $\Psi_C \in \mathsf{H}_{\mathrm{ac}}(H)$．また，$\Psi \in \mathsf{H}_{\mathrm{s}}$ とすれば，$|B_0| = 0, E_H(B_0)\Psi = \Psi$ を満たす $B_0 \in \mathsf{B}^1$ が存在する．このとき，任意の $C \in \mathsf{B}^1$ に対して，$|B_0 \cap C| = 0$ であり，$\Psi_C = E_H(C)\Psi$ とすれば，$E_H(B_0 \cap C)\Psi_C = E_H(C)E_H(B_0)\Psi = E_H(C)\Psi = \Psi_C$．したがって，$\Psi_C \in \mathsf{H}_{\mathrm{s}}(H)$．

定理 7.2 によって，任意の $\Psi \in \mathsf{H}$ は $\Psi = \Psi_1 + \Psi_2$ $(\Psi_1 \in \mathsf{H}_{\mathrm{ac}}(H), \Psi_2 \in \mathsf{H}_{\mathrm{s}}(H))$ と一意的に表される．このとき，任意の $B \in \mathsf{B}^1$ に対して，上述のことにより，$P_{\mathrm{ac}}E_H(B)\Psi = P_{\mathrm{ac}}E_H(B)\Psi_1 = E_H(B)\Psi_1 = E_H(B)P_{\mathrm{ac}}\Psi$．したがって，$P_{\mathrm{ac}}E_H(B) = E_H(B)P_{\mathrm{ac}}$．これは，補題 7.4 によって，$\mathsf{H}_{\mathrm{ac}}(H)$ が H を簡約することを意味する．$\mathsf{H}_{\mathrm{s}}(H) = \mathsf{H}_{\mathrm{ac}}(H)^{\perp}$ であるから，H は $\mathsf{H}_{\mathrm{s}}(H)$ によっても簡約される． ■

定理 7.3 によって，$\mathsf{H}_{\mathrm{ac}}(H), \mathsf{H}_{\mathrm{s}}(H)$ における H の部分が定義される．これらを，それぞれ，$H_{\mathrm{ac}}, H_{\mathrm{s}}$ と書き，H の**絶対連続部分** (absolutely continuous part)，**特異部分** (singular part) と呼ぶ．したがって，

$$H = H_{\mathrm{ac}} \bigoplus H_{\mathrm{s}} \tag{7.17}$$

と書ける．$H_{\mathrm{ac}}, H_{\mathrm{s}}$ のスペクトルをそれぞれ，H の**絶対連続スペクトル**，**特異スペクトル**といい，記号的に，それぞれ，$\sigma_{\mathrm{ac}}(H), \sigma_{\mathrm{s}}(H)$ によって表す．直和作用素のスペクトル理論 ([6] の p.447，定理 4.22-(viii)) により

$$\sigma(H) = \sigma_{\mathrm{ac}}(H) \cup \sigma_{\mathrm{s}}(H) \tag{7.18}$$

が成り立つ．

注意 7.1　$\sigma_{\mathrm{ac}}(H) \cap \sigma_{\mathrm{s}}(H) = \emptyset$ とは限らない (以下の例を参照)．

定理 7.2 によって，次の三つの場合が可能である：(i) $\mathsf{H} = \mathsf{H}_{\mathrm{ac}}(H)$ (したがって，$\mathsf{H}_{\mathrm{s}}(H) = \{0\}$)；(ii) $\mathsf{H} = \mathsf{H}_{\mathrm{s}}(H)$ (したがって，$\mathsf{H}_{\mathrm{ac}}(H) = \{0\}$)；(iii) $\mathsf{H}_{\mathrm{ac}}(H) \neq \{0\}$ かつ $\mathsf{H}_{\mathrm{s}}(H) \neq \{0\}$．(i) の場合，$H$ は**純粋に絶対連続** (purely absolutely continuous) であるといい，(ii) の場合，H は**純粋に特異** (purely singular) であるという．

注意 7.2　H が純粋に絶対連続ならば，$\sigma(H) = \sigma_{\mathrm{ac}}(H)$ である．だが，逆は成立しない．たとえば，$\sigma_{\mathrm{s}}(H) \neq \emptyset$ かつ $\sigma(H) = \sigma_{\mathrm{ac}}(H)$ となるような場合がある (以下の例 7.4 を参照)．

例 7.1 $\mathsf{L}^2(\mathbb{R})$ 上の座標変数 x によるかけ算作用素を $\hat{x}$ とする．この作用素のスペクトル測度 $E_{\hat{x}}$ は $E_{\hat{x}}(B) = \chi_B$ で与えられるので (χ_B は B の定義関数)，任意の $f \in \mathsf{L}^2(\mathbb{R})$ に対して，$\|E_{\hat{x}}(B)f\|^2 = \int_B |f(x)|^2 dx$．これは測度 $\|E_{\hat{x}}(\cdot)f\|^2$ がルベーグ測度に関して絶対連続であることを意味する．したがって，$f \in \mathsf{H}_{\mathrm{ac}}(\hat{x})$．ゆえに，$\mathsf{H}_{\mathrm{ac}}(\hat{x}) = \mathsf{L}^2(\mathbb{R})$．かつ $\sigma(\hat{x}) = \sigma_{\mathrm{ac}}(\hat{x}) = \mathbb{R}$．よって，$\hat{x}$ は純粋に絶対連続である．

例 7.2 $\mathsf{L}^2(\mathbb{R}^d_x)$ 上の位置作用素 $\hat{x}_j$ (座標変数 x_j によるかけ算作用素) は純粋に絶対連続である．証明は前例と同様．

例 7.3 H を可分なヒルベルト空間，$\{e_n\}_{n=1}^{\infty}$ を H の完全正規直交系とし，$\Lambda := \{\lambda_n\}_{n=1}^{\infty}$ を有界な実数列とする．このとき，任意の $\psi \in \mathsf{H}$ に対して，$\sum_{n=1}^{\infty} \lambda_n^2 |\langle e_n, \psi \rangle|^2 < \infty$ であるから，H 上の線形作用素 M_Λ を

$$M_\Lambda \psi := \sum_{n=1}^{\infty} \lambda_n \langle e_n, \psi \rangle e_n, \quad n \in \mathbb{N}$$

によって定義できる．容易にわかるように，M_Λ は有界な自己共役作用素であり ($\|M_\Lambda \psi\|^2 \le C\|\psi\|^2, C := \sup_{n\ge1} |\lambda_n|^2$)，$M_\Lambda e_n = \lambda_n e_n$ が成り立つ．[5] の 2.9.6 項と同様の議論により，

$$\sigma_{\mathrm{p}}(M_\Lambda) = \Lambda, \quad \sigma(M_\Lambda) = \overline{\Lambda}$$

が証明される．M_Λ は純粋に特異であることが次のようにして示される．

$P_n \psi := \langle e_n, \psi \rangle e_n$, $\psi \in \mathsf{H}$ とすれば，M_Λ のスペクトル測度 E_{M_Λ} は $E_{M_\Lambda}(B) = \sum_{\lambda_n \in B} P_n$, $B \in \mathsf{B}^1$ で与えられる．いま，仮に，$\mathsf{H}_{\mathrm{ac}}(M_\Lambda) \ne \{0\}$, $\psi \in \mathsf{H}_{\mathrm{ac}}(M_\Lambda) \setminus \{0\}$ とすると，$|B| = 0$ ($B \in \mathsf{B}^1$) ならば常に $\|E_{M_\Lambda}(B)\psi\|^2 = \sum_{\lambda_n \in B} |\langle e_n, \psi \rangle|^2 = 0$ となる．$\psi \ne 0$ であるから，$c_n := \langle e_n, \psi \rangle \ne 0$ となる n がある．そこで，$B_n = \{\lambda_n\}$ (1 点 λ_n からなる集合) とすれば，$|B_n| = 0$ であるが，$\|E_{M_\Lambda}(B_n)\psi\|^2 = c_n^2 \ne 0$ となり，矛盾が生じる．したがって，$\mathsf{H}_{\mathrm{ac}}(M_\Lambda) = \{0\}$ である．ゆえに，$\mathsf{H} = \mathsf{H}_{\mathrm{s}}(M_\Lambda)$．

例 7.4 H を複素ヒルベルト空間とし，これと $\mathsf{L}^2(\mathbb{R})$ の直和ヒルベルト空間 $\mathsf{K} := \mathsf{H} \bigoplus \mathsf{L}^2(\mathbb{R})$ を考える．$\hat{x}, M_\Lambda$ をそれぞれ，例 7.1，例 7.3 の作用素とする．このとき，直和作用素の理論 ([6] の 4.3.2 項) により K 上の作用素 $H := M_\Lambda \bigoplus \hat{x}$ は自己共役である．H のスペクトル測度 E_H は $E_H = E_{M_\Lambda} \oplus E_{\hat{x}}$ で与えられる (演習問題 1)．したがって，任意の $\Psi = (\psi, f) \in \mathsf{K}$ と $B \in \mathsf{B}^1$ に対して，$\|E_H(B)\Psi\|^2 = \|E_{M_\Lambda}(B)\psi\|^2 + \|E_{\hat{x}}(B)f\|^2$．これから，$\Psi \in \mathsf{H}_{\mathrm{ac}}(H)$ であることと $\psi \in \mathsf{H}_{\mathrm{ac}}(M_\Lambda)$ かつ $f \in \mathsf{H}_{\mathrm{ac}}(\hat{x})$ は同値であることはわかる．ゆえに，$\mathsf{H}_{\mathrm{ac}}(H) = \mathsf{H}_{\mathrm{ac}}(M_\Lambda) \bigoplus \mathsf{H}_{\mathrm{ac}}(\hat{x})$．だが，例 7.3 の結果により，$\mathsf{H}_{\mathrm{ac}}(M_\Lambda) = \{0\}$ であるから，$\mathsf{H}_{\mathrm{ac}}(H) = \{0\} \bigoplus \mathsf{L}^2(\mathbb{R})$

が結論される．したがって，$H_{\rm ac} = 0 \bigoplus \hat{x}$，$\sigma_{\rm ac}(H) = \mathbb{R}$．また，$\Psi \in \mathsf{H}_{\rm s}(H)$ であることは，$\psi \in \mathsf{H}_{\rm s}(M_\Lambda)$ または $f = 0$ であることと同値である．したがって，$\mathsf{H}_{\rm s}(H) = \mathsf{H} \bigoplus \{0\}$．これは $H_{\rm s} = M_\Lambda \bigoplus \{0\}$，$\sigma_{\rm s}(H) = \overline{\Lambda}$ を意味する．ゆえに，この例では，$\sigma_{\rm s}(H) \subset \sigma_{\rm ac}(H)$．よって，$\mathsf{H}_{\rm s}(H) \neq \{0\}$ であるが，$\sigma(H) = \sigma_{\rm ac}(H)$ である．

絶対連続部分空間の重要性の一つは次の事実にある：

定理 7.5 任意の $\Psi \in \mathsf{H}_{\rm ac}(H)$ と $\Phi \in \mathsf{H}$ に対して

$$\lim_{t\to\pm\infty} \left\langle \Phi, e^{-itH}\Psi \right\rangle = 0. \tag{7.19}$$

証明 定理 7.2 により，$\Phi = \Phi_1 + \Phi_2$ と直交分解できる $(\Phi_1 \in \mathsf{H}_{\rm ac}(H), \Phi_2 \in \mathsf{H}_{\rm s}(H))$．定理 7.3 によって，$e^{-itH}$ は $\mathsf{H}_{\rm ac}(H), \mathsf{H}_{\rm s}(H)$ を不変にする．したがって $\left\langle \Phi, e^{-itH}\Psi \right\rangle = \left\langle \Phi_1, e^{-itH}\Psi \right\rangle$．ゆえに，(7.19) の左辺を考察することにおいては，はじめから，$\Phi \in \mathsf{H}_{\rm ac}(H)$ の場合を考えれば十分である．さらに，偏極恒等式により，$\Phi = \Psi$ の場合に (7.19) を示せば十分である．作用素解析により，$\left\langle \Psi, e^{-itH}\Psi \right\rangle = \int_{\mathbb{R}} e^{-it\lambda} d\|E_H(\lambda)\Psi\|^2$．測度 $\|E_H(\cdot)\Psi\|^2$ の絶対連続性とラドン–ニコディムの定理 ([5] または [6] の付録 A，定理 A.11) により，$\|E_H(B)\Psi\|^2 = \int_B \rho_\Psi(\lambda) d\lambda$，$B \in \mathsf{B}^1$ を満たす，ルベーグ可積分関数 $\rho_\Psi \geq 0$ が存在する (いまの場合，左辺は，すべての $B \in \mathsf{B}^1$ に対して有限であることに注意)．したがって，$\left\langle \Psi, e^{-itH}\Psi \right\rangle = \int_{\mathbb{R}} e^{-it\lambda} \rho_\Psi(\lambda) d\lambda$．$\rho_\Psi$ は可積分であるから，リーマン–ルベーグの補題 ([5] または [6] の付録 B，定理 B.11) により，(7.19) で $\Phi = \Psi$ の場合がしたがう． ■

量子力学のコンテクストにおいて，H が量子系のハミルトニアンを表すとすれば，(7.19) は次のことを語る：**H の絶対連続部分空間における系の状態は，無限の未来および過去において，零ベクトルに弱収束するように時間発展を行う．**

7.2.2 純粋に絶対連続な自己共役作用素の基本的性質

定理 7.6 自己共役作用素 H は純粋に絶対連続であるとする．関数 $f : \mathbb{R} \to \mathbb{R}$ はボレル可測で，$|B| = 0\,(B \in \mathsf{B}^1)$ ならば，常に $|f^{-1}(B)| = 0$ を満たす

ものとする*9. このとき, 作用素解析を経由して定義される自己共役作用素 $f(H) = \int_{\mathbb{R}} f(\lambda)dE_H(\lambda)$ は純粋に絶対連続である.

証明 [5] の p.223, 例 2.24 と同様の方法により, $f(H)$ のスペクトル測度 $E_{f(H)}(\cdot)$ は $E_{f(H)}(B) = E_H(f^{-1}(B))$, $B \in \mathsf{B}^1$ で与えられることが示される. したがって, 任意の $\Psi \in \mathsf{H}$ に対して, $\|E_{f(H)}(B)\Psi\|^2 = \|E_H(f^{-1}(B))\Psi\|^2$. f に対する条件により, $|B| = 0$ ならば $|f^{-1}(B)| = 0$. したがって, $\|E_H(f^{-1}(B))\Psi\|^2 = 0$. ゆえに $\|E_{f(H)}(B)\Psi\|^2 = 0$. これは $\Psi \in \mathsf{H}_{\rm ac}(f(H))$ を意味し, $\mathsf{H}_{\rm ac}(f(H)) = \mathsf{H}$ が結論される. ■

例 7.5 $a \neq 0, b$ を実定数とし, $f(\lambda) = a\lambda + b$, $\lambda \in \mathbb{R}$ とすれば, 任意の $B \in \mathsf{B}^1$ に対して, $|f^{-1}(B)| = |B|/a$ が成り立つ. したがって, $|B| = 0$ ならば $|f^{-1}(B)| = 0$ であるから, この f は定理 7.6 の仮定を満たす. ゆえに, 任意の純粋に絶対連続な自己共役作用素 H に対して, $aH + b$ も純粋に絶対連続である.

定理 7.7 自己共役作用素 H は純粋に絶対連続であるとする. K を任意の複素ヒルベルト空間とし, $U : \mathsf{H} \to \mathsf{K}$ を任意のユニタリ作用素とする. このとき, H のユニタリ変換 UHU^{-1} も純粋に絶対連続である.

証明 $H' := UHU^{-1}$ とおくと, $E_{H'}(B) = UE_H(B)U^{-1}$ は成り立つ ([6] の補題 3.27-(i)). したがって, 任意の $\Psi \in \mathsf{K}$ に対して, $\|E_{H'}(B)\Psi\|^2 = \|E_H(B)U^{-1}\Psi\|^2$. $|B| = 0$ ならば, 右辺は 0 であるから, $\|E_{H'}(B)\Psi\|^2 = 0$. したがって, 題意がしたがう. ■

例 7.6 $\mathsf{L}^2(\mathbb{R}^d_x)$ 上の運動量作用素 $\hat{p}_j := -iD_j$ (D_j は変数 x_j に関する一般化された偏微分作用素) は純粋に絶対連続である.

証明 $\mathcal{F}_d : \mathsf{L}^2(\mathbb{R}^d_x) \to \mathsf{L}^2(\mathbb{R}^d_k)$ を d 次元のフーリエ変換とすれば, これはユニタリ作用素であり, 作用素の等式 $\mathcal{F}_d\hat{p}_j\mathcal{F}_d^{-1} = \hat{k}_j$ が成り立つ ($\hat{k}_j$ は運動量 $k \in \mathbb{R}^d_k$ の第 j 座標 k_j によるかけ算作用素). 例 7.2 により, $\hat{k}_j$ は純粋に絶対連続である. これと定理 7.7 により, $\hat{p}_j$ の純粋絶対連続性がしたがう. ■

---

*9 $f^{-1}(B) := \{\lambda \in \mathbb{R} | f(\lambda) \in B\}$.

7.2.3 特異部分空間の分解

H の特異部分空間はさらに細かく分解することができる．H が固有値をもつとき，$\mathsf{H}_{\mathrm{p}}(H)$ を H の固有ベクトル全体が生成する部分空間の閉包としよう：

$$\mathsf{H}_{\mathrm{p}}(H) := \overline{\mathcal{L}\left(\cup_{E\in\sigma_{\mathrm{p}}(H)} \ker(H-E)\right)}. \tag{7.20}$$

H が固有値をもたないときは，$\mathsf{H}_{\mathrm{p}}(H) := \{0\}$ と規約する．このとき

$$\mathsf{H}_{\mathrm{p}}(H) \subset \mathsf{H}_{\mathrm{s}}(H) \tag{7.21}$$

である．実際，$\Psi \in \mathsf{D}(H), H\Psi = \lambda\Psi\,(\Psi \neq 0, \lambda \in \sigma_{\mathrm{p}}(H))$ とすれば，$E_H(\{\lambda\})\Psi = \Psi, |\{\lambda\}| = 0,$ であるので，$\Psi \in \mathsf{H}_{\mathrm{s}}$．したがって，$H$ の固有ベクトルが生成する部分空間は $\mathsf{H}_{\mathrm{s}}(H)$ に含まれる．$\mathsf{H}_{\mathrm{s}}(H)$ は閉部分空間であるから，いま得られた包含関係の閉包をとることにより，(7.21) が導かれる．

(7.21) から

$$\mathsf{H}_{\mathrm{sc}}(H) := \mathsf{H}_{\mathrm{p}}(H)^{\perp} \cap \mathsf{H}_{\mathrm{s}}(H) \tag{7.22}$$

とおけば

$$\mathsf{H}_{\mathrm{s}}(H) = \mathsf{H}_{\mathrm{p}}(H) \bigoplus \mathsf{H}_{\mathrm{sc}}(H) \tag{7.23}$$

が成立する．閉部分空間 $\mathsf{H}_{\mathrm{sc}}(H)$ は**特異連続部分空間** (subspace of singular continuity) と呼ばれる．

定理 7.3 の証明と同様にして，次の事実が証明される (演習問題 2)：

定理 7.8 $\mathsf{H}_{\mathrm{p}}(H)$ と $\mathsf{H}_{\mathrm{sc}}(H)$ は H を簡約する．

自己共役作用素 H の $\mathsf{H}_{\mathrm{p}}(H), \mathsf{H}_{\mathrm{sc}}(H)$ における H の部分を，それぞれ，$H_{\mathrm{p}}, H_{\mathrm{sc}}$ と記し，H の**純点スペクトル部分**，**特異連続部分**と呼ぶ．また，H_{p}，H_{sc} のスペクトルをそれぞれ，H の**純点スペクトル**，H の**特異連続スペクトル**という．後者については

$$\sigma_{\mathrm{sc}}(H) := \sigma(H_{\mathrm{sc}}) \tag{7.24}$$

と記す．直和作用素のスペクトル理論により

$$\sigma(H_{\mathrm{s}}) = \sigma(H_{\mathrm{p}}) \cup \sigma_{\mathrm{sc}}(H). \tag{7.25}$$

これと (7.18) によって

$$\sigma(H) = \sigma_{\mathrm{ac}}(H) \cup \sigma(H_{\mathrm{p}}) \cup \sigma_{\mathrm{sc}}(H) \tag{7.26}$$

が成立することになる．だが，右辺は，一般には集合の直和 (互いに素な集合の和集合) にはならないこと (例 7.4)，また，$\sigma_{\mathrm{p}}(H) \subset \sigma(H_{\mathrm{p}})$ であるが，等号は成立するとは限らないことに注意しよう (次の例 7.7 を参照).

例 7.7 例 7.4 において，$\lambda_n \neq 0, n \in \mathbb{N}, \lim_{n\to\infty} \lambda_n = 0$ の場合を考えよう．このとき，$\sigma_{\mathrm{p}}(H) = \Lambda$ であるが，$\sigma(H_{\mathrm{p}}) = \{0\} \cup \Lambda$ である．

H の点スペクトル $\sigma_{\mathrm{p}}(H)$ と $\sigma(H_{\mathrm{p}})$ との関係は次の定理によって与えられる．

定理 7.9 $\overline{\sigma_{\mathrm{p}}(H)} = \sigma(H_{\mathrm{p}})$.

証明 包含関係 $\sigma_{\mathrm{p}}(H) \subset \sigma(H_{\mathrm{p}})$ が成り立つこと (証明は容易) はすでに言及した．$\sigma(H_{\mathrm{p}})$ は閉集合であるから，$\overline{\sigma_{\mathrm{p}}(H)} \subset \sigma(H_{\mathrm{p}})$ が導かれる．逆の包含関係を証明するには

$$(\overline{\sigma_{\mathrm{p}}(H)})^c \cap \mathbb{R} \subset \varrho(H_{\mathrm{p}}) \cap \mathbb{R} \tag{7.27}$$

を示せばよい．$\lambda \in (\overline{\sigma_{\mathrm{p}}(H)})^c \cap \mathbb{R}$ とすれば，$\delta := \inf\{|\mu-\lambda| \mid \mu \in \overline{\sigma_{\mathrm{p}}(H)}\} > 0$. H の固有ベクトルの全体から張られる部分空間を $\mathsf{D}_{\mathrm{p}}(H)$ とすれば，任意の $B \in \mathsf{B}^1$ に対して，$E_H(B)$ は $\mathsf{D}_{\mathrm{p}}(H)$ を不変にし，任意の $\Psi \in \mathsf{D}_{\mathrm{p}}(H)$ に対して，測度 $\|E_H(\cdot)\Psi\|^2$ の台は，$\overline{\sigma_{\mathrm{p}}(H)}$ に含まれている．定義によって，$\overline{\mathsf{D}_{\mathrm{p}}(H)} = \mathsf{H}_{\mathrm{p}}(H)$ であること，および $E_H(\cdot)$ の有界性により，任意の $\Psi \in \mathsf{H}_{\mathrm{p}}(H)$ に対して，測度 $\|E_H(\cdot)\Psi\|^2$ の台は，$\overline{\sigma_{\mathrm{p}}(H)}$ に含まれている．したがって，任意の $\Psi \in \mathsf{D}(H_{\mathrm{p}})$ に対して

$$\begin{aligned}\|(H_{\mathrm{p}} - \lambda)\Psi\|^2 &= \int_{\overline{\sigma_{\mathrm{p}}(H)}} (\mu - \lambda)^2 d\|E_H(\mu)\Psi\|^2 \\ &\geq \delta^2 \int_{\overline{\sigma_{\mathrm{p}}(H)}} d\|E_H(\mu)\Psi\|^2 = \delta^2\|\Psi\|^2.\end{aligned}$$

これは $\lambda \in \varrho(H_{\mathrm{p}})$ を意味する．こうして，(7.27) が示される． ■

$\mathsf{H} = \mathsf{H}_{\mathrm{p}}(H)$ ($\mathsf{H} = \mathsf{H}_{\mathrm{sc}}(H)$) であるとき，$H$ は**純粋に点スペクトル的**である (**純粋に特異連続**である) という．

例 7.8　例 7.3 の自己共役作用素 M_Λ は純粋に点スペクトル的である．

7.2.4　非相対論的自由ハミルトニアンの純粋絶対連続性

d 次元空間 $\mathbb{R}^d$ を運動する，N 個の非相対論的自由粒子のハミルトニアンは，$\mathsf{L}^2(\mathbb{R}^{dN})$ 上の作用素として

$$H_0^{(N)} := -\sum_{j=1}^{N} \frac{\Delta_{x_j}}{2m_j} \tag{7.28}$$

によって与えられる ([6], p.297)．ただし，$x = (x_1, \cdots, x_N) \in (\mathbb{R}^d)^N$ とするとき，Δ_{x_j} は変数 $x_j \in \mathbb{R}^d$ に関する一般化されたラプラシアン，$m_j > 0$ は j 番目の量子的粒子の質量を表す．

定理 7.10　$H_0^{(N)}$ は純粋に絶対連続であり

$$\sigma\left(H_0^{(N)}\right) = \sigma_{\mathrm{ac}}\left(H_0^{(N)}\right) = [0, \infty), \quad \sigma_{\mathrm{s}}(H_0^{(N)}) = \emptyset. \tag{7.29}$$

証明　$\sigma\left(H_0^{(N)}\right) = [0, \infty)$ はすでに証明したので ([6] の定理 3.28)，$H_0^{(N)}$ に関する絶対連続部分空間が $\mathsf{L}^2(\mathbb{R}^{dN})$ であることを示せばよい．第 2 章で示したように，$H_0^{(N)}$ は $-\Delta_x$ にユニタリ同値であるので，定理 7.7 によって，$-\Delta_x$ の絶対連続部分空間が $\mathsf{L}^2(\mathbb{R}^{dN})$ であることを示せばよい．証明を通じて，$n = dN$，$\Delta_x = \Delta$ とする．

$\mathcal{F}_n : \mathsf{L}^2(\mathbb{R}_x^n) \to \mathsf{L}^2(\mathbb{R}_k^n)$ をフーリエ変換とすれば，$\mathcal{F}_n(-\Delta)\mathcal{F}_n^{-1} = \hat{k}^2$ ([6] の p.299，(3.60) 式)．ただし，$\hat{k} = (\hat{k}_1, \cdots, \hat{k}_n)$ であり，$\hat{k}_j$ は運動量座標関数 k_j によるかけ算作用素である．$\hat{k}^2$ のスペクトル測度は

$$E_{\hat{k}^2}(B)\psi = \chi_{\{k \in \mathbb{R}^n | k^2 \in B\}}\psi, \quad \psi \in \mathsf{L}^2(\mathbb{R}^n),\ B \in \mathsf{B}^1$$

によって与えられる．したがって $E_{-\Delta}(B) = \mathcal{F}_n^{-1} E_{\hat{k}^2}(B) \mathcal{F}_n$．$n \geq 2$ とし，$\psi \in \mathsf{L}^2(\mathbb{R}^n)$ としよう．$S^{n-1} := \{x \in \mathbb{R}^n |\ |x| = 1\}$ を $(n-1)$ 次元の単位球面 (半径 1 の球面) とし，n 次元の極座標変換 $k = |k|\omega$, $\omega \in S^{n-1}$，を使えば

$$\|E_{-\Delta}(B)\psi\|^2 = \int_{\{k \in \mathbb{R}^n | k^2 \in B\}} |\hat{\psi}(k)|^2 dk$$

$$= \frac{1}{2}\int_{S^{n-1}} dS(\omega) \int_{B\cap[0,\infty)} |\hat{\psi}(\sqrt{t}\,\omega)|^2 t^{(n-2)/2} dt$$

と書ける．ただし，$dS(\omega)$ は，$dk = |k|^{n-1}d|k|\,dS(\omega)$ となる，S^{n-1} 上の標準的な測度である．この式から，$|B| = 0$ ならば，$\|E_{-\Delta}(B)\psi\|^2 = 0$ となる．したがって，任意の $\psi \in \mathsf{L}^2(\mathbb{R}^n)$ は，$-\Delta$ に関する絶対連続部分空間にはいる．$n = 1$ の場合も同様. ■

定理 7.10 と定理 7.6 により，次の事実が得られる：

系 7.11 関数 $f : \mathbb{R} \to \mathbb{R}$ はボレル可測で，$|B| = 0\,(B \in \mathsf{B}^1)$ ならば，常に $|f^{-1}(B)| = 0$ を満たすものとする．また，Δ を $\mathsf{L}^2(\mathbb{R}^n)$ 上の一般化されたラプラシアンとする $(n \in \mathbb{N})$．このとき，$f(-\Delta)$ は純粋に絶対連続である．

例 7.9 $m \geq 0$ を定数とするとき，**自由な相対論的シュレーディンガー作用素** $\sqrt{-\Delta + m^2}$ は純粋に絶対連続である（∵ 関数 $f(\lambda) = \sqrt{|\lambda| + m^2}$, $\lambda \in \mathbb{R}$ は系 7.11 の仮定を満たす*10）.

例 7.10 任意の正の実数 $\alpha > 0$ に対して，$(-\Delta)^\alpha$ は純粋に絶対連続である（∵ 前例と同様にして，関数 $f(\lambda) = |\lambda|^\alpha$, $\lambda \in \mathbb{R}$ は系 7.11 の仮定を満たすことが示される）.

7.2.5 自由なディラック作用素の純粋絶対連続性

前著 [6] の 3.4.3 項で自由なディラック作用素

$$H_{\mathrm{D}} = -i\sum_{j=1}^{3} \alpha_j D_j + m\beta$$

を考察した．ここで，α_j, β は 4 次のエルミート行列で反交換関係

$$\{\alpha_j, \alpha_k\} = 2\delta_{jk}, \quad \{\alpha_j, \beta\} = 0, \quad \beta^2 = I \tag{7.30}$$

$(j, k = 1, 2, 3)$ を満たすものであり，$m > 0$ は量子的粒子—いまの場合，ディ**ラック粒子**という—の質量を表す．H_{D} が働くヒルベルト空間は $\oplus^4\mathsf{L}^2(\mathbb{R}^3)$ で

*10 任意の $B \in \mathsf{B}^1$ に対して，$|f^{-1}(B)| = 2\int_{[0,\infty)} \chi_B(\sqrt{\lambda + m^2})d\lambda = 4\int_{[m^2,\infty)\cap B} tdt$ に注意．右辺は $|B| = 0$ ならば 0 である．

ある．$\mathsf{L}^2(\mathbb{R}^3)$ 上の作用素 A から定まる直和作用素 $A \oplus A \oplus A \oplus A$ —$\oplus^4 \mathsf{L}^2(\mathbb{R}^3)$ 上の作用素—も簡単のため，しばしば，単に A と記す*11．次の事実を証明しよう．

定理 7.12 H_{D} は純粋に絶対連続である．

証明 $\mathcal{F} : \oplus^4 \mathsf{L}^2(\mathbb{R}^3_x) \to \oplus^4 \mathsf{L}^2(\mathbb{R}^3_k)$ をフーリエ変換とする*12．したがって，それはユニタリであり，作用素の等式

$$\mathcal{F} H_{\mathrm{D}} \mathcal{F}^{-1} = h_{\mathrm{D}} := \sum_{j=1}^{3} \alpha_j \hat{k}_j + m\beta \tag{7.31}$$

が成り立つ．関数 $\omega : \mathbb{R}^3_k \to \mathbb{R}$ を

$$\omega(k) := \sqrt{k^2 + m^2}, \quad k = (k_1, k_2, k_3) \in \mathbb{R}^3_k \tag{7.32}$$

によって定義し，ω によるかけ算作用素を $\widehat{\omega}$ で表す．容易にわかるように，$\widehat{\omega}$ は自己共役で全単射である．さらに，$\widehat{\omega}^{-1}$ は有界であり

$$\|\widehat{\omega}^{-1}\| \leq \frac{1}{m}$$

が成り立つ*13．また $1 \pm m\widehat{\omega}^{-1}$ は非負の有界な自己共役作用素である．したがって

$$u_{\pm} := \frac{1}{\sqrt{2}} \left(1 \pm m\widehat{\omega}^{-1}\right)^{1/2} \tag{7.33}$$

は有界な自己共役作用素である．$|k|$ によるかけ算作用素を同じ記号 $|k|$ で表す．任意の $\psi \in \mathsf{D}(|k|^{-1})$ に対して $\|\left(\sum_{j=1}^{3} \alpha_j \hat{k}_j\right) |k|^{-1} \psi\|^2 = \|\psi\|^2$ ([6] の補題 3.29 の証明における $K(\psi)$ の計算を参照) であるから

$$S := \left(\sum_{j=1}^{3} \alpha_j \hat{k}_j\right) |k|^{-1} \tag{7.34}$$

*11 こうしても，どのヒルベルト空間の作用素としてみているかを明晰に把握していれば混乱は生じないであろう．

*12 上の規約にしたがって，$\mathcal{F}(\psi_1, \psi_2, \psi_3, \psi_4) := (\mathcal{F}\psi_1, \mathcal{F}\psi_2, \mathcal{F}\psi_3, \mathcal{F}\psi_4), \psi_j \in \mathsf{L}^2(\mathbb{R}^3_x)$.

*13 実際には等号が成り立つ (演習問題 3).

は定義域を $\mathsf{D}(|k|^{-1})$ とする有界な自己共役作用素である．$\mathsf{D}(|k|^{-1})$ は稠密であるから，S は $\oplus^4\mathsf{L}^2(\mathbb{R}^3_k)$ 上の有界な自己共役作用素へと一意的に拡大される．この拡大も同じ記号 S で表す．$u_\pm, S$ を用いて

$$u := u_+ + Su_- \tag{7.35}$$

を定義する．このとき，u は $\oplus^4\mathsf{L}^2(\mathbb{R}^3_k)$ 上のユニタリ作用素であり，(7.30) を用いる直接計算により

$$uh_\mathrm{D}u^{-1} = \beta\widehat{\omega} \tag{7.36}$$

を証明することができる (これは，α_j, β の具体的な行列表示を用いないで証明されることを強調しておく)．[6] の p.307〜p.308 でみたように，$u_\mathrm{D} = \alpha_1\alpha_2\alpha_3\beta$ とおくと，これはエルミートかつユニタリであり，$u_\mathrm{D}\beta u_\mathrm{D}^{-1} = -\beta$ が成り立つ．これは，$\sigma(\beta) = \sigma(-\beta)$ を意味するから，$\lambda \in \sigma(\beta) \Longleftrightarrow -\lambda \in \sigma(\beta)$ が成り立つ．これと $\beta^2 = I, \beta \neq I$ かつ $\beta = -I$ という事実を使えば

$$\sigma(\beta) = \sigma_\mathrm{p}(\beta) = \{\pm 1\} \tag{7.37}$$

であり，固有値 ± 1 の多重度はそれぞれ 2 であることがわかる．したがって，4 次のユニタリ行列 w があって

$$w\beta w^{-1} = \begin{pmatrix} 1 & 0 & 0 & 0 \\ 0 & 1 & 0 & 0 \\ 0 & 0 & -1 & 0 \\ 0 & 0 & 0 & -1 \end{pmatrix}$$

と対角化できる．ゆえに，h_D は

$$(wu)h_\mathrm{D}(wu)^{-1} = \widehat{\omega} \oplus \widehat{\omega} \oplus (-\widehat{\omega}) \oplus (-\widehat{\omega}) \tag{7.38}$$

と対角化される．以上をまとめると，$U_\mathrm{D} := \mathcal{F}^{-1}wu\mathcal{F}$ とおけば，これは $\oplus^4\mathsf{L}^2(\mathbb{R}^3_x)$ 上のユニタリ変換であり，H_D は

$$U_\mathrm{D}H_\mathrm{D}U_\mathrm{D}^{-1} = \sqrt{-\Delta + m^2} \oplus \sqrt{-\Delta + m^2} \oplus (-\sqrt{-\Delta + m^2}) \oplus (-\sqrt{-\Delta + m^2}) \tag{7.39}$$

という形に対角化されることがわかった．右辺の作用素は純粋に絶対連続であることが示される (演習問題 4)．ゆえに題意がしたがう．■

7.3 散乱理論の一般的枠組み

この節では，散乱理論の一般的枠組みを論述する．まず，7.1 節で言及した波動作用素の厳密な定義をより普遍的な形で行い，その基本的性質を調べる．

7.3.1 波 動 作 用 素

$\mathsf{H}_1, \mathsf{H}_2$ を複素ヒルベルト空間，H_j $(j=1,2)$ を H_j 上の自己共役作用素とする．一般に，自己共役作用素 A の絶対連続部分空間への正射影作用素を $P_{\rm ac}(A)$ で表す．$J: \mathsf{H}_1 \to \mathsf{H}_2$ を有界線形作用素とする．7.1 節の発見法的考察から次の定義へと導かれる：作用素

$$W_t(H_2, H_1; J) := e^{itH_2} J e^{-itH_1} P_{\rm ac}(H_1) \tag{7.40}$$

の強極限

$$W_\pm(H_2, H_1; J) := \text{s-}\lim_{t\to\pm\infty} W_t(H_2, H_1; J) \tag{7.41}$$

が存在するとき，これを三つ組 (H_2, H_1, J) に付随する**波動作用素**という．この定義は次の二つの点において，7.1 節で言及した波動作用素の概念の一般化になっている：(i) ヒルベルト空間 H_1 と H_2 が必ずしも同じではない．(ii) J という作用素が導入されている．いうまでもなく，$\mathsf{H}_1 = \mathsf{H}_2, J = I$ の場合が波動作用素論における第一段階的レヴェルである．だが，いま言及した一般化は，数理的に自然であり，応用上も威力を発揮する．以下，(7.41) の右辺が存在するとき，「波動作用素 $W_\pm(H_2, H_1; J)$ は存在する」といういい方をする．

$\mathsf{H}_1 = \mathsf{H}_2, J = I$ の場合の波動作用素を $W_\pm(H_2, H_1)$ と記す：

$$W_\pm(H_2, H_1) := W_\pm(H_2, H_1; I). \tag{7.42}$$

波動作用素が存在するか否かは H_2, H_1, J の性質による．波動作用素の存在条件については後ほど議論することにして，まず，波動作用素が存在したとして，その性質がどのようなものであるかを調べる．

命題 7.13　波動作用素 $W_{\pm}(H_2, H_1; J)$ が存在するとき，次の (i)〜(iv) が成り立つ[*14].

(i)　すべての $s \in \mathbb{R}$ に対して

$$e^{isH_2} W_{\pm}(H_2, H_1; J) = W_{\pm}(H_2, H_1; J) e^{isH_1}. \tag{7.43}$$

(ii)　すべての $\Psi \in \mathsf{D}(H_1)$ に対して $W_{\pm}(H_2, H_1; J)\Psi \in \mathsf{D}(H_2)$ であり

$$H_2 W_{\pm}(H_2, H_1; J)\Psi = W_{\pm}(H_2, H_1; J) H_1 \Psi. \tag{7.44}$$

すなわち

$$W_{\pm}(H_2, H_1; J) H_1 \subset H_2 W_{\pm}(H_2, H_1; J). \tag{7.45}$$

(iii)　すべての $z \in \varrho(H_2) \cap \varrho(H_1)$ に対して

$$(H_2 - z)^{-1} W_{\pm}(H_2, H_1; J) = W_{\pm}(H_2, H_1; J)(H_1 - z)^{-1}. \tag{7.46}$$

(iv)　E_{H_2}, E_{H_1} をそれぞれ，H_2, H_1 のスペクトル測度とすれば，すべてのボレル集合 $B \subset \mathbb{R}$ に対して

$$E_{H_2}(B) W_{\pm}(H_2, H_1; J) = W_{\pm}(H_2, H_1; J) E_{H_1}(B). \tag{7.47}$$

証明　(i) 任意の $s \in \mathbb{R}$ に対して

$$e^{isH_2} W_{\pm}(H_2, H_1; J) = \text{s-}\lim_{t \to \pm\infty} e^{i(s+t)H_2} J e^{-i(s+t)H_1} e^{isH_1} P_{\mathrm{ac}}(H_1).$$

ここで，$\exp(isH_1)$ と $P_{\mathrm{ac}}(H_1)$ は可換であること (∵ 定理 7.3) に注意すれば，右辺は $W_{\pm}(H_2, H_1; J)\exp(isH_1)$ に等しい．

(ii) (i) から，任意の $\Psi \in \mathsf{D}(H_1)$ に対して

$$\frac{e^{isH_2} - I}{s} W_{\pm}(H_2, H_1; J)\Psi = W_{\pm}(H_2, H_1; J) \frac{(e^{isH_1} - I)\Psi}{s}.$$

$s \to 0$ とすれば，右辺は $W_{\pm}(H_2, H_1; J) iH_1 \Psi$ に収束する．したがって，ストーンの定理により，$W_{\pm}(H_2, H_1; J)\Psi \in \mathsf{D}(H_2)$ であり，(7.44) が得られる．

---

*14　以下の諸式においては，± は複号同順で読む．

(iii) これは (ii) を使えば容易にわかる.

(iv) (iii) とストーンの公式 ([6] の定理 3.10) を用いればよい. ■

上の命題から，波動作用素の値域について，次の基本的な結果が導かれる：

系 7.14 $W_\pm(H_2, H_1; J)$ は存在するとしよう．このとき

$$\mathsf{R}(W_\pm(H_2, H_1; J)) \subset \mathsf{H}_{\rm ac}(H_2). \tag{7.48}$$

証明 $P_{\rm ac}(H_1)$ の冪等性により

$$W_\pm(H_2, H_1; J) = W_\pm(H_2, H_1; J)P_{\rm ac}(H_1). \tag{7.49}$$

任意の $B \in \mathsf{B}^1$ に対して，$P_{\rm ac}(H_1)$ と $E_{H_1}(B)$ は可換である．これらの事実と命題 7.13-(iv) から，任意の $\Psi \in \mathsf{H}_1$ に対して

$$\begin{aligned}\|E_{H_2}(B)W_\pm(H_2, H_1; J)\Psi\| &= \|W_\pm(H_2, H_1; J)E_{H_1}(B)\Psi\| \\ &= \|W_\pm(H_2, H_1; J)P_{\rm ac}(H_1)E_{H_1}(B)\Psi\| \\ &= \|W_\pm(H_2, H_1; J)E_{H_1}(B)P_{\rm ac}(H_1)\Psi\|.\end{aligned}$$

$P_{\rm ac}(H_1)\Psi \in \mathsf{H}_{\rm ac}(H_1)$ であるから, $|B| = 0$ ならば, $E_{H_1}(B)P_{\rm ac}(H_1)\Psi = 0$ であるので, 上式の右辺は 0 となり，したがって，$\|E_{H_2}(B)W_\pm(H_2, H_1; J)\Psi\| = 0$. これは，$W_\pm(H_2, H_1; J)\Psi \in \mathsf{H}_{\rm ac}(H_2)$ を意味する. ■

命題 7.15 波動作用素 $W_\pm(H_2, H_1; J), W_\pm(H_1, H_2; J^*)$ がともに存在すれば

$$W_\pm(H_2, H_1; J)^* = W_\pm(H_1, H_2; J^*). \tag{7.50}$$

証明 系 7.14 から

$$P_{\rm ac}(H_2)W_\pm(H_2, H_1; J) = W_\pm(H_2, H_1; J). \tag{7.51}$$

したがって，任意の $\Psi \in \mathsf{H}_1, \Phi \in \mathsf{H}_2$ に対して

$$\begin{aligned}\langle \Phi, W_\pm(H_2, H_1; J)\Psi \rangle &= \lim_{t\to\pm\infty} \left\langle \Phi, P_{\rm ac}(H_2)e^{itH_2}Je^{-itH_1}P_{\rm ac}(H_1)\Psi \right\rangle \\ &= \lim_{t\to\pm\infty} \left\langle e^{itH_1}J^*e^{-itH_2}P_{\rm ac}(H_2)\Phi, \Psi \right\rangle \\ &= \langle W_\pm(H_1, H_2; J^*)\Phi, \Psi \rangle.\end{aligned}$$

ゆえに，(7.50) が成り立つ． ■

H_3 を複素ヒルベルト空間，H_3 を H_3 上の自己共役作用素とし，$K \in \mathsf{B}(\mathsf{H}_2, \mathsf{H}_3)$ とする．もし，波動作用素 $W_\pm(H_2, H_1; J)$，$W_\pm(H_3, H_2; K)$ がともに存在するならば，それらの合成 $W_\pm(H_3, H_2, K)W_\pm(H_2, H_1; J)$ が考えられる．これが (H_3, H_1, KJ) に付随する波動作用素になるという調和的関係について言明したのが次の定理である．

定理 7.16 (**結合法則** (chain rule)) $W_\pm(H_2, H_1; J), W_\pm(H_3, H_2; K)$ がともに存在するとしよう．このとき，$W_\pm(H_3, H_1; KJ)$ も存在し

$$W_\pm(H_3, H_1; KJ) = W_\pm(H_3, H_2; K)W_\pm(H_2, H_1; J) \tag{7.52}$$

が成り立つ．

証明　任意の $t \in \mathbb{R}$ に対して

$$e^{itH_3}KJe^{-itH_1}P_{\mathrm{ac}}(H_1) = e^{itH_3}Ke^{-itH_2}P_{\mathrm{ac}}(H_2)e^{itH_2}Je^{-itH_1}P_{\mathrm{ac}}(H_1) + R(t) \tag{7.53}$$

と変形できる．ただし，$R(t) := e^{itH_3}Ke^{-itH_2}[I - P_{\mathrm{ac}}(H_2)]e^{itH_2}Je^{-itH_1}P_{\mathrm{ac}}(H_1)$．(7.53) の右辺の第一項は，$t \to \pm\infty$ のとき，$W_\pm(H_3, H_2; K)W_\pm(H_2, H_1; J)$ に強収束するから，$R(t)$ が，$t \to \pm\infty$ のとき 0 に強収束することを示せば (7.52) が得られる．実際，任意の $\Psi \in \mathsf{H}_1$ に対して

$$\begin{aligned}\|R(t)\Psi\| &\le \|K\|\|(I - P_{\mathrm{ac}}(H_2))e^{itH_2}Je^{-itH_1}P_{\mathrm{ac}}(H_1)\Psi\| \\ &\to \|K\|\|(I - P_{\mathrm{ac}}(H_2))W_\pm(H_2, H_1; J)\Psi\| = 0 \ (t \to \pm\infty).\end{aligned}$$

ここで，系 7.14 を用いた． ■

作用素 J を有界作用素のあるクラスの中に制限した場合には，波動作用素は次の定理に述べる意味で良い性質をもつことが見いだされる．

定理 7.17　作用素 J について

$$\lim_{t \to \infty} \|Je^{-itH_1}P_{\mathrm{ac}}(H_1)\Psi\| = \|P_{\mathrm{ac}}(H_1)\Psi\|, \quad \Psi \in \mathsf{H}_1 \tag{7.54}$$

が成り立つとし，波動作用素 $W_\pm(H_2, H_1; J)$ が存在するとする．このとき，次の (i)，(ii) が成立する．

(i) $W_\pm(H_2, H_1; J)$ は，始空間を $\mathsf{H}_{\mathrm{ac}}(H_1)$ とする部分等長作用素である[*15]．すなわち

$$\|W_\pm(H_2, H_1; J)\Psi\| = \|\Psi\|, \quad \forall\Psi \in \mathsf{H}_{\mathrm{ac}}(H_1), \tag{7.55}$$

$$W_\pm(H_2, H_1; J)\Phi = 0, \quad \forall\Phi \in \mathsf{H}_{\mathrm{ac}}(H_1)^\perp. \tag{7.56}$$

特に，$W_\pm(H_2, H_1; J)$ は $\mathsf{H}_{\mathrm{ac}}(H_1)$ から $\mathsf{R}_\pm := \mathsf{R}(W_\pm(H_2, H_1; J))$ へのユニタリ作用素である．このユニタリ作用素を $U_\pm(H_2, H_1; J)$ と書く．

(ii) $\mathsf{R}_\pm$ は $\mathsf{H}_{\mathrm{ac}}(H_2)$ の閉部分空間であり，H_2 を簡約する．さらに，H_2 の $\mathsf{R}_\pm$ における部分 $H_2|_{\mathsf{R}_\pm}$ は，$U_\pm(H_2, H_1; J)$ を介して，H_1 の絶対連続部分 $H_{1,\mathrm{ac}} := (H_1)_{\mathrm{ac}}$ とユニタリ同値である：

$$H_2|_{\mathsf{R}_\pm} = U_\pm(H_2, H_1; J)H_{1,\mathrm{ac}}U_\pm(H_2, H_1; J)^{-1}. \tag{7.57}$$

注意 7.3 条件 (7.54) は，$\mathsf{H}_1 = \mathsf{H}_2, J = I$ の場合には，自明的に成り立つ．

証明 証明を通して，$W_\pm := W_\pm(H_2, H_1; J), U_\pm := U(H_2, H_1; J)$ とおく．

(i) 任意の $\Psi \in \mathsf{H}_1$ に対して

$$\begin{aligned}\|W_\pm\Psi\| &= \lim_{t\to\pm\infty} \|W_t(H_2, H_1; J)\Psi\| \\ &= \lim_{t\to\pm\infty} \|Je^{-itH_1}P_{\mathrm{ac}}(H_1)\Psi\| \\ &= \|P_{\mathrm{ac}}(H_1)\Psi\| \quad (\because (7.54)).\end{aligned}$$

これは (7.55)，(7.56) を意味する．

(ii) $\mathsf{R}_\pm$ の閉性は，$W_\pm$ の部分等長性から出る．H_2 の $\mathsf{R}_\pm$ による簡約性を示すために，H_2 から $\mathsf{R}_\pm$ への正射影作用素を $P_\pm$ としよう．したがって，任意の $\Psi \in \mathsf{H}_2$ に対して，$P_\pm\Psi = W_\pm\Phi$ となる $\Phi \in \mathsf{H}_{\mathrm{ac}}(H_1)$ が存在する．これと (7.46) により，すべての $z \in \mathbb{C} \setminus \mathbb{R}$ に対して

$$(H_2 - z)^{-1}P_\pm\Psi = (H_2 - z)^{-1}W_\pm\Phi = W_\pm(H_1 - z)^{-1}\Phi$$

[*15] 部分等長 (等距離) 作用素については，[5] の 2.6.3 項を参照．

$$= P_\pm W_\pm (H_1 - z)^{-1}\Phi = P_\pm (H_2 - z)^{-1} W_\pm \Phi$$
$$= P_\pm (H_2 - z)^{-1} P_\pm \Psi.$$

したがって，$(H_2 - z)^{-1}P_\pm = P_\pm(H_2 - z)^{-1}$．これは $P_\pm H_2 \subset H_2 P_\pm$ を意味する．ゆえに，$\mathsf{R}_\pm$ は H_2 を簡約する．

任意の $\Psi \in U_\pm \mathsf{D}(H_{1,\mathrm{ac}})$ は，$\Psi = U_\pm \Phi$ と書ける $(\Phi \in \mathsf{D}(H_{1,\mathrm{ac}}))$．このとき，(7.45) により，$\Psi \in \mathsf{D}(H_2|\mathsf{R}_\pm)$ であり $U_\pm H_{1,\mathrm{ac}} U_\pm^{-1}\Psi = H_2|\mathsf{R}_\pm \Psi$ が成り立つ．これは，$U_\pm H_{1,\mathrm{ac}} U_\pm^{-1} \subset H_2|\mathsf{R}_\pm$ を意味する．両辺ともに自己共役であるから，それらは一致しなければならない． ■

注意 7.4 (7.57) は

$$\sigma_{\mathrm{ac}}(H_1) \subset \sigma_{\mathrm{ac}}(H_2). \tag{7.58}$$

すなわち，波動作用素の存在は，H_1, H_2 の絶対連続スペクトルに関する一つの関係を導く．これも散乱理論における重要な結果の一つである．

7.3.2 散乱作用素と完全性

7.1 節では波動作用素から散乱作用素が定義されることを示唆した．これにならって，波動作用素 $W_\pm(H_2, H_1; J)$ が存在するとき

$$S(H_2, H_1; J) := W_+(H_2, H_1; J)^* W_-(H_2, H_1; J) \tag{7.59}$$

によって定義される作用素を (H_2, H_1, J) に付随する**散乱作用素** (scattering operator) と呼ぶ．この作用素の基本的な性質は次の定理で与えられる．

定理 7.18 $W_\pm(H_2, H_1; J)$ は存在すると仮定する．

(i) $S(H_2, H_1; J)$ と H_1 は強可換である．すなわち，$S(H_2, H_1; J)H_1 \subset H_1 S(H_2, H_1; J)$ が成り立つ．

(ii) $\mathsf{H}_1 = \mathsf{H}_2$ のとき H_2, H_1 と強可換な任意のユニタリ作用素 U に対して

$$S(H_2, H_1; J)U = US(H_2, H_1; U^*JU). \tag{7.60}$$

特に，$U^*JU = J$ ならば，$S(H_2, H_1; J)$ と U は可換である．

(iii) 条件 (7.54) を仮定する．このとき，$S(H_2,H_1;J)$ が $\mathsf{H}_{\rm ac}(H_1)$ 上のユニタリ作用素であるための必要十分条件は

$$\mathsf{R}(W_+(H_2,H_1;J)) = \mathsf{R}(W_-(H_2,H_1;J)) \tag{7.61}$$

となることである．

証明　証明を通して，$S := S(H_2,H_1;J)$，$W_\pm := W_\pm(H_2,H_1;J)$，$\mathsf{R}_\pm := \mathsf{R}(W_\pm(H_2,H_1;J))$ とおく．

(i) $\Psi \in \mathsf{D}(H_1)$ とすれば，(7.44) によって，$SH_1\Psi = W_+^*H_2W_-\Psi = (H_2W_+)^*\ W_-\Psi \cdots (*)$ (最後の等式は $W_+^*H_2 \subset (H_2W_+)^*$ による)．一般に，T を有界作用素，X を稠密な定義域をもつ作用素とすれば $(TX)^* = X^*T^*$ が成り立つ．この事実を (7.44) の共役関係に応用すると $(H_2W_+)^* \subset H_1W_+^*$．これと $(*)$ により，$S\Psi \in \mathsf{D}(H_1)$ であり，$SH_1\Psi = H_1S\Psi$ が結論される．

(ii) 仮定により，すべての $t \in \mathbb{R}$ に対して $e^{itH_2}U = Ue^{itH_2}$，$e^{itH_1}U = Ue^{itH_1}$．したがって，$e^{itH_2}U^* = U^*e^{itH_2}$，$e^{itH_1}U^* = U^*e^{itH_1}$．ゆえに，任意の $\Psi,\Phi \in \mathsf{H}_{\rm ac}(H_1)$ に対して

$$\begin{aligned}
\langle\Psi, SU\Phi\rangle &= \lim_{t\to\infty}\lim_{s\to-\infty}\left\langle e^{itH_2}Je^{-itH_1}\Psi, e^{isH_2}Je^{-isH_1}U\Phi\right\rangle \\
&= \lim_{t\to\infty}\lim_{s\to-\infty}\left\langle U^*e^{itH_2}Je^{-itH_1}\Psi, e^{isH_2}U^*JUe^{-isH_1}\Phi\right\rangle \\
&= \lim_{t\to\infty}\lim_{s\to-\infty}\left\langle e^{itH_2}U^*JUe^{-itH_1}U^*\Psi, e^{isH_2}U^*JUe^{-isH_1}\Phi\right\rangle \\
&= \langle U^*\Psi, S(H_2,H_1;U^*JU)\Phi\rangle = \langle\Psi, US(H_2,H_1;U^*JU)\Phi\rangle.
\end{aligned}$$

これは，(7.60) を意味する．

(iii) 条件の十分性は，定理 7.17 から明らかであろう．条件の必要性を示すために，S が $\mathsf{H}_{\rm ac}(H_1)$ 上でユニタリであるとしよう．任意の $\Psi \in \mathsf{R}_+$ に対して $\Psi = W_+\Psi_+$ となる $\Psi_+ \in \mathsf{H}_{\rm ac}(H_1)$ が存在する．仮定により，$\Psi_+ = S\Psi_-$ となる $\Psi_- \in \mathsf{H}_{\rm ac}(H_1)$ が存在する．したがって，$\Psi = W_+S\Psi_- = W_-\Psi_-$．これは，$\Psi \in \mathsf{R}_-$ を意味する．ゆえに $\mathsf{R}_+ \subset \mathsf{R}_-$．この逆の包含関係を示すには，$S^* = W_-^*W_+$ も $\mathsf{H}_{\rm ac}(H_1)$ 上のユニタリであることに注意して，同様の議論を行えばよい．　■

注意 7.5 定理 7.18 は，U が量子系の対称性を表す群のユニタリ表現であり，$U^*JU = J$ が成り立つ場合，その表現の不変部分空間において，散乱作用素を考察することを可能にする (演習問題 7 を参照).

散乱作用素 $S(H_2, H_1; J)$ が $\mathsf{H}_{\mathrm{ac}}(H_1)$ 上のユニタリ作用素であるとき，単位ベクトル $\Psi, \Phi \in \mathsf{H}_{\mathrm{ac}}(H_1)$ に対して $\langle \Phi, S(H_2, H_1; J)\Psi \rangle$ を状態 Ψ から状態 Φ への**散乱の遷移確率振幅**といい，その絶対値の 2 乗 $|\langle \Phi, S(H_2, H_1; J)\Psi \rangle|^2$ を状態 Ψ から状態 Φ への**散乱の遷移確率**と呼ぶ[*16].

条件 (7.54) のもとで，性質 (7.61) が成り立つとき，$W_\pm(H_2, H_1; J)$ は**弱い意味で漸近的に完全**である，または**弱い漸近的完全性**をもつという．この場合，$t = -\infty$ での漸近的配位の全体と $t = \infty$ での漸近的配位の全体が散乱作用素によって，1 対 1 に対応づけられる.

その命名が示唆するように，実は，「弱い漸近的完全性」よりも強い漸近的完全性の概念を考えることができる．これを説明するために，再び，7.1 節で略述した散乱の描像に戻ろう．今度は，H_{S}, K_0 のかわりに H_2, H_1 を考える (ただし，簡単のため，$\mathsf{H}_1 = \mathsf{H}_2, J = I$ とする)．7.1 節で記述したのは，全ハミルトニアンが H_2 で記述される系—これを仮に H_2-系と呼ぼう—の状態が，$t \to -\infty$ のとき，"時間漸近的に自由な" 状態 $e^{-itH_1}\Psi_-[\Psi_- \in \mathsf{H}_{\mathrm{ac}}(H_1)]$ であるとした場合の散乱に関するものであった．言い換えれば，初期条件を，$t \to -\infty$ において，そのような状態に設定した場合の H_2-系の時間発展を問題にしたのであった．しかし，$t \to -\infty$ における H_2-系の任意の散乱状態—$e^{-itH_2}\Psi, \Psi \in \mathsf{H}_{\mathrm{ac}}(H_2)$ という型の状態— が "時間漸近的に自由な" 状態に漸近するかどうかは自明な事柄ではない．しかし，もし，$t \to -\infty$ における H_2-系のすべての散乱状態が "時間漸近的に自由な" 状態でつくされるとすれば，任意の $\Psi \in \mathsf{H}_{\mathrm{ac}}(H_2)$ に対して

$$e^{-itH_2}\Psi \sim e^{-itH_1}\Psi_- \quad (t \to -\infty)$$

となる $\Psi_- \in \mathsf{H}_{\mathrm{ac}}(H_1)$ が存在しなければならない．これは $\Psi = W_-(H_2, H_1; I)\Psi_-$ を意味するから，$\mathsf{H}_{\mathrm{ac}}(H_2) \subset \mathsf{R}(W_-(H_2, H_1; I))$ となる．この逆の包含関係は

[*16] この命名の背後にある物理的な描像については 7.1 節でふれた．散乱作用素のユニタリ性は散乱の過程における全確率の保存のために要請される.

すでに知られているから (系 7.14)，結局 $\mathsf{H}_{\mathrm{ac}}(H_2) = \mathsf{R}(W_-(H_2, H_1; I))$ が成り立つことになる．同様に，$t \to +\infty$ における H_2-系の散乱状態の全体が "時間漸近的に自由な" 状態でつくされるとすれば，$\mathsf{H}_{\mathrm{ac}}(H_2) = \mathsf{R}(W_+(H_2, H_1; I))$ でなければならない．

以上の発見法的考察から次の定義へと到る：

定義 7.19 条件 (7.54) が成立し，波動作用素 $W_\pm(H_2, H_1; J)$ が存在するとする．このとき

$$\mathsf{R}(W_+(H_2, H_1; J)) = \mathsf{R}(W_-(H_2, H_1; J)) = \mathsf{H}_{\mathrm{ac}}(H_2) \tag{7.62}$$

が成り立つならば，波動作用素 $W_\pm(H_2, H_1; J)$ は**完全**であるという．

この完全性の条件は，重要な結果を導く：

定理 7.20 条件 (7.54) が満たされ，波動作用素 $W_\pm(H_2, H_1; J)$ は存在し，かつ $W_\pm(H_2, H_1; J)$ は完全であるとしよう．このとき，次の (i), (ii) が成り立つ：

(i) $W_\pm(H_2, H_1; J)$ は $\mathsf{H}_{\mathrm{ac}}(H_1)$ から $\mathsf{H}_{\mathrm{ac}}(H_2)$ へのユニタリ作用素であり

$$H_{2,\mathrm{ac}} = U_\pm(H_2, H_1; J) H_{1,\mathrm{ac}} U_\pm(H_2, H_1; J)^{-1}. \tag{7.63}$$

したがって，特に

$$\sigma_{\mathrm{ac}}(H_2) = \sigma_{\mathrm{ac}}(H_1). \tag{7.64}$$

(ii) $S(H_2, H_1; J)$ は $\mathsf{H}_{\mathrm{ac}}(H_1)$ 上のユニタリ作用素である．

証明 (i) $W_\pm(H_2, H_1; J)$ が完全であれば，$H_2|\mathsf{R}(W_\pm(H_2, H_1; J)) = H_{2,\mathrm{ac}}$. この事実と定理 7.17-(ii) から題意が成立する．

(ii) 定理 7.18-(iii) による． ■

注意 7.6 (7.64) は，H_1, H_2 の絶対連続スペクトルが等しいことを意味する．こうして，スペクトル理論の観点からみると，散乱理論というのは，絶対連続スペクトルの同定に使うことができる．

たとえば，シュレーディンガー型作用素 $H_{\mathrm{S}} = K_0 + V$ の場合でいえば，(H_{S}, K_0, I) に付随する波動作用素が完全となるような V のクラスに対しては

$$\sigma_{\mathrm{ac}}(H_{\mathrm{S}}) = \sigma_{\mathrm{ac}}(K_0) = [0, \infty)$$

と同定できるわけである.

この意味において，散乱理論というのは，純数学的には，絶対連続スペクトルに関する摂動論の一つの重要なクラスとみることができる.

定義 7.19 における完全性の概念よりもさらに強い完全性の概念を定義することができる．すなわち

$$\mathsf{R}(W_+(H_2, H_1; J)) = \mathsf{R}(W_-(H_2, H_1; J)) = \mathsf{H}_{\mathrm{p}}(H_2)^{\perp} \tag{7.65}$$

が成り立つとき，$W_{\pm}(H_2, H_1; J)$ は**漸近的に完全**であるという．実際，容易にわかるように，$W_{\pm}(H_2, H_1; J)$ が漸近的に完全であることはそれが完全でありかつ $\mathsf{H}_{\mathrm{sc}}(H_2) = \emptyset$ であることと同値である．したがって，定義 7.19 によって定義される，波動作用素の完全性は，弱い意味での完全性と漸近的完全性の "中間" にあたる完全性の概念である.

7.4 波動作用素の存在に対する判定条件

前節において，散乱理論の一般的構造が明らかにされたので，次に波動作用素の存在条件について考察しよう．波動作用素 $W_{\pm}(H_2, H_1; J)$ の存在を証明するには，任意の $\Psi \in \mathsf{H}_{\mathrm{ac}}(H_1)$ に対して，ベクトル $\Psi(t) = e^{itH_2} J e^{-itH_1} \Psi$ が，$t \to \pm\infty$ のとき, t に関してコーシー列をなすこと, すなわち, $\|\Psi(t) - \Psi(s)\| \to 0 \quad (t, s \to \pm\infty) \cdots (*)$ を示せばよい．したがって，問題は，H_1, H_2, J がどういう条件を満たせば $(*)$ が成り立つかを調べることである.

そのための一つのアイデアは，$\mathbb{R}$ 上の関数 $f : \mathbb{R} \ni t \mapsto f(t)$ の $t \to \pm\infty$ における極限の存在を示す次の方法から示唆される：もし，f が連続微分可能で $f' \in \mathsf{L}^1(\mathbb{R})$ を満たすとすれば，任意の $t, s \in \mathbb{R}\,(t > s)$ に対して

$$|f(t) - f(s)| = \left| \int_s^t f'(u) du \right| \leq \int_s^t |f'(u)| du$$

$$\to 0 \quad (s, t \to \pm\infty).$$

$s < t$ の場合も同様．したがって，$\lim_{t\to\pm\infty} f(t)$ は存在する．

この考え方自体は，ヒルベルト空間値関数の場合へと拡張されうる．この着想に基づいて，波動作用素の存在を示す方法は**クック (Cook) の方法**と呼ばれる．それは次のように定式化される．

定理 7.21 $\mathsf{H}_{\mathrm{ac}}(H_1)$ の稠密な部分集合 D で以下の条件を満たすものが存在するとする：

(i) $\mathsf{D} \subset \mathsf{D}(H_1)$.

(ii) 各 $\Psi \in \mathsf{D}$ に対して $Je^{-itH_1}\Psi \in \mathsf{D}(H_2), \forall t \in \mathbb{R}$ であり，$\mathbb{R}$ 上の H-値関数:$t \to (H_2J - JH_1)e^{-itH_1}\Psi$ は強連続である．さらに

$$\int_{\mathbb{R}} \|(H_2J - JH_1)e^{-itH_1}\Psi\| dt < \infty. \tag{7.66}$$

このとき，$W_\pm(H_2, H_1; J)$ は存在し，すべての $\Psi \in \mathsf{D}$ に対して

$$W_\pm(H_2, H_1; J)\Psi = J\Psi + \int_0^{\pm\infty} ie^{itH_2}(H_2J - JH_1)e^{-itH_1}\Psi dt \tag{7.67}$$

が成り立つ．

証明 $\Psi \in \mathsf{D}$ とし, $\Psi(t) := e^{itH_2}Je^{-itH_1}\Psi$ とおく．仮定により, $J\exp(-itH_1)\Psi \in \mathsf{D}(H_2)$, $\forall t \in \mathbb{R}$ であるので, $\Psi(t)$ は t について強微分可能であり，$\Psi'(t) = ie^{itH_2}(H_2J - JH_1)e^{-itH_1}\Psi$ が成り立つ．これから, $t' > t$ に対して

$$\Psi(t') - \Psi(t) = \int_t^{t'} ie^{isH_2}(H_2J - JH_1)e^{-isH_1}\Psi ds. \tag{7.68}$$

したがって

$$\|\Psi(t') - \Psi(t)\| \le \int_t^{t'} \|(H_2J - JH_1)e^{-isH_1}\Psi\| ds.$$

(7.66) により, 右辺は, $t', t \to \infty$ のとき 0 に収束する．したがって, $\{\Psi(t)\}_{t\in\mathbb{R}}$ は, $t \to \infty$ のとき, コーシー列である．ゆえに, $\text{s-}\lim_{t\to\infty} \Psi(t)$ は存在する．D は $\mathsf{H}_{\mathrm{ac}}(H_1)$ で稠密であり, $\|\Psi(t)\| \le \|J\|\|\Psi\|$ であるので, 極限論法により，いま得

た結果は，すべての $\Psi \in \mathsf{H}_{\mathrm{ac}}(H_1)$ に拡張される．一方，$\Psi \in \mathsf{H}_{\mathrm{ac}}(H_1)^{\perp}$ ならば，$e^{itH_2}Je^{-itH_1}P_{\mathrm{ac}}(H_1)\Psi = 0$ であるから，$\lim_{t\to\infty} e^{itH_2}Je^{-itH_1}P_{\mathrm{ac}}(H_1)\Psi = 0$. こうして，$W_+(H_2, H_1; J)$ の存在が示される．(7.68) において，$t = 0, t' \to \infty$ とすれば，(7.67) における "+" の式が得られる．$W_-(H_2, H_1; J)$ の存在とその表示についても同様である． ■

系 7.22 $\mathsf{H}_1 = \mathsf{H}_2, J = I$ の場合を考え，$H_2 - H_1$ は H_1-有界であるとする．$\mathsf{H}_{\mathrm{ac}}(H_1)$ の稠密な部分集合 D で以下の条件を満たすものが存在するとする：

(i) $\mathsf{D} \subset \mathsf{D}(H_1)$.

(ii) 各 $\Psi \in \mathsf{D}$ に対して

$$\int_{\mathbb{R}} \|(H_2 - H_1)e^{-itH_1}\Psi\| dt < \infty. \tag{7.69}$$

このとき，$W_{\pm}(H_2, H_1)$ は存在し，すべての $\Psi \in \mathsf{D}$ に対して

$$W_{\pm}(H_2, H_1)\Psi = \Psi + \int_0^{\pm\infty} ie^{itH_2}(H_2 - H_1)e^{-itH_1}\Psi dt \tag{7.70}$$

が成り立つ．

証明 $T := H_2 - H_1$ とおく．仮定により，$\mathsf{D}(H_2) = \mathsf{D}(H_1) \subset \mathsf{D}(T)$ であり，定数 $a, b \geq 0$ があって，$\|T\Psi\| \leq a\|H_1\Psi\| + b\|\Psi\|, \Psi \in \mathsf{D}(H_1)$ が成り立つ．したがって，任意の $\Psi \in \mathsf{D}(H_1)$ に対して

$$\begin{aligned}\|Te^{-itH_1}\Psi - Te^{-isH_1}\Psi\| &\leq a\|(e^{-itH_1} - e^{-isH_1})H_1\Psi\| \\ &\quad + b\|(e^{-itH_1} - e^{-isH_1})\Psi\| \\ &\to 0 \quad (s \to t).\end{aligned}$$

ゆえに，H_1-値関数：$t \mapsto Te^{-itH_1}\Psi$ は強連続である．以上によって，いまの H_1, H_2 に対して，定理 7.21 の仮定はすべて満たされる．したがって，結論がしたがう． ■

例 7.11 7.1 節で考えたシュレーディンガー作用素 $H_{\mathrm{S}} = K_0 + V$ を考え，$V \in \mathsf{L}^2(\mathbb{R}^3)$ とする．このとき，V は K_0 に関して無限小であり，H_{S} は自己共役で下に有界

であることはすでにみた(第2章を参照)．$\mathsf{D} = \mathsf{C}_0^\infty(\mathbb{R}^3)$ とおく．$\mathsf{H}_{\mathrm{ac}}(K_0) = \mathsf{L}^2(\mathbb{R}^3)$ であるので，D は $\mathsf{H}_{\mathrm{ac}}(K_0)$ で稠密であり，$\mathsf{D} \subset \mathsf{D}(K_0)$ が成り立つ．さらに，任意の $\psi \in \mathsf{D}$ に対して

$$\|Ve^{-itK_0}\psi\|_{\mathsf{L}^2(\mathbb{R}^3)} \leq \|V\|_{\mathsf{L}^2(\mathbb{R}^3)}\|e^{-itK_0}\psi\|_{\mathsf{L}^\infty(\mathbb{R}^3)}.$$

他方，$e^{-itK_0}\psi$ の具体的な表示 ([6] の定理 3.42-(ii)) を用いると

$$\|e^{-itK_0}\psi\|_{\mathsf{L}^\infty(\mathbb{R}^3)} \leq \frac{1}{|t|^{3/2}}\left(\frac{m}{2\pi}\right)^{3/2}\|\psi\|_{\mathsf{L}^1(\mathbb{R}^3)}.$$

したがって，$\int_{|t|\geq 1}\|Ve^{-itK_0}\psi\|_{\mathsf{L}^2(\mathbb{R}^3)}dt < \infty$. $\int_{|t|\leq 1}\|Ve^{-itK_0}\psi\|_{\mathsf{L}^2(\mathbb{R}^3)}dt < \infty$ は $\|Ve^{-itK_0}\psi\|$ の t に関する連続性からしたがう．よって，系 7.22 の仮定がすべて満たされる．ゆえに，$W_\pm(H_{\mathrm{S}}, K_0)$ は存在する．

7.5 波動作用素の完全性に対する判定条件

波動作用素の完全性の問題は，次の命題によって，波動作用素の存在の問題へと還元されうる．

命題 7.23 条件 (7.54) が成立し，$W_\pm(H_2, H_1; J)$ は存在するとする．さらに

$$\text{s-}\lim_{t\to\pm\infty} e^{itH_2}JJ^*e^{-itH_2}P_{\mathrm{ac}}(H_2) = P_{\mathrm{ac}}(H_2) \tag{7.71}$$

を仮定する．このとき，$W_\pm(H_1, H_2; J^*)$ が存在すれば，$W_\pm(H_2, H_1; J)$ は完全である．

証明 $W_\pm(H_1, H_2; J^*)$ が存在したとする．このとき，波動作用素の結合法則によって $W_\pm(H_2, H_1; J)W_\pm(H_1, H_2; J^*) = W_\pm(H_2, H_2; JJ^*) = P_{\mathrm{ac}}(H_2)$ (最後の等号は (7.71) による)．したがって，$\mathsf{H}_{\mathrm{ac}}(H_2) \subset \mathsf{R}(W_\pm(H_2, H_1; J))$．これと系 7.14 によって，$W_\pm(H_2, H_1; J)$ の完全性が導かれる． ■

命題 7.23 によって，適切な仮定のもとで，$W_\pm(H_2, H_1; J), W_\pm(H_1, H_2; J^*)$ の存在を示せば，波動作用素の完全性が示されることになる．だが，この方法は，応用上それほど強力なものではない．たとえば，シュレーディンガー型作用

素への応用においては，H_1 は自由ハミルトニアンであり，H_2 はポテンシャル V の入ったハミルトニアンである ($V := H_2 - H_1$ がポテンシャルを表す)．この場合，e^{-itH_1} は陽な表示をもつので，これを利用することにより，例 7.11 でみたように，$\|Ve^{-itH_1}\Psi\|$ ($\Psi \in \mathsf{H}_{\rm ac}(H_1)$) を評価することができる．したがって，適当な V のクラスに対しては，クックの方法によって，$W_\pm(H_2, H_1)$ の存在をそれほど難なく示すことができる．他方，e^{-itH_2} は陽な表示をもつとは限らない．e^{-itH_2} に対する陽な表示がみつからない場合には，$W_\pm(H_1, H_2)$ の存在を示すのは一般には難しくなる．しかし，こうした難点にも関わらず，命題 7.23 はそれなりの価値と有用性をもちうる．特に，抽象的なレヴェルにおけるスペクトル理論においてそうである．だが，この側面については，これ以上立ち入らない．

7.6 散乱作用素の積分表示と漸近展開

散乱行列を具体的に計算するための有用な諸式を導く．本質的な事柄だけに集中するために，$\mathsf{H}_1 = \mathsf{H}_2 = \mathsf{H}, J = I$ という場合を考える[*17]．H_0, H を H 上の自己共役作用素とし $H_{\rm I} := H - H_0$ とおく．したがって

$$H = H_0 + H_{\rm I} \quad (\mathsf{D}(H_0) \cap \mathsf{D}(H_{\rm I}) \text{ 上}). \tag{7.72}$$

摂動論の観点からは，$H_{\rm I}$ は H_0 に対する摂動とみることができる．次の仮定のもとで論を進める：

仮定 (H)

(i) $H_{\rm I}$ は H_0-有界である．すなわち，$\mathsf{D}(H_0) \subset \mathsf{D}(H_{\rm I})$ であり，定数 $a, b \geq 0$ があって

$$\|H_{\rm I}\Psi\| \leq a\|H_0\Psi\| + b\|\Psi\|, \quad \Psi \in \mathsf{D}(H_0) \tag{7.73}$$

が成り立つ．

(ii) $\mathsf{H}_{\rm ac}(H_0)$ の稠密な部分集合 D で以下の条件を満たすものが存在する：

(a) $\mathsf{D} \subset \mathsf{D}(H_0)$．(b) 各 $\Psi \in \mathsf{D}$ に対して $\int_{\mathbb{R}} \|H_{\rm I}e^{-itH_0}\Psi\|dt < \infty$.

[*17] より一般の場合もまったく並行的に扱うことができる．

このとき，系 7.22 により，波動作用素 $W_\pm(H,H_0)$ は存在し，すべての $\Psi \in \mathsf{D}$ に対して

$$W_\pm(H,H_0)\Psi = \Psi + i\int_0^{\pm\infty} e^{itH}H_{\mathrm{I}}e^{-itH_0}\Psi dt \tag{7.74}$$

が成り立つ．この節を通して

$$W_\pm := W_\pm(H,H_0), \quad S := S(H,H_0) \tag{7.75}$$

とおく．

命題 7.24 仮定 (H) のもとで，すべての $\Psi, \Phi \in \mathsf{D}$ に対して

$$\langle\Phi, S\Psi\rangle = \langle\Phi,\Psi\rangle - i\int_{-\infty}^{\infty}\left\langle W_+e^{-itH_0}\Phi, H_{\mathrm{I}}e^{-itH_0}\Psi\right\rangle dt, \tag{7.76}$$

$$\langle\Phi, S\Psi\rangle = \langle\Phi,\Psi\rangle - i\int_{-\infty}^{\infty}\left\langle H_{\mathrm{I}}e^{-itH_0}\Phi, W_-e^{-itH_0}\Psi\right\rangle dt. \tag{7.77}$$

証明 W_+ の部分等長性を用いると $S = W_+^*(W_- - W_+) + P_{\mathrm{ac}}(H_0)$．したがって，$\langle\Phi, S\Psi\rangle = \langle W_+\Phi, (W_- - W_+)\Psi\rangle + \langle\Phi,\Psi\rangle \cdots (*)$．(7.74) により

$$(W_- - W_+)\Psi = -\int_{-\infty}^{\infty} ie^{itH}H_{\mathrm{I}}e^{-itH_0}\Psi dt. \tag{7.78}$$

これを $(*)$ に代入すれば

$$\langle\Phi, S\Psi\rangle = \langle\Phi,\Psi\rangle - i\int_{-\infty}^{\infty}\left\langle W_+\Phi, e^{itH}H_{\mathrm{I}}e^{-itH_0}\Psi\right\rangle dt$$

を得る．さらに，$e^{-itH}W_+\Phi = W_+e^{-itH_0}\Phi$ (命題 7.13-(i)) に注意すれば，(7.76) が得られる．(7.77) は，等式 $S = (W_+ - W_-)^*W_- + P_{\mathrm{ac}}(H_0)$ を用いて，上と同様にして導かれる． ■

式 (7.76) または (7.77) は，散乱行列の計算が本質的に波動作用素 $W_\pm(H,H_0)$ のいずれかの計算に帰着できることを示す．この構造を用いて，次に散乱行列の近似式を導出しよう．

定理 7.25 仮定 (H) に加えて，すべての $t \in \mathbb{R}$ に対して，e^{-itH_0} は D を不変にするとする：$e^{-itH_0}\mathsf{D} \subset \mathsf{D}$．このとき，すべての $\Psi, \Phi \in \mathsf{D}$ に対して

$$\langle\Phi, S\Psi\rangle = \langle\Phi,\Psi\rangle + (-i)\int_{-\infty}^{\infty}\left\langle\Phi, e^{itH_0}H_{\mathrm{I}}e^{-itH_0}\Psi\right\rangle dt + R_{H,H_0}(\Phi,\Psi). \tag{7.79}$$

ただし

$$R_{H,H_0}(\Phi,\Psi) := (-i)^2 \int_{-\infty}^{\infty} dt \int_0^{\infty} ds \left\langle e^{isH} H_{\mathrm{I}} e^{-i(s+t)H_0}\Phi, H_{\mathrm{I}} e^{-itH_0}\Psi \right\rangle . \tag{7.80}$$

証明 (7.76) の右辺の W_+ に (7.74) を代入すればよい. ■

(7.79) から, 散乱行列要素に対して, 摂動 H_{I} に関して 1 次の漸近展開を導くことができる：

系 7.26 定理 7.25 と同じ仮定のもとで, $\kappa \in \mathbb{R}$ に対して

$$H(\kappa) := H_0 + \kappa H_{\mathrm{I}} \tag{7.81}$$

とおき, $S(\kappa) := S(H(\kappa), H_0)$ とする. このとき, 任意の $\Psi, \Phi \in \mathsf{D}$ に対して

$$\begin{aligned}\langle \Phi, S(\kappa)\Psi\rangle = \langle \Phi, \Psi\rangle + (-i)\kappa \int_{-\infty}^{\infty} \left\langle \Phi, e^{itH_0} H_{\mathrm{I}} e^{-itH_0}\Psi \right\rangle dt \\ + \mathcal{O}(\kappa^2).\end{aligned} \tag{7.82}$$

ただし, $\mathcal{O}(\kappa^p)$ $(p \in \mathbb{N})$ は $|\mathcal{O}(\kappa^p)| \le C|\kappa|^p, \quad \kappa \in \mathbb{R}$ ($C > 0$ は定数) を満たす, κ の関数を表す.

証明 (7.79) の右辺の第三項の絶対値は次のように評価できる：

$$\begin{aligned}\left|R_{H(\kappa),H_0}(\Phi,\Psi)\right| &\le \kappa^2 \int_{-\infty}^{\infty} dt \int_0^{\infty} ds \|H_{\mathrm{I}} e^{-i(s+t)H_0}\Psi\| \|H_{\mathrm{I}} e^{-itH_0}\Psi\| \\ &\le \kappa^2 \left(\int_{-\infty}^{\infty} dt \|H_{\mathrm{I}} e^{-itH_0}\Phi\| \right) \left(\int_{-\infty}^{\infty} dt \|H_{\mathrm{I}} e^{-itH_0}\Psi\| \right) < \infty.\end{aligned}$$

したがって, 題意が成立する. ■

式 (7.82) は, $|\kappa|$ が十分小さいならば, 散乱作用素の行列要素 $\langle \Phi, S(\kappa)\Psi\rangle$ が

$$\langle \Phi, S(\kappa)\Psi\rangle \approx \langle \Phi, \Psi\rangle - i\kappa \int_{-\infty}^{\infty} \left\langle \Phi, e^{itH_0} H_{\mathrm{I}} e^{-itH_0}\Psi \right\rangle dt \tag{7.83}$$

と近似されることを意味する. これは, 具体的なモデルにおいて, 実験と比較する際に使われる第一次近似式である[*18].

[*18] ここでやったことは, 物理の散乱理論において発見法的に使われる "近似式" の一つを抽象的・普遍的な枠組みで厳密に基礎づけたことにもなる.

注意 7.7 付加的な条件を付ければ，同様にして，$\langle\Phi, S(\kappa)\Psi\rangle$ は，κ に関して，任意の次数まで，漸近展開可能であることが示される．

ノート

量子力学の数学的に厳密な散乱理論についてはすでに良書が多く出ているので (たとえば，[1, 7, 8, 9, 10, 12])，本書ではごく基本的な事柄だけを叙述した．シュレーディンガー型作用素に付随する波動作用素の解析は，邦書では，[10] に詳しく書かれている．ディラック作用素に関する散乱理論については [15] が参考になるであろう．量子場の理論における波動作用素の取り扱いの例の一つが [14] の §17.5 にみられる (より詳しくは，そこに引用されている原著論文を参照)．物理量の漸近的挙動についての論述は，たとえば，[7] の §5.5 や [15] の §8.2 にみられる．

第 7 章　演習問題

H, H_j $(j = 1, \cdots, N)$ は複素ヒルベルト空間を表すとする．

1. A_j を H_j の自己共役作用素とする．このとき，自己共役作用素 $A = \oplus_{j=1}^N A_j$ のスペクトル測度は $E(B) := \oplus_{j=1}^N E_{A_j}(B)$, $B \in \mathsf{B}^1$ によって与えられることを証明せよ．

2. 定理 7.8 を証明せよ．

3. (7.32) で定義される関数 ω から定まる，$\mathsf{L}^2(\mathbb{R}_k^3)$ 上のかけ算作用素 $\widehat{\omega}$ について，$\|\widehat{\omega}^{-1}\| = 1/m$ を証明せよ．

4. A_j を H_j 上の純粋に絶対連続な自己共役作用素とする．このとき，直和ヒルベルト空間 $\oplus_{j=1}^N \mathsf{H}_j$ 上の自己共役作用素 $\oplus_{j=1}^N A_j$ も純粋に絶対連続であることを示せ．

5. H_1 を H 上の自己共役作用素とする．$\phi \in \mathsf{H} \setminus \{0\}$ をひとつ固定し，写像 $P_\phi : \mathsf{H} \to \mathsf{H}$ を $P_\phi(\Psi) := \langle\phi, \Psi\rangle\,\phi$, $\Psi \in \mathsf{H}$ によって定義する．

(i) P_ϕ は有界な自己共役作用素であり，$\|P_\phi\| = \|\phi\|^2$ であることを示せ．
注：作用素 P_ϕ をベクトル ϕ に付随する**階数 1 の作用素**という．

(ii) (i) と加藤–レリッヒの定理により，$H_2 := H_1 + P_\phi$ は自己共役作用素である．$\mathsf{H}_{\mathrm{ac}}(H_1)$ の稠密な部分集合 D で次の性質 (a)，(b) を満たすもの

があるとする：(a) $\mathsf{D} \subset \mathsf{D}(H_1)$; (b) 各 $\Psi \in \mathsf{D}$ に対して定数 $\alpha > 1$ と $C > 0$ があって

$$|\left\langle \phi, e^{-itH_1}\Psi \right\rangle| \le \frac{C}{t^\alpha}.$$

このとき，$W_\pm(H_2, H_1)$ は存在することを示せ．

6. $\mathsf{L}^2(\mathbb{R})$ 上の座標変数 x によるかけ算作用素を $\hat{x}$ とする．$f \in \mathcal{S}(\mathbb{R})$ (急減少関数の空間) を任意に一つ固定し ($f \neq 0$)，f に付随する階数 1 の作用素を P_f とする．$H := \hat{x} + P_f$ とおく (これは，前問により，自己共役)．このとき，$W_\pm(H, \hat{x})$ は存在することを示せ．

7. $H_{\rm S}$ を 7.1 節で考察したシュレーディンガー型作用素とし，そのポテンシャル V は回転対称であるとする．波動作用素 $W_\pm(H_{\rm S}, K_0)$ は存在すると仮定し，$S := S(H_{\rm S}, K_0)$ (散乱作用素) とおく．$\{U_{\rm rot}(g)|g \in {\rm SO}(3)\}$ を 3 次元回転群 SO(3) の $\mathsf{L}^2(\mathbb{R}^3)$ における強連続ユニタリ表現とする：$(U_{\rm rot}(g)\psi)(x) := \psi(g^{-1}(x))$, a.e.$x \in \mathbb{R}^3, g \in {\rm SO}(3)$, $\psi \in \mathsf{L}^2(\mathbb{R}^3)$ (第 4 章を参照)．このとき，すべての $g \in {\rm SO}(3)$ に対して，$SU_{\rm rot}(g) = U_{\rm rot}(g)S$ が成立すること，すなわち，S と $U_{\rm rot}(g)$ は可換であることを証明せよ．

注：この事実によって，ポテンシャル V について要求される仮定が満たされているときは，散乱作用素を表現 $U_{\rm rot}$ の不変部分空間— 具体的には，4.10 節で登場した閉部分空間 $T^{-1}\mathsf{K}_\ell$ ($\ell \in \{0\} \cup \mathbb{N}$) — へと簡約できる．物理の散乱理論において，いわゆる**部分波解析** (partial wave analysis) と呼ばれる手続きの数学的に厳密な根拠はここにある．

関 連 図 書

[1] W. O. Amrein, J. M. Jauch and K. B. Sinha, Scattering Theory in Quantum Mechanics, W. A. Benjamin, 1977.

[2] 新井朝雄,『ヒルベルト空間と量子力学』, 共立出版, 1997.

[3] 新井朝雄,『フォック空間と量子場 上』, 日本評論社, 2000.

[4] 新井朝雄,『フォック空間と量子場 下』, 日本評論社, 2000.

[5] 新井朝雄・江沢 洋,『量子力学の数学的構造 I』, 朝倉書店, 1999.

[6] 新井朝雄・江沢 洋,『量子力学の数学的構造 II』, 朝倉書店, 1999.

[7] H. L. Cycon, R. G. Froese, W. Kirsch and B. Simon, Schrödinger Operators, Springer, 1987.

[8] J. Dereziński and C. Gérard, Scattering Theory of Classical and Quantum N-Particle Systems, Springer, 1997.

[9] T. Kato, Perturbation Theory for Linear Operators, Springer, 2nd Ed., 1976.
[10] 黒田成俊,『スペクトル理論 II』, 岩波書店, 1979.
[11] M. Reed and B. Simon, Methods of Modern Mathematical Physics I: Functional Analysis, 1972.
[12] M. Reed and B. Simon, Methods of Modern Mathematical Physics III: Scattering Theory, 1979.
[13] M. Reed and B. Simon, Methods of Modern Mathematical Physics IV: Analysis of Operators, Academic Press, 1978.
[14] H. Spohn, Dynamics of Charged Particles and Their Radiation Field, Cambridge University Press, 2004.
[15] B. Thaller, The Dirac Equation, Springer, 1992.

8

虚数時間と汎関数積分の方法

量子系の時間発展を司どる強連続1パラメーターユニタリ群は，その時間パラメーターを虚数へと拡張することにより，より一般的な範疇に属する作用素の族へと"変容"する．特に純虚数時間への移行により，それは，熱半群と呼ばれる対象へと姿を変える．そして，ここにおいて興味深い事実に出会う．すなわち，ハミルトニアンがシュレーディンガー型作用素やボソンフォック空間上の第二量子化作用素に，あるクラスの摂動を加えてできる作用素の場合には，この熱半群は，それぞれの場合に応じて，ある種の確率過程を用いて表示される，という数理的構造の存在である．この表示には，関数をいわば積分変数とするような無限次元の積分—汎関数積分—が関与する．こうして，実時間から純虚数時間への"解析接続"により，量子力学と確率過程論あるいは汎関数積分論との関わりが顕在化する．この構造は，有限自由度の量子力学および量子場の理論における諸々の具体的なモデルの解析において重要な役割を演じる．本章はその入門的部分を叙述するものである．

8.1　はじめに—量子動力学の虚数時間への拡張

H を量子系のヒルベルト空間とし，H をそのハミルトニアンとする．このとき，系の状態の時間発展は $-H$ によって生成される強連続1パラメーターユニタリ群 $\{e^{-itH}\}_{t\in\mathbb{R}}$ で与えられる (状態の時間発展に関する公理)．だが，より普遍的な観点に立つならば，時間パラメーター t を実数に限定する必要はない．そこで，時間パラメーター $t\in\mathbb{R}$ を虚数 $z\in\mathbb{C}\setminus\mathbb{R}$ (実数でない複素数) まで拡張してみる．すなわち，e^{-izH} を考えるのである．この作用素は，$e_z(\lambda):=e^{-iz\lambda}$, $\lambda\in\mathbb{R}$, によって定義される $\mathbb{R}$ 上の連続関数 e_z に同伴する作用素 $e_z(H)=\int_{\mathbb{R}}e^{-iz\lambda}dE_H(\lambda)$ として定義される (E_H は H のスペクトル測度)．詳しく書けば次の通りである：

$$\mathsf{D}(e^{-izH}) = \left\{\Psi \in \mathsf{H} \middle| \int_{\mathbb{R}} |e^{-iz\lambda}|^2 d\|E_H(\lambda)\Psi\|^2 < \infty\right\}, \tag{8.1}$$

$$\langle\Phi, e^{-izH}\Psi\rangle = \int_{\mathbb{R}} e^{-iz\lambda} d\langle\Phi, E_H(\lambda)\Psi\rangle, \quad \Phi \in \mathsf{H}, \Psi \in \mathsf{D}(e^{-izH}). \tag{8.2}$$

この型の作用素を H に**関する指数型作用素**という[*1]．実時間とのアナロジーからいえば，e^{-izH} は "虚数時間" z での "状態の時間発展" を与えると解釈される[*2]．

$z = t + is\,(t, s \in \mathbb{R})$ とおき，$T := e^{-izH}$，$U(t) = e^{-itH}$ とすれば，作用解析により，$T = U(t)e^{sH} \cdots (*)$ と書ける．[3] の定理 2.71-(iv) により，$T^* = e^{iz^*H}$ であるから，$|T| = \left(e^{iz^*H}e^{-izH}\right)^{1/2} = e^{sH}$．したがって，$(*)$ は T の極分解を与える式であり，e^{sH} はその絶対値部分である (e^{sH} が非負自己共役作用素であることは作用素解析からただちにわかる)．すでに述べたように，t を実時間と解釈するとき，e^{-itH} は量子系の実時間に関する発展を統制する．では，絶対値部分 e^{sH} は何を記述するであろうか．こうして，私たちは，e^{sH}—象徴的な意味で純虚数時間 $z = is$ における時間発展を支配する作用素—という指数型作用素を研究する課題へと導かれる．新しい対象を研究するに際しては簡単な場合から始めるのが筋である．そこで，まず，e^{sH} が有界になるような場合を考察しよう．したがって，最初の問いは，どのような条件のもとで e^{sH} が有界になるか，である．次の命題が成り立つ：

命題 8.1　H は非有界であるとする．

(i)　H は下に有界であるとしよう．このとき，e^{sH} が有界であるための必要十分条件は $s \leq 0$ である．この場合，$\mathsf{D}(e^{sH}) = \mathsf{H}$ であり

$$\|e^{sH}\| \leq e^{sE_0(H)}. \tag{8.3}$$

ただし，$E_0(H) := \inf \sigma(H)$.

[*1] 以下で証明する命題 8.1 において明らかになるように，e^{-izH} は有界とは限らない．

[*2] この言い回しは，さしあたり，単なる象徴でしかない．e^{-izH} が，実際に，どのように物理現象と "接続する" かは，この段階では不明である．

(ii) H は上に有界であるとしよう．このとき，e^{sH} が有界であるための必要十分条件は $s \geq 0$ である．この場合，$\mathsf{D}(e^{sH}) = \mathsf{H}$ であり

$$\|e^{sH}\| \leq e^{s \sup \sigma(H)} \tag{8.4}$$

が成り立つ．

(iii) H が下にも上にも有界でないならば，すべての $s \in \mathbb{R} \setminus \{0\}$ に対して，e^{sH} は非有界である．

証明 (i) 仮定により，$E_0(H) > -\infty$ であり，$H \geq E_0(H)$ が成り立つ．したがって，$\hat{H} := H - E_0(H)$ とおけば，$\hat{H}$ は非負の自己共役作用素である．

(必要性) e^{sH} は有界であるとしよう．このとき，$e^{s\hat{H}} = e^{sH}e^{-sE_0(H)}$ も有界である．したがって，定数 $C > 0$ があって，$\int_0^\infty e^{2s\lambda} d\|E_{\hat{H}}(\lambda)\Psi\|^2 \leq C^2\|\Psi\|^2, \forall \Psi \in \mathsf{D}(e^{sH})$ が成り立つ．$\hat{H}$ は上に有界でないから，任意の $n \in \mathbb{N}$ に対して，定数 $R_n > n$ があって，$E_{\hat{H}}([n, R_n]) \neq 0$ が成り立つ．したがって，$\mathsf{R}(E_{\hat{H}}([n, R_n]))$ に属する単位ベクトル Ψ_n がとれる．容易にわかるように，すべての $n \in \mathbb{N}$ に対して $\Psi_n \in \mathsf{D}(e^{s\hat{H}})$．いま，仮に $s > 0$ とすれば

$$\int_{[0,\infty)} e^{2s\lambda} d\|E_{\hat{H}}(\lambda)\Psi_n\|^2 = \int_{[n,R_n]} e^{2s\lambda} d\|E_{\hat{H}}(\lambda)\Psi_n\|^2 \geq e^{2sn}.$$

したがって，$e^{sn} \leq C$．n はいくらでも大きくとれるから，これは矛盾である．ゆえに $s \leq 0$ でなければならない．

$s \leq 0$ とすると，$e^{2s\lambda} \leq 1, \forall \lambda \geq 0$ であるから，任意の $\Psi \in \mathsf{H}$ に対して

$$\int_{[0,\infty)} e^{2s\lambda} d\|E_{\hat{H}}(\lambda)\Psi\|^2 \leq \|\Psi\|^2 < \infty.$$

これは，$\Psi \in \mathsf{D}(e^{s\hat{H}}) = \mathsf{D}(e^{sH})$ および $\|e^{s\hat{H}}\| \leq 1$ を意味する．ゆえに $\mathsf{D}(e^{sH}) = \mathsf{H}$ および (8.3) が成り立つ．

(十分性) $s \leq 0$ とする．このとき，前段の内容は題意を意味する．

(ii) この場合には，$-H$ は非有界で下に有界である．したがって，(i) により，$e^{sH} = e^{(-s)(-H)}$ が有界であるための必要十分条件は $-s \leq 0$, i.e., $s \geq 0$ であり，このとき，$\|e^{sH}\| \leq e^{-sE_0(-H)}$ が成り立つ．$E_0(-H) = -\sup \sigma(H)$ であるから，(8.4) が成り立つ．

(iii) (i) と (ii) からの単純な帰結である. ■

命題 8.1 により, H が下に有界な場合には, e^{-sH} $(s \geq 0)$ が解析すべき基本的対象の一つとして措定される[*3]. 研究を実際に進めることにより, この作用素は, H に関するいろいろな情報を担っていることがわかる. この章の目的は, 作用素 e^{-sH} から H や量子系の特性に関する情報がいかに引き出されうるかを入門的なレヴェルで示すことである. まず, 次の節において, e^{-sH} の基本的な性質を調べる.

注意 8.1　任意の $\Psi \in \cap_{a\in\mathbb{R}} \mathsf{D}(e^{aH})$ に対して, 写像 $F_\Psi : \mathbb{C} \to \mathsf{H}$ を $F_\Psi(z) := e^{-izH}\Psi$ によって定義できる. 作用素解析により, $e^{-izH}\Psi \in \cap_{n=1}^{\infty} \mathsf{D}(H^n), \forall z \in \mathbb{C}$ である. さらに, F_Ψ は $\mathbb{C}$ 上で解析的であり

$$\frac{d^n F_\Psi(z)}{dz^n} = (-i)^n H^n e^{-izH}\Psi = (-i)^n e^{-izH} H^n \Psi \tag{8.5}$$

が成り立つことがわかる (演習問題 1). これは, $e^{-izH}\Psi$ が $\mathbb{R}$ 上の H-値関数 $e^{-itH}\Psi$ の $\mathbb{C}$ 全体への解析接続であることを示す[*4]. この意味で, e^{-izH} は e^{-itH} の解析接続とみることができる.

8.2　熱半群, スペクトルの下限, 基底状態

8.2.1　熱　半　群

A をヒルベルト空間 H 上の自己共役作用素で下に有界なものとしよう. このとき, 前節で述べたように, 任意の $t \geq 0$ に対して, H 上の有界な自己共役作用素

$$T_A(t) := e^{-tA} \tag{8.6}$$

が定義される (前節での H を A としたもの[*5]). 作用素の族 $\{T_A(t)\}_{t\geq 0}$ の基本的な性質をみよう：

[*3] H が上に有界な場合には, $-H$ を考えることにより, 下に有界な場合に帰着できる.

[*4] バナッハ空間値関数の解析接続の概念は通常の複素関数の解析接続のそれと同様に定義される.

[*5] 量子力学のコンテクストでは, A は下に有界な任意の物理量でよい.

命題 8.2 (i) $T_A(0)=I$. (ii) $T_A(s+t)=T_A(s)T_A(t)=T_A(t)T_A(s)$, $s,t\geq 0$. (iii) 対応 : $t\mapsto T_A(t)$ は強連続である．(iv) 任意の $\Psi\in \mathsf{D}(A)$ に対して

$$\Psi_A(t):=T_A(t)\Psi \tag{8.7}$$

とすれば，$\Psi_A(t)$ は強微分可能であり，

$$\frac{d}{dt}\Psi_A(t)=-A\Psi_A(t). \tag{8.8}$$

(v) ベクトル $\Psi\in\mathsf{H}$ について，$\text{s-}\lim_{t\to 0}t^{-1}(T_A(t)-I)\Psi$ が存在するならば，$\Psi\in\mathsf{D}(A)$.

証明 (i) は自明．(ii) は作用素解析の単純な応用から導かれる．(iii) を示すために，$\Psi\in\mathsf{H}$ を任意にとり，$A\geq a$ (a は実定数) とする．このとき，任意の $t,s\geq 0$ に対して，$\|T_A(s)\Psi-T_A(t)\Psi\|^2=\int_{[a,\infty)}f_{s,t}(\lambda)d\|E_A(\lambda)\Psi\|^2\cdots(*)$．ただし，$f_{s,t}(\lambda):=\left|e^{-s\lambda}-e^{-t\lambda}\right|^2$．容易にわかるように，$0\leq f_{s,t}(\lambda)\leq 2e^{2T|a|}(0\leq s,t\leq T)$．この右辺は，$s,t$ によらない (測度 $\|E_A(\cdot)\Psi\|^2$ に関する) 可積分関数であり，$\lim_{s\to t}f_{s,t}(\lambda)=0,\forall\lambda\in\mathbb{R}$．したがって，ルベーグの優収束定理により，$(*)$ の右辺は，$s\to t$ のとき，0 に収束する．(iv), (v) の証明は [4] の定理 3.37 の証明とまったく並行的になされる． ■

一般に，H 上の作用素 L が与えられたとき，H 値関数 $\Phi:[0,\infty)\to\mathsf{H}$ についての微分方程式

$$\frac{d\Phi(t)}{dt}=-L\Phi(t) \tag{8.9}$$

($\Phi(t)\in\mathsf{D}(L)$) を L から定まる**抽象的な熱方程式**という*6．ベクトル $\Phi_0\in\mathsf{D}(L)$ を与えて，$\Phi(0)=\Phi_0$ を満たす，(8.9) の解 $\Phi(t)\in\mathsf{D}(L)$ を求める問題を抽象的熱方程式 (8.9) の**初期値問題** (initial value problem; IVP) という．この場合，Φ_0 を**初期値**という．

命題 8.2-(iv) は，下に有界な自己共役作用素 A から定まる抽象的熱方程式

$$\frac{d\Phi(t)}{dt}=-A\Phi(t) \tag{8.10}$$

*6 Ω を $\mathbb{R}^d$ ($d=1,2,3$) の連結開集合とし，$\mathsf{H}=\mathsf{L}^2(\Omega)$，$L=-\Delta$ (一般化されたラプラシアン) の場合がもともとの具象的な熱方程式 (熱伝導方程式) である．

は，任意の $\Psi \in \mathsf{D}(A)$ に対して，解 $\Psi_A(t) = e^{-tA}\Psi$, $t \geq 0$ をもつことを語る．さらに，この解の一意性も証明できる (演習問題 2)．ゆえに，この場合には，抽象的熱方程式 (8.10) の初期値問題は一意的に解ける．

注意 8.2 方程式 (8.9) 自体は $t \leq 0$ においても考えることができ，L が自己共役であれば，任意の $\Phi \in \cap_{t \leq 0}\mathsf{D}(e^{-tL})$ に対して，$\Phi(t) := e^{-tL}\Phi$, $t \leq 0$ は (8.9) の初期値問題の解である (注意 8.1)．だが，L が非有界で下に有界な自己共役作用素の場合，$t \leq 0$ における抽象的熱方程式 (8.9) の初期値問題の解の一意性は保証されない．

上の命題に述べられた，作用素の族 $\{T_A(t)\}_{t \geq 0}$ の性質 (i)～(iii) は集合 $[0, \infty)$ によって添え字付けられた有界な線形作用素の族のある普遍的構造の現れとみることができる．

定義 8.3 H 上の有界線形作用素の族 $\{T(t)\}_{t \geq 0}$ は，次の条件 (T.1)～(T.3) を満たすとき，**強連続 1 パラメーター半群**と呼ばれる：(T.1) $T(0) = I$．(T.2) (半群特性) $T(s+t) = T(s)T(t) = T(s)T(t), \quad s, t \geq 0$．(T.3) 対応：$t \mapsto T(t)$ は強連続．

各 $T(t)$ が自己共役であるとき，$\{T(t)\}_{t \geq 0}$ を**自己共役半群**という．

条件 (T.2) は，任意の $s, t \geq 0$ に対して，$T(s)$ と $T(t)$ は可換であること，すなわち，$T(s)T(t) = T(t)T(s)$ を意味する*7．

$\{T_A(t)\}_{t \geq 0}$ は自己共役半群の例である．この場合，H 値関数 Ψ_A が A から定まる抽象的熱方程式を満たすことにちなんで，$\{T_A(t)\}_{t \geq 0}$ を A が生成する**熱半群** (heat semi-group) と呼び，A をその**生成子**という．

実は，自己共役半群は熱半群で尽くされる：

---

*7 一般に，集合 X において，演算 $\mathsf{X} \times \mathsf{X} \ni (x, y) \mapsto xy \in \mathsf{X}$ が定義されていて，結合則 $(xy)z = x(yz), \forall x, y, z \in \mathsf{X}$ が成り立つとき，X を**半群** (semi-group) という．もし，$xe = ex = x, \forall x \in \mathsf{X}$ を満たす元 $e \in \mathsf{X}$ があるならば，e を X の**単位元**という．すべての $x, y \in \mathsf{X}$ について $xy = yx$ が成り立つとき，X は**可換半群**と呼ばれる．

群は単位元をもつ半群である．

上の (T.1)，(T.2) を満たす作用素の集合 $\{T(t) | t \geq 0\}$ は作用素の積演算によって，単位元をもつ可換半群である．これが，上の定義における命名の由来である．

定理 8.4 (**自己共役半群に関する生成定理**) 各自己共役半群 $\{T(t)|t \geq 0\}$ に対して

$$T(t) = e^{-tA} \tag{8.11}$$

を満たす，下に有界な自己共役作用素 A がただ一つ存在する．

証明 強連続 1 パラメーターユニタリ群に関するストーンの定理 ([4] の定理 3.38) とまったく並行的に証明される[*8]. ■

8.2.2 スペクトルの下限と基底状態

A のスペクトルの下限

$$E_0(A) = \inf \sigma(A) \tag{8.12}$$

は熱半群 e^{-tA} を用いて表されうる．これを示すために，E_A を A のスペクトル測度とし，H の部分集合

$$\mathsf{E}(A) = \{\Psi \in \mathsf{H} \setminus \{0\}| \text{ ある定数 } \varepsilon_0 = \varepsilon_0(\Psi) > 0 \text{ が存在して任意の } \varepsilon \in (0, \varepsilon_0) \text{ に対して } E_A([E_0(A), E_0(A) + \varepsilon))\Psi \neq 0\} \tag{8.13}$$

を導入する．$E_0(A) \in \sigma(A)$ であるから，$\mathsf{E}(A) \neq \emptyset$ である．

定理 8.5 任意の $\Psi \in \mathsf{E}(A)$ に対して

$$E_0(A) = -\lim_{t\to\infty} \frac{\log \langle \Psi, e^{-tA}\Psi \rangle}{t}. \tag{8.14}$$

証明 $B := A - E_0(A)$ とおけば，B は非負の自己共役作用素であり，$E_0(B) = 0$. (8.14) は $\lim_{t\to\infty} \log \langle \Psi, e^{-tB}\Psi \rangle /t = 0 \cdots (*)$ と同値である．そこで，$(*)$ を証明しよう．$B \geq 0$ により，$\|e^{-tB}\| \leq 1$. したがって，$\langle \Psi, e^{-tB}\Psi \rangle \leq \|\Psi\|^2$. これは $\limsup_{t\to\infty} \log \langle \Psi, e^{-tB}\Psi \rangle /t \leq 0 \cdots (**)$ を意味する．一方，任意の

---

*8 (8.11) を満たす自己共役作用素 A があったとすれば，スペクトル写像定理により，$\sigma(T(t)) = \overline{\{e^{-t\lambda}|\lambda \in \sigma(A)\}}$. これと $T(t)$ の有界性により，A は下に有界でなければならない．

ボレル集合 $J \in \mathsf{B}^1$ に対して，$E_B(J) = E_A(\{\lambda + E_0(A)|\lambda \in J\})$ に注意すれば，作用素解析により

$$\left\langle \Psi, e^{-tB}\Psi \right\rangle \geq \int_{[0,\varepsilon)} e^{-t\lambda} d\|E_B(\lambda)\Psi\|^2 \geq e^{-t\varepsilon}C_\varepsilon.$$

ただし，$C_\varepsilon := \|E_B([0,\varepsilon))\Psi\|^2$ とおいた．$\Psi \in \mathsf{E}(A)$ により，十分小さなすべての $\varepsilon > 0$ に対して $C_\varepsilon > 0$ である．したがって

$$\frac{\log \left\langle \Psi, e^{-tB}\Psi \right\rangle}{t} \geq -\varepsilon + \frac{\log C_\varepsilon}{t}.$$

両辺の下極限 $\liminf_{t\to\infty}$ をとれば，$\liminf_{t\to\infty} \log \left\langle \Psi, e^{-tB}\Psi \right\rangle / t \geq -\varepsilon$ となる．そこで，$\varepsilon \to +0$ とすれば，$\liminf_{t\to\infty} \log \left\langle \Psi, e^{-tB}\Psi \right\rangle / t \geq 0$ が得られる．これと (∗∗) を合わせれば (∗) が導かれる． ■

定理 8.5 の系として，次の結果を得る：

系 8.6 $E_0(A)$ は A の固有値であるとし，その固有ベクトルの一つ (A の基底状態) を Ψ_0 とする．このとき，$\langle \Psi_0, \Psi \rangle \neq 0$ となるベクトル $\Psi \in \mathsf{H} \setminus \{0\}$ に対して (8.14) が成り立つ．特に $\|\Phi - \Psi_0\| < \|\Psi_0\|$ を満たす任意のベクトル $\Phi \in \mathsf{H}$ に対して

$$E_0(A) = -\lim_{t\to\infty} \frac{\log \left\langle \Phi, e^{-tA}\Phi \right\rangle}{t}. \tag{8.15}$$

証明 系の仮定を満たす Ψ が $\mathsf{E}(A)$ の元であることを示せばよい．仮に，$\Psi \notin \mathsf{E}(A)$ としてみよう．すると，ある $\delta > 0$ が存在して $E_A([E_0(A), E_0(A)+\delta))\Psi = 0 \cdots (*)$．したがって $\langle E_A([E_0(A), E_0(A)+\delta))\Psi_0, \Psi \rangle = 0 \cdots (**)$ が導かれる．一方，$E_A(\{E_0(A)\})\Psi_0 = \Psi_0$ であるから，$E_A([E_0(A), E_0(A)+\delta))\Psi_0 = \Psi_0 + E_A((E_0(A), E_0(A)+\delta))\Psi_0$．これと (∗) から出る式 $E_A((E_0(A), E_0(A)+\delta))\Psi = 0$ によって，(∗∗) の左辺は $\langle \Psi_0, \Psi \rangle$ に等しいことがわかる．したがって，$\langle \Psi_0, \Psi \rangle = 0$．だが，これは仮定に反する．

$\|\Phi - \Psi_0\| < \|\Psi_0\|$ ならば，$|\langle \Psi_0, \Phi \rangle| \neq 0$ を示すことは容易である ($\Phi = \Psi_0 + (\Phi - \Psi_0)$ と変形し，シュヴァルツの不等式を用いよ)． ■

次の定理も有用である：

定理 8.7 $\ker(A - E_0(A))$ への正射影作用素を $P_0(A)$ とする*9．このとき

$$\text{s-}\lim_{t\to\infty} e^{-t(A-E_0(A))} = P_0(A). \tag{8.16}$$

証明 作用素解析により ($P_0(A) = \chi_{\{E_0(A)\}}(A)$ に注意)

$$\|(e^{-t(A-E_0(A))} - P_0(A))\Psi\|^2 = \int_{(E_0(A),\infty)} e^{-2t(\lambda-E_0(A))} d\|E_A(\lambda)\Psi\|^2.$$

容易にわかるように，$0 < e^{-2t(\lambda-E_0(A))} < 1$ $(t > 0, \lambda > E_0(A))$，$e^{-2t(\lambda-E_0(A))} \to 0$ $(t \to \infty)$．したがって，ルベーグの優収束定理により，上式の右辺は，$t \to \infty$ のとき，0 に収束する． ■

A の基底状態が縮退していない場合には，それを e^{-tA} を用いて表すことができる：

定理 8.8 $E_0(A)$ は A の固有値で多重度が 1 であるとし，その規格化された固有ベクトルを Ψ_0 としよう：$A\Psi_0 = E_0(A)\Psi_0$, $\|\Psi_0\| = 1$．このとき，$\langle\Psi, \Psi_0\rangle > 0$ となる任意のベクトル $\Psi \in \mathsf{H}$ に対して

$$\Psi_0 = \lim_{t\to\infty} \frac{e^{-tA}\Psi}{\sqrt{\langle\Psi, e^{-2tA}\Psi\rangle}}. \tag{8.17}$$

証明 いまの場合，$P_0(A)\Psi = \langle\Psi_0, \Psi\rangle\,\Psi_0, \forall\Psi \in \mathsf{H}$ である．これと (8.16) により，$\lim_{t\to\infty} e^{-t(A-E_0(A))}\Psi = \langle\Psi_0, \Psi\rangle\,\Psi_0 \cdots (*)$．したがって，$\left\langle\Psi, e^{-t(A-E_0(A))}\Psi\right\rangle \to |\langle\Psi_0, \Psi\rangle|^2$ $(t \to \infty)$．仮定により，$\langle\Psi_0, \Psi\rangle > 0$ であるから，$\|e^{-t(A-E_0(A))}\Psi\| \to \langle\Psi_0, \Psi\rangle$ $(t \to \infty)$ を得る．これを $(*)$ に代入すれば，(8.17) が得られる． ■

以上の抽象的な一般的結果を，たとえば，A が具象的な量子系のハミルトニアンである場合に応用するならば，そのハミルトニアンが生成する熱半群を経由して，量子系の最低エネルギーや基底状態に対する何らかの具体的表示が得られるであろうことが期待される．

---

*9 $E_0(A)$ が固有値でなければ，$\ker(A - E_0(A)) = \{0\}$ であるから，$P_0(A) = 0$ である．

8.2.3 基底状態が存在するための一つの十分条件

前項までの結果を補完する意味で，熱半群の生成子が基底状態をもつ十分条件の一つを述べておこう．

命題 8.9 A を H 上の下に有界な自己共役作用素とする．あるベクトル $\Psi_0 \in \mathsf{H}, \Psi_0 \neq 0$ が存在して，次の二つの条件が満たされているとする：

(i) 弱極限 $\Psi := \text{w-}\lim_{T\to\infty}(e^{-TA}\Psi_0)/\|e^{-TA}\Psi_0\|$ が存在し，$\Psi \neq 0$.

(ii) ある $s_0 > 0$ があって，すべての $s \in (0, s_0)$ に対して

$$\lim_{T\to\infty} \frac{\left\langle \Psi_0, e^{-2(T+s)A}\Psi_0 \right\rangle}{\left\langle \Psi_0, e^{-2TA}\Psi_0 \right\rangle} = e^{-2sE_0(A)}.$$

このとき，Ψ は A の基底状態である．

証明 $N_t := \|e^{-tA}\Psi_0\|$ $(t \geq 0)$ とおく．任意の $\Phi \in \mathsf{H}$ と $s \in (0, s_0)$ に対して，仮定の条件を使うことにより

$$\left\langle e^{-sA}\Phi, \Psi \right\rangle = \lim_{T\to\infty} \frac{N_{T+s}}{N_T} \cdot \frac{\left\langle \Phi, e^{-(T+s)A}\Psi_0 \right\rangle}{N_{T+s}} = e^{-sE_0(A)} \left\langle \Phi, \Psi \right\rangle.$$

したがって，$e^{-sA}\Psi = e^{-sE_0(A)}\Psi$. この式において $s = 0$ での強微分を考察することにより，$\Psi \in \mathsf{D}(A)$ かつ $A\Psi = E_0(A)\Psi$ が証明される． ■

注意 8.3 この命題は，具体的な問題において，$\left\langle \Phi, e^{-tA}\Psi_0 \right\rangle$ $(\Phi \in \mathsf{H})$ に関する何らかの陽な表示 (たとえば，この章の主題である汎関数積分表示) が得られるならば，その表示を用いて仮定の条件の成立を確かめることにより，A の基底状態の存在を示すのに使用することが可能である．

8.3 汎関数積分および確率過程との接続—発見法的議論

この節では，シュレーディンガー型作用素の生成する熱半群—**シュレーディンガー半群**と呼ばれる— に対する無限次元積分表示 (汎関数積分表示) を発見法的に導き，次節以降の数学的展開の動機づけとする．そのための基礎となるのが次の極めて重要な定理である：

定理 8.10 H を複素ヒルベルト空間，A, B は H 上の自己共役作用素で $A+B$ は $\mathsf{D}(A)\cap\mathsf{D}(B)$ 上で本質的に自己共役であるとする．このとき：

(i) **(トロッター (Trotter) の積公式)** すべての $t\in\mathbb{R}$ に対して

$$e^{it\overline{(A+B)}} = \text{s-}\lim_{n\to\infty}\left(e^{itA/n}e^{itB/n}\right)^n.$$

(ii) **(トロッター – 加藤の積公式)** A と B が下に有界ならば，すべての $t\geq 0$ に対して

$$e^{-t\overline{(A+B)}} = \text{s-}\lim_{n\to\infty}\left(e^{-tA/n}e^{-tB/n}\right)^n. \tag{8.18}$$

この定理の証明は，残念ながら，省略する*10．

8.3.1 時間発展のユニタリ群の無限順序積分表示

d 次元空間 $\mathbb{R}^d$ をポテンシャル $V:\mathbb{R}^d\to\mathbb{R}$ の影響のもとに運動する，質量 $m>0$ の量子的粒子を考えよう．そのハミルトニアンとしてシュレーディンガー型作用素

$$H_V := -\frac{1}{2m}\Delta + V \tag{8.19}$$

をとる (Δ は一般化された d 次元ラプラシアン)．

定理 8.11 H_V は $\mathsf{D}(\Delta)\cap\mathsf{D}(V)$ 上で本質的に自己共役であると仮定する (その閉包も同じ記号で書く)．$x_j\in\mathbb{R}^d, j=0,\cdots,n, t\in\mathbb{R}$ に対して

$$S_n(x_0,x_1,\cdots,x_n,t) = \sum_{j=1}^n \frac{t}{n}\left[\frac{m}{2}\left(\frac{|x_j-x_{j-1}|}{t/n}\right)^2 - V(x_j)\right] \tag{8.20}$$

とおく．このとき, 任意の $\psi\in\mathsf{L}^2(\mathbb{R}^d)$ と $t>0$ に対して, $\mathsf{L}^2(\mathbb{R}^d)$ における収束の意味で

$$(e^{-itH_V}\psi)(x_0) = \lim_{n\to\infty}\left(\frac{nm}{2\pi it}\right)^{dn/2}\int dx_1\int dx_2\cdots\int dx_n e^{iS_n(x_0,\cdots,x_n,t)}\psi(x_n) \tag{8.21}$$

*10 証明については，[14] の p.146〜p.148 や [16] の §VIII.8 と Notes を参照．トロッター – 加藤の積公式については，$A+B$ が自己共役で定理 8.10-(ii) の仮定が満たされるならば，(8.18) は，実は，作用素ノルムの意味での収束で成立することが，その精密な誤差評価とともに，証明される [9]．

が成り立つ．ただし，右辺の順序積分における各積分 $\int dx_j$ は $\mathrm{l.i.m.}_{R\to\infty}\int_{|x_j|\le R} dx_j$ の意味 ($\mathsf{L}^2(\mathbb{R}^d)$ 収束の意味) でとられる．また，$\mathrm{Im}\, i^{1/2} > 0$ とする．

証明　証明を通して

$$H_0 := -\frac{\Delta}{2m} \tag{8.22}$$

とおく．定理8.10-(i) に，より $e^{-itH_V}\psi = \lim_{n\to\infty}\left(e^{-itH_0/n}e^{-itV/n}\right)^n\psi$．[4] の 3.6 節で証明したように

$$(e^{-itH_0}\psi)(x) = \mathrm{l.i.m.}_{R\to\infty}\int_{|y|\le R} K_t(x,y)\psi(y)dy.$$

ここで

$$K_t(x,y) := \left(\frac{m}{2\pi i t}\right)^{d/2} e^{im|x-y|^2/2t}, \quad x,y\in\mathbb{R}^d, t>0.$$

したがって

$$\begin{aligned}
&\left(\left(e^{-itH_0/n}e^{-itV/n}\right)^n\psi\right)(x_0)\\
&= \int dx_1\int dx_2\cdots\int dx_n K_{t/n}(x_0,x_1)\cdots K_{t/n}(x_{n-1},x_n)\\
&\quad\times\exp\left(-i\frac{t}{n}\sum_{j=1}^{n}V(x_j)\right)\psi(x_n).
\end{aligned}$$

これを整理すれば (8.21) が得られる．　■

式 (8.21) の右辺の物理的意味を考えてみよう．簡単のため，V は連続微分可能で ∇V は有界であるとする．(8.20) の右辺をよくみると $S_n(x_0,\cdots,x_n,t)$ は，古典力学の作用汎関数

$$S(\phi;t) = \int_0^t \left(\frac{m}{2}\left|\frac{d\phi(s)}{ds}\right|^2 - V(\phi(s))\right)ds$$

と何らかの関連をもっていることが推測される．ここで，$\phi : [0,t] \to \mathbb{R}^d$ は区分的に連続微分可能な関数とする．よく知られているように，変分方程式 $\delta S(\phi;t) = 0$ を満たす関数を $\phi_{\mathrm{cl}}(s)$ とすれば，これはニュートンの運動方程式

$$m\frac{d^2\phi_{\mathrm{cl}}(s)}{ds^2} = -\nabla V(\phi_{\mathrm{cl}}(s))$$

を満たす (変分原理)*11．関数 $\phi_{\rm cl}(s)$ を**古典的経路** (classical path) という．

経路 $\phi_n(s)$ を次の式によって定義する：

$$\phi_n(s) = \begin{cases} \dfrac{x_1 - x_0}{t/n} s + x_0 & ; 0 \le s \le \dfrac{t}{n} \\ \dfrac{x_2 - x_1}{t/n}\left(s - \dfrac{t}{n}\right) + x_1 & ; \dfrac{t}{n} \le s \le \dfrac{2t}{n} \\ \vdots & \\ \dfrac{x_j - x_{j-1}}{t/n}\left(s - \dfrac{(j-1)t}{n}\right) + x_{j-1} & ; \dfrac{(j-1)t}{n} \le s \le \dfrac{jt}{n} \\ \vdots & \\ \dfrac{x_n - x_{n-1}}{t/n}\left(s - \dfrac{(n-1)t}{n}\right) + x_{n-1} & ; \dfrac{(n-1)t}{n} \le s \le t \end{cases}.$$

これは，時刻 s が $(j-1)t/n$ と jt/n の間にあるときは，速度 $d\phi_n(s)/ds$ が $(x_j - x_{j-1})/(t/n)$ に等しいような運動を表す曲線—“折れ線” 軌道—である (図 8.1).

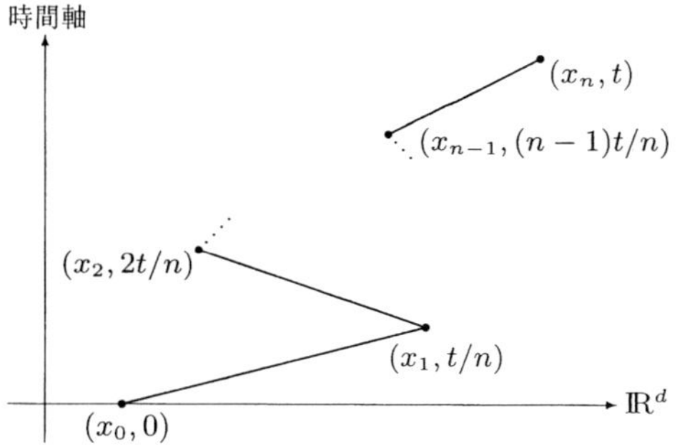

図 **8.1** 経路 ϕ_n

経路 ϕ_n に対する古典的作用を計算すると

$$S(\phi_n; t) = \sum_{j=1}^{n} \frac{t}{n} \cdot \frac{m}{2} \left| \frac{x_j - x_{j-1}}{t/n} \right|^2 - \int_0^t V(\phi_n(s))ds$$

*11 たとえば，[2] の 5 章，5.3 節を参照.

である．したがって

$$S(\phi_n) - S_n(x_0, \cdots, x_n, t) = \sum_{j=1}^{n} \int_{(j-1)t/n}^{jt/n} (V(x_j) - V(\phi_n(s)))\, ds.$$

仮定により，∇V は有界であるから，$(j-1)t/n \le s \le jt/n$ のとき

$$|V(x_j) - V(\phi_n(s))| \le \|\nabla V\|_{\mathsf{L}^\infty(\mathbb{R}^d)} |x_j - \phi_n(s)| \le \|\nabla V\|_{\mathsf{L}^\infty(\mathbb{R}^d)} |x_j - x_{j-1}|$$

が成り立つ．したがって

$$|S(\phi_n) - S_n(x_0, \cdots, x_n, t)| \le \|\nabla V\|_{\mathsf{L}^\infty(\mathbb{R}^d)} t |x_j - x_{j-1}|.$$

ゆえに，n が十分大きいとき，$|x_j - x_{j-1}|$ は十分小さくなるので，$S(\phi_n; t) \approx S_n(x_0, \cdots, x_n, t)$ となる．そこで，閉区間 $[0, t]$ 上の区分的に連続微分可能な $\mathbb{R}^d$ 値関数 ϕ で $\phi(0) = x_0$ なるものに対して，折れ線軌道 $\widetilde{\phi}$ を，$(j-1)t/n \le s \le jt/n$ ならば

$$\widetilde{\phi}(s) = \frac{\phi(jt/n) - \phi((j-1)t/n)}{t/n} \left(s - \frac{(j-1)t}{n} \right) + \phi\left(\frac{(j-1)t}{n} \right)$$

であるように定義し，$x_j = \phi(jt/n)$ の場合を考えると，$n \to \infty$ のとき，$S_n(x_0, \cdots, x_n, t) \approx S(\widetilde{\phi}; t) \approx S(\phi; t)$ が成り立つ．

式 (8.21) の右辺の積分—本質的に無限次元積分—は振動積分であるから，$|x_j - x_{j-1}|$ が大きいところでの積分の寄与は無視しうることが予想される．いまは発見法的議論に興味があるので，ここでは，この予想が正しいと仮定しよう．すると，上の考察により，(8.21) の右辺は，$\phi(0) = x_0$ を満たす $\mathbb{R}^d$ 内の連続曲線 ϕ のすべてにわたって，$\psi(\phi(t)) \exp(iS(\phi; t))$ を "加えたもの" とみることができる (区分的連続微分可能性の条件ははずす)．そこで，各 $x \in \mathbb{R}^d$ に対して

$$\mathsf{C}_x([0, t]; \mathbb{R}^d) := \{\phi : [0, t] \to \mathbb{R}^d | \phi(0) = x,\ \phi\text{は連続}\}$$

という関数空間を導入すれば，(8.21) は，象徴的に

$$(e^{-itH_V}\psi)(x_0) = \int_{\mathsf{C}_{x_0}[0,t]} \psi(\phi(t)) e^{iS(\phi; t)} \mathrm{D}\phi \tag{8.23}$$

と書けるであろう．ただし，$\mathrm{D}\phi$ は

$$\mathrm{D}\phi = \lim_{n\to\infty}\left(\frac{nm}{2\pi it}\right)^{dn/2} d\phi(t/n)d\phi(2t/n)\cdots d\phi((n-1)t/n)d\phi(t)$$

で与えられる発見法的・形式的な“測度”である．ここで，$\phi(jt/n)$ は j をとめて $\phi \in \mathsf{C}_{x_0}([0,t];\mathbb{R}^d)$ を動かすと実変数とみることができるので，この変数に関する 1 次元ルベーグ測度を $d\phi(jt/n)$ と書いた．この極限がいかなる意味で存在するかはいまは問わない．

発見法的公式 (8.23) は，歴史的には，ファインマン (1948) によるものであり，この型の積分は**実時間経路積分** (real-time path integral) と呼ばれる．議論のこの段階では，$\mathrm{D}\phi$ を象徴的記号とするような測度が存在するか否かは不明である．だが，物理の文献では，$\mathrm{D}\phi$ は，慣習的に，“ファインマン測度”として言及される．(8.23) は，古典的作用と量子系の時間発展を直接結びつけるという点ではある種の物理的意味をもつ．しかし，実は，(8.23) の右辺を数学的に厳密に意味づけることは極めて難しい問題である．ここでは，この問題には立ち入らない[*12]．

注意 8.4　本書の観点からいえば，古典力学的な描像との正確な対応を与えるのは，H_V が本質的に自己共役であるという仮定のもとで厳密に成立する式 (8.21) である．だが，これは，あくまでも CCR のシュレーディンガー表現という特殊な表現に結びついた表示の一つにすぎないことに注意すべきである[*13]．CCR のシュレーディンガー表現は，もともと，量子的粒子の位置を測定するという描像からきているので，古典力学的描像に依拠したものである．式 (8.21) はこのことをより詳しい形で提示したものとみることができる．

---

*12 たとえば，[7] や [14] とそこに引用されている文献を参照．

*13 [4] でも言及したように，H_V は CCR の別の表現を使っても定義できる．本書の観点からいえば，実時間経路積分は—仮に存在するとしても—一つの表示であって，それによって量子論が定義されるような対象ではない．しばしば，物理の文献でみられる，実時間経路積分と量子化の同等性に関する主張は，仮に前者が数学的に存在することが保証されたとしても (もちろん，その存在が示されなければ，まったく空虚な主張にすぎない)，論理構造的に正しい主張とはいえない．

8.3.2 熱半群の無限順序積分表示

次に，8.1 節で述べた観点にしたがって，前項の内容が H_V によって生成される熱半群の場合にはどのような形をとるかをみよう．

定理 8.12 H_V は $\mathsf{D}(\Delta)\cap\mathsf{D}(V)$ 上で本質的に自己共役であり (その閉包も同じ記号で書く)，V は下に有界であるとする．$x_j \in \mathbb{R}^d\ (j=0,\cdots,n)$, $t>0$ に対して

$$S_n^{\mathrm{E}}(x_0,x_1,\cdots,x_n,t) := \sum_{j=1}^{n}\frac{t}{n}\left[\frac{m}{2}\left(\frac{|x_j-x_{j-1}|}{t/n}\right)^2+V(x_j)\right] \tag{8.24}$$

とおく*14．このとき，任意の $\psi\in\mathsf{L}^2(\mathbb{R}^d)$ に対して，$\mathsf{L}^2(\mathbb{R}^d)$ における収束の意味で

$$(e^{-tH_V}\psi)(x_0)=\lim_{n\to\infty}\left(\frac{nm}{2\pi t}\right)^{dn/2}\int dx_1\int dx_2\cdots\int dx_n e^{-S_n^{\mathrm{E}}(x_0,\cdots,x_n,t)}\psi(x_n). \tag{8.25}$$

ただし，右辺の各積分 $\int dx_j$ は，$\mathrm{l.i.m.}_{R\to\infty}\int_{|x_j|\le R}dx_j$ の意味でとる．

証明 $-H_0$ によって生成されるユニタリ群 e^{-itH_0} に関する積分核表示を求めたのとまったく同様にして ([4] の定理 3.42 の証明)

$$(e^{-tH_0}\psi)(x)=\left(\frac{m}{2\pi t}\right)^{d/2}\int_{\mathbb{R}^d}e^{-m|x-y|^2/2t}\psi(y)dy,\quad \psi\in\mathsf{L}^2(\mathbb{R}^d), t>0 \tag{8.26}$$

を証明することができる．トロッター–加藤の積公式により，すべての $t>0$ に対して

$$e^{-tH_V}=\text{s-}\lim_{n\to\infty}\left(e^{-tH_0/n}e^{-tV/n}\right)^n.$$

(8.26) を用いて，定理 8.11 の証明と同様の考察を行うことにより，(8.25) が得られる． ■

公式 (8.25) の意味について考えよう．容易に気付くように

$$S_n^{\mathrm{E}}(x_0,\cdots,x_n,t)=(-i)S_n(x_0,\cdots,x_n,-it) \tag{8.27}$$

*14 添え字 “E” は “ユークリッド的 (Euclidean)” の意．後述を参照．

である．すなわち，$S_n^{\mathrm{E}}(x_0,\cdots,x_n,t)$ は $S_n(x_0,\cdots,x_n,t)$ を t について純虚数時間 $-it$ まで解析接続したものである[*15]．そして，(8.25) は，公式 (8.21) における t を発見法的・形式的に $-it$ で置き換えて得られる式になっている[*16]．これは調和的な照応といえる．

ところで，$S_n(x_0,\cdots,x_n,t)$ における t は特殊相対論的には，一つのローレンツ座標系の座標時間成分とみなせる．この場合，座標時間成分の純虚数時間への移行は，時空的にはユークリッド時空への移行に対応する[*17]．この意味で，考察下のコンテクストにおいては，純虚数時間への移行は，描像的には，もともとの理論のある種の“ユークリッド化”ないし“ユークリッド的変容”とみなしうる．“E”という添え字を付けたのこの意を表すためである．

いま述べたことを考慮すると，古典的作用 $S(\phi;t)$ に対応する，純虚数時間領域での対象は，$[0,t]$ 上の区分的に連続微分可能な $\mathbb{R}^d$ 値関数 ω 全体からなる集合上の汎関数

$$S_{\mathrm{E}}(\omega;t):=\int_0^t\left(\frac{m}{2}\left|\frac{d\omega(s)}{ds}\right|^2+V(\omega(s))\right)ds \tag{8.28}$$

で与えられることになる．実際，(8.23) を得たのと同様な議論によって，発見法的・形式的に

$$(e^{-tH}\psi)(x)=\int_{\mathsf{C}_x([0,t];\mathbb{R}^d)}\psi(\omega(t))e^{-S_{\mathrm{E}}(\omega;t)}\mathrm{D}\omega \tag{8.29}$$

となることがわかる．ここで，(8.29) の右辺は，発見法的・形式的に

$$\int_{\mathsf{C}_x([0,t];\mathbb{R}^d)}\psi(\omega(t))e^{-\int_0^t V(\omega(s))ds}d\mu_t^0(\omega)$$

と書き直せることに注意しよう．ただし

$$d\mu_t^0(\omega)=e^{-\int_0^t|D_s\omega(s)|^2ds}\mathrm{D}\omega$$

---

*15 $S_n(x_0,\cdots,x_n,t)$ は作用の次元 (エネルギー × 時間) をもつので，それが $(-i)$ 倍されるのは自然である．

*16 いうまでもなく，この形式的置き換えは，(8.25) の証明を与えるものではない．

*17 ローレンツ座標系における 2 点 $(t,x),(t',x')\in\mathbb{R}\times\mathbb{R}^d$ の間の計量は $(t-t')^2-(x-x)^2$ であるので，形式的に $t\to -it, t'\to -it'$ とすれば，それは $\mathbb{R}\times\mathbb{R}^d$ のユークリッド計量 $-[(t-t')^2+(x-x')^2]$ に“変容”する (マイナスの符号は本質的でない)．

(D_s は変数 s に関する超関数の意味での微分)．ここで注目すべき点は，Dω の前に $e^{-\int_0^t |D_s\omega(s)|^2 ds}$ という，減衰因子とみなせる汎関数がついていることである．この因子の存在によって，μ_t^0 を象徴記号とするような無限次元測度の存在が，“ファインマン測度” の場合に比して，より現実味を帯びた形で想定されうる．また，$V=0$ の場合を考え，形式的に $\psi=1$ の場合を考えると，$\exp(-tH_0)1=1$ であるから，$\int_{\mathsf{C}_x([0,t];\mathbb{R}^d)} d\mu_t^0(\omega)=1$ が成り立つ．すなわち，μ_t は，もし存在するとすれば，集合 $\mathsf{C}_x([0,t];\mathbb{R}^d)$ 上の確率測度であること (したがって，$(\mathsf{C}_x([0,t];\mathbb{R}^d),\mu_t^0)$ は確率空間)，そして

$$(e^{-tH_V}\psi)(x)=\int_{\mathsf{C}_x([0,t];\mathbb{R}^d)} \psi(\omega(t))e^{-\int_0^t V(\omega(s))ds}d\mu_t^0(\omega) \qquad (8.30)$$

が成立することが期待される[*18]．実際，この予想は正しいことがわかる．

(8.30) における “積分変数” ω は始点が x の $\mathbb{R}^d$ 内の曲線 (経路) であり，(8.30) はそうした経路すべてにわたる “積分” として表象される．この意味において，(8.30) 型の量は，一般に，**純虚数時間経路積分** (pure imaginary-time path integral) と呼ばれる．

他方，各 $s\in[0,t]$ に対して，写像 $X_s:\mathsf{C}_x([0,t];\mathbb{R}^d)\to\mathbb{R}^d$ を $X_s(\omega):=\omega(s)$, $\omega\in\mathsf{C}_x([0,t];\mathbb{R}^d)$ によって定義すると，これは測度空間 $(\mathsf{C}_x([0,t];\mathbb{R}^d),\mu_t^0)$ 上の確率ベクトルとみなせる．この観点からは，(8.30) は確率ベクトルに関する積分とみることができる．

ここに現れた確率ベクトルの族 $\{X_s\}_{s\in[0,t]}$ のように，一般に，一つの集合 T を添え字集合とする，確率空間 (Ω,B,P) 上の $\mathbb{R}^d$-値確率変数の集合 $\{X_\tau\}_{\tau\in\mathsf{T}}$ (i.e., $X_\tau:\Omega\to\mathbb{R}^d$) は T によって添え字付けられた，**$\mathbb{R}^d$-値確率過程** (stochastic process) と呼ばれる．これは “パラメーター” の値に応じて変化する確率的事象を記述するための概念である．任意の $\omega\in\Omega$ を固定するとき，$\xi_\omega(\tau):=X_\tau(\omega),\tau\in\mathsf{T}$ によって，T から $\mathbb{R}^d$ への写像 ξ_ω が定まる．写像 ξ_ω を確率過程 $\{X_\tau\}_{\tau\in\mathsf{T}}$ における (一つの) **標本関数** (sample function) または**標本経路**

---

*18 確率空間および確率変数の概念については，[3] または [4] の付録 A.8 を参照．なお，いまは発見法的議論をしているので，μ_t^0 が “のっている” ボレル集合体がいかなるものであるかは問わない．

(sample path) という[*19].

こうして，シュレーディンガー型作用素によって生成される熱半群は，ある種の確率過程とも結びつくことが予想される．この予想のもとに適切な確率過程を構成することにより，(8.30) に対して数学的に厳密な意味づけがなされる．だが，そのような確率過程を天降り的に導入する前に，これを発見するための助けとなる議論を次の項で行うことにしよう．

8.3.3 自由ハミルトニアンが生成する熱半群に関わる基本的事実

発見法的式 (8.30) は $V=0$ の場合でも当然成り立つべきであるから，求めたい確率過程 X_s と測度 μ_t^0 は自由ハミルトニアン $H_0=-\Delta/(2m)$ から構成されることが予想される．この構造を推測するために，H_0 から生成される 1 個の熱半群だけでなく，複数の熱半群から定まるベクトル $e^{-s_1H_0}\psi_1e^{-s_2H_0}\psi_2\cdots e^{-s_nH_0}\psi_n$ $(s_j\ge 0, j=1,\cdots,n,\ \psi_j$ はしかるべきクラスに属する関数) を計算してみよう．次の記号を導入する：

$$P_t(x,y):=\left(\frac{m}{2\pi t}\right)^{d/2}e^{-m|x-y|^2/2t},\quad t>0,x,y\in\mathbb{R}^d. \tag{8.31}$$

便宜上，$P_0(x,y):=\delta^d(x-y)$ (δ^d は $\mathbb{R}^d$ 上のデルタ超関数) とおく．このとき，(8.26) により

$$(e^{-tH_0}\psi)(x)=\int_{\mathbb{R}^d}P_t(x,y)\psi(y)dy,\quad \psi\in\mathsf{L}^2(\mathbb{R}^d),\quad t>0,x\in\mathbb{R}^d \tag{8.32}$$

が成り立つ．これは，e^{-tH_0} $(t>0)$ が関数 $P_t(x,y)$ を積分核とする積分作用素であることを意味する．$t>0$ ならば，積分に関するシュヴァルツの不等式に

[*19] 確率過程に関する一つの物理的描像は次のようなものである．ランダムな運動をする粒子を考えよう (たとえば，非常に細かく砕いた花粉が水の中を運動する場合)．そのような運動においては，時刻 t での位置 $X(t)\in\mathbb{R}^d$ は確率的に分布する．したがって，$X(t)$ は，ある確率空間 (Ω,B,P) 上の $\mathbb{R}^d$-値確率変数とみなすのが自然である．この場合，考察下の運動は確率変数の集合 $\{X(t)\}_{t\in[0,T]}$ ($T>0$ は定数)—確率過程—によって記述されると予想される．この枠組みでは，いうまでもなく，粒子の時刻 t での位置については確率的に予言できるだけである．すなわち，粒子が時刻 t で集合 $B\subset\mathbb{R}^d$ の中にある確率は $P(\{\omega\in\Omega|X(t)(\omega)\in B\})$ であると解釈するのである．この場合の標本関数 ξ_ω は $\mathbb{R}^d$ 内の曲線 (粒子の可能な軌道曲線の一つ) を表す．

より

$$\left|\int_{\mathbb{R}^d} P_t(x,y)\psi(y)dy\right| \le \left(\int_{\mathbb{R}^d} P_t(x,y)^2 dy\right)^{1/2} \|\psi\|_{\mathsf{L}^2(\mathbb{R}^d)}$$
$$= \left(\frac{m}{2\pi t}\right)^{d/2}\left(\frac{t\pi}{m}\right)^{d/4}\|\psi\|_{\mathsf{L}^2(\mathbb{R}^d)} < \infty.$$

したがって，(8.32) の右辺は各点 $x \in \mathbb{R}^d$ ごとに定義された有界な関数である．さらに，ルベーグの優収束定理を応用することにより，(8.32) の右辺の関数は x について連続であることも証明される．ゆえに，$e^{-tH_0}\psi$ $(t>0)$ は，もともとは，$\mathsf{L}^2(\mathbb{R}^d)$ の元であるが，$\mathbb{R}^d$ 上の有界な連続関数と同一視される．この意味で，各点 $x \in \mathbb{R}^d$ の値 $(e^{-tH_0}\psi)(x)$ について語ることができる．

積分核 $P_t(x,y)$ の基本的性質をみておこう．

補題 8.13　$t, s > 0$ とする．

(i)　$P_t(x,y) > 0$, $\forall x, y \in \mathbb{R}^d$ かつ $\int_{\mathbb{R}^d} P_t(x,y)dy = 1$, $\forall x \in \mathbb{R}^d$.

(ii)　(鎖則) $\int_{\mathbb{R}^d} P_t(x,y)P_s(y,z)dy = P_{t+s}(x,z)$, $\forall x, z \in \mathbb{R}^d$.

証明　直接計算．■

注意 8.5　(ii) は半群特性 $e^{-tH_0}e^{-sH_0} = e^{-(t+s)H_0}$ と呼応している．これを用いて証明してもよい．

定理 8.14　$\psi_1, \cdots, \psi_{n-1} \in \mathsf{L}^\infty(\mathbb{R}^d), \psi_n \in \mathsf{L}^2(\mathbb{R}^d)$, $0 \le t_1 \le \cdots \le t_n$ とする．このとき

$$(e^{-t_1 H_0}\psi_1 e^{-(t_2-t_1)H_0}\psi_2 \cdots e^{-(t_n-t_{n-1})H_0}\psi_n)(x)$$
$$= \int_{(\mathbb{R}^d)^n} \psi_1(x_1)\cdots\psi_n(x_n)d\mu_{t_1,\cdots,t_n;x}(x_1,\cdots,x_n) \qquad (8.33)$$

と書ける．ただし

$$d\mu_{t_1,\cdots,t_n;x}(x_1,\cdots,x_n)$$
$$:= P_{t_1}(x,x_1)P_{t_2-t_1}(x_1,x_2)\cdots P_{t_n-t_{n-1}}(x_{n-1},x_n)dx_1\cdots dx_n \quad (8.34)$$

で定義される，$(\mathbb{R}^d)^n$ 上の測度である*20.

証明 $s_1 = t_1, s_2 = t_2 - t_1, \cdots, s_n = t_n - t_{n-1}$ とおく．ψ_j についての条件から，$j = 1, \cdots, n-1$ に対して $\psi_j e^{-s_{j+1}H_0} \cdots \psi_{n-1} e^{-s_n H_0} \psi_n \in \mathsf{L}^2(\mathbb{R}^d)$．したがって，(8.32) を繰り返し用いることにより

$$
\begin{aligned}
&(e^{-s_1 H_0}\psi_1 e^{-s_2 H_0}\psi_2 \cdots e^{-s_n H_0}\psi_n)(x) \\
&= \int_{\mathbb{R}^d} dx_1 P_{s_1}(x, x_1)\psi_1(x_1) \cdots \int_{\mathbb{R}^d} dx_n P_{s_n}(x_{n-1}, x_n)\psi_n(x_n). \qquad (8.35)
\end{aligned}
$$

さらに

$$
\begin{aligned}
&|P_{s_1}(x, x_1)\psi_1(x_1) P_{s_2}(x_1, x_2)\psi_2(x_2) \cdots P_{s_n}(x_{n-1}, x_n)\psi_n(x_n)| \\
&\le P_{s_1}(x, x_1) P_{s_2}(x_1, x_2) \cdots P_{s_n}(x_{n-1}, x_n)|\psi_n(x_n)| \left(\prod_{j=1}^{n-1} \|\psi_j\|_{\mathsf{L}^\infty(\mathbb{R}^d)} \right)
\end{aligned}
$$

であり，補題 8.13 により

$$
\begin{aligned}
&\int_{(\mathbb{R}^d)^n} dx_1 \cdots dx_n P_{s_1}(x, x_1) P_{s_2}(x_1, x_2) \cdots P_{s_n}(x_{n-1}, x_n)|\psi_n(x_n)| \\
&= \int_{\mathbb{R}^d} P_{t_n}(x, x_n)|\psi_n(x_n)| dx_n < \infty.
\end{aligned}
$$

したがって，フビニの定理が応用できるので，(8.35) における積分順序は任意でよい．ゆえに (8.33) が出る． ■

補題 8.13 を用いると $d\mu_{t_1, \cdots, t_n; x}$ は $(\mathbb{R}^d)^n$ 上の確率測度であることがわかる．すなわち，$\mu_{t_1, \cdots, t_n; x}((\mathbb{R}^d)^n) = 1$．したがって，それは，適当な確率空間上の確率ベクトル $(X_{t_1}, \cdots, X_{t_n})$ の分布になっている可能性があり，その場合には，(8.33) の右辺は $\mathrm{E}[\psi_1(X_{t_1}) \cdots \psi_n(X_{t_n})]$ と書ける ([3] または [4] の付録 A.8 の定理 A.19 の応用*21)．これを用いて，トロッターの積公式を経由して，発見法的・形式的な議論を行うと，適切なクラスの V に対して $(e^{-tH}\psi)(x) =$

*20 可測空間 (X, B) 上の二つの測度 μ, ν と可測関数 $f : \mathsf{X} \to \mathbb{C}$ について，$\mu(B) = \int_B f(x) d\nu(x), \forall B \in \mathsf{B}$ が成り立つとき，$d\mu(x) = f(x) d\nu(x)$ と象徴的に記す．

*21 同付録で述べたように，確率空間 $(\Omega, \mathsf{B}, \mu)$ 上の確率変数 X に対して，$\mathrm{E}(X) := \int_\Omega X(\omega) d\mu(\omega)$ は X の期待値を表す．

$\mathrm{E}\left[e^{-\int_0^t V(X_s)ds}\psi(X_t)\right]$ が成立することが予想される．こうして，熱半群 e^{-tH_V} $(t \geq 0)$ の汎関数積分表示を厳密に確立する問題は，確率変数の族 $\{X_t\}_{t\geq 0}$ で，任意の自然数 n と $0 \leq t_1 < t_2 < \cdots < t_n$ に対して，確率ベクトル $(X_{t_1}, \cdots, X_{t_n})$ の分布が $\mu_{t_1,\cdots,t_n;x}$ に等しいようなものが存在するかどうかを調べる問題へと私たちを導く．これは純数学的な問題である．この問題に対する一つの解答を次の節で述べる．

8.4 確率過程の存在

前節の最後に述べた問題は，より一般的には次のように定式化できるであろう．すなわち．集合 $\mathcal{M}$ (前節の場合で言えば，$\mathcal{M} = [0, \infty)$) の直積集合 $\mathcal{M}^n$ $(n \in \mathbb{N})$ の各元 $(\mu_1, \cdots, \mu_n)$ に対して，$(\mathbb{R}^d)^n$ 上の確率測度 $P_{\mu_1,\cdots,\mu_n}$ が割り当てられているとき，どのような条件があれば，確率空間 (Ω, B, P) とその上の確率変数の族 $\{X_\mu\}_{\mu\in\mathcal{M}}$ で，すべての $n \in \mathbb{N}$ と $(\mu_1, \cdots, \mu_n) \in \mathcal{M}^n$ に対して，確率ベクトル $(X_{\mu_1}, \cdots, X_{\mu_n})$ の結合分布—これを $\{X_\mu\}_{\mu\in\mathcal{M}}$ の**有限次元分布**という— が $P_{\mu_1,\cdots,\mu_n}$ であるようなものが存在するか？　この問題に対する一つの解答を述べるために，ある基本的な概念を導入する．

$\mathcal{M}$ を任意の空でない集合とし，$\mathcal{M}$ から $\mathbb{R}^d$ への写像全体の集合を $(\mathbb{R}^d)^{\mathcal{M}}$ で表す：

$$(\mathbb{R}^d)^{\mathcal{M}} := \{\omega : \mathcal{M} \to \mathbb{R}^d\}. \tag{8.36}$$

各 $\mu_1, \cdots, \mu_n \in \mathcal{M}$ に対して，写像 $p_{\mu_1\cdots\mu_n} : (\mathbb{R}^d)^{\mathcal{M}} \to (\mathbb{R}^d)^n$ を

$$p_{\mu_1\cdots\mu_n}(\omega) := (\omega(\mu_1), \cdots, \omega(\mu_n)) \tag{8.37}$$

によって定義する．この型の写像を $(\mathbb{R}^d)^{\mathcal{M}}$ 上の**射影**という*22.

$d = 1$ の場合を考える．$\mathbb{R}^{\mathcal{M}}$ の部分集合 A について，$\mu_1, \cdots, \mu_n \in \mathcal{M}$ と $\mathbb{R}^n$ のボレル集合 B があって

$$A = p^{-1}_{\mu_1\cdots\mu_n}(B) = \{\omega \in \mathbb{R}^{\mathcal{M}} | p_{\mu_1\cdots\mu_n}(\omega) \in B\} \tag{8.38}$$

*22 平たくいえば，ω から，その有限個の成分を取り出す写像.

と表されるとき，A を**ボレル筒集合** (cylinder set) という．ボレル筒集合の全体から生成されるボレル集合体を $\mathsf{B}_{\mathcal{M}}$ で表す．こうして，一つの可測空間 $\left(\mathbb{R}^{\mathcal{M}}, \mathsf{B}_{\mathcal{M}}\right)$ が構成される．

$\mathbb{R}^l$ $(l \in \mathbb{N})$ 上の確率測度 ν に対して

$$F(x_1, \cdots, x_l) := \nu\left((-\infty, x_1] \times \cdots \times (-\infty, x_l]\right), \quad (x_1, \cdots, x_l) \in \mathbb{R}^l$$

によって定義される，$\mathbb{R}^l$ 上の非負値関数 F を ν の**分布関数**という ($(-\infty, x_1] \times \cdots \times (-\infty, x_l]$ は $(-\infty, x_k]$, $k = 1, \cdots, l$, の直積集合を表す)．

さて，上記の問題に対する基本的な解答の一つを書き下すことができる：

定理 8.15 (**コルモゴロフの定理**) 各自然数 n と $\mu_1, \cdots, \mu_n \in \mathcal{M}$ に対して，$\mathbb{R}^n$ 上の確率測度 $P_{\mu_1 \cdots \mu_n}$ が割り当てられているとし，$P_{\mu_1 \cdots \mu_n}$ の分布関数

$$\begin{aligned} &F_{\mu_1 \cdots \mu_n}(x_1, \cdots, x_n) \\ &\quad := P_{\mu_1 \cdots \mu_n}\left((-\infty, x_1] \times \cdots \times (-\infty, x_n]\right), (x_1, \cdots, x_n) \in \mathbb{R}^n \end{aligned}$$

は次の条件 (i), (ii) を満たすとする[*23]．

(i) すべての自然数 n とすべての $\mu_l \in \mathcal{M}, l = 1, \cdots, n,$ および $(1, 2, \cdots, n)$ の任意の置換 σ に対して

$$F_{\mu_{\sigma(1)} \cdots \mu_{\sigma(n)}}(x_{\sigma(1)}, \cdots, x_{\sigma(n)}) = F_{\mu_1 \cdots \mu_n}(x_1, \cdots, x_n), (x_1, \cdots, x_n) \in \mathbb{R}^n.$$

(ii) 任意の $l < n$ とすべての $\mu_l \in \mathcal{M}, l = 1, \cdots, n-1,$ に対して

$$F_{\mu_1 \cdots \mu_l}(x_1, \cdots, x_l) = F_{\mu_1 \cdots \mu_n}(x_1, \cdots, x_l, \infty, \cdots, \infty), (x_1, \cdots, x_l) \in \mathbb{R}^l.$$

ただし，$(-\infty, \infty] := \mathbb{R}$ と規約する．このとき，可測空間 $\left(\mathbb{R}^{\mathcal{M}}, \mathsf{B}_{\mathcal{M}}\right)$ 上の確率測度 P で，任意のボレル筒集合 $A \subset \mathbb{R}^{\mathcal{M}}$ に対して

$$P(A) = P_{\mu_1 \cdots \mu_n}(B) \tag{8.39}$$

となるものがただ一つ存在する．ただし，A と $B \in \mathsf{B}^n$ の関係は (8.38) によって与えられるとする．

---

*23 上の設定でいえば，$d = 1$ の場合．

この定理の証明の基本的なアイデアは次の通りである：(i) まず，(8.39) によって $P(A)$ を定義し，これがボレル筒集合上の有限加法的測度であることを示す．(ii) 次に P が完全加法的であることを証明する．このとき，E. ホップの拡張定理 ([11] の p.52，定理 9.1) により，求める確率測度の存在が結論される．だが，ここでは，その証明の詳細を述べることは割愛する[*24]．

各 $\mu \in \mathcal{M}$ に対して，$\mathbb{R}^{\mathcal{M}}$ 上の関数 X_μ を

$$X_\mu(\omega) := \omega(\mu), \quad \omega \in \mathbb{R}^{\mathcal{M}} \tag{8.40}$$

によって定義すれば，これは $\mathsf{B}_{\mathcal{M}}$-可測であり，すべての $\omega \in \mathbb{R}^{\mathcal{M}}$ に対して有限である．

以下，確率測度の族 $\mathcal{P}_{\mathcal{M}} := \{P_{\mu_1 \cdots \mu_n} | n \in \mathbb{N}, \mu_j \in \mathcal{M}, j = 1, \cdots, n\}$ は定理 8.15 の仮定を満たすものとする．このとき, (8.39) によって, 任意の $\mu_1, \cdots, \mu_n \in \mathcal{M}$ に対して，確率ベクトル $X_{\mu_1 \cdots \mu_n} := (X_{\mu_1}, \cdots, X_{\mu_n})$ の結合分布 $P^{X_{\mu_1 \cdots \mu_n}}$ は $P_{\mu_1 \cdots \mu_n}$ であることがわかる：

$$P^{X_{\mu_1 \cdots \mu_n}} = P_{\mu_1 \cdots \mu_n}. \tag{8.41}$$

こうして，定理 8.15 の仮定を満たす確率測度の族 $\mathcal{P}_{\mathcal{M}}$ が与えられると，確率空間 $(\mathbb{R}^{\mathcal{M}}, \mathsf{B}_{\mathcal{M}}, P)$ とこの上の確率変数の族 $\{X_\mu | \mu \in \mathcal{M}\}$— $\mathcal{M}$ に添え字づけられた確率過程—で (8.41) を満たすものが構成される．結合分布の定義により，任意の $f \in \mathsf{L}^1(\mathbb{R}^n, dP_{\mu_1 \cdots \mu_n})$ に対して

$$\mathrm{E}\left[f(X_{\mu_1}, \cdots, X_{\mu_n})\right] = \int_{\mathbb{R}^n} f(x_1, \cdots, x_n) dP_{\mu_1 \cdots \mu_n}(x_1, \cdots, x_n) \tag{8.42}$$

が成り立つ．左辺の $\mathrm{E}[\cdot]$ は，もちろん，P に関する期待値を表す．

次に前段で得られた結果を用いて，任意の $d \in \mathbb{N}$ に対して，$(\mathbb{R}^d)^{\mathcal{M}}$ 上の確率測度と確率過程の存在を示そう．各 $j = 1, \cdots, d$ に対して，定理 8.15 の仮定を満たす確率測度の族 $\{P^{(j)}_{\mu_1 \cdots \mu_n} | n \in \mathbb{N}, \mu_j \in \mathcal{M}, j = 1, \cdots, n\}$ が与えられたとする．このとき

$$P_j^{X_{\mu_1 \cdots \mu_n}} = P^{(j)}_{\mu_1 \cdots \mu_n} \tag{8.43}$$

---

*24 [13]，[12] の p.178〜p.179 を参照．

を満たす，$\mathbb{R}^{\mathcal{M}}$ 上の確率測度 P_j がただ一つ存在する．したがって，$\mathbb{R}^{\mathcal{M}}$ の d 個の直積集合 $(\mathbb{R}^{\mathcal{M}})^d$ 上に，直積測度 $\widetilde{P} := \underbrace{P_1 \otimes \cdots \otimes P_d}_{d\text{ 個}}$ が定義される*25．ただし，ボレル集合体は，$B_1 \times \cdots \times B_d$ $(B_j \in \mathsf{B}_{\mathcal{M}}, j = 1, \cdots, d)$ という形の集合すべてによって生成される最小のボレル集合体であり，これを $\mathsf{B}^d_{\mathcal{M}}$ と記す．各 $\mu \in \mathcal{M}$ に対して，$\widetilde{X}_\mu : (\mathbb{R}^{\mathcal{M}})^d \to \mathbb{R}^d$ を

$$\widetilde{X}_\mu(\omega) := (\omega_1(\mu), \cdots, \omega_d(\mu)),\ \omega = (\omega_1, \cdots, \omega_d) \in (\mathbb{R}^{\mathcal{M}})^d \tag{8.44}$$

によって定義すれば，$\{\widetilde{X}_\mu\}_{\mu \in \mathcal{M}}$ は $\mathcal{M}$ によって添え字づけられた，$\mathbb{R}^d$-値の確率過程を与える．さらに任意の $f \in \mathsf{L}^1\left((\mathbb{R}^d)^n, \otimes_{j=1}^d dP^{(j)}_{\mu_1 \cdots \mu_n}\right)$ に対して

$$\begin{aligned}
&\mathrm{E}\left[f(\widetilde{X}_{\mu_1}, \cdots, \widetilde{X}_{\mu_n})\right] \\
&= \int_{\mathbb{R}^n} f(x_1, \cdots, x_n) dP^{(1)}_{\mu_1 \cdots \mu_n}(x_{11}, x_{21}, \cdots, x_{n1}) dP^{(2)}_{\mu_1 \cdots \mu_n}(x_{12}, x_{22}, \cdots, x_{n2}) \\
&\quad \times \cdots dP^{(d)}_{\mu_1 \cdots \mu_n}(x_{1d}, \cdots, x_{nd})
\end{aligned} \tag{8.45}$$

が成り立つ．ただし，$x_l = (x_{l1}, \cdots, x_{ld}) \in \mathbb{R}^d$ という記法を用いた (ここでの $\mathrm{E}[\cdot]$ は測度 $\widetilde{P}$ に関する期待値を表す)．

集合 $(\mathbb{R}^{\mathcal{M}})^d$ の任意の元 $\omega = (\omega_1, \cdots, \omega_d)$ $(\omega_j \in \mathbb{R}^{\mathcal{M}}, j = 1, \cdots, d)$ に対して，$\hat{\omega} : \mathcal{M} \to \mathbb{R}^d$ を

$$\hat{\omega}(\mu) := (\omega_1(\mu), \cdots, \omega_d(\mu)), \quad \mu \in \mathcal{M} \tag{8.46}$$

によって定義すれば (したがって，$\hat{\omega} \in (\mathbb{R}^d)^{\mathcal{M}}$)，対応 : $\omega \to \hat{\omega}$ は $(\mathbb{R}^{\mathcal{M}})^d$ から $(\mathbb{R}^d)^{\mathcal{M}}$ への全単射である．この意味で，$(\mathbb{R}^{\mathcal{M}})^d$ と $(\mathbb{R}^d)^{\mathcal{M}}$ を同一視することができる．以下，この同一視を用いる．

最後に，(8.42) を満たす確率過程 $\{X_\mu\}_\mu$ はただ一つなのか，あるいは複数あるのかという一意性の問題について簡単にふれておく ((8.45) についても同様)．そのためにある概念を導入する．

---

*25 直積測度については，[3] または [4] の付録 A の A.5 節を参照．当該の場所では，2 個の測度の直積測度についてだけしか言及されていないが，まったく同様にして (あるいは帰納的に)，任意の有限個の測度の直積測度の存在を証明することができる．なお，測度は σ-有限な測度の範疇で考える．

$\mathcal{X}=\{X_\tau\}_{\tau\in\mathsf{T}}, \mathcal{Y}=\{Y_\tau\}_{\tau\in\mathsf{T}}$ を確率過程とする．$\mathcal{X},\mathcal{Y}$ がいずれも同じ確率空間 (Ω,B,P) 上で定義され，すべての $\tau\in\mathsf{T}$ に対して，$X_\tau=Y_\tau$，$P-$a.e. が成り立つとき，一方の確率過程を他方の確率過程の**変形** (modification) という．また，$\mathcal{X}$ のすべての有限次元分布の集合と $\mathcal{Y}$ のそれが一致するとき ($\mathcal{X}$ と $\mathcal{Y}$ は同一の確率空間上にあってもなくてもよい)，一方を他方の**表現** (version) という．この場合，二つの確率過程 $\mathcal{X}$ と $\mathcal{Y}$ は**同値**であるという*26．

(8.42) は $\{X_\mu\}_\mu$ をその任意の変形または任意の表現で置き換えても成り立つ．したがって，$\{X_\mu\}_\mu$ が自らとは異なる変形または表現をもつならば，(8.42) を成立させる確率過程は一意的ではない．

T が位相空間の場合には，これを添え字とする確率過程 $\{X_\tau\}_{\tau\in\mathsf{T}}$ について，τ に関する連続性を考えることができる：

定義 8.16 確率過程 $\mathcal{X}=\{X_\tau\}_{\tau\in\mathsf{T}}$ に対して，次の (i), (ii) を満たす確率過程 $\widetilde{\mathcal{X}}=\{\widetilde{X}_\tau\}_{\tau\in\mathsf{T}}$ が存在するとき，$\mathcal{X}$ は**連続版** (continuous version) をもつといい，$\widetilde{\mathcal{X}}$ を $\mathcal{X}$ の (一つの) 連続版という：

(i) 確率過程 $\widetilde{\mathcal{X}}$ が実現している確率空間を (Ω,B,P) とするとき，各 $\omega\in\Omega$ に対して，標本経路 $\tau\mapsto\widetilde{X}_\tau(\omega)$ は連続である．

(ii) 任意の自然数 n と $\tau_1,\cdots,\tau_n\in\mathsf{T}$ に対して，$(X_{\tau_1},\cdots,X_{\tau_n})$ の分布と $(\widetilde{X}_{\tau_1},\cdots,\widetilde{X}_{\tau_n})$ の分布は一致する．

連続版の存在条件については，付録 K を参照．

8.5 ブラウン運動

この節では，前節で述べた確率過程の構成法を，(8.34) で定義される測度の族 $\{\mu_{t_1,\cdots,t_n;x}|n\in\mathbb{N},t_1\le\cdots\le t_n,t_l\in[0,\infty),l=1,\cdots,n\}$ に応用することにより，ある確率過程の存在を証明し，自由ハミルトニアン H_0 の生成する熱半群 e^{-tH_0} に関する経路積分表示を導く．この節を通して

$$\mathsf{M}:=(\mathbb{R}^d)^{[0,\infty)},\quad \Sigma:=\mathsf{B}^d_{[0,\infty)} \tag{8.47}$$

*26 "表現" という関係は確率過程全体の集合における一つの同値関係であることは容易にわかる．この意味で，同値という呼称は正当性をもつ．

とおく．各 $t \geq 0$ に対して，$B(t) := (B_1(t), \cdots, B_d(t)) : \mathsf{M} \to \mathbb{R}^d$ を

$$B_j(t)(\omega) := \omega_j(t), \quad \omega = (\omega_1, \cdots, \omega_d) \in \mathsf{M}, j = 1, \cdots, d \tag{8.48}$$

によって定義する*27．

定理 8.17 各 $x \in \mathbb{R}^d$ に対して，可測空間 (M, Σ) 上の確率測度 P_x で，すべての $n \in \mathbb{N}$ と $t_l \geq 0$ $(l = 1, \cdots, n)$ に対して，確率ベクトル $(B(t_1), \cdots, B(t_n))$ の結合分布が

$$P_x^{(B(t_1), \cdots, B(t_n))} = \mu_{t_1, t_2, \cdots, t_n; x} \quad (0 \leq t_1 \leq t_2 \leq \cdots \leq t_n) \tag{8.49}$$

で与えられるものがただ一つ存在する．

証明 $x \in \mathbb{R}^d$ とする．確率測度の族 $\{\mu_{t_1, \cdots, t_n; x} | n \in \mathbb{N}, 0 \leq t_1 \leq \cdots \leq t_n\}$ から確率測度の族 $\{P_{t_1, \cdots, t_n; x} | n \in \mathbb{N}, t_l \geq 0, l = 1, \cdots, n\}$ を次のように定義する：各 $(t_1, \cdots, t_n) \in [0, \infty)^n$ に対して，$t_{\sigma(1)} \leq t_{\sigma(2)} \leq \cdots \leq t_{\sigma(n)}$ となる置換 σ が存在するから ($t_1, \cdots, t_n$ の中に同じものがある場合には，σ は一意的でないが，その場合には，どれかを一つ選ぶ)，これを用いて

$$\begin{aligned} &dP_{t_1 \cdots t_n; x}(x_1, \cdots, x_n) \\ &\quad := P_{t_{\sigma(1)}}(x, x_{\sigma(1)}) P_{t_{\sigma(2)} - t_{\sigma(1)}}(x_{\sigma(1)}, x_{\sigma(2)}) \\ &\qquad \times \cdots \times P_{t_{\sigma(n)} - t_{\sigma(n-1)}}(x_{\sigma(n-1)}, x_{\sigma(n)}) dx_1 \cdots dx_n \end{aligned} \tag{8.50}$$

とする．

$d = 1$ の場合，$\{P_{t_1, \cdots, t_n; x} | n \in \mathbb{N}, t_l \geq 0, l = 1, \cdots, n\}$ が，$\mathcal{M} = [0, \infty)$ の場合に関する定理 8.15 の仮定の条件 (i) を満たすことは容易に確かめられる．また，補題 8.13 によって，定理 8.15 の仮定の条件 (ii) も満たされることがわかる．したがって，$(\mathbb{R}^{[0,\infty)}, \mathsf{B}_{[0,\infty)})$ 上の測度 $P_{1,x}$ ですべての $n \in \mathbb{N}$ と $t_l \geq 0\,(l = 1, \cdots, n)$ に対して

$$P_{1,x}^{(B(t_1), \cdots, B(t_n))} = P_{t_1, t_2, \cdots, t_n; x} \tag{8.51}$$

*27 文献によっては，$B(t) = B_t, B_j(t) = B_{t,j}$ という記号を用いる場合もある．

となるものがただ一つ存在する．

$d \geq 2$ の場合には

$$P_t(x,y) = \prod_{j=1}^{d} P_t(x_j, y_j), \quad x, y \in \mathbb{R}^d \tag{8.52}$$

に注意すれば

$$P_{t_1,\cdots,t_n;x} = \otimes_{j=1}^{d} P_{t_1,\cdots,t_n;x_j} \tag{8.53}$$

($d = 1$ の場合の測度の直積測度) であることがわかる．この事実と前節の最後のほうで述べたことにより，題意がしたがう． ■

この定理における確率測度 P_x に関する期待値を E_x で表す．次の定理は，シュレーディンガー半群 e^{-tH_V} $(t > 0)$ に関する経路積分表示を導くための基礎となるものである：

定理 8.18　$\psi_1, \cdots, \psi_{n-1} \in \mathsf{L}^\infty(\mathbb{R}^d), \psi_n \in \mathsf{L}^2(\mathbb{R}^d)$，$0 \leq t_1 \leq \cdots \leq t_n$ とする．このとき，任意の $x \in \mathbb{R}^d$ に対して

$$\begin{aligned}&(e^{-t_1 H_0}\psi_1 e^{-(t_2-t_1)H_0}\psi_2 \cdots e^{-(t_n-t_{n-1})H_0}\psi_n)(x)\\ &\quad = \mathrm{E}_x[\psi_1(B(t_1))\cdots\psi_n(B(t_n))].\end{aligned} \tag{8.54}$$

証明　定理 8.14 と (8.49) による． ■

注意 8.6　詳細は省略せざるを得ないが，確率過程 $\{B(t)\}_{t\geq 0}$ は，上述のものとは異なる表現をもつ．したがって，経路積分表示 (確率過程表示) (8.54) は一意的ではない．

確率過程 $B(t)$ の性質を調べよう．まず，任意の $t > 0$ に対して

$$\mathrm{E}_x(B_j(t)) = \int_{\mathbb{R}^d} y_j d\mu_{t;x}(y) = \int_{\mathbb{R}^d} y_j P_t(x,y)dy \quad (j = 1, \cdots, d)$$

であり，最右辺は x_j に等しいことがわかるので ($t = 0$ の場合も同様)

$$\mathrm{E}_x(B(t)) = x, \quad t \geq 0 \tag{8.55}$$

が成立する．これは，$B(t)$ の期待値がパラメーター t によらず一定であり，かつ x に等しいことを示す．また

$$\mathrm{E}_x\left[(B_j(0)-x_j)^2)\right]=\int_{\mathbb{R}^d}(y_j-x_j)^2 d\mu_{0;x}(y)=0$$

であるから

$$B(0)=x, \quad P_x\text{-a.e.}. \tag{8.56}$$

これは $B(\cdot)$ の初期値 $B(0)$ (運動の出発点) が測度 P_x に関してほとんどいたるところ x に等しいことを示す．この事実を考慮して，定理 8.17 によってその存在が保証される確率空間 (M,Σ,P_x) 上の確率過程 $\{B(t)|t\geq 0\}$ を**点 x から出発する d 次元ブラウン運動**または**ウィーナー (Wiener) 過程**という．確率測度 P_x は**ウィーナー測度**と呼ばれる．

(8.55) は $E_x(B(t)-x)=0$ と同値である．そこで，$B(t)$ よりも，むしろ

$$A(t):=B(t)-x \tag{8.57}$$

によって定義される確率過程 $A(t)$ で考えたほうが諸々の計算はより簡単な形をとることが推測される．実際，たとえば，$0\leq t<s$ ならば，$j,q=1,\cdots,d$ に対して

$$\begin{aligned}
\mathrm{E}_x(A_j(t)A_q(s)) &= \int_{(\mathbb{R}^d)^2}(y_j-x_j)(z_q-x_q)P_t(x,y)P_{s-t}(y,z)dydz \\
&= \int_{(\mathbb{R}^d)^2} v_j w_q P_t(0,v)P_{s-t}(v,w)dvdw \\
&= \int_{\mathbb{R}^d} dv\, v_j P_t(0,v)\int_{\mathbb{R}^d}(u_q+v_q)P_{s-t}(0,u)du \\
&\qquad (\because u=w-v \text{ と変数変換}) \\
&= \int_{\mathbb{R}^d} dv\, v_j v_q P_t(0,v)=\frac{\delta_{jq}}{m}t.
\end{aligned}$$

したがって

$$\mathrm{E}_x[A_j(t)A_q(s)]=\frac{\delta_{jq}}{m}\min\{t,s\}, \quad t,s\geq 0 \tag{8.58}$$

が得られる．これは

$$\mathrm{E}_x[B_j(t)B_q(s)]=\frac{\delta_{jq}}{m}\min\{t,s\}+x_jx_q, \quad t,s\geq 0 \tag{8.59}$$

を導く．したがって

$$\mathrm{E}_x[(B_j(t+h)-B_j(t))^2]=\frac{h}{m},\quad 0\le t\le t+h,\ j=1,\cdots,d. \tag{8.60}$$

さらに，次の重要な事実が成立する：

命題 8.19　各 $j=1,\cdots,d,\ h>0, t\ge 0$ に対して，$B_j(t+h)-B_j(t)$ は平均 0 のガウス型確率変数である．

証明　$X:=B_j(t+h)-B_j(t)$ の特性関数 (付録 I を参照) $C_X(\xi):=\mathrm{E}_x(e^{i\xi X})$ $(\xi\in\mathbb{R})$ は $C_X(\xi)=\int_{(\mathbb{R}^d)^2}e^{i\xi(z_j-y_j)}P_t(x,y)P_h(y,z)dydz$ であるから，これを計算すれば $C_X(\xi)=e^{-h\xi^2/m}$ を得る．したがって，X はガウス型である．■

次に確率過程 $\{A(t)\}_{t\ge 0}$ に関する特性関数を計算してみよう．

定理 8.20　任意の $n\in\mathbb{N}$ と $0\le t_1\le t_2\le\cdots\le t_n$ を満たすすべての $t_l\ge 0$ およびすべての $k_l\in\mathbb{R}^d$ $(l=1,\cdots,n)$ に対して

$$\mathrm{E}_x\left(e^{i\sum_{l=1}^n k_lA(t_l)}\right)=\exp\left(-\frac{1}{2m}\sum_{l=1}^n t_lk_l^2-\sum_{l=1}^{n-1}\sum_{l<q}\frac{t_l}{m}k_lk_q\right) \tag{8.61}$$

が成り立つ．

証明　$0<t_1<t_2<\cdots<t_n$ の場合だけを証明する (他の場合も同様)．$C(k):=\mathrm{E}_x\left(e^{i\sum_{l=1}^n k_lA(t_l)}\right)$ とする．また，$s_1=t_1, s_l=t_l-t_{l-1}$ $(l=2,\cdots,n)$ とおく．定理 8.17 によって

$$C(k)=\int_{(\mathbb{R}^d)^n}e^{i\sum_{l=1}^n k_l(x_l-x)}P_{s_1}(x,x_1)P_{s_2}(x_1,x_2)\cdots P_{s_n}(x_{n-1},x_n)dx_1\cdots dx_n.$$

変数変換 $y_1=x_1-x, y_l=x_l-x_{l-1}$ を行うと

$$C(k)=F_{s_1}(k_1+\cdots+k_n)F_{s_2}(k_2+\cdots+k_n)\cdots F_{s_n}(k_n)$$

という形に表される．ただし

$$F_s(p) := \int_{\mathbb{R}^d} e^{ipy} P_s(y,0)dy = e^{-sp^2/(2m)}, \quad s > 0, p \in \mathbb{R}^d.$$

これを代入して整理すれば (8.61) が得られる． ■

この定理は，$\{A(t)\}_{t\geq 0}$ が $\mathbb{R}^d$-値のガウス型確率過程 (付録 J を参照) であることを示す．

物理的な観点からいえば，少なくとも P_x に関してほとんどいたるところの点 $\omega \in \mathsf{M}$ に対して，標本関数 : $t \mapsto B(t)(\omega)$ は連続になっていてほしい．この側面については次の事実が証明される：

定理 8.21 $\{B(t)\}_{t\geq 0}$ を点 x から出発する d 次元ブラウン運動とする．

(i) $0 < \alpha < 1/2$ とする．P_x-a.e.$\omega \in \mathsf{M}$ に対して，$B(t)(\omega)$ は t の関数として指数 α のヘルダー連続性をもつ[*28]．

(ii) P_x-a.e.$\omega \in \mathsf{M}$ に対して，$B(t)(\omega)$ は t の関数として微分不可能である．

証明 (i) $d = 1$ の場合を示せば十分である．$h > 0$ とする．このとき, 命題 8.19 と (8.60) および付録 J の命題 J.1 によって $E_x[|B(t+h) - B(t)|^p] = C_p h^{p/2}$ (C_p は定数)．任意の $0 < \alpha < 1/2$ に対して, p を十分大きくとれば, $\alpha < 1 - p^{-1}$ となる．したがって，付録 K の系 K.2 によって，$B(t)$ は (同じ確率空間上で) 指数 α のヘルダー連続版をもつ．したがって，題意が成立する．

(ii) たとえば，[12] の付録の定理 5 の証明を参照． ■

この定理における (ii) の性質も注目すべきである．すなわち，ブラウン運動については，通常の意味での速度の概念は定義されない[*29]．

定理 8.21 と (8.56) によって，確率測度 P_x は，始点が x である $\mathbb{R}^d$ 内の曲線 (パラメーター空間は $[0,\infty)$) の全体

$$\mathsf{M}_x := \mathsf{C}_x([0,\infty); \mathbb{R}^d) := \{\omega : [0,\infty) \to \mathbb{R}^d | \omega(0) = x, \omega \text{ は連続 }\} \quad (8.62)$$

[*28] 写像 $f : \mathbb{I} \to \mathbb{R}^d$($\mathbb{I}$ は $\mathbb{R}$ の区間) について，定数 $C \geq 0, \alpha > 0$ があって，$|f(t) - f(s)| \leq C|t-s|^\alpha$，$t, s \in \mathbb{I}$ が成り立つとき，f は**指数 α の** (または α 次の) **ヘルダー連続性**をもつという．

[*29] だが，超関数的な意味での微分は存在し，それは**ホワイトノイズ**と呼ばれる．

上で定義されたものとしてよい．ただし，この場合のボレル集合体は $\{B\cap \mathsf{M}_x | B \in \Sigma\}$ である．

8.6　ファインマン–カッツの公式

だいぶ準備が長くなってしまったが，これでシュレーディンガー型半群 e^{-tH_V} に対して経路積分表示を導くことができる．ここでは，簡単のため，V が連続な場合だけを考察する．この場合，前節の結果により，d 次元ウィーナー測度 P_x に関してほとんどいたるところの $\omega \in \mathsf{M} = (\mathbb{R}^d)^{[0,\infty)}$ に対して，$t \to \omega(t)$ は連続であるから，$\int_0^t V(\omega(s))ds$ はリーマン積分として定義され $(t \geq 0)$，$\mathsf{B}^d_{[0,\infty)}$-可測である．さらに V は下に有界であるとしよう．このとき，H_V は $\mathsf{C}_0^\infty(\mathbb{R}^d)$ 上で本質的に自己共役である (定理 2.25 の応用)．H_V の閉包も H_V で表す．

定理 8.22　(ファインマン–カッツ (M. Kac) の公式) V を $\mathbb{R}^d$ 上の実数値連続関数で下に有界なものとする．このとき，任意の $n \in \mathbb{N}$ と $0 < t_1 < t_2 < \cdots < t_n$ と $\psi_1, \cdots, \psi_{n-1} \in \mathsf{L}^\infty(\mathbb{R}^d), \psi_n \in \mathsf{L}^2(\mathbb{R}^d)$ に対して

$$(e^{-t_1 H_V}\psi_1 e^{-(t_2-t_1)H_V}\psi_2 \cdots e^{-(t_n-t_{n-1})H_V}\psi_n)(x) \tag{8.63}$$

$$= \mathrm{E}_x\left[\psi_1(B(t_1))\cdots\psi_n(B(t_n))e^{-\int_0^{t_n} V(B(s))ds}\right], \quad \text{a.e.}x. \tag{8.64}$$

特に，任意の $t > 0$ と $\psi \in \mathsf{L}^2(\mathbb{R}^d)$ に対して

$$(e^{-tH_V}\psi)(x) = \mathrm{E}_x\left[\psi(B(t))e^{-\int_0^t V(B(s))ds}\right], \quad \text{a.e.}x. \tag{8.65}$$

証明　$s_1 = t_1, s_j = t_j - t_{j-1}$ $(j = 2, \cdots, n)$ とおく．トロッター–加藤の積公式 (定理 8.10-(ii)) により

$$e^{-s_1 H_V}\psi_1 e^{-s_2 H_V}\psi_2 \cdots e^{-s_n H_V}\psi_n = \lim_{N_n\to\infty}\lim_{N_{n-1}\to\infty}\cdots\lim_{N_1\to\infty} S_{N_1,\cdots,N_n}$$

と書ける．ただし

$$S_{N_1,\cdots,N_n} := \left(e^{-s_1 H_0/N_1}e^{-s_1 V/N_1}\right)^{N_1}\psi_1\left(e^{-s_2 H_0/N_2}e^{-s_2 V/N_2}\right)^{N_2}$$
$$\times\psi_2\cdots\psi_{n-1}\left(e^{-s_n H_0/N_n}e^{-s_n V/N_n}\right)^{N_n}\psi_n.$$

この式の右辺は定理 8.18 を応用することにより

$$S_{N_1,\cdots,N_n}(x) = \mathrm{E}_x[e^{-\sum_{j=1}^{N_1}\frac{s_1}{N_1}V\left(B\left(\frac{js_1}{N_1}\right)\right)}\psi_1(B(t_1))e^{-\sum_{j=1}^{N_2}\frac{s_2}{N_2}V\left(B\left(t_1+\frac{js_2}{N_2}\right)\right)} \times\psi(B(t_2))\cdots e^{-\sum_{j=1}^{N_n}\frac{s_n}{N_n}V\left(B\left(t_{n-1}+\frac{js_n}{N_n}\right)\right)}\psi_n(B(t_n))] \quad (\text{a.e.}x)$$

と変形される．そこで $c := \inf_{x\in\mathbb{R}^d} V(x)$ とすれば，P_x-a.e.ω に対して

$$\lim_{N_k\to\infty} e^{-\sum_{j=1}^{N_k} s_k V(B(t_{k-1}+js_k/N_k))/N_k} = e^{-\int_{t_{k-1}}^{t_k} V(B(s))ds},$$

$$\left|e^{-\sum_{j=1}^{N_k} s_k V(B(t_{k-1}+js_k/N_k))/N_k}\right| \le e^{-cs_k}$$

であるから，ルベーグの優収束定理により

$$\lim_{N_n\to\infty}\lim_{N_{n-1}\to\infty}\cdots\lim_{N_1\to\infty} S_{N_1,\cdots,N_n}(x) = \mathrm{E}_x\left[\psi_1(B(t_1))\cdots\psi_n(B(t_n))e^{-\int_0^{t_n} V(B(s))ds}\right]$$

が得られる．ゆえに (8.64) が成立する．■

定理 8.22 は，8.3.2 項における発見法的議論に対する数学的に厳密な基礎づけを与える．

次に定理 8.22 から帰結される事柄の一つとして，“純虚数時間における状態の遷移確率振幅” — $\left\langle\psi_0, e^{-(t_1-t_0)H_V}\psi_1\cdots e^{-(t_n-t_{n-1})H_V}\psi_n\right\rangle$ という型の量 — に対する経路積分表示を導こう．たとえば，$\psi_0,\psi_1 \in \mathsf{L}^2(\mathbb{R}^d)$ に対して，

$$\left\langle\psi_0, e^{-tH_V}\psi_1\right\rangle = \int_{\mathbb{R}^d} dx\psi_0(x)^*\mathrm{E}_x\left[\psi_1(B(t))e^{-\int_0^t V(\omega(s))ds}\right]$$

である (他の諸量も同様)．そこで問題は，右辺を一つの確率空間上の確率過程を用いて表すことである．

補題 8.23　$n\in\mathbb{N}, t_l \ge 0\ (l=1,\cdots,n)$，$f:(\mathbb{R}^d)^n \to \mathbb{C}$ (ボレル可測) とし

$$\int_{(\mathbb{R}^d)^n} |f(y_1,\cdots,y_n)|P_{t_1}(x,y_1)P_{t_2}(y_1,y_2)\cdots P_{t_n}(y_{n-1},y_n)dy_1\cdots dy_n < \infty$$

が満たされるとする．このとき

$$\int_{\mathsf{M}} f(\omega(t_1),\cdots,\omega(t_n))dP_x = \int_{\mathsf{M}} f(x+\omega(t_1),\cdots,x+\omega(t_n))dP_0(\omega). \quad (8.66)$$

証明 $0 \le t_1 \le \cdots \le t_n$ の場合を示せば十分である．左辺を $L(f)$ とおくと

$$L(f) = \int_{(\mathbb{R}^d)^n} f(y_1, \cdots, y_n) P_{t_1}(x, y_1) P_{t_2}(y_1, y_2) \cdots P_{t_n}(y_{n-1}, y_n) dy_1 \cdots dy_n.$$

そこで，変数変換 $z_j = y_j - x$ を行い，$P_t(x', y') = P_t(0, y' - x')$ $(t \ge 0, x', y' \in \mathbb{R}^d)$ という性質に注意すれば

$$L(f) = \int_{(\mathbb{R}^d)^n} f(x + z_1, \cdots, x + z_n) P_{t_1}(0, z_1) \left[\prod_{j=1}^{n-1} P_{t_{j+1}}(z_j, z_{j+1}) \right] dz_1 \cdots dz_n.$$

これは (8.66) の右辺に等しい． ■

補題 8.24 定理 8.22 の仮定のもとで

$$\begin{aligned} &\mathrm{E}_x \left[\psi_1(B(t_1)) \cdots \psi_n(B(t_n)) e^{-\int_0^{t_n} V(B(s)) ds} \right] \\ &= \mathrm{E}_0 \left[\psi_1(x + \omega(t_1)) \cdots \psi_n(x + \omega(t_n)) e^{-\int_0^{t_n} V(x + \omega(s)) ds} \right], \quad x \in \mathbb{R}^d. \end{aligned} \tag{8.67}$$

証明 左辺を $L(f)$ とする．ルベーグの優収束定理により (定理 8.22 の証明を参照)

$$L(f) = \lim_{N \to \infty} \mathrm{E}_x \left[\psi_1(B(t_1)) \cdots \psi_n(B(t_n)) e^{-\sum_{j=1}^N t_n V(B(js/N))/N} \right].$$

右辺に前補題を応用すれば

$$\begin{aligned} L(f) &= \lim_{N \to \infty} \mathrm{E}_0 \left[\psi_1(\omega(t_1)) \cdots \psi_n(\omega(t_n)) e^{-\sum_{j=1}^N t_n V(\omega(js/N))/N} \right] \\ &= \mathrm{E}_0 \left[\psi_1(x + \omega(t_1)) \cdots \psi_n(x + \omega(t_n)) e^{-\int_0^{t_n} V(x + \omega(s)) ds} \right]. \end{aligned}$$

ここで，最後の等号を得るのに再びルベーグの優収束定理を応用した． ■

さて

$$\mathsf{W} := \mathbb{R}^d \times \mathsf{M} \tag{8.68}$$

とし，この空間の上に測度 μ_0 を

$$d\mu_0 = dx \otimes dP_0 \text{ (直積測度)} \tag{8.69}$$

によって導入する*30．これは確率測度ではないが σ 有限な測度である．

各 $t \geq 0$ に対して，関数 $\phi(t) : \mathbb{R}^d \times \mathsf{M} \to \mathbb{R}^d$ を

$$\phi(t)(x,\omega) := x + \omega(t), \quad (x,\omega) \in \mathsf{W} \tag{8.70}$$

によって定義する．

定理 8.25 $V, \psi_j\ (j = 1, \cdots, n)$ は定理 8.22 のものとし，$\psi_0 \in \mathsf{L}^2(\mathbb{R}^d)$, $0 \leq t_0 < t_1 < \cdots < t_n$ とする．このとき

$$\begin{aligned}&\left\langle \psi_0, e^{-(t_1-t_0)H_V}\psi_1 e^{-(t_2-t_1)H_V}\psi_2 \cdots e^{-(t_n-t_{n-1})H_V}\psi_n \right\rangle \\ &\quad = \int_{\mathsf{W}} \psi_0(\phi(t_0))^* \psi_1(\phi(t_1)) \cdots \psi_n(\phi(t_n)) e^{-\int_{t_0}^{t_n} V(\phi(s))ds} d\mu_0. \end{aligned} \tag{8.71}$$

特に，すべての $t > 0, \eta, \psi \in \mathsf{L}^2(\mathbb{R}^d)$ に対して

$$\langle \eta, e^{-tH_V}\psi \rangle = \int_{\mathsf{W}} \eta(\phi(0))^* \psi(\phi(t)) e^{-\int_0^t V(\phi(s))ds} d\mu_0. \tag{8.72}$$

証明 $t_0 = 0$ の場合を考える．このとき，(8.64) と補題 8.24 によって

$$\begin{aligned}&\left\langle \psi_0, e^{-t_1 H_V}\psi_1 \cdots e^{-(t_n-t_{n-1})H_V}\psi_n \right\rangle \\ &\quad = \int_{\mathbb{R}^d} dx \psi_0(x)^* \int_{\mathsf{M}} \left[\prod_{j=1}^n \psi_j(x + \omega(t_j)) \right] e^{-\int_0^{t_n} V(x+\omega(s))ds} dP_0(\omega). \end{aligned} \tag{8.73}$$

$c := \inf_{x \in \mathbb{R}^d} V(x)$, $\|\cdot\|_\infty := \|\cdot\|_{\mathsf{L}^\infty(\mathbb{R}^d)}$ とおく．積分に関するシュヴァルツの不等式によって

*30 ボレル集合体としては，$B \times A, B \in \mathsf{B}^d, A \in \Sigma$ によって生成されるものをとる．

$$\int dx \int dP_0(\omega)|\psi_0(x)\psi_1(x+\omega(t_1))\cdots\psi_n(x+\omega(t_n))|e^{-\int_0^{t_n} V(x+\omega(s))ds}$$
$$\leq e^{-ct_n}\|\psi_0\| \int dP_0(\omega)\left(\int dx \prod_{j=1}^{n} |\psi_j(x+\omega(t_j))|^2\right)^{1/2}$$
$$\leq e^{-ct_n}\|\psi_0\| \prod_{j=1}^{n-1}\|\psi_j\|_\infty \int dP_0(\omega)\left(\int dx|\psi_n(x+\omega(t_n))|^2\right)^{1/2}$$
$$= e^{-ct_n}\|\psi_0\| \prod_{j=1}^{n-1}\|\psi_j\|_\infty\|\psi_n\| < \infty.$$

したがって，フビニの定理によって，(8.73) の右辺は

$$\int_{\mathsf{W}} d\mu_0\psi_0(\phi(0))^*\psi_1(\phi(t_1))\cdots\psi_n(\phi(t_n))e^{-\int_0^{t_n} V(\phi(s))ds}$$

に等しい．ここで，μ_0-a.e.(x,ω) に対して，$\phi(0)=x$ であることを用いた [$\because$ $\omega(0)=0, P_0$-a.e.ω ((8.56) で $x=0$ の場合)]．よって (8.71) が得られる．

次に $t_0>0$ の場合を考え，(8.71) の左辺を L とおこう．$s_j=t_j-t_0, j=1,\cdots,n$, とすれば，$t_k-t_{k-1}=s_k-s_{k-1}$, $k=2,\cdots,n$. したがって，前段の結果を応用すれば

$$L=\int_{\mathsf{W}}\psi_0(\phi(0))^*\psi_1(\phi(t_1-t_0))\psi_2(\phi(t_2-t_0))\cdots\psi_n(\phi(t_n-t_0))$$
$$\times e^{-\int_0^{t_n-t_0} V(\phi(s))ds}d\mu_0$$
$$=\int_{\mathsf{W}}\psi_0(\phi(0))^*\psi_1(\phi(t_1-t_0))\psi_2(\phi(t_2-t_0))\cdots\psi_n(\phi(t_n-t_0))$$
$$\times e^{-\int_{t_0}^{t_n} V(\phi(s-t_0))ds}d\mu_0\cdots(*)$$

を得る．ところで, 分布まで戻って計算することにより, 一般に, 任意の $f_0, f_m \in \mathsf{L}^2(\mathbb{R}^d), f_j \in \mathsf{L}^\infty(\mathbb{R}^d), j=1,\cdots,m-1$ と $0<t_0<t_1<\cdots<t_m$ に対して

$$\int_{\mathsf{W}} f_0(\phi(t_0))f_1(\phi(t_1))\cdots f_m(\phi(t_m))d\mu_0$$
$$=\int_{\mathsf{W}} f_0(\phi(0))f_1(\phi(t_1-t_0))\cdots f_m(\phi(t_m-t_0))d\mu_0$$

が成り立つことがわかる ($\phi(0)(x,\omega)=x, \mu_0$-a.e. に注意)．この事実を用いると $(*)$ は (8.71) の右辺に等しいことがわかる ($(*)$ における因子 $e^{-\int_{t_0}^{t_n} V(\phi(s-t_0))ds}$ については，積分部分をリーマン近似和の極限として書き直す．そして，近似式の段階で上の事実を適用し，その後で，ルベーグの優収束定理を用いて極限移行する)．■

ファインマン–カッツの公式 (8.64) はいろいろな応用をもちうる．ここでは，その一つだけを取り上げる．

定理 8.26 (**最低エネルギーの経路積分表示**) $V:\mathbb{R}^d\to\mathbb{R}$ は連続で下に有界であるとする．このとき，任意の $\psi\in\mathsf{E}(H_V)$ ($\mathsf{E}(H_V)$ は (8.13) で $A=H_V$ の場合の集合) に対して

$$E_0(H_V)=-\lim_{t\to\infty}\frac{1}{t}\log\int_{\mathsf{W}}\psi(\phi(0))^*\psi(\phi(t))e^{-\int_0^t V(\phi(s))ds}d\mu_0. \qquad (8.74)$$

証明　定理 8.5 と (8.72) を使えばよい．■

8.7　基底状態過程

この節では，$\mathsf{L}^2(\mathbb{R}^d)$ 上の，基底状態をもつ自己共役作用素によって生成される熱半群と確率過程との普遍的連関構造を明らかにする．

H を $\mathsf{L}^2(\mathbb{R}^d)$ 上の下に有界な自己共役作用素として

$$\hat{H}:=H-E_0(H) \qquad (8.75)$$

とおく．このとき，$\hat{H}$ は非負自己共役作用素である．各 $t>0$ に対して，$\mathbb{R}^d\times\mathbb{R}^d$ 上のボレル可測関数 K_t^H が存在して，e^{-tH} がこれを積分核とする積分作用素で与えられるとき，すなわち，

$$(e^{-tH}\psi)(x)=\int_{\mathbb{R}^d}K_t^H(x,y)\psi(y)dy,\quad \psi\in\mathsf{L}^2(\mathbb{R}^d),\ \text{a.e.}x\in\mathbb{R}^d$$

が成り立つとき，H は**熱核** (heat kernel) K_t^H をもつという．H の熱核を記号的に $e^{-tH}(x,y)$ と記す：

$$e^{-tH}(x,y):=K_t^H(x,y).$$

以下では次の条件 (H.1), (H.2) を仮定する：

(H.1) 各 $t > 0$ に対して，$e^{-t\hat{H}}$ は，次の条件を満たす熱核 $K_t(x,y) := e^{-t\hat{H}}(x,y)$ をもつ：(a) K_t は $\mathbb{R}^d \times \mathbb{R}^d$ 上連続で $K_t(x,y) > 0,\ x,y \in \mathbb{R}^d$；(b) $\int_{\mathbb{R}^d} K_t(x,y)^2 dy < \infty,\quad x \in \mathbb{R}^d$. 便宜上，$K_0(x,y) := \delta(x-y)$ (デルタ超関数) とおく．

(H.2) H は a.e. 正の基底状態 Ω_H をもつ:$\hat{H}\Omega_H = 0$ かつ $\Omega_H > 0$ (a.e.x). $\|\Omega_H\| = 1$ とする．

例 8.1 1 次元量子調和振動子のハミルトニアン ([4], 3.8 節)

$$L_0 := H_{\text{os}}^{\text{S}} - E_0(H_{\text{os}}^{\text{S}}) = -\frac{1}{2m}\Delta + \frac{m\omega^2}{2}\hat{x}^2 - \frac{\omega}{2}$$

($m, \omega > 0$ は定数) の熱核は，メーラーの公式 ([4], p.383) により

$$e^{-tL_0}(x,y) = \frac{\sqrt{m\omega}e^{t\omega/2}}{\sqrt{2\pi(\sinh\omega t)}} \exp\left[-\frac{m\omega\cosh\omega t}{2\sinh\omega t}(x^2+y^2) + \frac{m\omega}{\sinh\omega t}xy\right], x, y \in \mathbb{R}$$

で与えられる．L_0 は基底状態を一意的にもち，それは,$\Omega_{L_0}(x) = (m\omega/\pi)^{1/4}e^{-m\omega x^2/2}$ の零でない定数倍で与えられる ([4], 3.8 節)．これらの事実から，$H = L_0$ は (H.1), (H.2) を満たすことがわかる．

例 8.2 ここでは証明を与える紙数はないが，ある一般的なクラスに属するポテンシャル V に対して，$H = H_V$ として (H.1), (H.2) は満たされる．条件 (H.1) については，たとえば，[19] の Theorem 6.6 を，条件 (H.2) については，たとえば，[6] の 3.5 節や [17] の §XIII.12 を参照 (演習問題 4 の注も参照)．だが，ここでは，いま指摘した事実を心にとどめて，先に進んで差し支えない．

補題 8.27 (H.1) を仮定する[*31]．このとき：

(i) $K_t(x,y) = K_t(y,x),\ t > 0, x, y \in \mathbb{R}^d$.

(ii) $K_{t+s}(x,z) = \int_{\mathbb{R}^d} K_t(x,y)K_s(y,z)dy,\ t, s > 0, x, y \in \mathbb{R}^d$.

証明 (i) $e^{-t\hat{H}}$ の対称性により，任意の $f, g \in C_0^\infty(\mathbb{R}^d)$ に対して，$\left\langle f, e^{-t\hat{H}}g\right\rangle = \left\langle e^{-t\hat{H}}f, g\right\rangle$ が成り立つ．これを具体的に書き下し，ドゥ・ボワ・レイモンの補題 ([4], 付録 C, 補題 C.2) を応用すれば，$\int_{\mathbb{R}^d} K_t(x,y)g(y)dy = \int_{\mathbb{R}^d} K_t(y,x)g(y)dy$,

---

*31 この補題では，(H.2) の条件は必要でない．

$x \in \mathbb{R}^d$ が得られる．そこで，再び，ドゥ・ボワ・レイモンの補題を使うことにより，結論を得る．

(ii) (i) の事実と (H.1) および積分に関するシュヴァルツの不等式によって，y の関数 $K_t(x,y)K_s(y,z)$ は可積分である．これと半群特性 $e^{-(t+s)\hat{H}} = e^{-t\hat{H}}e^{-s\hat{H}}$ を用いることにより結論がしたがう ($f \in \mathsf{C}_0^\infty(\mathbb{R}^d)$ に作用させて考察し，ドゥ・ボワ・レイモンの補題を応用せよ)． ■

定理 8.28 (H.1), (H.2) を仮定する．可測空間 (M, Σ) は (8.47) で定義されるものとし，各 $t \geq 0$ と $j = 1, \cdots, d$ に対して，$X_j(t) : \mathsf{M} \to \mathbb{R}$ を

$$X_j(t)(\omega) := \omega_j(t), \quad \omega = (\omega_1, \cdots, \omega_d) \in \mathsf{M}$$

によって定義する．このとき，(M, Σ) 上の確率測度 μ_H で，すべての $n \in \mathbb{N}$ と t_l $(0 \leq t_1 \leq t_2 \leq \cdots \leq t_n)$ に対して，確率ベクトル $(X(t_1), \cdots, X(t_n))$ の結合分布が

$$d\mu^H_{t_1,\cdots,t_n}(x_1,\cdots,x_n) := \Omega_H(x_1)\Omega_H(x_n)K_{t_2-t_1}(x_1,x_2)\cdots K_{t_n-t_{n-1}}(x_{n-1},x_n) \times dx_1\cdots dx_n \tag{8.76}$$

で与えられるものがただ一つ存在する．

証明 (8.76) で定義される測度 $\mu^H_{t_1,\cdots,t_n}$ が $(\mathbb{R}^d)^n$ 上の確率測度であることは容易にわかる．確率測度の族 $\{\mu^H_{t_1,\cdots,t_n} | n \in \mathbb{N}, 0 \leq t_1 \leq \cdots \leq t_n\}$ から題意にいう確率測度 μ の存在を示す方法は，定理 8.17 の場合とまったく並行的であるので，詳細を埋めることは読者の演習とする (演習問題 7)． ■

定理 8.28 にいう確率過程 $\{X(t)\}_{t \geq 0}$ を H に関する**基底状態過程** (ground state process) という．

一般に，任意の量子系のハミルトニアンの基底状態—Ψ_0 としよう—は**真空** (vacuum) とも呼ばれる[*32]．$\|\Psi_0\| = 1$ とする．当該の系の状態のヒルベルト空間に作用する作用素 A の状態 Ψ_0 に関する期待値 $\langle \Psi_0, A\Psi_0 \rangle$ を A の**真空期**

[*32] 真空の概念はもともと量子場の理論に由来するが，ここでは，その用語法を拡張する．

待値という (もちろん，$\Psi_0 \in \mathsf{D}(A)$ とする)．真空期待値のすべての集まりは，系の多くの情報を担う．この意味で，真空期待値の性質を調べることは重要である．

次の定理は，H をハミルトニアンとする系における真空期待値の確率過程表示 (経路積分表示，汎関数積分表示) を与える．

定理 8.29　(H.1), (H.2) を仮定し，$n \in \mathbb{N}$，$f_0, f_1, \cdots, f_n \in \mathsf{L}^\infty(\mathbb{R}^d)$，$0 \le t_0 \le t_1 \le \cdots \le t_n$ とする．このとき

$$\left\langle \Omega_H, f_0 e^{-(t_1-t_0)\hat{H}} f_1 \cdots f_{n-1} e^{-(t_n-t_{n-1})\hat{H}} f_n \Omega_H \right\rangle = \int_{\mathsf{M}} f_0(X(t_0)) f_1(X(t_1)) \cdots f_n(X(t_n)) d\mu_H. \tag{8.77}$$

証明　左辺は

$$\int_{(\mathbb{R}^d)^{n+1}} f_0(x_0) \cdots f(x_n) d\mu^H_{t_0, t_1, \cdots, t_n}(x_0, \cdots, x_n)$$

と書ける．これは，μ_H の定義にしたがって，(8.77) の右辺に等しい．■

例 8.3　1 次元量子調和振動子 L_0 (例 8.1) に関する基底状態過程—$\{q(t)\}_{t\ge 0}$ としよう—は**振動子過程** (oscillator process) または**オルンシュタイン** (Ornstein)–**ウーレンベック** (Uhlenbeck) **過程**と呼ばれる．この場合，次の事実がわかる：(i) 任意の $n \in \mathbb{N}$ と $0 < t_1 < t_2 < \cdots < t_n$ に対して，$(q(t_1), \cdots, q(t_n))$ はガウス型確率ベクトルである；(ii)

$$\mathrm{E}(q(s)q(t)) = \frac{1}{2m\omega} e^{-\omega|s-t|}, \quad s, t \ge 0 \tag{8.78}$$

が成り立つ．

証明　(i) 任意の $k_j \in \mathbb{R}$ $(j = 1, \cdots, n)$ に対して

$$\begin{aligned}
\mathrm{E}\left(e^{i\sum_{j=1}^n k_j q(t_j)}\right) &= \int_{(\mathbb{R}^d)^n} e^{i\sum_{j=1}^n k_j x_j} d\mu^{L_0}_{t_1, \cdots, t_n}(x_1, \cdots, x_n) \\
&= \int_{(\mathbb{R}^d)^n} e^{i\sum_{j=1}^n k_j x_j} \Omega_{L_0}(x_1) \Omega_{L_0}(x_n) \\
&\quad \times e^{-(t_2-t_1)L_0}(x_1, x_2) \cdots e^{-(t_n-t_{n-1})L_0}(x_{n-1}, x_n) dx_1 \cdots dx_n.
\end{aligned}$$

右辺はガウス型関数のフーリエ変換であるから，$e^{-\sum_{j,l=1}^n A_{jl} k_j k_l/2}$ という形になる ((A_{jl}) は正定値行列)．したがって，結論を得る．

(ii) $t > s$ とすれば，$\mathrm{E}(q(s)q(t)) = \left\langle \Omega_{L_0}, \hat{x}e^{-(t-s)L_0}\hat{x}\Omega_{L_0}\right\rangle$．ここで，$\hat{x} = (a+a^*)/\sqrt{2m\omega}$ と書けることに注意する．ただし，a は消滅作用素である ([4], 3.8 節)．$L_0 = \omega a^* a$ が成り立つ ([4], 定理 3.61; a の閉包も a と記す)．$\mathsf{D}_0 := \mathcal{L}(\{a^{*n}\Omega_{L_0} | n \geq 0\})$ とする．任意の $\beta > 0$ に対して，$e^{-\beta L_0}a^{*n}\Omega_{L_0} = e^{-\beta\omega n}a^{*n}\Omega_{L_0}$ と a, a^* に関する CCR および $a\Omega_{L_0} = 0$ を用いることにより，D_0 上で

$$e^{-\beta L_0}a = e^{\beta\omega}ae^{-\beta L_0}, \quad e^{-\beta L_0}a^* = e^{-\beta\omega}a^*e^{-\beta L_0}$$

が成り立つことがわかる．したがって

$$\left\langle \Omega_{L_0}, \hat{x}e^{-(t-s)L_0}\hat{x}\Omega_{L_0}\right\rangle = \frac{e^{-(t-s)\omega}}{2m\omega}\left\langle \Omega_{L_0}, aa^*\Omega_{L_0}\right\rangle = \frac{e^{-(t-s)\omega}}{2m\omega}.$$

ゆえに題意がしたがう[*33]． ■

熱半群 $e^{-t\hat{H}}$ に対する経路積分表示が確立されると，H_V の場合と同様にして，$\hat{H}$ に摂動を加えた作用素の生成する熱半群についても経路積分表示を導くことができる：

定理 8.30 $\{X(t)\}_{t\geq 0}$ を H に関する基底状態過程とし，μ_H に関して，ほとんどいたるところの $\omega \in \omega$ に対して，対応 : $t \mapsto X(t)(\omega)$ は連続であると仮定する．$V : \mathbb{R}^d \to \mathbb{R}$ を連続で下に有界な関数とし

$$\hat{H}(V) := \hat{H} + V \tag{8.79}$$

は本質的に自己共役であると仮定する．$n \in \mathbb{N}$，$f_0, f_1, \cdots, f_n \in \mathsf{L}^\infty(\mathbb{R}^d)$，$0 \leq t_0 < t_1 < \cdots < t_n$ とする．このとき

$$\begin{aligned}&\left\langle \Omega_H, f_0 e^{-(t_1-t_0)\hat{H}(V)}f_1 e^{-(t_2-t_1)\hat{H}(V)}f_2 \cdots e^{-(t_n-t_{n-1})\hat{H}(V)}f_n\Omega_H\right\rangle \\ &= \mathrm{E}(f_0(X(t_0))f_1(X(t_1))\cdots f_n(X(t_n))e^{-\int_{t_0}^{t_n}V(X(s))ds}).\end{aligned} \tag{8.80}$$

証明 トロッター–加藤の積公式により $e^{-t\hat{H}(V)} = \text{s-}\lim_{N\to\infty}\left(e^{-t\hat{H}/N}e^{-tV/N}\right)^N$．これを (8.80) の左辺に代入し，定理 8.29 を用いて変形すればよい (やり方は定理 8.25 の証明と同じなので詳細は省略する)． ■

---

*33 別証として，$\mathrm{E}(q(s)q(t)) = \int_{(\mathbb{R}^d)^2} xyd\mu_{s,t}^{L_0}(x,y)$ を用いて，右辺を直接計算してもよい (演習問題 8)．

例 8.4　$W:\mathbb{R}\to\mathbb{R}$ は連続で下に有界であるとする．したがって，$\mathsf{L}^2(\mathbb{R})$ 上の対称作用素

$$L_W := L_0 + W = H_0 + \frac{m\omega^2}{2}\hat{x}^2 + W$$

は $\mathsf{C}_0^\infty(\mathbb{R})$ 上で本質的に自己共役である (定理 2.25 の応用)．L_W の閉包も同じ記号 L_W で表す．例 8.3 に述べた性質と付録 K の系 K.2 の応用により，μ_{L_0} に関して，ほとんどいたるところの点 $\eta \in \mathsf{M}$ に対して，$q(t)(\eta)$ は t について連続であるとしてよい．したがって，定理 8.30 を $H(V) = L_0 + W$ として応用できるので次の事実を得る：

定理 8.31　$n \in \mathbb{N}$，$f_0, f_1, \cdots, f_n \in \mathsf{L}^\infty(\mathbb{R})$, $0 \le t_0 < t_1 < \cdots < t_n$ とする．このとき

$$\begin{aligned}&\left\langle \Omega_{L_0}, f_0 e^{-(t_1-t_0)L_W} f_1 e^{-(t_2-t_1)L_W} f_2 \cdots e^{-(t_n-t_{n-1})L_W} f_n \Omega_{L_0}\right\rangle \\ &= \mathrm{E}\left(f_0(q(t_0)) f_1(q(t_1)) \cdots f_n(q(t_n)) e^{-\int_{t_0}^{t_n} W(q(s))ds}\right). \qquad (8.81)\end{aligned}$$

付録 I　確率論の基本事項

I.1　特　性　関　数

(Ω, B, P) を確率空間とする．この確率空間上の確率ベクトル $\mathbf{X} = (X_1, \cdots, X_n)$ から定まる，$\mathbb{R}^n$ 上の関数

$$C_{\mathbf{X}}(k) := \mathrm{E}\left(e^{i\sum_{l=1}^n k_l X_l}\right) \qquad (\mathrm{I}.1)$$

$$= \int_\Omega e^{i\sum_{l=1}^n k_l X_l(\omega)} dP(\omega), \quad k = (k_1, \cdots, k_n) \in \mathbb{R}^n \qquad (\mathrm{I}.2)$$

を $\mathbf{X}$ の**特性関数** (characteristic function) という．容易にわかるように

$$|C_{\mathbf{X}}(k)| \le 1, \quad C_{\mathbf{X}}(0) = 1 \qquad (\mathrm{I}.3)$$

が成り立つ．

命題 I.1　$C_{\mathbf{X}}$ は $\mathbb{R}^d$ 上の有界な連続関数である．

証明　有界性はすでにみたので，連続性だけを証明する．$k, p \in \mathbb{R}^n$ に対して，$f_{k,p} : \Omega \to \mathbb{C}$ を $f_{k,p} := e^{i\sum_{l=1}^n k_l X_l} - e^{i\sum_{l=1}^n p_l X_l}$ によって定義する．これを用いると $|C_{\mathbf{X}}(k) - C_{\mathbf{X}}(p)| \le \int_\Omega |f_{k,p}(\omega)| dP(\omega) \cdots (*)$．容易にわかるように，$|f_{k,p}(\omega)| \le 2$

かつ $\lim_{k\to p} f_{k,p}(\omega) = 0$. したがって，ルベーグの収束定理を応用することにより，$\lim_{p\to k} \int_\Omega |f_{k,p}(\omega)|dP(\omega) = 0$. これと (*) により，$C_{\mathbf{X}}$ は連続であることが結論される．■

[3] または [4] の付録 A.8 の定理 A.19 によって

$$C_{\mathbf{X}}(k) = \int_{\mathbb{R}^n} e^{ikx} dP^{\mathbf{X}}(x) \tag{I.4}$$

と書ける $(kx := \sum_{l=1}^n k_l x_l)$.

一般に，μ を可測空間 $(\mathbb{R}^n, \mathsf{B}^n)$ 上の有限測度とするとき

$$\hat{\mu}(k) = \int_{\mathbb{R}^n} e^{-ikx} d\mu(x) \tag{I.5}$$

を μ の**フーリエ変換**という．

例 I.1　$f \in \mathsf{L}^1(\mathbb{R}^n), f \geq 0$ に対して，$d\mu(x) = (2\pi)^{-n/2} f(x) d^n x$ とすれば，これは有限な測度であり，μ のフーリエ変換は，f のフーリエ変換にほかならない．この意味で，有限測度のフーリエ変換は，非負値関数のフーリエ変換の一般化とみることができる．

(I.4) は，$\mathbf{X}$ の特性関数の複素共役がその分布のフーリエ変換であることを示している．したがって，フーリエ解析を応用することにより，特性関数から，分布 $P^{\mathbf{X}}$ を求めることが可能になる．これに関する定理を述べる前に，まず，分布の一意性に関する事実を述べておこう：

定理 I.2　$(\mathbb{R}^n, \mathsf{B}^n)$ 上の二つの確率測度 P_1, P_2 のフーリエ変換が一致すれば $P_1 = P_2$ である．

この定理は，Lévy-Haviland の反転公式を応用することにより証明することができるが，ここではその証明は省略する[*34]．この定理から，ただちに次の事実が導かれる：

定理 I.3　$C_{\mathbf{X}}^*$ が $\mathbb{R}^n$ 上のある有限測度 μ のフーリエ変換ならば，$\mu = P^{\mathbf{X}}$.

次の定理は，特性関数から分布関数を計算するために有用である．

[*34] たとえば，[12] の §5.2 や [11] の定理 30.7 を参照．

定理 I.4 $C_{\mathbf{X}} \in \mathsf{L}^1(\mathbb{R}^n)$ とし，関数

$$\varrho(x) := \frac{1}{(2\pi)^n} \int_{\mathbb{R}^n} e^{-ikx} C_{\mathbf{X}}(k) dk$$

も $\mathsf{L}^1(\mathbb{R}^n)$ に属すると仮定する．このとき，分布 $P^{\mathbf{X}}$ はルベーグ測度に関して絶対連続であり，そのラドン–ニコディム導関数は ϱ で与えられる：

$$dP^{\mathbf{X}}(x) = \varrho(x) dx.$$

証明 定理の仮定とフーリエ変換に対する反転公式を応用することにより $C_{\mathbf{X}}(k) = \int_{\mathbb{R}^n} e^{ikx} \varrho(x) dx$ が成り立つ (これは，もともとは，ほとんどいたるところの k に対してのみ成り立つ式であるが，両辺とも連続関数であるので，結局，すべての $k \in \mathbb{R}^n$ に対して成り立つ)．定理 I.3 により，あと $\varrho \geq 0$ を示せば，定理の証明が完結する．

$C_{\mathbf{X}} \in \mathsf{L}^1(\mathbb{R}^n)$ であるから，ルベーグの優収束定理とフビニの定理により

$$\begin{aligned}
\varrho(x) &= \frac{1}{(2\pi)^n} \lim_{\varepsilon \downarrow 0} \int_{\mathbb{R}^n} e^{-\varepsilon \sum_{l=1}^n |k_l|} e^{-ikx} C_{\mathbf{X}}(k) dk \\
&= \frac{1}{(2\pi)^n} \lim_{\varepsilon \downarrow 0} \int_{\mathbb{R}^n} dP^{\mathbf{X}}(y) \prod_{l=1}^n \int_{\mathbb{R}} e^{-is(x_l - y_l) - \varepsilon |s|} ds \\
&= \frac{1}{(2\pi)^n} \lim_{\varepsilon \downarrow 0} \int_{\mathbb{R}^n} dP^{\mathbf{X}}(y) \prod_{l=1}^n \frac{2\varepsilon}{(x_l - y_l)^2 + \varepsilon^2}.
\end{aligned}$$

最後の式は非負の関数の積分の極限であるから非負である．ゆえに $\varrho \geq 0$. ■

I.2 モーメントと特性関数

X を確率空間 (Ω, B, P) 上の確率変数とする．$n \in \mathbb{N}$ に対して，$X^n \in \mathsf{L}^1(\Omega, dP)$ のとき，X^n の期待値

$$\mathrm{E}(X^n) = \int_{\Omega} X(\omega)^n dP(\omega)$$

を X の n 次のモーメントまたは積率という．

定理 I.5 n を自然数とする．このとき

$$\int_{\Omega} |X(\omega)|^n dP(\omega) < \infty \tag{I.6}$$

ならば，X の特性関数 C_X は n 回連続微分可能であり

$$C_X^{(l)}(t) = i^l \int_{\Omega} X(\omega)^l e^{itX(\omega)} dP(\omega), \ l = 1, \cdots, n \tag{I.7}$$

が成り立つ．ここで，$C_X^{(l)}$ は C_X の l 階の導関数を表す．したがって，特に

$$\mathrm{E}[X^l] = i^{-l} C_X^{(l)}(0), \quad l = 1, \cdots, n. \tag{I.8}$$

証明　まず，(I.6) は，任意の $l = 1, \cdots, n$ に対して，$\int_\Omega |X(\omega)|^l dP(\omega) < \infty$ を意味することに注意する．実際

$$\begin{aligned}\int_\Omega |X(\omega)|^l dP(\omega) &= \int_{|X(\omega)|\le 1} |X(\omega)|^l dP(\omega) + \int_{|X(\omega)|>1} |X(\omega)|^l dP(\omega) \\ &\le \int_{|X(\omega)|\le 1} dP(\omega) + \int_{|X(\omega)|>1} |X(\omega)|^n dP(\omega) \\ &\le 1 + \int_\Omega |X(\omega)|^n dP(\omega) < \infty.\end{aligned}$$

残りの事実は，微分と積分の順序交換に関する定理 ([3] 付録の定理 A.4.1，または [4] の付録 A の定理 A.8) を応用することにより，証明される．■

実は，定理 I.5 のある意味での逆も成り立つ．すなわち，特性関数のなめらかさがモーメントの存在を導くのである．応用上はこのほうが有用である．

定理 I.6　$C_X(k)$ が $k = 0$ の近傍で $2n$ 回連続微分可能ならば，$l = 1, \cdots, 2n$ に対して

$$\int_\Omega |X(\omega)|^{2n} dP(\omega) < \infty \tag{I.9}$$

であり，(I.7) が $l = 1, \cdots, 2n$ に対して成り立つ．

証明　まず，$n = 1$ のときに題意が成立することを示す．そのために，$t = 0$ の近傍で

$$C_X^{(2)}(k) = \lim_{\varepsilon\to 0} \frac{C_X(k+\varepsilon) + C_X(k-\varepsilon) - 2C_X(k)}{\varepsilon^2}$$

と表されることに注目する*35．ここで，特に $k = 0$ の場合を考えると

$$-C_X^{(2)}(0) = \lim_{\varepsilon\to 0} \int_\Omega 4 \frac{\sin^2 \frac{\varepsilon X(\omega)}{2}}{\varepsilon^2} dP(\omega).$$

---

*35 一般に，開区間 (a, b) 上の 2 回連続微分可能な関数 f に対して

$$f''(x) = \lim_{\varepsilon\to 0} \frac{f(x+\varepsilon) + f(x-\varepsilon) - 2f(x)}{\varepsilon^2}, \quad x \in (a, b)$$

が成り立つ．これはテーラー展開を用いて容易に証明される．

そこで，ファトーの補題と $\lim_{\varepsilon\to 0} 4\sin^2\frac{\varepsilon X(\omega)}{2}/\varepsilon^2 = X(\omega)^2$ を用いると $-C_X^{(2)}(0) \geq \int_\Omega X(\omega)^2 dP(\omega)$．したがって，(I.9) が $n=1$ の場合に成り立つ．

次に (I.9) が $n=2m$ (m は自然数) のとき成立するとしよう．このとき，定理 I.5 により，$C_X^{(2m)}(k) = (-1)^m \int_\Omega X(\omega)^{2m} e^{ikX(\omega)} dP(\omega)$．$C_X^{(2m+2)} = d^2 C_X^{(2m)}/dk^2$ に注意すれば，前段の議論から

$$(-1)^{m+1} C_X^{(2m+2)}(0) = \lim_{\varepsilon\to 0} \int_\Omega 4\frac{\sin^2\frac{\varepsilon X(\omega)}{2}}{\varepsilon^2} X(\omega)^{2m} dP(\omega).$$

したがって，前段と同様にして $(-1)^{m+1}C_X^{(2m+2)}(0) \geq \int_\Omega X(\omega)^{2m+2} dP(\omega)$. ゆえに (I.9) は $n=2(m+1)$ のときも成立する．■

定理 I.5，定理 I.6 は確率ベクトル $\mathbf{X} = (X_1,\cdots,X_n)$ の場合へと拡張される[*36]：

定理 I.7　(i) $n \in \mathbb{N}$ ($l=1,\cdots,n$) とし，$\sum_{l=1}^n \alpha_l \leq n$ を満たすすべての多重指数 $(\alpha_1,\cdots,\alpha_n)$ ($\alpha_l \in \{0\}\cup\mathbb{N}$) に対して

$$\int_\Omega \prod_{l=1}^n |X_l(\omega)|^{\alpha_l} dP(\omega) < \infty \tag{I.10}$$

とする．このとき，$C_\mathbf{X}$ は n 回連続微分可能であり，

$$\frac{\partial^{\alpha_1+\cdots+\alpha_n} C_\mathbf{X}(k)}{\partial k_1^{\alpha_1}\cdots\partial k_n^{\alpha_n}} = i^{\alpha_1+\cdots+\alpha_n} \int_\Omega \prod_{l=1}^n X_l(\omega)^{\alpha_l} e^{i\sum_{l=1}^n k_l X_l(\omega)} dP(\omega)$$

が成り立つ．したがって，特に

$$\mathrm{E}\left[\prod_{l=1}^n X_l^{\alpha_l}\right] = i^{-\alpha_1-\cdots-\alpha_n} \left.\frac{\partial^{\alpha_1+\cdots+\alpha_n} C_\mathbf{X}(k)}{\partial k_1^{\alpha_1}\cdots\partial k_n^{\alpha_n}}\right|_{k=0}.$$

(ii) $C_\mathbf{X}$ が $k=0$ の近傍で $2n$ 回連続微分可能ならば，$\sum_{l=1}^{2n} \alpha_l \leq 2n$ を満たすすべての多重指数 $(\alpha_1,\cdots,\alpha_{2n})$ ($\alpha_l \in \{0\}\cup\mathbb{N}$) に対して，$n$ を $2n$ とした (I.10) が成り立つ．

付録 J　ガウス型確率過程

量子力学や量子場の理論において重要な役割を演じる確率過程のクラスを導入する．一つの見通しをいえば，ブラウン運動をその一つの具体例とするような一般的な確率過程のクラスである．まず，確率変数のある一般的なクラスを定義する．

[*36] 証明は，これらの定理ないしその証明の手法を利用することにより，容易に遂行されうる．

J.1　ガウス型確率変数

(Ω, B, P) を確率空間とする．この空間上の確率変数 X が**ガウス型**であるとは，その特性関数が

$$C_X(t) = e^{-at^2/2+itm}, \quad t \in \mathbb{R} \tag{J.1}$$

という形になる場合をいう．ここで，$a \geq 0$ は定数，m は実定数である．明らかに，$C_X(t)$ は無限回連続微分可能であるので，定理 I.6 により，すべての自然数 n に対して

$$\int_\Omega |X(\omega)|^n dP(\omega) < \infty$$

である．$C_X(t)e^{-itm}$ が確率変数 $X - m$ の特性関数であることに注意し，(I.7) および

$$\left.\frac{d^{2n}e^{-at^2/2}}{dt^{2n}}\right|_{t=0} = \frac{(-a)^n(2n)!}{2^n n!}, \quad \left.\frac{d^{2n+1}e^{-at^2/2}}{dt^{2n+1}}\right|_{t=0} = 0$$

という事実を使えば

$$E[(X-m)^{2n}] = \frac{a^n(2n)!}{2^n n!}, \quad E[(X-m)^{2n+1}] = 0 \tag{J.2}$$

を得る．特に，X の平均は m，分散は a であることがわかる．それゆえ，特性関数が (J.1) で与えられる確率変数を**平均が** m**，分散が** a **のガウス型確率変数**という．

(J.2) から明らかなように，ガウス型確率変数 X の場合，X の任意のモーメントは，平均と分散を用いて表される．

$a > 0$ ならば，定理 I.4 と公式

$$\int_{\mathbb{R}} e^{-itx} e^{-at^2/2+imt} dt = \sqrt{\frac{2\pi}{a}} e^{-(x-m)^2/2a}$$

を用いることにより，ガウス型確率変数の分布は

$$dP^X(x) = \sqrt{\frac{1}{2\pi a}} e^{-(x-m)^2/2a} dx \tag{J.3}$$

で与えられる．$a = 0$ のときは，(J.3) で $a \to 0$ の極限を考察することにより

$$dP^X(x) = \delta(x-m)dx \tag{J.4}$$

であることがわかる．

特性関数が (J.1) で与えられるガウス型確率変数 X に対して，新しい確率変数 $\widetilde{X} := X - m$ を考えると，これは平均 0，分散 a のガウス型確率変数になる．逆に，

平均 0，分散 a のガウス型確率変数 Y が与えられた場合，$X := Y + m$ とすれば，これは，平均 m，分散 a のガウス型確率変数である．したがって，ガウス型確率変数を考える場合，平均が 0 のものを考えれば十分である．それゆえ，以下では，特に断らない限り，ガウス型確率変数というときは，その平均は 0 であるとする．

次の事実は有用である：

命題 J.1 X を (平均 0 の) ガウス型確率変数とするとき，任意の正数 p に対して

$$\mathrm{E}[|X|^p] = C_p E[X^2]^{p/2} \tag{J.5}$$

が成り立つ．ここで

$$C_p = \frac{1}{\sqrt{2\pi}} \int_{\mathbb{R}} |x|^p e^{-x^2/2} dx.$$

証明 $a := \mathrm{E}(X^2)$ とすれば，(J.3) により

$$\mathrm{E}[|X|^p] = \frac{1}{\sqrt{2\pi a}} \int_{\mathbb{R}} |x|^p e^{-x^2/2a} dx.$$

そこで，$y = x/\sqrt{a}$ と変数変換すれば，(J.5) が得られる． ■

J.2 ガウス型確率ベクトル

ガウス型確率変数の確率ベクトル版を定義する．$A := (A_{jl})_{1\le j,l\le n}$ を n 次の半正定値実対称行列であるとする．すなわち，$A_{jl} = A_{lj} \in \mathbb{R} (j, l = 1, \cdots, n)$ かつ任意の $x_j \in \mathbb{R}, j = 1, \cdots, n$ に対して $\sum_{j,l=1}^n A_{jl} x_j x_l \ge 0$ が成立するとする．確率ベクトル $\mathbf{X} = (X_1, \cdots, X_n)$ の特性関数が

$$C_{\mathbf{X}}(k) = \exp\left(-\frac{1}{2}\sum_{j,l=1}^n A_{jl} k_j k_l\right) = \exp\left(-\frac{1}{2}\langle k, Ak\rangle_{\mathbb{R}^n}\right) \tag{J.6}$$

という形で与えられるとき，$\mathbf{X}$ を**ガウス型確率ベクトル**という．この場合，$X_1, \cdots, X_n$ は**結合的にガウス型**であるともいう．容易にわかるように，$C_{\mathbf{X}}$ は無限回連続微分可能であるから，定理 I.7-(ii) によって，$X_1, \cdots, X_n$ の任意の冪の積は可積分である．特に，定理 I.7-(i) により

$$E[X_j] = 0, \quad E[X_j X_l] = A_{jl}, \quad (j, l = 1, \cdots, n) \tag{J.7}$$

が成り立つ．第二式は，$\mathbf{X}$ の共分散行列は A であることを示す[*37]．

---

*37 一般に，確率ベクトル $\mathbf{Y} = (Y_1, \cdots, Y_n)$ から定まる行列 $(\mathrm{E}[Y_j Y_l])_{j,l}$ を $\mathbf{Y}$ の**共分散行列**という．

(J.6) の右辺を級数展開すれば

$$C_{\mathbf{X}}(k) = \sum_{n=0}^{\infty} \frac{(-1)^n}{2^n n!} \sum_{1 \le j_1, l_1, \cdots, j_n, l_n \le n} A_{j_1 l_1} \cdots A_{j_n l_n} k_{j_1} k_{l_1} \cdots k_{j_n} k_{l_n} \tag{J.8}$$

であるから，たとえば

$$\mathrm{E}[X_1 \cdots X_{2n+1}] = 0, \tag{J.9}$$

$$\mathrm{E}[X_1 \cdots X_{2n}] = \sum_{j_1 < l_1, \cdots, j_n < l_n} A_{j_1 l_1} \cdots A_{j_n l_n} \tag{J.10}$$

が導かれる．ここで，$\sum_{j_1 < l_1, \cdots, j_n < l_n}$ は，$(1, \cdots, 2n)$ から n 個の互いに異なる対 $(j_1, l_1), \cdots (j_n, l_n)$ $(j_1 < l_1, \cdots, j_n < l_n; j_1 < \cdots < j_n)$ を取り出す仕方すべてにわたる和を表す*38．したがって，$X_1, \cdots, X_n$ の任意の積の期待値は共分散 $\mathrm{E}[X_j X_l]$ から決まる．これはガウス型確率ベクトルの特徴の一つがある．

各 X_j の特性関数は

$$C_{X_j}(k_j) = C_{\mathbf{X}}(0, \cdots, 0, k_j, 0, \cdots, 0) = e^{-A_{jj} k_j^2/2} \tag{J.11}$$

であるので，X_j は分散が A_{jj} のガウス型確率変数である*39．

定理 J.2　共分散行列 $A = (A_{jk})_{1 \le j, l \le n}$ が正定値であるガウス型確率ベクトル $\mathbf{X} = (X_1, \cdots, X_n)$ の分布は

$$dP^{\mathbf{X}}(x) = (2\pi)^{-n/2} (\det A)^{-1/2} \exp\left(-\frac{1}{2} \left\langle x, A^{-1} x \right\rangle_{\mathbb{R}^n}\right) dx \tag{J.12}$$

で与えられる．ここで，$\det A$ は，行列 A の行列式を表す．

証明　定理 I.4 を応用する．そのためには

$$\varrho(x) = \frac{1}{(2\pi)^n} \int_{\mathbb{R}^n} e^{-ikx} e^{-(1/2)\langle k, Ak \rangle_{\mathbb{R}^n}} dk$$

を計算する必要がある．線形代数でよく知られているように，正定値実対称行列は適当な直交行列を用いて対角化される．すなわち，ある n 次の直交行列 T が存在して $B := TAT^{-1} = (\delta_{jl} \lambda_j)_{j,l}$ と表される．ただし，$\lambda_j > 0, j = 1, \cdots, n,$ は A の固有

---

*38 例：$\mathrm{E}[X_1 X_2 X_3 X_4] = A_{12} A_{34} + A_{13} A_{24} + A_{14} A_{23}$.

*39 $A_{jj} \ge 0$ は A の半正定値性から容易に導かれる．

値である．そこで，$p := Tx, y := Tk$ とおけば $kx = yp$, $\langle k, Ak\rangle = \sum_{j=1}^{n} \lambda_j y_j^2$．したがって

$$\begin{aligned}\varrho(x) &= \frac{1}{(2\pi)^n}\prod_{j=1}^{n}\int_{\mathbb{R}} e^{-\lambda_j y_j^2/2 - ip_j y_j}\,dy_j\\&= (2\pi)^{-n/2}(\lambda_1\cdots\lambda_n)^{-1/2}\exp\left(-\sum_{j=1}^{n} p_j^2/2\lambda_j\right)\\&= (2\pi)^{-n/2}(\det A)^{-1/2}e^{-\langle p, B^{-1}p\rangle_{\mathbb{R}^n}/2}.\end{aligned}$$

さらに，$B^{-1} = TA^{-1}T^{-1}$ に注意すれば $\left\langle p, B^{-1}p\right\rangle_{\mathbb{R}^n} = \left\langle x, A^{-1}x\right\rangle_{\mathbb{R}^n}$．よって，(J.12) が得られる．■

J.3　ガウス型確率過程

集合 T によって添え字付けられた $\mathbb{R}^d$-値確率変数の族 $\{X(t)\}_{t\in\mathsf{T}}$ (各 $X(t)$ は同一の確率空間上の $\mathbb{R}^d$-値確率変数) について，すべての自然数 $n \in \mathbb{N}$ とすべての $t_1, \cdots, t_n \in \mathsf{T}$ に対して確率ベクトル $(X(t_1), \cdots, X(t_n))$ がガウス型であるとき，$\{X(t)\}_{t\in\mathsf{T}}$ を $\mathbb{R}^d$-値の**ガウス型確率過程**という．

付録 K　確率過程の連続性に対する判定条件

定理 K.1 (コルモゴロフの連続性定理)a, b $(a < b)$ を実数，$\{X_t\}_{t\in[a.b]}$ を確率空間 (Ω, Σ, P) 上の実数値確率過程とする．定数 $C > 0, r, p$ $(0 < r < p)$ があって，不等式

$$\mathrm{E}[|X_{t+h} - X_t|^p] \le C|h|^{1+r} \quad (a \le t < t+h \le b) \tag{K.1}$$

が成り立つと仮定する．$0 < \alpha < r/p$ (< 1) を固定する．このとき，P に関して，ほとんどいたるところの $\omega \in \Omega$ に対して定数 $C(\omega) > 0$ が存在して，$[a, b]$ の中のすべての 2 進有理数 s, t に対して

$$|X_t(\omega) - X_s(\omega)| \le C(\omega)|t - s|^{\alpha} \tag{K.2}$$

が成立する．

証明　たとえば，[19], p.43, Theorem 5.1 を参照．■

系 K.2　定理 K.1 の仮定を満たす確率過程 $\{X_t\}_{t\in[a,b]}$ は (Ω, B, P) 上に連続版 $\{\widetilde{X}_t\}_{t\in[a,b]}$ をもち，すべての $s,t \in [a,b]$ に対して

$$|\widetilde{X}_t(\omega) - \widetilde{X}_t(\omega)| \le \widetilde{C}(\omega)|t-s|^\alpha, \quad \omega \in \Omega \tag{K.3}$$

が成立する．ここで $\widetilde{C}(\omega)$ は，s,t によらない定数である．

証明　$\Omega_0 := \{\omega \in \Omega | \text{(K.2) が成立}\}$ とする．したがって，$P(\Omega) = P(\Omega_0)$ である．$[a,b]$ の中の 2 進有理数の全体は，$[a,b]$ で稠密であるから，$\omega \in \Omega_0$ に対しては，(K.2) により，$X_t(\omega)$ は t の関数として，$[a,b]$ 上の連続関数に一意的に拡大される．これを $\widetilde{X}_t(\omega)$ と書く．これは Ω_0 上の確率変数であり，$\Omega \backslash \Omega_0$ 上では，0 とすることにより，Ω 全体へと拡張される．この拡張も $\widetilde{X}_t(\omega)$ で表す．このとき，明らかに，各 $\omega \in \Omega$ に対して，対応：$t \mapsto \widetilde{X}_t(\omega)$ は連続である．さらに，任意の $t_j \in [a,b]\,(j=1,\cdots,n)$ に対して $(X_{t_1},\cdots,X_{t_n})$ の分布と $(\widetilde{X}_{t_1},\cdots,\widetilde{X}_{t_n})$ の分布が一致することが次のようにしてわかる：各 t_j に対して，$t_j(m) \to t_j\ (m\to\infty)$ となる 2 進有理数が存在し，そのような 2 進有理数に対しては，$\widetilde{X}_t$ の定義により，任意の実数 $\alpha_j, j=1,\cdots,n$ に対して，$\mathrm{E}\left[e^{i\sum_{j=1}^n \alpha_j X_{t_j(m)}}\right] = \mathrm{E}\left[e^{i\sum_{j=1}^n \alpha_j \widetilde{X}_{t_j(m)}}\right]$ が成り立つ．右辺は，$\widetilde{X}_t(\omega)$ の連続性とルベーグの優収束定理により，$\mathrm{E}\left[e^{i\sum_{j=1}^n \alpha_j \widetilde{X}_{t_j}}\right]$ に収束する．一方，(K.1) によって，$t_j(m)$ の適当な部分列 $\{t_j(m_k)\}_{k=1}^\infty$ をとれば，$X_{t_j(m_k)} \to X_{t_j}$, P-a.e. $(k\to\infty)$．したがって，ルベーグの優収束定理により，$\lim_{k\to\infty}\mathrm{E}\left[e^{i\sum_{j=1}^n \alpha_j X_{t_j(m_k)}}\right] = \mathrm{E}\left[e^{i\sum_{j=1}^n \alpha_j X_{t_j}}\right]$．ゆえに，$\mathrm{E}\left[e^{i\sum_{j=1}^n \alpha_j X_{t_j}}\right] = \mathrm{E}\left[e^{i\sum_{j=1}^n \alpha_j \widetilde{X}_{t_j}}\right]$ が得られる．これは $(X_{t_1},\cdots,X_{t_n})$ の特性関数と $(\widetilde{X}_{t_1},\cdots,\widetilde{X}_{t_n})$ のそれが一致することを示しているから，分布の一意性定理 (定理 I.2) によって，これら二つの確率ベクトルの分布は一致する．よって，$\{\widetilde{X}_t\}_{t\in[a,b]}$ は $\{X_t\}_{t\in[a,b]}$ の連続版である．(K.3) は (K.2) から極限移行することにより得られる[*40]．■

一般に，$\mathsf{T} = [a,b]$ または $[0,\infty)$ 上の $\mathbb{R}^d$-値関数 ω に対して，定数 $C>0$ が存在して

$$|\omega(t) - \omega(s)| \le C|t-s|^\alpha, \quad s,t \in \mathsf{T}$$

[*40] 定数 $\widetilde{C}(\omega)$ についていえば，$\widetilde{C}(\omega) := C(\omega), \omega \in \Omega_0, \widetilde{C}(\omega) := 0, \omega \in \Omega \setminus \Omega_0$ とすればよい．

が成り立つとき ($\alpha \in (0,1]$ は定数)，ω は**指数 α のヘルダー連続性**をもつという．

系 K.2 の $\{\widetilde{X}_t\}_{t\in[a,b]}$ は，より精密には，$\{X_t\}_{t\in[a,b]}$ に対する，**指数 α のヘルダー連続版**と呼ばれる．

ノート

この章で論述した汎関数積分法は，量子場の理論のモデルの研究においても非常に有用であり，強力でありうる．この側面については，たとえば，[6] や [8] を参照されたい．

数理物理学との関連において確率論を要領よく簡潔に解説した邦書として [21] がある．この本や [20] は，本章に登場した確率過程のさらに詳細な性質や数理物理的発展を学習するのに役立つであろう．

量子力学における経路積分の物理的・発見法的議論がどんなものであるかを知るには，たとえば，[18] が参考になるかもしれない．しかし，もちろん，この種の議論では—発見法的には有用であるとはいえ—，理論的に完全な結論に到ることはできない．

第 8 章　演習問題

H は複素ヒルベルト空間とする．

1. 注意 8.1 に述べた事実を証明せよ．

2. L を H 上の下に有界な自己共役作用素とする．抽象的な熱方程式 (8.9) の二つの解 $\Psi_1(t), \Psi_2(t)$ の初期条件が一致するならば，すなわち，$\Psi_1(0) = \Psi_2(0)$ が成り立つならば，$\Psi_1(t) = \Psi_2(t)$, $\forall t \geq 0$ であることを示せ．

3. H_0 は (8.22) によって定義される作用素とする．次の事実を証明せよ．

(i) $\psi \in \mathsf{L}^2(\mathbb{R}^d)$ が実数値ならば，すべての $t > 0$ に対して，$e^{-tH_0}\psi$ も実数値である．

(ii) $\psi \in \mathsf{L}^2(\mathbb{R}^d)$ が非負ならば，すべての $t > 0$ に対して，$e^{-tH_0}\psi$ も非負である．

(iii) $\psi \in \mathsf{L}^2(\mathbb{R}^d)$ が非負かつ $\psi \neq 0$ ($\mathsf{L}^2(\mathbb{R}^d)$ の元として) ならば，すべての $t > 0$ に対して，$e^{-tH_0}\psi > 0$ (a.e.).

(iv) $\psi \in \mathsf{L}^1(\mathbb{R}^d)$ ならば

$$|(e^{-tH_0}\psi)(x)| \le \left(\frac{m}{2\pi t}\right)^d \|\psi\|_{\mathsf{L}^1(\mathbb{R}^d)}, \quad x \in \mathbb{R}^d, t > 0.$$

さらに

$$\lim_{t\to\infty} t^{d/2} \left\langle \psi, e^{-tH_0}\psi \right\rangle = (2\pi m)^{d/2} |\hat{\psi}(0)|^2.$$

ここで，$\hat{\psi}(k) := (2\pi)^{-d/2} \int_{\mathbb{R}^d} e^{-ikx}\psi(x)dx$ は ψ のフーリエ変換を表す．

＊　＊　＊　＊　＊

定義 (X, μ) を測度空間とし，T を $\mathsf{L}^2(X, d\mu)$ 上の有界な線形作用素とする．

(a) $f \ge 0, f \in \mathsf{L}^2(X, d\mu)$ ならば，常に $Tf \ge 0$ であるとき，T は**正値性を保存する** (positivity preserving) といい，T を**正値性保存作用素**と呼ぶ．

(b) $f \ge 0, f \in \mathsf{L}^2(X, d\mu) \setminus \{0\}$ ならば，常に $Tf > 0$ (μ-a.e.) であるとき，T は**正値性を改良する** (positivity improving) といい，T を**正値性改良作用素**と呼ぶ．

注：演習問題 3-(iii) によって，すべての $t > 0$ に対して，e^{-tH_0} は正値性改良作用素である．

＊　＊　＊　＊　＊

4. (X, μ) を測度空間とし，T を $\mathsf{L}^2(X, d\mu)$ 上の有界な線形作用素とする．

(i) すべての非負関数 $f, g \in \mathsf{L}^2(X, d\mu)$ に対して，$\langle f, Tg\rangle \ge 0$ ならば，T は正値性保存作用素であることを示せ．

(ii) すべての非負関数 $f, g \in \mathsf{L}^2(X, d\mu) \setminus \{0\}$ に対して，$\langle f, Tg\rangle > 0$ ならば，T は正値性改良作用素であることを示せ．

(iii) T が正値性保存作用素 (正値性改良作用素) ならば，T^* も正値性保存作用素 (正値性改良作用素) であることを示せ[*41]．

注: $\mathsf{L}^2(X, d\mu)$ 上の下に有界な自己共役作用素 H について，すべての $t > 0$ に対して，e^{-tH} が正値性改良作用素ならば，H の基底状態は (存在すれば) 一意的であり，かつ基底状態として μ に関してほとんどいたるところ正であるものがとれることが証明される ([6], 定理 3.5.2)．この意味でも，正値性改良作用素の概念は重要である．

[*41] 括弧には括弧を対応させて読む．

5. V を $\mathbb{R}^d$ 上の連続な関数で下に有界なものとする．このとき，すべての $t>0$ に対して，e^{-tH_V} は正値性改良作用素であることを証明せよ．

ヒント：(8.72) と演習問題 3-(iii) を用いよ．

6. A, B を H 上の下に有界な自己共役作用素とし，$A+B$ は本質的に自己共役であるとする．さらに，すべての $t>0$ に対して，e^{-tA}, e^{-tB} はともに正値性保存作用素であるとする．このとき，すべての $t>0$ に対して，$e^{-t(\overline{A+B})}$ は正値性保存作用素であることを証明せよ．

7. 定理 8.28 の証明の詳細を埋めよ．

8. 積分 $\int_{(\mathbb{R}^d)^2} xyd\mu_{s,t}^{L_0}(x,y)$ を直接計算することにより，(8.78) を証明せよ．

関 連 図 書

[1] 新井朝雄，『ヒルベルト空間と量子力学』，共立出版，1997.
[2] 新井朝雄，『物理現象の数学的諸原理』，共立出版，2003.
[3] 新井朝雄・江沢 洋，『量子力学の数学的構造 I』，朝倉書店，1999.
[4] 新井朝雄・江沢 洋，『量子力学の数学的構造 II』，朝倉書店，1999.
[5] 江沢 洋，量子力学の構造，[22] の第 17 章.
[6] 江沢 洋・新井朝雄，『場の量子論と統計力学』，日本評論社，1988.
[7] 藤原大輔，『ファインマン経路積分の数学的方法—時間分割近似法』，シュプリンガー・フェアラーク東京，1999.
[8] 廣島文生，開放系のスペクトル解析—汎関数積分によるアプローチ，荒木不二洋 編『数理物理への誘い 4』(遊星社，2002) の第 6 話，p.143–p.174.
[9] Takashi Ichinose and Hideo Tamura, The norm convergence of the Trotter–Kato product formula with error bound, Commun. Math. Phys. **217** (2001), 489–502.
[10] 伊藤 清，『確率論』，岩波書店，1953.
[11] 伊藤清三，『ルベーグ積分入門』(12 版)，裳華房，1963，1974.
[12] 掛下伸一，『確率論』，サイエンス社，1973.
[13] A. コルモゴルフ『確率論の基礎概念』(根本伸司 訳)，東京図書，1975.
[14] 中村 徹，『超準解析と物理学』，日本評論社，1998.
[15] M. Reed and B. Simon, Methods of Modern Mathematical Physics Vol.I: Functional Analysis, Academic Press, 1972.
[16] M. Reed and B. Simon, Methods of Modern Mathematical Physics Vol.II: Self-adjointness, Fourier Analysis, Academic Press, 1975.
[17] M. Reed and B. Simon, Methods of Modern Mathematical Physics Vol.IV: Analysis of Operators, Academic Press, 1978.
[18] L. S. シュルマン，『ファインマン経路積分』(高塚和夫訳)，講談社，1995.

[19] B. Simon, Functional Integration and Quantum Physics, Academic Press, 1979.

[20] 保江邦夫,『数理物理学方法序説 3 量子力学』, 日本評論社, 2001.

[21] 保江邦夫,『数理物理学方法序説 4 確率論』, 日本評論社, 2001.

[22] 湯川秀樹・豊田利幸 編,『岩波講座 現代物理学の基礎〔第 2 版〕4 量子力学 II』, 岩波書店, 1978.

9
超対称的量子力学

通常の時空の一般化として，外的な時空に加えて，“スピンの古典力学”を記述する“内部空間”をも取り入れた超空間の概念について叙述する．超空間には超並進群と呼ばれる変換群が作用し，この変換群の対称性として古典力学的レヴェルでの超対称性が定義される．古典力学での超対称性は，量子力学においては，ボソンとフェルミオンを対等に扱う対称性として現れる．超対称性をもつ量子力学—超対称的量子力学—を公理論的に定式化し，一般論を展開する．これによって超対称的量子力学の普遍的な数学的構造が明らかにされる．この普遍的なレヴェルにおいて，超対称的量子力学は，超対称性をもたない量子力学に比べて興味深い性質をもつことが示唆される：摂動法が破綻する構造の存在や基底状態の縮退等々．具体的なモデルの解析も行う．

9.1 はじめに—超対称性とはどういうものか

前著 [14] の 4 章において，量子的粒子は二つの族，すなわち，フェルミオンとボソンに分類されることを述べた．前者は半奇数 $(1/2, 3/2, \cdots)$ のスピンをもち，後者は非負整数 $(0, 1, 2, \cdots)$ のスピンをもつ (スピンと統計の関係)．フェルミオンとボソンは“物質”の形成にあたって互いに異なる役割を担う．多くの場合，フェルミオンは“物質”のいわば“素材”であり，ボソンはフェルミオン間の力を媒介する．この力により，素材としてのフェルミオンは“つなぎ合わされて”，ある構造体 (たとえば，原子核，原子や分子，そしてそれらの集合体としての巨視的物質) が生み出されるのである*1．フェルミオンとボソンの物理的性質の違いは，当然のことながら，その数学的形式に反映している．その一

---

*1 いうまでもなく，各フェルミオンごとに，そのフェルミオンどうしの力を媒介するボソンの種類は異なりうる．たとえば，核子どうしの力 (核力) は中間子というボソンによって媒介され，電気力は，光の量子である光子—これはスピン 1 のボソン—によって媒介される．

端は，前著 [14] の 4 章でみた通りである．

しかし，こうした性質の違いにも関わらず，フェルミオンとボソンを別の種類の対象とはみないで，より高次の実体の特殊分節とみる統一的観点をとることも可能である．平たくいえば，ボソンとフェルミオンをある意味で同等に扱うのである．このような観点を可能にする一つの数学的構造として構想されたのが**超対称性** (supersymmetry) と呼ばれる対称性の概念である．この対称性は，描像的にいえば，時空の対称性と内部対称性を統一し，ボソンとフェルミオンを互いに関連づける対称性である．超対称性は，歴史的には，相対論的量子場の理論のコンテクストで導入された (Wess-Zumino, 1974)．だが，非相対論的な量子場の理論や有限自由度の量子力学においても超対称性を考えることは可能である．この章の目的は，この広い意味での**超対称的量子力学**の基本的な部分を叙述することである．9.3 節以降において示されるように，超対称的量子力学は，通常の量子力学にはない興味深い側面をもっている．

9.2 超空間，超場および超対称性代数

超対称的量子力学の数学的理論を定式化する前に，古典力学的次元において，超対称性がどういうものであるかについての発見法的な議論をしておこう．

前節で述べたように，超対称性はボソンとフェルミオンを関連づけるという意味において，本質的には，量子論的な概念である．しかし，超対称性の，古典力学における対応物を考えることは可能であり，これによって，通常の時空間の拡大としての “超空間”(superspace) という概念が，ある意味では自然に導かれる．まず，これがどのようなものであるかを簡単な例によって示そう．

通常の古典力学の正準量子化においては，正準交換関係を通して，座標と運動量がヒルベルト空間上の作用素に対応させられる．しかし，この場合，スピンのことは考慮されておらず，さしあたっては，スピンが 0 のボソンの量子力学的記述であると考えられる．スピン自由度は，あとから内部自由度としてつけ加えるのが普通である．もし，古典力学のレヴェルでもスピン自由度に対応するものを記述しよう思うならば，通常の座標，運動量変数のほかに別のいわば “内的な” 力学変数を導入する必要があるであろう．これがどのようなもの

であるべきかをさぐるために，フェルミオンのうちでもスピンの値が最も小さいもの，すなわち，スピンが 1/2 の素粒子—たとえば電子—を考えてみよう．この素粒子のスピン作用素 $\mathbf{S} = (S_1, S_2, S_3)$ は $S_j = (\hbar/2)\sigma_j$ ($\{\sigma_j\}_{j=1}^3$ はパウリ行列) によって与えられ，これらは反交換関係

$$\{S_j, S_k\} = \frac{\hbar^2}{2}\delta_{jk} \tag{9.1}$$

を満たす[*2]．(9.1) の右辺は，古典的極限 $\hbar \to 0$ をとるとき，0 になるので，スピン作用素は，“古典的には”，何かある反可換な量の組 $(\theta_1, \theta_2, \theta_3)$ で表されると考えられる：

$$\{\theta_j, \theta_k\} = 0, \quad j, k = 1, 2, 3. \tag{9.2}$$

パウリ行列は $\sigma_j\sigma_k = \sum_{\ell=1}^3 i\varepsilon_{jk\ell}\sigma_\ell$ ($\varepsilon_{jk\ell}$ はレヴィ・チビタ記号) を満たすので，スピン作用素の成分のうち，独立なものは二つであり，それらを S_1, S_2 としても一般性を失わない．したがって，スピンの力学に対応する古典的な力学理論があるとすれば，それは，二つの独立な反可換変数 θ_1, θ_2 を用いて記述されるであろう．逆にいうならば，何かある反可換な代数的対象 θ_1, θ_2 を二つの独立な “力学変数” とするような “古典力学系” があって，その “量子化” が (9.1) における $j, k = 1, 2$ の関係式であるとみ直すのである．この場合，(θ_1, θ_2) はいわば “古典的スピン力学変数” とみなすことができる．以後，これを**フェルミオン的変数**または**フェルミオン的座標**ということにする．こうして，通常の 4 次元時空の点 $(t, x_1, x_2, x_3) \in \mathbb{R}^4$ とフェルミオン的変数の組 (θ_1, θ_2) をあわせたもの $(t, x_1, x_2, x_3, \theta_1, \theta_2)$ からなる空間を想像することができる．これが “超空間” と呼ばれる空間に対する素朴な描像である．“古典的スピン” をも含めた古典力学をつくるには，通常の古典力学の枠組みを “超空間” の上に拡張すればよいであろうことは容易に推測されよう．

“超空間” においては，時空点 (t, x_1, x_2, x_3) とフェルミオン的変数の組 (θ_1, θ_2) を “混ぜ合わせる” 変換が考えられる．ところが，その種の変換を考えるとある困難に出会う．たとえば，“超空間” の点の第一成分の座標 t が $t + \theta_1\theta_2$ と

[*2] 古典的極限 $\hbar \to 0$ を考えたいので，$\hbar$ を復活させた．$\{\cdot, \cdot\}$ は反交換子：$\{A, B\} := AB + BA$.

なるような変換を考えてみよう．この場合，$\theta := \theta_1\theta_2$ は実数でなければ意味がない．だが，実数であるとすると $\theta = 0$ となってしまう (∵ (9.2) を使うと，$\theta^2 = \theta_1\theta_2\theta_1\theta_2 = -\theta_1^2\theta_2^2 = 0$)．他の成分の変換についても同様．これは，上に言及した，"超空間" に対する素朴な描像が修正されなければならないことを示唆する．つまり，超空間が数学的に存在するとすれば，その時空の座標も，フェルミオン的座標と同様に，実数ではありえない．これを動機づけの一つとして，もっときちんとした考察を行うことにより，以下に叙述するように，"超空間" の真の姿が見いだされる．なお，超対称的量子力学をすぐにも学習したい読者は，9.3 節から読み進んで差し支えない (この節の残りの内容を知らなくても，9.3 節以降の数学的内容は理解できるように書かれている)．

9.2.1 超空間と超場

単位元 e と可算無限個の元 v_n $(n = 1, 2, \cdots)$ から生成されるグラスマン代数を A としよう．すなわち，A は無限次元代数であり，v_n は

$$\{v_j, v_k\} = 0, \quad v_j e = e v_j, \quad j, k \geq 1 \tag{9.3}$$

を満たし，A の任意の元 A は

$$A = \sum_{p=0}^{\infty} A(p), \tag{9.4}$$

$$A(p) = \begin{cases} A_0 e & ; p = 0 \\ \displaystyle\sum_{i_1,\cdots,i_p} \frac{1}{p!} A_{i_1\cdots i_p} v_{i_1} \cdots v_{i_p} & ; p \geq 1 \end{cases} \tag{9.5}$$

という形で与えられる．ここで，$A_0 \in \mathbb{C}$, $A_{i_1\cdots i_p} \in \mathbb{C}$ は $(i_1, \cdots, i_p)$ に関して反対称であり，(9.4) の右辺の和は，A ごとに定まる有限項にわたる和であり，(9.5) の第二式の和も有限項にわたる和である[*3]．グラスマン代数 A の元を**グラスマン数**といい，特に，$A(p)$ の形の元を**次数 p のグラスマン数**という．

---

*3 無限次元グラスマン代数の基本的モデルの一つは，無限次元ベクトル空間 V からつくられる**外積代数** $\wedge(V) := \oplus_{p=0}^{\infty} \wedge^p (V)$ である [$\wedge^p(V) := \hat{\otimes}_{\mathrm{as}}^p V$ は V の p 重反対称代数的テンソル積 ([14], 4 章)]．V がヒルベルト空間であれば，$\wedge(V)$ の閉包は V 上のフェルミオンフォック空間 $\mathcal{F}_{\mathrm{as}}(V)$ である ([14], 4 章)．$\wedge(V)$ における積演算は外積 $\wedge$ によって与える．すなわち，任意の $u = \oplus_{p=0}^{\infty} u(p), v = \oplus_{p=0}^{\infty} v(p) \in$

次数が偶数であるグラスマン数の1次結合がなす部分空間を A_+，次数が奇数であるグラスマン数の1次結合がなす部分空間を A_- とすれば，明らかに

$$\mathsf{A} = \mathsf{A}_+ \oplus \mathsf{A}_- \tag{9.6}$$

と直和分解される．A_+ は部分代数をなすが，A_- はそうではない．実際，容易にわかるように

$$A, B \in \mathsf{A}_+, \quad C, D \in \mathsf{A}_- \Longrightarrow AB,\ CD \in \mathsf{A}_+, \quad AC \in \mathsf{A}_- \tag{9.7}$$

が成り立つ．さらに，(9.3) によって，A_+ の任意の元は任意のグラスマン数と可換であり，A_- の任意の二つの元は反可換である．特に

$$A^2 = 0, \quad \forall A \in \mathsf{A}_- \tag{9.8}$$

が成立する．

自然数 m, n に対して

$$\mathsf{B}_m := \oplus^m \mathsf{A}_+ \ (\mathsf{A}_+ \text{ の } m \text{ 個の直和}), \qquad \mathsf{S}_n := \oplus^n \mathsf{A}_- \ (\mathsf{A}_- \text{ の } n \text{ 個の直和}) \tag{9.9}$$

とする．これらの直和

$$\mathsf{A}^{m,n} := \mathsf{B}_m \oplus \mathsf{S}_n = \{(x, \theta) | x \in \mathsf{B}_m, \theta \in \mathsf{S}_n\} \tag{9.10}$$

を**超空間**という．B_m の元 x と S_n の元 θ をそれぞれ，$x = (x^0, x^1, \cdots, x^{m-1})$，$\theta = (\theta^1, \cdots \theta^n)$ と記す [$x^\mu \in \mathsf{A}_+$ $(\mu = 0, \cdots, m-1)$, $\theta^a \in \mathsf{A}_-$ $(a = 1, \cdots, n)$]．x を**時空変数**，θ を**内部変数**または**フェルミオン的変数**と呼ぶ．$m = 4, n = 2$ の場合，すなわち，$\mathsf{A}^{4,2}$ が，上で素朴な形で考えた超空間の厳密な形を与える．つまり，時空の座標のおのおのを A_+ の元として，また"古典的スピン座標"のそれぞれは A_- の元として解釈し直すのである．こうすることにより，時空座標とフェルミオン的変数を混合する変換が可能になる．

$\wedge(V)$ に対して，$uv := u \wedge v := \oplus_{p,q} u(p) \wedge v(q)$．$V$ の基底を $\{v_n\}_{n=1}^\infty$ とすれば，$u(p) = \sum_{i_1, \cdots, i_p} \frac{1}{p!} u_{i_1 \cdots i_p} v_{i_1} \cdots v_{i_p}$ (有限項にわたる和) と書ける ($u_{i_1 \cdots i_p} \in \mathbb{C}$ は $i_1, \cdots, i_p$ に関して反対称)．

超空間 $\mathsf{A}^{m,n}$ から A への写像を**超場** (superfield) と呼ぶ．超場全体の集合を $\mathcal{F}(\mathsf{A}^{m,n})$ で表す．通常の時空上の関数やベクトル場，テンソル場を古典場と呼ぶように，ここで定義した意味での超場は超空間上の古典場である．以下では，この古典場に関する理論の一部を叙述することになる[*4]．

9.2.2 超 並 進 群

通常の $(d+1)$ 次元時空 $\mathbb{R}^{d+1}$ における単純で自然な変換群の一つは，並進群であった (これも同じ記号 $\mathbb{R}^{d+1}$ で書かれる) (第 4 章を参照)．超空間においてもこの種の変換群を考察するのは自然である．この場合，超対称性という観点を考慮すると，時空変数と内部変数が混合するような並進がより意味のあるものであろうことが予想される．以下の論述は，純数学的には，この動機づけのもとに発見される理論内容の一部である．

内部変数 $\theta \in \mathsf{S}_n$ の成分の添え字として，英語の小文字 $a, b, \cdots$, $(a, b = 1, \cdots, n)$ を用いる (したがって，θ の第 a 成分は θ^a と表される)．

各 $a, b = 1, \cdots, n,$ に対して，B_m の元 γ_{ab} で

$$\gamma^\mu_{ab} = \gamma^\mu_{ba}, \quad \mu = 0, \cdots, m-1,\ a, b = 1, \cdots, n \tag{9.11}$$

を満たすものを任意に一つ固定し (ただし，γ^μ_{ab} のうち，少なくとも一つは 0 でないとする)，任意の二つの元 $(x, \theta), (y, \xi) \in \mathsf{A}^{m,n}$ に対して，積演算 $(x, \theta)(y, \xi) \in \mathsf{A}^{m,n}$ を

$$(x, \theta)(y, \xi) := (z, \theta + \xi) \tag{9.12}$$

によって定義する．ただし

$$z^\mu := x^\mu + y^\mu + \sum_{a,b=1}^{n} \gamma^\mu_{ab}\theta^a\xi^b \ (\mu = 0, \cdots, m-1). \tag{9.13}$$

右辺第三項の各因子 $\gamma^\mu_{ab}\theta^a\xi^b$ は A_+ の元であるから，この定義は確かに意味をもつ．定義に即した直接の計算により，$\mathsf{A}^{m,n}$ は，この演算に関して群になることがわかる．単位元は $(0, 0)$ であり，$(x, \theta) \in \mathsf{A}^{m,n}$ の逆元は $(-x, -\theta)$ である (こ

[*4] 念のために述べておくと，この節の内容は量子論ではない．だが，以下に述べる超並進群に関わる代数的構造自体は超対称的量子論へと直接に接続する．

こに性質 (9.11) がきく; $\sum_{a,b=1}^{n}\gamma_{ab}^{\mu}\theta^{a}\theta^{b}=0$). この群を A と $\gamma:=\{\gamma_{ab}^{\mu}|\mu=0,\cdots,m-1,\ a,b=1,\cdots,n\}$ に同伴する**超並進群** (super translation group) という. これを $\mathsf{T}_{\mathsf{A},\gamma}$ で表す[*5]. 超並進群は $\mathsf{A}^{m,n}$ 上の変換群とみることができる. 変換群としての超並進群の元 (y,ξ) で $\xi\neq 0$ であるものを**超対称的変換** (supersymmetric transformation) という[*6]. 他方, 超並進群の元で内部変数が 0 であるもの $(y,0)$ は, 物理的には, 時空上の並進を表す.

超並進群の各元 $(y,\xi)\in\mathsf{T}_{\mathsf{A},\gamma}$ に対して, 写像 $T_{(y,\xi)}:\mathcal{F}(\mathsf{A}^{m,n})\to\mathcal{F}(\mathsf{A}^{m,n})$ を

$$(T_{(y,\xi)}\Phi)(x,\theta):=\Phi((y,\xi)^{-1}(x,\theta))=\Phi((-y,-\xi)(x,\theta)),\quad (x,\theta)\in\mathsf{A}^{m,n} \tag{9.14}$$

によって定義すれば, 容易にわかるように, 対応 : $(y,\xi)\mapsto T_{(y,\xi)}$ は, 超並進群 $\mathsf{T}_{\mathsf{A},\gamma}$ の $\mathcal{F}(\mathsf{A}^{m,n})$ 上での表現である.

第 4 章でみたように, 通常の並進群 $\mathbb{R}^d$ は $\mathbb{R}^d$ 上の関数空間上に自然な表現をもち, その生成子は座標変数に関する偏微分作用素で与えられる. これとのアナロジーからいえば, 超並進群に関する上述の表現の生成子は—存在するとすれば— “グラスマン数に関する偏微分作用素” (発見法的には, そのようなものがあると想定される) を用いて与えられるであろうことが推測される. 実際, この推測は正しい. この事実を正確に述べるために, 次にグラスマン数に関する偏微分作用素の概念を定義する.

9.2.3　グラスマン数に関する偏微分

$x^{\mu}\in\mathsf{A}_{+}$ $(\mu=0,\cdots,m-1)$ で生成される多項式の全体を $\mathcal{P}_{m}^{+}$, e と $\theta^{a}\in\mathsf{A}_{-}$ $(a=1,\cdots,n)$ で生成される多項式の全体を $\mathcal{P}_{n}^{-}$ とし

$$\mathcal{P}_{m,n}:=\mathcal{L}(\{\alpha PQ|P\in\mathcal{P}_{m}^{+},Q\in\mathcal{P}_{n}^{-},\alpha\in\mathsf{A}\} \tag{9.15}$$

を定義する. $\mathcal{P}_{m,n}$ の元を $\mathsf{A}^{m,n}$ **上の多項式**と呼ぶ. 各 $\mu=0,\cdots,m-1$ に対して, 写像 $\partial_{\mu}:\mathcal{P}_{m,n}\to\mathcal{P}_{m,n}$ を次のように定義する : $\partial_{\mu}\alpha:=0$, $\forall\alpha\in\mathsf{A}$;

---

*5　以下の論述において, $m=1,n=1$ という最も簡単な場合を念頭におくと理解がしやすいであろう.

*6　$\xi\neq 0$ ならば, (y,ξ) は時空変数と内部変数を真に混合することによる.

$\partial_\mu Q := 0, \forall Q \in \mathcal{P}_n^-$;

$$\partial_\mu \left[\alpha x^{\mu_1} \cdots x^{\mu_p} Q\right] := \alpha \sum_{j=1}^{p} \delta_\mu^{\mu_j} x^{\mu_1} \cdots \widehat{x}^{\mu_j} \cdots x^{\mu_p} Q \tag{9.16}$$

$(x = (x^0, \cdots, x^{m-1}) \in \mathsf{B}_m,\ 0 \le \mu_j \le m-1,\ p \in \mathbb{N},\ Q \in \mathcal{P}_n^-)$．ただし，$\delta_\mu^\nu := \delta_{\mu\nu}$ はクロネッカーのデルタであり，$\widehat{x}^{\mu_j}$ は和において x^{μ_j} を除くことを表す記号である．$\mathcal{P}_{m,n}$ の任意の元に対しては線形性によって拡張する．∂_μ を $x^\mu \in \mathsf{A}_+$ に関する**偏微分作用素**という．

各 $a = 1, \cdots, n$, に対して，θ^a に関する**偏微分作用素** $\partial_a : \mathcal{P}_{m,n} \to \mathcal{P}_{m,n}$ は次のように定義される[*7]：$\partial_a P := 0,\ \forall P \in \mathcal{P}_m^+$; $\partial_a \alpha := 0,\ \forall \alpha \in \mathsf{A}$;

$$\begin{aligned}&\partial_a \left[x^{\mu_1} \cdots x^{\mu_p} \theta^{a_1} \cdots \theta^{a_q}\right] \\ &:= x^{\mu_1} \cdots x^{\mu_p} \sum_{l=1}^{q} \delta_a^{a_l} (-1)^{l-1} \theta^{a_1} \cdots \widehat{\theta}^{a_l} \cdots \theta^{a_q}\end{aligned} \tag{9.17}$$

$(\theta = (\theta^1, \cdots, \theta^n) \in \mathsf{S}_n,\ 1 \le a_l \le n,\ q \in \mathbb{N},\ P \in \mathcal{P}_m^+)$．右辺の符号因子 $(-1)^{l-1}$ に注意．∂_μ の場合と同様，$\mathcal{P}_{m,n}$ の任意の元に対しては線形性によって拡張する．ただし，任意の $F \in \mathcal{P}_{m,n}$ に対して，$\alpha \in \mathsf{A}+$ ならば $\partial_a(\alpha F) := \alpha\, \partial_a F$, $\alpha \in \mathsf{A}_-$ ならば $\partial_a(\alpha F) := -\alpha\, \partial_a F$ とする．

次の関係式を示すのは難しくない：

$$[\partial_\mu, \partial_\nu] = 0 \quad [\partial_\mu, \partial_a] = 0 \tag{9.18}$$

$$\{\partial_a, \partial_b\} = 0 \quad (\mu, \nu = 0, \cdots, m-1, a, b = 1, \cdots, n). \tag{9.19}$$

ここで，注目すべきは，時空変数 x に関する偏微分作用素どうし，および時空変数に関する偏微分作用素と内部変数に関する偏微分作用素は可換であるが，(9.19) が示すように，内部変数に関する偏微分作用素どうしは反可換である．特に

$$\partial_a^2 = 0 \quad (a = 1, \cdots, n). \tag{9.20}$$

[*7] ここでは，記号上の簡略化のため，添え字の種類で異なる種類の変数に関する偏微分作用素を区別する．

作用素 ∂_a の定義から容易にわかるように，任意の $\xi \in \mathsf{A}_-$ に対して

$$\{\partial_a, \xi\} = 0 \quad (a = 1, \cdots, n). \tag{9.21}$$

また，任意の $\xi, \epsilon \in \mathsf{A}_-$ に対して

$$[\xi\partial_a, \epsilon\partial_b] = 0. \tag{9.22}$$

偏微分作用素 $A := \sum_{\mu=0}^{m-1} \alpha^\mu \partial_\mu + \sum_{a=1}^{n} \beta^a \partial_a$ $(\alpha^\mu, \beta^a \in \mathsf{A})$ に対して，写像 $e^{\epsilon A} : \mathcal{P}_{m,n} \to \mathcal{P}_{m,n}$ $(\epsilon \in \mathsf{A})$ を

$$e^{\epsilon A}\Phi := \sum_{n=0}^{\infty} \frac{(\epsilon A)^n \Phi}{n!}, \quad \Phi \in \mathcal{P}_{m,n} \tag{9.23}$$

によって定義する．Φ は x^μ, θ^a $(\mu = 0, \cdots, m-1, a = 1, \cdots, n)$ に関する多項式であるので，右辺は，実際には，有限項にわたる和になる．したがって，この定義は意味をもつ．$e^{\epsilon A}$ を A に関する**指数型作用素**という．

9.2.4　超並進群の生成子と超対称性代数

超並進群の表現 $T_{(y,\xi)}$ $((y, \xi) \in \mathsf{T}_{\mathsf{A},\gamma})$ の生成子を求めよう．簡単のため，次の二つの場合に分けて考察する．

(i)　$\xi = 0$ の場合．すなわち，$(T_{(y,0)}\Phi)(x, \theta) = \Phi(x - y, \theta)$．この場合は，$\mathbb{R}^d$ 上の並進群の場合と同様にして

$$T_{(y,0)} = e^{-\sum_{\mu=0}^{m-1} y^\mu \partial_\mu} \tag{9.24}$$

がわかる．

(ii)　$y = 0$ の場合．すなわち，$(T_{(0,\xi)}\Phi)(x, \theta) = \Phi(x - z, \theta - \xi)$．ただし，$z^\mu := \sum_{a,b=1}^{n} \gamma_{ab}^\mu \xi^a \theta^b$．各 $a = 1, \cdots, n$ に対して，$\mathcal{P}_{m,n}$ 上の作用素 D_a を

$$D_a := \sum_{\mu=0}^{m-1} \sum_{b=1}^{n} \gamma_{ab}^\mu \theta^b \partial_\mu + \partial_a \tag{9.25}$$

によって定義する．容易にわかるように，各 $a = 1, \cdots, n$ と任意の $\xi \in \mathsf{A}_-$ に対して

$$\{\xi, D_a\} = 0. \tag{9.26}$$

したがって，特に

$$(\xi D_a)^2 = 0 \quad (a = 1, \cdots, n). \tag{9.27}$$

ゆえに，任意の $\Phi \in \mathcal{F}_{m,n}(\mathsf{A})$ に対して

$$(e^{-\xi D_a}\Phi)(x,\theta) = \Phi(x,\theta) - \xi(D_a\Phi)(x,\theta).$$

$\Phi(x,\theta) = (x^0)^{k_0}\cdots(x^{m-1})^{k_m}(\theta^1)^{\alpha_1}\cdots(\theta^n)^{\alpha_n}$ $(k_\mu \in \{0\}\cup\mathbb{N}, \alpha_j = 0,1)$ という形の Φ をとり，右辺を計算すると，右辺は $\Phi(x-z_a, \theta-\xi_a)$ に等しいことがわかる．ただし，$z_a^\mu := \sum_{b=1}^n \gamma_{ab}^\mu \xi_a \theta^b, \xi_a = (0,\cdots,0,\overset{a\text{ 番目}}{\xi},0,\cdots,0)$[$(z_a^\mu)^2 = 0$ に注意]．したがって

$$T_{(0,\xi_a)} = e^{-\xi D_a}. \tag{9.28}$$

これからわかるように，作用素 D_a は超対称的変換の表現に関わる生成子であるので**超対称荷** (supercharge) と呼ばれる．

以上から，超並進群の表現 $T_{(y,\xi)}$ は偏微分作用素 ∂_μ と超対称荷 D_a から生成されることがわかる．これらの生成子が反交換関係

$$\{D_a, D_b\} = 2\sum_{\mu=0}^{m-1} \gamma_{ab}^\mu \partial_\mu \tag{9.29}$$

を満たすことを証明するのは難しくない (直接計算*8)．また

$$[\partial_\mu, D_a] = 0, \quad \mu = 0,\cdots,m-1, a = 1,\cdots,n. \tag{9.30}$$

関係式 (9.29) は，内部的自由度と外部自由度 (時空に関わる自由度) を生成子の次元で関連付ける代数的構造とみることができる．

作用素の組 $\{D_a, \partial_\mu | a = 1,\cdots,n, \mu = 0,1,\cdots,m-1\}$ によって生成される代数を**超対称性代数** (supersymmetry algebra) という．関係式 (9.18), (9.19), (9.29), (9.30) がその構造を統制する．

*8 $\{\theta^c, \theta^d\} = 0$, (9.19), $\sum_{c=1}^n \partial_b \gamma_{ac}^\mu \theta^c \partial_\mu = \gamma_{ab}^\mu \partial_\mu - \sum_{c=1}^n \gamma_{ac}^\mu \theta^c \partial_b \partial_\mu$ 等を使う．

9.2.5 ボソン的超場の空間とフェルミオン的超場の空間

任意の $\Phi \in \mathcal{P}_{m,n}$ は

$$\Phi(x,\theta) = \phi(x) + \sum_{q=1}^{n} \sum_{1\le i_1,\cdots,i_q\le n} \phi_{i_1\cdots i_q}(x)\theta^{i_1}\cdots\theta^{i_q} \tag{9.31}$$

という形に書ける．ただし，$\phi, \phi_{i_1\cdots i_q}$ は B_m 上の A 値多項式である（$(\theta^a)^2 = 0, a = 1,\cdots,n$ により，$q \ge n+1$ ならば，$\theta^{i_1}\cdots\theta^{i_q} = 0$）．そこで

$$\Phi_+(x,\theta) := \phi(x) + \sum_{q:\text{偶数}} \sum_{1\le i_1,\cdots,i_q\le n} \phi_{i_1\cdots i_q}(x)\theta^{i_1}\cdots\theta^{i_q}, \tag{9.32}$$

$$\Phi_-(x,\theta) := \sum_{q:\text{奇数}} \sum_{1\le i_1,\cdots,i_q\le n} \phi_{i_1\cdots i_q}(x)\theta^{i_1}\cdots\theta^{i_q} \tag{9.33}$$

とおけば

$$\Phi = \Phi_+ + \Phi_-. \tag{9.34}$$

したがって，Φ_+ の型の多項式で生成される部分空間を $\mathcal{P}_+$，Φ_- の型の多項式で生成される部分空間を $\mathcal{P}_-$ とすれば

$$\mathcal{P}_{m,n} = \mathcal{P}_+ \oplus \mathcal{P}_- \quad \text{(ベクトル空間としての直和)}$$

が成り立つ．$\mathcal{P}_+, \mathcal{P}_-$ をそれぞれ，古典的な意味での**ボソン的超場の空間**，**フェルミオン的超場の空間**という．

式 (9.31) は，各 $x \in \mathsf{A}_+^m$ をとめて考えるならば，$\Phi(x,\cdot)$ を $\mathcal{P}_n$ の基底 $\{e, \theta^{i_1}\cdots\theta^{i_q} | 1 \le i_1 < \cdots < i_q \le n\}$ によって展開した式とみることができる．この場合，$\{\phi(x), \phi_{i_1\cdots i_q}(x) | 1 \le i_1 < \cdots < i_q \le n\}$ は，この基底に関する，$\Phi(x,\cdot)$ の成分である．こうして，一つの実体である超場 Φ から，その成分として，時空上の場 $\phi, \phi_{i_1\cdots i_q}$ が派生（分節）する．ϕ は古典的ボース場であり，$\phi_{i_1\cdots i_q}$ は q が奇数ならば古典的フェルミ場を表し，q が偶数ならば古典的ボース場を表すと解釈される．こうして，前節で述べた超対称性についての描像が少なくとも古典場のレヴェルでは数学的に厳密な形で定式化される．

$p_\pm : \mathcal{P}_{m,n} \to \mathcal{P}_\pm$ を射影作用素とし (i.e., $p_\pm(\Phi) := \Phi_\pm, \Phi \in \mathcal{P}_{m,n}$)

$$\tau := p_+ - p_- \tag{9.35}$$

としよう．このとき，$\tau \neq I$ であり

$$\tau^2 = I, \quad [\tau, \partial_\mu] = 0 \quad (\mu = 0, \cdots, m-1) \tag{9.36}$$

$$\{\tau, D_a\} = 0 \quad (a = 1, \cdots, n) \tag{9.37}$$

が成立する (∵ (9.36) の第一式は直接計算，第二式は，∂_μ が $\mathcal{P}_\pm$ をそれぞれ不変にすることによる．(9.37) は，D_a が $\mathcal{P}_\pm$ を $\mathcal{P}_\mp$ (複号同順) に移すことによる)．これらの関係式も超対称性の構造を反映しているので，(9.29), (9.36), (9.37) をあわせて超対称性の代数的構造を規定する関係式とみるべきである．

9.2.6 拡大された超対称性

スピンのほかに，スピンとは異なる内部自由度を有する超場の場合には，超対称荷 D_a はその内部自由度の数—$N \geq 1$ としよう— だけ増える．それらを $D_a^{(1)}, \cdots, D_a^{(N)}$ とする．この場合には，(9.29) は

$$\{D_a^{(j)}, D_b^{(l)}\} = 2\delta^{jl} \sum_{\mu=0}^{m-1} \gamma_{ab}^\mu \partial_\mu \tag{9.38}$$

という形をとる．作用素の組 $\{D_a^{(j)}, \partial_\mu | a = 1, \cdots, n, \mu = 0, 1, \cdots, m-1, j = 1, \cdots, N\}$ によって生成される代数を**拡大された超対称性代数** (extended supersymmetry algebra) という．

9.2.7 量 子 論 へ

図式的には，上述の古典的超場の理論を "量子化" することにより，**超対称的場の量子論** (supersymmetric quantum field theory) が得られることになる．前著 [14] の 4 章，4.3 節，4.4 節でふれたたように，ボース場 (ボソンの量子場) の理論は無限自由度の CCR のヒルベルト空間表現として捉えられる．他方，フェルミ場 (フェルミオンの量子場) の理論は，無限自由度の正準反交換関係 (canonical anti-commutation relations; CAR と略) のヒルベルト空間表現として把握される*9．超対称的な場の量子論は，ボース場とフェルミ場を超対

*9 内積空間 $\mathcal{K}$ によって添え字付けられた代数的対象の集合 $\{B(f), B(f)^\dagger, I | f \in \mathcal{K}\}$ がすべての $f, g \in \mathcal{K}$ に対して，$\{B(f), B(g)^\dagger\} = \langle f, g \rangle_{\mathcal{K}} I$，$\{B(f), B(g)\} = 0$,

称性と調和する形で扱う．ゆえに，超対称的場の量子論というのは，数学的には，《無限自由度の CCR と CAR + 拡大された超対称性代数 ((9.36)，(9.37) も含む) 》のヒルベルト空間表現の一部とみることができる．

(9.38) に関する特殊な場合として，$\gamma^0_{ab} = i\delta_{ab}, \gamma^\mu_{ab} = 0, \mu = 1, \cdots, m-1$ (i は虚数単位) の場合を考え

$$P_0 := i\partial_0 \tag{9.39}$$

とおくと

$$\{D^{(j)}_a, D^{(k)}_b\} = 2\delta^{jk}\delta_{ab}P_0 \tag{9.40}$$

という代数関係式が得られる．特に

$$P_0 = (D^{(j)}_a)^2, \quad a = 1, \cdots, n, j = 1, \cdots, N. \tag{9.41}$$

これは, 時空次元が 1+0 の場の理論, すなわち, 有限自由度の超対称的古典力学に対応する．このクラスの古典力学の量子版が**超対称的量子力学** (supersymmetric quantum mechanics) と呼ばれるものである．これは，数学的には，《有限自由度の CCR + (9.40)，(9.36)，(9.37) を満たす代数》のヒルベルト空間表現として捉えられる．この場合，P_0 は時間並進の生成子であるので，P_0 の表現は考察下の量子系のハミルトニアンとして解釈されることになる．次の節では，この観点に立って，超対称的量子力学を公理論的に定式化し，その性質を調べる*10.

9.3 公理論的超対称的量子力学

超対称的量子力学の公理論的定式化のための鍵となるアイデアは，すでに示唆したように，超対称性代数の基本的関係式 (9.36)，(9.37)，(9.40) を満たす代数的対象をヒルベルト空間上の自己共役作用素を用いて実現し，これでもって超対称的量子力学を定義することである．

$\{B(f)^\dagger, B(g)^\dagger\} = 0$, $[I, B(f)] = 0$, $[I, B(g)^\dagger] = 0$ を満たすとき，これらの関係式を $\mathcal{K}$ によって添え字付けられた**正準反交換関係** (CAR) と呼ぶ．この場合，$\mathcal{K}$ が有限次元ならば，**有限自由度の** CAR，$\mathcal{K}$ が無限次元ならば，**無限自由度の** CAR という．フェルミ場の理論と CCR の表現の関係の詳細については，たとえば，[10] の 5 章および [11] の 11 章を参照．

*10 拡大された超対称性代数 (9.40) の簡単な表現については，演習問題 1～7 を参照．

9.3.1　定　　　義

定義 9.1　$N \geq 1$ を自然数とする．ヒルベルト空間 H とそこで働く自己共役作用素 H, Q_l $(l = 1, \cdots, N), \Gamma$ からつくられる四つ組 $\{\mathsf{H}, H, (Q_l)_{l=1}^N, \Gamma\}$ $(Q_l \neq 0, l = 1, \cdots, N)$ が以下の条件を満たすとき，これを N-**超対称性をもつ超対称的量子力学** (supersymmetric quantum mechanis; SQM と略す) という：

(S.1)　$\Gamma^2 = I$ (恒等作用素).

(S.2)　$H = Q_l^2, \quad l = 1, \cdots, N$ (H は l によらない).

(S.3)　作用素 Γ は各 Q_l の定義域 $\mathsf{D}(Q_l)$ を不変にし，$\mathsf{D}(Q_l)$ 上で，反交換関係 $\{\Gamma, Q_l\} = 0$ $(l = 1, \cdots, N)$ を満たす.

(S.4)　任意の $l, k = 1, \cdots, N, l \neq k$ に対して，Q_l と Q_k は $\mathsf{D}(Q_l) \cap \mathsf{D}(Q_k)$ 上の準双線形形式の意味で反可換である：

$$\begin{aligned} &\langle Q_l\Psi, Q_k\Phi\rangle + \langle Q_k\Psi, Q_l\Phi\rangle = 0, \\ &\Psi, \Phi \in D(Q_l) \cap D(Q_k)\ (l, k = 1, \cdots, l \neq k). \end{aligned} \tag{9.42}$$

作用素 Q_l を**超対称荷** (supercharge)，H を**超対称的ハミルトニアン**と呼ぶ.

注意 9.1　$\{\mathsf{H}, (Q_l)_{l=1}^N, \Gamma\}$ を 9.2.7 項で述べた超対称性代数のヒルベルト空間表現としてみた場合の対応は次の通り：$D_a^{(j)} \to Q_l$ [(a, j) を一つの添え字とみて l に対応させる；したがって，ここでの N は，9.2.7 項の N ではなく，nN である]，$P_0 \to H$，$\tau \to \Gamma$．なお，(S.4) は $(a, j) \neq (b, k)$ の (9.40) の表現を作用素論的により一般的な形で捉えたものである.

注意 9.2　スペクトル定理により，$Q_l^2 = |Q_l|^2$ であるので，(S.2) は

$$|Q_l| = H^{1/2} \tag{9.43}$$

を意味する．したがって，特に $\mathsf{D}(H^{1/2}) = \mathsf{D}(|Q_l|) = \mathsf{D}(Q_l)$．ゆえに，実は，

$$\mathsf{D}(Q_l) \cap \mathsf{D}(Q_k) = \mathsf{D}(H^{1/2}) \tag{9.44}$$

である.

例 9.1　ヒルベルト空間 $\mathsf{L}^2(\mathbb{R}^3;\mathbb{C}^4)=\oplus^4\mathsf{L}^2(\mathbb{R}^3)$ において働く作用素 H,Q,Γ を次のように定義する：

$$H=-\Delta(\Delta \text{ は 3 次元の一般化されたラプラシアン}),$$

$$Q:=\sum_{j=1}^{3}\alpha_j(-iD_j)\quad [\text{質量が 0 の自由なディラック作用素 (2.10 節を参照)}]$$

$$\Gamma=\beta.$$

このとき，$\{\mathsf{L}^2(\mathbb{R}^3;\mathbb{C}^4),H,Q,\Gamma\}$ は 1-超対称性をもつ超対称的量子力学である ([14] の 3 章，3.4 節を参照)．すなわち，質量 0 の自由なディラック作用素は，ある超対称的量子力学の超対称荷とみることもできる．

超対称的量子力学の例 (モデル) はほかにもたくさん存在する．だが，まず，上述の公理系から導かれる一般的結果を叙述することにする．

以下，$\{\mathsf{H},H,(Q_l)_{l=1}^N,\Gamma\}$ を N-超対称性をもつ超対称的量子力学とする．

9.3.2　スペクトルに関する基本的性質

命題 9.2　(i) $H\geq 0$．(ii) 各 Q_l のスペクトル $\sigma(Q_l)$，点スペクトル $\sigma_{\mathrm{p}}(Q_l)$，離散スペクトル $\sigma_{\mathrm{d}}(Q_l)$，真性スペクトル $\sigma_{\mathrm{ess}}(Q_l)$ はいずれも原点に関して対称である．すなわち，$\lambda\in\sigma_\#(Q_l)$ ($\sigma_\#(Q_l)$ は言及したスペクトル集合のいずれかを表す) ならば $-\lambda\in\sigma_\#(Q_l)$．特に，固有値 $\lambda\in\sigma_{\mathrm{p}}(Q_l)$ の多重度と固有値 $-\lambda\in\sigma_{\mathrm{p}}(Q_l)$ の多重度は等しい．

証明　(i) は (S.2) と Q_l の自己共役性による．(ii) 条件 (S.1) は Γ が自己共役なユニタリ作用素であり

$$\Gamma^{-1}=\Gamma \tag{9.45}$$

が成り立つことを意味する．これと (S.3) により，作用素の等式

$$\Gamma Q_l\Gamma^{-1}=-Q_l \tag{9.46}$$

が成り立つ．これとスペクトルのユニタリ不変性 ([13, 命題 2.24]) により，$\sigma(Q_l)=\sigma(-Q_l)$．これは $\sigma(Q_l)$ が原点について対称であることを意味する．これと [13] の命題 2.24 を応用すれば，$\sigma_{\mathrm{p}}(Q_l)$ についての結果が得られる．$\sigma_{\mathrm{d}}(Q_l)$

についても同様．$\sigma_{\rm ess}(Q_l) = \sigma(Q_l) \setminus \sigma_{\rm d}(Q_l)$ であるから，$\sigma_{\rm ess}(Q_l)$ も原点に関して対称である． ■

9.3.3 同伴する超対称荷

各超対称荷 Q_l に対して，作用素 Q_l' を

$$Q_l' := -i\Gamma Q_l \tag{9.47}$$

によって定義する．

命題 9.3 各 $l = 1, \cdots, N$ に対して，Q_l' は自己共役であり，(S.2)，(S.3) で $Q_l (l = 1, \cdots, N)$ を Q_l' としたものが成立する．さらに

$$Q_l' Q_l = -Q_l Q_l' \quad (l = 1, \cdots, N), \tag{9.48}$$

$$\langle Q_l' \Psi, Q_l \Phi \rangle + \langle Q_l \Psi, Q_l' \Phi \rangle = 0, \quad \Psi, \Phi \in \mathsf{D}(Q_l)\ (l = 1, \cdots, N) \tag{9.49}$$

が成り立つ．

証明 $-i\Gamma$ は有界であるから，$(Q_l')^* = iQ_l\Gamma$．(9.46) と (9.45) によって，右辺は $-i\Gamma Q_l$ に等しい．したがって，$(Q_l')^* = Q_l'$．ゆえに Q_l' は自己共役である．$H = (Q_l')^2$ も (9.46) と (9.45) を使うことにより証明される．(S.4) で Q_l, Q_k を Q_l', Q_k' で置き換えた式は，$-i\Gamma$ のユニタリ性からしたがう．(9.48) は (9.46) による．(9.49) は $(-i\Gamma)^* = i\Gamma$ に注意すればよい． ■

命題 9.3 は，$\{\mathsf{H}, H, (Q_l')_{l=1}^N, \Gamma\}$ も N-超対称性をもつ超対称的量子力学であることを意味する．そこで，Q_l' を Q_l に**同伴する超対称荷**と呼ぶ．

特に，$N = 1$ の場合，$\{\mathsf{H}, H, (Q_1, Q_1'), \Gamma\}$ は 2-超対称性をもつ超対称的量子力学であることがわかる．

9.3.4 状態空間の基本的構造

命題 9.2 の (ii) の証明で言及したように，Γ は自己共役なユニタリ作用素である．さらに，Γ は $\pm I$ でないこともわかる．なぜなら，もし，$\Gamma = I$ ならば，

(S.3) によって $Q_l = 0$ となるからである．$\Gamma = -I$ の場合も同様．したがって，Γ のスペクトルは ± 1 という二つの異なる固有値からなる：

$$\sigma(\Gamma) = \sigma_{\mathrm{p}}(\Gamma) = \{\pm 1\}. \tag{9.50}$$

そこで

$$\mathsf{H}_+ := \ker(\Gamma - 1) = \{\Psi \in \mathsf{H} | \Gamma\Psi = \Psi\}, \tag{9.51}$$

$$\mathsf{H}_- := \ker(\Gamma + 1) = \{\Psi \in \mathsf{H} | \Gamma\Psi = -\Psi\} \tag{9.52}$$

とすれば，状態のヒルベルト空間 H は

$$\mathsf{H} = \mathsf{H}_+ \oplus \mathsf{H}_- \tag{9.53}$$

と直和分解される．閉部分空間 $\mathsf{H}_+, \mathsf{H}_-$ のベクトルによって表される状態をそれぞれ，**ボソン的状態**，**フェルミオン的状態**という．作用素 Γ を**状態符号作用素**と呼ぶ*11．

H から $\mathsf{H}_\pm$ への正射影作用素を $P_\pm$ とすれば

$$\Gamma = P_+ - P_- \tag{9.54}$$

と表される．これと $P_+ + P_- = I$ を使えば

$$P_\pm = \frac{1}{2}(I \pm \Gamma) \tag{9.55}$$

を得る．

---

*11 物理の文献では，Γ のことを“フェルミオン数作用素”という場合が多い．これは次の理由による．フェルミオンが奇数個ある状態はフェルミオン的状態であり，偶数個ある状態はボソン的である (これは，半奇数スピンの奇数個の和は半奇数スピンであり，偶数個の和は整数になることによる)．したがって，量子力学的状態に含まれるフェルミオンの数を F とし，$(-1)^F$ という量を考えると，これが $+1$ になる状態はボソン的であり，-1 になる状態はフェルミオン的であることになる．超対称的場の量子論の具体的なモデルでは，まさに $\Gamma = (-1)^F$ となるのである．だが，場の量子論におけるフェルミオンフォック空間上の数作用素—これは本当にフェルミオンの個数を数える作用素—もフェルミオン数作用素と呼ばれるので，これと Γ との混同を避けるために，ここでは，“フェルミオン数作用素”という名称は用いない．

直和分解 (9.53) によって，H の任意のベクトル Ψ は H_+ のベクトルと H_- のベクトルの組 $\Psi = (\Psi_+, \Psi_-) = \begin{pmatrix} \Psi_+ \\ \Psi_- \end{pmatrix}$，$\Psi_\pm \in \mathsf{H}_\pm$ で表される．この表示に対応して，H における任意の線形作用素 L は，線形作用素を成分とする 2 行 2 列の行列 $T = \begin{pmatrix} A & B \\ C & D \end{pmatrix}$ (A は H_+ 上の線形作用素，B は H_- から H_+ への線形作用素，C は H_+ から H_- への線形作用素，D は H_- 上の線形作用素; $\mathsf{D}(T) := [\mathsf{D}(A) \cap \mathsf{D}(C)] \oplus [\mathsf{D}(B) \cap \mathsf{D}(D)]$) —この型の線形作用素を**作用素行列**という—で表される (作用は，$T\Psi := (A\Psi_+ + B\Psi_-, C\Psi_+ + D\Psi_-), \Psi_+ \in \mathsf{D}(A) \cap \mathsf{D}(C), \Psi_- \in \mathsf{D}(B) \cap \mathsf{D}(D)$)．実際，

$$L_{++} := P_+ L|[\mathsf{D}(L) \cap \mathsf{H}_+], \quad L_{--} := P_- L|[\mathsf{D}(L) \cap \mathsf{H}_-],$$
$$L_{+-} := P_+ L|[\mathsf{D}(L) \cap \mathsf{H}_-], \quad L_{-+} := P_- L|[\mathsf{D}(L) \cap \mathsf{H}_+]$$

とすれば，自然な仕方で，L_{++}, L_{--} はそれぞれ，$\mathsf{H}_+, \mathsf{H}_-$ 上の線形作用素と，また，L_{+-} (L_{-+}) は H_- (H_+) から H_+ (H_-) への線形作用素と同一視され

$$L = \begin{pmatrix} L_{++} & L_{+-} \\ L_{-+} & L_{--} \end{pmatrix} \quad ([\,\mathsf{D}(L) \cap \mathsf{H}_+] \cap [\mathsf{D}(L) \cap \mathsf{H}_-]\ \text{上}) \tag{9.56}$$

が成り立つ[*12]．これを L の**作用素行列表示**という[*13]．

たとえば，Γ は，(9.54) によって

$$\Gamma = \begin{pmatrix} I & 0 \\ 0 & -I \end{pmatrix} = I \oplus (-I) \tag{9.57}$$

と表される[*14]．

[*12] $L \notin \mathsf{B}(\mathsf{H})$ の場合には，$\mathsf{D}(L) = [\mathsf{D}(L) \cap \mathsf{H}_+] \cap [\mathsf{D}(L) \cap \mathsf{H}_-]$ とは限らないことに注意．

[*13] いま述べた定義から明らかなように，任意のヒルベルト空間 $\mathsf{H}_1, \mathsf{H}_2$ の直和 $\mathsf{H}_1 \oplus \mathsf{H}_2$ 上の線形作用素に対して，作用素行列表示ができる．

[*14] 容易にわかるように，一般に，H_+ 上の作用素 A と H_- 上の作用素 B の直和 $A \oplus B$ の作用素行列は $\begin{pmatrix} A & 0 \\ 0 & B \end{pmatrix}$ という型の作用素行列—**対角的作用素行列**という— で与えられる．

9.3.5 超対称荷の作用素行列表示

超対称荷 Q_l に関する作用素行列表示を求めよう．だが，そのためには少し準備が必要である．

補題 9.4 Q を H 上の自己共役作用素とし，Γ は $\mathsf{D}(Q)$ を不変にし，$\mathsf{D}(Q)$ 上で

$$\{\Gamma, Q\} = 0 \tag{9.58}$$

が成り立つとしよう[*15]．このとき，任意の $\Psi \in \mathsf{D}(Q)$ に対して，$P_\pm \Psi \in \mathsf{D}(Q)$ であり

$$QP_+\Psi = P_-Q\Psi, \quad QP_-\Psi = P_+Q\Psi \tag{9.59}$$

が成り立つ．特に，Q は $\mathsf{D}(Q) \cap \mathsf{H}_\pm$ を $\mathsf{H}_\mp$ の中へうつす．

証明 $\Psi \in \mathsf{D}(Q)$ とすると，仮定と (9.55) により，$P_\pm\Psi \in \mathsf{D}(Q)$．そこで，(9.58)，(9.54)，(9.55) を用いると (9.59) が得られる．■

Q を補題 9.4 のものとする．この補題の結果により

$$\mathsf{D}(Q_\pm) := \mathsf{D}(Q) \cap \mathsf{H}_\pm, \quad Q_\pm\Psi_\pm := Q\Psi_\pm, \Psi_\pm \in \mathsf{D}(Q_\pm) \tag{9.60}$$

によって定義される作用素 $Q_\pm$ は $\mathsf{H}_\pm$ から $\mathsf{H}_\mp$ への作用素であり，

$$\mathsf{D}(Q) = \mathsf{D}(Q_+) \oplus \mathsf{D}(Q_-) \tag{9.61}$$

が成り立つ[*16]．したがって，$\mathsf{D}(Q_\pm)$ は $\mathsf{H}_\pm$ で稠密である．

次の補題は，作用素行列に関する重要な一般的事実の一つである：

補題 9.5 A を H_+ から H_- への稠密に定義された作用素，B を H_- から H_+ への稠密に定義された作用素とし，H 上の作用素 S を

$$S := \begin{pmatrix} 0 & B \\ A & 0 \end{pmatrix}$$

[*15] いうまでもなく，各 Q_l はこの性質をもつ．

[*16] A を H の自己共役作用素とするとき，一般には，$[\mathsf{D}(A) \cap \mathsf{H}_+] \oplus [\mathsf{D}(A) \cap \mathsf{H}_-] \subset \mathsf{D}(A)$ しかいえないことに注意．

によって定義する．ただし，$\mathsf{D}(S) := \mathsf{D}(A) \oplus \mathsf{D}(B)$．このとき：

(i) $\mathsf{D}(S)$ は稠密であり，S^* は

$$S^* = \begin{pmatrix} 0 & A^* \\ B^* & 0 \end{pmatrix} \tag{9.62}$$

という形で与えられる．

(ii) S が自己共役であるための必要十分条件は，A, B が閉作用素であり，$A^* = B$ が成立することである．

証明 (i) $\mathsf{D}(S)$ が稠密であることは明らかであろう．(9.62) の右辺の作用素を L とおく．$\Psi_+ \in \mathsf{D}(B^*), \Psi_- \in \mathsf{D}(A^*)$ とし $\Psi = (\Psi_+, \Psi_-)$ とおく (したがって，$\Psi \in \mathsf{D}(L)$)．このとき，任意の $\Phi = (\Phi_+, \Phi_-)$ $[\Phi_+ \in \mathsf{D}(A), \Phi_- \in \mathsf{D}(B)] \cdots (*)$ に対して，直接計算により $\langle \Psi, S\Phi \rangle = \langle L\Psi, \Phi \rangle$ がわかる．したがって，$\Psi \in \mathsf{D}(S^*)$ であり，$S^*\Psi = L\Psi$ が成立する．ゆえに $L \subset S^* \cdots (**)$．

この逆の関係を示すために，$\Psi = (\Psi_+, \Psi_-) \in \mathsf{D}(S^*)$ を任意にとり，$S^*\Psi = (\eta_+, \eta_-)$ とおく．このとき，$(*)$ の形の任意のベクトル Φ に対して $\langle \Psi, S\Phi \rangle = \langle S^*\Psi, \Phi \rangle$ であるから，$\langle \Psi_+, B\Phi_- \rangle + \langle \Psi_-, A\Phi_+ \rangle = \langle \eta_+, \Phi_+ \rangle + \langle \eta_-, \Phi_- \rangle$．そこで，特に，$\Phi_- = 0$ の場合を考えると $\langle \Psi_-, A\Phi_+ \rangle = \langle \eta_+, \Phi_+ \rangle$．これがすべての $\Phi_+ \in \mathsf{D}(A)$ に対して成立するから，$\Psi_- \in \mathsf{D}(A^*)$ であり，$\eta_+ = A^*\Psi_-$ となる．同様に，$\Phi_+ = 0$ の場合を考えることにより，$\Psi_+ \in \mathsf{D}(B^*)$ かつ $B^*\Psi_+ = \eta_-$ であることがわかる．ゆえに，$\mathsf{D}(S^*) \subset \mathsf{D}(B^*) \oplus \mathsf{D}(A^*)$．よって，$(**)$ の逆が示されたことになるので，作用素の等式 (9.62) が得られる．

(ii) S が自己共役ならば，$S = S^*$ であるから $B = A^*, A = B^*$．A^*, B^* は閉であるから，A, B は閉である．逆に，A, B が閉で $A^* = B$ ならば，$A = A^{**} = B^*$ となるので，$S = S^*$． ■

補題 9.6 Q を補題 9.4 のものとし，$Q_\pm$ は (9.60) で定義されるものとする．このとき，$Q_\pm$ は閉作用素であり，$Q_+^* = Q_-$ かつ

$$Q = \begin{pmatrix} 0 & Q_+^* \\ Q_+ & 0 \end{pmatrix} \tag{9.63}$$

が成立する．さらに，この表示は一意的である．すなわち，稠密に定義された，H_+ から H_- への閉作用素 C があって $Q = \begin{pmatrix} 0 & C^* \\ C & 0 \end{pmatrix}$ ならば，$C = Q_+$ である．

証明 $\Psi = \Psi_+ + \Psi_-, \Psi_\pm \in \mathsf{D}(Q_\pm)$ とすれば $Q\Psi = Q_+\Psi_+ + Q_-\Psi_-$ であり，$Q_\pm\Psi_\pm \in \mathsf{H}_\mp$ であるから $Q = \begin{pmatrix} 0 & Q_- \\ Q_+ & 0 \end{pmatrix}$ と書ける．Q は自己共役であるから，補題 9.5 により，$Q_\pm$ は閉であり，$Q_- = Q_+^*$ が成り立つ．したがって，(9.63) を得る．一意性に関する言明は明らか． ■

補題 9.6 を超対称荷 Q_l に応用すれば

$$Q_l = \begin{pmatrix} 0 & Q_{l,+}^* \\ Q_{l,+} & 0 \end{pmatrix} \tag{9.64}$$

と表される．ただし，$Q_{l,+}$ は (9.60) において $Q = Q_l$ の場合の作用素 Q_+ である．

9.3.6 超対称的ハミルトニアンの直和分解

(9.64) と (S.2) から，超対称的ハミルトニアン H に対して

$$H = \begin{pmatrix} H_+ & 0 \\ 0 & H_- \end{pmatrix}, \tag{9.65}$$

$$H_+ := Q_{l,+}^* Q_{l,+}, \quad H_- := Q_{l,+} Q_{l,+}^* \tag{9.66}$$

という作用素行列表示を得る．これは，H が $\mathsf{H}_\pm$ によって簡約されることを意味し，$H_\pm$ は H の $\mathsf{H}_\pm$ における部分を表す．作用素 H_+, H_- をそれぞれ，超対称的ハミルトニアン H の**ボソン的部分**，**フェルミオン的部分**と呼ぶ．

9.3.7 超対称的量子力学の構成法

これまでの議論を“逆読み”すればわかるように，超対称的量子力学を構成するには，二つのヒルベルト空間 $\mathsf{H}_\pm$ および稠密に定義された閉作用素 $Q_{l,+}$: $\mathsf{H}_+ \supset \mathsf{D}(Q_{l,+}) \to \mathsf{H}_-$ $(l = 1, \cdots, N)$ の組 $\{Q_{l,+}\}_{l=1}^N$ から出発すればよいこと

がわかる．すなわち，この場合，$\mathsf{H}, \Gamma, Q_l, H, H_\pm$ をそれぞれ，(9.53)，(9.57)，(9.64)，(9.65)，(9.66) によって定義するのである．$N \geq 2$ の場合には，こうしてできる四つ組 $\{\mathsf{H}, H, \{Q_l\}_{l=1}^N, \Gamma\}$ が N-超対称性をもつ超対称的量子力学であるためには

$$Q_{l,+}^* Q_{l,+} = Q_{k,+}^* Q_{k,+}, \quad Q_{l,+} Q_{l,+}^* = Q_{k,+} Q_{k,+}^*, \tag{9.67}$$

$$\langle Q_{j,-}\Psi_-, Q_{k,+}\Phi_+\rangle + \langle Q_{k,-}\Psi_-, Q_{j,+}\Phi_+\rangle = 0,$$
$$\Psi_- \in \mathsf{D}(H_-^{1/2}), \Phi_+ \in \mathsf{D}(H_+^{1/2})(l, k = 1, \cdots, N) \tag{9.68}$$

が成立することが必要十分である．

$N = 1$ の場合には，上の条件は必要ないので，任意の稠密に定義された閉作用素 $T : \mathsf{H}_+ \supset \mathsf{D}(T) \to \mathsf{H}_-$ に対して

$$Q_T := \begin{pmatrix} 0 & T^* \\ T & 0 \end{pmatrix} \tag{9.69}$$

を超対称荷とする超対称的量子力学が存在することになる．Q_T を作用素 T の**超対称化**という．これは，純数学的には，作用素 T の解析を調べるのに有効な手段の一つを与える．

一例として，T の超対称化を用いて，フォン・ノイマンの定理 (2.8.4 項) を証明しよう (天才的数学者 E. ネルソンによる)．補題 9.5—この証明には，特別こみいった議論は必要でないことに注意—によって，Q_T は自己共役である．したがって，Q_T^2 も自己共役である．一方

$$Q_T^2 = \begin{pmatrix} T^*T & 0 \\ 0 & TT^* \end{pmatrix}. \tag{9.70}$$

これと Q_T^2 の自己共役性により $\mathsf{R}(Q_T^2 \pm i) = \mathsf{H}$ であることを用いれば $\mathsf{R}(T^*T \pm i) = \mathsf{H}_+, \mathsf{R}(TT^* \pm i) = \mathsf{H}_-$ がでる．したがって，T^*T, TT^* は自己共役である．

このように，超対称化の方法により，フォン・ノイマンの定理が見事なまでに簡潔かつ美しい形式で証明できることはまことに驚きである．超対称化の方法の威力を示す好例の一つである．

例 9.2　$\sigma_j, j=1,2,3$ をパウリ行列とする．A_1, A_2 を $\mathbb{R}^2$ 上の実数値関数で $\mathsf{L}^2_{\rm loc}(\mathbb{R}^2)$ に属するものとし，$A=(A_1,A_2)$ とおく．$\mathsf{L}^2(\mathbb{R}^2)$ 上の作用素 $Q_+(A)$ を

$$Q_+(A) := \hat{p}_1 - A_1 + i(\hat{p}_2 - A_2)$$

によって定義する $(\hat{p}_j := -iD_j)$．容易にわかるように $\mathsf{C}_0^\infty(\mathbb{R}^2) \subset \mathsf{D}(Q_+(A))$ であるから，$Q_+(A)$ は稠密に定義されている．さらに，$Q_+(A)^* \supset \hat{p}_1 - A_1 - i(\hat{p}_2 - A_2)$ であるので，$\mathsf{D}(Q_+(A)^*)$ は稠密である．したがって，$Q_+(A)$ は可閉である．その閉包を $\bar{Q}_+(A)$ とし，$\oplus^2\mathsf{L}^2(\mathbb{R}^2)$ 上の作用素 $Q(A), H_\pm(A), H(A)$ を次のように定義する：

$$\begin{aligned} Q(A) &:= \begin{pmatrix} 0 & \bar{Q}_+(A)^* \\ \bar{Q}_+(A) & 0 \end{pmatrix}, \\ H_+(A) &:= \bar{Q}_+(A)^*\bar{Q}_+(A), \quad H_-(A) = \bar{Q}_+(A)\bar{Q}_+(A)^*, \\ H(A) &:= H_+(A) \oplus H_-(A). \end{aligned}$$

このとき，$\{\oplus^2\mathsf{L}^2(\mathbb{R}^2), H(A), Q(A), \sigma_3\}$ は 1-超対称性をもつ超対称的量子力学である．容易にわかるように

$$Q(A) = \sigma_1(\hat{p}_1 - A_1) + \sigma_2(\hat{p}_2 - A_2) \quad (\oplus^2\mathsf{C}_0^\infty(\mathbb{R}^2)\ \text{上}).$$

作用素 $Q(A)$ をベクトルポテンシャル A をもつ**ディラック–ヴァイル作用素**という．

A_1, A_2 が連続微分可能ならば

$$H_\pm(A) = \sum_{j=1}^2 (\hat{p}_j - A_j)^2 \mp B \quad (\oplus^2\mathsf{C}_0^\infty(\mathbb{R}^2)\ \text{上}) \tag{9.71}$$

が成り立つ．ただし，$B := \partial_1 A_2 - \partial_2 A_1$ はベクトルポテンシャル A から定まる**磁場**を表す．$H_\pm(A)$ は **2 次元パウリ作用素**と呼ばれる．

例 9.3　$A_j\ (j=1,2,3)$ を $\mathbb{R}^3$ 上の実数値関数で $\mathsf{L}^2_{\rm loc}(\mathbb{R}^3)$ に属するものとし，$A=(A_1,A_2,A_3)$ とおく．$\oplus^2\mathsf{L}^2(\mathbb{R}^3)$ 上の作用素 D_A を

$$D_A := \sum_{j=1}^3 \sigma_j(\hat{p}_j - A_j)$$

によって定義する．前例と同様にして，$\oplus^2\mathsf{C}_0^\infty(\mathbb{R}^3) \subset \mathsf{D}(D_A) \cap \mathsf{D}(D_A^*)$ であり，D_A は可閉であることがわかる．$\oplus^4\mathsf{L}^2(\mathbb{R}^3)$ 上の作用素 $\hat{Q}(A), \hat{H}_\pm(A), \hat{H}(A)$ を次のよ

うに定義する：

$$\hat{Q}(A) := \begin{pmatrix} 0 & \bar{D}_A^* \\ \bar{D}_A & 0 \end{pmatrix}, \quad \gamma := \begin{pmatrix} I & 0 \\ 0 & -I \end{pmatrix},$$

$$\hat{H}_+(A) := \bar{D}_A^* \bar{D}_A, \quad \hat{H}_-(A) = \bar{D}_A \bar{D}_A^*, \quad \hat{H}(A) := \hat{H}_+(A) \oplus \hat{H}_-(A).$$

このとき，$\{\oplus^4 \mathsf{L}^2(\mathbb{R}^3), \hat{H}(A), \hat{Q}(A), \gamma\}$ は 1-超対称性をもつ超対称的量子力学である．容易にわかるように

$$\hat{Q}(A) = \sum_{j=1}^{3} \alpha_j (\hat{p}_j - A_j) \quad (\oplus^4 \mathsf{C}_0^\infty(\mathbb{R}^3) \text{ 上}).$$

ただし

$$\alpha_j := \begin{pmatrix} 0 & \sigma_j \\ \sigma_j & 0 \end{pmatrix}.$$

(ここでは，α_j に対して，[14] の 3.4 節で用いたのとは違う表示をとる．) 作用素 $\hat{Q}(A)$ をベクトルポテンシャル A をもつ，**質量 0 の 3 次元ディラック作用素**という．

各 A_j が連続微分可能ならば

$$\hat{H}_\pm(A) = \sum_{j=1}^{3} (\hat{p}_j - A_j)^2 - \sigma \cdot B \quad (\oplus^2 \mathsf{C}_0^\infty(\mathbb{R}^3) \text{ 上}) \tag{9.72}$$

が成り立つ．ただし，$\sigma := (\sigma_1, \sigma_2, \sigma_3), B := (B_1, B_2, B_3)$, $B_j := \sum_{kl} \epsilon_{jkl} \partial_k A_l$. B はベクトルポテンシャル A から定まる磁場を表す．$\hat{H}_\pm(A)$ は **3 次元パウリ作用素**と呼ばれる．

9.3.8 超対称的ハミルトニアンのスペクトル

超対称的ハミルトニアンのスペクトルは，ある著しい構造をもつ：

定理 9.7 (**スペクトル的超対称性** (spectral supersymmetry)) 9.3.6 項で導入された作用素 $H_\pm$ について次が成り立つ：

$$\sigma(H_\pm) \subset [0, \infty), \tag{9.73}$$

$$\sigma(H_+) \setminus \{0\} = \sigma(H_-) \setminus \{0\}, \tag{9.74}$$

$$\sigma_{\mathrm{p}}(H_+) \setminus \{0\} = \sigma_{\mathrm{p}}(H_-) \setminus \{0\}. \tag{9.75}$$

さらに，任意の各 $E \in \sigma_{\mathrm{p}}(H_+) \setminus \{0\}$ に対して

$$U_E^{(l)}\Psi := \frac{1}{\sqrt{E}} Q_{l,+}\Psi, \quad \Psi \in \ker(H_+ - E) \tag{9.76}$$

とすれば，$U_E^{(l)}$ は $\ker(H_+ - E)$ から $\ker(H_- - E)$ 上へのユニタリ変換である．したがって，特に

$$\dim\ker(H_+ - E) = \dim\ker(H_- - E) \tag{9.77}$$

が成り立つ．

この定理は，次の一般的定理を $A = Q_{l,+}$ として応用すれば証明される．

定理 9.8　(デイフト (Deift) の定理) $\mathsf{H}_1, \mathsf{H}_2$ をヒルベルト空間，A を H_1 から H_2 への稠密に定義された閉作用素とする．このとき，A^*A, AA^* はそれぞれ，$\mathsf{H}_1, \mathsf{H}_2$ 上の非負自己共役作用素であって

$$\sigma(A^*A) \setminus \{0\} = \sigma(AA^*) \setminus \{0\}, \tag{9.78}$$

$$\sigma_{\mathrm{p}}(A^*A) \setminus \{0\} = \sigma_{\mathrm{p}}(AA^*) \setminus \{0\} \tag{9.79}$$

が成り立つ．さらに，任意の $\lambda \in \sigma_{\mathrm{p}}(A^*A) \setminus \{0\}$ に対して

$$U_\lambda\Psi := \frac{1}{\sqrt{\lambda}} A\Psi, \quad \Psi \in \ker(A^*A - \lambda) \tag{9.80}$$

とすれば，U_λ は $\ker(A^*A - \lambda)$ から $\ker(AA^* - \lambda)$ 上へのユニタリ変換である．したがって，特に

$$\dim\ker(A^*A - \lambda) = \dim\ker(AA^* - \lambda) \tag{9.81}$$

が成り立つ．

この定理を証明するために補題を一つ用意する．

補題 9.9　$\mathsf{H}_1, \mathsf{H}_2$ をヒルベルト空間，A を H_1 から H_2 への稠密に定義された閉作用素とする．このとき，A^*A, AA^* はそれぞれ，$\mathsf{H}_1, \mathsf{H}_2$ 上の非負自己共役作用素であり，任意の $z \in \varrho(AA^*)$ (AA^* のレゾルヴェント集合) に対して

$$\mathsf{D}(F_z(A)) := \mathsf{D}(A), \quad F_z(A) := A^*(AA^* - z)^{-1}A \tag{9.82}$$

によって定義される作用素 $F_z(A)$ は有界である．

証明 AA^* が非負自己共役作用素であることはフォン・ノイマンの定理による．$\mathsf{R}((AA^*-z)^{-1})=\mathsf{D}(AA^*)$ であるから，$B:=F_z(A)$ はきちんと定義されている．$\Psi\in\mathsf{D}(A)$ としよう．このとき

$$\begin{aligned}\|B\Psi\|^2 &= \left\langle (AA^*-z)^{-1}A\Psi, AA^*(AA^*-z)^{-1}A\Psi\right\rangle\\ &= \left\langle (AA^*-z)^{-1}A\Psi, A\Psi+z(AA^*-z)^{-1}A\Psi\right\rangle\\ &= \langle B\Psi,\Psi\rangle + z\|(AA^*-z)^{-1}A\Psi\|^2\\ &\le \|B\Psi\|\|\Psi\| + |z|\,\|(AA^*-z)^{-1}A\Psi\|^2\\ &\le \varepsilon\|B\Psi\|^2+\frac{1}{4\varepsilon}\|\Psi\|^2+|z|\,\|(AA^*-z)^{-1}A\Psi\|^2.\end{aligned}$$

ここで，$\varepsilon>0$ は任意である．そこで $0<\varepsilon<1$ とすれば

$$\|B\Psi\|^2\le\frac{1}{4\varepsilon(1-\varepsilon)}\|\Psi\|^2+\frac{|z|}{1-\varepsilon}\|(AA^*-z)^{-1}A\Psi\|^2$$

を得る．したがって，あとは $(AA^*-z)^{-1}A$ が有界であることを示せばよい．そのために $(AA^*-z)^{-1}A$ の共役作用素 $T:=A^*(AA^*-z^*)^{-1}$ を考える．これは全空間 H_2 を定義域とする作用素である．これが閉作用素であることは容易に確かめられる．ゆえに閉グラフ定理により，T は有界である[*17]．ゆえに T^* も有界である．$T^*\supset(AA^*-z)^{-1}A$ であるから，$(AA^*-z)^{-1}A$ は有界である． ■

補題 9.9 によって，作用素 $F_z(A)$ は H_1 全体で定義された有界作用素に一意的に拡大される．この拡大も同じ記号 $F_z(A)$ で表す．

定理 9.8 の証明 $\lambda\in\varrho(AA^*),\lambda\ne0$ とし，$B:=F_\lambda(A)$ とおく．このとき，任意の $\Psi\in\mathsf{D}(A^*A)$ に対して

$$AB\Psi=[(AA^*-\lambda)+\lambda](AA^*-\lambda)^{-1}A\Psi=A\Psi+\lambda(AA^*-\lambda)^{-1}A\Psi.$$

したがって，$AB\Psi\in\mathsf{D}(A^*)$ であり，$A^*AB\Psi=A^*A\Psi+\lambda B\Psi$．そこで，$C:=\lambda^{-1}(B-I)$ とおけば，$(A^*A-\lambda)C\Psi=\Psi\cdots(*)$．$\mathsf{D}(A^*A)$ は稠密であ

---

*17 直接評価して証明することもできる．

り，C は有界であるから，$(*)$ は，$A^*A-\lambda$ の閉性を用いることにより，すべての $\Psi \in \mathsf{H}_1$ に拡張される．したがって，$A^*A-\lambda$ は全射である．

次に $\Phi \in \mathsf{D}((A^*A)^2)$ としよう．このとき，$A^*A\Phi \in \mathsf{D}(A)$ であるから

$$BA^*A\Phi = A^*(AA^*-\lambda)^{-1}AA^*(A\Phi) = A^*A\Phi + \lambda B\Phi.$$

ゆえに $C(A^*A-\lambda)\Phi = \Phi \cdots (**)$ が得られる．$D((A^*A)^2)$ は A^*A の芯であるので，$(**)$ はすべての $\Phi \in \mathsf{D}(A^*A)$ へと拡張される．したがって，$A^*A-\lambda$ は単射であることがわかる．これと前段の結果をあわせると $A^*A-\lambda$ は全単射であることがわかる．したがって，$\lambda \in \varrho(A^*A)$．この結果の対偶をとれば，$\lambda \in \sigma(A^*A)$ ならば $\lambda = 0$ または $\lambda \in \sigma(AA^*)$ である．したがって，$\lambda \in \sigma(A^*A) \setminus \{0\}$ ならば $\lambda \in \sigma(AA^*) \setminus \{0\}$ が得られる．すなわち $\sigma(A^*A) \setminus \{0\} \subset \sigma(AA^*) \setminus \{0\}$．いまの議論で，$A$ のかわりに A^* を考え，$A^{**} = A$ に注意すれば，逆の包含関係 $\sigma(AA^*) \setminus \{0\} \subset \sigma(A^*A) \setminus \{0\}$ が導かれる．よって，(9.78) に到達する．

(9.79) を示すために，まず，$\lambda \in \sigma_p(A^*A), \lambda > 0$ とし，これに属する，A^*A の固有ベクトルの任意のひとつを Ψ とする：$A^*A\Psi = \lambda\Psi, \Psi \neq 0$．そこで，$\Phi = A\Psi \cdots (\dagger)$ とおけば，これは $\mathsf{D}(AA^*)$ に属し ($\Psi \in \mathsf{C}^\infty(A^*A)$ であることに注意)

$$AA^*\Phi = A(A^*A\Psi) = \lambda A\Psi = \lambda\Phi.$$

さらに $\|\Phi\|^2 = \langle\Psi, A^*A\Psi\rangle = \lambda\|\Psi\|^2 \cdots (\dagger\dagger)$ であるから，$\Phi \neq 0$．したがって，$\lambda \in \sigma_{\mathrm{p}}(AA^*)$ である．ゆえに $\sigma_{\mathrm{p}}(A^*A) \setminus \{0\} \subset \sigma_{\mathrm{p}}(AA^*) \setminus \{0\}$．$A$ のかわりに A^* をとって考えれば，この逆の包含関係も成り立つことがわかる．こうして，(9.79) が証明される．

$(\dagger)$ と $(\dagger\dagger)$ により，U_λ は等長作用素である．任意の $\Phi \in \ker(AA^*-\lambda)$ に対して，$\lambda^{-1/2}A^*\Phi = \Psi$ とすれば，上と同様にして，$\Psi \in \ker(A^*A-\lambda)$ であり，$U_\lambda\Psi = \Phi$ が成り立つことがわかる．したがって，U_λ はユニタリである． ■

定理 9.7 の意味について考えてみよう．(9.74) は，超対称的ハミルトニアンのボソン的部分のスペクトルとフェルミオン的部分のそれは 0 を除いて一致することを示している．(9.75) は，ボソン的部分の正の励起エネルギー準位の全体とフェルミオン的部分のそれが零エネルギーを除いて同じであること意味す

る．しかも，(9.77) によって，同一の励起エネルギーの固有状態に属するボソン的状態とフェルミオン的状態とは (9.76) で定義されるユニタリ変換 $U_E^{(l)}$ を通して 1 対 1 に対応している．つまり，正の励起エネルギー固有状態は，ボソン的状態とフェルミオン的状態の対になっており，縮退している．そこで，次に問題になるのは零エネルギー状態である．

9.3.9 超対称的状態と超対称性の自発的破れ

超対称荷 Q_l は量子力学的超対称的変換の生成子と解釈される．したがって，超対称的変換のもとで不変な状態は $Q_l\Psi = 0$ $(l = 1, \cdots, N)$ を満たすベクトル $\Psi \in \mathsf{H}, \Psi \neq 0$ であると考えられる．このようなベクトルを**超対称的状態** (supersymmetric state) という．したがって，超対称的状態の全体は部分空間をなし，それは $\cap_{l=1}^N \ker Q_l$ に等しい．

超対称的状態が存在しないとき，すなわち，$\cap_{l=1}^N \ker Q_l = \{0\}$ のとき，**超対称性は自発的に破れている**という．

前項の終わりで述べたことから，超対称性が自発的に破れているとき，もし H の基底状態が存在するならば，基底状態エネルギーは正であり，基底状態は縮退することになる．通常の量子力学では，基底状態が非自明な仕方で縮退するのは稀である．ここに，超対称的量子力学特有の興味深い側面の一つが現れている．この観点から，超対称性の自発的破れの構造を調べることが重要な課題の一つとなる．

注意 9.3 相対論的な超対称的場の量子論においては，零エネルギーの基底状態が存在する場合 (したがって，超対称性の自発的破れがない場合) には，形式的・発見法的に，当該の理論が記述するボソンとフェルミオンの質量は等しくなければならないことが示される*18．他方，実験的には，これまでのところ，同質量のボソンとフェルミオンで超対称的な対をつくるようなものは発見されていない．したがって，相対論的超対称的場の量子論がしかるべき位階においてリアリティをもつ物理理論の候補たりうるためには，超対称性の自発的破れ

*18 4 次元における相対論的な超対称的場の量子論の存在は，超対称的でない相対論的場の量子論の場合と同様，まだ，証明されていない．

をもつモデルが構成されなければならない．ただし，非相対論的な場合は，この限りではない．いずれにしても，超対称性の破れの有無について研究することは重要であり，興味がある．

超対称的状態を特徴づけるために，次の補題に注意する．

補題 9.10 A をヒルベルト空間 H_1 からヒルベルト空間 H_2 への稠密に定義された閉作用素とするとき

$$\ker A^*A = \ker A. \tag{9.83}$$

証明 まず, $\ker A \subset \ker A^*A$ は明らか．逆に, $\Psi \in \ker A^*A$ とすれば, $A^*A\Psi = 0$. したがって，$0 = \langle\Psi, A^*A\Psi\rangle = \langle A\Psi, A\Psi\rangle = \|A\Psi\|^2$．これは $A\Psi = 0$ を意味する．ゆえに $\Psi \in \ker A$. ■

補題 9.10 を $A = Q_l$ として応用すれば，性質 (S.2) から

$$\ker H = \ker Q_l, \quad l = 1, \cdots, N \tag{9.84}$$

を得る．これは，**超対称的状態の全体と零エネルギー状態の全体が一致すること**を示している．さらに，補題 9.10 を $A = Q_{l,+}, Q_{l,+}^*$ として応用すると

$$\ker H_+ = \ker Q_{l,+}, \quad \ker H_- = \ker Q_{l,+}^* \tag{9.85}$$

が得られる．(9.66) から

$$\ker H = \ker H_+ \oplus \ker H_- \tag{9.86}$$

である．

9.3.10 ウィッテン指数

超対称性の自発的破れがあるかどうかを直接調べるには方程式 $Q_l\Psi = 0$ $(l = 1, \cdots, N)$ あるいはこれと同等な方程式 $H\Psi = 0$[(9.84) を参照] を解かねばならない．だが，これが陽に解けるかどうかは個々のモデルによる．そこで，超対称性の自発的破れの有無を確かめるための間接的な方法を一般的な形で探索

するのは自然である．そのために，ボソン的零エネルギー状態の個数とフェルミオン的零エネルギー状態の個数の差を表す量

$$\Delta_{\mathrm{W}} = \dim\ker H_+ - \dim\ker H_- \tag{9.87}$$

を導入する．これを**ウィッテン** (Witten) **指数**と呼ぶ．もちろん，この場合，$\dim\ker H_+$，$\dim\ker H_-$ の少なくとも一方は有限であると仮定しておく．超対称性が自発的に破れていれば $\ker H = \{0\}$ であるから，(9.86) によって $\ker H_\pm = \{0\}$．したがって $\Delta_{\mathrm{W}} = 0$ である．ゆえに，$\Delta_{\mathrm{W}} = 0$ **は超対称性が自発的に破れるための必要条件**を与える．だが，それは，十分条件ではない．しかし，ウィッテン指数の有用性は，$\dim\ker H_+, \dim\ker H_-$ のそれぞれは計算できなくても，その差は計算できる可能性があるという点にある．

9.3.11 ウィッテン指数と作用素の指数

(9.85) から

$$\Delta_W = \dim\ker Q_{l,+} - \dim\ker Q_{l,+}^* \tag{9.88}$$

が成り立つ．この右辺に現れた量は，実は，数学において，作用素 $Q_{l,+}$ の**解析的指数** (analytical index) として知られるものである．

一般に，$\mathsf{H}_1, \mathsf{H}_2$ をヒルベルト空間，A を H_1 から H_2 への稠密に定義された閉作用素とする．もし，$\dim\ker A, \dim\ker A^*$ の少なくとも一方が有限であるならば

$$\mathrm{index}\, A := \dim\ker A - \dim\ker A^* \tag{9.89}$$

によって定義される整数または $\pm\infty$ を A の**指数** (index) という．$(A^*)^* = A$ であるから

$$\mathrm{index}\, A^* = -\mathrm{index}\, A \tag{9.90}$$

が成り立つ．

作用素の指数の概念を用いると (9.88) は

$$\Delta_W = \mathrm{index}\, Q_{l,+} \quad (l = 1, \cdots, N) \tag{9.91}$$

と書き直せる．こうして，超対称性と作用素の指数理論が関連してくる．作用素の指数という概念が特に重要性をもつ作用素のクラスが存在する：

定義 9.11 A をヒルベルト空間 H_1 からヒルベルト空間 H_2 への稠密に定義された閉作用素 A とする．

(i) $\dim\ker A < \infty$ かつ $\dim\ker A^* < \infty$ および $\mathsf{R}(A)$ が H_2 の閉集合であるとき，A を**フレドホルム** (Fredholm) **作用素**と呼ぶ．この場合，A は「フレドホルムである」といういい方もする．

(ii) $\dim\ker A$, $\dim\ker A^*$ の少なくとも一方が有限で $\mathsf{R}(A)$ が H_2 の閉集合であるとき，A は**半フレドホルム** (semi-Fredholm) であるという．

注意 9.4 定義から明らかなように，A がフレドホルムであれば，A は半フレドホルムである．

フレドホルム作用素は，性質のよい作用素のクラスの一つを形成することが知られている (残念ながら，本書では，紙数の都合上，この側面を論述することはできない)．このことも考慮するとき，超対称的量子力学への応用においては，超対称荷のボソン状態への制限 $Q_{l,+}$ がいつ (半) フレドホルムになるかを考察することは重要である．そこで，次に，線形作用素が (半) フレドホルムであることを判定するための条件を考察しよう．

9.3.12 フレドホルム性の条件

$\mathsf{H}_1, \mathsf{H}_2$ をヒルベルト空間とする．

補題 9.12 A を H_1 から H_2 への閉作用素とする．このとき，$\mathsf{R}(A)$ が H_2 で閉であるための必要十分条件は，定数 $c > 0$ が存在して

$$\|A\Psi\|_{\mathsf{H}_2} \geq c\|\Psi\|_{\mathsf{H}_1}, \quad \Psi \in \mathsf{D}(A) \cap (\ker A)^\perp \tag{9.92}$$

が成立することである．

証明 (必要性) $\mathsf{R}(A)$ が閉であると仮定する．部分空間 $\mathsf{M} := \mathsf{D}(A) \cap (\ker A)^\perp$ の任意の元 $\Psi \in \mathsf{M}$ に対して，$\|\Psi\|_{\mathsf{M}}$ を $\|\Psi\|_{\mathsf{M}} := \|A\Psi\|_{\mathsf{H}_2}$ によって定義すれば，$\|\cdot\|_{\mathsf{M}}$ は M 上のノルムである (正定値性の証明に，条件 $\Psi \in (\ker A)^\perp$ が必要であることに注意)．M はノルム $\|\cdot\|_{\mathsf{M}}$ に関してバナッハ空間になることを示

そう．$\Psi_n \in \mathsf{M}$ を M のコーシー列とすれば，$A\Psi_n$ は H_2 のコーシー列である．したがって，$\eta \in \mathsf{H}_2$ が存在して，$\|A\Psi_n - \eta\|_{\mathsf{H}_2} \to 0\ (n \to \infty)$．いまの場合，$\mathsf{R}(A)$ は閉であるから，$\eta \in \mathsf{R}(A)$ でなければならない．したがって，$\eta = A\Phi$ となる $\Phi \in \mathsf{D}(A)$ が存在する．$\Phi = \Phi_0 + \Psi, \Phi_0 \in \ker A, \Psi \in (\ker A)^\perp$ と直和分解すれば，$\Psi \in \mathsf{D}(A) \cap (\ker A)^\perp = \mathsf{M}$ であり，$\eta = A\Psi$ となる．ゆえに $\|\Psi_n - \Psi\|_{\mathsf{M}} \to 0\ (n \to \infty)$．したがって，$\mathsf{M}$ はノルム $\|\cdot\|_{\mathsf{M}}$ に関して完備，すなわち，バナッハ空間である．作用素 $J : \mathsf{M} \to \mathsf{H}_1$ を $J\Psi = \Psi, \Psi \in \mathsf{M}$ によって定義しよう．このとき，J のグラフは閉であることは容易にわかる (この場合，$\Psi_n \in \mathsf{M}, \Phi \in \mathsf{H}_1, \|\Psi_n - \Phi\|_{\mathsf{H}_1} \to 0$ ならば $\Phi \in \mathsf{M}$ であることに注意)．したがって，閉グラフ定理により，J は有界である．ゆえに定数 $K > 0$ が存在して $\|J\Psi\|_{\mathsf{H}_1} \le K\|\Psi\|_{\mathsf{M}},\quad \Psi \in \mathsf{M}$ が成り立つ．そこで，$c = K^{-1}$ とすれば (9.92) が得られる．

(十分性) (9.92) を仮定する．$\eta_n \in \mathsf{R}(A), \eta \in \mathsf{H}_2$ が $\|\eta_n - \eta\|_{\mathsf{H}_2} \to 0\ (n \to \infty)$ を満たしているとしよう．このとき，$\eta_n = A\Psi_n$ となる $\Psi_n \in \mathsf{M}$ がある．(9.92) により，$\|A\Psi_n - A\Psi_m\|_{\mathsf{H}_2} \ge c\|\Psi_n - \Psi_m\|_{\mathsf{H}_1}$．したがって，$\Psi_n$ は H_1 のコーシー列である．ゆえに $\|\Psi_n - \Psi\|_{\mathsf{H}_1} \to$ となる $\Psi \in \mathsf{H}_1$ が存在する．A の閉性により，$\Psi \in \mathsf{D}(A)$ かつ $\eta = A\Psi \in \mathsf{R}(A)$ が結論される．したがって，$\mathsf{R}(A)$ は閉である． ■

定理 9.13 A を H_1 から H_2 への稠密に定義された閉作用素とする．

(i) A がフレドホルムであるための必要十分条件は，次の三つの条件が成り立つことである：

(F.1) $\dim\ker A^*A < \infty$．(F.2) $\dim\ker AA^* < \infty$．(F.3) $\inf\sigma(A^*A) \setminus \{0\} > 0$．

(ii) A が半フレドホルムであるための必要十分条件は，(F.1), (F.2) の少なくとも一方と (F.3) が成立することである．

証明 (i) (必要性) A はフレドホルムであると仮定する．このとき，補題 9.10 によって，(F.1), (F.2) が成立する．$\mathsf{R}(A)$ の閉性により，(9.92) が成り立つ．したがって，任意の $\Psi \in \mathsf{D}(A^*A) \cap (\ker A^*A)^\perp$ に対して，$\langle\Psi, A^*A\Psi\rangle \ge c\|\Psi\|^2$．

A^*A は非負の自己共役作用素であるから，これは，$\inf \sigma(A^*A) \setminus \{0\} \geq c$ を意味する．したがって，(F.3) が成り立つ．

(十分性) (F.1)，(F.2)，(F.3) を仮定する．このとき，(F.1)，(F.2) は，補題 9.10 により，$\dim \ker A < \infty$， $\dim \ker A^* < \infty$ を意味する．直和分解 $\mathsf{H}_1 = \ker A^*A \oplus (\ker A^*A)^{\perp}$ において，A^*A は $\ker A^*A$ および $(\ker A^*A)^{\perp}$ によって簡約されるので，$\sigma(A^*A) = \sigma(A^*A|\ker A^*A) \cup \sigma(A^*A|(\ker A^*A)^{\perp})$. $\sigma(A^*A|\ker A^*A)$ は空集合であるか $\{0\}$ のどちらかである．したがって，(F.3) は $A^*A|(\ker A^*A)^{\perp} \geq c$ を意味する．したがって，任意の $\Psi \in \mathsf{D}(A^*A) \cap (\ker A^*A)^{\perp}$ に対して，$\langle \Psi, A^*A\Psi \rangle \geq c\|\Psi\|^2$ が成り立つ．ゆえに，$\|A\Psi\|^2 \geq c\|\Psi\|^2 \cdots (*)$．左辺は $\||A|\Psi\|^2$ とも書けること，および $\mathsf{D}(|A|^2) = \mathsf{D}(A^*A)$ が $|A|$ の芯であることに注意すれば，極限議論により，$(*)$ はすべての $\Psi \in \mathsf{D}(A) \cap (\ker A)^{\perp}$ へと拡張されることがわかる．したがって，(9.92) が成り立つ．ゆえに $\mathsf{R}(A)$ は閉である．

(ii) (i) の場合と同様である． ■

定理 9.13 の系として次が得られる．

系 9.14 A を H_1 から H_2 への稠密に定義された閉作用素とする．このとき，A が (半) フレドホルムならば，A^* も (半) フレドホルムであり，この逆も成り立つ．

証明 A をフレドホルムとしよう．このとき，定理 9.13-(i) によって，(F.3) が成立する．これと定理 9.8 によって，(F.3) における A を A^* で置き換えたものが成立する ($(A^*)^* = A$ に注意)．したがって，定理 9.13-(i) の条件で A を A^* で置き換えたものが成立する．したがって，A^* はフレドホルムである．半フレドホルム性についても同様である． ■

定理 9.13 を $A = Q_{l,+}$ として応用すれば，次の結果を得る．

定理 9.15

(i) 作用素 $Q_{l,+}$ がフレドホルムであるための必要十分条件は

$$\dim \ker H_{\pm} < \infty, \tag{9.93}$$

$$\inf \sigma(H_+) \setminus \{0\} > 0 \tag{9.94}$$

が成り立つことである.

(ii) 作用素 $Q_{l,+}$ が半フレドホルムであるための必要十分条件は $\dim \ker H_\pm$ の少なくとも一方が有限であり，かつ (9.94) が成り立つことである.

証明 (9.66) と定理 9.13 による. ■

条件 (9.93) は，物理的には，零エネルギー状態の縮退度が有限であることを意味する．他方，条件 (9.94) は，零エネルギーの基底状態が存在する場合には，基底状態エネルギーと零でないエネルギースペクトルの間に正の間隙があることを意味する．この描像に基づいて，条件 (9.94) を**間隙条件** (gap condition) という.

9.3.13 指数に対するトレース公式

フレドホルム作用素の指数を計算するための基本的な方法の一つを述べておこう．T をヒルベルト空間 H_1 からヒルベルト空間 H_2 への稠密に定義された閉作用素とする．さらに，P_1, P_2 をそれぞれ，$\mathsf{H}_1 \oplus \mathsf{H}_2$ から $\mathsf{H}_1, \mathsf{H}_2$ への正射影作用素とし

$$\gamma := P_1 - P_2 \tag{9.95}$$

とおく．また，Q_T を (9.69) によって定義される自己共役作用素とする ($\mathsf{H}_+ = \mathsf{H}_1, \mathsf{H}_- = \mathsf{H}_2$ の場合).

定理 9.16

(i) ある $\beta > 0$ に対して，$e^{-\beta Q_T^2}$ がトレース型作用素であるとする[*19]．このとき，T はフレドホルムであり

$$\operatorname{index} T = \operatorname{Tr} \gamma e^{-\beta Q_T^2} \tag{9.96}$$

が成立する (Tr はトレースを表す)．右辺は β によらない.

---

*19 トレース型作用素については，付録 L を参照.

(ii)　ある $z \in \mathbb{C} \setminus [0,\infty)$ に対して，$(Q_T^2 - z)^{-1}$ がトレース型作用素であるとする．このとき，T はフレドホルムであり

$$\operatorname{index} T = -z \operatorname{Tr} \gamma (Q_T^2 - z)^{-1} \tag{9.97}$$

が成立する．右辺は z によらない．

証明　(i) $Q_T^2 = T^*T \oplus TT^*$ に注意して，作用素解析を応用すれば $e^{-\beta Q_T^2} = e^{-\beta T^*T} \oplus e^{-\beta TT^*}$ が成り立つことがわかる．したがって，$e^{-\beta T^*T}, e^{-\beta TT^*}$ はトレース型作用素である．トレース型作用素はコンパクトであり (付録 L の命題 L.4)，$e^{-\beta T^*T}$，　$e^{-\beta TT^*}$ は非負の自己共役作用素であるから，これらの作用素の 0 以外のスペクトルは多重度有限の正の固有値だけからなる．したがって，T^*T, TT^* のスペクトルは多重度有限の非負固有値だけからなり，スペクトルの可能な集積点は $+\infty$ だけである．したがって，定理 9.13-(i) の条件がすべて満たされる．ゆえに，T はフレドホルムである．$\sigma(T^*T) \setminus \{0\} = \{E_n\}_{n\geq 1}$ $(0 < E_1 < E_2 < \cdots)$ とし，E_n の多重度を $m(E_n)$ とすると，定理 9.8 によって $\sigma(TT^*) \setminus \{0\} = \{E_n\}_{n\geq 1}$ であること，および $\gamma = I \oplus (-I)$ に注意すれば

$$\begin{aligned}
\operatorname{Tr} \gamma e^{-\beta Q_T^2} &= \operatorname{Tr} e^{-\beta T^*T} - \operatorname{Tr} e^{-\beta TT^*} \\
&= \dim \ker T^*T + \sum_{n\geq 1} m(E_n) e^{-\beta E_n} \\
&\quad - \left(\dim \ker TT^* + \sum_{n\geq 1} m(E_n) e^{-\beta E_n} \right) \\
&= \dim \ker T^*T - \dim \ker TT^* = \operatorname{index} T.
\end{aligned}$$

したがって，(9.96) が成立する．

(ii) $(Q_T^2 - z)^{-1} = (T^*T - z)^{-1} \oplus (TT^* - z)^{-1}$ であることに注意し，(i) と同様に論を進めればよい．■

定理 9.16 を $T = Q_{l,+}$ として応用すれば，次の結果を得る．

定理 9.17

(i)　ある $\beta > 0$ に対して，$e^{-\beta H}$ がトレース型作用素ならば，各 $Q_{l,+}$ はフ

レドホルムであり

$$\Delta_W = \mathrm{index}\, Q_{l,+} = \mathrm{Tr}\,\left(\Gamma e^{-\beta H}\right) \tag{9.98}$$

が成り立つ (右辺は β によらない).

(ii) ある $z \in \mathbb{C} \setminus [0,\infty)$ に対して，$(H-z)^{-1}$ がトレース型作用素ならば，各 $Q_{l,+}$ はフレドホルムであり

$$\Delta_W = \mathrm{index}\, Q_{l,+} = -z\mathrm{Tr}\,\left(\Gamma(H-z)^{-1}\right)$$

が成り立つ (右辺は z によらない).

9.4　超対称性と特異摂動 — 摂動法の破綻

超対称的量子力学においても摂動を考察することは興味がある．この場合，ある意味で注目すべき構造に出会う．すなわち，通常の量子力学で用いられている摂動法 — 摂動系の物理量の固有値を，摂動パラメーターの冪級数に展開して，"近似的" に求める方法 (第5章を参照) — が破綻するようなハミルトニアンの一般的クラスの存在が示唆されるのである．このような意味で，超対称的量子力学系の摂動は非常に特異でありうる．だが，別の見方をすれば，超対称的量子力学は本質的に非摂動的効果を記述する構造を内蔵しているともいえる．

まず，いま言及した "特異" の意味を明確に定義することから始めよう．

定義 9.18　H をヒルベルト空間，$\{H(g)\}_{g\in[0,g_0]}$ ($g_0 > 0$ は固定された定数) を H 上の下に有界な自己共役作用素の族で，任意の $z \in \mathbb{C} \setminus \mathbb{R}$ に対して

$$\text{s-}\lim_{g\to 0}(H(g)-z)^{-1} = (H(0)-z)^{-1}$$

を満たすものとする (i.e., $H(g)$ は，$g \to 0$ のとき，$H(0)$ に強レゾルヴェント収束するということ[*20])．さらに $E(g) := \inf\sigma(H(g))$ が $H(g)$ の固有値であるとしよう．このとき，$g_n \to 0$ となるどんな列 $\{g_n\}_{n=1}^{\infty} \subset (0, g_0]$ に対しても

---

*20　自己共役作用素の族の強レゾルヴェント収束に関する基本的な事柄については，付録 M に論述しておいた．

$E(g_n)$ が $E(0)$ に収束しないとき，自己共役作用素の族 $\{H(g)\}_{0<g\leq g_0}$ は $H(0)$ の**特異摂動** (singular perturbation) であるという．この場合，$\{H(g)\}_{0<g\leq g_0}$ は $H(0)$ **に関して特異**であるという (簡単に「$H(g)$ は特異である」ともいう).

この定義の "こころ" は，$H(g)$ は強レゾルヴェント収束の意味では，$g=0$ において連続であるが，その最小固有値は $g=0$ で連続になっていないということである．したがって，この摂動のクラスでは，$H(g)$ の最小固有値 $E(g)$ を

$$E(g) = E(0) + a_1 g + a_2 g^2 + \cdots$$

という形 — 摂動法 — で求めることはできない．すなわち，ここで定義した特異摂動は，摂動法が破綻するような一つのクラスを与えるのである．**この場合，$E(g)$ の固有ベクトル—$\Omega(g)$ としよう—についても摂動法は破綻する．**実際，仮に $\lim_{g\to 0}\Omega(g) = \Omega(0)$，$H(0)\Omega(0) = E(0)\Omega(0)$ とすれば ($\|\Omega(0)\| = 1$ としておく)，任意の $z \in \mathbb{C} \setminus \mathbb{R}$ に対して

$$\begin{aligned}\left\langle \Omega(0), (H(g)-z)^{-1}\Omega(g)\right\rangle &= \left\langle (H(g)-z^*)^{-1}\Omega(0), \Omega(g)\right\rangle \\ &\stackrel{g\to 0}{\to} \left\langle (H(0)-z^*)^{-1}\Omega(0), \Omega(0)\right\rangle = (E(0)-z)^{-1}.\end{aligned}$$

一方，左辺は $(E(g)-z)^{-1}\left\langle \Omega(0), \Omega(g)\right\rangle$ に等しい．したがって，$\lim_{g\to 0}(E(g)-z)^{-1} = (E(0)-z)^{-1}$ が導かれる．だが，これは矛盾である．

さて，パラメーター $g \in [0, g_0]$ によって添え字づけられた超対称的量子力学の族 $\{\mathsf{H}, \{Q_l(g)\}_{l=1}^N, H(g), \Gamma\}$ $(0 \leq g \leq g_0)$ が与えられたとし

$$E_\pm(g) := \inf \sigma(H_\pm(g)) \tag{9.99}$$

とおく．すでに知っているように，$E_\pm(g) \geq 0$ である．次の仮定をおく：

仮定 (H) $H(g)$ は，$g \to 0$ のとき，$H(0)$ に強レゾルヴェント収束する．

この仮定のもとで，$H_\pm(g)$ が，$g \to 0$ のとき，$H_\pm(0)$ に強レゾルヴェント収束することは容易にわかる*21.

$$\mathbb{I} = (0, g_0] \tag{9.100}$$

*21 任意の $z \in \mathbb{C} \setminus \mathbb{R}$ に対して $(H(g)-z)^{-1} = (H_+(g)-z)^{-1} \oplus (H_-(g)-z)^{-1}$ であることを使えばよい．

とおく．$\{H_+(g)\}_{g\in\mathrm{I\!I}}$ が $H_+(0)$ に関して特異であるための十分条件は次の命題によって与えられる：

命題 9.19 仮定 (H) のもとで，任意の $g \in [0, g_0]$ に対して，$E_+(g)$ は $H_+(g)$ の固有値であるとする．このとき，次の三つ条件 (i)，(ii)，(iii) の一つが成り立つならば，$\{H_+(g)\}_{g\in\mathrm{I\!I}}$ は $H_+(0)$ に関して特異である：

(i) $E_\pm(0) > 0,\ E_+(g) = 0, \quad g \in \mathrm{I\!I}.$

(ii) $E_+(0) > 0,\ E_-(0) = 0, E_\pm(g) > 0$. この場合，$g_n \to 0 (n \to \infty)$ となる任意の列 $\{g_n\}_{n=1}^\infty \subset \mathrm{I\!I}$ に対して，その部分列 $\{h_n\}$ で $\lim_{n\to\infty} E_+(h_n) = 0$ となるものが存在する．

(iii) $E_+(0) > 0, E_-(0) = E_+(g) = 0, E_-(g) > 0,\ g \in \mathrm{I\!I}$. この場合，$E_{1,+}(g) := \inf(\sigma(H_+(g)) \setminus \{0\})$ とすれば，$E_{1,+}(g) > 0$ であり，$g_n \to 0(n \to \infty)$ となる任意の列 $\{g_n\}_{n=1}^\infty \subset \mathrm{I\!I}$ に対して，その部分列 $\{h_n\}$ で $\lim_{n\to\infty} E_{1,+}(h_n) = 0$ となるものが存在する．

証明 (i) の場合は明らか．

(ii) この場合，(9.75) によって $E_+(g) = E_-(g)$, $g \in \mathrm{I\!I} \cdots (*)$. 仮定 (H) により，$g_n \to 0(n \to \infty)$ となる任意の列 $\{g_n\}_{n=1}^\infty \subset \mathrm{I\!I}$ に対して，$H_-(g_n)$ は $H_-(0)$ に強レゾルヴェント収束する．したがって，付録 M の命題 M.3-(ii) により，部分列 $\{h_n\} \subset \{g_n\}$ と $E_n \in \sigma(H_-(h_n))$ が存在して $\lim_{n\to\infty} E_n = E_-(0) = 0$ が成り立つ．一方，$E_n \geq E_-(h_n)$ であるから，$(*)$ によって，$E_n \geq E_+(h_n)$. したがって，$\lim_{n\to\infty} E_+(h_n) = 0$. $E_+(0) > 0$ であるから，これは $H_+(g)$ が特異であることを示す．

(iii) $H_+(g)$ が特異であることは明らか. いまの場合 (9.75) によって, $E_{1,+}(g) = E_-(g)$ ．(ii) の場合と同様にして，$g_n \to 0$ となる任意の列 $\{g_n\}$ に対して $\lim_{n\to\infty} E_-(h_n) = 0$ となる部分列 $\{h_n\}$ が存在することが示される．ゆえに，$\lim_{n\to\infty} E_{1,+}(h_n) = 0$ ■

注意 9.5 $+ \leftrightarrow -$ の対称性により，$H_-(g)$ についても対応する結果が成り立つ．

表 9.1 特異摂動の生起に関する場合分け

	$E_+(0)$	$E_-(0)$	$E_+(g)$	$E_-(g)$
(i)	正	正	0	非負
(ii)	正	0	正	正
(iii)	正	0	0	正

命題 9.19-(iii) は，$E_{1,+}(g)$ (もし $H_+(g)$ の固有値ならば，それは $H_+(g)$ の正の最小固有値) に対しても摂動法が破綻することを示しており，興味深い．

命題 9.19 の条件 (表 9.1) を超対称性の自発的破れとの関連で読み直すことは意味があるかもしれない．まず，条件 (i) においては，$H(0)$ によって記述される "無摂動系" の超対称性は自発的に破れているが，$H(g)$ によって記述される "摂動系" のそれは自発的に破れておらず，その零エネルギー状態はボソン的またはフェルミオン的 ($E_-(g) = 0$ の場合) である．条件 (ii) においては，その逆の状況にある．ただし，無摂動系の零エネルギー状態はフェルミオン的である．最後の条件 (iii) においては，双方の系の超対称性は自発的に破れていないが，零エネルギー状態の種類 (フェルミオン的状態かボソン的状態かということ) は，無摂動系と摂動系では異なっている．なお，双方の系の超対称性がともに破れている場合は，一般には特異とはいえないが，特異になるような例は存在する [2].

9.5 ウィッテンモデル

この節では，超対称的量子力学のモデルのうちで最も単純なものの一つを考察する．それは，通常の量子力学の意味では，1 次元空間 $\mathbb{R}$ を運動するスピン 1/2 の量子的粒子に関するモデルであるが，超対称性の観点からは，スピン 1/2 の内部自由度だけをもつ "フェルミオン" とスピン 0 のボソン 1 個が超対称的に相互作用を行う系のモデルの一つとみることができるものである．モデルの構成にあたっては，9.3.7 項で述べた，超対称的量子力学の構成法を適用する．

9.5.1 モデルの定義

まず，状態のヒルベルト空間として $\mathsf{L}^2(\mathbb{R})$ の直和ヒルベルト空間 $\oplus^2\mathsf{L}^2(\mathbb{R}) = \mathsf{L}^2(\mathbb{R}) \oplus \mathsf{L}^2(\mathbb{R})$ をとる．$W : \mathbb{R} \to \mathbb{R}$ を 2 回連続微分可能な関数とし，$\mathsf{L}^2(\mathbb{R})$ 上の作用素 Q_+ を

$$Q_+ := e^W \hat{p} e^{-W} \tag{9.101}$$

によって定義する．ただし，$\hat{p}$ は運動量作用素である：$\hat{p} := -iD_x$．容易にわかるように，$\mathsf{D}(Q_+) \supset \mathsf{C}_0^\infty(\mathbb{R})$ であり—したがって，$\mathsf{D}(Q_+)$ は稠密—

$$Q_+\psi = (\hat{p} + iW')\psi \quad \psi \in \mathsf{C}_0^\infty(\mathbb{R}). \tag{9.102}$$

が成立する．さらに，$Q_+^* \supset e^{-W}\hat{p}e^W$ であるから，$\mathsf{C}_0^\infty(\mathbb{R}) \subset Q_+^*$ であり

$$Q_+^*\psi = e^{-W}\hat{p}e^W\psi = (\hat{p} - iW')\psi, \quad \psi \in \mathsf{C}_0^\infty(\mathbb{R}) \tag{9.103}$$

がしたがう．ゆえに，$\mathsf{D}(Q_+^*)$ は稠密であるので，Q_+ は可閉である．その閉包を $\bar{Q}_+$ で表す．補題 9.5 を応用することにより

$$Q := \begin{pmatrix} 0 & \bar{Q}_+^* \\ \bar{Q}_+ & 0 \end{pmatrix} \tag{9.104}$$

は自己共役である．ここで

$$Q = \sigma_1\hat{p} + \sigma_2 W' \quad (\oplus^2\mathsf{C}_0^\infty(\mathbb{R})\ \text{上}) \tag{9.105}$$

と表されることに注意しよう (σ_1, σ_2 はパウリ行列の 1 番目と 2 番目のもの)．すなわち，Q は **1 次元のディラック型作用素**である．

次に

$$H := Q^2, \quad \Gamma := 1 \oplus (-1) = \begin{pmatrix} 1 & 0 \\ 0 & -1 \end{pmatrix} \tag{9.106}$$

を導入する．このとき，$\{\oplus^2\mathsf{L}^2(\mathbb{R}), H, Q, \Gamma\}$ は 1-超対称性をもつ超対称的量子力学である．このモデルを**ウィッテンモデル**と呼ぶ [29, 30]．関数 W をこのモデルの**超ポテンシャル** (superpotential) という．

ちなみに，作用素 $\hat{p}$ に関して，$\hat{p} \mapsto e^W\hat{p}e^{-W}$ という形で摂動を行う手法はその創始者の名をとって**ウィッテン変形** (Witten deformation) と呼ばれてい

る [31]．この変形のアイデアはいろいろなコンテクスト—$\hat{p}, W$ を別の作用素に置き換えて考える— で有用であることが知られている．

一般論にしたがって，非負自己共役作用素

$$H_+ := \bar{Q}_+^* \bar{Q}_+, \quad H_- := \bar{Q}_+ \bar{Q}_+^* \tag{9.107}$$

を導入すれば

$$H = H_+ \oplus H_- = \begin{pmatrix} H_+ & 0 \\ 0 & H_- \end{pmatrix} \tag{9.108}$$

が成り立つ．

超対称的ハミルトニアン H の具体的表示をみてみよう．(9.105) からわかるように，$\oplus^2 \mathsf{C}_0^\infty(\mathbb{R}) \subset \mathsf{D}(Q^2) = D(H)$ であり，パウリ行列の性質 $\sigma_1^2 = 1, \sigma_1\sigma_2 = -\sigma_2\sigma_1 = i\sigma_3$ を使えば

$$H = Q^2 = \hat{p}^2 + W'^2 + \sigma_3 W'' \quad (\oplus^2 \mathsf{C}_0^\infty(\mathbb{R}) \text{ 上}) \tag{9.109}$$

となることがわかる．これは

$$H_\pm = \hat{p}^2 + W'^2 \pm W'' \quad (\oplus^2 \mathsf{C}_0^\infty(\mathbb{R}) \text{ 上}) \tag{9.110}$$

を意味する．$H_\pm \geq 0$ であるから，

$$(\hat{p}^2 + W'^2 \pm W'')|\mathsf{C}_0^\infty(\mathbb{R}) \geq 0 \tag{9.111}$$

が証明されたことになる．さらに次の事実がしたがう：

定理 9.20 関数 W は

$$\inf_{x \in \mathbb{R}} (W'(x)^2 \pm W''(x)) > -\infty \tag{9.112}$$

を満たすとする．このとき，

$$L_\pm(W) := \hat{p}^2 + W'^2 \pm W'' \tag{9.113}$$

は $\mathsf{C}_0^\infty(\mathbb{R})$ 上で本質的に自己共役であり，$\overline{L_\pm(W)} \geq 0$ かつ

$$\sigma(\overline{L_+(W)}) \setminus \{0\} = \sigma(\overline{L_-(W)}) \setminus \{0\}, \quad \sigma_{\rm p}(\overline{L_+(W)}) \setminus \{0\} = \sigma_{\rm p}(\overline{L_-(W)}) \setminus \{0\} \tag{9.114}$$

が成り立つ．ここで，$\overline{L_+(W)}$ の正の任意の固有値 $\lambda \in \sigma_{\mathrm{p}}(\overline{L_+(W)}) \setminus \{0\}$ の多重度と $\overline{L_-(W)}$ の固有値としての λ の多重度は一致する．

証明 $L_\pm(W)$ の $\mathsf{C}_0^\infty(\mathbb{R})$ 上での本質的自己共役性は第 2 章の定理 2.25 の応用による．ゆえに

$$\overline{L_\pm(W)} = H_\pm \tag{9.115}$$

がしたがう．これとスペクトル的超対称性 (定理 9.7) により，(9.114) がしたがう． ■

(9.111) および定理 9.20 は $\bar{Q}_+$ という作用素の超対称化に伴う，いわば数学的副産物である．定理 9.20 の重要な点は，$L_+(W)$ と $L_-(W)$ という二つのシュレーディンガー型作用素のスペクトルの構造の関連を明らかにしたことにある．だが，超対称性のアイデアを用いずに，$L_+(W)$ と $L_-(W)$ を個別的に解析したのでは，この結論に到達することは難しかったであろうことは想像に難くない (読者は試しに定理 9.20 の別の証明を考案されたい)．超対称性という概念の有用性の一つがここにみられる．閉作用素の超対称化という方法は，実は，非常に広範な応用をもち，数学的に非自明な事実を容易に導く場合がある．

注意 9.6 同様の事実は，2 次元パウリ作用素 $H_\pm(A)$ (例 9.2) や 3 次元パウリ作用素 $\hat{H}_\pm(A)$ (例 9.3) についても成立する．

9.5.2 零エネルギー状態の存在条件

ウィッテンモデルの零エネルギー状態が存在するかどうかを調べてみよう．これは W の性質に依存しうることが予想される．9.3 節の一般論の結果をいまの場合の適用すれば，ウィッテンモデルの零エネルギー状態の空間は

$$\ker H = \ker H_+ \oplus \ker H_- = \ker \bar{Q}_+ \oplus \ker \bar{Q}_+^* \tag{9.116}$$

で与えられる．そこで，$\ker \bar{Q}_+$ と $\ker \bar{Q}_+^*$ の構造を明らかにすることを考える．

$\psi \in \ker \bar{Q}_+$ としよう：$\psi \in \mathsf{D}(\bar{Q}_+)$ かつ $\bar{Q}_+\psi = 0$．したがって任意の $u \in \mathsf{C}_0^\infty(\mathbb{R})$ に対して $\langle Q_+^* u^*, \psi \rangle = 0$．これと (9.103) によって，$\int_{\mathbb{R}} \psi(x)u'(x)dx = -\int_{\mathbb{R}} W'(x)\psi(x)u(x)dx$．これは，超関数方程式 $D_x\psi = W'\psi$ と同値である．

$\psi \in \mathsf{L}^1_{\mathrm{loc}}(\mathbb{R})$ であるから (∵ 積分に関するシュヴァルツの不等式)，付録 N の定理 N.2 を $d=1$ の場合に応用することができ，$\psi = Ce^W$ が得られる (C は定数)．これから，任意の定数 $C \in \mathbb{C} \setminus \{0\}$ に対して $\psi \in \mathsf{L}^2(\mathbb{R})$ となる必要十分条件は

$$\int_{\mathbb{R}} e^{2W(x)} dx < \infty \tag{9.117}$$

である．こうして，次の定理が得られる：

定理 9.21　$\ker \bar{Q}_+ \neq \{0\}$ であるための必要十分条件は，(9.117) が満たされることである．この場合

$$\ker \bar{Q}_+ = \{Ce^W | C \in \mathbb{C}\}, \quad \dim \ker \bar{Q}_+ = 1. \tag{9.118}$$

上の議論と同様にして，$\ker \bar{Q}_+^*$ について次の結果が得られる：

定理 9.22　$\ker \bar{Q}_+^* \neq \{0\}$ であるための必要十分条件は

$$\int_{\mathbb{R}} e^{-2W(x)} dx < \infty \tag{9.119}$$

が満たされることである．この場合

$$\ker Q_+^* = \{Ce^{-W} | C \in \mathbb{C}\}, \quad \dim \ker \bar{Q}_+^* = 1. \tag{9.120}$$

ところで，条件 (9.117) と (9.119) は両立し得ない．実際，任意の $R > 0$ に対して，シュヴァルツの不等式によって

$$\begin{aligned} 2R &= \int_{-R}^{R} e^{-W(x)} e^{W(x)} dx \\ &\leq \left(\int_{-R}^{R} e^{-2W(x)} dx \right)^{1/2} \left(\int_{-R}^{R} e^{2W(x)} dx \right)^{1/2} \end{aligned}$$

が成り立つ．もし，(9.117)，(9.119) がともに満たされているとすれば，右辺は $R \to \infty$ のとき，有限値に収束する．だが，左辺は無限大になるから矛盾である．

こうして，次の定理が得られる．

定理 9.23 ウィッテンモデルの超対称的ハミルトニアン H が零エネルギー状態をもつための必要十分条件は (9.117) または (9.119) のどちらかが満たされることである．その場合，次が成立する：

(i) (9.117) が満たされる場合，H の零エネルギー状態は $(e^W, 0)$ の定数倍に限られる．特に，

$$\dim\ker H = \dim\ker H_+ = 1, \quad \dim\ker H_- = 0. \tag{9.121}$$

(ii) (9.119) が満たされる場合，H の零エネルギー状態は $(0, e^{-W})$ の定数倍に限られる．特に，

$$\dim\ker H = \dim\ker H_- = 1, \quad \dim\ker H_+ = 0. \tag{9.122}$$

この定理の一つの帰結は次である：

系 9.24 (9.117) と (9.119) のどちらも満たされないならば，$\ker H = \{0\}$，すなわち，H の零エネルギー状態は存在しない．したがって，この場合，超対称性は自発的に破れている．

こうして，ウィッテンモデルにおいては，超対称性の自発的な破れは超ポテンシャル W の特性に依存することがわかる．

9.5.3 多項式型超ポテンシャル

この項では，W が多項式型の場合を考え，これまでの結果を応用する．$q \geq 2$ とし，W が q 次の多項式

$$W(x) = \sum_{j=0}^{q} a_j x^j$$

の場合を考える ($a_j \in \mathbb{R}$ は定数, $a_q \neq 0$)．このとき

$$W'(x) = \sum_{j=1}^{q} j a_j x^{j-1}.$$

したがって，$W'(x)^2$ は $2(q-1)$ 次の多項式であり，W'' は $(q-2)$ 次の多項式であるから，(9.112) は満たされる．次の事実は容易に確かめられる：

(i) $e^{W} \in \mathsf{L}^2(\mathbb{R}) \Longleftrightarrow q$ が偶数かつ $a_q < 0$.

(i) $e^{-W} \in \mathsf{L}^2(\mathbb{R}) \Longleftrightarrow q$ が偶数かつ $a_q > 0$.

(iii) $e^{\pm W} \notin \mathsf{L}^2(\mathbb{R}) \Longleftrightarrow q$ が奇数.

これらの結果をまとめて記述するために，W の**無限遠での符号** $\operatorname{sgn} W_{\pm\infty}$ を次のように定義する：

$$\operatorname{sgn} W_{\pm\infty} = \begin{cases} +1 & ; x \to \pm\infty \text{ のとき，} W(x) > 0 \\ -1 & ; x \to \pm\infty \text{ のとき，} W(x) < 0 \end{cases}.$$

このとき，定理 9.21 と定理 9.22 により

$$\operatorname{index} \bar{Q}_+ = -\frac{1}{2}(\operatorname{sgn} W_{-\infty} + \operatorname{sgn} W_{\infty}) \tag{9.123}$$

と書けることがわかる．このように表すと，$\bar{Q}_+$ の指数は，W の無限遠での振る舞いだけで決まり，途中の詳細にはよらないことが一目瞭然になる．

この例では，$W'^2 \pm W'' \in \mathsf{L}^2_{\text{loc}}(\mathbb{R})$ であり

$$\lim_{|x|\to\infty} (W'(x)^2 \pm W''(x)) = +\infty$$

であるので，定理 6.50 が適用できる．その結果

$$\sigma(H_\pm) = \sigma_{\text{d}}(H_\pm). \tag{9.124}$$

すなわち，$H_\pm$ は離散スペクトルしかもたない．したがって，定理 9.15 の条件が満たされる．ゆえに $\bar{Q}_+$ はフレドホルムである．

9.5.4 特異摂動の生起

ウィッテンモデルにおいては，特異摂動がごく“自然に”起こることを示そう．$g \in \mathbb{R}$ をパラメーター，$W_1 : \mathbb{R} \to \mathbb{R}$ を 2 回連続微分可能な関数として，作用素

$$Q_+(g) := e^{W+gW_1} \hat{p} e^{-(W+gW_1)} = e^{gW_1} Q_+ e^{-gW_1} \tag{9.125}$$

—Q_+ の摂動—を考える．作用素 $Q, H, H_\pm$ における W を $W + gW_1$ に置き換えることにより得られる作用素をそれぞれ，$Q(g), H(g), H_\pm(g)$ と記す．(9.109)

によって

$$H(g) = Q(g)^2 \tag{9.126}$$

$$= H + g(\sigma_3 W_1'' + 2W'W_1') + g^2 {W_1'}^2 \quad (\oplus^2 \mathsf{C}_0^\infty(\mathbb{R}) \text{ 上}), \tag{9.127}$$

$$H_\pm(g) = H_\pm + g(2W'W_1' \pm W_1'') + g^2 {W_1'}^2 \quad (\oplus^2 \mathsf{C}_0^\infty(\mathbb{R}) \text{ 上}). \tag{9.128}$$

以下

$$\inf_{x\in\mathbb{R}} (W'(x) + gW_1'(x))^2 \pm (W''(x) + gW_1''(x)) > -\infty, \quad \forall g \in \mathbb{R} \tag{9.129}$$

を仮定する．

補題 9.25 条件 (9.129) のもとで，$H_\pm(g)$ は，$g \to 0$ のとき，$H_\pm$ に強レゾルヴェント収束する．

証明 (9.129) が仮定されているので，定理 9.20 を，W が $W + gW_1$ の場合に応用できる．したがって，$\mathsf{C}_0^\infty(\mathbb{R})$ は $H_\pm(g)$ の芯である．さらに，(9.128) を用いることにより，任意の $\psi \in \mathsf{C}_0^\infty(\mathbb{R})$ に対して $\lim_{g\to 0} H_\pm(g)\psi = H_\pm\psi$ となることが容易にわかる．したがって，付録 M の定理 M.4 の応用により，題意がしたがう． ■

定理 9.26 (9.129) を仮定し，$g_0 > 0$ を任意にとり，$\mathbb{I} := (0, g_0]$ とおく．このとき，次の三つの条件の一つが成立すれば，$H_+(g), g \in \mathbb{I}$ は H_+ に関して特異である：

(i) $e^{+W} \notin \mathsf{L}^2(\mathbb{R}),\ e^{W+gW_1} \in \mathsf{L}^2(\mathbb{R}), g \in \mathbb{I}$.

(ii) $e^W,\ e^{\pm(W+gW_1)} \notin \mathsf{L}^2(\mathbb{R}),\ e^{-W} \in \mathsf{L}^2(\mathbb{R}),\ g \in \mathbb{I}$.

(iii) $e^W,\ e^{-(W+gW_1)} \notin \mathsf{L}^2(\mathbb{R}), e^{-W},\ e^{W+gW_1} \in \mathsf{L}^2(\mathbb{R}), g \in \mathbb{I}$.

証明 定理 9.23 によって，上の条件 (i), (ii), (iii) はそれぞれ，命題 9.19 の条件 (i), (ii), (iii) を導く． ■

定理 9.26 の条件 (i), (ii), (iii) のどれかを満たす W, W_1 は無数に“十分多く”存在する．

例 9.4　$W(x) := x^{2n}$,　$W_1(x) := -x^{2m+2}$,　$m \ge n \ge 1$. このとき，$g > 0$ ならば，定理 9.26 の条件 (iii) が満たされる．条件 (i), (ii) についても，同様にして，いくらでも例をつくることができる．そのような例のいくつかに関する更に詳しい解析が [2] にある．

注意 9.7　ウィッテンモデルの多次元への拡張については，演習問題 8〜10 を参照．

9.6　縮退した零エネルギー基底状態をもつモデル

例 9.2 の超対称的量子力学のモデルは，あるクラスのベクトルポテンシャル A に対して，縮退した零エネルギー基底状態をもつことを示そう．

$B : \mathbb{R}^2 \to \mathbb{R}$ を有界な台をもつ連続な関数とし

$$\phi(x) := \frac{1}{2\pi}\int_{\mathbb{R}^2}(\log|x-y|)B(y)dy \tag{9.130}$$

を定義する．このとき,ϕ は連続関数であり超関数の意味で $\Delta\phi(x) = B(x) \cdots (*)$ が成り立つ ([13] または [14] の付録 C.3 の例 C.3 を参照)．また，ϕ は偏微分可能である (ルベーグの優収束定理を応用せよ)．そこで，$\mathbb{R}^2$ 上の $\mathbb{R}^2$ 値関数 $A = (A_1, A_2)$ を

$$A_1 := -\partial_2\phi, \quad A_2 := \partial_1\phi \tag{9.131}$$

によって定義し，$Q_+(A)$ を例 9.2 における作用素とする．$(*)$ によって，$B = D_1A_2 - D_2A_1$ であるから，B を磁場と解釈するとき，A はそのベクトルポテンシャルの一つと解釈される．この場合

$$\Phi_B := \int_{\mathbb{R}^2} B(x)dx \tag{9.132}$$

は B の**磁束**を表す．

正の実数 $a > 0$ に対して，a よりも真に小さい最大の整数を $\{a\}$ で表す．$\{0\} := 0$ とする．

定理 9.27　A_1, A_2 は (9.131) で与えられるものとする．このとき：

(i)　$\Phi_B > 0$ ならば，$\dim\ker\bar{Q}_+(A) = \{\Phi_B/2\pi\}$ かつ $\dim\ker\bar{Q}_+(A)^* = 0$.

(ii) $\Phi_B < 0$ ならば，$\dim\ker\bar{Q}_+(A) = \{0\}$ かつ $\dim\ker\bar{Q}_+(A)^* = \{-\Phi_B/2\pi\}$.

証明　(i) $\omega \in \mathcal{D}(\mathbb{R}^2)'$ の $u \in \mathsf{C}_0^\infty(\mathbb{R}^2)$ における値を $\omega(u)$ と書く ($\omega \in \mathsf{L}^1_{\mathrm{loc}}(\mathbb{R}^2)$ の場合には，$\omega(u) := \int_{\mathbb{R}^2}\omega(x)u(x)dx$).

$\Phi_B > 0$ とする．$\psi \in \ker\bar{Q}_+(A)$ とすれば，すべての $u \in \mathsf{C}_0^\infty(\mathbb{R}^2)$ に対して $\langle\psi, Q_+(A)^*u\rangle = 0$. 一方，$Q_+(A)^*u = -2ie^{\phi}\partial_z e^{-\phi}u$ と書ける．ただし，$\partial_z := (\partial_1 - i\partial_2)/2$ ($z = x_1 + ix_2, (x_1, x_2) \in \mathbb{R}^2$)．したがって，$(e^{\phi}\psi^*)(\partial_z e^{-\phi}u) = 0 \cdots (*)$. $\varepsilon > 0$ に対して，$\phi_\varepsilon := J_\varepsilon\phi$ とおけば (J_ε は2次元のフリードリクスの軟化作用素)，$\phi_\varepsilon \in \mathsf{C}^\infty(\mathbb{R}^2)$．したがって，$u_\varepsilon := e^{\phi_\varepsilon}u$ とすれば，$u_\varepsilon \in \mathsf{C}_0^\infty(\mathbb{R}^2)$ であるので，$(*)$ により，$(e^{\phi}\psi^*)(\partial_z e^{-\phi}u_\varepsilon) = 0 \cdots (**)$. ϕ は連続微分可能であるから，$\lim_{\varepsilon\to 0}\phi_\varepsilon(x) = \phi(x)$, $\lim_{\varepsilon\to 0}\partial_z\phi_\varepsilon(x) = \partial_z\phi(x), x \in \mathbb{R}^2$ が成り立つ．これらの事実とルベーグの優収束定理を応用することにより，$(**)$ の左辺は，$\varepsilon \to 0$ のとき，$(e^{\phi}\psi^*)(\partial_z u) = 0$ に収束することがわかる．これは超関数方程式 $D_{\bar{z}}(e^{\phi}\psi) = 0$ を意味する ($D_z, D_{\bar{z}}$ については，付録 N を参照)．したがって，付録 N の定理 N.5 によって，$\mathbb{C}$ 上の整関数 f があって $e^{\phi}\psi = f$ が成り立つ．したがって，$\psi = e^{-\phi}f$. 式 (9.130) から

$$\eta(x) := \phi(x) - \frac{\Phi_B}{2\pi}\log|x| = \frac{1}{2\pi}\int_{\mathbb{R}^2}\left(\log\frac{|x-y|}{|x|}\right)B(y)dy.$$

$\mathrm{supp}\,B \subset \{x \in \mathbb{R}^2 |\ |x| \le R\}$ ($R > 0$ は定数) とすれば，$y \in \mathrm{supp}\,B$ かつ $|x| > R$ ならば $0 < |x| - |y| \le |x-y| \le |x| + R$ であるから，$\log(1 - R/|x|) \le \log(|x-y|/|x|) \le \log(1 + R/|x|)$. $0 < |t| \le \delta < 1$ のとき，$\log(1+t) \le C_\delta|t|$ ($C_\delta > 0$ は定数) であるから，$|x| \ge R + 1$ のとき

$$|\eta(x)| \le \frac{d_R}{|x|}$$

が成立する (d_R は R に依存する定数)．したがって

$$\psi(x) \sim \frac{1}{|x|^{\Phi_B/(2\pi)}}f(z) \quad (|x| \to \infty).$$

これと $\psi \in \mathsf{L}^2(\mathbb{R}^2)$ より，f は多項式的に有界でなければならない．したがって，f は多項式でなければならない．そこで，f を n 次の多項式としよう ($n \ge 1$).

このとき，$\psi \in \mathsf{L}^2(\mathbb{R}^2)$ であるための必要十分条件は $\Phi_B/2\pi - n > 1$ である．$\Phi_B/2\pi = \ell + \varepsilon$ ($\ell \in \{0\} \cup \mathbb{N}, \varepsilon \in [0,1)$) とすれば，そのような n は $n = 0, 1, \cdots, \ell - 1$ ($\varepsilon > 0$ の場合) または $n = 0, 1, \cdots, \ell - 2$ ($\varepsilon = 0$ の場合；このときは仮定により，$\ell \geq 1$ でなければならない)．$\varepsilon > 0$ の場合，$\ell = \{\Phi_B/2\pi\}$ であり，$\varepsilon = 0$ の場合，$\ell - 1 = \{\Phi_B/2\pi\}$．したがって，いずれの場合でも，$n = 0, \cdots, \{\Phi_B/2\pi\} - 1$．よって，$\dim\ker \bar{Q}_+(A) = \{\Phi_B/2\pi\}$.

次に $\psi \in \ker \bar{Q}_+(A)^*$ としよう．したがって，任意の $u \in \mathsf{C}_0^\infty(\mathbb{R}^2)$ に対して，$\langle \psi, Q_+(A)u \rangle = 0$．これは $(e^{-\phi}\psi^*)(\partial_z(e^\phi u)) = 0$ を意味する．したがって，上の場合と同様にして．$\mathbb{C}$ 上の整関数 g があって，$\psi = e^\phi g$ と書ける．この場合，$\psi(x) \sim |x|^{\Phi_B/(2\pi)} g(z)(|x| \to \infty)$ であるから，$\psi \in \mathsf{L}^2(\mathbb{R}^2)$ は 0 でなければならない．ゆえに $\ker \bar{Q}_+(A)^* = \{0\}$.

(ii) $\Phi_B < 0$ ならば，(i) の二つの議論が "逆転する" ので題意が成立することになる． ■

定理 9.27 からただちに次の結果が得られる：

系 9.28　定理 9.27 の仮定のもとで

$$\operatorname{index} Q_+(A) = \operatorname{sgn}(\Phi_B)\left\{\frac{|\Phi_B|}{2\pi}\right\}. \tag{9.133}$$

ここで，$\operatorname{sgn}(t)$ は $t \in \mathbb{R} \setminus \{0\}$ の符号を表す:$t > 0$ ならば $\operatorname{sgn}(t) = 1$; $t < 0$ ならば $\operatorname{sgn}(t) = -1$.

定理 9.27 は，考察下の超対称的量子力学系における線形独立な零エネルギー状態の個数は磁束だけから定まること，および零エネルギー状態の帰属—ボソン的かフェルミオン的かということ—が磁束の符号によって交代することを語っており，たいへん興味深い．

定理 9.27 の結果を 2 次元パウリ作用素 $H_\pm(A)$ [(9.71)] の基底状態についての情報として読み直せば次の結果を得る：

系 9.29　定理 9.27 の仮定のもとで，

$$\dim\ker H_+(A) = \theta(\Phi_B)\left\{\frac{\Phi_B}{2\pi}\right\}, \tag{9.134}$$

$$\dim\ker H_-(A) = \theta(-\Phi_B)\left\{\frac{|\Phi_B|}{2\pi}\right\}. \tag{9.135}$$

ただし，$\theta(t) := 1(t > 0); \theta(t) := 0(t < 0)$.

この結果はしばしばアハラノフ (Aharonov)–キャシャー (Casher) の結果として言及される [1].

注意 9.8　上述のモデルのある種の極限として，磁場 B が何個かの点 $a_1, \cdots, a_N \in \mathbb{R}^2$ に集中している場合，すなわち，$c_n \in \mathbb{R}$ を定数として，B が $B(x) = \sum_{n=1}^N c_n \delta(x - a_n)$ という形の超関数で与えられる場合が考えられる．この場合，零エネルギー状態の在り方は一変し，定理 9.27 の結果は成立しない．そのかわり，別の法則性が見いだされる [7].

付録 L　トレース型作用素

H を可分なヒルベルト空間とし，T を H 上の有界線形作用素とする ($T \in \mathsf{B}(\mathsf{H})$).

$N = \dim \mathsf{H} < \infty$ のとき，H の任意の正規直交基底 $\{e_n\}_{n=1}^N$ に対して，スカラー量 $\mathrm{Tr}\, T$ を

$$\mathrm{Tr}\, T := \sum_{n=1}^N \langle e_n, Te_n \rangle \tag{L.1}$$

によって定義できる．これは正規直交基底の選び方によらずに定まる*22．したがって，$\mathrm{Tr}\, T$ は T に固有の量である．これを T のトレースと呼ぶ．この概念の無限次元版を定義することがこの付録の目的である．

以下，H は無限次元であるとし，$\{e_n\}_{n=1}^\infty$ を H の CONS (完全正規直交系) とする．もし，$T \geq 0$ ならば，$\langle e_n, Te_n \rangle \geq 0, n \in \mathbb{N}$ であるから，$\sum_{n=1}^\infty \langle e_n, Te_n \rangle$ は発散する場合 ($+\infty$ となる場合) も含めて定義される．

補題 L.1　$T \geq 0$ のとき，$\sum_{n=1}^\infty \langle e_n, Te_n \rangle$ は CONS $\{e_n\}_{n=1}^\infty$ の取り方によらない．

証明　$\alpha := \sum_{n=1}^\infty \langle e_n, Te_n \rangle$ とすれば，$\alpha = \sum_{n=1}^\infty \|T^{1/2}e_n\|^2$ と書ける．$\{f_n\}_{n=1}^\infty$ を H の別の CONS とすれば，パーセヴァルの等式により

$$\|T^{1/2}e_n\|^2 = \sum_{m=1}^\infty |\left\langle f_m, T^{1/2}e_n \right\rangle|^2 = \sum_{m=1}^\infty |\left\langle T^{1/2}f_m, e_n \right\rangle|^2.$$

*22 $\{f_n\}_{n=1}^N$ を H の別の正規直交基底とすれば，$e_n = \sum_{k=1}^N \langle f_k, e_n \rangle f_k$ と展開できる．したがって，$Te_n = \sum_{k=1}^N \langle f_k, e_n \rangle Tf_k$ であるから，$\sum_{n=1}^N \langle e_n, Te_n \rangle = \sum_{k=1}^N \sum_{n=1}^N \langle f_k, e_n \rangle \langle e_n, Tf_k \rangle = \sum_{k=1}^N \langle f_k, Tf_k \rangle$.

したがって—2 重正項級数の和の順序は発散する場合もこめて交換可能であるから— $\alpha = \sum_{m=1}^{\infty}\sum_{n=1}^{\infty}|\left\langle T^{1/2}f_m, e_n\right\rangle|^2 = \sum_{m=1}^{\infty}\|T^{1/2}f_m\|^2 = \sum_{m=1}^{\infty}\langle f_m, Tf_m\rangle$. ■

T が非負でない場合でも，$|T| = (T^*T)^{1/2}$ は非負の自己共役作用素である．そこで次の定義が可能である：

定義 L.2 H のある CONS $\{e_n\}_{n=1}^{\infty}$ に対して

$$\|T\|_1 := \sum_{n=1}^{\infty}\langle e_n, |T|e_n\rangle < \infty \tag{L.2}$$

が成り立つとき，T を**トレース型作用素**または**トレースクラス作用素**と呼ぶ．$\|T\|_1$ を T の**トレースノルム**という．H 上のトレース型作用素の全体を $\mathsf{C}_1(\mathsf{H})$ と記す．

補題 L.1 によって，この定義は CONS $\{e_n\}_{n=1}^{\infty}$ の取り方によらない．次の事実は基本的である：

命題 L.3 (i) $\mathsf{C}_1(\mathsf{H})$ は複素ベクトル空間である．

(ii) $T \in \mathsf{C}_1(\mathsf{H}), S \in \mathsf{B}(\mathsf{H})$ ならば $TS, ST \in \mathsf{C}_1(\mathsf{H})$ であり

$$\|TS\|_1 \le \|T\|_1\|S\|, \ \|ST\|_1 \le \|S\|\|T\|_1.$$

(iii) $T \in \mathsf{C}_1(\mathsf{H})$ ならば $T^* \in \mathsf{C}_1(\mathsf{H})$.

証明 紙数の都合上，割愛する[*23]. ■

命題 L.4 各 $T \in \mathsf{C}_1(\mathsf{H})$ はコンパクトである．

証明 $|T| \in \mathsf{C}_1(\mathsf{H})$ であるから，命題 L.3-(iii) によって，$|T|^2 \in \mathsf{C}_1(\mathsf{H})$. したがって，H の任意の CONS $\{e_n\}_n$ に対して，$\||T|^2\|_1 = \sum_{n=1}^{\infty}\|Te_n\|^2 < \infty$. $\Psi \in [e_1, \cdots, e_N]^{\perp}, \|\Psi\| = 1$ としよう．このとき，$\{e_1, \cdots, e_N, \Psi\}$ はある CONS の一部とみることができる．したがって，$\sum_{n=1}^{N}\|Te_n\|^2 + \|T\Psi\|^2 \le \||T|^2\|_1$，すなわち，$\|T\Psi\|^2 \le \||T|^2\|_1 - \sum_{n=1}^{N}\|Te_n\|^2$. これは $\sup_{\Psi\in[e_1,\cdots,e_N]^{\perp}, \|\Psi\|=1}\|T\Psi\| \to 0$ $(N \to \infty)$ を意味する．したがって，$T_N := \sum_{n=1}^{N}\langle e_n, \cdot\rangle Te_n$ とすれば，$\|T_N - T\| = 0$ $(N \to \infty)$ を得る (定理 6.25-(ii) の証明を参照). T_N はコンパクトであるから，T もコンパクトである． ■

次の事実は重要である．

---

*23 証明の基本的アイデアは標準極分解 ([13, p.178]) を使うことである．これに気づけば，証明はそれほど難しくはない．たとえば，[22] の §49, [19] の 4.2 節，[24] の Theorem VI.19 等を参照．

補題 L.5　T はトレース型作用素であるとし，$\{e_n\}_{n=1}^{\infty}$ を H の CONS とする．このとき

$$\mathrm{Tr}\, T := \sum_{n=1}^{\infty} \langle e_n, Te_n \rangle \tag{L.3}$$

は絶対収束し，CONS $\{e_n\}_{n=1}^{\infty}$ の選び方によらない．

証明　[22] の §49，[19] の 4.2 節，[24] の §VI.6 等を参照． ■

トレース型作用素 $T \in \mathsf{C}_1(\mathsf{H})$ に対して，(L.3) によって，定義されるスカラー量 $\mathrm{Tr}\, T$ を T の**トレース**という．

命題 L.6　$T \in \mathsf{C}_1(\mathsf{H})$ が自己共役ならば，$\mathrm{Tr}\, T = \sum_n \lambda_n$．ただし，$\{\lambda_n\}_n$ は，重複もこめて数えた，T の 0 でない固有値全体である．

証明　仮定と命題 L.4 によって，T は自己共役なコンパクト作用素である．したがって，定理 6.30 によって，CONS $\{\psi_n\}_n$ と実数列 $\{\mu_n\}_n$ で $T\psi_n = \mu_n \psi_n$，$\lim_{n\to\infty} \mu_n = 0$ を満たすものがある．ゆえに，$\mathrm{Tr}\, T = \sum_n \langle \psi_n, T\psi_n \rangle = \sum_n \mu_n = \sum_{\mu_n \neq 0} \mu_n = \sum_n \lambda_n$． ■

定理 L.7　(i) (線形性) $\mathrm{Tr}\,(\alpha T + \beta S) = \alpha \mathrm{Tr}\, T + \beta \mathrm{Tr}\, S$, $T, S \in \mathsf{C}_1(\mathsf{H})$, $\alpha, \beta \in \mathbb{C}$．

(ii)　任意の $T \in \mathsf{C}_1(\mathsf{H})$ に対して，$\mathrm{Tr}\, T^* = (\mathrm{Tr}\, T)^*$．

(iii)　任意の $T \in \mathsf{C}_1(\mathsf{H})$ と $S \in \mathsf{B}(\mathsf{H})$ に対して，$\mathrm{Tr}\, TS = \mathrm{Tr}\, ST$．

証明　(i), (ii) は容易に証明される．(iii) いくつかのステップに分ける．(a) S がユニタリの場合．$\{e_n\}_n$ を H の任意の CONS とする．このとき，$f_n := Se_n$ とおけば，$\{f_n\}_n$ も H の CONS である．これに注意すれば

$$\begin{aligned}\mathrm{Tr}\, TS &= \sum_{n=1}^{\infty} \langle e_n, TSe_n \rangle = \sum_{n=1}^{\infty} \left\langle S^* f_n, Tf_n \right\rangle \\ &= \sum_{n=1}^{\infty} \langle f_n, STf_n \rangle = \mathrm{Tr}\, ST.\end{aligned}$$

(b) S が自己共役で $\|S\| = 1$ の場合．このとき，$S^2 \leq 1$ であるから，$U_\pm := S \pm i\sqrt{1 - S^2}$ が定義され，いずれもユニタリである．そして，$S = (U_+ + U_-)/2$ と書ける．(a) によって，$\mathrm{Tr}\, TU_\pm = \mathrm{Tr}\, U_\pm T$ であるから，$\mathrm{Tr}\, TS = \mathrm{Tr}\, ST$ が成り立つ．(c) $S \neq 0$ が自己共役の場合．$\hat{S} := S/\|S\|$ とおけば，$\hat{S}$ は自己共役で $\|\hat{S}\| = 1$．したがって，(b) により，$\mathrm{Tr}\, T\hat{S} = \mathrm{Tr}\, \hat{S}T$．ゆえに題意がしたがう．(d) S が任意の有界線形作用素の場合．$S = S_1 + iS_2$ (S_1, S_2 は自己共役) と書ける．これと (c) の結果を使えば，結論を得る． ■

付録 M　自己共役作用素の強レゾルヴェント収束

H をヒルベルト空間，A_n, A $(n \in \mathbb{N})$ を H 上の自己共役作用素とする．任意の $z \in \mathbb{C} \setminus \mathbb{R}$ と $\Psi \in \mathsf{H}$ に対して，$\lim_{n\to\infty} \|(A_n - z)^{-1}\Psi - (A - z)^{-1}\Psi\| = 0$ が成り立つとき，A_n は A に**強レゾルヴェント収束**するという (n が連続パラメーターの場合も同様).

補題 M.1　T_n, T $(n \in \mathbb{N})$ を H 上の有界線形作用素とし，T_n は T に強収束しているとする (すなわち，任意の $\Psi \in \mathsf{H}$ に対して，$\lim_{n\to\infty} T_n\Psi = T\Psi$)．このとき，$\|T\| \le \liminf_{n\to\infty} \|T_n\|$.

証明　$\Psi \in \mathsf{H}$ を任意に固定する．このとき，任意の $\varepsilon > 0$ に対して，番号 n_0 があって，$n \ge n_0$ ならば，$\|T_n\Psi - T\Psi\| < \varepsilon$．したがって，$\|T\Psi\| \le \|T_n\Psi\| + \varepsilon \le (\|T_n\| + \varepsilon)\|\Psi\|$．したがって，$a := \liminf_{n\to\infty} \|T_n\|$ とすれば，$\|T\Psi\| \le (a + \varepsilon)\|\Psi\|$．そこで，$\varepsilon \to 0$ とすれば，$\|T\Psi\| \le a\|\Psi\|$ を得るから，$\|T\| \le a$ である． ■

補題 M.2　B を H 上の自己共役作用素とし，$a, b \in \mathbb{R}, a < b$ に対して

$$z_0 = \frac{a+b}{2} + i\left(\frac{b-a}{2}\right)$$

とおく．このとき，$(a, b) \cap \sigma(B) = \emptyset$ であるための必要十分条件は

$$\|(B - z_0)^{-1}\| \le \frac{\sqrt{2}}{b-a} \tag{M.1}$$

が成り立つことである．

証明　(必要性) $(a, b) \cap \sigma(B) = \emptyset$ とする．このとき，$\inf_{\lambda\in\sigma(B)} |\lambda - z_0| = (b-a)/\sqrt{2}$．これと作用素解析により，(M.1) が得られる*24.

(十分性) 対偶を示す．したがって，$(a, b) \cap \sigma(B) \neq \emptyset$ を仮定し，$E \in (a, b) \cap \sigma(B)$ とする．まず，$a < E < (a+b)/2$ の場合を考える．十分 $\delta > 0$ を小さくとれば，$I_E := (E - \delta, E + \delta) \subset (a, (a+b)/2)$ とできる．B のスペクトル測度を E_B とすれば，$E_B(I_E) \neq 0$ であるから，零でないベクトル $f \in \mathsf{R}(E_B(I_E))$ が存在する．これに対して，$\|(B - z_0)^{-1}f\|^2 = \int_{I_E} |\lambda - z_0|^{-2} d\|E_B(\lambda)f\|^2$．一方

$$c := \sqrt{\left(E - \delta - \frac{a+b}{2}\right)^2 + \left(\frac{b-a}{2}\right)^2}$$

---

*24 任意の $\Psi \in \mathsf{H}$ に対して，$\|(B - z_0)^{-1}\Psi\|^2 = \int_{\sigma(B)} |\lambda - z_0|^{-2} d\|E_B(\lambda)\Psi\|^2$ (E_B は B のスペクトル測度) を用いて評価せよ．

とおくと，$\lambda \in I_E$ ならば，$|\lambda - z_0| \leq c$．したがって，$\|(B-z_0)^{-1}f\|^2 \geq c^{-2}\|f\|^2$．これは，$\|(B-z_0)^{-1}\| \geq c^{-1}$ を意味する．容易にわかるように，$c^{-1} > \sqrt{2}/(b-a)$．よって，$\|(B-z_0)^{-1}\| > \sqrt{2}/(b-a)$．■

命題 M.3　$A_n, A(n \in \mathbb{N})$ を H 上の自己共役作用素とし，A_n は A に強レゾルヴェント収束しているとする．このとき

(i)　$a, b \in \mathbb{R}, a < b$ かつすべての $n \in \mathbb{N}$ に対して $(a,b) \cap \sigma(A_n) = \emptyset$ ならば，$(a,b) \cap \sigma(A) = \emptyset$ である．

(ii)　任意の $\lambda \in \sigma(A)$ に対して，部分列 $\{n_k\}_k$ と $\lambda_k \in \sigma(A_{n_k})$ が存在し，$\lim_{k\to\infty} \lambda_k = \lambda$ が成立する．

証明　(i) 仮定と補題 M.2 によって，すべての $n \in \mathbb{N}$ に対して，$\|(A_n - z_0)^{-1}\| \leq \sqrt{2}/(b-a)$．これと補題 M.1 によって，$\|(A-z_0)^{-1}\| \leq \sqrt{2}/b-a$ したがって，再び，補題 M.2 によって，$(a,b) \cap \sigma(A) = \emptyset$ を得る．

(ii) 任意の $k > 0$ に対して，$(\lambda - k^{-1}, \lambda + k^{-1}) \cap \sigma(A) \neq \emptyset$ であるから，(i) によって，ある $n_k \in \mathbb{N}$ があって，$(\lambda - k^{-1}, \lambda + k^{-1}) \cap \sigma(A_{n_k}) \neq \emptyset$．そこで，$\lambda_k \in (\lambda - k^{-1}, \lambda + k^{-1}) \cap \sigma(A_{n_k})$ を一つ選べば，これが求める数列である．■

次の定理は有用である．

定理 M.4　$A_n, A\ (n \in \mathbb{N})$ を H 上の自己共役作用素とし，D を A の芯で $\mathsf{D} \subset \cap_{n\in\mathbb{N}} D(A_n)$ を満たすものとする．さらに，任意の $\Psi \in \mathsf{D}$ に対して，$\lim_{n\to\infty} A_n\Psi = A\Psi$ が成り立っているとする．このとき，A_n は A に強レゾルヴェント収束する．

証明　$z \in \mathbb{C} \setminus \mathbb{R}, \Psi = (A-z)\Phi, \Phi \in \mathsf{D}$ とする．このとき，

$$[(A_n - z)^{-1} - (A-z)^{-1}]\Psi = (A_n - z)^{-1}(A - A_n)\Phi$$

であるから

$$\|[(A_n - z)^{-1} - (A-z)^{-1}]\Psi\| \leq \frac{1}{|\mathrm{Im}\, z|}\|(A - A_n)\Phi\| \to 0\ (n \to \infty).$$

したがって，$\lim_{n\to\infty}(A_n - z)^{-1}\Psi = (A-z)^{-1}\Psi \cdots (*)$．D は A の芯であるから，$\{(A-z)\Phi | \Phi \in \mathsf{D}\}$ は H の稠密な部分空間である．また，$\sup_{n\geq 1}\|(A_n - z)^{-1}\| \leq |\mathrm{Im}\, z|^{-1}$．これらの事実を用いて，極限議論を行うことにより (任意の $\Psi \in \mathsf{H}$ に対して，$\Psi_k \to \Psi\ (k \to \infty)$ となる $\Psi_k \in \mathsf{D}$ をとって考察する)，すべての $\Psi \in \mathsf{H}$ に対して，$(*)$ が成り立つことがわかる．■

付録 N 簡単な超関数方程式の解

$\mathbb{R}^d$ の座標変数 x_j $(j=1,\cdots,d)$ に関する一般化された偏微分作用素を D_j で表す．

定理 N.1 $\psi \in \mathsf{L}^1_{\mathrm{loc}}(\mathbb{R}^d)$ について，$D_j\psi = 0 (j=1,\cdots,d)$ ならば ψ は定数関数である．すなわち，ある定数 c があって，$\psi(x)=c$, a.e.$x \in \mathbb{R}^d$.

証明 $\varepsilon > 0$ に対して，J_ε をフリードリクスの軟化子とし ([13] または [14] の付録 C.8 を参照)，$\psi_\varepsilon = J_\varepsilon \psi = \int_{\mathbb{R}^d} \varrho_\varepsilon(x-y)\psi(y)dy$ とおく ($\varrho(x) = \varrho(-x)$, $x \in \mathbb{R}^d$ とする)．このとき，ψ_ε は無限回微分可能であり，$D_j\psi_\varepsilon = -\int_{\mathbb{R}^d} \frac{\partial}{\partial y_j}\varrho_\varepsilon(x-y)\psi(y)dy$. 仮定から，右辺は 0．したがって，$\psi_\varepsilon = c_\varepsilon$ (定数) $\cdots(*)$．一方，任意の $u \in \mathsf{C}_0^\infty(\mathbb{R}^d)$ に対して，フビニの定理を応用することにより

$$\int_{\mathbb{R}^d} \psi_\varepsilon(x)u(x)dx = \int_{|y|\le \varepsilon + R} \psi(y)(\varrho_\varepsilon * u)(y)dy$$

ただし，R は $\operatorname{supp} u \subset \{x \in \mathbb{R}^d \mid |x| \le R\}$ となる定数である．$\lim_{\varepsilon\to 0}(\varrho_\varepsilon * u)(y) = u(y)$, $y \in \mathbb{R}^d$, $|\psi(y)||(\varrho_\varepsilon * u)(y)| \le \|u\|_{\mathsf{L}^\infty(\mathbb{R}^d)}|\psi(y)|$ および $\psi \in \mathsf{L}^1_{\mathrm{loc}}(\mathbb{R}^d)$ に注意すれば，ルベーグの優収束定理を応用することができ，$\lim_{\varepsilon\to 0}\int_{\mathbb{R}^d}\psi_\varepsilon(x)u(x)dx = \int_{\mathbb{R}^d}\psi(y)u(y)dy$ を得る．この事実と $(*)$ を合わせると，$c := \lim_{\varepsilon\to 0} c_\varepsilon$ は存在し，$c\int_{\mathbb{R}^d} u(x)dx = \int_{\mathbb{R}^d}\psi(y)u(y)dy$ が結論される．$u \in \mathsf{C}_0^\infty(\mathbb{R}^d)$ は任意であったから，デュ・ボワ・レイモンの補題 ([13] または [14] の付録 C の補題 C.3) により，これは $\psi(x) = c$, a.e.x を意味する． ■

定理 N.2 $V : \mathbb{R}^d \to \mathbb{C}$ を連続微分可能な関数とする．このとき，$\psi \in \mathsf{L}^1_{\mathrm{loc}}(\mathbb{R}^d)$ が超関数方程式 $D_j\psi = (\partial_j V)\psi$, $j = 1,\cdots,d$ の解であるための必要十分条件は，定数 $C \in \mathbb{C}$ があって $\psi(x) = Ce^{V(x)}$, a.e.x が成り立つことである．

証明 条件の十分性は直接計算から容易にわかるので，必要性だけを証明する．$\psi \in \mathsf{L}^1_{\mathrm{loc}}(\mathbb{R}^d)$ が $D_j\psi = (\partial_j V)\psi$, $j=1,\cdots,d$ を満たすとし，$f(x) := e^{-V}\psi(x)$ とおく．$\partial_j V$ は連続であるから，$D_j\psi \in \mathsf{L}^1_{\mathrm{loc}}(\mathbb{R}^d)$．また，$f \in \mathsf{L}^1_{\mathrm{loc}}(\mathbb{R}^d)$．したがって，$f$ に対して一般化された偏微分に対するライプニッツ則を適用でき ([23], 定理 6.18)，$D_j f = e^{-V}(-\partial_j V)\psi + e^{-V}D_j\psi = 0$．したがって，定理 N.1 によって，定数 C があって $f(x) = C$, a.e.x. ゆえに $\psi(x) = Ce^{V(x)}$, a.e.x. ■

Ω を $\mathbb{R}^d$ の開集合とするとき，Ω 上の m 回連続微分可能な関数の全体を $\mathsf{C}^m(\Omega)$ で表す ($m = 0, 1, \cdots$ or $m = +\infty$)*25．$\mathcal{D}(\mathbb{R}^d)'$ を $\mathbb{R}^d$ 上の超関数の空間とする．

*25 0 回連続微分可能な関数は，単に連続な関数と読む．

定理 N.3 (**ヴァイルの補題**) $g \in \mathcal{D}(\mathbb{R}^d)'$ は与えられた超関数とし，$\psi \in \mathcal{D}(\mathbb{R}^d)'$ は超関数方程式 $-\Delta\psi = g$ を満たすとする*26．もし，ある開集合 $\Omega \subset \mathbb{R}^d$ に対して $g \in \mathsf{C}^m(\Omega)$ ならば，$0 \le \ell < m - (d/2) + 2$ を満たす任意の整数 ℓ に対して，ψ は Ω 上で $\mathsf{C}^\ell(\Omega)$ の関数と同一視できる*27．特に，$g \in \mathsf{C}^\infty(\Omega)$ ならば，ψ は Ω 上で $\mathsf{C}^\infty(\Omega)$ の関数と同一視できる．

この非常に重要で有用な定理の証明は，残念ながら，紙数の都合上，割愛する*28．ヴァイルの補題を $g = 0$ の場合に応用すれば，次の事実が導かれる：

系 N.4 $\mathbb{R}^d$ 上の超関数の意味でのラプラス方程式 $-\Delta\psi = 0$ を満たす超関数 ψ は $\mathsf{C}^\infty(\mathbb{R}^d)$ の関数と同一視できる．

この系の簡単な応用を一つ述べておく．

複素数 $z = x_1 + ix_2$ $((x_1, x_2) \in \mathbb{R}^2)$ および $\bar{z} = x_1 - ix_2$ に関する一般化された偏微分作用素 $D_z, D_{\bar{z}}$ をそれぞれ

$$D_z := \frac{1}{2}(D_1 - iD_2), \quad D_{\bar{z}} := \frac{1}{2}(D_1 + iD_2) \tag{N.1}$$

によって定義する．

定理 N.5 $\psi \in \mathsf{L}^1_{\mathrm{loc}}(\mathbb{R}^2)$ が超関数方程式 $D_{\bar{z}}\psi = 0$ を満たすならば，ψ は $\mathbb{C}$ 全体で正則な関数 (i.e., 整関数) である．

証明 $D_{\bar{z}}\psi = 0$ ならば，$D_z\psi^* = 0$ であることは容易にわかる．したがって，$\psi_1 := \mathrm{Re}\,\psi, \psi_2 := \mathrm{Im}\,\psi$ とすれば，$D_1\psi_1 = D_2\psi_2, D_1\psi_2 = -D_2\psi_1 \cdots (*)$．したがって，超関数方程式 $\Delta\psi_1 = 0, \Delta\psi_2 = 0$ が成り立つ．ゆえに，系 N.4 によって，ψ_1, ψ_2 は $\mathsf{C}^\infty(\mathbb{R}^d)$ の元と同一視できる．この同一視をすれば，$(*)$ は，ψ に対するコーシー–リーマン方程式である．よって，ψ は整関数である．■

ノ　ー　ト

超対称的量子力学について語るべきことは多い．本章で叙述したのはそのごく一部分にすぎない．超対称性という理念の射程の広さと深さは測り知れない．これは，た

---

*26 $\Delta := \sum_{j=1}^d D_j^2$ は超関数の空間に作用する d 次元ラプラシアン．

*27 i.e., 関数 $f \in \mathsf{C}^\ell(\Omega)$ が存在して，任意の $u \in \mathsf{C}_0^\infty(\Omega)$ に対して，$\psi(u) = \int_{\mathbb{R}^d} f(x)u(x)dx$ が成り立つということ．

*28 たとえば，[25] の §IX.6 を参照．楕円型偏微分方程式の理論を扱う専門書ならば，たいがいは載っているはずである．

とえば，最近刊行された超対称性に関する百科事典 [18] からもうかがうことができる．超対称的量子力学を，数学的に厳密な仕方で，さらに深く学びたい人は，たとえば，[26] の 5 章とそこに引用されている文献にあたることを薦める．物理的な議論をまとめた教科書として [16] がある．この本には，本書で述べられなかったトピックスが書かれている．本章で取り上げた超対称的量子力学のモデルとは別のモデルの数学的に厳密な理論については，たとえば，[3, 4, 7, 15, 20] などが参考になるであろう．

超対称的量子場の理論の数学的に厳密な構成については，たとえば，[5, 6, 8, 21] や [10] の 6 章を参照されたい．だが，超対称的量子場の数学的理論はまだ発展途上にあり，十分な結果は得られていない．21 世紀の数理物理学の重要な主題の一つである．若い人たちの挑戦を期待したい．

第 9 章　演習問題

1. ヒルベルト空間 F 上の有界線形作用素の組 a, a^* は 1 自由度の正準反交換関係 (CAR) $\{B, B^\dagger\} = 1, B^2 = 0, (B^\dagger)^2 = 0$ の表現であるとする：$\{a, a^*\} = 1, a^2 = 0$ (このとき，$(a^*)^2 = 0$ は自動的にしたがう) (このような表現の例については以下の演習問題 3 を参照).

(i) $M > 0$ を定数として，作用素 $Q^{(j)}, j = 1, 2$ を $Q^{(1)} := \sqrt{M}(a^* + a), Q^{(2)} := i\sqrt{M}(a^* - a)$ によって定義する．このとき，$Q^{(j)}$ は有界な自己共役作用素であり

$$\{Q^{(j)}, Q^{(l)}\} = 2\delta^{jl} M, \quad j, l = 1, 2$$

が成り立つことを示せ．

(ii) $\Gamma := 1 - 2a^* a$ とおくと，Γ は自己共役かつユニタリ作用素であり

$$\Gamma^2 = 1, \quad \{\Gamma, Q^{(j)}\} = 0, \quad j = 1, 2$$

が成り立つことを示せ．

注: この問題に述べた事実は，1 自由度の CAR の表現から，$N = 2$ の超対称性をもつ超対称的量子力学—ただし，ハミルトニアン M は定数作用素—が構成されることを示す (この “$N = 2$” はスピン自由度に関するものではなく，スピンとは異なる内部対称性に関するものである)．別のいい方をすると，$(Q^{(j)})_{j=1}^2$ は拡大された超対称性代数 (9.40) の $n = 1, N = 2$ の場合のヒルベルト空間表現を与える．これは $N = 2$ の内部対称性をもつ相対論的超対称的量子場の理論のコンテクストにおいては，静止系における，質量 M の 1 粒子状態の内部空間の表現を与える．次の問題も参照．

2. $\mathsf{F}, a, a^*, Q^{(j)}, \Gamma$ は前問のものとする．単位ベクトル $\psi_0 \in \mathsf{F}$ で $a\psi_0 = 0$ を満たすものがあるとする．このようなベクトル ψ_0 を CAR の表現 a, a^* の**真空**と呼ぶ．$\psi_1 := a^*\psi_0$ とおく．

(i) ψ_0 と ψ_1 は線形独立であることを示せ．

(ii) ψ_0 と ψ_1 によって生成される部分空間を F_a とする ((i) によって，$\dim \mathsf{F}_a = 2$)．a, a^* は F_a を不変にすることを示せ．

(iii) $\Gamma\psi_0 = \psi_0, \Gamma\psi_1 = -\psi_1$ を示せ．

(iv) $Q^{(1)}\psi_0 = \sqrt{M}\psi_1$，$Q^{(2)}\psi_0 = i\sqrt{M}\psi_1$，$Q^{(1)}\psi_1 = \sqrt{M}\psi_0$，$Q^{(2)}\psi_1 = -i\sqrt{M}\psi_0$ を示せ．

3. 2 次元ユニタリ空間 $\mathbb{C}^2$ において $a := \begin{pmatrix} 0 & 0 \\ 1 & 0 \end{pmatrix}$ とする．

(i) a, a^* は 1 自由度の CAR の表現であることを示せ．

(ii) この表現の真空は存在し，$\psi_0 := \begin{pmatrix} 0 \\ 1 \end{pmatrix}$ の定数倍に限られることを示せ．

(iii) この表現では，演習問題 2 の作用素 $Q^{(j)}, \Gamma$ は

$$Q^{(1)} = \sqrt{M}\sigma_1, \quad Q^{(2)} = -\sqrt{M}\sigma_2, \quad \Gamma = -\sigma_3$$

という形をとることを示せ．

4. a_1, a_1^*, a_2, a_2^* をヒルベルト空間 H における自由度 2 の CAR の有界表現とする．すなわち，各 a_α $(\alpha = 1, 2)$ は H 上の有界線形作用素であり $\{a_\alpha, a_\beta\} = 0, \{a_\alpha, a_\beta^*\} = \delta_{\alpha\beta}$ $(\alpha, \beta = 1, 2)$ を満たすものとする (このような表現の例については以下の演習問題 6 を参照)．このとき，有界な自己共役作用素 $Q_\alpha := \sqrt{M}(a_\alpha^* + a_\alpha)$ $(\alpha = 1, 2)$ が定義される．

(i) $\{Q_\alpha, Q_\beta\} = 2\delta_{\alpha\beta}M$ を示せ．

(ii) $\gamma := (1 - 2a_1^*a_1)(1 - 2a_2^*a_2)$ とおくと，γ は自己共役かつユニタリであり

$$\gamma^2 = 1, \quad \{\gamma, Q_\alpha\} = 0, \quad \alpha = 1, 2$$

が成り立つことを示せ．

5. a_1, a_1^*, a_2, a_2^* を前問のものとし，$a_\alpha\Omega = 0$，$\alpha = 1, 2$ を満たす単位ベクトル $\Omega \in \mathsf{H}$ が存在するとする．このようなベクトルを CAR の表現 $\{a_1, a_1^*, a_2, a_2^*\}$ の**真空**と呼ぶ．$\psi_\alpha := a_\alpha^*\Omega$, $\psi_{12} := a_1^*a_2^*\Omega$ とおく．

(i) $\Omega, \psi_1, \psi_2, \psi_{12}$ は線形独立であることを示せ．

(ii) $\Omega, \psi_1, \psi_2, \psi_{12}$ によって生成される部分空間を H_a とする ((i) によって，$\dim \mathsf{H}_a = 4$)．a_α, a_α^* は H_a を不変にすることを示せ．

(iii) $\gamma\Omega = \Omega, \gamma\psi_{12} = \psi_{12}, \gamma\psi_\alpha = -\psi_\alpha,\ \alpha = 1, 2$ を示せ．

注: ヒルベルト空間 H_a は，相対論的超対称的量子場の理論のコンテクストにおいては，静止系における，質量 M の 1 粒子のスピン状態を表す空間と解釈される．(iii) が示すように，Ω, ψ_{12} はボソン的状態を表し，$\psi_\alpha\,(\alpha = 1, 2)$ はフェルミオン的状態を表す．$\mathsf{M}_0 := \{c\Omega | c \in \mathbb{C}\}, \mathsf{M}_1 := \{c_1\psi_1 + c_2\psi_2 | c_1, c_2 \in \mathbb{C}\}, \mathsf{M}_2 := \{c\psi_{12} | c \in \mathbb{C}$ とおけば，$\mathsf{H}_a = \mathsf{M}_0 \oplus \mathsf{M}_1 \oplus \mathsf{M}_2 \cdots (*)$ と直和分解される．H_a に対する上述の解釈と相対論的場の量子論の公理論的要請によれば，H_a は角運動量代数の表現空間になっていなければならない．この観点から，直和分解 $(*)$ は角運動量代数の既約表現の直和と解釈される．$\mathsf{M}_0, \mathsf{M}_2$ は 1 次元であるから，スピンが 0 の表現であり，M_1 は 2 次元であるので，スピンが 1/2 の表現である．こうして，このモデルでは，ボソンのスピンは 0 であり，フェルミオンのスピンは 1/2 であることがわかる．

6. a, ψ_0 を演習問題 3 のものとする．$\mathbb{C}^2$ の 2 個のテンソル積空間 $\mathbb{C}^2 \otimes \mathbb{C}^2$ における作用素 a_1, a_2 を $a_1 := a \otimes I, a_2 := \sigma_3 \otimes a$ によって定義する．

(i) a_1, a_1^*, a_2, a_2^* は自由度 2 の CAR の表現であることを示せ．

(ii) この表現の真空は $\psi_0 \otimes \psi_0$ の零でない定数倍に限られることを示せ．

7. N を任意の自然数とし，N 次元ユニタリ空間 $\mathbb{C}^N$ 上のフェルミオンフォック空間 $\wedge(\mathbb{C}^N) := \oplus_{p=0}^N \wedge^p (\mathbb{C}^N)$ を考える ($\wedge^p(\mathbb{C}^N) := \otimes_{\mathrm{as}}^p \mathbb{C}^N$ は $\mathbb{C}^N$ の p 重反対称テンソル積[*29])．$e_1, \cdots, e_N$ を $\mathbb{C}^N$ の標準基底とする：$e_l := (0, \cdots, 0, \overset{l\ 成分}{1}, 0, \cdots, 0)$ $(l = 1, \cdots, N)$．各 $l = 1, \cdots, N$ に対して，$\wedge(\mathbb{C}^N)$ 上の線形作用素 a_l をその共役作用素 a_l^* が $(a_l^*\psi)^{(0)} = 0$,

$$(a_l^*\psi)^{(p)} = \sqrt{p}A_p(e_l \otimes \psi^{(p-1)}), \quad p \geq 1, \quad \psi = (\psi^{(p)})_{p=0}^N \in \wedge(\mathbb{C}^N)$$

となるように定義する (A_p は p 次の反対称化作用素)．ベクトル $\Omega \in \wedge(\mathbb{C}^N)$ を $\Omega^{(0)} = 1, \Omega^{(p)} = 0\,(1 \leq p \leq N)$ によって定義する．このベクトルは $\wedge(\mathbb{C}^N)$ における**フォック真空**と呼ばれる．

(i) $1 \leq p \leq N$ に対して，$\phi^{(p)} = A_p(g_1 \otimes \cdots \otimes g_p)$ $(g_j \in \mathbb{C}^N)$ かつ $\phi^{(q)} = 0, q \neq p$ という形のベクトル $\phi_p = (\phi^{(q)})_{q=0}^N \in \wedge(\mathbb{C}^N)$ をとる．

---

*29 [14] の 4 章，4.3.1 項を参照．

このとき，各 $l=1,\cdots,N$ に対して

$$(a_l\phi_p)^{(q)} = \delta_{q,p}\frac{1}{\sqrt{p}}\sum_{j=1}^{p}(-1)^{j-1}\left\langle e_l, g_j\right\rangle A_{p-1}(g_1\otimes\cdots\otimes\hat{g}_j\otimes\cdots\otimes g_p)$$

を示せ．

(ii) $a_l\Omega=0$ $(l=1,\cdots,N)$ を示せ．

(iii) $\{a_l, a_l^* | l=1,\cdots,N\}$ は自由度 N の CAR の表現であること，すなわち，

$$\{a_l, a_j^*\}=\delta_{lj}, \quad \{a_l, a_j\}=0, \qquad \{a_l^*, a_j^*\}=0$$

が成り立つことを示せ．

(iv) $\wedge_+(\mathbb{C}^n) := \oplus_{p:\text{偶数}}\wedge^p(\mathbb{C}^N)$, , $\wedge_-(\mathbb{C}^n) := \oplus_{p:\text{奇数}}\wedge^p(\mathbb{C}^N)$ とすれば，$\wedge(\mathbb{C}^N)=\wedge_+(\mathbb{C}^N)\oplus\wedge_-(\mathbb{C}^N)$ と表される．$\wedge_\pm(\mathbb{C}^N)$ 上への正射影作用素を $p_\pm$ とし，$\tau := p_+ - p_-$ とおく．このとき，$\tau^2=I, \tau^*=\tau$ を示せ．

(v) $\mathsf{K} := \wedge(\mathbb{C}^N)\otimes\wedge(\mathbb{C}^N)$ とし，$Q_1^{(l)} := \sqrt{M}(a_l+a_l^*)\otimes I, Q_2^{(l)} := \sqrt{M}\tau\otimes(a_l+a_l^*)$ $(l=1,\cdots,N)$ とおく．ただし，$M>0$ は定数である．このとき

$$\{Q_a^{(j)}, Q_b^{(l)}\} = 2M\delta_{ab}\delta^{jl}$$

が成り立つことを示せ．

8. a_j を演習問題 7 のものとし ($N=n$ とする)，ヒルベルト空間 $\mathsf{H} := \mathsf{L}^2(\mathbb{R}^n)\otimes\wedge(\mathbb{C}^n)$ において，作用素

$$d := \sum_{j=1}^{n} D_j\otimes a_j^*$$

を考える (D_j は変数 x_j に関する一般化された偏微分作用素)．$\mathsf{D}_0 := \mathsf{C}_0^\infty(\mathbb{R}^n)\hat{\otimes}\wedge(\mathbb{C}^n)$ とおく ($\hat{\otimes}$ は代数的テンソル積を表す)．

(i) $\mathsf{D}(d)\supset\mathsf{D}_0$ であり (したがって，d は稠密に定義されている)，$d^*\supset -\sum_{j=1}^n D_j\otimes a_j$ を示せ．

(ii) D_0 上で $d^2=0, d^{*2}=0$ であることを示せ．

(iii) $Q_1 := d+d^*$, $Q_2 := i(d^*-d)$, $H := -\Delta\otimes I$ とする (Δ は $\mathsf{L}^2(\mathbb{R}^n)$ 上の一般化されたラプラシアン)．このとき

$$H = Q_1^2 = Q_2^2 \ (\mathsf{D}_0\text{上}),$$

$$\{Q_1, Q_2\} = 0 \ (\mathsf{D}_0\text{上})$$

を示せ．

(iv) Q_j $(j=1,2)$ は D_0 上で本質的に自己共役であり，作用素の等式 $H=\overline{Q_1}^2=\overline{Q_2}^2$ が成立することを示せ．

ヒント：(iii) と交換子定理を用いよ．

(v) $\Gamma := I \otimes \tau$ とおく（τ は演習問題 7 で定義した作用素）．$\Gamma^2 = I, \Gamma^* = \Gamma$ および作用素の等式 $\Gamma\overline{Q_j} = -\overline{Q_j}\Gamma$ $(j=1,2)$ を証明せよ．

注: この問題の結果は，$\{\mathsf{H}, H, (\overline{Q_j})_{j=1,2}, \Gamma\}$ が超対称的量子力学であることを示している．d は H における**外微分作用素** (exterior differential operator) と呼ばれる．このモデルでは，$\sigma(H)=[0,\infty)$，$\sigma_{\mathrm{p}}(H)=\emptyset$ である．したがって，スペクトル写像定理により，$\sigma(\overline{Q_j})=\mathbb{R}$, $\sigma_{\mathrm{p}}(\overline{Q_j})=\emptyset$．特に，超対称性は自発的に破れている．

9. (研究課題) $W:\mathbb{R}^n \to \mathbb{R}$ を C^∞ 関数とする．前問の作用素 d に対して，ウィッテン変形 $d_t := e^{tW} d e^{-tW}$ ($t \in \mathbb{R}$ はパラメーター) を行う．これに関して，前問と同様の問題について考察せよ[*30]．

10. (研究課題) 演習問題 7 を基礎にして，ヒルベルト空間 $\mathsf{L}^2(\mathbb{R}^n) \otimes \wedge(\mathbb{C}^n) \otimes \wedge(\mathbb{C}^n)$ を状態空間とする超対称的量子力学のモデルを構成せよ．

関 連 図 書

[1] Y. Aharonov and A. Casher, Ground state of a spin 1/2 charged particle in a two dimensional magnetic field, *Phys. Rev.* **A19** (1979), 2461–2462.

[2] A. Arai, Supersymmetry and singular perturbations, *J. Funct. Anal.* **60** (1985), 378–393.

[3] A. Arai, On the degeneracy in the ground state of the N=2 Wess-Zumino supersymmetric quantum mechanics, *J. Math. Phys.* **30** (1989), 2973–2977.

[4] A. Arai, Exactly solvable supersymmetric quantum mechanics, *J. Math. Anal. Appl.* **158** (1991), 63–79.

[5] A. Arai, A general class of infinite dimensional Dirac operators and path integral representation of their index, *J. Funct. Anal.* **105** (1992), 342–408.

[6] A. Arai, Supersymmetric extension of quantum scalar field theories, in *Quantum and Non-Commutative Analysis*, H.Araki et al.(eds.), Kluwer Academic Publishers, Dordrecht, 1993, pp. 73–90.

[*30] リーマン多様体上での対応する議論が [31] にある．ただし，この論文の議論は数学的な観点からいうと完全には厳密ではない．

[7] A. Arai, Properties of the Dirac-Weyl operator with a strongly singular gauge potential, *J. Math. Phys.* **34** (1993), 915–935.

[8] 新井朝雄，超対称的場の量子論と無限次元解析，数学 **46** (1994), 1–10.

[9] 新井朝雄，『ヒルベルト空間と量子力学』，共立出版，1997.

[10] 新井朝雄，『フォック空間と量子場 上』，日本評論社，2000.

[11] 新井朝雄，『フォック空間と量子場 下』，日本評論社，2000.

[12] 新井朝雄，『物理現象の数学的諸原理』，共立出版，2003.

[13] 新井朝雄・江沢 洋，『量子力学の数学的構造 I』，朝倉書店，1999.

[14] 新井朝雄・江沢 洋，『量子力学の数学的構造 II』，朝倉書店，1999.

[15] A. Arai and O. Ogurisu, Meromorphic N=2 Wess-Zumino supersymmetric quantum mechanics *J. Math. Phys.* **32** (1991), 2427-2434.

[16] B. K. Bagchi, Supersymmetry in Quantum and Clasical Mechanics, Chapman & Hall/CRC, 2001.

[17] H. L. Cycon, R. G. Froese, W. Kirsch and B. Simon, Schrödinger Operators, Springer, 1987.

[18] S. Dupiij, W. Siegel and J. Bagger (eds), Concise Encyclopedia of Supersymmetry, Kluwer Academic Publishers, 2004.

[19] 日合文雄・柳研二郎，『ヒルベルト空間と線形作用素』，牧野書店，1995.

[20] A. Jaffe, A. Lesniewski and M. Lewenstein, Ground state structure in supersymmetric quantum mechanics, *Ann. Phys.* (NY) **178** (1987), 313–329.

[21] A. Jaffe and A. Lesniewski, Supersymmetric quantum fields and infinite dimensional analysis, in *Nonperturbative Quantum Field Theory*, eds. G.'t Hooft, A. Jaffe, G. Mack, P. K. Mitter and R. Stora, Plenum, 1988.

[22] 加藤敏夫，『位相解析』，共立出版，1967.

[23] 黒田成俊，『関数解析』，共立出版，1980.

[24] M. Reed and B. Simon, Methods of Modern Mathematical Physics Vol.I: Functional Analysis, Academic Press, 1972.

[25] M. Reed and B. Simon, Methods of Modern Mathematical Physics Vol.II: Self-adjointness, Fourier Analysis, Academic Press, 1975.

[26] B. Thaller, The Dirac Equation, Springer, 1992.

[27] V. S. Varadarajan, Supersymmetry for Mathematicians: An Introduction, Courant Institute of Mathematical Sciences, American Mathematical Society, 2004.

[28] J. Wess and J. Bagger, Supersymmetry and Supergravity, Princeton University, 1983.

[29] E. Witten, Dynamical breaking of supersymmetry, *Nucl. Phys.* **B188** (1981), 513–555.

[30] E. Witten, Constraints on supersymmetry breaking, *Nucl. Phys.* **B202** (1982), 253–316.

[31] E. Witten, Supersymmetry and Morse theory, *J. Diff. Geo.* **17** (1982), 661-692.

索　引

カ 行

サ　行

タ　行

ナ 行

ハ 行

マ 行

ヤ 行

ラ 行

著者略歴

新井朝雄（あらいあさお）

1954年　埼玉県に生まれる
1979年　東京大学大学院理学研究科
　　　　修士課程修了
現　在　北海道大学大学院理学研究院
　　　　数学部門教授
　　　　理学博士

朝倉物理学大系 12
量子現象の数理　　定価はカバーに表示

2006年2月20日　初版第1刷
2019年3月25日　　　第5刷

著　者　新　井　朝　雄
発行者　朝　倉　誠　造
発行所　株式会社　朝　倉　書　店
東京都新宿区新小川町 6-29
郵便番号　162-8707
電　話　03(3260)0141
ＦＡＸ　03(3260)0180
http://www.asakura.co.jp

〈検印省略〉

中央印刷・渡辺製本

ISBN 978-4-254-13682-1　C 3342　Printed in Japan

朝倉物理学大系

荒船次郎・江沢　洋・中村孔一・米沢富美子編集

1	解析力学 I	山本義隆・中村孔一
2	解析力学 II	山本義隆・中村孔一
3	素粒子物理学の基礎 I	長島順清
4	素粒子物理学の基礎 II	長島順清
5	素粒子標準理論と実験的基礎	長島順清
6	高エネルギー物理学の発展	長島順清
7	量子力学の数学的構造 I	新井朝雄・江沢　洋
8	量子力学の数学的構造 II	新井朝雄・江沢　洋
9	多体問題	高田康民
10	統計物理学	西川恭治・森　弘之
11	原子分子物理学	高柳和夫
12	量子現象の数理	新井朝雄
13	量子力学特論	亀淵　迪・表　實
14	原子衝突	高柳和夫
15	多体問題特論	高田康民
16	高分子物理学	伊勢典夫・曽我見郁夫
17	表面物理学	村田好正
18	原子核構造論	高田健次郎・池田清美
19	原子核反応論	河合光路・吉田思郎
20	現代物理学の歴史 I	大系編集委員会編
21	現代物理学の歴史 II	大系編集委員会編
22	超伝導	高田康民